科学出版社“十三五”普通高等教育本科规划教材

信息光学教程

(第二版)

李俊昌　熊秉衡 等　编著

科学出版社

北京

内 容 简 介

为适应面向21世纪的信息光学教学的需要，本书系统介绍衍射的数值计算方法，包含了目前大学本科信息光学课程的主要内容. 全书内容包括：数学预备知识、标量衍射理论、衍射积分的数值计算及应用、衍射受限成像、光学信息处理、部分相干理论、全息照相、全息干涉计量、数字全息以及光波分复用中的基本器件与网络. 为适应现代光信息的数字化发展趋势，光盘还提供了与教材内容相适应并得到实验证实的MATLAB数字仿真程序.

本书可以作为高等院校“光学”“光学工程”“电子科学与技术”“光信息科学”等专业的本科生及研究生教材，也可以供相关专业的研究生及科技工作者参考. 书中打“*”号部分主要适用于研究生及科技工作者.

图书在版编目（CIP）数据

信息光学教程 / 李俊昌等编著. —2版. —北京：科学出版社，2017.1
科学出版社“十三五”普通高等教育本科规划教材
ISBN 978-7-03-051343-4

Ⅰ. ①信… Ⅱ. ①李… Ⅲ. ①信息光学-高等学校-教材 Ⅳ. ①O438

中国版本图书馆CIP数据核字（2017）第000615号

责任编辑：窦京涛 / 责任校对：张凤琴
责任印制：张 伟 / 封面设计：迷底书装

科学出版社出版
北京东黄城根北街16号
邮政编码：100717
http://www.sciencep.com

北京华宇信诺印刷有限公司印刷
科学出版社发行 各地新华书店经销

*

2011年1月第 一 版 开本：787×1092 1/16
2017年1月第 二 版 印张：25
2024年8月第五次印刷 字数：592 000

定价：59.00元

（如有印装质量问题，我社负责调换）

第二版前言

在信息光学领域，标量衍射理论是最基础的理论. 如果要定量描述信息光学的实际问题，几乎都涉及衍射计算. 由于实际的衍射问题几乎无解析解，必须借助于计算机作数值计算，随着计算机技术的飞速发展，信息光学技术已经与计算机结下不解之缘. 然而，衍射计算是一件比较困难的工作，正如玻恩(M.Born)及沃尔夫(E.Wolf)在他们的名著《光学原理》(*Principles of Optics*)一书中指出的那样："衍射问题是光学中遇到的最困难的问题之一，在衍射理论中很少存在某种意义上可以认为是严格的解……" 在目前流行的信息光学著作或教材中，衍射计算方法的讨论较少，在一定程度上成为学习和研究光信息技术的障碍. 为此，通过对不同形式衍射积分的研究，对目前流行的计算方法作简要总结，是本书第一版的重要宗旨.

第一版 2011 年出版后，受到相关专业的大专院校师生及科技工作者广泛欢迎. 基于书中衍射数值计算的基本内容，作者先后应邀在清华大学、国防科学技术大学、北京理工大学、四川大学、北京工业大学、中国科学院大学及台湾师范大学等多所知名院校为研究生作过讲座，第一次印刷的 3000 册已售罄. 几年来的教学实践表明，基于取样定理对衍射积分的数值计算进行认真分析，用便于学习的计算机语言介绍计算程序，并且通过实验验证一些典型的计算实例，将衍射数值计算理论引入大学本科及研究生的教学是完全可行的. 作者衷心感谢国内信息光学界专家及科学出版社的大力支持，使本书第二版被列为科学出版社普通高等教育"十三五"规划教材出版.

为适应面向 21 世纪的信息光学教学的需要，第二版除包含大学本科信息光学教学的基本内容外，对衍射数值计算及相关内容作了较大篇幅的扩充，融入了作者的一些新研究成果. 例如，在衍射数值计算部分介绍了基于虚拟光波场的衍射计算方法；在相干光成像部分从柯林斯公式出发导出光波通过光学系统的成像公式，对相干传递函数赋予了新的物理含义；在光学信息处理中对阿贝的二次成像过程进行了定量描述；在数字全息部分介绍了基于虚拟光波场的波前重建方法及其在彩色数字全息中的应用. 此外，为方便读者的学习和研究，本书光盘还提供了 MATLAB 语言编写并得到实验证实的大量计算机仿真程序，可访问 http://www.sciencereading.cn 选择"网上书店"，检索图书名称，在图书详情页"资源下载"栏目中获取本书的光盘资源. 由于 MATLAB 语言容易学习，作者期望读者通过这些程序的学习和使用，不但能加深对书本知识的理解，而且能通过对程序的功能扩展，解决学习及应用研究中遇到的问题.

本书第二版的结构与第一版基本相同：第 1 章，数学预备知识；第 2 章，标量衍射理论；第 3 章，衍射积分的数值计算及应用；第 4 章，衍射受限成像；第 5 章，光学信息处理；第 6 章，部分相干理论；第 7 章，全息照相；第 8 章，全息干涉计量；第 9 章，数字全息；第 10 章，光波分复用中的基本器件与网络. 各章撰写分工如下：宫爱玲教授，第 1 章；李俊昌教授，第 2、3、4、9 章；伏云昌教授，第 5 章；钱晓凡教授，第 6 章及相关程序；熊秉衡教授，第 7、8 章；李川教授，第 10 章及相关程序. 全书由李俊昌教授统稿并编写了其余各章的相关程序.

为让本书既适用于本科生教学，又能为相关专业的研究生及科技工作者提供有益的参考，我们在书的目录中用“*”符号标注了部分章节，这些内容主要适用于研究生及科技工作者参考.

由于作者水平有限，书中不足及疏漏之处敬请读者指正.

李俊昌

2016 年 6 月

第一版前言

在信息光学研究领域中，光波的衍射理论是最基础的理论，如果要定量描述信息光学的实际技术问题，几乎都涉及衍射计算. 由于实际的衍射问题几乎无解析解，必须借助于计算机作数值计算，随着计算机技术的飞速发展，信息光学技术已经与计算机结下不解之缘. 然而，衍射计算通常是十分困难的工作. 正如玻恩(M.Born)及沃尔夫(E.Wolf)在他们的名著《光学原理》(*Principles of Optics*)一书中指出的那样："衍射问题是光学中遇到的最困难的问题之一，在衍射理论中很少存在某种意义上可以认为是严格的解……"在目前流行的信息光学著作或教材中，衍射计算方法的讨论较少，在一定程度上成为学习和研究光信息技术的障碍. 从光传播的物理概念出发，通过对不同形式衍射积分的研究，对目前流行的计算方法简要总结，为相关专业的大学生、研究生及科技工作者提供方便，是本书的一个重要宗旨.

为适应面向 21 世纪的信息光学教学的需要，本书除系统介绍衍射的数值计算方法外，还包含大学本科信息光学教材的主要内容. 全书的结构为：第 1 章，数学预备知识；第 2 章，标量衍射理论；第 3 章，衍射积分的快速傅里叶变换计算；第 4 章，衍射受限成像及成像系统；第 5 章，部分相干理论；第 6 章，光学信息处理；第 7 章，全息照相；第 8 章，全息干涉计量；第 9 章，数字全息；第 10 章，光波分复用中的基本器件与网络.

为方便读者学习，本书附录 A 提供了 MATLAB 语言编写的衍射计算及数字全息波前重建程序，所附光盘除提供全书的习题及参考答案外，还介绍了附录 A 中程序的运行方法及运行程序时的相关文件. 读者不但可以利用这些程序验证书中衍射计算及数字全息的主要内容，而且能解决许多实际问题. 为让本书既适用于本科生教学，又能为相关专业的研究生及科技工作者提供有益的参考，我们在书的目录中用"*"号标注了部分章节，这些内容主要适用于研究生及科技工作者参考.

本书作者是长期在光信息技术第一线从事教学及科研的工作者，各章撰写分工如下：宫爱玲教授，第 1 章；李俊昌教授，第 2、3、4、9 章及计算程序；钱晓帆教授，第 5 章；伏云昌教授，第 6 章；熊秉衡教授，第 7、8 章；李川教授，第 10 章. 全书由李俊昌及熊秉衡教授统稿.

由于作者水平有限，书中不足及疏漏之处敬请读者指正.

李俊昌　熊秉衡

2010 年 6 月

目　　录

第二版前言
第一版前言
第 1 章　数学预备知识 1
1.1　常用的几种非初等函数 1
1.2　二维傅里叶变换 9
1.3　线性系统 12
1.4　二维抽样定理 15
习题 1 18
参考文献 18
第 2 章　标量衍射理论 19
2.1　光波的复函数表示 19
2.2　标量衍射理论 23
2.3　夫琅禾费衍射的计算实例 30
2.4　菲涅耳衍射积分的计算及应用实例 34
2.5　柯林斯公式 40
习题 2 47
参考文献 49
第 3 章　衍射积分的数值计算及应用 51
3.1　离散傅里叶变换与傅里叶变换的关系 51
3.2　菲涅耳衍射积分的快速傅里叶变换计算 55
*3.3　经典衍射公式及其快速傅里叶变换计算 66
*3.4　柯林斯公式的计算 75
*3.5　衍射数值计算的应用实例 84
习题 3 94
参考文献 95
第 4 章　衍射受限成像 96
4.1　透镜的光学变换性质 96
4.2　衍射受限系统的相干光照明成像 102
4.3　衍射受限系统的非相干照明成像 111
4.4　相干成像与非相干成像的比较 124
习题 4 132
参考文献 133

第 5 章　光学信息处理 134
5.1　阿贝二次成像理论和阿贝-波特实验 134
5.2　空间频率滤波系统和空间滤波器 143
5.3　空间滤波器的应用实例 148
5.4　相干光信息处理系统 151
5.5　非相干光信息处理系统 160
习题 5 162
参考文献 162
第 6 章　部分相干理论 163
6.1　引言 163
6.2　可见度 165
6.3　互相干函数及相干度 170
6.4　时间相干和空间相干 173
6.5　恒星干涉仪 176
习题 6 177
参考文献 178
第 7 章　全息照相 179
7.1　全息照相的基本原理 179
7.2　几种其他主要类型的全息图 211
7.3　全息照相的应用概况 224
习题 7 228
参考文献 229
第 8 章　全息干涉计量 231
8.1　单曝光法或实时全息法 231
8.2　二次曝光全息干涉计量或双曝光法 239
8.3　时间平均法原理及其应用 253
8.4　全息系统的智能化、小型化、多功能化 256
习题 8 259
参考文献 261
第 9 章　数字全息 263
9.1　离轴数字全息及波前的 1-FFT 重建 263
9.2　1-FFT 方法重建波前的噪声研究及消除 270
9.3　基于虚拟数字全息图的波前重建 273
9.4　彩色数字全息 276
*9.5　数字全息在光学检测中的应用 280
习题 9 298
参考文献 299
第 10 章　光波分复用中的基本器件与网络 302
10.1　光波在光纤中的传播 302

10.2　光纤布拉格光栅 313
10.3　光波在波导中的传播 315
10.4　平面阵列波导光栅 327
10.5　光信号的发送、接收和放大 327
10.6　光波分复用网络 333
习题 10 335
参考文献 335
附录 A　柯林斯公式推导 337
附录 B　散射光全息干涉图像的理论模型 343
附录 C　本书提供的 MATLAB 程序 348
附录 D　如何在 MATLAB7.X 环境下运行 M 文件 349
附录 E　如何下载本书光盘内容及光盘文件的使用 353
全书习题参考答案 354

第 1 章　数学预备知识

光是电磁波，光波的传播满足麦克斯韦方程．基于麦克斯韦方程并利用标量衍射理论研究光信息的产生、传播、获取、处理及应用，是信息光学的基本研究内容．在标量衍射的理论框架下，光波在介质空间及不同形式光学系统中的传播可以视为二维信息通过线性系统的过程．由于载有信息的光波场的表述涉及一些重要的数学函数，光波通过线性系统时受到的变换涉及基本的数学工具——傅里叶变换，光信息的数字化处理还涉及对光波场的合理离散及取样问题．因此，作为学习信息光学的数学预备知识，本章对常用的数学函数、二维傅里叶变换、二维线性系统以及取样定理进行介绍．

1.1　常用的几种非初等函数

1.1.1　矩形函数

宽度为 $a\,(a>0)$、中心在 x_0 的一维矩形函数定义为

$$\operatorname{rect}\left(\frac{x-x_0}{a}\right)=\begin{cases}1, & \left|\dfrac{x-x_0}{a}\right|\leqslant 1/2 \\ 0, & \text{其他}\end{cases} \tag{1-1-1}$$

图 1-1-1 是该函数的图像．

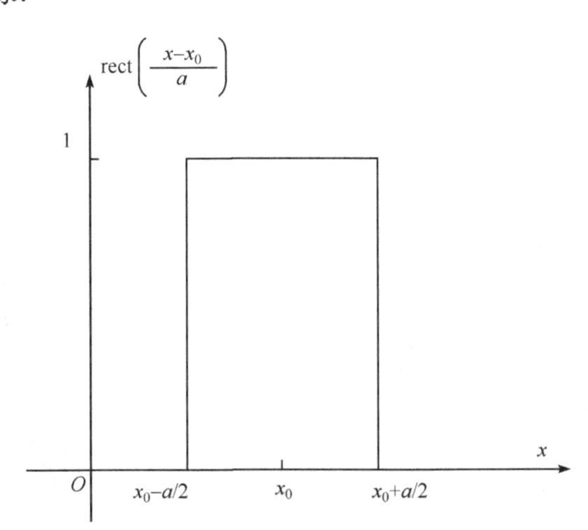

图 1-1-1　中心在 x_0、宽度为 a 的一维矩形函数

当用 x 代表时间变量时，可以用一维矩形函数来描述照相机的快门，这时式(1-1-1)中的 a 就表示曝光时间；当用 x 代表空间变量时，可以用该函数表示无限大不透明屏上一个宽度为 a 的狭缝的透过率．

二维矩形函数可用以两个一维矩形函数的乘积表示：

$$\mathrm{rect}\left(\frac{x-x_0}{a}\right)\mathrm{rect}\left(\frac{y-y_0}{b}\right),\quad a>0,b>0 \tag{1-1-2}$$

它表示 xOy 平面上以点 (x_0,y_0) 为中心的 $a\times b$ 矩形区域内矩形函数取值为 1，其他地方处处等于 0，如图 1-1-2 所示为中心在原点、宽度为 $a\times b$ 的二维矩形函数示意图.

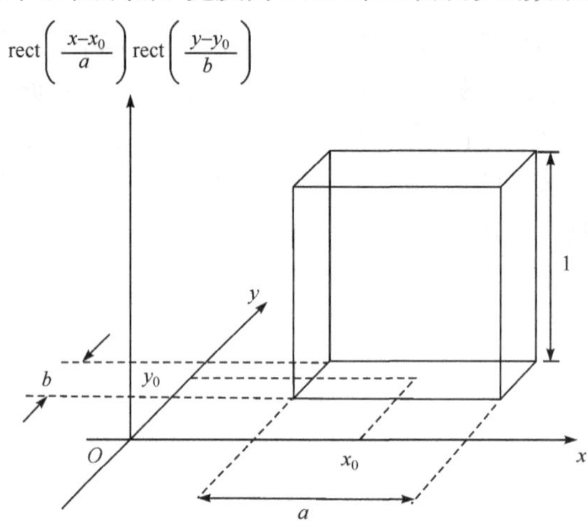

图 1-1-2　中心在原点、宽度为 $a\times b$ 的矩形函数

二维矩形函数可用来描述无限大不透明屏上矩形孔的透过率，用它与某函数(或图像)相乘，可以截取出矩形孔范围内的函数值，其他位置处赋予零值. 图 1-1-3 描述了一幅二维图像的截取过程. 图 1-1-3(b)中用黑色代表零，白色代表 1，图 1-1-3(c)给出截取结果. 三幅图像的数学描述可以分别写为

图 1-1-3(a)：　$I(x,y)$

图 1-1-3(b)：　$\mathrm{rect}\left(\frac{x-x_0}{a}\right)\mathrm{rect}\left(\frac{y-y_0}{b}\right)$

图 1-1-3(c)：　$I(x,y)\times\mathrm{rect}\left(\frac{x-x_0}{a}\right)\mathrm{rect}\left(\frac{y-y_0}{b}\right)$

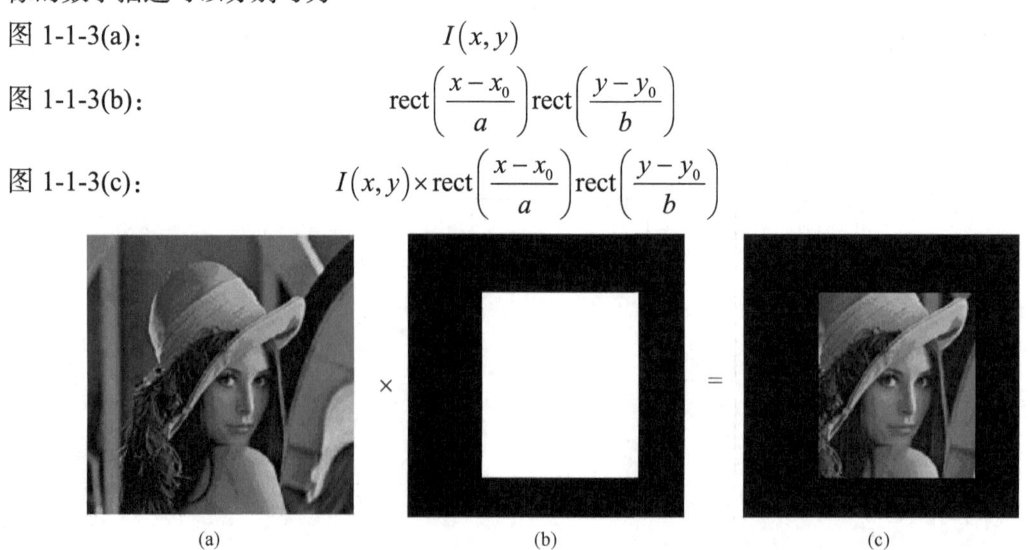

图 1-1-3　矩形函数截取二维图像的过程

1.1.2　sinc 函数

一维 sinc 函数定义为

$$\text{sinc}\left(\frac{x}{a}\right)=\frac{\sin(\pi x/a)}{\pi x/a},\quad a>0 \tag{1-1-3}$$

该函数在原点处有最大值 1，而在 $x=\pm na(n=1,2,3,\cdots)$ 处的值等于 0，其函数图形如图 1-1-4 所示，原点两侧第一级零点之间的宽度(称为 sinc 函数的主瓣宽度)为 $2a$，并且它的面积(包括正波瓣和负波瓣)刚好等于 a.

二维 sinc 函数定义为

$$\text{sinc}\left(\frac{x}{a},\frac{y}{b}\right)=\text{sinc}\left(\frac{x}{a}\right)\text{sinc}\left(\frac{y}{b}\right),\quad a>0,b>0 \tag{1-1-4}$$

该函数是两个一维 sinc 函数的乘积，零点位置在 $(\pm ma,\pm nb)$, m,n 均为正整数.

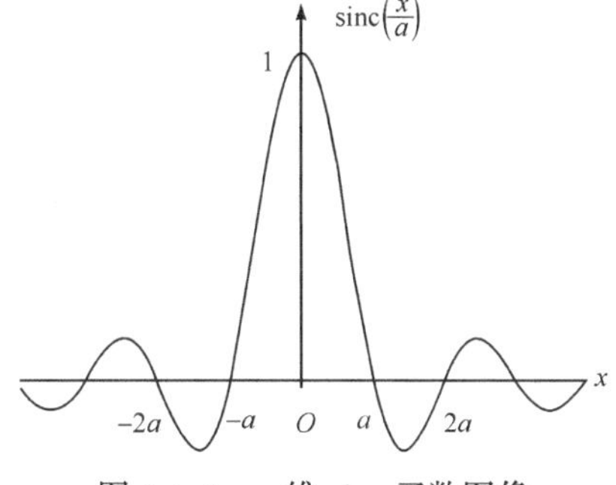

图 1-1-4　一维 sinc 函数图像

对光波衍射研究中将看到，一维 sinc 函数表示单缝(即一维矩形函数)的夫琅禾费衍射的振幅分布，二维 sinc 函数可以表示矩孔(即二维矩形函数)的夫琅禾费衍射的振幅分布，其平方则表示衍射的光强分布图样. 图 1-1-5(a)、(b)分别给出二维 sinc 函数平方的三维曲线及二维强度分布图像，这两幅图像是用书附 MATLAB 语言编写的程序 LXM1.m 绘出的. 由于使用 MATLAB 语言编程不但能绘出不同形式的函数图像，而且能方便地进行科学计算，本书的后续章节将根据教学内容的需要，使用 MATLAB 进行信息光学物理过程的计算及仿真显示.

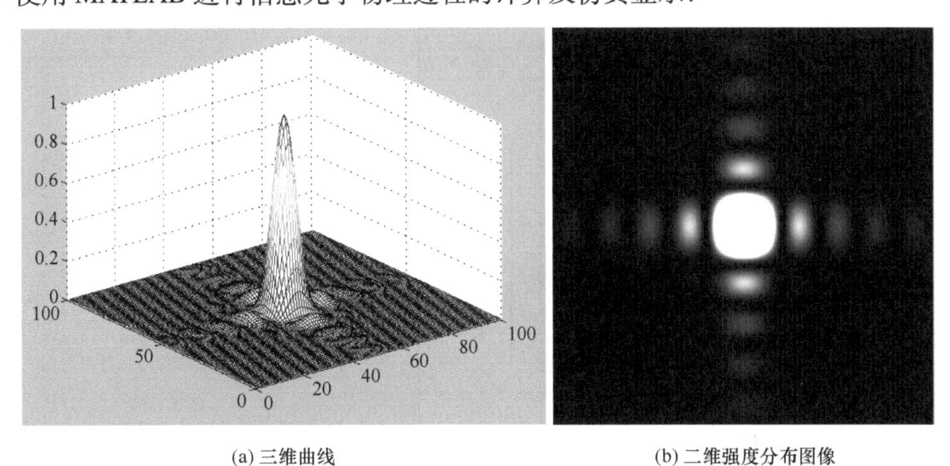

(a) 三维曲线　　(b) 二维强度分布图像

图 1-1-5　中心在(50,50)、瓣宽 20×20 的二维 sinc 函数平方值分布图像

1.1.3　阶跃函数

一维阶跃函数定义为

$$\text{step}\left(\frac{x}{a}\right)=\begin{cases}0, & \dfrac{x}{a}<0\\[2mm] \dfrac{1}{2}, & \dfrac{x}{a}=0\\[2mm] 1, & \dfrac{x}{a}>0\end{cases} \tag{1-1-5}$$

其函数图形如图 1-1-6 所示.

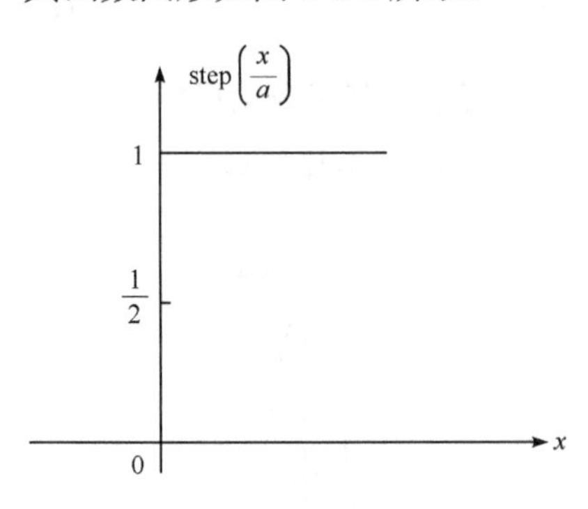

图 1-1-6　中心在原点的一维阶跃函数

该函数在原点 $x=0$ 处有一个间断点，取值为 $\frac{1}{2}$，因此在这种情况下讨论函数的宽度是没有意义的. 将一维阶跃函数与某函数相乘时，在 $x>0$ 的部分，乘积等于该函数值：在 $x<0$ 的部分，乘积恒等于 0，因而一维阶跃函数的作用如同一个“开关”，可在原点处“开启”或“关闭”另一个函数，而实际应用中该开关点也可以选在非原点处，用它乘某函数(或图像)可使开关点一侧的函数保留原值，另一侧则赋予零值. 开关点处取函数值的一半，但在图像处理中这只是对应整幅图像上的一个取值点，通常无关紧要.

二维阶跃函数定义为

$$f(x,y)=\text{step}\left(\frac{x}{a}\right) \tag{1-1-6}$$

二维阶跃函数在 y 方向上等于常数，而在 x 方向上等同于一维阶跃函数，即相当于一维阶跃函数在 y 方向上延伸. 参照图 1-1-3，这种函数可以用来描述光学直边(或刀口)的透过率.

1.1.4　符号函数

一维符号函数定义为

$$\text{sgn}\left(\frac{x}{a}\right)=\begin{cases}+1, & \frac{x}{a}>0\\ 0, & \frac{x}{a}=0\\ -1, & \frac{x}{a}<0\end{cases} \tag{1-1-7}$$

其函数图形如图 1-1-7 所示.

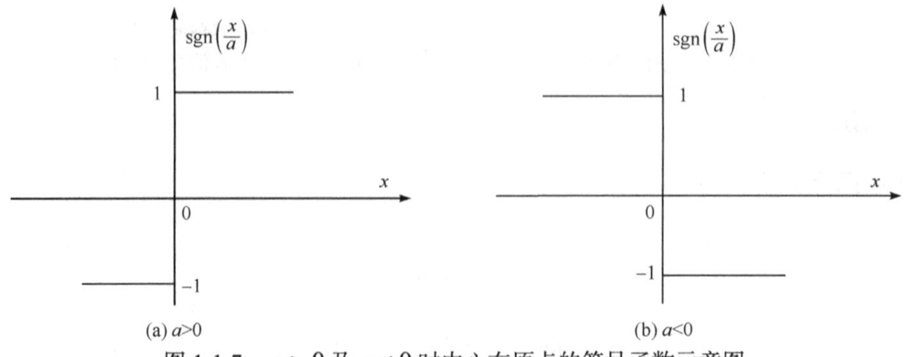

图 1-1-7　$a>0$ 及 $a<0$ 时中心在原点的符号函数示意图

符号函数 sgn(x) 与某函数相乘，可使被乘的函数以某点为界，此点一侧的函数值极性发生翻转. 在实际应用中，如可用于表示某光学孔径的一半嵌有 π 相位板，与另一半的相位相反，符号函数描述该光学孔径的负振幅透过率.

1.1.5　三角函数

一维三角函数定义为

$$\Lambda\left(\frac{x}{a}\right)=\begin{cases}1-\dfrac{|x|}{a}, & \dfrac{|x|}{a}<1, \quad a>0\\ 0, & \text{其他}\end{cases} \tag{1-1-8}$$

该函数表示底边宽度为 $2a$ 、高度为 1 的三角形，函数图形如图 1-1-8 所示.

二维三角形函数定义为

$$\Lambda\left(\frac{x}{a},\frac{y}{b}\right)=\Lambda\left(\frac{x}{a}\right)\Lambda\left(\frac{y}{b}\right)=\begin{cases}\left(1-\dfrac{|x|}{a}\right)\left(1-\dfrac{|y|}{b}\right), & \dfrac{|x|}{a},\dfrac{|y|}{b}<1\\ 0, & \text{其他}\end{cases} \tag{1-1-9}$$

式中，$a>0,b>0$. 该函数可视为两个一维三角函数的乘积，其函数图形如图 1-1-9 所示.

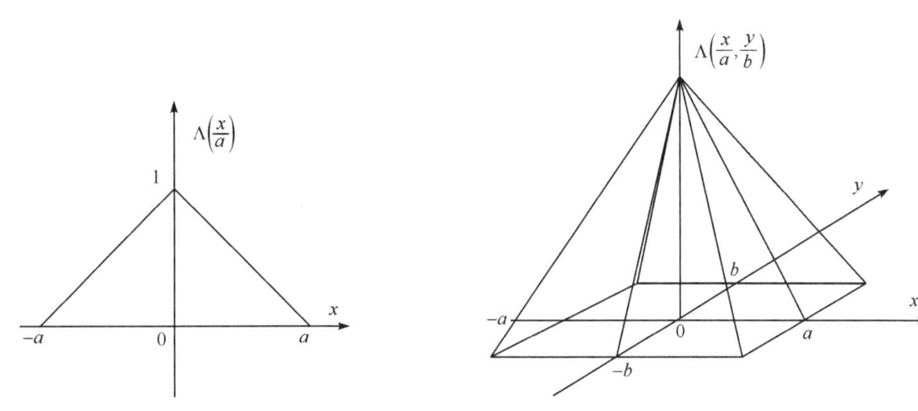

图 1-1-8　中心在原点、宽度为 a 的一维三角函数　　图 1-1-9　中心在原点、宽度为 $a\times a$ 的二维三角函数

在本书关于光学成像的讨论中将看到，二维三角形函数可用来表示一个光瞳为矩形的非相干成像系统的光学传递函数(optical transfer function，OTF).

1.1.6　高斯函数

一维高斯函数定义为

$$\mathrm{Gauss}\left(\frac{x}{a}\right)=\exp\left(-\pi\frac{x^2}{a^2}\right)=\exp\left(-\frac{x^2}{\left(a/\sqrt{\pi}\right)^2}\right) \tag{1-1-10}$$

式中，$a>0$，函数图形如图 1-1-10 所示，通常将 $a/\sqrt{\pi}$ 称为高斯函数半径. 当 $x=a/\sqrt{\pi}$ 时，函数值变为 1/e.

二维高斯函数定义为

$$\mathrm{Gauss}\left(\frac{x}{a},\frac{y}{b}\right)=\exp\left(-\pi\frac{x^2}{a^2}-\pi\frac{y^2}{b^2}\right),\quad a>0,b>0 \tag{1-1-11}$$

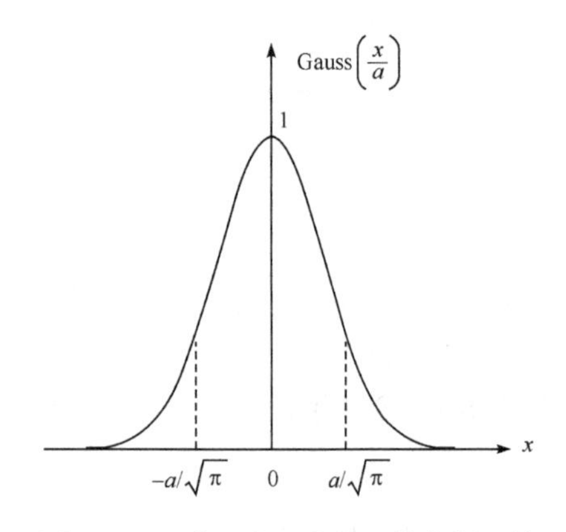

图 1-1-10 中心在原点的一维高斯函数

通常用二维高斯函数表述基横模激光束在垂直于传播方向的振幅分布．由于光波场强度与振幅平方成正比，功率为 P_0、半径为 w 的高斯光束的强度分布为

$$I_{\text{Gauss}}(x,y)=\frac{2P_0}{\pi w^2}\exp\left(-2\frac{x^2+y^2}{w^2}\right) \tag{1-1-12}$$

式中，$\frac{2P_0}{\pi w^2}$ 为归一化因子．容易证明，上述表达式在 xy 平面的积分值为 P_0．

高斯函数是光滑函数，且各阶导数都是连续的．在傅里叶变换研究中将看到，高斯函数的傅里叶变换也是高斯函数．

1.1.7 圆域函数

圆域函数通常用于极坐标中涉及圆孔衍射问题的计算，在极坐标及直角坐标系中的定义分别如下：

$$\text{circ}(r)=\text{circ}\left(\sqrt{x^2+y^2}\right)=\begin{cases}1, & r=\sqrt{x^2+y^2}\leqslant 1\\ 0, & r=\sqrt{x^2+y^2}>1\end{cases} \tag{1-1-13}$$

不透明屏 xy 上中心在$(x_0,\ y_0)$、半径为 a 的圆孔的透过率可以表示为

$$\text{circ}\left(\frac{\sqrt{(x-x_0)^2+(y-y_0)^2}}{a}\right)$$

圆域函数的图像绘于图 1-1-11．

1.1.8 狄拉克δ函数

1. δ函数的定义

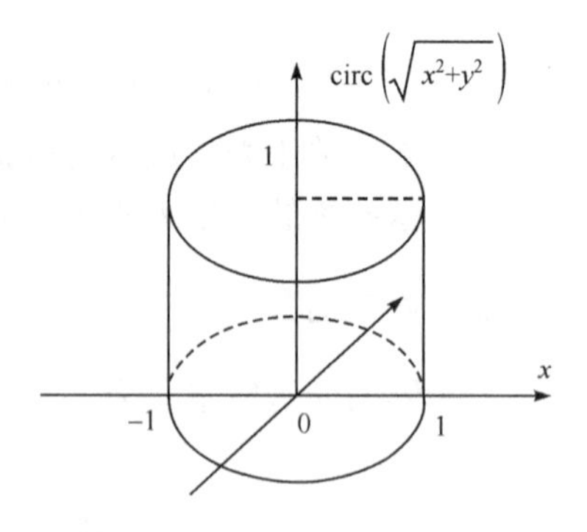

图 1-1-11 圆域函数的图像

狄拉克δ函数(简称δ函数)用于描述脉冲这一类物理现象，如单位能量的瞬间电脉冲可用时间为变量的$\delta(t)$来描述；空间变量的δ函数可以表述单位电量点电荷的电流密度以及单位质量质点的质量密度．在信息光学研究中，空间变量的δ函数通常用于表示单位光通量的点光源．这些物理量的特点在数学上可抽象为在脉冲所在点之外其值为零，而包含脉冲所在点在内的任意范围的积分等于 1．数学上将具有这种性质的函数定义为δ函数．定义δ函数的数学表达式有多种，以下导出其中一种表达式．

分析函数序列 $f_N(x)=N\text{rect}(Nx)$(N=1,2,3,⋯)当 N 逐渐增大时的情况．图 1-1-12 给出了 N=1,2,4 时的函数图像．由图可见，当 N 逐渐变大时，函数不为零的范围逐渐变小，而在此范围内的函数值却逐渐变大．不难想象，当 N 增大至无穷时，函数的值将也增到无穷大，但无论如何，函数曲线与横轴围成的面积始终为 1．于是，利用矩形函数可以将δ函数定义为

$$\delta(x)=\lim_{N\to\infty}N\text{rect}(Nx)$$

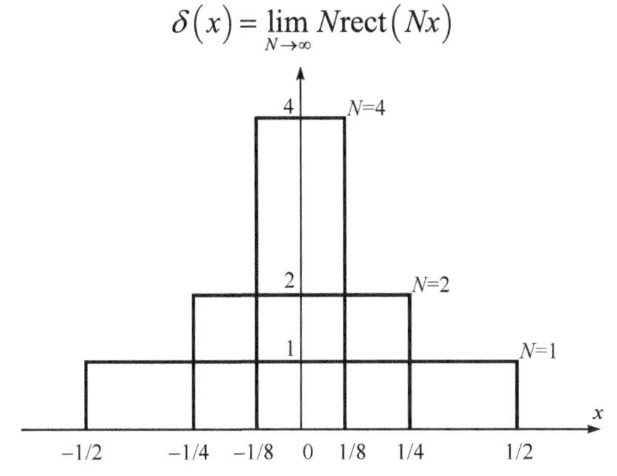

图 1-1-12　N=1,2,4 时 $f_N(x)=N\text{rect}(Nx)$ 的函数图像

利用类似的方法，还可以得出δ函数的如下表达式：

$$\delta(x)=\lim_{N\to\infty}N\exp\left(-N^2\pi x^2\right)$$

$$\delta(x)=\lim_{N\to\infty}N\text{sinc}(Nx)$$

二维δ函数是一维δ函数的简单推广，下面列举几种常用的定义：

$$\delta(x,y)=\lim_{N\to\infty}N^2\,\text{rect}(Nx)\text{rect}(Ny) \tag{1-1-14}$$

$$\delta(x,y)=\lim_{N\to\infty}N^2\,\exp\left[-N^2\pi\left(x^2+y^2\right)\right] \tag{1-1-15}$$

$$\delta(x,y)=\lim_{N\to\infty}N^2\,\text{sinc}(Nx)\text{sinc}(Ny) \tag{1-1-16}$$

$$\delta(x,y)=\lim_{N\to\infty}\frac{N^2}{\pi}\text{circ}\left(N\sqrt{x^2+y^2}\right) \tag{1-1-17}$$

$$\delta(x,y)=\lim_{N\to\infty}N\frac{\text{J}_1\left(2\pi N\sqrt{x^2+y^2}\right)}{\sqrt{x^2+y^2}} \tag{1-1-18}$$

以上最后一个表达中 J_1 为一阶贝塞尔函数．实际应用中，δ函数的某种定义可能会比另一种定义使用起来更方便些，因此可以根据情况选择相应的表达式．按照同样的原则，我们可以对三维以至于多维空间的δ函数作出恰当的定义．

2. δ函数的主要性质

1) δ函数的坐标缩放性质

若 a 为任意常数，则

$$\delta(ax)=\frac{1}{|a|}\delta(x) \tag{1-1-19}$$

2) δ函数的相乘性质

若$\varphi(x)$在 x_0 点连续，则

$$\varphi(x)\delta(x-x_0)=\varphi(x_0)\delta(x-x_0) \tag{1-1-20}$$

3) δ函数的卷积性质

定义如下表达式为δ函数与函数φ的卷积：

$$\delta(x)*\varphi(x)=\int_{-\infty}^{\infty}\delta(x_0)\varphi(x-x_0)\mathrm{d}x_0$$

则有

$$\delta(x)*\varphi(x)=\varphi(x)*\delta(x)=\varphi(x) \tag{1-1-21}$$

4) δ函数的筛选性质

δ函数的筛选性质在进行分析和计算中非常有用，仅以一维δ函数为例介绍其性质，并给出相应证明.

若$\varphi(x)$在 x 点连续，则

$$\int_{-\infty}^{\infty}\delta(x-x_0)\varphi(x)\mathrm{d}x=\varphi(x_0) \tag{1-1-22}$$

证明　令 $x-x_0=x'$ ，式(1-1-22)左边可重写为

$$\int_{-\infty}^{\infty}\delta(x)\varphi(x+x_0)\mathrm{d}x=\int_{-\infty}^{-\varepsilon}\delta(x)\varphi(x+x_0)\mathrm{d}x+\int_{-\varepsilon}^{+\varepsilon}\delta(x)\varphi(x+x_0)\mathrm{d}x+\int_{+\varepsilon}^{\infty}\delta(x)\varphi(x+x_0)\mathrm{d}x$$

当$\varepsilon\to0$ 时，上式右端第一、三项仍然为零，于是

$$\int_{-\infty}^{\infty}\delta(x-x_0)\varphi(x)\mathrm{d}x=\lim_{\varepsilon\to0}\int_{-\varepsilon}^{-\varepsilon}\delta(x)\varphi(x+x_0)\mathrm{d}x=\varphi(x_0)\int_{-\varepsilon}^{+\varepsilon}\delta(x)\mathrm{d}x=\varphi(x_0)$$

对于二维以上的δ函数，通过类似的讨论也可以证明其具有相似的筛选特性.

1.1.9　梳状函数

δ 函数可以用来描述线光源或点光源，若在同一直线排列无穷多个等距离的这样的点光源，则可以用该直线上无穷多个等距离的 δ 函数之和来表示. 同样，若在一个平面上纵横排列着无穷多个各自等距离的点光源，则可用该平面上无穷多个等间隔排列的 δ 函数之和来表示. 为了描述这种情况，引入梳状函数.

梳状函数是一等距离排列的δ函数，由于在描述光栅这一类光学器件的透过率及将连续函数离散时很方便，一维梳状函数定义如下：

$$\mathrm{comb}(x)=\sum_{n=-\infty}^{\infty}\delta(x-n),\quad n=1,2,3,\cdots \tag{1-1-23}$$

图 1-1-13 给出了$\delta(x)$函数及梳状函数 comb(x)的图像.

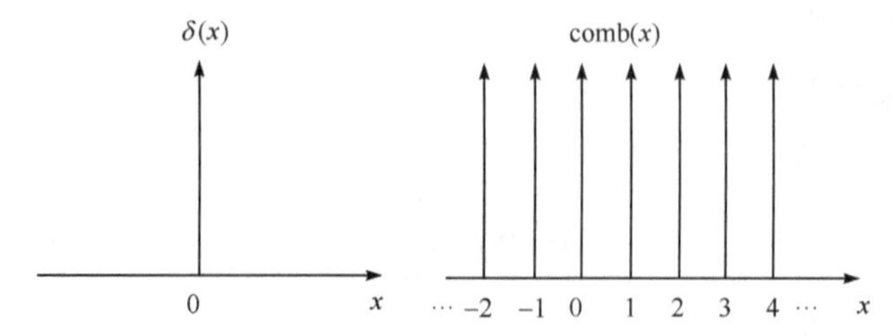

图 1-1-13　$\delta(x)$函数及梳状函数 comb(x)的图像

二维梳状函数可基于一维定义表示为

$$\mathrm{comb}(x,y)=\sum_{n=-\infty}^{\infty}\delta(x-n)\sum_{m=-\infty}^{\infty}\delta(y-m),\quad n,m=1,2,3,\cdots \tag{1-1-24}$$

梳状函数与普通函数的乘积，可以视为对该函数进行等间距的抽样，只取出梳状函数有

值的位置点处的函数值，所以梳状函数又称为普通函数的抽样函数，在讨论图像的抽样理论时极为有用.

1.2　二维傅里叶变换

傅里叶变换对于分析线性及非线性问题是一个有力的数学工具. 由于光波场的传播过程可视为由广义的“物”光场到“像”光场二维分布的一个线性变换，现对二维傅里叶变换作介绍.

1.2.1　二维傅里叶变换的定义和存在条件

一个二维复值函数 $g(x, y)$的二维傅里叶变换表示为 $F\{g(x,y)\}$，它由下式定义：

$$F\{g(x,y)\}=G(u,v)=\int\int_{-\infty}^{\infty} g(x,y)\exp[-\mathrm{j}2\pi(ux+vy)]\,\mathrm{d}x\mathrm{d}y \tag{1-2-1}$$

式中，$\mathrm{j}=\sqrt{-1}$. 这样定义的变换本身也是两个自变量 u 和 v 的复函数，称为原函数 g 的谱函数，u 和 v 一般称为频率. 对应地，函数 $G(u,v)$的傅里叶逆变换表示为 $F^{-1}\{G(u,v)\}$，其定义为

$$F^{-1}\{F(u,v)\}=g(x,y)=\int\int_{-\infty}^{\infty} G(u,v)\exp[\mathrm{j}2\pi(ux+vy)]\,\mathrm{d}u\mathrm{d}v \tag{1-2-2}$$

由此可见，傅里叶变换及逆变换在形式上非常相似，只是被积函数中指数项符号不同. 上述定义式存在的充分条件可以有多种不同的表述形式，最常用的为

(1) g 必须在整个 xy 平面绝对可积；

(2) 在任一有限矩形区域里只有有限个间断点和有限个极大和极小点；

(3) g 必须没有无穷大间断点.

一般而言，以上三个条件中的任何一个都可以减弱，只要加强另外的一个或两个条件. 但对此作进一步的讨论，已超出本书的范围.

为便于傅里叶变换的实际应用，表 1-2-1 给出常用函数的傅里叶变换对.

表 1-2-1　常用函数的傅里叶变换对

原函数	谱函数
1	$\delta(u,v)$
$\delta(x,y)$	1
$\delta(x-x_0,y-y_0)$	$\exp[-\mathrm{j}2\pi(ux_0+vy_0)]$
$\mathrm{rect}(x)\mathrm{rect}(y)$	$\mathrm{sinc}(u)\mathrm{sinc}(v)$
$\Lambda(x)\Lambda(y)$	$\mathrm{sinc}^2(u)\mathrm{sinc}^2(v)$
$\mathrm{sgn}(x)\mathrm{sgn}(y)$	$\frac{1}{\mathrm{j}\pi u}\times\frac{1}{\mathrm{j}\pi v}$
$\exp[-\pi(x^2+y^2)]$	$\exp[-\pi(u^2+v^2)]$

续表

原函数	谱函数
$\exp\left[-\mathrm{j}2\pi(ax+by)\right]$	$\delta(u-a,v-b)$
$\mathrm{circ}\left(\sqrt{x^2+y^2}\right)$	$\dfrac{\mathrm{J}_1\left(2\pi\sqrt{u^2+v^2}\right)}{\sqrt{u^2+v^2}}$
$\cos(2\pi u_0 x)$	$\frac{1}{2}\left[\delta(u-u_0)+\delta(u+u_0)\right]$
$\frac{1}{2}\left[\delta(x-x_0)+\delta(x+x_0)\right]$	$\cos(2\pi u x_0)$
$\sin(2\pi u_0 x)$	$\frac{1}{2\mathrm{j}}\left[\delta(u-u_0)-\delta(u+u_0)\right]$
$\frac{\mathrm{j}}{2}\left[\delta(x-x_0)-\delta(x+x_0)\right]$	$\sin(2\pi u x_0)$
$\mathrm{comb}(x)\mathrm{comb}(y)$	$\mathrm{comb}(u)\mathrm{comb}(v)$

1.2.2 傅里叶变换定理

利用傅里叶变换研究问题时，熟悉傅里叶变换的一些重要性质，将能大大简化分析及运算过程. 现对几个主要的定理进行介绍.

1) 线性定理

两个函数之和的变换简单是它们各自变换之和：

$$F\left\{\alpha g(x,y)+\beta h(x,y)\right\}=\alpha F\left\{g(x,y)\right\}+\beta F\left\{h(x,y)\right\}$$

2) 相似性定理

若 $F\left\{g(x,y)\right\}=G(u,v)$，则

$$F\left\{g(ax,by)\right\}=\frac{1}{|ab|}G\left(\frac{u}{a},\frac{v}{b}\right)$$

即空域坐标(x,y)的“伸展”将导致频域坐标(u,v)的压缩加上整个频谱幅度的一个总体的变化.

3) 相移定理

若 $F\left\{g(x,y)\right\}=G(u,v)$，则

$$F\left\{g(x-a,y-b)\right\}=G(u,v)\exp\left[-\mathrm{j}2\pi(ua+vb)\right]$$

即函数在空域中的平移将引起频域中的一个线性相移.

4) 帕塞瓦尔定理

若 $F\left\{g(x,y)\right\}=G(u,v)$，则

$$\int_{-\infty}^{\infty}\int\left|g(x,y)\right|^2\mathrm{d}x\mathrm{d}y=\int_{-\infty}^{\infty}\int\left|G(u,v)\right|^2\mathrm{d}u\mathrm{d}v$$

这个定理可以理解为能量守恒的表达式.

5) 卷积定理

若 $F\left\{g\left(x,y\right)\right\}=G\left(u,v\right)$，并且 $F\left\{h\left(x,y\right)\right\}=H\left(u,v\right)$，则

$$F\left\{\iint_{-\infty}^{\infty} g\left(\xi,\eta\right)h\left(x-\xi,y-\eta\right)\mathrm{d}\xi\mathrm{d}\eta\right\}=G\left(u,v\right)H\left(u,v\right)$$

即空域中两个函数卷积的傅里叶变换积等于它们各自变换式的乘积. 由于计算傅里叶变换时可以利用快速傅里叶变换技术(FFT)，该定理为函数卷积的快速计算提供了一种重要手段.

6) 自相关定理

若 $F\left\{g\left(x,y\right)\right\}=G\left(u,v\right)$，则

$$F\left\{\iint_{-\infty}^{\infty} g\left(\xi,\eta\right)g^*\left(\xi-x,\eta-y\right)\mathrm{d}\xi\mathrm{d}\eta\right\}=\left|G\left(u,v\right)\right|^2$$

$$F\left\{\left|g\left(\xi,\eta\right)\right|^2\right\}=\iint_{-\infty}^{\infty} G\left(\xi,\eta\right)G^*\left(\xi+u_x,\eta+v\right)\mathrm{d}\xi\mathrm{d}\eta$$

这个定理可以视为卷积定理的特例.

7) 傅里叶积分定理

在复值函数 g 的各个连续点上，以下两式成立：

$$F\left\{F^{-1}\left\{g\left(x,y\right)\right\}\right\}=F^{-1}\left\{F\left\{g\left(x,y\right)\right\}\right\}=g\left(x,y\right)$$

$$F\left\{F\left\{g\left(x,y\right)\right\}\right\}=F^{-1}\left\{F^{-1}\left\{g\left(x,y\right)\right\}\right\}=g\left(-x,-y\right)$$

上述定理为利用傅里叶变换研究问题及计算提供了方便，在本书涉及的光学计算及重要公式的推导中也被多次引用.

1.2.3　二维傅里叶变换在极坐标下的表示

对于具有圆对称性的二维函数，用极坐标表示更为方便. 设 (x,y) 平面上的极坐标为 (r,θ)，频率平面上的的极坐标为 (ρ,φ)，则有

$$\begin{cases}x=r\cos\theta\\y=r\sin\theta\end{cases}\tag{1-2-3}$$

$$\begin{cases}u=\rho\cos\varphi\\v=\rho\sin\varphi\end{cases}\tag{1-2-4}$$

可将直角坐标系中的原函数与谱函数在极坐标下表示为

$$g(r,\theta)=f(r\cos\theta,r\sin\theta)\tag{1-2-5}$$

$$G(\rho,\varphi)=F(\rho\cos\varphi,\rho\sin\varphi)\tag{1-2-6}$$

将以上两式代入式(1-2-1)和式(1-2-2)可得极坐标下的二维傅里叶变换：

$$G(\rho,\varphi)=\int_0^{2\pi}\int_0^{+\infty} rg(r,\theta)\exp\left[-\mathrm{j}2\pi r\rho\cos(\theta-\varphi)\right]\mathrm{d}r\mathrm{d}\theta\tag{1-2-7}$$

$$g(r,\theta)=\int_0^{2\pi}\int_0^{+\infty} \rho G(\rho,\varphi)\exp\left[\mathrm{j}2\pi r\rho\cos(\theta-\varphi)\right]\mathrm{d}\rho\mathrm{d}\varphi\tag{1-2-8}$$

由于大部分光学系统具有圆对称性，当满足圆对称性时，函数 $g(r,\theta)$ 仅与半径 r 有关，可以表示为

$$g(r,\theta)=g(r)$$

将上式代入式(1-2-7)，并且利用贝塞尔恒等式

$$\mathrm{J}_0(a)=\frac{1}{2\pi}\int_0^{2\pi}\exp\left[-\mathrm{j}a\cos(\theta-\varphi)\right]\mathrm{d}\theta \tag{1-2-9}$$

$\mathrm{J}_0(a)$ 称为零阶第一类贝塞尔函数，$g(r)$ 在极坐标下的傅里叶变换为

$$G(\rho)=2\pi\int_0^{+\infty} rg(r)\mathrm{J}_0(2\pi r\rho)\,\mathrm{d}r \tag{1-2-10}$$

称为傅里叶-贝塞尔变换，或零阶汉克尔变换.

类似地，令 $G(\rho)=G(\rho,\varphi)$ 根据式(1-2-8)可得极坐标下的傅里叶逆变换

$$g(r)=2\pi\int_0^{+\infty} \rho G(\rho)\mathrm{J}_0(2\pi r\rho)\,\mathrm{d}\rho \tag{1-2-11}$$

因此圆对称函数的傅里叶变换和傅里叶逆变换的数学形式相同.

1.3　线 性 系 统

光学系统是将输入光信号转变为输出光信号的装置. 在光传播的路径上，可以将与光传播方向相垂直的任意两个空间平面间的物质视为一个光学系统. 光学系统可以是线性的，也可以是非线性的. 真实的光学系统严格来讲都不是线性的，但是，多数情况下将光学系统视为线性系统后，可以得到足够准确的研究结果. 因此，对线性系统进行研究.

1.3.1　线性系统的定义

从数学上看，系统对应着某种变换作用，若将系统的作用表示为 $L\{\ \}$，二维函数 $f(x,y)$ 通过系统 $L\{\ \}$ 变换为函数 $p(x',y')$ 可记为

$$p(x',y')=L\{f(x,y)\} \tag{1-3-1}$$

f 称为系统的输入函数，p 称为系统的输出函数.

对于一个系统而言，设输入函数为 $f_1(x,y)$，$f_2(x,y)$，$\cdots$，$f_n(x,y)$，输出函数为 $p_1(x',y')$，$p_2(x',y')$，$\cdots$，$p_n(x',y')$，则有

$$p_1(x',y')=L\{f_1(x,y)\}$$

$$p_2(x',y')=L\{f_2(x,y)\}$$

$$\cdots\cdots$$

$$p_n(x',y')=L\{f_n(x,y)\}$$

令 $a_1,a_2,\cdots,a_n$ 为复常数. 如果输入和输出满足

$$\begin{aligned}p(x',y')&=L\{f_1(x,y)+f_2(x,y)\}+\cdots+f_n(x,y)\}\\&=L\{f_1(x,y)\}+L\{f_2(x,y)\}+\cdots+L\{f_n(x,y)\}\\&=p_1(x',y')+p_2(x',y')+\cdots+p_n(x',y')\end{aligned}\tag{1-3-2}$$

及

$$\begin{aligned}p(x',y')&=L\{a_1f_1(x,y)+a_2f_2(x,y)\}+\cdots+a_nf_n(x,y)\}\\&=a_1L\{f_1(x,y)\}+a_2L\{f_2(x,y)\}+\cdots+a_nL\{f_n(x,y)\}\\&=a_1p_1(x',y')+a_2p_2(x',y')+\cdots+a_np_n(x',y')\end{aligned}\tag{1-3-3}$$

则称此系统为线性系统.

在光学中，输入光信号可以用函数来表示，这个函数可以看成某些基元函数的线性组合. 对于线性系统，输出光信号就是这些基元函数变换的线性组合. 如果我们知道了基元函数的变换关系，复杂的输入光信号的输出情况就清楚了. 常用的基元函数是二维 δ 函数和复指数函数.

1.3.2　脉冲响应和叠加积分

将点光源用 δ 函数表示，根据 δ 函数的定义

$$\delta(x-x_0,y-y_0)=\begin{cases}\infty, & x=x_0,y=y_0\\0, & \text{其他}\end{cases}$$

输入光信号的光场分布可以表示为

$$f(x,y)=\iint_{\infty}f(x_0,y_0)\delta(x-x_0,y-y_0)\mathrm{d}x_0\mathrm{d}y_0\tag{1-3-4}$$

式(1-3-4)的物理意义是输入光信号的光场分布可以看成一系列带有权重 $f(x_0,y_0)$ 的点光源的线性叠加.

输入光信号 $f(x,y)$ 经线性系统的输出 $p(x',y')$ 可以表示为

$$p(x',y')=L\left\{\iint_{\infty}f(x_0,y_0)\delta(x-x_0,y-y_0)\mathrm{d}x_0\mathrm{d}y_0\right\}\tag{1-3-5}$$

对于光场中的每一点，$f(x_0,y_0)$ 是确定的，可以看作常量，因此式(1-3-5)可以写为

$$p(x',y')=\iint_{\infty}f(x_0,y_0)L\{\delta(x-x_0,y-y_0)\mathrm{d}x_0\mathrm{d}y_0\}\tag{1-3-6}$$

如果用 $h(x',y';x_0,y_0)$ 表示系统在输出空间 (x',y') 对输入空间的 (x_0,y_0) 点上的一个 δ 函数的响应，即

$$h(x',y';x_0,y_0)=L\{\delta(x-x_0,y-y_0)\}\tag{1-3-7}$$

函数 h 称为系统的脉冲响应函数. 于是，当系统的脉冲响应函数知道后，输出信号可以通过在输入平面的积分表示出：

$$p(x',y')=\iint_{\infty}f(x_0,y_0)h(x',y';x_0,y_0)\mathrm{d}x_0\mathrm{d}y_0\tag{1-3-8}$$

称式(1-3-8)为叠加积分.

由于 $f(x_0,y_0)$ 随着位置的变化而变化，一般情况下，脉冲响应非常复杂，对于线性不变系统，分析才变得简单. 事实上，多数情况下光学系统都可以近似为线性不变系统进行研究.

1.3.3 二维线性不变系统的定义

二维线性不变系统是线性系统的一个重要的子系统. 如果一个线性成像系统的脉冲响应函数 $h(x',y';x_0,y_0)$ 只依赖于距离 $x'-x_0$ 和距离 $y'-y_0$，则称该系统是空间不变的，即

$$h(x',y';x_0,y_0)=h(x'-x_0;y'-y_0) \tag{1-3-9}$$

可以看出，当一个点光源在物场中移动时，它的像只改变位置而不改变函数形式. 对于线性不变系统，叠加积分变为

$$p(x',y')=\iint_{\infty} f(x_0,y_0)h(x'-x_0;y'-y_0)\mathrm{d}x_0\mathrm{d}y_0=f(x,y)*h(x,y) \tag{1-3-10}$$

式(1-3-10)表明输出函数是输入函数与系统的脉冲响应的卷积. 因此，当光学系统是线性不变系统时，只要能够求出物平面上一点的脉冲响应函数(通常选择物平面坐标原点)，便能利用上式对任意给定的输入光信号 $f(x_0,y_0)$ 求出系统的输出 $p(x',y')$.

1.3.4 线性不变系统的传递函数和本征函数

对式(1-3-10)两边作傅里叶变换，根据卷积定理可得

$$P(u,v)=F(u,v)H(u,v) \tag{1-3-11}$$

式中

$$F(u,v)=\int\int_{-\infty}^{+\infty} f(x,y)\exp\left[-\mathrm{j}2\pi(ux+vy)\right]\mathrm{d}x\mathrm{d}y \tag{1-3-11a}$$

$$P(u,v)=\int\int_{-\infty}^{+\infty} p(x,y)\exp\left[-\mathrm{j}2\pi(ux+vy)\right]\mathrm{d}x\mathrm{d}y \tag{1-3-11b}$$

$$H(u,v)=\int\int_{-\infty}^{+\infty} h(x,y)\exp\left[-\mathrm{j}2\pi(ux+vy)\right]\mathrm{d}x\mathrm{d}y \tag{1-3-11c}$$

式(1-3-11)表明，输出信号的频谱函数是输入信号频谱函数与函数 $H(u,v)$ 的乘积，这个乘积体现了系统对输入的各个基元函数的效应. 函数 $H(u,v)$ 称为系统的传递函数. 由于输出信号可以通过输出信号频谱的逆变换求出，如果知道线性不变系统的传递函数，系统对输入信号的响应即完全确定.

当函数 $f(x,y)$ 通过一个系统后，其输出函数仍保持原来的形式，或变为原函数与一复常数 a 的积

$$L\{f(x,y)\}=af(x,y) \tag{1-3-12}$$

则称 $f(x,y)$ 为系统的本征函数.

考查傅里叶变换及逆变换式知，式中包含复指数函数 $\exp\left[-\mathrm{j}2\pi(ux+vy)\right]$ 及 $\exp\left[\mathrm{j}2\pi(ux+vy)\right]$. 现以 $\exp\left[\mathrm{j}2\pi(ux+vy)\right]$ 为例，证明它们是线性不变系统的本征函数.

将 $\exp\left[\mathrm{j}2\pi(ux+vy)\right]$ 输入到线性不变系统之中，即代入卷积式(1-3-10)，有

$$g(x,y)=\int_{-\infty}^{\infty}\int_{-\infty}^{\infty}\exp\left[\mathrm{j}2\pi(u\xi+v\eta)\right]h(x-\xi,y-\eta)\mathrm{d}\xi\mathrm{d}\eta$$

$$=\exp\left[\mathrm{j}2\pi(ux+vx)\right]\int_{-\infty}^{\infty}\int_{-\infty}^{\infty}\exp\left[-\mathrm{j}2\pi(u\xi'+v\eta')\right]h(\xi',\eta')\mathrm{d}\xi'\,\mathrm{d}\eta'$$

$$=H(u,v)\exp\left[\mathrm{j}2\pi(ux+vx)\right]$$

对于给定的 u,v，式中的 $H(u,v)$是一个复常数．这说明输出函数与输入函数之间的差别仅是一个复常系数，因而 $\exp\left[\mathrm{j}2\pi(ux+vy)\right]$ 是线性不变系统的本征函数．

如果一个复杂系统是由多个子系统构成，前一个系统的输出恰好是后一个系统的输入，则这个复杂系统称为级联系统．如果每一个子系统均能视为线性系统，基于上面对线性系统的讨论，原则上便能求解信号通过级联系统时的输出问题．

1.4　二维抽样定理

在数字信息化的今天，随时间或空间连续变化的物理量是以数字方式传输、记录、再现、存储、检测的，即传输、记录、再现、存储、检测的不是随时间或空间连续变化的物理量本身，而是该物理量的一系列离散分布的抽样值阵列．如果一个物理量可以用函数 $g(x,y)$ 表示，那么该物理量的一系列离散分布的抽样值需要满足什么条件，才能重构原函数 $g(x,y)$ 呢？这个答案最早由 Whittaker 给出，Shannon 又将它用于信息论研究，即如果抽样点取得彼此非常靠近，就可以认为这些抽样数据是原函数的精确表示．对于带限函数，只要抽样点之间的间隔不大于某个上限，就可以准确地重建原函数．

所谓带限函数是指这类函数的傅里叶变换只在频率空间的有限区域 R 上不为零，抽样定理适用于带限函数类．Goodman 将这个定理在一些二维情况下作了改进．

1.4.1　函数的抽样

考虑函数 $g(x,y)$ 在矩形格点上的抽样，抽样函数 $g_s(x,y)$ 定义为

$$g_s(x,y)=\mathrm{comb}\left(\frac{x}{X}\right)\mathrm{comb}\left(\frac{y}{Y}\right)g(x,y) \tag{1-4-1}$$

抽样函数由 δ 函数阵列给出，各个 δ 函数在 x 方向和 y 方向上的间隔分别为 X 和 Y，如图 1-4-1 所示．

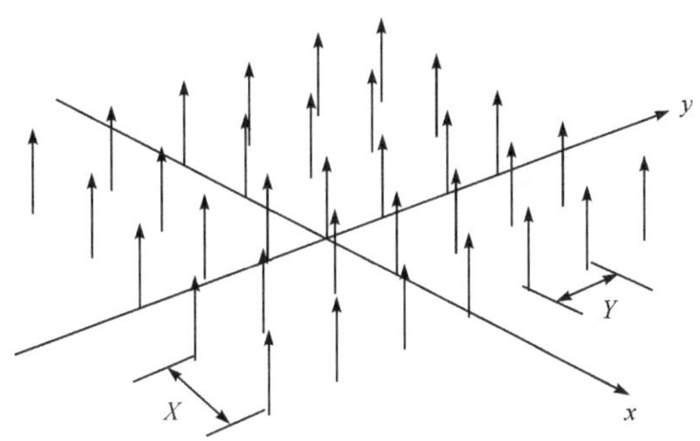

图 1-4-1　函数的抽样

每个 δ 函数下的面积正比于函数 $g(x,y)$ 在矩形格点阵列中该特定点上的值. $g_s(x,y)$ 的频谱 $G_s(\nu_x,\nu_y)$ 可以从函数 $\mathrm{comb}\left(\frac{x}{X}\right)\mathrm{comb}\left(\frac{y}{Y}\right)$ 的变换式与函数 $g(x,y)$ 的变换式的卷积给出，即

$$G_s(u,v)=F\left\{\mathrm{comb}\left(\frac{x}{X}\right)\mathrm{comb}\left(\frac{y}{Y}\right)\right\}*G(u,v) \tag{1-4-2}$$

由于

$$\begin{aligned}F\left\{\mathrm{comb}\left(\frac{x}{X}\right)\mathrm{comb}\left(\frac{y}{Y}\right)\right\}&=XY\mathrm{comb}(Xu)\mathrm{comb}(Yv)\\&=\sum_{n=-\infty}^{\infty}\sum_{m=-\infty}^{\infty}\delta\left(u-\frac{n}{X}\right)\delta\left(v-\frac{m}{y}\right)\end{aligned} \tag{1-4-3}$$

因此得到

$$G_s(\nu_x,\nu_y)=\sum_{n=-\infty}^{\infty}\sum_{m=-\infty}^{\infty}G\left(u-\frac{n}{X},v-\frac{m}{Y}\right) \tag{1-4-4}$$

结果表明，可以通过把 $g(x,y)$ 的频谱延拓在 (u,v) 平面上每一个 $\left(\frac{n}{X},\frac{m}{Y}\right)$ 点的周围的方法求出 $g_s(x,y)$ 频谱，如图 1-4-2 所示.

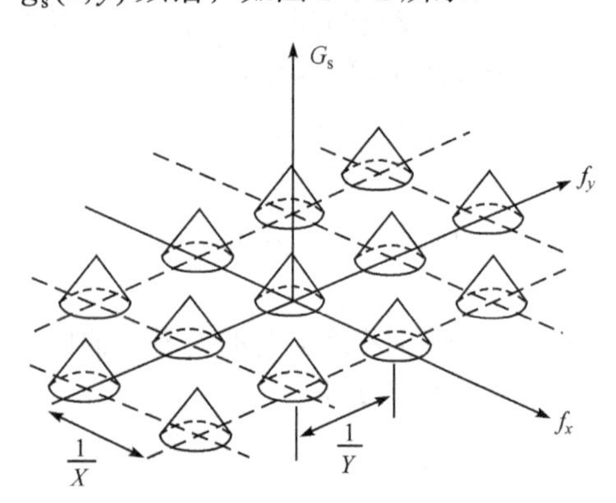

图 1-4-2　抽样函数 $g_s(x,y)$ 的频谱

假如函数 $g(x,y)$ 是带限函数，它的频谱 $G_s(\nu_x,\nu_y)$ 只在频率空间的有限区域 R 上不为零. 抽样函数的频谱不为零的区域可由在频率平面内的每一个 $\left(\frac{n}{X},\frac{m}{Y}\right)$ 点的周围划出区域 R 而得到. 如果 X 和 Y 足够小，则 $\frac{1}{X}$ 和 $\frac{1}{Y}$ 的间隔就会足够大保证相邻的区域不会重叠. 为了确定抽样点之间的最大容许间隔，令 $2B_X$ 和 $2B_Y$ 分别表示完全围住区域 R 的最小矩形沿 ν_x 方向和 ν_y 方向上的宽度，如果抽样点阵的间隔满足

$$X\leqslant\frac{1}{2B_X},\quad Y\leqslant\frac{1}{2B_Y} \tag{1-4-5}$$

就保证了频谱区域分开，不会混频，原函数完全恢复. $\frac{1}{2B_X}$ 和 $\frac{1}{2B_Y}$ 表示抽样点阵在 u 方向和 v 方向上的最大间隔.

下面将用滤波的方法，从抽样函数 $g_s(x,y)$ 的频谱 $G_s(u,v)$ 函数，抽取出原函数 $g(x,y)$ 的频谱 $G(u,v)$ 函数，再由 $G(u,v)$ 函数恢复原函数 $g(x,y)$.

1.4.2　原函数的复原

根据图 1-4-2，用频域中宽度 $2B_x$ 和 $2B_y$ 的位于原点的矩形函数作为滤波函数

$$H(u,v)=\mathrm{rect}\left(\frac{u}{2B_x}\right)\cdot\mathrm{rect}\left(\frac{v}{2B_y}\right) \tag{1-4-6}$$

让抽样函数 $g_s(x,y)$ 的频谱 $G_s(u,v)$ 通过滤波器便能准确地复原 $G(u,v)$，即

$$G(u,v)=G_s(u,v)H(u,v) \tag{1-4-7}$$

如果将抽样函数 $g_s(x,y)$ 视为输入信号，$g(x,y)$ 视为通过一线性不变系统的输出信号，从式(1-4-7)与式(1-3-11)的比较可以看出，$H(u,v)$ 可以视为该系统的传递函数. 这时在空域中与式(1-4-7)对应的等式为

$$g_s(x,y)*h(x,y)=g(x,y) \tag{1-4-8}$$

式中

$$\begin{aligned} g_s(x,y)&=\mathrm{comb}\left(\frac{x}{X}\right)\mathrm{comb}\left(\frac{y}{Y}\right)g(x,y)\\ &=XY\sum_{n=-\infty}^{\infty}\sum_{m=-\infty}^{\infty}g(nX,mY)\delta(x-nX,y-mY) \end{aligned} \tag{1-4-9}$$

这样，$h(x,y)$ 则是滤波器的脉冲响应函数，并且

$$\begin{aligned} h(x,y)&=F^{-1}\left\{\mathrm{rect}\left(\frac{u}{2B_x}\right)\mathrm{rect}\left(\frac{v}{2B_y}\right)\right\}\\ &=4B_xB_y\mathrm{sinc}(2B_xx)\mathrm{sinc}(2B_yy) \end{aligned} \tag{1-4-10}$$

因此

$$\begin{aligned} g(x,y)=&4B_XB_YXY\\ &\times\sum_{n=-\infty}^{\infty}\sum_{m=-\infty}^{\infty}g(nX,mY)\mathrm{sinc}[2B_X(x-nX)]\mathrm{sinc}[2B_Y(y-mY)] \end{aligned} \tag{1-4-11}$$

当抽样间隔取最大抽样间隔时，有

$$\begin{aligned} g(x,y)=&4B_XB_YXY\\ &\times\sum_{n=-\infty}^{\infty}\sum_{m=-\infty}^{\infty}g\left(\frac{n}{2B_X},\frac{m}{2B_Y}\right)\mathrm{sinc}\left[2B_X\left(x-\frac{n}{2B_X}\right)\right]\mathrm{sinc}\left[2B_Y\left(y-\frac{m}{2B_Y}\right)\right] \end{aligned} \tag{1-4-12}$$

式(1-4-12)的结果称为 Whittaker-Shannon 抽样定理. 它表明，对带限函数在一个间隔合适的矩形阵列上的抽样值，可以绝对准确地复原原函数；在每一个抽样点上插入一个由 sinc 函数的乘积构成的插值函数，其权重为相应点上 g 的抽样值，就实现了复原.

Whittaker-Shannon 抽样定理并不是唯一的抽样定理，其他抽样定理本书不再介绍.

1.4.3　空间-带宽积

对于带限函数 $g(x,y)$，如果其只在 (x,y) 平面的 $-L_X\leqslant x\leqslant L_X$，$-L_Y\leqslant y\leqslant L_Y$ 区域内显著不为零，并且按照抽样定理，在 u 方向和 v 方向上取最大间隔分别为 $\frac{1}{2B_X}$ 和 $\frac{1}{2B_Y}$ 的矩形点阵对 g 进行抽样，则要表示出 $g(x,y)$ 所需的有效抽样值的总数为

$$M=(2L_X\cdot 2L_Y)(2B_X\cdot 2B_Y)=16L_XL_YB_XB_Y \tag{1-4-13}$$

称为函数 g 的空间-带宽积，其数值为函数在空域和频域中所占有的面积之积.

对于一个二维函数，如图像，空间-带宽积决定了最低必须分辨的像素数及表达它需要的自由度或自由参数 M. 当 $g(x，y)$是实函数时，每一个抽样值为一个实数，自由度即为 M. 当

$g(x, y)$是复函数时，每一个抽样值为一个复数，要由两个实数表示，自由度增大一倍，即自由度为 $2M$.

根据傅里叶变换的相似性定理及相移定理，当函数(图像)放大或缩小时，空间-带宽积不变，当函数(图像)在空间位移或产生频移时，空间-带宽积也不变. 所以，物体的空间-带宽积具有不变性. 由于空间-带宽积是从取样定理导出的，它是函数复杂性的重要量度. 当图像信息经由系统传递或处理时，空间-带宽积成为考查信息质量及信息是否丢失的一个重要判别依据.

习　题　1

1-1　设 a,b 是实常数，试证明 δ 函数下述坐标缩放性质：

(1) $\delta(at)=\dfrac{1}{a}\delta(t)$　　(2) $\delta(ax,by)=\dfrac{1}{ab}\delta(x,y)$

1-2　试求余弦函数 $f(x)=\cos\omega_0 x$ 的傅里叶变换.

1-3　对于满足圆对称性的光学系统，函数 $g_{\mathrm{R}}(r)$ 仅与半径 r 有关，试证明：

(1) $g_{\mathrm{R}}(r)$ 在极坐标下的傅里叶变换为

$$G(\rho)=2\pi\int_0^{+\infty} r g_{\mathrm{R}}(r)\mathrm{J}_0(2\pi r\rho)\,\mathrm{d}r$$

(2) $G(\rho)$ 在极坐标下的傅里叶逆变换为

$$g_{\mathrm{R}}(r)=2\pi\int_0^{+\infty} \rho G(\rho)\mathrm{J}_0(2\pi r\rho)\,\mathrm{d}\rho$$

(以上两式中 J_0 为零阶第一类贝塞尔函数.)

1-4　请结合实际简述：什么是光学系统？什么是线性光学系统？什么是线性不变光学系统？

1-5　在 1.4 节中我们学习了 Whittaker-Shannon 二维抽样定理，请在理解它的物理意义的基础上，说明它是不是唯一的抽样定理. 如果不是，请你列举并简要介绍其他抽样定理.

参考文献

[1] Goodman J W. 傅里叶光学导论[M]. 3 版. 秦克城，等，译. 北京：电子工业出版社, 2006.

[2] 王仕璠. 信息光学理论与应用[M]. 北京：北京邮电大学出版社, 2004.

[3] 陈家璧，苏显渝. 光学信息技术原理及应用[M]. 北京：高等教育出版社, 2002.

[4] 谢敬辉，廖宁放，曹良才. 傅里叶光学与现代光学基础[M]. 北京：北京理工大学出版社, 2007.

[5] 李俊昌，衍射计算及数字全息[M].北京：科学出版社, 2014.

[6] 刘思敏，许京军，郭儒. 相干光学原理及应用[M]. 天津：南开大学出版社, 2001.

第 2 章　标量衍射理论

光波是电磁波，光的传播过程是电磁波在介质空间的衍射过程．本章首先介绍光波的复函数表示，然后，从以麦克斯韦方程为基础的电磁场理论出发，导出光传播应满足的波动方程．虽然波动方程的解为矢量形式，但是实验研究表明，如果不涉及光传播与变换过程中障碍物及光学元件结构尺寸接近于光波长的情况，对衍射问题的研究不邻接衍射平面，可以忽略麦克斯韦方程中电矢量与磁矢量间的耦合关系，将电矢量视为标量能十分准确地描述光传播的物理过程．求解波动方程的这种方法被称为标量衍射理论．在标量衍射理论框架下，光传播的物理过程可以严格地由基尔霍夫公式、瑞利-索末菲公式以及衍射的角谱传播公式表示[1]，而菲涅耳衍射积分是它们的傍轴近似表达式，这些公式统称为经典衍射公式．根据这些公式，只要知道空间中垂直于光传播方向的一个平面上的光波场，便能计算该平面后续空间的光波场．

本章将导出衍射的角谱传播公式及菲涅耳衍射积分．由于应用研究中的光传播常与一个光学系统相联系，经典衍射公式讨论光波通过一个光学系统的衍射问题很不方便．将矩阵光学与标量衍射理论相结合，本章最后给出表述傍轴光学系统中光传播的广义衍射理论公式——柯林斯公式[2]．在介绍上述衍射公式过程中，将给出一些重要的理论计算实例．

2.1　光波的复函数表示

2.1.1　单色光的复函数表示

直角坐标系 $Oxyz$ 表示的三维介质空间中，坐标为 (x,y,z) 的 P 点在 t 时刻的单色光振动可以用三角函数表示为[1,3]

$$u(x,y,z,t)=U(x,y,z)\cos\left[\varphi(x,y,z)-2\pi\nu t\right] \tag{2-1-1}$$

式中，$U(x,y,z)$ 为 P 点的光振动的振幅，ν为光波的频率，$\varphi(x,y,z)$ 为 P 点的初相位．

按照信号的傅里叶分析理论，只有理想的单色光才能表示为上面的形式，因为它的定义域对于时间和空间都是无限的．由于实际的发光过程总是发生在一定的时间间隔内，这种理想的单色光波并不存在．

但是，实际上存在着包含某一频率为中心的频带很狭窄的光波，称为准单色光，激光便是一种这样的光波．理论及实验研究证明，单色光的有关结论可以十分满意地应用于准单色光，本书主要对单色光进行讨论．

利用欧拉公式，式(2-1-1)可以表示为

$$u(x,y,z,t)=\mathrm{Re}\left\{U(x,y,z)\exp(-\mathrm{j}2\pi\nu t)\exp\left[\mathrm{j}\varphi(x,y,z)\right]\right\}$$

式中，$\mathrm{j}=\sqrt{-1}$，Re{}表示对{}内的复数取实部. 应该指出，由于余弦函数为偶函数，在用复数表示光振动的时候，用$\exp(-\mathrm{j}2\pi\nu t)$和$\exp(\mathrm{j}2\pi\nu t)$均可以表示频率为$\nu$的单色光的时间因子，本书按照普遍习惯[3]，选择了$\exp(-\mathrm{j}2\pi\nu t)$. 应用上式时，通常将取实部的符号 Re{}略去，但是必须记住实际波动由它的实部表示.

由于光振动的频率非常高，在对实际光振动的探测时间间隔内，通常测量到的是在探测时间内经历了大数量周期振动的光强度平均值，时间因子对描述光场的空间分布不起作用，因此，光波场的空间分布完全由

$$U(x,y,z)=|U(x,y,z)|\exp[\mathrm{j}\varphi(x,y,z)] \tag{2-1-2}$$

描述. 这是一个与时间无关的复函数，它表征了光波场所存在空间中各点的振幅和相对相位，称为复振幅. 我们看到，复振幅是以光振动的振幅为模，初相位为幅角的复函数，给定复振幅，就能将光波场的空间分布完全确定.

在光传播过程中，光功率密度分布或强度分布是一个十分重要的参数. 采用光波场的复振幅表示可以显著简化功率密度分布的运算. 例如，有 N 束不同的光波$U_1(x,y,z)$，$U_2(x,y,z),\cdots,U_N(x,y,z)$叠加时，合振动的振幅为所有分振动振幅之和

$$U(x,y,z)=\sum_{k=1}^{N}U_k(x,y,z) \tag{2-1-3}$$

由于光振动的强度分布正比于振幅的平方，利用复数表示光振动时，光波的强度可以用它的复振幅与其共轭复量的积表示

$$I(x,y,z)=U(x,y,z)U^*(x,y,z)=|U(x,y,z)|^2$$

因此

$$I(x,y,z)=\sum_{k=1}^{N}U_k(x,y,z)\sum_{i=1}^{N}U_i^*(x,y,z) \tag{2-1-4}$$

在完成式(2-1-4)的计算中，积的运算过程将转化为幂指数和的计算过程，显著简化了采用三角函数表示波动时繁杂的三角函数运算.

在信息光学研究中，通常涉及平面波及球面波. 以下分别对这两种光波的特点及表示方法进行讨论.

2.1.2　三维空间中光波场的表达式

1. 平面波

平面波的特点是等相位面为平面. 在各向同性介质中，等相面与传播方向垂直. 若令直角坐标系中光传播的方向余弦为$\cos\alpha,\cos\beta,\cos\gamma$，平面波的复振幅被表示为

$$U(x,y,z)=u(x,y,z)\exp[\mathrm{j}k(x\cos\alpha+y\cos\beta+z\cos\gamma)] \tag{2-1-5}$$

式中，$k=2\pi/\lambda$称为波数，λ为光波长.

不难看出，若 C 为常数，则$x\cos\alpha+y\cos\beta+z\cos\gamma=C$表示一个法线的方向余弦为$\cos\alpha,\cos\beta,\cos\gamma$等相位的平面，变化不同的 C 可以得到相互平行的平面簇. 因此，上式描述了沿平面簇的法线方向传播的平面波. 设$\vec{k}$为波动传播方向的单位矢量，$\boldsymbol{k}=\dfrac{2\pi}{\lambda}\vec{k}$通常称

为波矢. 令 $\boldsymbol{r}$ 表示坐标为 (x,y,z) 的矢径，上述平面波的复振幅也可用矢量形式表示：

$$U(\boldsymbol{r})=u(\boldsymbol{r})\exp(\mathrm{j}\boldsymbol{k}\cdot\boldsymbol{r}) \tag{2-1-6}$$

实际上，让 $\boldsymbol{r}$ 取不同的形式后，式(2-1-6)可以推广为任意形状波面的光波复振幅表达式.

2. 球面波

球面波的等相位面是球面. 仿照上面的讨论，当直角坐标系原点与球面波的中心重合时，可以通过波矢 $\boldsymbol{k}$ 及矢径 $\boldsymbol{r}$ 将球面波表示为

$$u(x,y,z,t)=\frac{|U(x,y,0)|}{r}\cos(\boldsymbol{k}\cdot\boldsymbol{r}-2\pi\nu t) \tag{2-1-7}$$

式中，$|\boldsymbol{r}|=r=\sqrt{x^2+y^2+z^2}$.

我们看到，光波的振幅与观察位置到波源的距离 r 成反比. 对于发散的球面波，$\boldsymbol{k}$ 与 $\boldsymbol{r}$ 的方向一致，可将球面波直接写为标量形式

$$u(x,y,z,t)=\frac{|U(x,y,0)|}{r}\cos(kr-2\pi\nu t)$$

对于会聚的球面波，$\boldsymbol{k}$ 与 $\boldsymbol{r}$ 的方向相反，其标量表达式则与发散球面波差一个符号

$$u(x,y,z,t)=\frac{|U(x,y,0)|}{r}\cos(-kr-2\pi\nu t)$$

于是，球面波的复振幅被表示为

$$U(x,y,z)=\begin{cases}\dfrac{|U(x,y,0)|}{r}\exp(\mathrm{j}kr), & \text{发散球面波}\\ \dfrac{|U(x,y,0)|}{r}\exp(-\mathrm{j}kr), & \text{会聚球面波}\end{cases} \tag{2-1-8}$$

当点光源的位置不在原点，而在 (x_0,y_0,z_0) 时，球面波的复振幅仍然写为式(2-1-8)的形式，但式中

$$r=\sqrt{(x-x_0)^2+(y-y_0)^2+(z-z_0)^2} \tag{2-1-9}$$

表示球面波中心到观察点的距离.

2.1.3　空间平面上平面波及球面波的复振幅

以上讨论给出了平面波及球面波在三维介质空间中的复振幅表示，但是，在光波通过光学系统的研究中，通常要计算的是垂直于系统光轴或垂直于光束传播方向的空间平面上的光波场. 因此，正确表述不同形式的光波在给定平面上的复振幅具有实际意义. 以下分别进行讨论.

1. 空间平面上平面波的复振幅

对于平面波，通常将光束的传播方向设为 z 轴. 这样，需要表述的平面是与 z 轴垂直的平面. 在给定平面 $z=z_0$ 上的光波复振幅为

$$U(x,y,z_0)=u(x,y,z_0)\exp\left[jk(x\cos\alpha+y\cos\beta+z_0\cos\gamma)\right] \tag{2-1-10}$$

由于$\cos\gamma=\sqrt{1-\cos^2\alpha-\cos^2\beta}$是一个与$x$，$y$无关的常数，式(2-1-10)也可写为

$$U(x,y,z_0)=U_0(x,y,z_0)\exp\left[jk(x\cos\alpha+y\cos\beta)\right] \tag{2-1-11}$$

其中

$$U_0(x,y,z_0)=u(x,y,z_0)\exp\left(jkz_0\sqrt{1-\cos^2\alpha-\cos^2\beta}\right)$$

如果不讨论该列光波与其相干波列的干涉问题，则常数相位因子通常被忽略，因为它对该列光波的相对相位及强度分布不发生影响．式(2-1-11)即常用的平面波复振幅表达式．

2. 空间平面上球面波的复振幅

若球面波的中心与直角坐标系的原点重合，光传播沿z轴附近进行，需要表述的平面垂直于z轴，对于任意给定的平面，复振幅仍然由式(2-1-8)表示，只是式中z为给定常数．

由于通常研究的是沿z轴附近传播的光波，对于任意给定的z，所研究的区域一般都满足$z^2\gg x^2+y^2$的傍轴条件．这样，式(2-1-8)中振幅部分分母中的r可用$|z|$代替．

然而，考查相位因子的表达式可知，由于激光波长很小，复指数部分的$k=2\pi/\lambda$是一个很大的量，r的微小变化可能会引起超过π的相位的强烈变化，不能简单地用$|z|$代替r．为获得较满意的结果，将r用二项式展开，并近似表示为

$$r=|z|\sqrt{1+\frac{x^2+y^2}{z^2}}\approx|z|+\frac{x^2+y^2}{2|z|}$$

于是得到球面波光场中给定数值z平面上的复振幅

$$U(x,y,z)=\begin{cases}\left|\dfrac{U(x,y,0)}{z}\right|\exp(jk|z|)\exp\left(jk\dfrac{x^2+y^2}{2|z|}\right), & \text{发散球面波}\\ \left|\dfrac{U(x,y,0)}{z}\right|\exp(jk|z|)\exp\left(-jk\dfrac{x^2+y^2}{2|z|}\right), & \text{会聚球面波}\end{cases} \tag{2-1-12}$$

不难发现，式(2-1-12)等价于将球面近似成以z轴为对称轴的旋转抛物面，这种表示也称为球面波的抛物面近似．

当球面光波的中心在(x_0,y_0,z_0)处时，利用式(2-1-12)即得

$$U(x,y,z)=\begin{cases}\left|\dfrac{U_0(x,y,z)}{z-z_0}\right|\exp(jk|z-z_0|)\exp\left(jk\dfrac{(x-x_0)^2+(y-y_0)^2}{2|z-z_0|}\right), & \text{发散球面波}\\ \left|\dfrac{U_0(x,y,z)}{z-z_0}\right|\exp(jk|z-z_0|)\exp\left(-jk\dfrac{(x-x_0)^2+(y-y_0)^2}{2|z-z_0|}\right), & \text{会聚球面波}\end{cases} \tag{2-1-13}$$

式中

$$U_0(x,y,z)=U(x-x_0,y-y_0,z-z_0)$$

由于式(2-1-13)中常数相位因子$\exp(jk|z-z_0|)$对光波场相位的相对分布不发生影响，在不考

虑与其他相干光的干涉问题时，通常也被忽略.

2.2 标量衍射理论

2.2.1 波动方程

光波是电磁波，光的传播由麦克斯韦方程描述. 在不同条件下，麦克斯韦方程组有不同的形式，各向同性均匀介质中的麦克斯韦方程组为[3-6]

$$\nabla \cdot \boldsymbol{D} = \rho \tag{2-2-1}$$

$$\nabla \cdot \boldsymbol{B} = 0 \tag{2-2-2}$$

$$\nabla \times \boldsymbol{E} = -\frac{\partial \boldsymbol{B}}{\partial t} \tag{2-2-3}$$

$$\nabla \times \boldsymbol{H} = \boldsymbol{j} + \frac{\partial \boldsymbol{D}}{\partial t} \tag{2-2-4}$$

式中，$\boldsymbol{D}$、$\boldsymbol{E}$、$\boldsymbol{B}$、$\boldsymbol{H}$ 分别表示电位移矢量、电场强度、磁感应强度和磁场强度；ρ为封闭曲面内的电荷密度；$\boldsymbol{j}$ 为积分闭合回路上的电流密度矢量；$\dfrac{\partial \boldsymbol{D}}{\partial t}$ 为位移电流密度矢量.

电磁场是在介质空间传播的，利用麦克斯韦方程处理实际问题时，还应加入描写物质在电磁场作用下的关系式，称为物质方程. 各向同性介质中的物质方程有下述简单的形式：

$$\boldsymbol{j} = \sigma \boldsymbol{E} \tag{2-2-5}$$

$$\boldsymbol{D} = \varepsilon \boldsymbol{E} \tag{2-2-6}$$

$$\boldsymbol{B} = \mu \boldsymbol{H} \tag{2-2-7}$$

式中，σ、ε、μ分别是电导率、介电常数和磁导率. 在各向同性的均匀介质中，$\sigma=0$，而ε、μ是常数；在真空中，$\varepsilon=\varepsilon_0=8.8542\times10^{-12}\mathrm{C^2/(N\cdot m^2)}$，$\mu=\mu_0=4\pi\times10^{-7}\mathrm{N\cdot S^2/C^2}$；对于非磁性物质，$\mu=\mu_0$.

物质方程给出了介质的电学和磁学性质，与麦克斯韦方程合起来构成一个完整的方程组，描述电磁场在各向同性介质中传播的普遍规律.

为简明地研究上述电磁场的特性，将问题简化在三维无限大介质空间进行，并且设所研究的空间远离辐射源，即$\rho=0$，$\boldsymbol{j}=0$. 麦克斯韦方程组简化为

$$\nabla \cdot \boldsymbol{E} = 0 \tag{2-2-8}$$

$$\nabla \cdot \boldsymbol{B} = 0 \tag{2-2-9}$$

$$\nabla \times \boldsymbol{E} = -\frac{\partial \boldsymbol{B}}{\partial t} \tag{2-2-10}$$

$$\nabla \times \boldsymbol{B} = \varepsilon\mu \frac{\partial \boldsymbol{E}}{\partial t} \tag{2-2-11}$$

对方程组中最后两个式子取旋度，同时令 $v = 1/\sqrt{\varepsilon\mu}$，可以得到[3-6]

$$\nabla^2 \boldsymbol{E} - \frac{1}{v^2}\frac{\partial^2 \boldsymbol{E}}{\partial t^2} = 0 \tag{2-2-12}$$

$$\nabla^2 \boldsymbol{B} - \frac{1}{u^2}\frac{\partial^2 \boldsymbol{B}}{\partial t^2} = 0 \tag{2-2-13}$$

以上两式具有一般的波动微分方程的形式，称为波动方程. 对以上两式的理论研究证明[1]，v 为波扰动的传播速度，在真空中传播速度常用 c 表示，利用ε_0=8.8542×10^{-12} C^2/(N·m^2)，μ_0=4π×10^{-7}N·S^2/C^2，即得 $c = 1/\sqrt{\varepsilon_0\mu_0}$ =2.99794 × 10^{8}m/s. 这个数值与实验测量相当吻合，是光波电磁理论的一个重要实验证明. 在介质中，引入相对介电常数 $\varepsilon_r = \varepsilon / \varepsilon_0$ 和相对磁导率 $\mu_r = \mu / \mu_0$，则光波在介质中的传播速度与真空中传播速度间的关系为 $v = c/\sqrt{\varepsilon_r\mu_r}$，而介质中光传播速度与真空中传播速度之比为介质的折射率 $n = c/v = \sqrt{\varepsilon_r\mu_r}$.

2.2.2　衍射的角谱理论

设均匀平面波沿直角坐标系 xyz 的 z 方向传播，则 $\boldsymbol{E}$、$\boldsymbol{B}$ 仅仅是 z 和 t 的函数，波动方程简化为

$$\frac{\partial^2 \boldsymbol{E}}{\partial z^2} - \frac{1}{v^2}\frac{\partial^2 \boldsymbol{E}}{\partial t^2} = 0 \tag{2-2-14}$$

$$\frac{\partial^2 \boldsymbol{B}}{\partial z^2} - \frac{1}{v^2}\frac{\partial^2 \boldsymbol{B}}{\partial t^2} = 0 \tag{2-2-15}$$

实验研究表明，如果不涉及光传播与变换过程中障碍物或光学元件结构尺寸接近于光波长的情况，对衍射问题的研究不邻接衍射平面，可以忽略麦克斯韦方程中电矢量与磁矢量间的耦合关系，将电矢量视为标量能十分准确地描述光传播的物理过程. 求解波动方程的这种方法被称为标量衍射理论. 在标量衍射理论框架下，光传播的物理过程可以严格地由基尔霍夫公式、瑞利-索末菲公式以及衍射的角谱传播公式表示[1,6]. 这些公式是近代光学信息处理中广泛使用的重要工具，现对衍射的角谱传播公式的推导过程作介绍.

在直角坐标 xyz 中，将式(2-2-14)中的电矢量视为标量 $u(x,y,z,t)$，波动方程被表示为

$$\nabla^2 u - \frac{1}{v^2}\frac{\partial^2 u}{\partial t^2} = 0 \tag{2-2-16}$$

为简单起见，将问题局限于真空中讨论，即将光波传播速度暂且用真空中的传播速度 c 表示.

设满足方程(2-2-16)的光波场为

$$u(P,t) = U(P)\exp(-\mathrm{j}2\pi\nu t) \tag{2-2-17}$$

式中，$U(P)$为观察点 $P(x,y,z)$的复振幅；ν为光波的频率；t 为观察时刻.

将式(2-2-17)代入式(2-2-16)，并用 c 代替 v 后得到不含时间因子的亥姆霍兹方程[1]

$$\left(\nabla^2 + k^2\right)U(P) = 0 \tag{2-2-18}$$

式中

$$k = \frac{2\pi\nu}{c} = \frac{2\pi}{\lambda} \tag{2-2-19}$$

其数值与上面定义的波矢 k 相同，称为光波数，λ为真空中光波长.

设衍射屏与观察屏的距离为 z，$U(x,y,0)$ 及 $U(x,y,z)$ 分别为衍射屏及观察屏上光波的复

振幅.在频域中，它们的频谱函数分别为 $G_0\left(f_x,f_y\right)$ 及 $G_z\left(f_x,f_y\right)$.当给定 $U(x,y,0)$ 后，如果能够求出经过距离 z 传播后光波在观察平面上对应的频谱函数 $G_z\left(f_x,f_y\right)$，便可以利用傅里叶逆变换得到 $U(x,y,z)$.现在就来讨论这个问题.

由于 $G_0\left(f_x,f_y\right)$ 及 $G_z\left(f_x,f_y\right)$ 分别是 $U(x,y,0)$ 与 $U(x,y,z)$ 的傅里叶变换

$$G_0\left(f_x,f_y\right)=\int_{-\infty}^{\infty}\int_{-\infty}^{\infty} U(x,y,0)\exp\left[-\mathrm{j}2\pi\left(f_x x+f_y y\right)\right]\mathrm{d}x\mathrm{d}y \tag{2-2-20}$$

$$G_z\left(f_x,f_y\right)=\int_{-\infty}^{\infty}\int_{-\infty}^{\infty} U(x,y,z)\exp\left[-\mathrm{j}2\pi\left(f_x x+f_y y\right)\right]\mathrm{d}x\mathrm{d}y \tag{2-2-21}$$

而 $U(x,y,z)$ 为 $G_z\left(f_x,f_y\right)$ 的傅里叶逆变换

$$U(x,y,z)=\int_{-\infty}^{\infty}\int_{-\infty}^{\infty} G_z\left(f_x,f_y\right)\exp\left[\mathrm{j}2\pi\left(f_x x+f_y y\right)\right]\mathrm{d}f_x\mathrm{d}f_y \tag{2-2-22}$$

将式(2-2-22)代入亥姆霍兹方程(2-2-18)，并注意在所有的无源点上，U 均满足亥姆霍兹方程，于是得到

$$\left(\nabla^2+k^2\right)\left\{G_z\left(f_x,f_y\right)\exp\left[\mathrm{j}2\pi\left(f_x x+f_y y\right)\right]\right\}=0 \tag{2-2-23}$$

经运算及整理后得

$$\frac{\mathrm{d}^2}{\mathrm{d}^2 z}G_z\left(f_x,f_y\right)+\left(\frac{2\pi}{\lambda}\sqrt{1-(\lambda f_x)^2-\left(\lambda f_y\right)^2}\right)^2 G_z\left(f_x,f_y\right)=0 \tag{2-2-24}$$

在导出式(2-2-24)的运算中，用到了下面一些关系.

由于对空域坐标而言 $G_z\left(f_x,f_y\right)$ 只是 z 的函数，故

$$\frac{\partial}{\partial x}G_z\left(f_x,f_y\right)=\frac{\partial}{\partial y}G_z\left(f_x,f_y\right)=0$$

$$\frac{\partial}{\partial z}G_z\left(f_x,f_y\right)=\frac{\mathrm{d}}{\mathrm{d}z}G_z\left(f_x,f_y\right)$$

并且

$$\frac{\partial}{\partial x}\exp\left[\mathrm{j}2\pi\left(f_x x+f_y y\right)\right]=\left(\mathrm{j}2\pi f_x\right)\exp\left[\mathrm{j}2\pi\left(f_x x+f_y y\right)\right]$$

$$\frac{\partial}{\partial y}\exp\left[\mathrm{j}2\pi\left(f_x x+f_y y\right)\right]=\left(\mathrm{j}2\pi f_y\right)\exp\left[\mathrm{j}2\pi\left(f_x x+f_y y\right)\right]$$

$$\frac{\partial}{\partial z}\exp\left[\mathrm{j}2\pi\left(f_x x+f_y y\right)\right]=0$$

可以看出，式(2-2-24)仍然是一个关于 $G_z\left(f_x,f_y\right)$ 的亥姆霍兹方程.由于 $G_0\left(f_x,f_y\right)$ 必然是方程对应于 z=0 的一个特解，根据微分方程理论，可以将方程(2-2-24)的解写为

$$G_z\left(f_x,f_y\right)=G_0\left(f_x,f_y\right)\exp\left[\mathrm{j}\frac{2\pi}{\lambda}z\sqrt{1-(\lambda f_x)^2-\left(\lambda f_y\right)^2}\right] \tag{2-2-25}$$

于是我们得到了光波场从衍射屏传播到观察屏的频谱变化关系.这个关系表明，光波沿 z 方向

传播的结果，在频域内表现为将衍射屏上光波场的频谱 $G_0\left(f_x,f_y\right)$ 乘以一个与 z 有关的相位延迟因子 $\exp\left[\mathrm{j}\frac{2\pi}{\lambda}z\sqrt{1-\left(\lambda f_x\right)^2-\left(\lambda f_y\right)^2}\right]$.在线性系统理论中，该相位延迟因子即衍射在频域的传递函数，表明衍射问题可以视为光波场通过一个线性空间不变系统的变换过程.

为进一步了解以上结论的物理意义，将式(2-2-22)写为以下形式：

$$U\left(x,y,z\right)=\int_{-\infty}^{\infty}\int_{-\infty}^{\infty}G_z\left(f_x,f_y\right)\exp\left[\mathrm{j}\frac{2\pi}{\lambda}\left(\lambda f_x x+\lambda f_y y\right)\right]\mathrm{d}f_x\mathrm{d}f_y \tag{2-2-26}$$

回顾本章开始时对平面波的讨论便立即看出，光波场的分布可以表示为振幅正比于 $G_z\left(f_x,f_y\right)$，方向余弦为 $\lambda f_x,\lambda f_y,\sqrt{1-\left(\lambda f_x\right)^2-\left(\lambda f_y\right)^2}$ 的平面波的叠加，并且，由于积分限为无穷，其传播沿空间所有可能的方向．图 2-2-1 给出光传播的角谱衍射理论示意图．因 $G_z\left(f_x,f_y\right)$ 是光波场 $U\left(x,y,z\right)$ 的频谱，故常将它称为光传播的角谱理论.

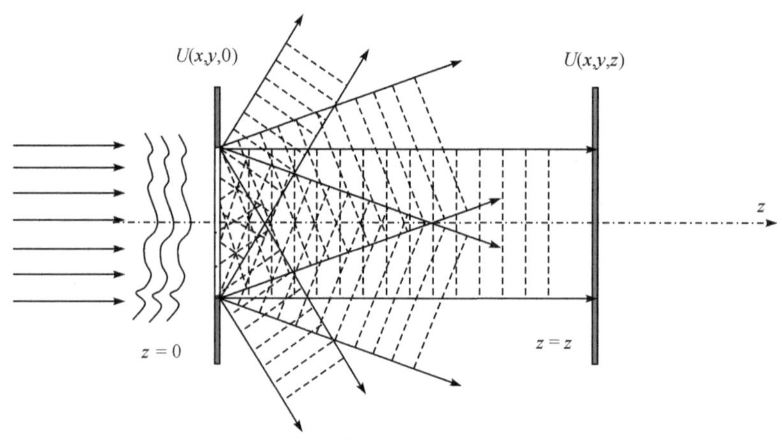

图 2-2-1　角谱衍射理论示意图

按照光传播的角谱理论，式(2-2-25)表示对一切满足 $1-\left(\lambda f_x\right)^2-\left(\lambda f_y\right)^2<0$ 的角谱分量将随 z 的增大按指数规律急剧衰减，光波只存在于邻近于衍射屏的一个非常薄的区域，称为倏逝波．这样，只有满足 $1-\left(\lambda f_x\right)^2-\left(\lambda f_y\right)^2>0$ 或 $f_x^2+f_y^2<\frac{1}{\lambda^2}$ 的角谱分量才能到达观察屏．因此，光波在自由空间中由衍射屏到观测屏的传播过程，在频域中等效于通过一个半径为 $1/\lambda$ 的理想低通滤波器.

因此，只要能够求出 $U\left(x,y,0\right)$ 的频谱，并按照式(2-2-25)求出观测屏上光振动的复振幅 $U\left(x,y,z\right)$ 的频谱，便能通过傅里叶逆变换求出衍射屏后任意观测位置的光波复振幅.引用傅里叶变换符号可以将计算过程表示为

$$U\left(x,y,z\right)=F^{-1}\left\{F\left\{U\left(x,y,0\right)\right\}\exp\left[\mathrm{j}\frac{2\pi}{\lambda}z\sqrt{1-\left(\lambda f_x\right)^2-\left(\lambda f_y\right)^2}\right]\right\} \tag{2-2-27}$$

2.2.3　基尔霍夫公式及瑞利-索末菲公式

理论研究表明，亥姆霍兹方程(2-2-18)还存在另外两种解：基尔霍夫公式及瑞利-索末菲

公式．基于图 2-2-2 给出的衍射计算的初始面与观测面的坐标关系．这两个公式在数学上可以统一表示为[1]

$$U(x,y,d)=\frac{1}{\mathrm{j}\lambda}\int_{-\infty}^{\infty}\int_{-\infty}^{\infty}U(x_0,y_0,0)\frac{\exp(\mathrm{j}kr)}{r}\times K(\theta)\mathrm{d}x_0\mathrm{d}y_0 \tag{2-2-28}$$

式中，$r=\sqrt{(x-x_0)^2+(y-y_0)^2+d^2}$，$\theta$代表点$(x_0,y_0,0)$到点$(x,y,d)$的矢径 $\boldsymbol{r}$ 与点$(x_0,y_0,0)$法线 $\boldsymbol{n}$ 的夹角，$K(\theta)$称为倾斜因子，不同的倾斜因子对应于不同的公式：

$K(\theta)=\dfrac{\cos\theta+1}{2}$称为基尔霍夫公式；

$K(\theta)=\cos\theta$称为第一种瑞利-索末菲公式；

$K(\theta)=1$称为第二种瑞利-索末菲公式．

在亥姆霍兹方程(2-2-18)求解研究的历史进程中，最先导出的是基尔霍夫公式[1,6]，然而，公式的理论推导过程具有内在的不自洽性．瑞利-索末菲公式及角谱衍射公式理论上严格满足亥姆霍兹方程．但是，在解决实际问题时，θ通常较小，三个公式的倾斜因子均接近于 1，基尔霍夫公式给出的结果与瑞利-索末菲公式及角谱衍射公式基本一致．因此，上述公式通常认为是衍射问题的准确表述．

现在，我们对式(2-2-28)的物理意义作一个有趣的解释[1]．令

$$U'(x_0,y_0,0)=\frac{1}{\mathrm{j}\lambda}U(x_0,y_0,0)K(\theta)$$

式(2-2-28)可以重新写为

$$U(x,y,d)=\int_{-\infty}^{\infty}\int_{-\infty}^{\infty}U'(x_0,y_0,0)\frac{\exp(\mathrm{j}kr)}{r}\mathrm{d}x_0\mathrm{d}y_0$$

对照图 2-2-3 可以看出，观测点(x,y,d)的光波场$U(x,y,d)$是构成初始平面的无穷多个虚拟的次级点源发出的球面波的叠加，波源的复振幅是$U'(x_0,y_0,0)$．这是融合惠更斯包络作图法及杨氏干涉原理描述光传播的数学表达式．回顾角谱衍射理论对式(2-2-26)的讨论及图 2-2-2，我们得到了对光传播过程的两种等价的物理解释．

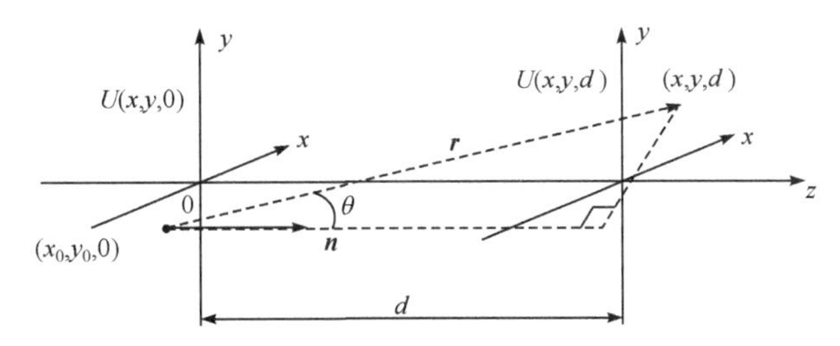

图 2-2-2　衍射计算的初始面与观测面的关系

关于基尔霍夫公式及瑞利-索末菲公式的推导，这里不进行详细介绍，有兴趣的读者可参看文献[1]．至此，我们已经给出严格满足亥姆霍兹方程的多种衍射公式．由于实际衍射计算问题通常是沿光传播的方向进行，当光束发散较小且观测区域的宽度甚小于光传播距离时，采用傍轴近似将衍射公式简化为便于计算的形式是常用的措施．下面对此进行讨论．

2.2.4　衍射问题的傍轴近似——菲涅耳衍射积分

设衍射距离为 d，定义角谱衍射的传递函数

$$H\left(f_x,f_y\right)=\exp\left[\mathrm{j}\frac{2\pi}{\lambda}d\sqrt{1-\lambda^2\left(f_x^2+f_y^2\right)}\right] \tag{2-2-29}$$

可以将角谱衍射公式(2-2-27)简写为

$$U\left(x,y,d\right)=F^{-1}\left\{F\left\{U\left(x,y,0\right)\right\}H\left(f_x,f_y\right)\right\} \tag{2-2-30}$$

将式(2-2-29)中相位因子的根号部分展为泰勒级数

$$\sqrt{1-\lambda^2\left(f_x^2+f_y^2\right)}=1-\frac{1}{2}\lambda^2\left(f_x^2+f_y^2\right)+\frac{1}{8}\lambda^4\left(f_x^2+f_y^2\right)^2+\cdots$$

基于对式(2-2-25)的讨论，只保留前两项是一种较好的傍轴近似，角谱衍射的传递函数即变为

$$H\left(f_x,f_y\right)\approx\exp\left[\mathrm{j}kd\left(1-\frac{\lambda^2}{2}\left(f_x^2+f_y^2\right)\right)\right] \tag{2-2-31}$$

由于式(2-2-30)也可以写成卷积形式

$$U\left(x,y,d\right)=U\left(x,y,0\right)*F^{-1}\left\{H\left(f_x,f_y\right)\right\} \tag{2-2-32}$$

将式(2-2-31)代入式(2-2-32)，由于傅里叶逆变换 $F^{-1}\left\{H\left(f_x,f_y\right)\right\}$ 有解析解，于是得到

$$U\left(x,y,d\right)=U\left(x,y,0\right)*\frac{\exp\left(\mathrm{j}kd\right)}{\mathrm{j}\lambda d}\exp\left[\frac{\mathrm{j}k}{2d}\left(x^2+y^2\right)\right] \tag{2-2-33}$$

或者

$$U\left(x,y,d\right)=\frac{\exp\left(\mathrm{j}kd\right)}{\mathrm{j}\lambda d}\int_{-\infty}^{\infty}\int_{-\infty}^{\infty}U\left(x_0,y_0,0\right)\exp\left\{\frac{\mathrm{j}k}{2d}\left[\left(x-x_0\right)^2+\left(y-y_0\right)^2\right]\right\}\mathrm{d}x_0\mathrm{d}y_0 \tag{2-2-34a}$$

这就是熟知的菲涅耳衍射积分的卷积形式.

将积分号内二次相位因子展开，并将与积分变量无关的项提到积分号前得

$$\begin{aligned}U\left(x,y,d\right)=&\frac{\exp\left(\mathrm{j}kd\right)}{\mathrm{j}\lambda d}\exp\left[\frac{\mathrm{j}k}{2d}\left(x^2+y^2\right)\right]\\&\times\int_{-\infty}^{\infty}\int\left\{U\left(x_0,y_0,0\right)\exp\left[\frac{\mathrm{j}k}{2d}\left(x_0^2+y_0^2\right)\right]\right\}\exp\left[-\mathrm{j}2\pi\left(x_0\frac{x}{\lambda d}+y_0\frac{y}{\lambda d}\right)\right]\mathrm{d}x_0\mathrm{d}y_0\end{aligned} \tag{2-2-34b}$$

这是菲涅耳衍射积分的傅里叶变换形式.

在麦克斯韦方程建立之前，法国学者菲涅耳(Fresnel)根据他发展的惠更斯原理就得到了以上结果[1]. 以上两式也被称为衍射计算的菲涅耳近似. 当衍射表示为菲涅耳近似的形式后，可以较方便地通过数值计算求解，能够讨论大量实际遇到的光学问题.

根据式(2-2-30)及式(2-2-31)，定义菲涅耳衍射传递函数[7,8]

$$H_{\mathrm{F}}\left(f_x,f_y\right)=\exp\left[\mathrm{j}kd\left(1-\frac{\lambda^2}{2}\left(f_x^2+f_y^2\right)\right)\right] \tag{2-2-35}$$

也可以将衍射的菲涅耳近似表示为

$$U(x,y,d)=F^{-1}\left\{F\left\{U(x,y,0)\right\}H_{\mathrm{F}}\left(f_x,f_y\right)\right\} \tag{2-2-36}$$

式(2-2-36)与角谱理论计算公式(2-2-30)相似，不同之处只在于二者有不同的传递函数.

现在，我们再来考查基尔霍夫公式或瑞利-索末菲衍射公式的傍轴近似是怎样的形式. 当观察区域邻近光轴时，对于任意给定的观察点，倾角因子 $K(\theta)$ 都近似为 1. 式(2-2-28)简化为

$$U(x,y,d)=\frac{1}{\mathrm{j}\lambda}\int_{-\infty}^{\infty}\int_{-\infty}^{\infty}U\left(x_0,y_0,0\right)\frac{\exp(\mathrm{j}kr)}{r}\mathrm{d}x_0\mathrm{d}y_0 \tag{2-2-37}$$

对于傍轴光学计算问题 $r\approx d$，可以将积分函数分母中的 r 由 d 取代，这对于光振动的强度无大的影响. 但是，指数部分的 r 不能进行这种简单的处理，其原因是光波长太小使得波数 k 取非常大的值，r 的轻微变化也能引起甚大于 2π 的相位变化，如果指数部分的 r 由 d 简单取代，将会导致对相位特别敏感的相干光的传播计算完全失效.为讨论指数部分 r 的简化问题，根据二项式定律展开 r 并略去高阶小量有[1]

$$\begin{aligned}r&=d\left\{1+\frac{\left(x-x_0\right)^2+\left(y-y_0\right)^2}{2d^2}-\frac{\left[\left(x-x_0\right)^2+\left(y-y_0\right)^2\right]^2}{8d^4}+\cdots\right\}\\&\approx d+\frac{\left(x-x_0\right)^2+\left(y-y_0\right)^2}{2d}\end{aligned}$$

用上式取代相位因子中的 r，式(2-2-37)即变为与式(2-2-34a)完全一致的表达式.

因此，尽管角谱衍射公式、基尔霍夫公式及瑞利-索末菲公式有不同的形式，但它们的傍轴近似具有相同的形式. 以上公式以及它们的傍轴近似——菲涅耳衍射积分均是解决衍射计算问题的常用公式.

2.2.5　夫琅禾费衍射

在菲涅耳衍射积分(2-2-34b)中，如果

$$d\gg\frac{k\left(x_0^2+y_0^2\right)_{\max}}{2} \tag{2-2-38}$$

那么积分号内二次相位因子 $\exp\left[\frac{\mathrm{j}k}{2d}\left(x_0^2+y_0^2\right)\right]$ 近似为 1，衍射场则简单地变为 $U\left(x_0,y_0,0\right)$ 的傅里叶变换

$$\begin{aligned}U(x,y,d)=&\frac{\exp(\mathrm{j}kd)}{\mathrm{j}\lambda d}\exp\left[\frac{\mathrm{j}k}{2d}\left(x^2+y^2\right)\right]\\&\times\int_{-\infty}^{\infty}\int U\left(x_0,y_0,0\right)\exp\left[-\mathrm{j}\frac{2\pi}{\lambda d}\left(x_0x+y_0y\right)\right]\mathrm{d}x_0\mathrm{d}y_0\end{aligned} \tag{2-2-39}$$

这种近似被称为夫琅禾费近似，满足以上近似的衍射图样被称为夫琅禾费图样.

夫琅禾费近似成立所要求的条件(2-2-38)是相当苛刻的. 例如，当波长为 0.6μm 的红光穿过孔径为 2.5mm 的透光孔衍射时，必须满足 $d\gg1600\mathrm{m}$. 但是，在实际应用中，如果来自物平面的光波是向观察方向距离 d'会聚的球面波，令 $u_0\left(x_0,y_0\right)$ 为实函数，将物平面光波场表示为

$$U\left(x_0,y_0,0\right)=u_0\left(x_0,y_0\right)\exp\left[-\frac{\mathrm{j}k}{2d'}\left(x_0^2+y_0^2\right)\right] \tag{2-2-40}$$

代入式(2-2-34b)得

$$\begin{aligned}U\left(x,y,d\right)=&\frac{\exp\left(\mathrm{j}kd\right)}{\mathrm{j}\lambda d}\exp\left[\frac{\mathrm{j}k}{2d}\left(x^2+y^2\right)\right]\\&\times\int_{-\infty}^{\infty}\int_{-\infty}^{\infty}\left\{u_0\left(x_0,y_0\right)\exp\left[\frac{\mathrm{j}k}{2d''}\left(x_0^2+y_0^2\right)\right]\right\}\exp\left[-\mathrm{j}\frac{2\pi}{\lambda d}\left(x_0x+y_0y\right)\right]\mathrm{d}x_0\mathrm{d}y_0\end{aligned} \tag{2-2-41}$$

其中

$$d''=\frac{d'd}{d-d'} \tag{2-2-42}$$

不难看出，当 $d'\to d$ 时，$d''\to\infty$，夫琅禾费近似很容易满足．由于会聚球面波的照射在实际应用中可以很容易通过透镜实现，并且透镜是光学系统中最常用的元件．夫琅禾费衍射场在许多实际应用中能够观察到，夫琅禾费近似与菲涅耳近似一样，均具有重要的实际意义．

当衍射问题采用夫琅禾费近似或菲涅耳近似表述后，衍射计算变得相对简单，在一些情况下还能够得到解析解．下面给出一些重要的理论计算实例．

2.3 夫琅禾费衍射的计算实例

2.3.1 矩形孔在透镜焦平面上的衍射图像

设平面光阑上具有中心在坐标原点的矩形孔，w_x，w_y 分别是矩形孔沿坐标 x_0，y_0 方向的半宽度．如果光阑被单位振幅平面波垂直照射，则紧贴着孔径后方的物平面场分布为 $\mathrm{rect}\left(\frac{x_0}{2w_x}\right)\mathrm{rect}\left(\frac{y_0}{2w_y}\right)$，当光阑后有一焦距为 f 的正透镜时，平面波将变为向透镜焦点会聚的球面波．刚穿过透镜，在透镜平面的光波场变为

$$U_0\left(x_0,y_0\right)=\mathrm{rect}\left(\frac{x_0}{2w_x}\right)\mathrm{rect}\left(\frac{y_0}{2w_y}\right)\exp\left[-\frac{\mathrm{j}k}{2f}\left(x_0^2+y_0^2\right)\right] \tag{2-3-1}$$

在式(2-2-41)中令 $d=d'=f$，观测平面的衍射场即变为夫琅禾费衍射场，即

$$\begin{aligned}U\left(x,y\right)=&\frac{\exp\left(\mathrm{j}kd\right)}{\mathrm{j}\lambda d}\exp\left[\frac{\mathrm{j}k}{2d}\left(x^2+y^2\right)\right]\\&\times\int_{-w_y}^{w_y}\int_{-w_x}^{w_x}\exp\left[-\mathrm{j}\frac{2\pi}{\lambda d}\left(x_0x+y_0y\right)\right]\mathrm{d}x_0\mathrm{d}y_0\end{aligned} \tag{2-3-2}$$

对上式分离变量后作积分运算，容易得到

$$U\left(x,y\right)=4w_xw_y\frac{\exp\left(\mathrm{j}kd\right)}{\mathrm{j}\lambda d}\exp\left[\frac{\mathrm{j}k}{2d}\left(x^2+y^2\right)\right]\mathrm{sinc}\left(\frac{2w_xx}{\lambda d}\right)\mathrm{sinc}\left(\frac{2w_yy}{\lambda d}\right)$$

于是，夫琅禾费衍射图像强度分布为

$$I(x,y)=U(x,y)U^*(x,y)$$
$$=\frac{16w_x^2w_y^2}{\lambda^2d^2}\text{sinc}^2\left(\frac{2w_xx}{\lambda d}\right)\text{sinc}^2\left(\frac{2w_yy}{\lambda d}\right) \tag{2-3-3}$$

从以上结果可以看出，夫琅禾费衍射图像沿两坐标方向相邻零点的距离分别是 $T_x=\frac{\lambda d}{2w_x}$，$T_y=\frac{\lambda d}{2w_y}$．根据式(2-3-3)，令 w_x=w_y=2mm，λ=0.532μm，图 2-3-1(a)给出矩形孔经衍射距离 d=200mm 的夫琅禾费衍射图像，图 2-3-1(b)是沿 x 轴的剖面强度曲线.

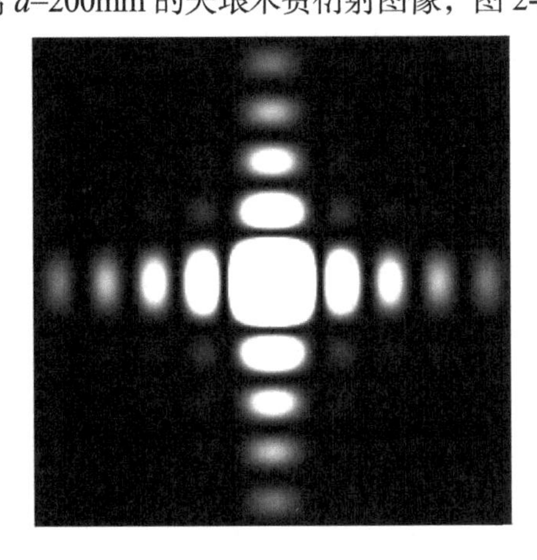

(a) 衍射图像(0.266mm×0.266mm)

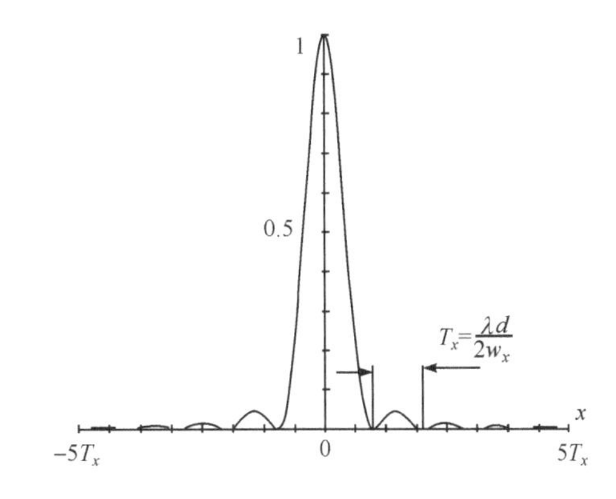

(b) x轴上剖面归一化曲线

图 2-3-1　矩形孔(w_x=w_y=2mm)经衍射距离 d=200mm 的夫琅禾费衍射图像

当扩束及准直的激光通过透镜后，我们很容易在透镜的焦平面上观察到上面的图样．在本书的相干光成像及数字全息的研究中将看到，物平面上点源的重建像就是与 CCD 探测器尺寸相关的夫琅禾费衍射图像.

本书光盘提供了用 MATLAB7.0 编写的矩形孔夫琅禾费衍射图像程序 LXM2.m，读者可以运行该程序观察不同尺寸矩形孔的夫琅禾费衍射图像.

2.3.2　圆形孔的夫琅禾费衍射

若平面光阑上具有中心在坐标原点的圆孔，w 是圆孔半径，r_0 是孔径平面上的径向坐标，$r_0=\sqrt{x_0^2+y_0^2}$ 为孔径平面的径向坐标与直角坐标的关系．当光阑被单位振幅平面波垂直照射时，若紧贴着孔径后有一焦距为 f 的薄透镜，在透镜出射平面的光波场复振幅分布则为

$$U_0(r_0)=\text{circ}\left(\frac{r_0}{w}\right)\exp\left(-\frac{\text{j}k}{2f}r_0^2\right) \tag{2-3-4}$$

令 d=f. 将式(2-3-4)用直角坐标表示，代入式(2-2-39)．由于孔径具有圆对称性，基于第 1 章的知识，直角坐标的傅里叶变换式改写为傅里叶-贝塞尔变换比较方便．于是有

$$U(r)=\frac{\exp(\text{j}kd)}{\text{j}\lambda d}\exp\left(\text{j}\frac{kr^2}{2d}\right)\mathscr{B}\{U_0(r_0)\}\Big|_{\rho=\frac{r}{\lambda d}} \tag{2-3-5}$$

其中，$\rho=\sqrt{f_x^2+f_y^2}$ 表示空间频率的径向坐标．由于

$$\mathscr{B}\left\{U_0\left(r_0\right)\right\}=\mathscr{B}\left\{\operatorname{circ}\left(\frac{r_0}{w}\right)\right\}=\pi w^2\frac{\mathrm{J}_1\left(2\pi w\rho\right)}{\pi w\rho}$$

式中，J_1 是一阶第一类贝塞尔函数．代入式(2-3-5)得

$$U\left(r\right)=\frac{\exp\left(\mathrm{j}kd\right)}{\mathrm{j}\lambda d}\exp\left(\mathrm{j}\frac{kr^2}{2d}\right)\pi w^2\frac{2\mathrm{J}_1\left(kwr/d\right)}{kwr/d} \tag{2-3-6}$$

于是，得到圆孔的夫琅禾费衍射场强度分布

$$I\left(r\right)=\left(\frac{\pi w^2}{\lambda d}\right)^2\left[\frac{2\mathrm{J}_1\left(kwr/d\right)}{kwr/d}\right]^2 \tag{2-3-7}$$

这个强度分布以首先导出它的科学家艾里的名字命名，称艾里图样[1]．贝塞尔函数有不同的数学表达式，例如，n 阶(n 为整数)贝塞尔函数可以表示为

$$\mathrm{J}_n\left(z\right)=\frac{1}{2\pi}\int_{-\pi}^{\pi}\cos\left(z\sin\theta-n\theta\right)\mathrm{d}\theta \tag{2-3-8}$$

利用数值积分，不难对贝塞尔函数求值．根据贝塞尔函数的取值，为方便分析，表 2-3-1 给出艾里斑在相继的极大和极小点上的值．

表 2-3-1　艾里图样的极大值和极小值位置

x	0	1.220	1.635	2.233	2.679	3.238	3.699
$\left[\frac{\mathrm{J}_1(\pi x)}{\pi x}\right]^2$	1	0	0.0175	0	0.0042	0	0.0016

从表 2-3-1 可以看出，中央斑点的直径为

$$D=1.22\frac{\lambda d}{w} \tag{2-3-9}$$

根据式(2-3-7)及式(2-3-8)，令 w=2mm，λ=0.532μm，图 2-3-2(a)给出圆形孔经距离 d=200mm 的夫琅禾费衍射图样或艾里图样的强度图像，图 2-3-2(b)给出过坐标原点的艾里斑的强度剖面曲线．

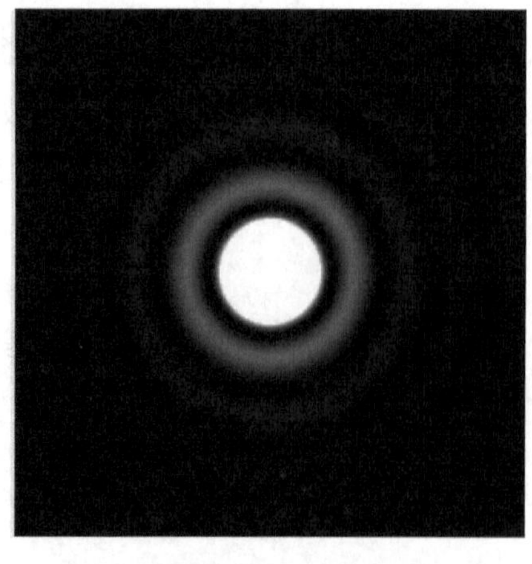

(a) 艾里图样(0.325mm×0.325mm)

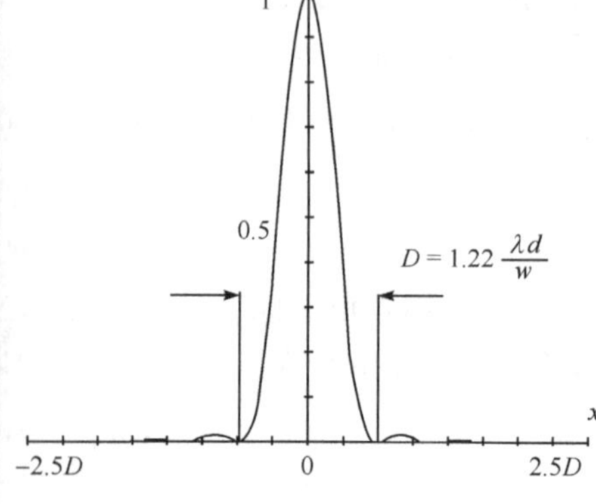

(b) x轴上剖面归一化曲线

图 2-3-2　圆形孔夫琅禾费衍射图样或艾里图样的强度图像

实验研究很容易证实，平面波通过圆形光瞳的透镜后，在透镜焦平面上得到的就是艾里斑．而圆形透镜是光学系统中最常用的成像元件，在分析光学系统的成像性质时，经常会引用这个结论．

本书光盘提供了用 MATLAB7.0 编写的圆形孔夫琅禾费衍射图像程序 LXM3.m，读者可以运行该程序观察不同直径圆孔的夫琅禾费衍射图像．

2.3.3　振幅型正弦光栅的夫琅禾费衍射

振幅型正弦光栅的数学表述如式(2-3-10)，式中，L 为光栅周期，栅线平行于 y_0 轴，m 是小于或等于 1 的正数，光栅沿两坐标方向的宽度为 $2w$．若照明光栅的是单位振幅平面波，紧贴光栅后表面的光波场可表示为

$$U_0(x_0,y_0)=\frac{1}{2}\left[1+m\cos\left(\frac{2\pi}{L}x_0\right)\right]\mathrm{rect}\left(\frac{x_0}{2w}\right)\mathrm{rect}\left(\frac{y_0}{2w}\right) \tag{2-3-10}$$

为求出光栅的夫琅禾费衍射图样，首先对上式作傅里叶变换．根据卷积定理得

$$F\{U_0(x_0,y_0)\}=F\left\{\frac{1}{2}\left[1+m\cos\left(\frac{2\pi}{L}x_0\right)\right]\right\}*F\left\{\mathrm{rect}\left(\frac{x_0}{2w}\right)\mathrm{rect}\left(\frac{y_0}{2w}\right)\right\} \tag{2-3-11}$$

由于

$$F\left\{\frac{1}{2}\left[1+m\cos\left(\frac{2\pi}{L}x_0\right)\right]\right\}=\frac{1}{2}\delta(f_x,f_y)+\frac{m}{4}\delta\left(f_x-\frac{1}{L},f_y\right)+\frac{m}{4}\delta\left(f_x+\frac{1}{L},f_y\right) \tag{2-3-12a}$$

$$F\left\{\mathrm{rect}\left(\frac{x_0}{2w}\right)\mathrm{rect}\left(\frac{y_0}{2w}\right)\right\}=4w^2\mathrm{sinc}(2wf_x)\mathrm{sinc}(2wf_y) \tag{2-3-12b}$$

利用δ函数的卷积性质，并定义光栅频率 $f_0=1/L$，令光栅面积 $S=4w^2$，得到

$$\begin{aligned}F\{U_0(x_0,y_0)\}=&\frac{S}{2}\mathrm{sinc}(2wf_y)\\&\times\left\{\mathrm{sinc}(2wf_x)+\frac{m}{2}\mathrm{sinc}[2w(f_x-f_0)]+\frac{m}{2}\mathrm{sinc}[2w(f_x+f_0)]\right\}\end{aligned}$$

于是，光栅的夫琅禾费衍射场可根据式(2-2-39)写为

$$\begin{aligned}U(x,y)=&\frac{S}{\mathrm{j}2\lambda d}\exp(\mathrm{j}kd)\exp\left[\mathrm{j}\frac{k}{2d}(x^2+y^2)\right]\mathrm{sinc}\left(\frac{2w}{\lambda d}y\right)\\&\times\left\{\mathrm{sinc}\left(\frac{2w}{\lambda d}x\right)+\frac{m}{2}\mathrm{sinc}\left[2w\left(\frac{x}{\lambda d}-f_0\right)\right]+\frac{m}{2}\mathrm{sinc}\left[2w\left(\frac{x}{\lambda d}+f_0\right)\right]\right\}\end{aligned} \tag{2-3-13}$$

取式(2-3-13)的平方，即得到衍射场的强度分布．由于 sinc 函数在偏离中心若干周期($T=\lambda d/w$)后迅速趋于零值，当 $f_0\gg 1/w$ 时，三个 sinc 函数的相互重叠可以忽略．于是，光栅的夫琅禾费衍射场强度可以足够准确地表示为

$$\begin{aligned}I(x,y)=&\left(\frac{S}{2\lambda d}\right)^2\mathrm{sinc}^2\left(\frac{2w}{\lambda d}y\right)\\&\times\left\{\mathrm{sinc}^2\left(\frac{2w}{\lambda d}x\right)+\frac{m^2}{4}\mathrm{sinc}^2\left[2w\left(\frac{x}{\lambda d}-f_0\right)\right]+\frac{m^2}{4}\mathrm{sinc}^2\left[2w\left(\frac{x}{\lambda d}+f_0\right)\right]\right\}\end{aligned} \tag{2-3-14}$$

令 $m=1$, $w=2\text{mm}$, $\lambda=0.532\mu\text{m}$,图 2-3-3(a)给出振幅型正弦光栅经距离 $d=200\text{mm}$ 利用式(2-3-14)绘出的夫琅禾费衍射场强度图像，在 x 轴向的强度曲线示于图 2-3-3(b).

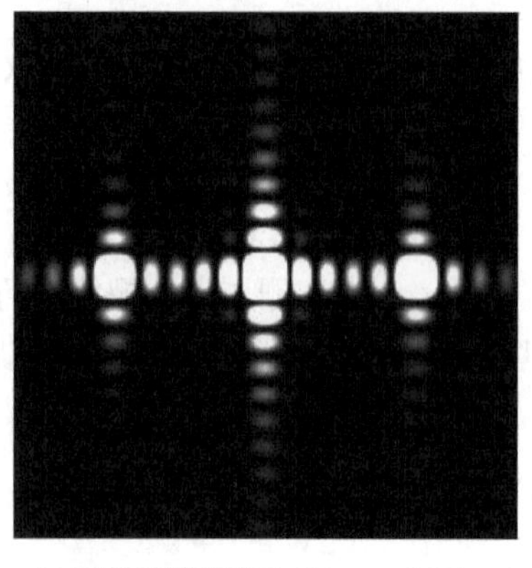

(a) 衍射场强度图像(0.532mm×0.532mm)

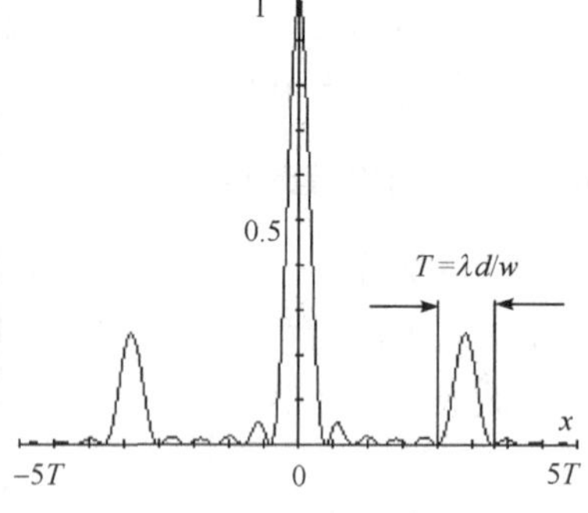

(b) x轴上剖面归一化曲线

图 2-3-3 $m=1$ 的振幅型正弦光栅的夫琅禾费衍射场强度图像

光栅的衍射效率在全息和光学信息处理中有重要意义. 衍射效率定义为某一衍射级光的功率与衍射到光栅的总功率之比. 按照这个定义，振幅型正弦光栅 0 级及±1 级衍射光的功率与式(2-3-12a)中相应的δ函数系数的平方成正比. 从而可得到这三级衍射波的衍射效率

$$\eta_0 = 0.25, \quad \eta_{+1} = \eta_{-1} = m^2/16 \tag{2-3-15}$$

在光栅的实际应用中，通常需要让±1 级衍射光有较高的衍射效率. 上面的结果表明，必须提高振幅型光栅的对比度(或衬比)m，才能有效提高衍射效率. 但由于 m 的极大值为 1，±1 级衍射光最大衍射效率不过是 1/16，并且三个衍射波总功率之和与入射光功率之比也只是 $1/4+m^2/8$. 其余部分被光栅吸收了.

2.4 菲涅耳衍射积分的计算及应用实例

2.4.1 正弦振幅光栅的菲涅耳衍射

研究正弦型振幅光栅的菲涅耳衍射，能够对光栅后方特定的空间位置周期性地出现原光栅的像做出满意的解释. 这种现象以首先观察到它的科学家名字“塔尔博特”命名[1].

设物面光阑的振幅透过率满足

$$t(x_0, y_0) = \frac{1}{2}\left[1 + m\cos\left(\frac{2\pi}{L}x_0\right)\right] \tag{2-4-1}$$

式中，L 为光栅周期，栅线平行于 y_0 轴，m 是小于或等于 1 的正数. 若照明光阑的是单位振幅平面波，紧贴光阑后表面的光波场 U_0 也由式(2-4-1)表示. 为计算经不同距离 d 的衍射后的衍射场强度图像，引用菲涅耳衍射的传递函数算法，衍射场为

$$U(x, y) = F^{-1}\left\{F\left\{U_0(x_0, y_0)\right\}H_{\text{F}}(f_x, f_y)\right\} \tag{2-4-2}$$

其中

$$H_{\mathrm{F}}\left(f_x,f_y\right)=\exp\left[\mathrm{j}kd\left(1-\frac{\lambda^2}{2}\left(f_x^2+f_y^2\right)\right)\right]$$

是菲涅耳衍射传递函数.

将物光复振幅 U_0 用式(2-4-1)的 t_0 代替，式(2-4-2)中物光复振幅的傅里叶变换则为

$$F\left\{U_0\left(x_0,y_0\right)\right\}=\frac{1}{2}\delta\left(f_x,f_y\right)+\frac{m}{4}\delta\left(f_x-\frac{1}{L},f_y\right)+\frac{m}{4}\delta\left(f_x+\frac{1}{L},f_y\right) \tag{2-4-3}$$

由于菲涅耳衍射传递函数在频域原点的值为 $\exp\left(\mathrm{j}kd\right)$，在 $\left(f_x,f_y\right)=\left(\pm\frac{1}{L},0\right)$ 处的值为

$$H_{\mathrm{F}}\left(\pm\frac{1}{L},0\right)=\exp\left[\mathrm{j}kd\left(1-\frac{\lambda^2}{2L^2}\right)\right]$$

于是，式(2-4-2)化简为

$$U\left(x,y\right)=\exp\left(\mathrm{j}kd\right)F^{-1}\left\{\begin{aligned}&\frac{1}{2}\delta\left(f_x,f_y\right)+\exp\left(-\mathrm{j}kd\frac{\lambda^2}{2L^2}\right)\\&\times\left[\frac{m}{4}\delta\left(f_x-\frac{1}{L},f_y\right)+\frac{m}{4}\delta\left(f_x+\frac{1}{L},f_y\right)\right]\end{aligned}\right\} \tag{2-4-4}$$

根据 δ 函数的傅里叶变换性质可以直接得到上式的逆变换结果

$$U\left(x,y\right)=\exp\left(\mathrm{j}kd\right)\left\{\frac{1}{2}+\exp\left(-\mathrm{j}kd\frac{\lambda^2}{2L^2}\right)\times\left[\frac{m}{4}\exp\left(\mathrm{j}\frac{2\pi}{L}x\right)+\frac{m}{4}\exp\left(-\mathrm{j}\frac{2\pi}{L}x\right)\right]\right\}$$

利用欧拉公式得

$$U\left(x,y\right)=\frac{\exp\left(\mathrm{j}kd\right)}{2}\left\{1+m\exp\left(-\mathrm{j}kd\frac{\lambda^2}{2L^2}\right)\cos\left(\frac{2\pi}{L}x\right)\right\} \tag{2-4-5}$$

取式(2-4-5)的模平方，注意到 $k=2\pi/\lambda$，并再次利用欧拉公式即得到衍射场的强度分布

$$I\left(x,y\right)=\frac{1}{4}\left\{1+2m\cos\left(-\frac{\pi\lambda d}{L^2}\right)\cos\left(\frac{2\pi}{L}x\right)+m^2\cos^2\left(\frac{2\pi}{L}x\right)\right\} \tag{2-4-6}$$

基于这个结果，令 n 为整数，下面讨论三种有趣的情况.

(1) 衍射距离 d 满足 $\frac{\pi\lambda d}{L^2}=2n\pi$，或者 $d=\frac{2nL^2}{\lambda}$. 这时，式(2-4-6)变成

$$I\left(x,y\right)=\frac{1}{4}\left[1+m\cos\left(\frac{2\pi}{L}x\right)\right]^2 \tag{2-4-7}$$

对比式(2-4-1)可以看出，$I\left(x,y\right)=t^2\left(x,y\right)$，即衍射场是物光场的理想强度图像. 没有通过透镜就能出现物光场的理想重现的这种现象被称为“塔尔博特”现象.

(2) 衍射距离 d 满足 $\frac{\pi\lambda d}{L^2}=\left(2n+1\right)\pi$，或者 $d=\frac{\left(2n+1\right)L^2}{\lambda}$. 这时

$$I\left(x,y\right)=\frac{1}{4}\left[1-m\cos\left(\frac{2\pi}{L}x\right)\right]^2 \tag{2-4-8}$$

可以看出，衍射场也是物光场的理想强度图像，只是有一个 180°的空间相移，即产生强度图像灰度反转(原来最亮的区域变成最暗的区域)，这种现象也称为“塔尔博特”现象.

(3) 衍射距离 d 满足 $\frac{\pi\lambda d}{L^2}=(2n-1)\frac{\pi}{2}$，或者 $d=\frac{(n-1/2)L^2}{\lambda}$. 这时

$$I(x,y)=\frac{1}{4}\left[1+m^2\cos\left(\frac{2\pi}{L}x\right)\right]=\frac{1}{4}\left[\left(1+\frac{m^2}{2}\right)+\frac{m^2}{2}\cos\left(\frac{4\pi}{L}x\right)\right] \tag{2-4-9}$$

不难看出,衍射场也是一个光栅,但光栅的周期是原物光场的一半,但其强度的对比度减小.这种图像称为“塔尔博特”子像(subimage). 应该指出，当 $m\ll 1$ 时，$m^2\to 0$，在子像面上将看不见“塔尔博特”子像.

为对“塔尔博特”现象形成一个较直观的概念，图 2-4-1 给出光栅后不同衍射距离的“塔尔博特”像的位置示意图.

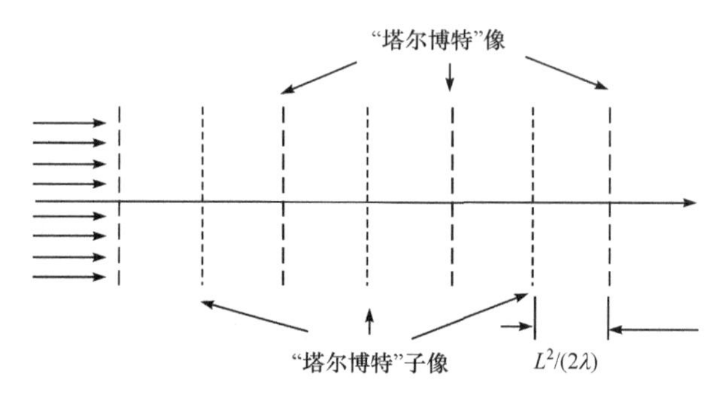

图 2-4-1　不同衍射距离的“塔尔博特”像的位置示意图

事实上，“塔尔博特”现象远比这里给出的特例普遍得多. 可以证明，任何周期结构的物平面光波在衍射过程中都会出现“塔尔博特”现象.

2.4.2　矩形孔的菲涅耳衍射

设平面光阑上具有中心在坐标原点的矩形孔，w_x,w_y 分别是矩形孔沿坐标 x_0,y_0 方向的半宽度. 如果光阑被单位振幅平面波垂直照射，则紧贴着孔径后方的物平面场分布为

$$U_0(x_0,y_0)=\mathrm{rect}\left(\frac{x_0}{2w_x}\right)\mathrm{rect}\left(\frac{y_0}{2w_y}\right) \tag{2-4-10}$$

经距离 d 的衍射后，观测平面的光波场由菲涅耳衍射积分表示为

$$U(x,y)=\frac{\exp(\mathrm{j}kd)}{\mathrm{j}\lambda d}\int_{-\infty}^{\infty}\int_{-\infty}^{\infty}U_0(x_0,y_0)\exp\left\{\frac{\mathrm{j}k}{2d}\left[(x-x_0)^2+(y-y_0)^2\right]\right\}\mathrm{d}x_0\mathrm{d}y_0$$

通过分离变量，上式可以表示为

$$U(x,y)=\frac{\exp(\mathrm{j}kd)}{\mathrm{j}}U_x(x)U_y(y) \tag{2-4-11}$$

式中

$$U_x(x)=\frac{1}{\sqrt{\lambda d}}\int_{-w_x}^{w_x}\exp\left[\frac{\mathrm{j}k}{2d}(x-x_0)^2\right]\mathrm{d}x_0 \tag{2-4-11a}$$

$$U_y(y)=\frac{1}{\sqrt{\lambda d}}\int_{-w_y}^{w_y}\exp\left[\frac{\mathrm{j}k}{2d}(y-y_0)^2\right]\mathrm{d}y_0 \tag{2-4-11b}$$

作变量代换 $\alpha=\sqrt{\frac{2}{\lambda d}}(x-x_0)$，$\beta=\sqrt{\frac{2}{\lambda d}}(y-y_0)$ 容易得到

$$U_x(x)=\frac{1}{\sqrt{2}}\int_{\alpha_1}^{\alpha_2}\exp\left(\mathrm{j}\frac{\pi}{2}\alpha^2\right)\mathrm{d}\alpha,\quad U_y(y)=\frac{1}{\sqrt{2}}\int_{\beta_1}^{\beta_2}\exp\left(\mathrm{j}\frac{\pi}{2}\beta^2\right)\mathrm{d}\beta$$

其中，积分限为

$$\alpha_1=\sqrt{\frac{2}{\lambda d}}(w_x+x),\quad \alpha_2=\sqrt{\frac{2}{\lambda d}}(w_x-x),\quad \beta_1=\sqrt{\frac{2}{\lambda d}}(w_y+y),\quad \beta_2=\sqrt{\frac{2}{\lambda d}}(w_y-y)$$

引入菲涅耳函数[9]

$$S(z)=\int_0^z\sin\left(\frac{\pi}{2}t^2\right)\mathrm{d}t,\quad C(z)=\int_0^z\cos\left(\frac{\pi}{2}t^2\right)\mathrm{d}t \tag{2-4-12}$$

可以将 $U_x(x)$，$U_y(y)$ 重新写成

$$U_x(x)=\frac{1}{\sqrt{2}}\left\{\left[C(\alpha_2)-C(\alpha_1)\right]+\mathrm{j}\left[S(\alpha_2)-S(\alpha_1)\right]\right\}$$

$$U_y(y)=\frac{1}{\sqrt{2}}\left\{\left[C(\beta_2)-C(\beta_1)\right]+\mathrm{j}\left[S(\beta_2)-S(\beta_1)\right]\right\}$$

代入式(2-4-11)得到观测平面的光波场

$$\begin{aligned}U(x,y)=&\frac{\exp(\mathrm{j}kd)}{2\mathrm{j}}\left\{\left[C(\alpha_2)-C(\alpha_1)\right]+\mathrm{j}\left[S(\alpha_2)-S(\alpha_1)\right]\right\}\\&\times\left\{\left[C(\beta_2)-C(\beta_1)\right]+\mathrm{j}\left[S(\beta_2)-S(\beta_1)\right]\right\}\end{aligned}$$

观测平面衍射图像的强度分布即为

$$\begin{aligned}I(x,y)&=\left|U(x,y)\right|^2\\&=\frac{1}{4}\left\{\left[C(\alpha_2)-C(\alpha_1)\right]^2+\left[S(\alpha_2)-S(\alpha_1)\right]^2\right\}\\&\quad\times\left\{\left[C(\beta_2)-C(\beta_1)\right]^2+\left[S(\beta_2)-S(\beta_1)\right]^2\right\}\end{aligned} \tag{2-4-13}$$

不难看出，只要能够计算菲涅耳函数，矩形孔的衍射图像就能通过式(2-4-13)得到．菲涅耳函数通常只能求数值解[9]，存在不同形式的近似计算公式[10,11]，这里引用文献[11]的近似式

$$S(z)=\frac{1}{2}-\left[f(z)\cos\left(\pi z^2/2\right)+g(z)\sin\left(\pi z^2/2\right)\right] \tag{2-4-14a}$$

$$C(z)=\frac{1}{2}-\left[g(z)\cos\left(\pi z^2/2\right)-f(z)\sin\left(\pi z^2/2\right)\right] \tag{2-4-14b}$$

其中

$$f(z)\approx\frac{1+0.962z}{2+1.792z+3.014z^2},\quad g(z)\approx\frac{1}{2+4.142z+3.492z^2+6.670z^3}$$

令 $w_x=w_y=2\mathrm{mm}$，$\lambda=0.532\mu\mathrm{m}$，基于式(2-4-13)及相关表达式的计算，图 2-4-2 分别给

出衍射距离 d=0，100mm，1000mm 及 20000mm 的 0～255 灰度等级的归一化衍射场强度图像.

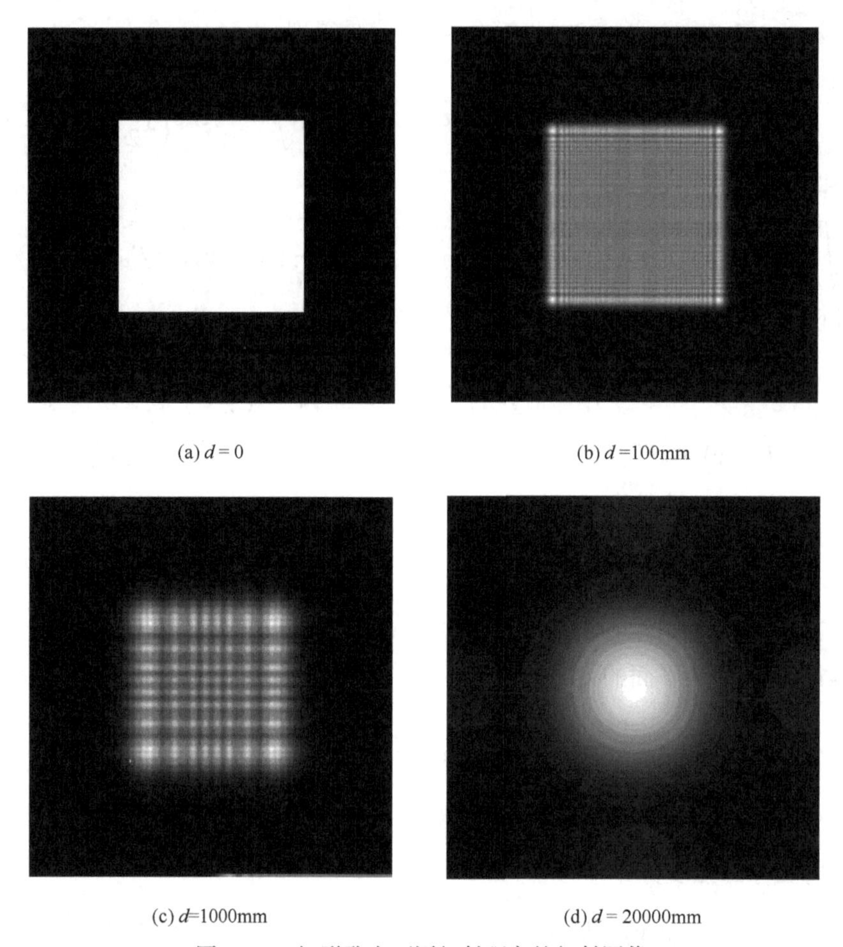

(a) $d = 0$　(b) d =100mm

(c) d=1000mm　(d) d = 20000mm

图 2-4-2　矩形孔在不同衍射距离的衍射图像

可以看出，由于衍射，实际图像与几何光学预计的结果有很大差别. 虽然这些衍射图像只是一些计算特例，但能够反映由不同形状衍射孔产生的衍射图像随衍射距离逐步变化的基本规律. 即当衍射距离较小时，衍射图像能够保持衍射孔的基本形状，但在图像边沿产生了衍射条纹，图像中央还能保持较均匀的强度分布. 随着衍射距离的增加，衍射条纹逐渐加宽，影响向中央延伸，衍射图像中央强度分布的均匀性被破坏. 当衍射距离进一步增大时，原孔径的基本形状不能分辨.

本书光盘提供了用 MATLAB7.0 编写的矩形孔菲涅耳衍射图像程序 LXM4.m，读者可以运行该程序观察不同尺寸矩形孔在不同距离的菲涅耳衍射图像.

2.4.3　直边衍射条纹的间距公式

衍射条纹的出现在许多情况下对光信息的处理形成不便(图 2-4-2). 因此，研究衍射条纹的分布具有实际意义. 对于一些特殊形状的孔径，我们可以得到条纹间距公式. 例如，当矩形孔较大时，由边沿向中央延伸的菲涅耳衍射条纹间距公式可根据菲涅耳函数的研究获得[8,12]. 为此，图 2-4-3 给出 $\sin\left(\dfrac{\pi}{2}z^2\right)$，$\cos\left(\dfrac{\pi}{2}z^2\right)$，$S(z)$及 $C(z)$的图像.

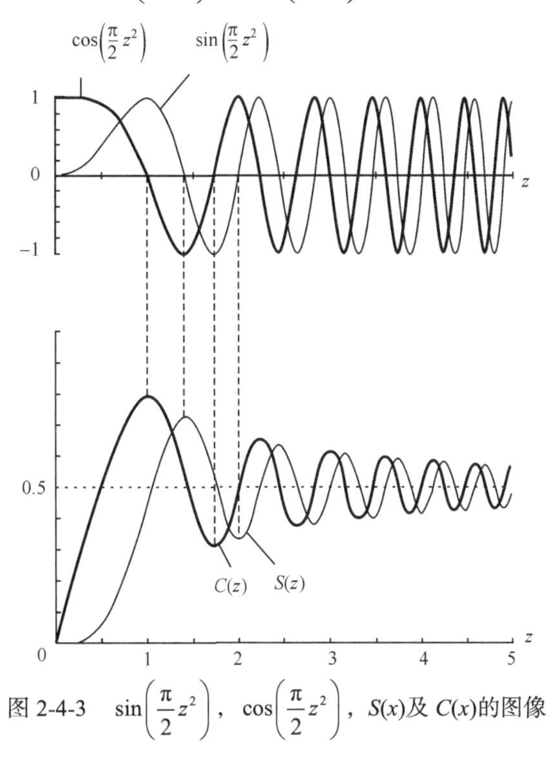

图 2-4-3　$\sin\left(\dfrac{\pi}{2}z^2\right)$，$\cos\left(\dfrac{\pi}{2}z^2\right)$，$S(x)$及 $C(x)$的图像

参照所绘函数图像，根据菲涅耳函数的定义(2-4-12)及积分的几何意义，菲涅耳函数取极大值时分别满足[8]

$$S(z): z=\sqrt{4n+2}=\sqrt{\frac{2}{\lambda d}}x',\quad x'=-\sqrt{(2n+1)\lambda d},\quad n=0,1,2,\cdots$$

$$C(z): z=\sqrt{4n+1}=\sqrt{\frac{2}{\lambda d}}x',\quad x'=-\sqrt{(2n+1/2)\lambda d},\quad n=0,1,2,\cdots$$

而取极小值时分别满足

$$S(z): z=\sqrt{4n+4}=\sqrt{\frac{2}{\lambda d}}x',\quad x'=-\sqrt{(2n+2)\lambda d},\quad n=0,1,2,\cdots$$

$$C(z): z=\sqrt{4n+3}=\sqrt{\frac{2}{\lambda d}}x',\quad x'=-\sqrt{(2n+3/2)\lambda d},\quad n=0,1,2,\cdots$$

并且，随自变量 z 取值增加，首先出现 $C(z)$的极值，此后，$S(z)$及 $C(z)$的极值交替出现，并且其数值在 1/2 上下摆动并与 1/2 的差逐渐减小. 当 $z\to\infty$时，$S(z)$及 $C(z)$均趋于 1/2.

考虑矩形孔沿 x 方向的边长 $2w_x$ 足够大以及 $x=-w_x+x'$的情况. 注意到 $S(z)$及 $C(z)$均是奇函数，可以将式(2-4-13)近似写成

$$I(-w_x+x',y)=\frac{1}{4}I(y)\left\{\left[\frac{1}{2}+C\left(\sqrt{\frac{2}{\lambda d}}x'\right)\right]^2+\left[\frac{1}{2}+S\left(\sqrt{\frac{2}{\lambda d}}x'\right)\right]^2\right\}\tag{2-4-15}$$

其中，$I(y)=\left\{\left[C(\beta_2)-C(\beta_1)\right]^2+\left[S(\beta_2)-S(\beta_1)\right]^2\right\}$.

根据菲涅耳函数的性质，虽然 $C\left(\sqrt{\frac{2}{\lambda d}}x'\right)$ 及 $S\left(\sqrt{\frac{2}{\lambda d}}x'\right)$ 不在同一位置 x' 达到极值，但可以认为衍射亮纹及暗纹的位置是两函数相邻极大位置的算术平均值以及相邻极小位置的算术平均值. 这样，从 $x=-w_x$ 的几何投影边界算起，第 n 个衍射亮纹到投影边界的距离为

$$D_{\max}(n)=\frac{\sqrt{2n+1}+\sqrt{2n+1/2}}{2}\sqrt{\lambda d}, \quad n=0,1,2,\cdots \tag{2-4-16}$$

而从几何投影边界算起，第 n 个衍射暗纹到投影边界的距离为

$$D_{\min}(n)=\frac{\sqrt{2n+2}+\sqrt{2n+3/2}}{2}\sqrt{\lambda d}, \quad n=0,1,2,\cdots \tag{2-4-17}$$

到此，我们导出了简明的菲涅耳直边衍射条纹的分布公式. 由于公式建立了衍射条纹分布与衍射距离及波长的关系. 在实验研究中，条纹间隔容易测量. 当光波长准确给定后，便能根据衍射图样确定衍射距离. 例如，利用式(2-4-16)可将第 n 个衍射亮纹到 n=0 亮纹的距离写为

$$D_{\max}(n)-D_{\max}(0)=\frac{\sqrt{2n+1}+\sqrt{2n+1/2}}{2}\sqrt{\lambda d}-\frac{1+\sqrt{1/2}}{2}\sqrt{\lambda d} \tag{2-4-18}$$

于是有

$$d=\left(\frac{D_{\max}(n)-D_{\max}(0)}{\sqrt{\lambda}\left(\frac{\sqrt{2n+1}+\sqrt{2n+1/2}}{2}-\frac{1+\sqrt{1/2}}{2}\right)}\right)^2 \tag{2-4-19}$$

图 2-4-2(b)及图 2-4-2(c)所给出的图像是得到实验证实的结果. 图中矩形孔内侧的衍射条纹间距很容易测量，邻近边界的衍射条纹分布满足上述直边衍射条纹的公式，根据测量结果，不难验证上述式(2-4-19)的正确性. 衍射条纹的间距分布公式可以在光学检测及光学仪器的调整中获得应用[13].

2.5 柯林斯公式

在激光应用研究中，大量问题的研究是沿光束传播方向进行的，如果选择合适系统的光轴，使光传播沿光轴附近进行，傍轴条件通常是能够满足的. 因此，原则上可以从菲涅耳衍射积分出发，或直接利用基尔霍夫公式及瑞利-索末菲公式，逐一计算光波通过光学系统时由相邻光学元件所确定的空间平面上的光波场，最后获得光学系统后的光波复振幅分布. 然而，由于衍射计算比较繁杂，特别是在计算机还很不普及的年代，这种计算事实上不可行. 于是，不得不忽略光学系统孔径光阑之外的任何光学元件的空间滤波作用，采用两种等价的半傅里叶光学方法作衍射计算[1]：其一，将相干光通过傍轴光学系统的衍射视为像空间中的光束通过系统出射光瞳的衍射；其二，首先计算物空间中光束通过系统入射光瞳的衍射，然后再将衍射场成像到像空间. 通常情况下，以上两种计算方法都能得到较满意的结果.

按照矩阵光学理论[13,14]，轴对称傍轴光学系统的光学特性可以由一个 2×2 的矩阵$\begin{bmatrix} A & B \\ C & D \end{bmatrix}$描述，一个非轴对称傍轴光学系统的特性也可以由一个 4×4 的矩阵描述．于是，出现一个很有意义的问题：如果能够根据上面处理衍射问题的半傅里叶光学思想，将相干光通过傍轴光学系统时的衍射表达为一个方便使用的，与矩阵元素 A、B、C、D 相关的计算公式，无疑要大大方便衍射问题的研究．1970 年，柯林斯(Collins)从衍射的菲涅耳近似出发，与矩阵光学相结合，通过光线在光学系统中程函的研究，在不考虑光学元件的空间滤波效应的前提下，导出了光波通过轴对称傍轴光学系统的菲涅耳衍射公式——柯林斯公式[2]，理论研究可以证明[8](见附录 A)，柯林斯公式事实上就是上面处理衍射问题的半傅里叶光学思想在轴对称傍轴光学系统中的数学表达式．

为便于理解及使用柯林斯公式，下面首先对矩阵光学作简要介绍．

2.5.1　傍轴光学系统的 *ABCD* 矩阵表示

几何光学中常见的光学系统，通常是由透镜、反射镜、折射率突变的界面、均匀或非均匀介质以及它们的组合构成的．相应地，光学系统中光的传播则用光线来表示．在傍轴光学系统中，只要能够模拟一条傍轴光线的径迹便能较好地确定光学系统的性能．为便于讨论，设 z 轴为光学系统的光轴，在 $z=z_1$ 平面上，所模拟光线与该平面的交点为(x_1, y_1)，光线的切线方向余弦为α_1，β_1 及$\sqrt{1-\alpha_1^2-\beta_1^2}$．在 $z=z_1$ 的输入平面及 $z=z_2$ 的输出平面上，这些参数可以分别写成两个列矩阵的形式[13,14]，即输入平面$\begin{bmatrix} x_1 \\ y_1 \\ \alpha_1 \\ \beta_1 \end{bmatrix}$及输出平面$\begin{bmatrix} x_2 \\ y_2 \\ \alpha_2 \\ \beta_2 \end{bmatrix}$．

几何光学中，傍轴光学系统对傍轴光线的变换满足线性近似，即光线由 $z=z_1$ 平面传播到 $z=z_2$ 平面之间所通过的光学系统对光线的变换可以表示为

$$\begin{bmatrix} x_2 \\ y_2 \\ \alpha_2 \\ \beta_2 \end{bmatrix} = \begin{bmatrix} a_{11} & a_{12} & b_{11} & b_{12} \\ a_{21} & a_{22} & b_{21} & b_{22} \\ c_{11} & c_{12} & d_{11} & d_{12} \\ c_{21} & c_{22} & d_{21} & d_{22} \end{bmatrix} \begin{bmatrix} x_1 \\ y_1 \\ \alpha_1 \\ \beta_1 \end{bmatrix} = \begin{bmatrix} \boldsymbol{A} & \boldsymbol{B} \\ \boldsymbol{C} & \boldsymbol{D} \end{bmatrix} \begin{bmatrix} x_1 \\ y_1 \\ \alpha_1 \\ \beta_1 \end{bmatrix} = \boldsymbol{M} \begin{bmatrix} x_1 \\ y_1 \\ \alpha_1 \\ \beta_1 \end{bmatrix} \tag{2-5-1}$$

其中，$\boldsymbol{A}$，$\boldsymbol{B}$，$\boldsymbol{C}$，$\boldsymbol{D}$ 分别代表对应的小写字母表示的 2×2 矩阵．

式(2-5-1)表明，在线性近似下，一般傍轴光学系统的输出光线参数是输入光线参数经过一 4×4 矩阵 $\boldsymbol{M}$ 的变换，$\boldsymbol{M}$ 称为光学系统的变换矩阵．因此，根据实际给定的光学系统确定出 $\boldsymbol{M}$ 的各矩阵元素，则光学系统的性质被完全确定．

实际上，由于许多光学系统是轴对称的，在任何包含 z 轴的平面内，光学系统对光线的变换是完全相同的，即只需要光线与参考平面交点到 z 轴的距离 r，交点处光线切线方向与 z 轴的夹角θ这两个参数，便能够完全确定光线．于是，光线由 $z=z_1$ 平面传播到 $z=z_2$ 平面的光学系统对光线的变换只需要一个 2×2 矩阵，若用 A，B，C，D 代表这个矩阵的四个元素，则

$$\begin{bmatrix} r_2 \\ \theta_2 \end{bmatrix} = \boldsymbol{M} \begin{bmatrix} r_1 \\ \theta_1 \end{bmatrix} = \begin{bmatrix} A & B \\ C & D \end{bmatrix} \begin{bmatrix} r_1 \\ \theta_1 \end{bmatrix} \tag{2-5-2}$$

由于每一个光学元件或元件之间的传输介质均能视为一个简单的子光学系统，都对应地有自己的变换矩阵. 当一个光学系统由 N 个元件组成时，光线穿过整个光学系统时所受到的变换则可以按照光束穿过子光学系统的次序表示为

$$\begin{bmatrix} r_o \\ \theta_o \end{bmatrix} = \begin{bmatrix} A_N & B_N \\ C_N & D_N \end{bmatrix} \cdots \begin{bmatrix} A_2 & B_2 \\ C_2 & D_2 \end{bmatrix} \begin{bmatrix} A_1 & B_1 \\ C_1 & D_1 \end{bmatrix} \begin{bmatrix} r_i \\ \theta_i \end{bmatrix} = \boldsymbol{M}_N \cdots \boldsymbol{M}_2 \boldsymbol{M}_1 \begin{bmatrix} r_i \\ \theta_i \end{bmatrix} \tag{2-5-3}$$

式(2-5-3)为我们归纳了一个确定光学系统变换矩阵的方法，即按光线穿过组成光学系统的基本元件的顺序，首先确定出每一个基本元件的变换矩阵 $\boldsymbol{M}_1, \boldsymbol{M}_2, \cdots, \boldsymbol{M}_N$，然后，按式(2-5-3)所示的顺序进行矩阵相乘，即得到整个光学系统的变换矩阵

$$\boldsymbol{M} = \boldsymbol{M}_N \cdots \boldsymbol{M}_2 \boldsymbol{M}_1 = \begin{bmatrix} A_N & B_N \\ C_N & D_N \end{bmatrix} \cdots \begin{bmatrix} A_2 & B_2 \\ C_2 & D_2 \end{bmatrix} \begin{bmatrix} A_1 & B_1 \\ C_1 & D_1 \end{bmatrix} \tag{2-5-4}$$

很明显，确定光学系统的变换矩阵时，各基本元件的变换矩阵在乘积运算时只能按照式(2-5-4)所规定的顺序，即光线通过的第一个光学元件的矩阵放在乘积序列的最右方，自右向左逐一排列，否则，计算结果通常将对应于同一组元件构成的另一个光学系统.

理论上已经证明，傍轴光学系统的变换矩阵具有一个重要的性质，那就是当入射平面处介质的折射率为 n_1，出射平面处的介质折射率为 n_2 时，变换矩阵对应行列式的值为 n_1 / n_2，即

$$\det \boldsymbol{M} = AD - BC = n_1 / n_2 \tag{2-5-5}$$

在实际应用中，由于光学系统通常处于同一介质空间，因此式(2-5-5)变为

$$\det \boldsymbol{M} = AD - BC = 1 \tag{2-5-6}$$

不难看出，以上两式可以作为考查复杂光学系统变换矩阵运算是否正确的一个重要参考.

按照光路计算及傍轴几何光学理论，可以方便地建立每一个常用光学元件的变换矩阵. 但是，为实现正确的计算，必须建立下述基本概念及遵守相应的符号规则. 现以图 2-5-1 两个球面折射面及不同折射率介质组成的光学系统为例，对有关参数及其符号作定义[4].

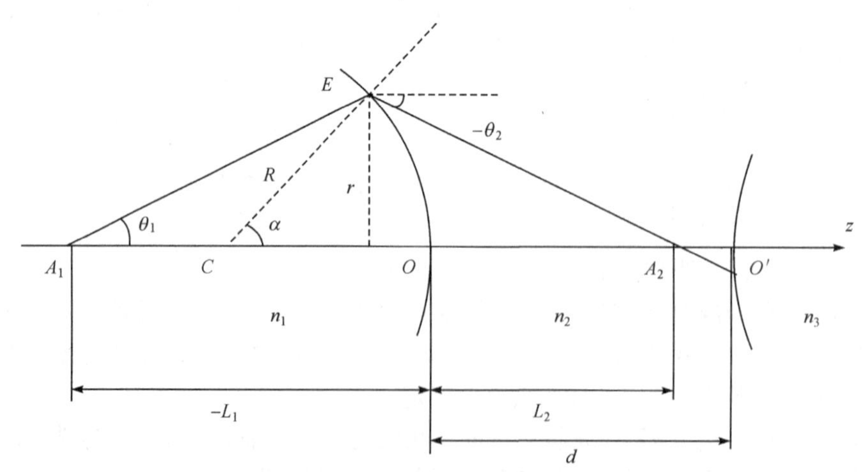

图 2-5-1　光学系统参数及符号规定参考图

图中，左边的折射球面是折射率为 n_1 和 n_2 的两种介质的界面，C 为球面中心，CO 为曲率半径，并以 R 表示. 光轴 z 通过球心 C 与球面交于顶点 O. 将通过物点 A_1 和光轴的截面叫子午面. 在子午面内，光线的位置由物方截距及物方孔径角确定，定义如下：

物方截距——顶点 O 到光线与光轴的交点 A_1 的有符号距离 $L_1 = OA_1$；

物方孔径角——入射光线与光轴的有符号夹角$\theta_1=\angle OA_1E$.

轴上点 A_1 发出的光线 A_1E 经折射后与光轴交于 A_2 点．类似地，光线 EA_2 的位置由像方截距 OA_2 及像方孔径角$\theta_2=\angle OA_2E$ 确定．在作图研究光学系统时，对长度及角度的标注和符号作如下规定[4]；

(1) 作图表示各参考点的实际距离及角度时，应标注距离及角度的绝对值.

(2) 沿轴线段：规定自左向右为光线的正方向，以折射面的顶点 O 为原点．由原点到光轴与光线的交点和光线传播方向相同时，其值为正，反之为负．因此，图中物方截距 OA_1 为负．由于作图表示实际距离时应标注绝对值，故图中 OA_1 的标注使用了符号$-L_1$.

(3) 垂轴线段：以光轴为基准，在光轴以上为正，在光轴以下为负.

(4) 光线与光轴的夹角：用光轴转向光线所形成的锐角度量，顺时针为负，逆时针为正．例如，从光轴转向出射光线时其方向为顺时针，故夹角为负．标注时便写为$-\theta_2$.

(5) 折射面间隔：由前一面的顶点到后一面的顶点，顺光线方向为正，逆光线方向为负．图中示出了由左端折射面顶点 O 到右端折射面顶点 O'的间隔 d.

应该指出，符号的规定是人为的，目前并未完全统一，但一经规定，只要严格遵守，就能获得正确的结果.

作为实例，以图 2-5-1 中折射率为 n_1、n_2 介质的球面界面为参考，给出确定轴对称球面折射面矩阵元素的过程.

令垂直于光轴并通过 O 点的平面为参考平面．对于傍轴光学系统，光线入射点 E 的垂足将非常接近 O 点，因此，可以认为 E 点的坐标即为入射光线及折射光线与参考平面交点的坐标，即 $r_1=r_2=r$.

根据几何关系及对角度符号的规定，图示光线的入射角与折射角的绝对值分别为$\alpha-\theta_1$ 和$\alpha-\theta_2$，则傍轴近似下的折射定律为$n_1(\alpha-\theta_1)=n_2(\alpha-\theta_2)$，并且

$$\alpha=\arctan\frac{r}{R}\approx\frac{r}{R} \tag{2-5-7}$$

于是得到

$$\theta_2=\frac{(n_2-n_1)r}{n_2R}+\frac{n_1\theta_1}{n_2} \tag{2-5-8}$$

将上述结果写成矩阵形式

$$\begin{bmatrix} r_2 \\ \theta_2 \end{bmatrix}=\begin{bmatrix} 1 & 0 \\ \dfrac{n_2-n_1}{n_2R} & \dfrac{n_1}{n_2} \end{bmatrix}\begin{bmatrix} r_1 \\ \theta_1 \end{bmatrix}$$

因此，折射率突变球面的变换矩阵为

$$\boldsymbol{M}=\begin{bmatrix} 1 & 0 \\ \dfrac{n_2-n_1}{n_2R} & \dfrac{n_1}{n_2} \end{bmatrix} \tag{2-5-9}$$

令式(2-5-9)中 $R\to\infty$，即得到光线穿过两介质交界平面时的变换矩阵

$$\boldsymbol{M}=\begin{bmatrix} 1 & 0 \\ 0 & \dfrac{n_1}{n_2} \end{bmatrix} \tag{2-5-10}$$

一些轴对称常用光学元件的 2×2 变换矩阵示于表 2-5-1.

表 2-5-1 轴对称常用光学元件的 2×2 变换矩阵[13,14]

元件	示意图	变换矩阵
(1) 均匀介质 (透射矩阵)	RP1 RP2 z l n n n	$\begin{bmatrix}1 & l\\ 0 & 1\end{bmatrix}$
(2) 折射率突变的平面 (透射矩阵)	n_1 n_2 z RP1 RP2	$\begin{bmatrix}1 & 0\\ 0 & \frac{n_1}{n_2}\end{bmatrix}$
(3) 折射率突变的球面 (透射矩阵)	n_1 n_2 z R RP1 RP2	$\begin{bmatrix}1 & 0\\ \frac{n_2-n_1}{n_2R} & \frac{n_1}{n_2}\end{bmatrix}$
(4) 薄透镜 (透射矩阵)	f z RP1 RP2	$\begin{bmatrix}1 & 0\\ -\frac{1}{f} & 1\end{bmatrix}$
(5) 球面反射镜 (反射矩阵)	z R RP1 RP2	$\begin{bmatrix}1 & 0\\ -\frac{2}{R} & 1\end{bmatrix}$
(6) 平面反射镜 (反射矩阵)	z RP1 RP2	$\begin{bmatrix}1 & 0\\ 0 & 1\end{bmatrix}$
(7) 直角全反射棱镜 (反射矩阵)	RP1 RP2 z d	$\begin{bmatrix}-1 & -\frac{2d}{n}\\ 0 & -1\end{bmatrix}$

当实际光学系统已经不是轴对称系统时，应采用光线传播的傍轴近似或线性近似，确定出式(2-5-1)的 4×4 变换矩阵. 有兴趣的读者可以参考矩阵光学的专著[15,16].

2.5.2 矩阵元素分别取零值时光学系统的性质

矩阵元素分别取零值时，对应的光学系统及矩阵元素有特定的物理意义. 为对后面的衍射研究提供方便，根据式(2-5-2)，可以将输入平面 RP1 及输出平面 RP2 上各量关系表示为

$$\begin{cases} r_2 = Ar_1 + B\theta_1 \\ \theta_2 = Cr_1 + D\theta_1 \end{cases} \tag{2-5-11}$$

矩阵元素取零值时相应的光线传播情况示于图 2-5-2[8].

(1) 当 A=0 时，$r_2 = B\theta_1$，即所有以θ_1角度平行入射到光学系统的光线，都将在 RP2 上的

同一点会聚，RP2 是光学系统的后焦面.

(2) 当 B=0 时，$r_2 = Ar_1$，该结果表明，凡是在参考平面 RP1 上经相同的点入射的光线束，在 RP2 上将会聚在同一点. 也就是说，RP1 与 RP2 组成了一对物-像共轭平面. 并且，A 有明确的物理意义，它代表像的垂轴放大率 $A = r_2 / r_1$.

(3) 当 C=0 时，$\theta_2 = D\theta_1$，我们看到，在 RP1 处平行入射的光束，将在 RP2 处也是以平行光束出射. 该光学系统是一个望远镜系统.

(4) 当 D=0 时，$\theta_2 = Cr_1$，即所有在参考平面 RP1 上同一点发出的光线经过光学系统后，在参考平面 RP2 上成为相互平行的光线. 换言之，RP1 是光学系统的前焦面.

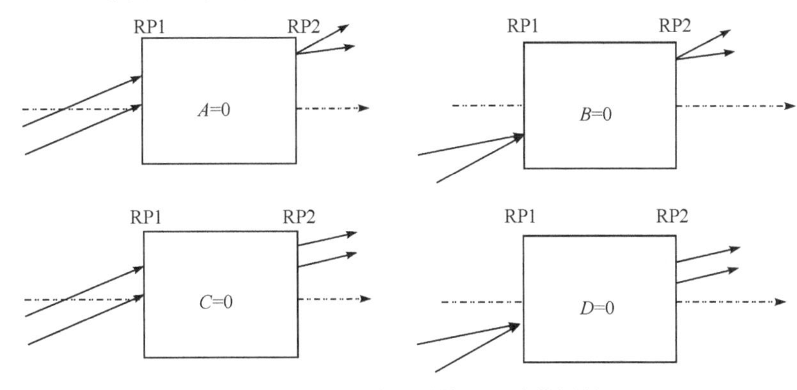

图 2-5-2　矩阵元素取零值时光线传播情况

2.5.3　柯林斯公式

忽略光学系统内部的衍射受限问题后，柯林斯根据光线传播的程函理论及菲涅耳衍射近似导出了下述公式[2]：

$$
\begin{aligned}
U(x,y) = & \frac{\exp(\mathrm{j}kL)}{\mathrm{j}\lambda B}\int_{-\infty}^{\infty}\int_{-\infty}^{\infty} U_1(x_1,y_1) \\
& \times\exp\left\{\frac{\mathrm{j}k}{2B}\left[A\left(x_1^2+y_1^2\right)+D\left(x^2+y^2\right)-2\left(x_1x+y_1y\right)\right]\right\}\mathrm{d}x_1\mathrm{d}y_1
\end{aligned} \tag{2-5-12}
$$

式中，$\mathrm{j}=\sqrt{-1}$，$k = 2\pi/\lambda, \lambda$ 为光波长，L 为沿轴上的光程，$U_1(x_1,y_1)$ 为光学系统入射平面上的光波复振幅，$U(x,y)$ 为光波穿过光学系统后观察平面上的复振幅.

柯林斯公式可以通过不同的途径导出，基于瑞利处理光波通过光学系统衍射的观点[1]可以导出柯林斯公式[8](见附录 A)，柯林斯公式也可以视为光波通过出射光瞳衍射的表达式.

2.5.4　柯林斯公式与菲涅耳衍射积分的比较

将式(2-5-12)积分号内关于 x 的复相位因子展开后得

$$
\begin{aligned}
& Ax_1^2 + Dx^2 - 2x_1x \\
& = A\left(x_1^2 - \frac{2}{A}x_1x + \frac{x^2}{A^2} - \frac{x^2}{A^2}\right) + Dx^2 = A\left(x_1 - \frac{x}{A}\right)^2 - \frac{x^2}{A} + Dx^2 \\
& = \frac{1}{A}(Ax_1 - x)^2 - \left(\frac{1}{A} - D\right)x^2
\end{aligned}
$$

类似地，可以根据以上结果将关于 y 的相位因子展开写出，代入式(2-5-12)并注意 $AD-BC=1$ 得

$$U(x,y)=\frac{\exp(\mathrm{j}kL)}{\mathrm{j}\lambda B}\exp\left[\mathrm{j}\frac{kC}{2A}(x^2+y^2)\right]\times\int\int_{-\infty}^{\infty}U_1(x_1,y_1)\exp\left\{\mathrm{j}\frac{k}{2BA}\left[(Ax_1-x)^2+(Ay_1-y)^2\right]\right\}\mathrm{d}x_1\mathrm{d}y_1 \tag{2-5-13}$$

作变量代换 $x_a=Ax_1$，$y_a=Ay_1$ 得

$$U(x,y)=\frac{\exp(\mathrm{j}kL)}{\mathrm{j}\lambda BA^2}\exp\left[\mathrm{j}\frac{kC}{2A}(x^2+y^2)\right]\times\int\int_{-\infty}^{\infty}U_1\left(\frac{x_a}{A},\frac{y_a}{A}\right)\exp\left\{\mathrm{j}\frac{k}{2BA}\left[(x_a-x)^2+(y_a-y)^2\right]\right\}\mathrm{d}x_a\mathrm{d}y_a \tag{2-5-14}$$

式(2-5-14)与菲涅耳衍射积分(2-2-34a)比较不难发现，除了积分号前面的相位因子不同外，积分具有完全相似的形式. 从数值分析的角度看，需要解决的计算问题与菲涅耳衍射积分一样.

将式(2-5-12)积分号内与积分变量无关的项提到积分号前，容易得到

$$U(x,y)=\frac{\exp(\mathrm{j}kL)}{\mathrm{j}\lambda B}\exp\left\{\frac{\mathrm{j}k}{2B}D(x^2+y^2)\right\}\times\int_{-\infty}^{\infty}\int_{-\infty}^{\infty}\left\{U_0(x_0,y_0)\exp\left[\frac{\mathrm{j}k}{2B}A(x_0^2+y_0^2)\right]\right\}\exp\left[-\mathrm{j}2\pi\left(x_0\frac{x}{\lambda B}+y_0\frac{y}{\lambda B}\right)\right]\mathrm{d}x_0\mathrm{d}y_0 \tag{2-5-15}$$

这是与菲涅耳衍射积分的傅里叶变换形式(2-2-34b)相似的表达式，即柯林斯公式也可以通过一次傅里叶变换完成计算.

柯林斯公式可以一次计算出光波通过 $ABCD$ 傍轴光学系统的衍射场，而菲涅耳衍射积分只能计算光波在介质空间中衍射平面后满足傍轴条件的光波场. 因此，也可以将柯林斯公式视为在轴对称傍轴光学系统中菲涅耳衍射积分的推广.

在使用柯林斯公式时，有一个必须注意的问题，那就是在确定光学系统的矩阵元素时，是不考虑光学元件的有限尺寸对衍射的空间滤波作用的. 因此，只有在光学系统中各元件的边界对衍射的空间滤波作用可以忽略时，才能直接使用柯林斯公式. 否则，应该根据实际光学系统的结构，将一个光学系统沿每一个衍射受限界面分解为若干“串联”的子光学系统，按照光波在界面上的受限情况，为每个子光学系统的入射平面确定一个复振幅透过函数. 这样，当光波通过光学系统时，就可以利用柯林斯公式逐级计算光波在每一个子光学系统入射面衍射受限的衍射问题，最后得到光波通过整个光学系统的复振幅. 图 2-5-3 给出柯林斯公

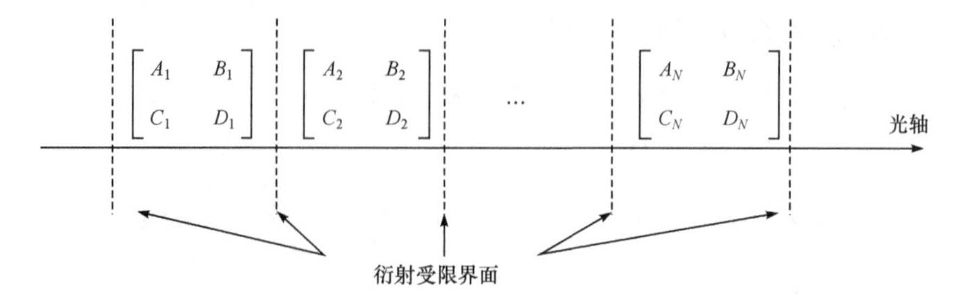

图 2-5-3 衍射受限光学系统的逐级跟踪计算

式逐级计算衍射问题的示意图.

当光学系统是非轴对称光学系统时，只使用光线到光轴的距离及光线与光轴的夹角这两个参数已经不能确定空间光线，必须使用四个参数对实际光线作描述. 这时，光波通过光学系统的衍射计算则由推广后的柯林斯公式给出. 有兴趣的读者可阅读有关文献[14,15].

习 题 2

2-1 直角坐标系 $Oxyz$ 中，沿 z 轴传播的功率为 P_0，半径为 w 的基横模高斯光束在 z=0 平面为强度分布为 $I_0\left(x,y\right)=\dfrac{2P_0}{\pi w^2}\exp\left(-2\dfrac{x^2+y^2}{w^2}\right)$ 的平面波. 若光波长为λ，在 z=0 平面上置有薄透镜，试写出下面几种不同情况下穿过薄透镜时光波场的复振幅，并按照几何光学近似说明后续光的焦点或焦线位置.

(1) 穿过焦距为 f 的薄透镜；

(2) 穿过母线在 y 方向、焦距为 f_x 的柱面薄透镜；

(3) 穿过焦距为 f 的球面薄透镜后再穿过母线在 y 方向、焦距为 f_x 的柱面薄透镜.

2-2 习题图 2-1 轴对称傍轴光学系统由焦距 f_1=200mm，f_2=100mm 的两薄透镜构成，各平面间的距离如图所示. 若平面 L_0 的光波复振幅为 $U_0\left(x,y\right)$，光波长λ，波数 $k=2\pi/\lambda$，$\mathrm{j}=\sqrt{-1}$. 令依次到达透镜前方的光波场为 $U_1(x,y)$及 $U_2(x,y)$，到达平面 L 的光波场为 $U(x,y)$.

(1) 按照菲涅耳衍射公式表示出光波传播到平面 L 时的光波场；

(2) 按照衍射的角谱理论表示出光波传播到平面 L 时的光波场.

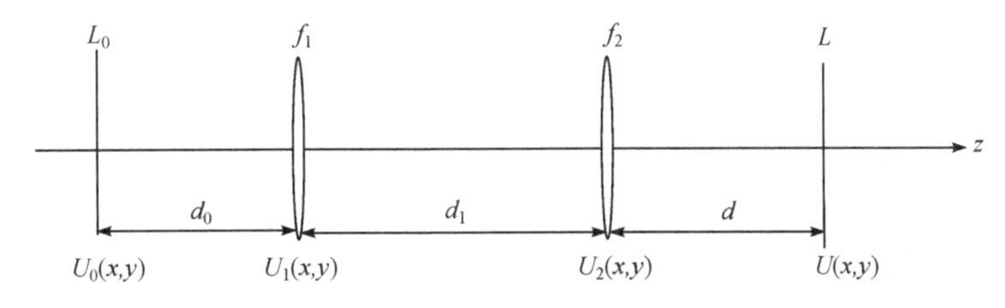

习题图 2-1 薄透镜组成的轴对称傍轴光学系统

2-3 习题图 2-2 是用 CCD 记录数字全息图的示意图. 根据 CCD 记录的数字全息图，用衍射积分重建物平面光波场是数字全息的基本数据处理过程. 由于 CCD 面阵尺寸通常远小于物体，在物体邻近 CCD 时不满足傍轴近似条件. 令物体是边宽为 a 的方形薄板，物体到 CCD 面阵的距离为 d，光波长为λ. 将物体的四个角点到 CCD 面阵中心传播角谱的相位畸变小于 1rad 视为采用傍轴近似的条件，试导出采用菲涅耳近似时 a，d，λ应满足的关系.

2-4 柯林斯公式可以简明地计算光波通过轴对称傍轴光学系统的衍射. 根据习题图 2-1 及习题 2-2 的相关参数定义，试解答下述问题：

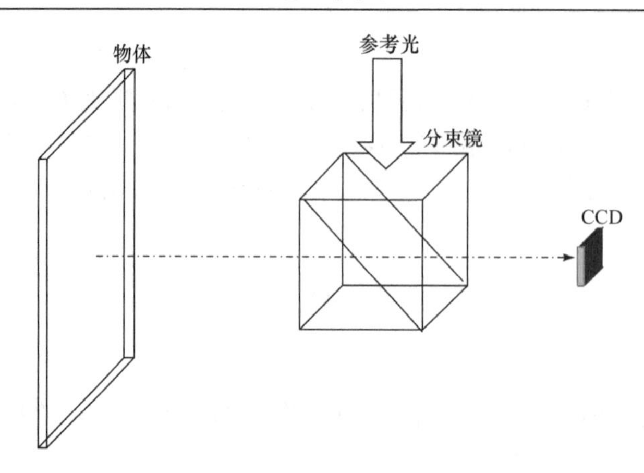

习题图 2-2　数字全息记录示意图

(1) 设输入平面 L_0 到输出平面 L 间光学系统的光学矩阵为$\begin{bmatrix} A & B \\ C & D \end{bmatrix}$，用柯林斯公式表示出光波传播到平面 L 时的光波场；

(2) 若 f_1=200mm，f_2=100mm，d_0=200mm，d_1=300mm，d=100mm，求光学矩阵元素 A、B、C、D 的数值.

2-5　光学系统的成像研究表明，物平面上点源的像是光学系统出射光瞳在像平面的夫琅禾费衍射图样. 试回答下列问题：

(1) 若光学系统的出射光瞳是直径为 D=30mm 的圆孔，像平面到出射光瞳的距离 d=50mm，照明光波长λ=532nm，求点源像的直径.

(2) 若光学系统的出射光瞳是宽度 D=30mm 的方孔，像平面到出射光瞳的距离 d=50mm，照明光波长λ=532nm，求点源像的宽度.

2-6　习题图 2-3 中，图(a)是直径为 60mm 的圆孔光阑，圆孔上有十字叉丝. 在半径 7mm、波长 10.6μm 的基横模 CO_2 激光垂直照射下，图(b)给出光阑后某距离 d 放置热敏纸采样得到的图像. 由实验测得图(b)所示两衍射条纹极大值间隔 D=3.62mm，试估算衍射距离 d.

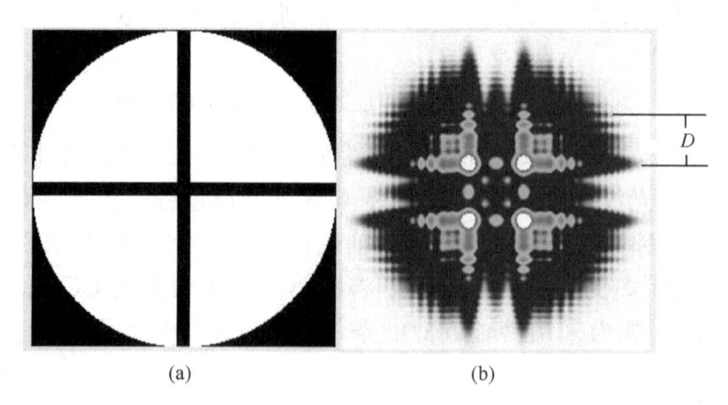

习题图 2-3　光阑及穿过光阑的 CO_2 激光经距离 d 后的热敏纸采样图像

2-7　习题图 2-4 是对一组合反射镜倾角检测的示意图. 一束经准直的波长为 10.6μm 的 CO_2 激光自下而上射向组合反射镜中心，反射镜由四个平面镜构成，反射光被分割为四束光沿水平方向(图中 z 轴方向)传播. 在距反射镜中心距离 d 处平面 xy 上放置热敏纸采样，采样图像示于图中右侧．实验得四个衍射斑极大值的水平距离为 35mm，垂直距离为 42mm，距离 d=1358mm，求组合反射镜各镜面的法线方向．

2-8　根据矩形孔衍射公式(2-4-13)的讨论回答下列问题：

(1) 写出方孔在第一象限且方孔两边分别与坐标轴相重合时的表达式．

(2) 基于(1)的结果，写出方孔边长无限大的衍射图像强度表达式．

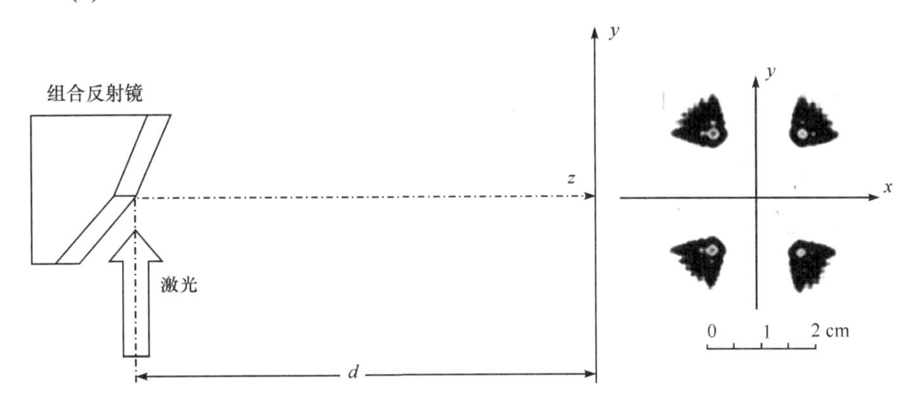

习题图 2-4　组合反射镜反射面倾角测量示意图

2-9　用菲涅耳衍射积分解答下列问题：

(1) 写出波面半径为 R 的发散球面波穿过边长为 w 的方孔光阑后经距离 d 的菲涅耳衍射表达式．

(2) 合并表达式中的二次相位因子，对衍射积分进行化简．根据化简结果讨论衍射图像与平面波穿过另一尺寸等效方孔后在另一等效距离衍射图像的相似性．

参 考 文 献

[1] Goodman J W. 傅里叶光学导论[M]. 3 版. 秦克诚, 等, 译. 北京: 电子工业出版社, 2006.

[2] Collins S A. Laser-system diffraction integral written in terms of matrioptics[J]. J Optics Soc Am, 1970, 60: 1168.

[3] 雅里夫(Yariv A). 光电子学导论[M]. 北京: 科学出版社, 1976.

[4] 郁道银, 谈恒英. 工程光学[M]. 北京: 机械工业出版社, 1999.

[5] May M, Cazabat A M. Optique cours et problèmes rèsdus [M]. Paris: DUNOD, 1996.

[6] 马科斯. 玻恩, 埃米尔. 沃尔夫. 光学原理(上册)[M]. 7 版. 杨葭荪, 等, 译, 北京: 电子工业出版社, 2005.

[7] Li J C(李俊昌), Peng Z J, Fu Y C, Diffraction transfer function and its calculation of classic diffraction formula. Optics Communication, 280, 2007:243-248.

[8] 李俊昌. 激光的衍射及热作用计算[M]. 修订版. 北京: 科学出版社, 2008.

[9] 沈永欢, 等. 实用数学手册[M]. 北京: 科学出版社, 1992.

[10] Li J C(李俊昌), Li C G, Delmas A. Calculation of diffraction patterns in spatial surface[J]. Journal of Optical Society of America-A, 2007, 24(7): 1950-1954.

[11] Siegman A E. Laser [M]. California: University Science Books Mill Valley, 1986.

[12] Li J C(李俊昌), Vialle C,Merlin J, et al. Utilisation des franges de diffraction induites par un bord droit pour caractériser un faisceau laser de puissance. Journal of Optics, 1993, 24(4): 41-46.

[13] 吕百达. 激光光学——光束描述、传输变换与光腔技术物理[M]. 3 版. 北京: 高等教育出版社, 2003.

[14] 王绍民，赵道木. 矩阵光学原理[M]. 杭州: 杭州大学出版社, 1994.

[15] 林强, 陆璇辉, 王绍民. 非对称光学系统的 *ABCD* 定律[J]. 光学学报, 1988, 8(7): 658.

第 3 章　衍射积分的数值计算及应用

基于标量衍射理论，第 2 章介绍了严格满足亥姆霍兹方程的角谱衍射公式、基尔霍夫公式、瑞利-索末菲公式[1]以及它们的傍轴近似——菲涅耳衍射积分．以上四个衍射计算公式统一称为经典衍射计算公式[2]．对经典的衍射公式研究表明，它们均能用傅里叶变换表示，从而能通过傅里叶变换求解．但是，对于实际给定的衍射问题，能够直接从傅里叶变换求出解析表达式的函数非常有限，在研究实际问题时，不得不将函数按一定规律在二维空间进行取样及延拓，变成该函数的周期离散分布作离散傅里叶变换(discrete Fourier transform，DFT)．然而，离散傅里叶变换的数值计算仍然十分繁杂，如果没有计算机，事实上很难完成一个可以解决实际问题的计算工作．1965 年，由库利-图基(Cooley-Tukey)[3]提出的快速傅里叶变换技术(fast Fourier transform，FFT)彻底改变了这种状况，计算机的普及应用为这种快速计算方法的推广创造了良好的条件．因此，利用快速傅里叶变换技术计算衍射的方法逐渐被广泛采用．

本章首先介绍离散傅里叶变换与傅里叶变换的关系；然后，基于离散傅里叶变换的基本理论及取样定理，对经典衍射积分及柯林斯公式的快速傅里叶变换计算方法进行研究；最后，基于衍射数值计算的研究结果，给出应用实例．所讨论的主要计算可以通过书附光盘中 MATLAB7.0 编写的程序 LXM5.m～LXM11.m 实现，根据需要对程序作简单修改，便能解决应用研究中的许多实际问题．

3.1　离散傅里叶变换与傅里叶变换的关系

3.1.1　二维连续函数的离散及周期延拓

函数作二维离散傅里叶变换时，要求被变换函数是二维空间的周期离散函数[4,5]．由于实际需要作傅里叶变换的函数通常是在空域无限大平面上均有定义的连续函数，必须将函数截断在有限的区域进行取样及延拓．图 3-1-1 给出二维空域连续函数的离散及延拓示意图．

图中，左上方灰色图像给出一连续函数的分布区域．对连续函数通常的取样方法由下述步骤组成：

(1) 先将函数的主要部分通过坐标变换放在第一象限，并沿平行于坐标轴的方向将函数截断在一个 $L_x \times L_y$ 的矩形区域内．

(2) 沿坐标方向定义取样间隔 $T_x = L_x / N_x$， $T_y = L_y / N_y$，从坐标原点开始将函数离散为 $N_x \times N_y$ 个点的二维离散分布值，图 3-1-1(a)、(b)描述了上述过程(图中用黑点标注出取样点落在函数定义区域上的位置，用小圆圈表示取样为零的位置)．

(3) 以上面 $N_x \times N_y$ 点的离散分布为基本周期，将函数延拓于二维无限大空间．图 3-1-1(c)是延拓后邻近坐标原点的九个周期的分布．

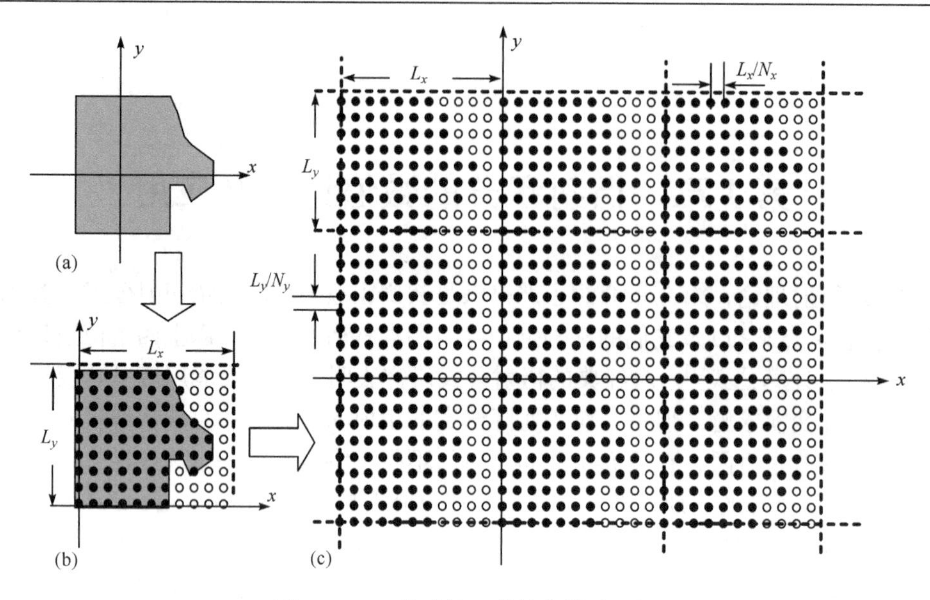

图 3-1-1　二维连续函数的离散及延拓

3.1.2　离散傅里叶变换与傅里叶变换的关系

很明显，连续函数经截断及离散处理后其性质已经改变．现以 x 方向的傅里叶变换为例进行研究，以后再将研究结果推广到二维空间．图 3-1-2 示出对于某一给定的 y，函数沿 x 方向进行离散傅里叶变换的过程．图中，左边为一列空域的原函数图像，右边一列图像是原函数频谱的模．例如，图 3-1-2(a1)为空域的原函数 $g(x, y)$，图 3-1-2(a2)为它的频谱 $G(f_x, y)$的模 $|G(f_x, y)|$．

对未经截断函数的取样，等于用图 3-1-2(b1)的梳状函数 $\delta_{T_x}(x)$ 乘以图 3-1-2(a1)的原函数，数学表达式为[6,7]

$$g_{T_x}(x,y) = g(x,y)\delta_{T_x}(x) = g(x,y)\sum_{n=-\infty}^{\infty}\delta(x-nT_x) \tag{3-1-1}$$

由于梳状函数 $\delta_{T_x}(x)$ 为周期 T_x 的δ函数，可以表示为傅里叶级数

$$\delta_{T_x}(x) = \sum_{n=-\infty}^{\infty}\delta(t-nT_x) = \sum_{k=-\infty}^{\infty}A_k \exp\left(\mathrm{j}k\frac{2\pi}{T_x}x\right)$$

其中，$\mathrm{j}=\sqrt{-1}$，$A_k = \dfrac{1}{T_x}\displaystyle\int_{-T_x/2}^{T_x/2}\delta_{T_x}(x)\exp\left(-\mathrm{j}k\frac{2\pi}{T_x}x\right)\mathrm{d}x = \frac{1}{T_x}$．于是

$$g_{T_x}(x,y) = g(x,y)\frac{1}{T_x}\sum_{k=-\infty}^{\infty}\exp\left(\mathrm{j}k\frac{2\pi}{T_x}x\right)$$

上式表明，取样信号已经不是原信号，而是无穷多个截波信号 $\dfrac{1}{T_x}\displaystyle\sum_{k=-\infty}^{\infty}\exp\left(\mathrm{j}k\frac{2\pi}{T_x}x\right)$ 被信号 $g(x,y)$ 调制的结果(图 3-1-2(c1))．

现在，通过傅里叶变换来考查信号经取样后的频谱与原信号频谱的关系．对上式作傅里叶变换得

$$
\begin{aligned}
G_{T_x}\left(f_x, y\right) &= \int_{-\infty}^{\infty} g_{T_x}\left(x, y\right) \exp\left(-\mathrm{j} 2\pi f_x x\right) \mathrm{d}x \\
&= \int_{-\infty}^{\infty} g\left(x, y\right) \frac{1}{T_x} \sum_{k=-\infty}^{\infty} \exp\left(\mathrm{j}k \frac{2\pi}{T_x} x\right) \exp\left(-\mathrm{j}2\pi f_x x\right) \mathrm{d}x \\
&= \frac{1}{T_x} \sum_{k=-\infty}^{\infty} \int_{-\infty}^{\infty} g\left(x, y\right) \exp\left(-\mathrm{j}2\pi\left(f_x - \frac{k}{T_x}\right) t\right) \mathrm{d}x = \frac{1}{T_x} \sum_{k=-\infty}^{\infty} G\left(f_x - \frac{k}{T_x}, y\right)
\end{aligned}
\tag{3-1-2}
$$

结果表明，在取样信号频谱 $G_{T_x}\left(f_x, y\right)$ 中除了包含原信号频谱 $G\left(f_x, y\right)$ 外，还包含了无穷多个被延拓的频谱，延拓的周期为 $1/T_x$ (图 3-1-2(c2))．并且，由于原函数的频谱宽度大于延拓的周期 $1/T_x$，相邻的频谱曲线产生了混叠．

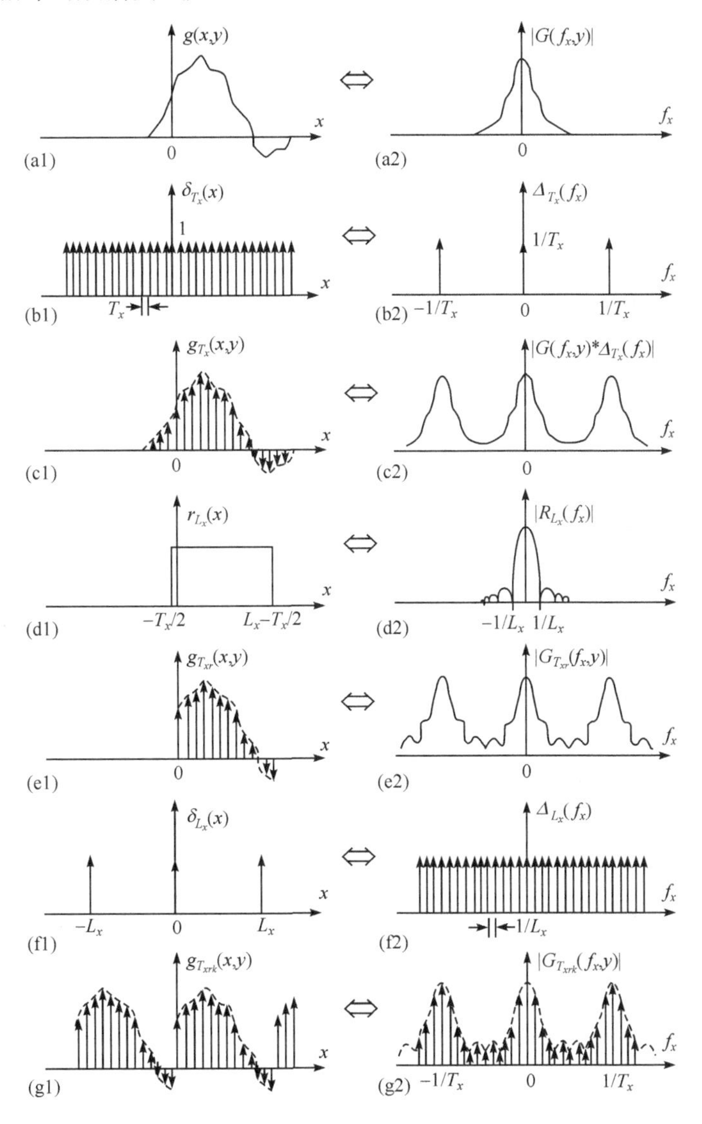

图 3-1-2　离散傅里叶变换与傅里叶变换的关系

根据傅里叶变换中频域的卷积定律，图 3-1-2(c2)也可以通过原函数的频谱函数 $G\left(f_x, y\right)$ (图 3-1-2(a2))与梳状函数的频谱函数 $\varDelta_{T_x}\left(f_x\right)$ (图 3-1-2(b2))的卷积求出

$$G_{T_x}\left(f_x,y\right)=G\left(f_x,y\right)*\varDelta_{T_x}\left(f_x\right) \tag{3-1-3}$$

为强调这个关系，图 3-1-2(c2)的纵坐标由这个卷积表达式标注.

由此可见，连续函数经过周期为 T_x 的无穷δ序列取样离散后，其频谱与原函数频谱相比有两点区别：

(1) 频谱发生了周期为$1/T_x$的周期延拓. 如果原函数的频谱宽度大于$1/(2T_x)$，则产生频谱混叠，引入失真. 因此，为获得正确的计算结果，必须选择合适的取样间隔 T_x，让$1/T_x$是物函数最高频谱的两倍以上. 这便是著名的惠特克-香农(Whittaker-Shannon)取样定理[1].

(2) 离散信号频谱$G_{T_x}\left(f_x,y\right)$的幅度是原函数频谱$G\left(f_x,y\right)$的$1/T_x$倍.

然而，上面对连续函数被无穷δ序列取样离散后的频谱研究只是一个理论结果，因为实际上不可能作取样点为无限多的数值计算. 由于被变换函数通常是在无限大空间均有定义的函数，离散傅里叶变换理论涉及的是在空域及频域均是周期离散函数的傅里叶变换问题[4]，还要将离散函数截断及延拓才能满足要求. 于是，将空域非周期的离散函数(图 3-1-2(c1))先通过下述矩形窗函数(图 3-1-2(d1))截断：

$$r_{L_x}\left(x\right)=\begin{cases}1, & -T_x/2<x<L_x-T_x/2\\0, & \end{cases} \tag{3-1-4}$$

得到具有 N_x个点的的离散分布(图 3-1-2e1)

$$g_{T_{xr}}(x,y)=g(x,y)\delta_{T_x}(x)r_{L_x}\left(x\right) \tag{3-1-5}$$

然后，将截断后的部分进行周期为 L_x的延拓，形成图 3-1-2(g1)的周期离散序列

$$g_{T_{xrk}}(x,y)=g_{T_{xr}}(x+kL_x,y),\quad k=0,\pm1,\pm2,\cdots \tag{3-1-6}$$

按照傅里叶变换理论，空域中矩形窗函数图 3-1-2(d1)与离散序列图 3-1-2(c1)的乘积的频谱函数，可表示为矩形函数的频谱函数$R_{L_x}\left(f_x\right)$(图 3-1-2(d2))与图 3-1-2(c1)的频谱函数(图 3-1-2(c2))的卷积

$$G_{T_{xr}}\left(f_x,y\right)=\left[G\left(f_x,y\right)*\varDelta_{T_x}\left(f_x\right)\right]*R_{L_x}\left(f_x\right) \tag{3-1-7}$$

对应的频谱函数曲线示于图 3-1-2(e2)中.

由图可见，由于矩形窗函数的频谱$R_{L_x}\left(f_x\right)$具有较大的起伏变化的旁瓣，卷积运算的结果使图 3-1-2(e2)的频谱曲线形状产生了失真(为说明问题,图中略有夸大). 将图 3-1-2(e2)与图 3-1-2(a2)比较不难发现，现在得到的是带有畸变的原函数频谱的周期延拓曲线，延拓周期为$1/T_x$.

由于离散傅里叶变换是对空域及频域均为周期离散函数的变换，因此，图 3-1-2(e2)的曲线还将被周期为$1/L_x$的梳状函数(图 3-1-2(f2))取样，其结果是一个周期为 N_x 的频域的离散函数(图 3-1-2(g2)).

在频域进行上面频谱函数与梳状函数的乘积取样时，就对应着它们在空域原函数的卷积运算. 图 3-1-2(e1)与图 3-1-2(f1)的函数在空域卷积运算的结果成为一周期为 N_x 的空域离散函数(图 3-1-2(g1)).

空域及频域离散函数均以 N_x 为周期，我们只要分别知道一个周期内的离散值或样本点便可以了解离散函数全貌. 离散傅里叶变换或其快速算法 FFT，便是完成从空域到频域，以及从频域到空域的这 N_x 个样本点的计算方法.

至此，我们已经知道，离散傅里叶变换是傅里叶变换的一种近似计算．鉴于卷积可以由傅里叶变换表示，只要能够将衍射计算公式表示为傅里叶变换或卷积的形式，并了解离散傅里叶变换与傅里叶变换间的量值关系，采取合适的措施抑制畸变，便能对衍射问题求解．

3.2　菲涅耳衍射积分的快速傅里叶变换计算

菲涅耳衍射积分是应用研究中使用最广泛的公式，因此，首先对它的计算进行讨论．鉴于菲涅耳衍射积分可以表示为傅里叶变换及卷积两种形式，存在一次快速傅里叶变换及快速卷积算法．但是，快速卷积算法需要作一次快速傅里叶变换及一次快速傅里叶反变换运算，其计算速度相对缓慢．为表述方便，以下称第一种算法为 S-FFT 算法，第二种算法为 D-FFT 算法．我们将看到，合理选择两种方法才能正确处理实际衍射问题[2,6,8]．

3.2.1　菲涅耳衍射积分的 S-FFT 算法

设 $U_0\left(x_0,y_0\right)$，$U\left(x,y\right)$ 分别为物平面及观测平面的光波复振幅，d 为两平面间的距离．根据第 2 章式(2-2-34b)，菲涅耳衍射积分的傅里叶变换形式可以写为

$$U\left(x,y\right)=\frac{\exp\left(\mathrm{j}kd\right)}{\mathrm{j}\lambda d}\exp\left[\frac{\mathrm{j}k}{2d}\left(x^2+y^2\right)\right]\times\int_{-\infty}^{\infty}\int_{-\infty}^{\infty}\left\{U_0\left(x_0,y_0\right)\exp\left[\frac{\mathrm{j}k}{2d}\left(x_0^2+y_0^2\right)\right]\right\}\exp\left[-\mathrm{j}\frac{2\pi}{\lambda d}\left(x_0x+y_0y\right)\right]\mathrm{d}x_0\mathrm{d}y_0 \tag{3-2-1}$$

式中，$\mathrm{j}=\sqrt{-1}$，λ为光波长，$k=2\pi/\lambda$．

分析上式可以看出，上式的主要计算包含下述两部分：

(1) 利用快速傅里叶变换进行函数与指数相位因子乘积$U_0\left(x_0,y_0\right)\exp\left[\frac{\mathrm{j}k}{2d}\left(x_0^2+y_0^2\right)\right]$的傅里叶变换计算．

(2) 计算结果再乘以积分号前的表达式$\frac{\exp\left(\mathrm{j}kd\right)}{\mathrm{j}\lambda d}\exp\left[\frac{\mathrm{j}k}{2d}\left(x^2+y^2\right)\right]$．

令物平面取样宽度为 L_0，取样数为 $N\times N$，即取样间距$\Delta x_0=\Delta y_0=L_0/N$，式(3-2-1)可用快速傅里叶变换$\mathrm{FFT}\{\ \}$表示为

$$U\left(p\Delta x,q\Delta y\right)=\frac{\exp\left(\mathrm{j}kd\right)}{\mathrm{j}\lambda d}\exp\left[\frac{\mathrm{j}k}{2d}\left(\left(p\Delta x\right)^2+\left(q\Delta y\right)^2\right)\right]\times\mathrm{FFT}\left\{U_0\left(m\Delta x_0,n\Delta y_0\right)\exp\left[\frac{\mathrm{j}k}{2d}\left(\left(m\Delta x_0\right)^2+\left(n\Delta y_0\right)^2\right)\right]\right\}_{\frac{p\Delta x}{\lambda d},\frac{q\Delta y}{\lambda d}} \tag{3-2-2}$$

$$(p,q,m,n=-N/2,-N/2+1,\cdots,N/2-1)$$

式中，$\Delta x=\Delta y$ 是快速傅里叶变换计算后对应的空域取样间距．为确定这个数值，应利用离散傅里叶变换结果是以 $1/\Delta x_0$ 为周期离散分布的结论，即上式的计算结果将是在二维频率空间

取宽度为 $1/\Delta x_0$ 的 $N\times N$ 点的离散值，即

$$\frac{L}{\lambda d}=\frac{1}{\Delta x_0}=\frac{N}{L_0} \text{或者} L=\frac{\lambda dN}{L_0} \tag{3-2-3}$$

因此

$$\Delta x=\Delta y=\frac{L}{N}=\frac{\lambda d}{L_0} \tag{3-2-4}$$

然而，只有满足取样定律的计算才能获得正确的计算结果．分析式(3-2-1)可知，被变换函数由物函数与指数相位因子的乘积组成，理论分析容易证明，指数相位因子 $\exp\left[\frac{\mathrm{j}k}{2d}\left(x_0^2+y_0^2\right)\right]$ 的傅里叶变换为 $\frac{\lambda d}{\mathrm{j}}\exp\left(-\mathrm{j}\lambda d\pi\left(\left(\frac{x}{\lambda d}\right)^2+\left(\frac{y}{\lambda d}\right)^2\right)\right)$，这是一个在整个频域都有取值的非带限函数．按照频域卷积定理，$U_0\left(x_0,y_0\right)\exp\left[\frac{\mathrm{j}k}{2d}\left(x_0^2+y_0^2\right)\right]$ 的频谱是指数相位因子频谱与物函数 $U_0\left(x_0,y_0\right)$ 频谱的卷积，由于卷积运算结果的宽度是参加卷积运算的函数宽度之和[4]，无论物函数是否是带限函数，卷积运算结果都是非带限函数．因此，$U_0\left(x_0,y_0\right)\exp\left[\frac{\mathrm{j}k}{2d}\left(x_0^2+y_0^2\right)\right]$ 也将是整个频域都有取值的非带限函数，要让式(3-2-2)的计算严格满足取样定理实际上是不可能的．然而，在形式上惠特克-香农取样定理可以视为空域取样间距的倒数 $1/\Delta x_0$ 大于或等于函数最高频谱的两倍(函数的傅里叶变换频谱包含正负两个频带)，换言之，在最高频谱所对应的空间周期上至少要有两个取样点．参照这个原则，实际上通常基于下面的分析来让计算近似地满足取样定律[2,6,8]．

通常情况下，物函数相对于指数相位因子的空间变化率不高，在宽度 L_0 的方形区域中任意位置，如果指数相位 $\exp\left[\frac{\mathrm{j}k}{2d}\left(\left(m\Delta x_0\right)^2+\left(n\Delta y_0\right)^2\right)\right]$ 每变化 2π 时至少有两个取样点，则认为 FFT 计算近似满足惠特克-香农取样定理．由于二次相位因子空间频率最高点对应于 m 及 n 等于 $\pm N/2$ 时的取样位置，因此，求解以下不等式可得到近似满足惠特克-香农取样定理的条件．

$$\frac{\partial}{\partial m}\frac{k}{2d}\left(\left(m\Delta x_0\right)^2+\left(n\Delta y_0\right)^2\right)\Bigg|_{m,n=N/2}\leqslant\pi \tag{3-2-5}$$

由此可得

$$\Delta x_0^2\leqslant\frac{\lambda d}{N} \tag{3-2-6}$$

根据式(3-2-2)的结构，如果只考虑衍射场的强度分布，式(3-2-6)可以作为近似满足惠特克-香农取样定理的条件．但是，S-FFT 算法对式(3-2-2)的最终计算结果是 FFT 计算结果与前方二次指数相位因子的乘积．如果我们期望计算结果是满足惠特克-香农取样定理的取样，还应考虑式(3-2-2)中 FFT 前方二次指数相位因子的取样问题．

将获得式(3-2-6)的讨论方法应用于 FFT 前方的相位因子，可得

$$\Delta x^2\leqslant\frac{\lambda d}{N} \tag{3-2-7}$$

但根据式(3-2-3)，有

$$N\Delta x = \frac{\lambda dN}{N\Delta x_0} \quad 或 \quad \Delta x = \frac{\lambda d}{N\Delta x_0}$$

代入式(3-2-7)得出$\left(\frac{\lambda d}{N\Delta x_0}\right)^2 \leqslant \frac{\lambda d}{N}$，即$\Delta x_0^2 \geqslant \frac{\lambda d}{N}$. 与式(3-2-6)比较可以看出，这是一组基本相互矛盾的条件. 于是，只有两不等式取等号

$$\Delta x_0 = \Delta x = \sqrt{\frac{\lambda d}{N}} \text{ 或者 } L_0 = L = \sqrt{\lambda dN} \tag{3-2-8}$$

才可以通过一次离散傅里叶变换计算获得满足惠特克-香农取样定理的菲涅耳衍射场离散分布.

综上所述,若利用S-FFT方法计算菲涅耳衍射积分,当光波长λ给定而物平面取样宽度ΔL_0和取样数N是可变参数时，有以下三条主要结论：

其一，根据式(3-2-3)，计算出来的衍射场宽度为$L = \lambda dN / L_0$. 由于衍射距离d趋近于 0 时，L将趋近于 0. 当观测平面邻近物平面时，对于给定的L_0，必须使用庞大的取样数N才能得到期望宽度L的解. 因此，使用 S-FFT 方法将无法计算距离d趋近于 0 的衍射图样.

其二，根据式(3-2-6)，物平面取样间隔满足$\Delta x_0 < \sqrt{\lambda d / N}$或者$L_0 < \sqrt{\lambda dN}$时，可以较好地计算菲涅耳衍射场的强度分布.

其三，根据式(3-2-8)，如果让计算结果的振幅与相位均是近似满足惠特克-香农取样定理的衍射场，物平面及衍射场平面的取样宽度必须相等，并满足$L_0 = L = \sqrt{\lambda dN}$.

为便于理解菲涅耳衍射积分 S-FFT 算法的特点，本书光盘提供了 MATLAB 语言编写的 S-FFT 变换法计算衍射的程序 LIM5.m. 读者可以通过该程序的阅读及执行，证实上面对 S-FFT 算法的研究结论.

3.2.2　菲涅耳衍射的 S-FFT 计算与实际测量的比较

现在，以图 3-2-1 激光通过光阑的衍射实验为例，验证菲涅耳衍射的 S-FFT 计算及取样条件讨论的可行性. 在该实验研究中，激光波长为 632.8nm，光束经扩束及准直后照射透光孔为花瓣图案的光阑，图案的宽度约 4mm. 用探测面积为 4.76mm×4.76mm，1024×1024 像素的 CCD 直接探测衍射场的强度分布. 由于经透光孔衍射的光波的主要能量能够被 CCD 接收，CCD 探测到的光波场能量分布将能为衍射计算的可行性提供实验依据.

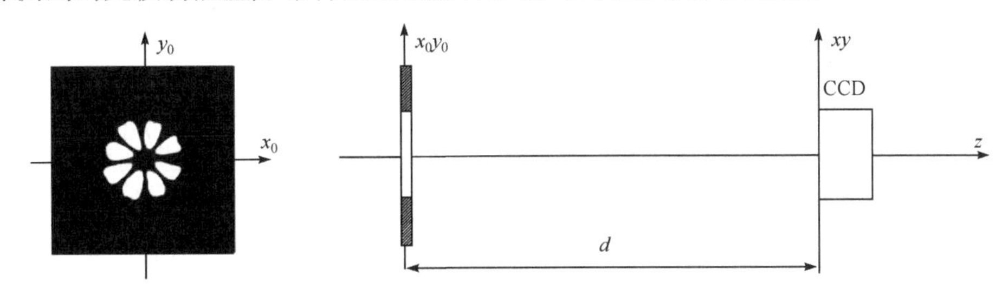

图 3-2-1　衍射实验光路

使用衍射的 S-FFT 算法时，物平面与观测平面宽度L_0，L通常不相同. 为便于比较，根据式(3-2-8)保持$d \times N$数值不变，令N=256，512，1024，以及d=480mm，240mm，120mm，求得$L_0 = L = \sqrt{\lambda dN} \approx$8.82mm.

将上述参数代入式(3-2-2)，通过计算得到的光斑图像与实际测量的图像示于图 3-2-2. 图中，CCD 测量结果通过周边补零形成 8.82mm×8.82mm(1895×1895 像素)的图像. 可以看出，理论计算与实验测量吻合很好. 比较不同距离计算时使用的取样点数还可看出，观测屏离光阑越近，N 越大. 当使用菲涅耳衍射的 S-FFT 计算十分邻近光阑平面的光波场时，必须使用庞大的取样数才能完成计算.

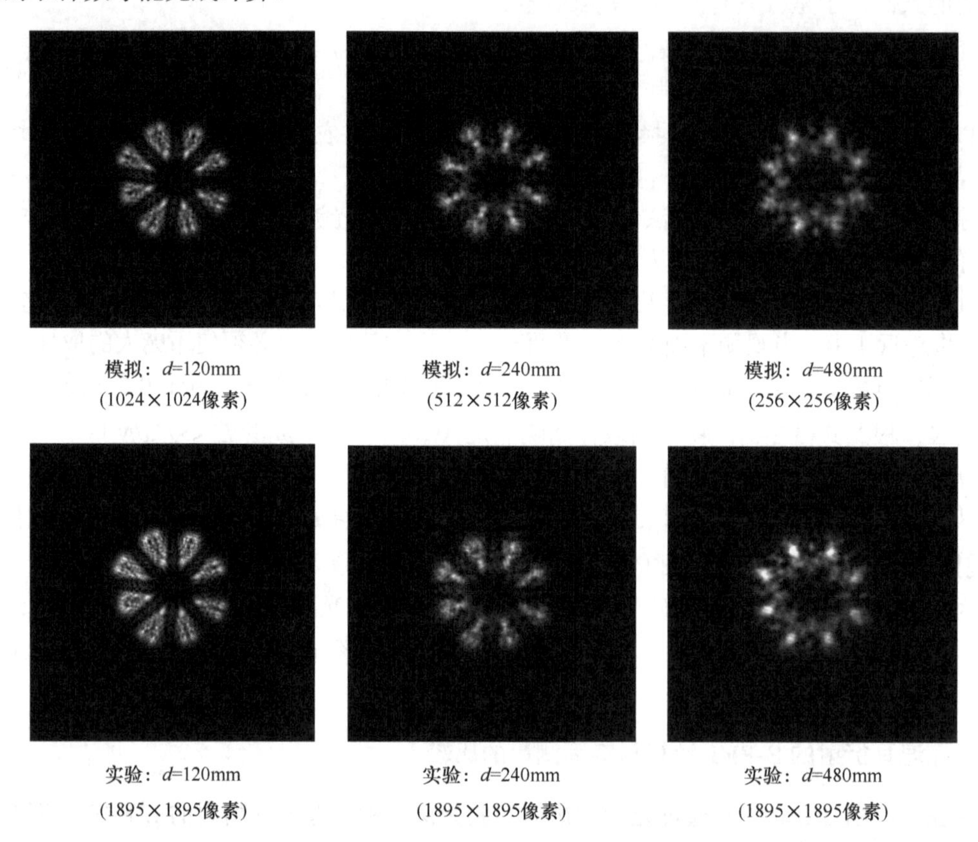

图 3-2-2　理论模拟光斑与实际测量图像的比较(8.82mm×8.82mm)

3.2.3　菲涅耳衍射的 D-FFT 算法

令 $U_0(x_0,y_0)$，$U(x,y)$ 分别为物平面及观测平面的光波复振幅，d 为两平面间的距离. 根据第 2 章式(2-2-34a)，菲涅耳衍射积分的卷积形式可以写为

$$U(x,y)=\frac{\exp(\mathrm{j}kd)}{\mathrm{j}\lambda d}\int_{-\infty}^{\infty}\int_{-\infty}^{\infty}U_0(x_0,y_0)\exp\left\{\frac{\mathrm{j}k}{2d}\left[(x-x_0)^2+(y-y_0)^2\right]\right\}\mathrm{d}x_0\mathrm{d}y_0 \tag{3-2-9}$$

对上式两边作傅里叶变换并利用空域卷积定律得

$$F\{U(x,y)\}=F\{U_0(x_0,y_0)\}F\left\{\frac{\exp(\mathrm{j}kd)}{\mathrm{j}\lambda d}\exp\left[\frac{\mathrm{j}k}{2d}(x^2+y^2)\right]\right\} \tag{3-2-10}$$

令 f_x,f_y 是频域坐标，可以定义菲涅耳衍射传递函数

$$H_{\mathrm{F}}(f_x,f_y)=F\left\{\frac{\exp(\mathrm{j}kd)}{\mathrm{j}\lambda d}\exp\left[\frac{\mathrm{j}k}{2d}(x^2+y^2)\right]\right\} \tag{3-2-11}$$

容易证明，上式存在解析解

$$H_{\mathrm{F}}\left(f_x,f_y\right)=\exp\left\{\mathrm{j}kd\left[1-\frac{\lambda^2}{2}\left(f_x^2+f_y^2\right)\right]\right\} \tag{3-2-12}$$

由于傅里叶变换可以通过离散傅里叶变换作近似计算，通过离散傅里叶变换求解卷积形式的菲涅耳衍射积分时，理论上使用式(3-2-11)或式(3-2-12)表示的传递函数是等价的．然而，为获得满足取样定理的计算结果，应该考虑式(3-2-11)作 FFT 计算时的正确取样及计算问题，而解析形式的式(3-2-12)始终能够得到准确解．因此，在实际计算时均使用解析形式的式(3-2-12)作为传递函数．关于使用式(3-2-11)计算时遇到的问题我们将在后面讨论基尔霍夫衍射积分及瑞利-索末菲衍射积分的计算时再作分析．这里，仅就解析形式的传递函数进行研究．

对式(3-2-10)两边作傅里叶逆变换得到用傅里叶变换及逆变换表述的菲涅耳衍射表达式

$$U\left(x,y\right)=F^{-1}\left\{F\left\{U_0\left(x_0,y_0\right)\right\}H_{\mathrm{F}}\left(f_x,f_y\right)\right\} \tag{3-2-13}$$

可以看出，菲涅耳衍射过程相当于将物面光波场通过一个线性空间不变系统的过程，观测平面的光波场的频谱是物平面光波场的频谱与一个菲涅耳衍射传递函数 H_{F} 的乘积．

设衍射场的计算宽度是 L_0，取样数为 N，即取样间隔$\Delta x_0=L_0/N$．根据离散傅里叶变换与傅里叶变换关系的讨论，物函数的 FFT 完成后，其取值范围是 $1/\Delta x_0=N/L_0$．为实现在同一坐标尺度下与传递函数的乘积运算，传递函数在频域的取样单位必须满足 $\Delta f_x=\Delta f_y=1/L_0$．于是，当乘积运算完成并进行快速傅里叶逆变换(IFFT)回到空域时，空域宽度还原为 $L=1/\Delta f_x=L_0$．因此，利用传递函数法计算衍射时物平面及衍射观测平面保持相同的取样宽度．此外，由于传递函数不改变物函数的频谱宽度，当物平面的取样满足惠特克-香农取样定理时，计算结果也必然是满足惠特克-香农取样定理的衍射场．

现在考虑如何让离散取样满足取样定理的问题．由于式(3-2-13)中逆变换函数由物函数的频谱与菲涅耳衍射传递函数 $H_{\mathrm{F}}\left(f_x,f_y\right)$ 的乘积组成． $H_{\mathrm{F}}\left(f_x,f_y\right)$ 及其原函数 $\frac{\exp\left(\mathrm{j}kd\right)}{\mathrm{j}\lambda d}\exp\left[\frac{\mathrm{j}k}{2d}\left(x^2+y^2\right)\right]$分别是在整个频域及空域都有取值的函数，因此，无论物函数是否是带限函数，衍射运算结果是非带限函数．因此，要使式(3-2-13)的离散计算严格地满足惠特克-香农取样定理是不可能的．在实际衍射计算中，可用下面的方法来确定近似满足取样定律的条件[7]．

由于菲涅耳衍射传递函数是解析函数，对于给定频率值能准确地得到函数值，它与 $F\left\{U_0\left(x_0,y_0\right)\right\}$ 的乘积不改变 $F\left\{U_0\left(x_0,y_0\right)\right\}$ 频谱的宽度．因此，只要 $U_0\left(x_0,y_0\right)$ 的取样满足取样定理，便能让衍射的 D-FFT 计算满足取样定理．

由于 $U_0\left(x_0,y_0\right)$ 的频谱在计算前未知，现对如何正确取样进行讨论．设衍射场总能量为 E，根据能量守恒定理及离散傅里叶变换与傅里叶变换的量值关系，并将本章对图 3-1-2 的讨论推广到二维空间，若取样数为 N，计算宽度为 L_0，在离散傅里叶变换后在频域的取样点对应面积为 $1/L_0^2$，能量值为连续变换的 N^4/L_0^4 倍．因此，离散变换后频域的取样点 $\left(p/L_0,q/L_0\right)$ 的能量是 $\left|\mathrm{DFT}\left\{U_0\left(m\frac{L_0}{N},n\frac{L_0}{N}\right)\right\}(p,q)\right|^2\left(\frac{L_0}{N}\right)^4\frac{1}{L_0^2}$，正确的 $U_0\left(x_0,y_0\right)$ 离散傅里叶变换计算必然

满足[7]

$$E = \frac{L_0^2}{N^4} \sum_{p=-N/2}^{N/2-1} \sum_{q=-N/2}^{N/2-1} \left| \mathrm{DFT}\left\{ U_0\left(m\frac{L_0}{N}, n\frac{L_0}{N} \right) \right\}(p,q) \right|^2 \approx \mathrm{constant} \tag{3-2-14}$$

当$U_0(x_0, y_0)$取样合适时，增加取样数将不改变总能量E. 因此，在应用研究中可以首先按需要的空间分辨率给定某取样数N，并利用式(3-2-14)计算E. 此后，在同一物理尺度下将取样数减小为$N/2$或增加为$2N$，再计算总能量. 若计算结果无本质区别，则认为取样数N满足要求. 以下通过理论计算与实验测量的比较证明上述结论.

3.2.4　菲涅耳衍射 D-FFT 算法的实验证明

沿用图 3-2-1 的衍射实验系统及相关实验参数，但选择包含花瓣图案透光孔而宽度L_0=4.76mm 的方形区域为物面光阑. 分别用N=128,256,512 对光阑取样，则得到与三种取样数相对应的物平面光波场$U_0(x_0, y_0)$. 对光波场进行傅里叶变换获得其频谱，再对频谱强度用 0~255 的亮度归一化. 三种取样计算获得的频谱图像示于图 3-2-3. 由图可见，频谱主要能量均集中于中部. 此外，根据计算得三幅图像的总能量比为 3.9667∶4.0504∶4.0959. 按照上面对式(3-2-14)的讨论，三种取样均能较好地满足取样条件.

图 3-2-3　不同取样数对应的初始场频谱强度图像(N/4.76mm^{-1}×N/4.76mm^{-1})

图 3-2-4(a)给出d=60mm 时 CCD 探测的图像. 图 3-2-4(b)、图 3-2-4(c)及图 3-2-4(d)依次给出N=128,256,512 时数值计算的光波场强度图像.

(a) CCD探测图像

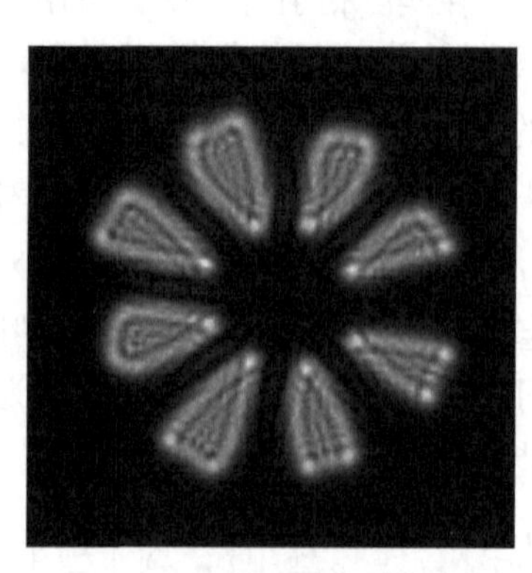

(b) N=128

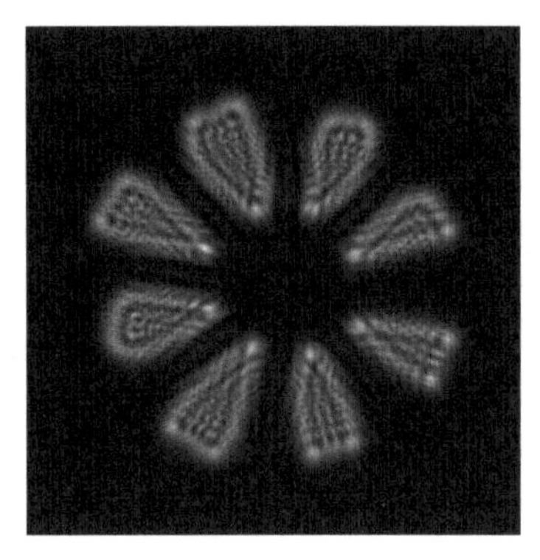

(c) N=256　　(d) N=512

(8.82mm×8.82mm)

图 3-2-4　衍射距离 d=60mm 时实验测量图像与不同取样数的衍射计算图像的比较

比较图 3-2-4 中各图像可以看出，理论计算与实验测量吻合很好．但取样数 N=128 时分辨率相对较低，图像的细节——衍射斑内部衍射条纹相对模糊．这是由于在该取样条件下频谱极大值仅为 $128/(2L_0)\approx 7.26\text{mm}^{-1}$，当每毫米范围内衍射条纹数超过 7.26 时则不能分辨．因此，当采用解析形式的传递函数计算菲涅耳衍射积分时，通常可以按照分辨率的需要确定取样数．

但是，应该指出，按照衍射的角谱理论[1]，光波的衍射是光波场各角谱衍射的叠加．随着衍射距离的增加，衍射场的范围将线性展宽．由于 D-FFT 算法中物平面及衍射观测平面保持相同的取样宽度，当衍射距离较大时，D-FFT 算法不但不能完整地给出衍射场，而且，由于计算中传递函数能够给出任意频率的准确值，光传播中本来已经逸出观测平面的高频角谱分量会对计算形成干扰．因此，这种算法主要用于物光场的高频角谱分量较小以及衍射距离较短的情况．

回顾菲涅耳衍射的 S-FFT 算法可知，距离较长的菲涅耳衍射计算问题可以使用 S-FFT 解决．因此，根据实际情况对 S-FFT 及 D-FFT 这两种算法作合理选择，才是有效求得衍射结果的途径．

本书光盘给出用 MATLAB 语言编写的菲涅耳衍射的 D-FFT 计算程序 LXM6.m，读者可以利用这个程序验证关于菲涅耳衍射公式 D-FFT 计算的所有结论．

*3.2.5　基于虚拟光波场的衍射计算

回顾菲涅耳衍射积分的数值计算可以看出，由于菲涅耳衍射积分可以表示为傅里叶变换及卷积两种形式，存在与这两种表达式相对应的 S-FFT 算法及 D-FFT 算法．然而，S-FFT 算法获得的光波场物理尺寸是波长、取样数及衍射距离的函数，D-FFT 算法获得的光波场尺寸与初始光波场相同．在应用研究中，通常期望用较高的空间分辨率表示特定观测区域的光波场，这两种算法均难满足要求．为解决这个问题，以下综合 S-FFT 及 D-FFT 算法的特点，在计算时引入一虚拟的初始光波场，将特定观测区域的光波场视为该虚拟光波场的衍射结果，介绍一种能利用初始光波场的取样数表示观测平面特定区域衍射场的方法．

1. 计算方法简介

在衍射空间建立直角坐标 $Oxyz$，令 z=0 平面为初始光波场平面，z=d 是观测平面，虚拟初始光波场平面与观测平面的距离为 d_s，图 3-2-5 给出相关坐标定义图.

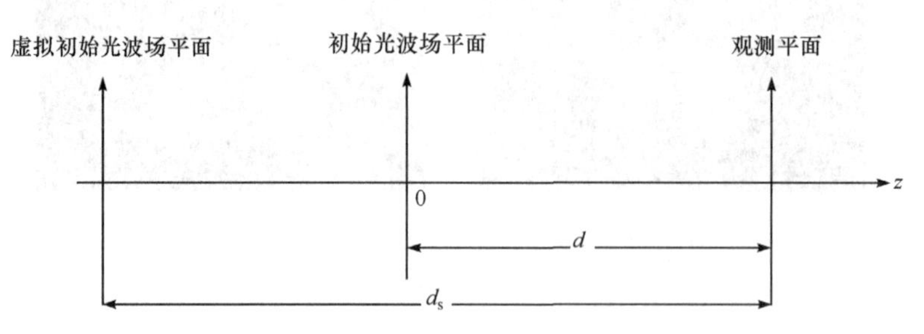

图 3-2-5　理论研究坐标定义

令初始光波场宽度为 L_0，取样数为 N，光波长为λ. 根据菲涅耳衍射的 S-FFT 计算特点，计算后观测平面的衍射场宽度为 $L=\lambda dN/L_0$，如果期望获得用 $N\times N$ 点取样数表示观测平面上任意位置的 N_c 个像素宽度的特定衍射场，计算步骤如下：

(1) 在 S-FFT 计算获得的衍射平面上取出这 N_c 个像素宽度的区域(物理宽度 $L_c=LN_c/N$)，将该区域平移到观测平面中央，周边补零后形成只包含该区域的光波场 $U_c(mL/N,nL/N)$ ($m,n=-N/2,-N/2+1,\cdots,N/2-1$).

(2) 令 $U_i(pL_c/N,qL_c/N)$ 是在观测平面前方距离 d_s 处宽度为 L_c 的虚拟光波场，$U_c(mL/N,nL/N)$ 是虚拟光波场通过 S-FFT 计算获得的衍射结果. 虚拟光波场可以通过 $U_c(mL/N,nL/N)$ 进行衍射距离为 $-d_s$ 的菲涅耳衍射的 S-FFT 衍射运算求出，按照 S-FFT 运算的特点，衍射距离 d_s 满足

$$d_s=\frac{L_c L}{\lambda N} \tag{3-2-15}$$

(3) 由于 D-FFT 方法计算的衍射场宽度与初始光波场一致，将虚拟光波场视为初始衍射场，在 z=d 平面上的衍射场再用 D-FFT 方法进行计算，于是获得 $N\times N$ 像素显示的物理宽度为 L_c 的衍射场.

考查完成上述计算的计算量知，由于形成虚拟初始场需要两次 FFT 计算，用快速卷积公式进行波前重建还需要两次 FFT 计算. 因此，可以将该方法简称为 VDFF-4FFT 方法.

2. 计算实例

让波长λ=0.000532mm 的平面波照射一唐三彩骏马的灰度图像，令图像的透射波为初始光波场(图 3-2-6(a))，初始光波场宽度 L_0=10mm，取样数 N=1024，衍射距离 d=500mm. 利用 S-FFT 方法计算菲涅耳衍射积分获得的光波场振幅分布图像示于图 3-2-6(b). 不难看出，由于计算后光波场的宽度 $L=\lambda dN/L_0=27.2384\text{mm}$，衍射场的主要能量分布在观测平面的中央.

按照上述计算步骤(1)，在图 3-2-6(b)的马头衍射场附近取出 N_c=100 像素宽度的衍射场($L_c=LN_c/N$=5.32mm)，将取出区域移到平面中央，光波场 U_c 的振幅图像示于图 3-2-6(c).

按照计算步骤(2)及(3)，首先求得 $d_s=266\text{mm}$，U_c 进行衍射距离为 $-d_s$ 的 S-FFT 衍射运

算求出虚拟光波场后，再用 D-FFT 方法进行距离 d_s 的衍射计算后获得的衍射场振幅分布示于图 3-2-6(d).

(a) 初始物光场振幅图像

(10mm×10mm)

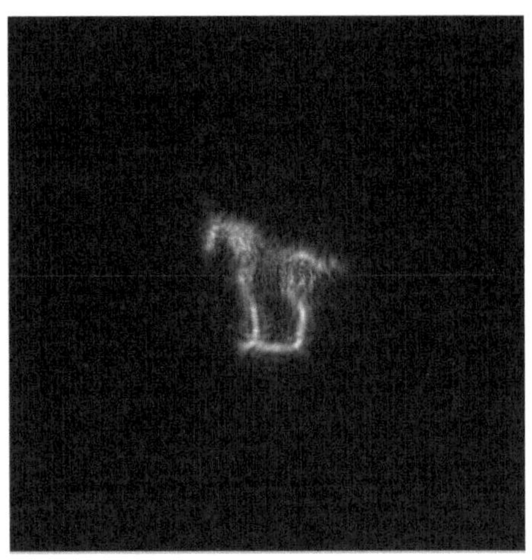

(b) S-FFT计算获得的衍射场

(27.2384mm×27.2384mm)

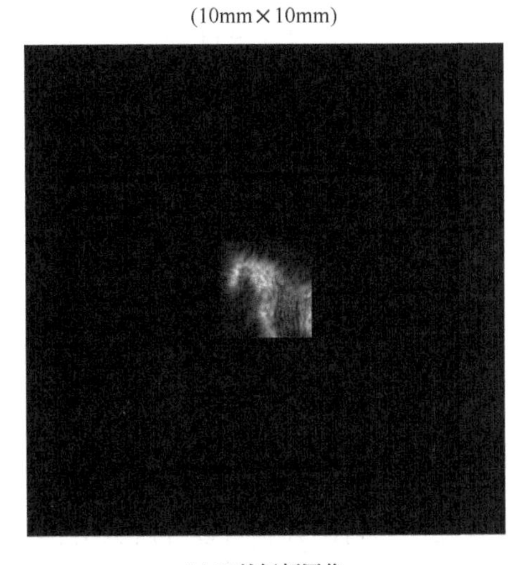

(c) U_c的振幅图像

(27.2384mm×27.2384mm)

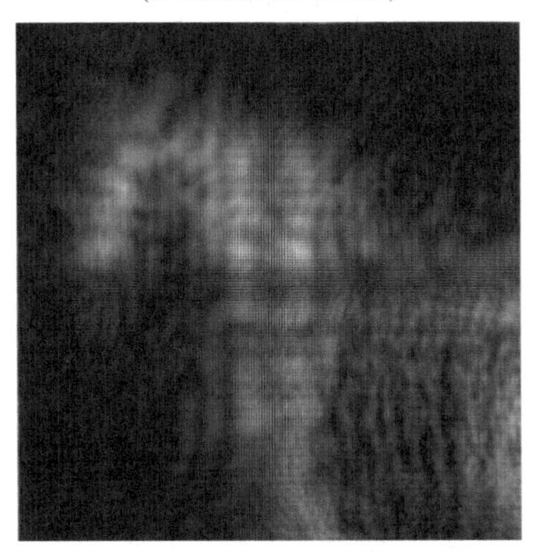

(d) VDFF-4FFT计算的衍射场振幅分布

(5.32mm×5.32mm)

图 3-2-6　取样数 N=1024，L_c=5.32mm 的 VDFF-4FFT 衍射计算过程

由于 VDFF-4FFT 算法能用初始场的取样数表示特定观测区域的衍射场，为应用研究提供很大方便. 本书光盘给出用 MATLAB7.0 语言编写的 VDFF-4FFT 算法程序 LXM7.m，第 9 章将给出这种算法在数字全息波面重建中的应用实例.

*3.2.6　菲涅耳衍射的综合孔径表示及其计算

在衍射计算的应用研究中，当初始光场有较大宽度及庞大的取样数时，会出现存放光波场的数组过大，超过计算机内存而使衍射计算程序不能运行的情况. 为解决这个问题，可以根据衍射的线性叠加原理，将衍射视为光波穿过构成初始平面的若干矩形孔的衍射叠加，只要矩形孔足够小，则能够用较小的数组来计算每一孔径的衍射场，通过每一衍射场的叠加得到需要的计算结果. 本节导出相关的计算公式，给出计算实例.

1. 菲涅耳衍射的综合孔径表示

在衍射空间建立直角坐标系 $Oxyz$，初始光场 $U_0(x,y)$ 所在平面为 z=0 平面，将该平面上光波所在区域分解为 M 个相互邻接的矩形孔，每一孔的中心坐标为 (x_i,y_i) $(i=1,2,\cdots,M)$，若沿 x，y 坐标方向的孔宽分别是 w_x,w_y，初始光波场可以表示为

$$U_0(x,y)=\sum_{i=1}^{M}\operatorname{rect}\left(\frac{x-x_i}{w_x},\frac{y-y_i}{w_y}\right)U_0(x,y) \tag{3-2-16}$$

在 z=d 平面上的衍射场可以用菲涅耳衍射积分表示为

$$\begin{aligned}U(x,y)=&\frac{\exp(\mathrm{j}kd)}{\mathrm{j}\lambda d}\sum_{i=1}^{M}\int_{-\infty}^{\infty}\int_{-\infty}^{\infty}\operatorname{rect}\left(\frac{x_0-x_i}{w_x},\frac{y_0-y_i}{w_y}\right)U_0(x_0,y_0)\\&\times\exp\left\{\frac{\mathrm{j}k}{2d}\left[(x-x_0)^2+(y-y_0)^2\right]\right\}\mathrm{d}x_0\mathrm{d}y_0\end{aligned} \tag{3-2-17}$$

令 $x_0-x_i=x_\mathrm{s},y_0-y_i=y_\mathrm{s}$，代入式(3-2-17)整理后得

$$\begin{aligned}U(x,y)=&\frac{\exp(\mathrm{j}kd)}{\mathrm{j}\lambda d}\sum_{i=1}^{M}\exp\left[-\mathrm{j}k\left(\frac{x_i}{d}x+\frac{y_i}{d}y\right)+\frac{\mathrm{j}k}{2d}\left(x_i^2+y_i^2\right)\right]\\&\times\int_{-\infty}^{\infty}\int_{-\infty}^{\infty}\operatorname{rect}\left(\frac{x_\mathrm{s}}{w_x},\frac{y_\mathrm{s}}{w_y}\right)U_0(x_\mathrm{s}+x_i,y_\mathrm{s}+y_i)\exp\left[\mathrm{j}k\left(\frac{x_i}{d}x_\mathrm{s}+\frac{y_i}{d}y_\mathrm{s}\right)\right]\\&\times\exp\left\{\frac{\mathrm{j}k}{2d}\left[(x-x_\mathrm{s})^2+(y-y_\mathrm{s})^2\right]\right\}\mathrm{d}x_\mathrm{s}\mathrm{d}y_\mathrm{s}\end{aligned} \tag{3-2-18}$$

式中，由于 $\operatorname{rect}\left(\frac{x_\mathrm{s}}{w_x},\frac{y_\mathrm{s}}{w_y}\right)U_0(x_\mathrm{s}+x_i,y_\mathrm{s}+y_i)$ 代表子孔径对称中心为坐标中心的子孔径光波场. 线性相位因子 $\exp\left[\mathrm{j}k\left(\frac{x_i}{d}x_\mathrm{s}+\frac{y_i}{d}y_\mathrm{s}\right)\right]$ 让光传播产生倾斜，使得 z=d 平面获得的是每一子孔径衍射场在原坐标系观测区域的叠加. 因此，综合孔径衍射的计算可以分解为对称中心为每一子孔径中心的子孔径衍射计算之和. 由于子孔径宽度及取样数可以根据需要确定，可以用较小的取样数逐一计算每一子孔径的衍射，最后得到全部孔径的衍射场.

式(3-2-18)可以用 D-FFT 方法计算，为便于用 S-FFT 法进行计算，可以将式(3-2-18)重新写为

$$\begin{aligned}U(x,y)=&\frac{\exp(\mathrm{j}kd)}{\mathrm{j}\lambda d}\\&\times\sum_{i=1}^{M}\exp\left[-\mathrm{j}k\left(\frac{x_i}{d}x+\frac{y_i}{d}y\right)+\frac{\mathrm{j}k}{2d}\left(x_i^2+y_i^2\right)\right]\exp\left[\frac{\mathrm{j}k}{2d}\left(x^2+y^2\right)\right]\\&\times\iint_{-\infty}^{\infty}\left\{\operatorname{rect}\left(\frac{x_\mathrm{s}}{w_x},\frac{y_\mathrm{s}}{w_y}\right)U_0(x_\mathrm{s}+x_i,y_\mathrm{s}+y_i)\exp\left[\mathrm{j}k\left(\frac{x_i}{d}x_\mathrm{s}+\frac{y_i}{d}y_\mathrm{s}\right)\right]\exp\left[\frac{\mathrm{j}k}{2d}\left(x_\mathrm{s}^2+y_\mathrm{s}^2\right)\right]\right\}\\&\times\exp\left[-\mathrm{j}\frac{2\pi}{\lambda d}\left(x_\mathrm{s}x+y_\mathrm{s}y\right)\right]\mathrm{d}x_\mathrm{s}\mathrm{d}y_\mathrm{s}\end{aligned} \tag{3-2-19}$$

为验证上面的讨论结果，下面给出式(3-2-19)的 S-FFT 法计算实例．

2. 综合孔径的菲涅耳衍射计算实例

令初始光波场为均匀平面波照射下的唐三彩骏马图案(图 3-2-7(a))，取样数为 $N\times N$=1024×1024．将该图像确定的孔径分解为一、二、三、四象限的 4 个方形子孔径，每一孔径的取样数为 512×512．计算时使用的参数为：光波长λ=0.000532mm，衍射距离 d=200mm；为便于考查计算结果，让初始场与衍射场具有相同的物理尺寸，即让初始场宽度按式(3-2-8)选择为 $L_0=\sqrt{\lambda dN}=10.4381\text{mm}$．定义一、二、三、四象限的 4 个子孔径中心坐标分别为 $(L_0/4,L_0/4)$、$(-L_0/4,L_0/4)$、$(-L_0/4,-L_0/4)$、$(L_0/4,-L_0/4)$，图 3-2-7(b)给出基于式(3-2-19)编程序计算的衍射场振幅分布图像．

(a) 初始场振幅分布
(1024×1024像素)

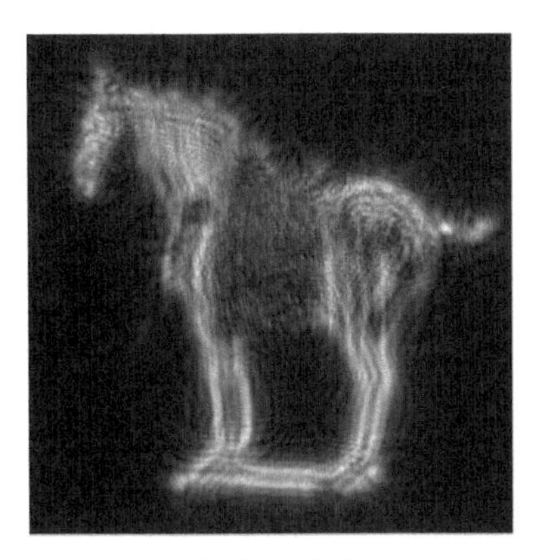

(b) 衍射场振幅分布
(512×512像素)

图 3-2-7　综合孔径的衍射计算实例

为便于了解每一子孔径衍射计算结果，图 3-2-8 分别给出 4 个象限子孔径的衍射场振幅图像．

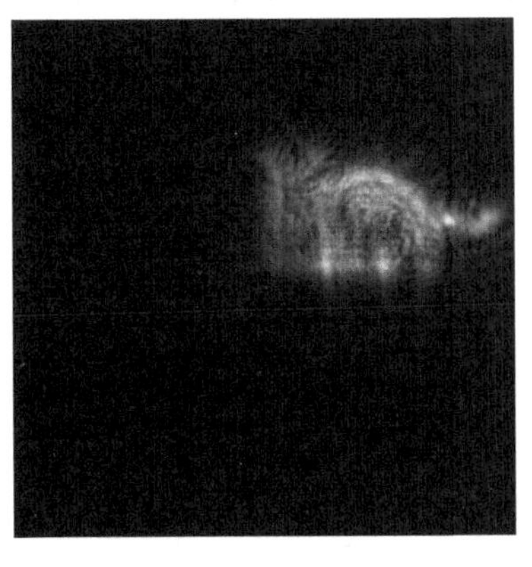

(a) 第一象限孔径的衍射场

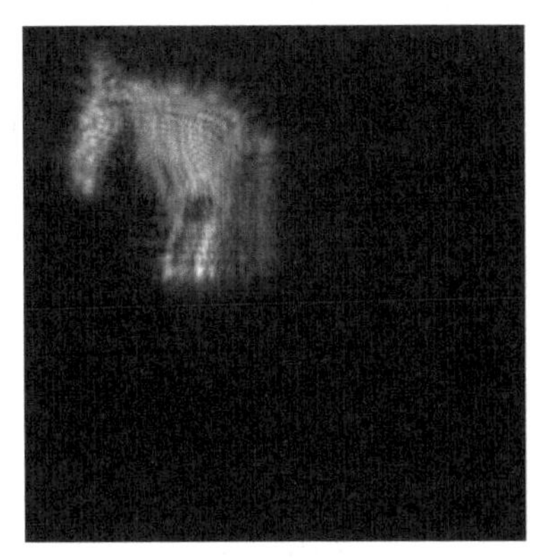

(b) 第二象限孔径的衍射场

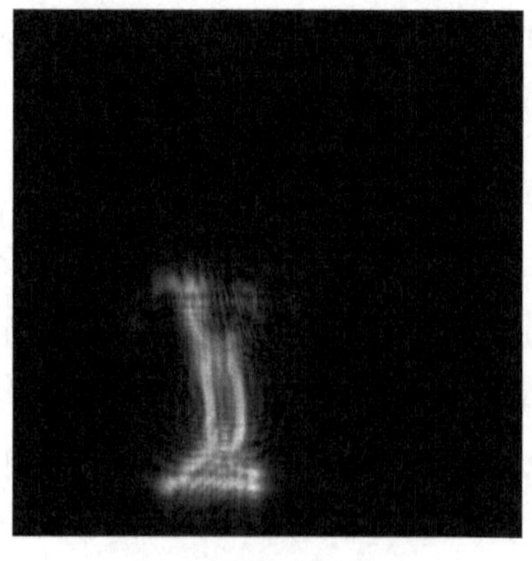

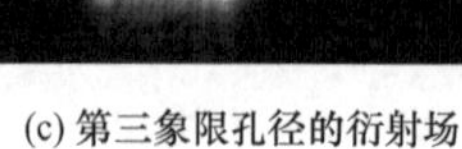

(c) 第三象限孔径的衍射场

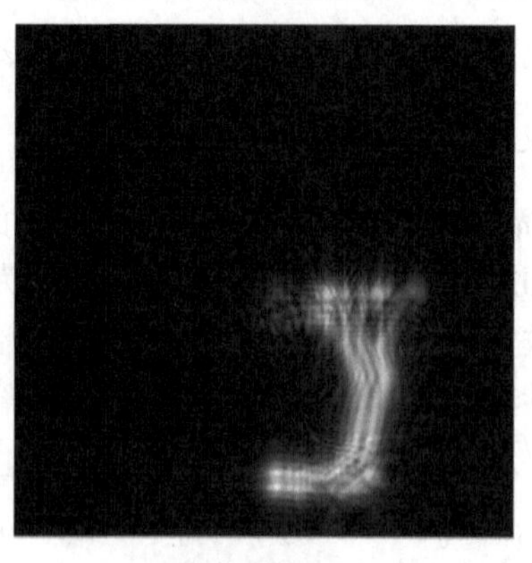

(d) 第四象限孔径的衍射场

图 3-2-8　子孔径的衍射场振幅图像(512×512 像素)

本书光盘给出用 MATLAB7.0 语言编写的综合孔径的菲涅耳衍射计算程序 LXM8.m，读者可以利用这个程序调用光盘上的唐三彩骏马图案或输入其他图像验证综合孔径法的可行性.

*3.3　经典衍射公式及其快速傅里叶变换计算

根据标量衍射理论，基尔霍夫公式、瑞利-索末菲公式以及衍射的角谱传播公式是亥姆霍兹方程的准确解[1].这三个公式及它们的傍轴近似——菲涅耳衍射积分简称为经典的衍射公式. 我们将证明，经典衍射公式均能表示成卷积形式，对应地存在不同的传递函数，并基于取样定理[1,4]，对每一公式进行研究，导出能正确计算衍射场振幅和相位时应满足的取样条件[2]. 最后，通过衍射计算实例验证所得的结论.

3.3.1　基尔霍夫公式及瑞利-索末菲公式的卷积形式

为便于讨论，图 3-3-1 给出衍射计算的初始平面 x_0y_0 与观测平面 xy 的关系. 令 d 为初始平面与观测平面间的距离，$U_0(x_0,y_0)$ 为物平面光波场的复振幅，$U(x,y)$ 表示观测平面的光波复振幅，$\boldsymbol{r}$ 为初始平面的点(x_0, y_0)到观察平面点(x, y)的矢径.

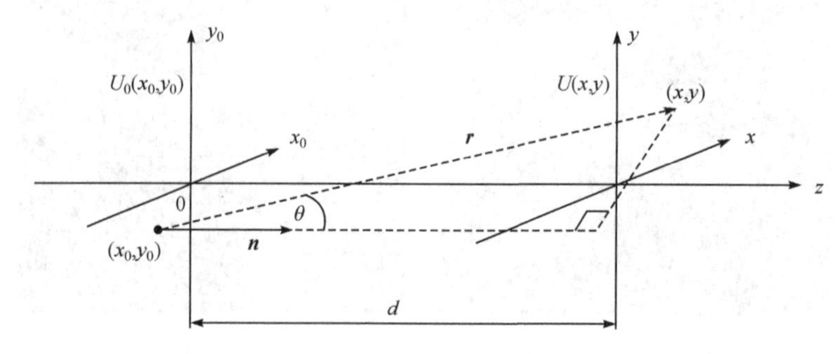

图 3-3-1　衍射计算的初始面与观测面的关系

根据式(2-2-34)，令式中倾斜因子 $K(\theta)=\dfrac{\cos\theta+1}{2}$，基尔霍夫公式可表示为[1]

$$U(x,y)=\frac{1}{\mathrm{j}\lambda}\iint_{\Sigma_0}U_0(x_0,y_0)\frac{\exp(\mathrm{j}kr)}{r}\times\frac{\cos(\boldsymbol{n},\boldsymbol{r})+1}{2}\mathrm{d}x_0\mathrm{d}y_0 \tag{3-3-1}$$

式中，$\mathrm{j}=\sqrt{-1}$；λ为光波长；$k=2\pi/\lambda$；$r=|\boldsymbol{r}|$；$\boldsymbol{n}$ 表示与 z 轴平行的初始平面法线矢量；$\cos(\boldsymbol{n},\boldsymbol{r})$ 表示 $\boldsymbol{r}$ 和 $\boldsymbol{n}$ 的夹角余弦.

类似地，令倾斜因子 $K(\theta)=\cos(\boldsymbol{n},\boldsymbol{r})=1$，两种类型的瑞利-索末菲公式[1]被表示为

$$U(x,y)=\frac{1}{\mathrm{j}\lambda}\iint_{\Sigma_0}U_0(x_0,y_0)\frac{\exp(\mathrm{j}kr)}{r}\times\cos(\boldsymbol{n},\boldsymbol{r})\mathrm{d}x_0\mathrm{d}y_0 \tag{3-3-2}$$

$$U(x,y)=\frac{1}{\mathrm{j}\lambda}\iint_{\Sigma_0}U_0(x_0,y_0)\frac{\exp(\mathrm{j}kr)}{r}\mathrm{d}x_0\mathrm{d}y_0 \tag{3-3-3}$$

根据图 3-3-1 的坐标定义，有

$$r=\sqrt{d^2+(x-x_0)^2+(y-y_0)^2}$$

以及

$$\cos(\boldsymbol{n},\boldsymbol{r})=\frac{d}{\sqrt{d^2+(x-x_0)^2+(y-y_0)^2}}$$

可以将基尔霍夫公式写为

$$\begin{aligned}U(x,y)=&\frac{1}{\mathrm{j}\lambda}\iint_{\Sigma_0}U_0(x_0,y_0)\\&\times\frac{\exp\left(\mathrm{j}k\sqrt{d^2+(x-x_0)^2+(y-y_0)^2}\right)}{2\left(d^2+(x-x_0)^2+(y-y_0)^2\right)}\left(\sqrt{d^2+(x-x_0)^2+(y-y_0)^2}+d\right)\mathrm{d}x_0\mathrm{d}y_0\end{aligned} \tag{3-3-4}$$

将两种瑞利-索末菲公式写为

$$U(x,y)=\frac{d}{\mathrm{j}\lambda}\iint_{\Sigma_0}U_0(x_0,y_0)\times\frac{\exp\left(\mathrm{j}k\sqrt{d^2+(x-x_0)^2+(y-y_0)^2}\right)}{d^2+(x-x_0)^2+(y-y_0)^2}\mathrm{d}x_0\mathrm{d}y_0 \tag{3-3-5}$$

$$U(x,y)=\frac{1}{\mathrm{j}\lambda}\iint_{\Sigma_0}U_0(x_0,y_0)\times\frac{\exp\left(\mathrm{j}k\sqrt{d^2+(x-x_0)^2+(y-y_0)^2}\right)}{\sqrt{d^2+(x-x_0)^2+(y-y_0)^2}}\mathrm{d}x_0\mathrm{d}y_0 \tag{3-3-6}$$

不难看出，以上三式均为关于坐标 x，y 的二维卷积，可以根据卷积定理用傅里叶变换进行表示，使用 FFT 进行计算是可能的.

3.3.2　经典衍射公式的统一表述

根据上面对各物理量的定义及研究结果，引用傅里叶变换及逆变换符号 $F\{\ \},F^{-1}\{\ \}$，基尔霍夫公式，瑞利-索末菲公式，角谱衍射公式，以及菲涅耳衍射积分可以统一写为以下形式：

$$U(x,y)=F^{-1}\left\{F\left\{U_0(x_0,y_0)\right\}H(f_x,f_y)\right\} \tag{3-3-7}$$

其中，f_x,f_y是频域坐标，$H(f_x,f_y)$是传递函数．不同衍射公式对应的传递函数分别为[5]

(1) 基尔霍夫衍射传递函数：

$$H(f_x,f_y)=F\left\{\frac{\exp\left[\mathrm{j}k\sqrt{d^2+x^2+y^2}\right]}{\mathrm{j}2\lambda\left(d^2+x^2+y^2\right)}\left(\sqrt{d^2+x^2+y^2}+d\right)\right\} \tag{3-3-8}$$

(2) 两种类型的瑞利-索末菲衍射传递函数

$$H(f_x,f_y)=F\left\{d\frac{\exp\left[\mathrm{j}k\sqrt{d^2+x^2+y^2}\right]}{\mathrm{j}\lambda\left(d^2+x^2+y^2\right)}\right\} \tag{3-3-9}$$

$$H(f_x,f_y)=F\left\{\frac{\exp\left[\mathrm{j}k\sqrt{d^2+x^2+y^2}\right]}{\mathrm{j}\lambda\sqrt{d^2+x^2+y^2}}\right\} \tag{3-3-10}$$

(3) 菲涅耳衍射传递函数的傅里叶变换式(见式(3-2-11))：

$$H(f_x,f_y)=F\left\{\frac{\exp(\mathrm{j}kd)}{\mathrm{j}\lambda d}\exp\left[\frac{\mathrm{j}k}{2d}\left(x^2+y^2\right)\right]\right\} \tag{3-3-11}$$

(4) 菲涅耳衍射解析传递函数(见式(3-2-12))：

$$H(f_x,f_y)=\exp\left\{\mathrm{j}kd\left[1-\frac{\lambda^2}{2}\left(f_x^2+f_y^2\right)\right]\right\} \tag{3-3-12}$$

(5) 角谱衍射传递函数：

$$H(f_x,f_y)=\exp\left[\mathrm{j}kd\sqrt{1-(\lambda f_x)^2-(\lambda f_y)^2}\right] \tag{3-3-13}$$

可以看出，衍射过程相当于物面光波场通过一个线性空间不变系统的过程．在衍射计算过程中，基尔霍夫衍射传递函数及瑞利-索末菲衍射传递函数只能表示成傅里叶变换的形式，菲涅耳衍射传递函数既可以表示成傅里叶变换，也可以表示成频域的解析函数，而角谱衍射传递函数是频域的解析函数．如果使用 FFT 计算完成衍射计算，对于基尔霍夫公式及瑞利-索末菲公式，需要进行两次正向及一次负向快速傅里叶变换．若使用菲涅耳衍射传递函数的傅里叶变换表达式进行计算，也需要进行两次正向及一次负向快速傅里叶变换．而对于使用角谱衍射公式及菲涅耳衍射传递函数的解析表达式进行计算时，只需要进行一次正向及一次负向快速傅里叶变换．因此，在实际研究中，通常使用后两个衍射传递函数进行计算．特别应该指出，由于角谱衍射公式严格满足亥姆霍兹方程，是衍射问题的准确解，近年来在应用研究中获得广泛使用．

3.3.3 计算卷积形式的经典衍射公式时取样条件的讨论

若物平面光波场 $U_0(x_0, y_0)$分布在宽度为 L_0 的方形区域，式(3-3-7)D-FFT 计算后的

$U(x, y)$也有相同的物理尺度[5,6,8]．图 3-3-2 给出衍射的初始平面与观测平面的空间关系．

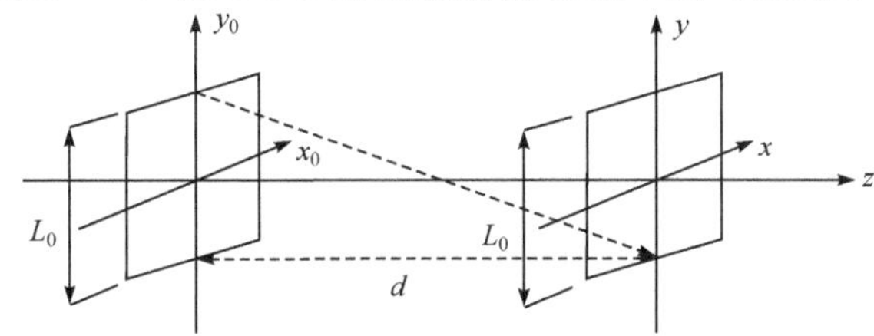

图 3-3-2　D-FFT 计算的初始平面与观测平面的关系

按照衍射的角谱理论[1]，观测平面的光波场 $U(x, y)$在坐标方向可能包含的最高频率为

$$f_{\max} = \frac{L_0}{\lambda\sqrt{d^2 + L_0^2}} \tag{3-3-14}$$

由于频率高于 $f_{\max}$ 的角谱不能到达观测面，为得到满意的计算结果，在计算前最好是对物平面光波场进行一次带通滤波，滤除高于 $f_{\max}$ 的频谱，离散计算时，应让 $U_0(x_0, y_0)$的取样数 N 满足 $\frac{N}{L} \geqslant 2f_{\max}$．于是有

$$N \geqslant \frac{2L^2}{\lambda\sqrt{d^2 + 2L^2}} \tag{3-3-15}$$

现按照取样定理讨论衍射计算问题．当式(3-3-7)中逆变换运算时 $F^{-1}\{\ \}$ 括号内的函数 $F\{U_0(x_0, y_0)\}H(f_x, f_y)$同时满足取样定理，便能实现正确的离散运算．现首先考虑基尔霍夫传递函数及瑞利-索末菲传递函数满足取样定理的问题．

分析式(3-3-8)～式(3-3-10)知，$\exp\left[\mathrm{j}k\sqrt{d^2 + x^2 + y^2}\right]$的空间变化率高于变换函数中其余各项．只要 $\exp\left[\mathrm{j}k\sqrt{d^2 + x^2 + y^2}\right]$的取样满足取样定理，整个被变换函数的取样将近似满足取样定理．于是，可以由以下不等式确定满足惠特克-香农取样定理的条件[2]

$$\left|\frac{\partial}{\partial x}\frac{2\pi}{\lambda}\sqrt{d^2 + x^2 + y^2}\right|_{x, y=\Delta L/2} \times \frac{L_0}{N} \leqslant \pi \tag{3-3-16}$$

求解得

$$N \geqslant \frac{L_0^2}{\lambda\sqrt{d^2 + L_0^2/2}} \tag{3-3-17}$$

利用类似的讨论，对菲涅耳衍射传递函数的傅里叶变换表达式作数值计算时应满足的条件是

$$\left|\frac{\partial}{\partial x}\frac{\pi}{\lambda d}\left(x^2 + y^2\right)\right|_{x, y=\Delta L_0/2} \times \frac{L_0}{N} \leqslant \pi \tag{3-3-18}$$

求解得

$$N \geqslant \frac{L_0^2}{\lambda d} \tag{3-3-19}$$

式(3-3-19)与式(3-3-17)比较可以看出，当 $d \gg L_0$ 时其取样条件是一致的．此外，比较

式(3-3-15)及式(3-3-17)右方可以看出，当 $d \ll L_0$ 时，两式确定的取样数 N 相同，但 $d \gg L_0$ 时式(3-3-15)的取样数是式(3-3-17)的两倍. 由于式(3-3-15)是根据衍射的物理意义导出的结果，从严格的物理意义看，它也是角谱衍射公式及菲涅耳衍射公式应该遵从的取样条件.

式根据(3-3-15)有

$$\frac{L_0}{N} \leqslant \frac{\lambda\sqrt{d^2+2L_0^2}}{2L_0} \tag{3-3-20}$$

可以看出，当 $d^2 \ll 2L_0^2$ 时，取样间隔将是 $\frac{L_0}{N} \leqslant \frac{\lambda\sqrt{2}}{2}$. 按照这个条件，若期望得到一个可供实际应用的衍射场尺寸，庞大的取样数将使严格的计算无法进行.

3.3.4 基于能量守恒原理对实际取样条件的讨论

由于衍射计算通常涉及的是垂直于光传播方向的空间平面上的光波场，$F\{U_0(x_0,y_0)\}$ 的主要能量分布在二维频率空间的坐标原点周围，只要衍射场主要能量对应的频谱能正确计算，就能足够准确地获得衍射场. 尽管 $U_0(x_0,y_0)$ 的频谱在计算前未知，根据能量守恒定理，正确的取样应使频谱的总能量保持一致. 可以按照下面的方法考查取样的正确性.

若取样数为 N，计算宽度为 L_0，类似式(3-2-14)的讨论，正确的 $U_0(x_0,y_0)$ 离散傅里叶变换计算应满足

$$E=\frac{L_0^2}{N^4}\sum_{p=-N/2}^{N/2-1}\sum_{q=-N/2}^{N/2-1}\left|\mathrm{DFT}\left\{U_0\left(m\frac{L_0}{N},n\frac{L_0}{N}\right)\right\}(p,q)\right|^2 \approx \text{constant} \tag{3-3-21}$$

按照能量守恒原理，当 $U_0(x_0,y_0)$ 取样合适时，增加取样数将不改变总能量 E. 在应用研究中可以首先按需要的分辨率给定某取样数 N，并利用式(3-3-21)计算 E. 此后，在同一物理尺度下将取样数减小为 $N/2$ 或增加为 $2N$，再计算总能量. 若计算结果无本质区别，则认为取样数 N 满足要求.

由于角谱衍射传递函数及菲涅耳衍射传递函数(3-3-12)是解析表达式，当 $U_0(x_0,y_0)$ 的离散傅里叶变换满足取样定理后，利用这两个传递函数进行的 D-FFT 计算将能得到正确结果.

然而，基尔霍夫衍射传递函数及瑞利-索末菲衍射传递函数只能表示成傅里叶变换的形式，利用这两个传递函数进行计算时，只能通过 FFT 求得它们的数值解，于是，存在传递函数计算时的正确取样问题[2]. 通常情况下，基尔霍夫衍射传递函数及瑞利-索末菲衍射传递函数的取样条件比 $U_0(x_0,y_0)$ 的取样条件苛刻[2]，但是，在一些情况下，取样不足的“频谱混叠”效应只让 FFT 求得的传递函数的高频部分产生畸变，这时，只要 $U_0(x_0,y_0)$ 的主要频谱不落在传递函数的畸变区，在高频区的频谱值接近零，就能足够准确地计算衍射场. 以下通过理论计算与实验测量的比较证明上述结论.

3.3.5 不同衍射积分的计算实例

为验证上述不同计算方法的可行性，了解基于取样定理进行计算的必要性，我们将取样数 N 固定为 512，对图 3-2-1 的衍射实验结果作理论模拟. 鉴于两种形式的瑞利-索末菲衍射

公式获得的模拟衍射图像几乎没有区别，为简明起见，下面研究中只使用第一种类型的瑞利-索末菲衍射公式.

将照射光阑的光波近似为均匀平面波. 设光阑的透过率为 $P(x_0, y_0)$，穿过光阑的光波场可以简单地表示为

$$U_0(x_0, y_0) = P(x_0, y_0) \tag{3-3-22}$$

令 L_0=8.82mm，λ=632.8μm，将上面物平面光波场的表达式代入不同的衍射计算式，图 3-3-3～图 3-3-5 分别给出 d=60mm，120mm，240mm 时 CCD 采样光斑及不同方法的理论模拟结果. 很明显，在衍射距离较小时，不同的传递函数计算结果与实验测量相比有明显的差别. 现通过对每种计算是否满足取样定理的分析，对上述计算结果进行讨论.

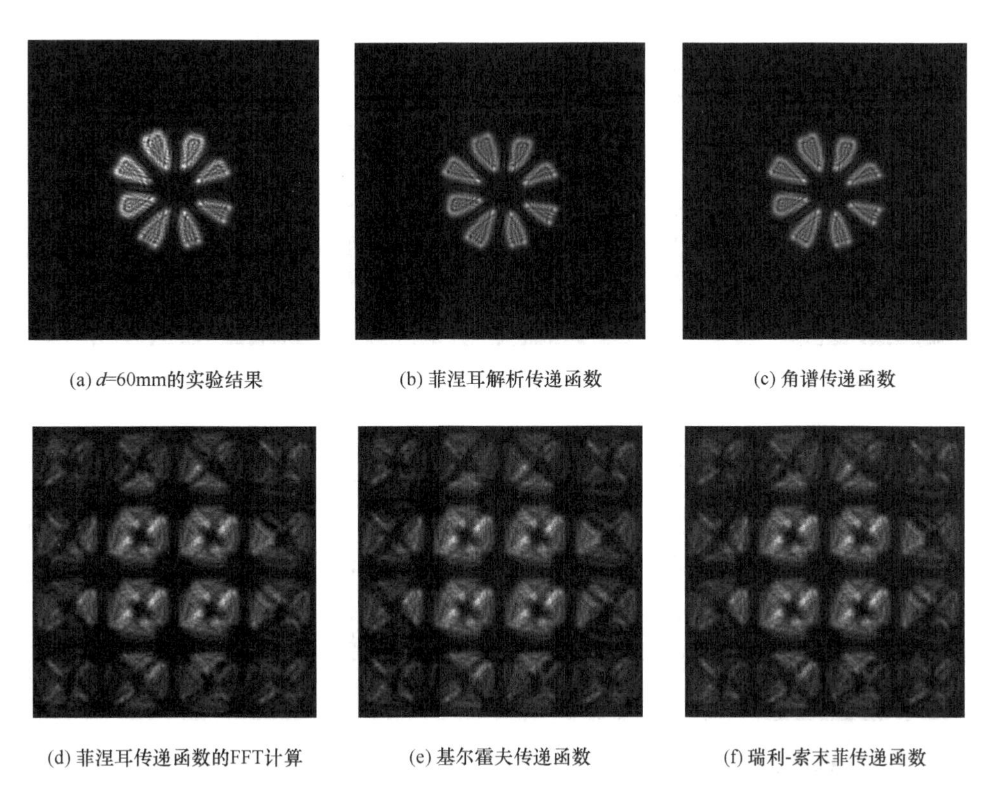

(a) d=60mm的实验结果　(b) 菲涅耳解析传递函数　(c) 角谱传递函数

(d) 菲涅耳传递函数的FFT计算　(e) 基尔霍夫传递函数　(f) 瑞利-索末菲传递函数

图 3-3-3　衍射距离 d=60mm 时不同计算方法获得的衍射图像与实验测量的比较

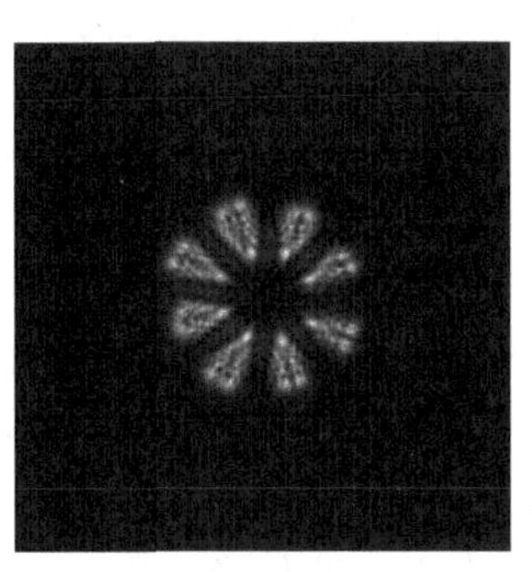

(a) d=120mm的实验结果　(b) 菲涅耳解析传递函数　(c) 角谱传递函数

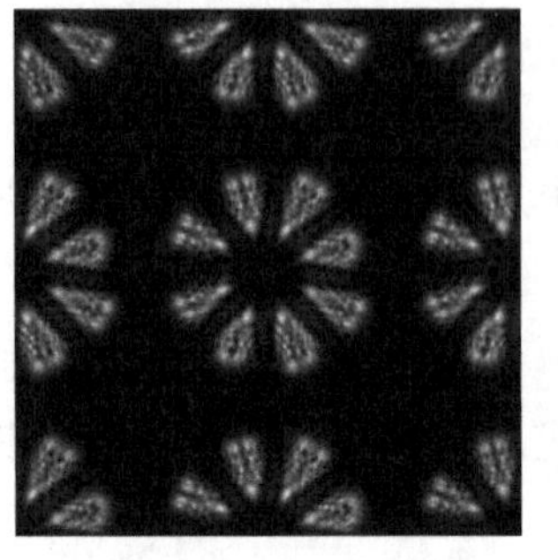
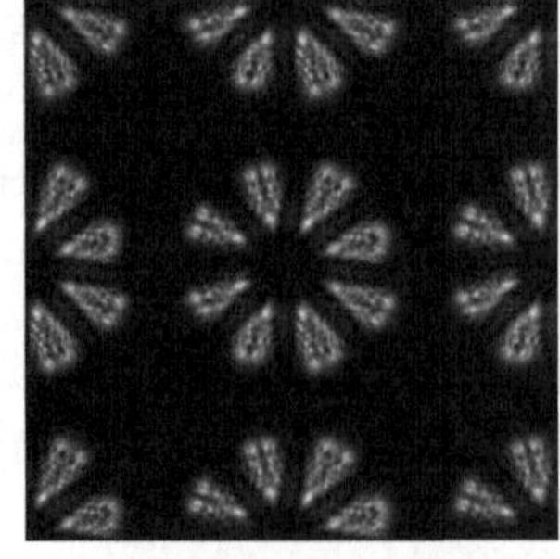
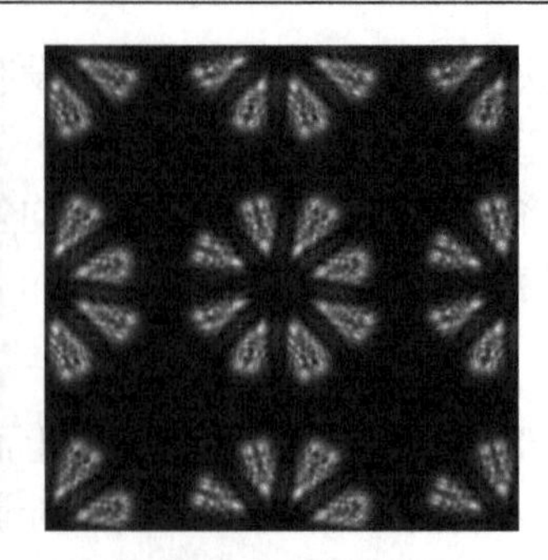

(d) 菲涅耳传递函数的FFT计算　(e) 基尔霍夫传递函数　(f) 瑞利-索末菲传递函数

图 3-3-4　衍射距离 d=120mm 时不同计算方法获得的衍射图像与实验测量的比较

(a) d=240mm的实验结果　(b) 菲涅耳解析传递函数　(c) 角谱传递函数

(d) 菲涅耳传递函数的FFT计算　(e) 基尔霍夫传递函数　(f) 瑞利-索末菲传递函数

图 3-3-5　衍射距离 d=240mm 时不同计算方法获得的衍射图像与实验测量的比较

对于菲涅耳传递函数的 FFT 计算，根据式(3-3-19)可以将满足惠特克-香农取样定理的条件写成

$$L_0 \leqslant \sqrt{N\lambda d} \tag{3-3-23}$$

将图 3-3-3～图 3-3-5 相关参数依次代入式(3-3-23)右端得

d=60mm(图 3-3-2)：$\sqrt{512\times 0.0006328\times 60}\approx 4.409 < L_0$，不满足取样定理；

d=120mm(图 3-3-3)：$\sqrt{512\times 0.0006328\times 120}\approx 6.235 < L_0$，不满足取样定理；

d=240mm(图 3-3-4)：$\sqrt{512\times 0.0006328\times 240}\approx 8.818 \approx L_0$，满足取样定理.

对于基尔霍夫传递函数及瑞利-索末菲传递函数，根据式(3-3-17)，满足取样定理的条件为

$$L_0^2 \leqslant N\lambda\sqrt{d^2 + L_0^2/2} \tag{3-3-24}$$

将图 3-3-3～图 3-3-5 相关参数依次代入式(3-3-24)右端计算表明，对于菲涅耳衍射传递函数的 FFT 计算、基尔霍夫传递函数以及瑞利-索末菲传递函数，只有 d=240mm 时的计算才是近似满足惠特克-香农取样定理的．

从形式上看，对于 d=120mm 的计算(图 3-3-4(d)～(f))，似乎只要我们取出中央部分也可以获得与实验接近的结果．然而，这是衍射图像的混叠图像．由于空域衍射图像是图像频谱的反变换．当频谱取样不足时，离散反变换同样会引起空域图像周期减小，产生空域图像混叠．这里能够取出计算结果的中央部分来作近似描述，是因为空域衍射图像能量比较集中于计算区域中部，反变换形成的空域周期还能够有效容纳衍射图像，图像周边的复振幅混叠不对中央图像结构产生明显影响．当偏离取样条件更远，如 d=60mm 的情况，空域周期进一步减小，引起衍射图像的强烈混叠，与实际衍射图已经是天壤之别．

上面的讨论结果给我们一个重要的启示，那就是当取样不足时，空域衍射图像的混叠通常伴随着模拟计算场的能量大于物平面光波场的能量．因此，实际计算结果满足能量守恒是衡量取样正确性的一个必要条件[7]．

3.3.6　不同经典衍射公式的 FFT 计算研究小结

根据标量衍射理论，衍射的角谱传播公式与基尔霍夫、瑞利-索末菲公式一样，它们均是同一物理问题在空域与频域的等价表述，不同之处只是基尔霍夫、瑞利-索末菲传递函数只能用傅里叶变换表示．使用 FFT 计算衍射的实际问题时，当衍射距离较短，取样不足时，基尔霍夫、瑞利-索末菲传递函数会显现出很大的误差，其原因并不是基尔霍夫、瑞利-索末菲传递函数本身不正确，而是 FFT 取样计算传递函数时，取样不足的问题使离散函数的性质已经与原函数有较大差别．如果离散函数已经不能代表原函数，也就必然得不到正确的结果．

从本章对不同形式的衍射传递函数的取样研究可以看出，对于同一计算问题，衍射的角谱传递函数通常要比其他传递函数有效．并且很容易证实，从取样数及计算时间看，它与使用菲涅耳衍射解析传递函数的计算基本相同．但理论上却能得到衍射问题的准确解．因此，实际应用中使用角谱衍射公式应能得到更可靠的结果．

基尔霍夫公式及瑞利-索末菲公式究竟哪一个更准确，一直没有定论[1]，本章所给出的传递函数以及如何让传递函数满足取样定理的讨论，为深入研究这两个公式提供了一种可循的途径．

本书光盘给出用 MATLAB7.0 语言编写的经典衍射公式的 D-FFT 计算程序 LXM9.m．读者可以利用这个程序验证以上所有结论．

3.3.7　经典衍射积分的逆运算

在激光应用研究中，衍射的逆运算是一件十分重要的工作．例如，进行二元光学元件设计[9]及本书后面将系统讨论的数字全息[10]，就涉及衍射的逆运算．讨论经典衍射积分的逆运算具有重要意义．

衍射传递函数的建立为衍射的逆运算提供了很大的方便，对经典衍射公式的统一表达式(3-3-7)两边作傅里叶变换，整理可得

$$U_0\left(x_0,y_0\right)=F^{-1}\left\{F\left\{U\left(x,y\right)\right\}\times\frac{1}{H\left(f_x,f_y\right)}\right\} \tag{3-3-25}$$

式中，$U_0\left(x_0,y_0\right)$代表初始平面 x_0y_0 上的光波复振幅；$U\left(x,y\right)$为经过距离 d 传播后到达观测屏 xy 上的光波场；$H\left(f_x,f_y\right)$为衍射传递函数．原则上，根据经典衍射公式传递函数的讨论，可以利用不同的传播函数完成衍射的逆运算，让计算满足取样定理的条件与衍射的 D-FFT 算法相似．然而，由于基尔霍夫衍射传递函数及瑞利-索末菲衍射传递函数无解析表达式，只能用复函数的傅里叶变换表示，不但计算量较大，而且数值计算时较难处理分母为零的问题．值得庆幸的是，角谱衍射传递函数及菲涅耳衍射传递函数不但是解析函数，而且传递函数的倒数也是解析函数，计算量较小，不会出现分母为零的问题．因此，通常只使用角谱衍射传递函数及菲涅耳衍射传递函数解决衍射逆运算问题．

1. 使用角谱传递函数的 D-FFT 衍射逆运算

根据式(3-3-13)，由于

$$\frac{1}{H\left(f_x,f_y\right)}=\exp\left[-\mathrm{j}kd\sqrt{1-\left(\lambda f_x\right)^2-\left(\lambda f_y\right)^2}\right]$$

逆运算表达式即为

$$U_0\left(x_0,y_0\right)=F^{-1}\left\{F\left\{U\left(x,y\right)\right\}\exp\left[-\mathrm{j}kd\sqrt{1-\left(\lambda f_x\right)^2-\left(\lambda f_y\right)^2}\right]\right\} \tag{3-3-26}$$

2. 使用菲涅耳衍射传递函数的 D-FFT 衍射逆运算

根据式(3-3-12)，由于

$$\frac{1}{H\left(f_x,f_y\right)}=\exp\left\{-\mathrm{j}kd\left[1-\frac{\lambda^2}{2}\left(f_x^2+f_y^2\right)\right]\right\}$$

逆运算表达式即为

$$U_0\left(x_0,y_0\right)=F^{-1}\left\{F\left\{U\left(x,y\right)\right\}\exp\left[-\mathrm{j}kd\left[1-\frac{\lambda^2}{2}\left(f_x^2+f_y^2\right)\right]\right]\right\} \tag{3-3-27}$$

不难看出，为完成衍射的逆运算，式(3-3-26)和式(3-3-27)主要进行一次傅里叶变换及一次傅里叶逆变换．为获得满足取样定理的计算，遵循的条件与正向衍射的 D-FFT 运算没有区别．

3. 菲涅耳衍射的 S-FFT 逆运算

与菲涅耳衍射的 S-FFT 运算相对应，存在衍射的 S-FFT 逆运算方法．根据卷积定理，式(3-3-27)可以写为

$$U_0\left(x_0,y_0\right)=U\left(x,y\right)*F^{-1}\left\{\exp\left[-\mathrm{j}kd\left[1-\frac{\lambda^2}{2}\left(f_x^2+f_y^2\right)\right]\right]\right\} \tag{3-3-28}$$

容易证明

$$F^{-1}\left\{\exp\left[-\mathrm{j}kd\left[1-\frac{\lambda^2}{2}\left(f_x^2+f_y^2\right)\right]\right]\right\}=\frac{\exp\left(-\mathrm{j}kd\right)}{-\mathrm{j}\lambda d}\exp\left[-\frac{\mathrm{j}k}{2d}\left(x^2+y^2\right)\right]$$

因此，式(3-3-28)可以写为

$$U_0\left(x_0,y_0\right)=\frac{\exp\left(-\mathrm{j}kd\right)}{-\mathrm{j}\lambda d}\times\int_{-\infty}^{\infty}\int_{-\infty}^{\infty}U\left(x,y\right)\exp\left\{-\frac{\mathrm{j}k}{2d}\left[\left(x-x_0\right)^2+\left(y-y_0\right)^2\right]\right\}\mathrm{d}x\mathrm{d}y \tag{3-3-29}$$

很明显，该表达式与菲涅耳衍射正向传播表达式完全相似. 将积分式内二次相位因子展开后，可以表示成能够利用傅里叶逆变换计算的形式

$$U_0\left(x_0,y_0\right)=\frac{\exp\left(-\mathrm{j}kd\right)}{-\mathrm{j}\lambda d}\exp\left[-\frac{\mathrm{j}k}{2d}\left(x_0^2+y_0^2\right)\right]\times\int_{-\infty}^{\infty}\int_{-\infty}^{\infty}U\left(x,y\right)\exp\left[-\frac{\mathrm{j}k}{2d}\left(x^2+y^2\right)\right]\exp\left[\mathrm{j}\frac{2\pi}{\lambda d}\left(xx_0+yy_0\right)\right]\mathrm{d}x\mathrm{d}y \tag{3-3-30}$$

让上式满足取样定理的条件可以沿用本章对式(3-2-1)的 S-FFT 计算的相关研究.

鉴于衍射的逆运算与正向衍射的表达式有相似的形式，满足取样定理的条件一致，通常情况下，当建立了一个计算正向衍射的程序后，只要将衍射距离 d 修改为$-d$，将输入程序的初始光波场修改为到达观测平面的光波场，便能利用原程序进行衍射的逆运算.

*3.4　柯林斯公式的计算

光波通过傍轴光学系统的衍射研究中，柯林斯公式[11]及其逆运算[9]是一组方便使用的公式. 例如，对于物光通过一傍轴光学系统到达 CCD 的数字全息研究，引入柯林斯公式的逆运算可以有效简化波面重构的计算[10]. 对柯林斯公式的计算方法研究表明，柯林斯公式及其逆运算也可以采用 S-FFT 方法及 D-FFT 方法进行计算.本节对柯林斯公式的这两种算法及满足取样定理的条件进行讨论[12]，给出实验证明，为柯林斯公式的应用提供方便.

3.4.1　柯林斯公式及其逆运算式

设轴对称傍轴光学系统可由 2×2 的矩阵$\begin{bmatrix}A & B\\ C & D\end{bmatrix}$描述[10]，入射平面及出射平面的坐标分别由 x_0y_0 及 xy 定义. 柯林斯建立了根据入射平面光波场 $U_0(x_0, y_0)$计算出射平面光波场 $U(x, y)$的下述关系[10,11]：

$$U\left(x,y\right)=\frac{\exp\left(\mathrm{j}kL_{abcd}\right)}{\mathrm{j}\lambda B}\times\int_{-\infty}^{\infty}\int_{-\infty}^{\infty}U_0\left(x_0,y_0\right)\exp\left\{\frac{\mathrm{j}k}{2B}\left[A\left(x_0^2+y_0^2\right)+D\left(x^2+y^2\right)-2\left(xx_0+yy_0\right)\right]\right\}\mathrm{d}x_0\mathrm{d}y_0 \tag{3-4-1}$$

式中，$\mathrm{j}=\sqrt{-1}$，L_{abcd}为 $ABCD$ 光学系统的轴上光程，k=2π/λ，λ为光波长.

为得到柯林斯公式的逆运算式，对式(3-4-1)作变量代换 $x_a = Ax_0$， $y_a = Ay_0$ 得

$$
\begin{aligned}
&U(x,y)\exp\left[\mathrm{j}\frac{k}{2B}\left(\frac{1}{A}-D\right)\left(x^2+y^2\right)\right]\\
&=\int_{-\infty}^{\infty}\int_{-\infty}^{\infty}U_0\left(\frac{x_a}{A},\frac{y_a}{A}\right)\frac{\exp\left(\mathrm{j}kL_{axe}\right)}{\mathrm{j}\lambda BA^2}\exp\left\{\mathrm{j}\frac{k}{2BA}\left[\left(x_a-x\right)^2+\left(y_a-y\right)^2\right]\right\}\mathrm{d}x_a\mathrm{d}y_a
\end{aligned}
\tag{3-4-2}
$$

等式两边作傅里叶变换并利用卷积定律

$$
\begin{aligned}
&F\left\{U(x,y)\exp\left[\mathrm{j}\frac{k}{2B}\left(\frac{1}{A}-D\right)\left(x^2+y^2\right)\right]\right\}\\
&=F\left\{U_0\left(\frac{x}{A},\frac{y}{A}\right)\right\}F\left\{\frac{\exp\left(\mathrm{j}kL_{axe}\right)}{\mathrm{j}\lambda BA^2}\exp\left\{\mathrm{j}\frac{k}{2BA}\left[x^2+y^2\right]\right\}\right\}\\
&=F\left\{U_0\left(\frac{x}{A},\frac{y}{A}\right)\right\}\frac{\exp\left(\mathrm{j}k(L_{axe}-BA)\right)}{A}\exp\left\{\mathrm{j}kBA\left[1-\frac{\lambda^2}{2}\left(f_x^2+f_y^2\right)\right]\right\}
\end{aligned}
\tag{3-4-3}
$$

于是

$$
\begin{aligned}
&F\left\{U_0\left(\frac{x}{A},\frac{y}{A}\right)\right\}\\
&=A\exp\left(-\mathrm{j}k(L_{axe}-BA)\right)\exp\left\{-\mathrm{j}kBA\left[1-\frac{\lambda^2}{2}\left(f_x^2+f_y^2\right)\right]\right\}\\
&\times F\left\{U(x,y)\exp\left[\mathrm{j}\frac{k}{2B}\left(\frac{1}{A}-D\right)\left(x^2+y^2\right)\right]\right\}\\
&=AF\left\{\frac{\exp\left(-\mathrm{j}kL_{axe}\right)}{-\mathrm{j}\lambda BA}\exp\left[-\mathrm{j}\frac{k}{2BA}\left(x^2+y^2\right)\right]\right\}\\
&\times F\left\{U(x,y)\exp\left[\mathrm{j}\frac{k}{2B}\left(\frac{1}{A}-D\right)\left(x^2+y^2\right)\right]\right\}
\end{aligned}
$$

再对等式两边作逆傅里叶变换

$$
\begin{aligned}
U_0\left(\frac{x_a}{A},\frac{y_a}{A}\right)=&\frac{\exp\left(-\mathrm{j}kL_{axe}\right)}{-\mathrm{j}\lambda B}\int_{-\infty}^{\infty}\int_{-\infty}^{\infty}U(x,y)\exp\left[\mathrm{j}\frac{k}{2B}\left(\frac{1}{A}-D\right)\left(x^2+y^2\right)\right]\\
&\times\exp\left\{-\mathrm{j}\frac{k}{2BA}\left[\left(x-x_a\right)^2+\left(y-y_a\right)^2\right]\right\}\mathrm{d}x\mathrm{d}y
\end{aligned}
\tag{3-4-4}
$$

对式(3-4-4)利用 $x_a = Ax_0$， $y_a = Ay_0$ 的坐标变换关系，即得

$$
\begin{aligned}
U_0\left(x_0,y_0\right)=&\frac{\exp\left(-\mathrm{j}kL_{axe}\right)}{-\mathrm{j}\lambda B}\\
&\times\int_{-\infty}^{\infty}\int_{-\infty}^{\infty}U(x,y)\exp\left\{-\frac{\mathrm{j}k}{2B}\left[D\left(x^2+y^2\right)+A\left(x_0^2+y_0^2\right)-2\left(x_0x+y_0y\right)\right]\right\}\mathrm{d}x\mathrm{d}y
\end{aligned}
\tag{3-4-5}
$$

于是，式(3-4-1)和式(3-4-5)构成轴对称傍轴光学系统入射平面及出射平面光波场间的相互运算关系.

3.4.2　柯林斯公式的 S-FFT 计算

柯林斯公式(3-4-1)可用傅里叶变换表示为

$$\begin{aligned}U(x,y)=&\frac{\exp(\mathrm{j}kL_{axe})}{\mathrm{j}\lambda B}\exp\left[\frac{\mathrm{j}k}{2B}D(x^2+y^2)\right]\\&\times F\left\{U_0(x_0,y_0)\exp\left[\frac{\mathrm{j}k}{2B}A(x_0^2+y_0^2)\right]\right\}_{f_x=\frac{x}{\lambda B},f_y=\frac{y}{\lambda B}}\end{aligned}\tag{3-4-6}$$

式中，f_x,f_y 是频域坐标.

即柯林斯公式的计算过程，可以视为输入信号和二次相位因子乘积的傅里叶变换，但傅里叶变换结果还要再乘以一个二次相位因子.

令 L_0，L 分别是使用 FFT 计算时入射平面及出射平面光波场的空域宽度，取样数为 $N\times N$. 按照离散傅里叶变换理论，离散变换后其频域宽度为 N/L_0，于是有

$$\frac{L}{\lambda B}=\frac{N}{L_0}\text{ 或者 }L_0L=\lambda BN\tag{3-4-7}$$

由于 $\frac{L}{N}=\frac{1}{L_0}\lambda B$ 是离散变换计算结果的空域取样单位，利用快速傅里叶变换符号 FFT$\{\ \}$可得到式(3-4-6)的离散傅里叶变换表达式

$$\begin{aligned}U\left(p\frac{\lambda|B|}{L_0},q\frac{\lambda|B|}{L_0}\right)=&\frac{\exp(\mathrm{j}kL_{axe})}{\mathrm{j}\lambda B}\exp\left[\mathrm{j}\pi\frac{\lambda BD}{L_0^2}(p^2+q^2)\right]\\&\times\mathrm{FFT}\left\{U_0\left(m\frac{L_0}{N},n\frac{L_0}{N}\right)\exp\left[\mathrm{j}\pi\frac{AL_0^2}{\lambda BN^2}(m^2+n^2)\right]\right\}\\&(p,q,m,n=-N/2,-N/2+1,\cdots,N/2-1)\end{aligned}\tag{3-4-8}$$

通常情况下，物函数 U_0 的最高空间频率小于二次相位因子的最高频率，如何对指数相位因子适当取样，让其满足取样条件是需要解决的问题. 由于在区域边界对应于±$N/2$ 点离散取样以及二次相位的最大变化，按照本章对菲涅耳衍射积分的 S-FFT 计算满足取样定理的讨论，边界处相邻取样点引起的相位变化应小于π，即二次相位因子取样应满足[9]

$$\left|\frac{\partial}{\partial m}\left(\pi\frac{AL_0^2}{\lambda BN^2}(m^2+n^2)\right)\bigg|_{m,n=N/2}\right|\leqslant\pi\tag{3-4-9}$$

求解得

$$|B|\geqslant\frac{|A|L_0^2}{\lambda N}\tag{3-4-10}$$

该式可以作为 S-FFT 变换法正确获得衍射场强度分布计算的条件. 为让所计算的衍射场复振幅满足取样定理，式(3-4-5)中 FFT 前方的二次相位因子的取样也应满足

$$\left|\frac{\partial}{\partial p}\pi\frac{\lambda BD}{L_0^2}(p^2+q^2)\bigg|_{p,q=N/2}\right|\leqslant\pi\tag{3-4-11}$$

求解后有

$$|B| \leqslant \frac{L_0^2}{N\lambda|D|} \tag{3-4-12}$$

综合式(3-4-10)和式(3-4-12)得

$$|A| \leqslant \frac{|B|\lambda N}{L_0^2} \leqslant \frac{1}{|D|} \tag{3-4-13}$$

式(3-4-13)给出柯林斯公式的 S-FFT 计算满足取样条件时各量之间的关系.

在不等式(3-4-13)左边令 $|A| = \frac{|B|\lambda N}{L_0^2}$，我们得到一个满足取样定理的特殊情况

$$L_0 = \sqrt{|B\lambda N / A|} \tag{3-4-14}$$

这个结果表明，当 $L_0 = \sqrt{|B\lambda N / A|}$ 满足时，式(3-4-8)计算的光波场满足取样定理. 这个结论将在稍后实验验证 S-FFT 计算柯林斯公式的理论计算结果时应用.

3.4.3 柯林斯公式逆运算的 S-IFFT 计算

柯林斯公式逆运算式(3-4-5)可以用傅里叶逆变换表示为

$$\begin{aligned}
U_0(x_0,y_0) &= \frac{\exp(-\mathrm{j}kL_{axe})}{-\mathrm{j}\lambda B}\exp\left[-\frac{\mathrm{j}k}{2B}A\left(x_0^2+y_0^2\right)\right] \\
&\quad\times\int_{-\infty}^{\infty}\int_{-\infty}^{\infty} U(x,y)\exp\left[-\frac{\mathrm{j}k}{2B}D\left(x^2+y^2\right)\right]\exp\left[\mathrm{j}\frac{2\pi}{\lambda B}(xx_0+yy_0)\right]\mathrm{d}x\mathrm{d}y \\
&= \frac{\exp(-\mathrm{j}kL_{axe})}{-\mathrm{j}\lambda B}\exp\left[-\frac{\mathrm{j}k}{2B}A\left(x_0^2+y_0^2\right)\right] \\
&\quad\times F^{-1}\left\{U(x,y)\exp\left[-\frac{\mathrm{j}k}{2B}D\left(x^2+y^2\right)\right]\right\}_{f_x=\frac{x_0}{\lambda B},f_y=\frac{y_0}{\lambda B}}
\end{aligned} \tag{3-4-15}$$

式(3-4-15)表明，柯林斯公式逆运算的计算主要分为两个步骤：先对函数 $U(x,y)\exp\left[-\frac{\mathrm{j}k}{2B}D\left(x^2+y^2\right)\right]$ 作傅里叶逆变换，再将变换结果乘以二次相位因子 $\frac{\exp(-\mathrm{j}kL_{axe})}{-\mathrm{j}\lambda B}\exp\left[-\frac{\mathrm{j}k}{2B}A\left(x_0^2+y_0^2\right)\right]$.

令 L_0, L 分别是使用快速傅里叶逆变换 IFFT 计算时系统入射平面及出射平面光波场的空域宽度，按照离散傅里叶变换理论，若取样数为 $N\times N$，频率平面的宽度则为 N/L，于是有 $\frac{L_0}{\lambda B} = \frac{N}{L}$，即

$$L_0 = \frac{\lambda|B|N}{L} \tag{3-4-16}$$

由于 $\frac{L_0}{N} = \frac{\lambda|B|}{L}$ 是入射平面取样单位，利用快速傅里叶逆变换符号 IFFT{ }，式(3-4-15)的离散式则是

$$U_0\left(m\frac{\lambda|B|}{L},n\frac{\lambda|B|}{L}\right)=\frac{\exp(-\mathrm{j}kL_{axe})}{-\mathrm{j}\lambda B}\exp\left[-\mathrm{j}\pi\frac{\lambda BA}{L^2}(m^2+n^2)\right]$$
$$\times\mathrm{IFFT}\left\{U\left(p\frac{L}{N},q\frac{L}{N}\right)\exp\left[-\mathrm{j}\pi\frac{DL^2}{\lambda BN^2}(p^2+q^2)\right]\right\} \tag{3-4-17}$$
$$(m,n,p,q=-N/2,-N/2+1,\cdots,N/2-1)$$

很容易证明，在柯林斯公式(3-4-1)中使用下述代换[9]：

$$L_0\to L,\ L_{axe}\to -L_{axe},\ A\to D,\ D\to A,\ B\to -B$$

我们则能得到柯林斯公式的逆运算式(3-4-5).这个事实给我们一个有益的启示:利用这几个代换于上面的研究结果，我们就能得到用 S-IFFT 计算柯林斯公式逆运算时应该满足的取样条件.

根据式(3-4-13)，S-IFFT 计算柯林斯公式逆运算时的取样应该满足以下不等式：

$$|D|\leqslant\frac{|B|\lambda N}{L^2}\leqslant\frac{1}{|A|} \tag{3-4-18}$$

在以上不等式右边令 $\frac{|B|\lambda N}{L^2}=\frac{1}{|A|}$，我们得到一个满足取样定理的特殊情况

$$L=\sqrt{|AB\lambda N|} \tag{3-4-19}$$

这个结论表明，当出射平面宽度满足 $L=\sqrt{|AB\lambda N|}$ 时，式(3-4-17)计算的入射平面光波场满足取样定理. 回顾前面柯林斯公式的 S-FFT 计算研究中对式(3-4-14)的讨论，当入射平面宽度满足 $L_0=\sqrt{|B\lambda N/A|}$ 时，式(3-4-8)计算的出射平面光波场满足取样定理. 我们很容易发现，对于这两种情况，乘积 L_0L 满足关系式 $L_0L=\lambda|B|N$，这是 S-FFT 及 S-IFFT 计算时均应满足的基本关系式. 因此，当数值计算中式(3-4-14)及式(3-4-19)同时满足时，入射平面光波场 $U_0(x_0,y_0)$ 及出射平面光波场 $U(x,y)$ 可以相互运算，计算结果均满足取样定理. 这个有益的结论将在后面的实验证明中得到应用.

现在，让我们根据式 $L_0L=\lambda BN$ 考查 S-FFT 及 S-IFFT 计算时衍射场的空域宽度问题. 当给定光学系统输入平面宽度 L_0 时，输出衍射场范围 L 随 B 增加而线性展宽. 然而，对于有限的取样数 N，若 B 趋近于 0，则计算结果的取样区域宽度 L 将趋近于 0. 鉴于 B 趋近于 0 对应于输出平面趋于物平面或像平面[10]，柯林斯公式的 S-FFT 及 S-IFFT 算法将难于计算近场以及邻近光学系统像平面的衍射场.

3.4.4　柯林斯公式的 D-FFT 计算

根据式(3-4-2)，柯林斯公式(3-4-1)可以写为卷积形式

$$U(x,y)=\frac{\exp(\mathrm{j}kL_{axe})}{\mathrm{j}A^2\lambda B}\exp\left[-\mathrm{j}\frac{k}{2B}\left(\frac{1}{A}-D\right)(x^2+y^2)\right]$$
$$\times\left[U_0\left(\frac{x}{A},\frac{y}{A}\right)*\exp\left(\frac{\mathrm{j}k}{2BA}(x^2+y^2)\right)\right] \tag{3-4-20}$$

令 f_x,f_y 是频域坐标，理论上容易证明

$$F\left\{\exp\left(\frac{\mathrm{j}k}{2BA}\left(x^2+y^2\right)\right)\right\}=\mathrm{j}\lambda BA\exp\left(-\mathrm{j}\pi\lambda BA\left(f_x^2+f_y^2\right)\right)$$

利用卷积定律可将式(3-4-20)表示为

$$\begin{aligned}U(x,y)=&\exp\left(\mathrm{j}kL_{axe}\right)\exp\left[-\mathrm{j}\frac{k}{2B}\left(\frac{1}{A}-D\right)\left(x^2+y^2\right)\right]\\&\times F^{-1}\left\{F\left\{\frac{1}{A}U_0\left(\frac{x}{A},\frac{y}{A}\right)\right\}\exp\left(-\mathrm{j}\pi\lambda BA\left(f_x^2+f_y^2\right)\right)\right\}\end{aligned}\tag{3-4-21}$$

可以看出，将横向放大 A 倍的光波场 $\frac{1}{A}U_0\left(\frac{x}{A},\frac{y}{A}\right)$ 视为一线性空间不变系统[4]的输入信号，柯林斯公式的计算主要是一个线性变换，其传递函数是 $\exp\left(-\mathrm{j}\pi\lambda BA\left(f_x^2+f_y^2\right)\right)$. 令 L_0 是方形入射平面的宽度，取样数为 N，由于通过 FFT 计算频谱 $F\left\{\frac{1}{A}U_0\left(\frac{x}{A},\frac{y}{A}\right)\right\}$ 后，其频域宽度为 N/L_0. 由于函数 $F\left\{\frac{1}{A}U_0\left(\frac{x}{A},\frac{y}{A}\right)\right\}$ 与传递函数的乘积不改变其频谱宽度，这意味着该乘积经快速傅里叶逆变换 IFFT 计算返回空域的宽度将为 $L=(1/L_0)^{-1}=L_0$. 因此，式(3-4-21)对应的使用 FFT 及 IFFT 的离散计算式可以表示为

$$\begin{aligned}U\left(p\frac{L_0}{N},q\frac{L_0}{N}\right)=&\exp\left(\mathrm{j}kL_{axe}\right)\exp\left[-\mathrm{j}\frac{k}{2B}\left(\frac{1}{A}-D\right)\left(\frac{L_0}{N}\right)^2\left(p^2+q^2\right)\right]\\&\times\mathrm{IFFT}\left\{\mathrm{FFT}\left\{\frac{1}{A}U_0\left(r\frac{L_0}{AN},s\frac{L_0}{AN}\right)\right\}\exp\left(-\mathrm{j}\pi\lambda BA\frac{m^2+n^2}{L_0^2}\right)\right\}\\&(p,q,r,s,m,n=-N/2,-N/2+1,\cdots,N/2-1)\end{aligned}\tag{3-4-22}$$

令 E 为入射平面光波场的总能量.正如前面对卷积形式的经典衍射公式运算研究中指出的那样，由于柯林斯公式对应的衍射传递函数是能准确传递任意给定的频率值的解析函数，我们只需研究物函数 $\frac{1}{A}U_0\left(r\frac{L_0}{AN},s\frac{L_0}{AN}\right)$ 的取样问题. 物函数取样时应满足的取样条件是

$$E=\frac{A^2L_0^2}{N^4}\sum_{p=-N/2}^{N/2-1}\sum_{q=-N/2}^{N/2-1}\left|\mathrm{FFT}\left\{\frac{1}{A}U_0\left(r\frac{L_0}{AN},s\frac{L_0}{AN}\right)\right\}(p,q)\right|^2\approx\text{constant}\tag{3-4-23}$$

该式可以作为获得正确的衍射场强度图像的取样条件. 当物函数 $\frac{1}{A}U_0\left(r\frac{L_0}{AN},s\frac{L_0}{AN}\right)$ 的取样合适时，增加取样数将不改变总能量 E. 在应用研究中可以首先按需要的分辨率给定某取样数 N，并利用式(3-4-23)计算 E. 此后，在同一物理尺度下将取样数减小为 $N/2$ 或增加为 $2N$，再计算总能量. 若计算结果无本质区别，则认为取样数 N 满足要求.

由于式(3-4-22)的整个计算还包含 IFFT 的计算结果与前方相位因子的乘积，为能让整个计算结果满足取样定理，IFFT 前方二次相位因子的取样必须满足以下不等式：

$$\left|\frac{\partial}{\partial p}\frac{k}{2B}\left(\frac{1}{A}-D\right)\left(\frac{L_0}{N}\right)^2\left(p^2+q^2\right)\Big|_{p,q=N/2}\right|\leqslant\pi\tag{3-4-24}$$

求解式(3-4-24)很容易得到 $\frac{L_0^2}{\lambda}\left|\frac{1}{B}\left(\frac{1}{A}-D\right)\right|\leqslant N$，利用基本关系式 $AC-BD=1$，可得

$$\frac{L_0^2}{\lambda}\left|\frac{C}{A}\right|\leqslant N \tag{3-4-25}$$

遵照式(3-4-23)及式(3-4-25)所规定的条件，便能用 D-FFT 法对柯林斯公式进行计算.

3.4.5　柯林斯公式逆运算的 D-FFT 计算

鉴于将参数代换 $L_{axe}\to -L_{axe}$，$A\to D$，$D\to A$，$B\to -B$ 代入柯林斯公式(3-4-1)后可以得到柯林斯公式的逆运算式(3-4-5)，利用这些代换很容易得到用 D-FFT 法计算柯林斯公式的逆运算应满足的取样条件：

根据式(3-4-22)，我们可以得到柯林斯公式逆运算的离散表达式

$$\begin{aligned}U_0\left(r\frac{L}{N},s\frac{L}{N}\right)&=\exp\left(-\mathrm{j}kL_{axe}\right)\exp\left[\mathrm{j}\frac{k}{2B}\left(\frac{1}{D}-A\right)\left(\frac{L}{N}\right)^2\left(r^2+s^2\right)\right]\\&\times\mathrm{IFFT}\left\{\mathrm{FFT}\left\{\frac{1}{D}U\left(p\frac{L}{DN},q\frac{L}{DN}\right)\right\}\exp\left(\mathrm{j}\pi\lambda BD\frac{m^2+n^2}{L^2}\right)\right\}\end{aligned} \tag{3-4-26}$$

$$(r,s,p,q,m,n=-N/2,-N/2+1,\cdots,N/2-1)$$

按照式(3-4-23)及式(3-4-25)，柯林斯公式逆运算的 D-FFT 计算应满足的取样条件是

$$E=\frac{D^2L^2}{N^4}\sum_{r=-N/2}^{N/2-1}\sum_{s=-N/2}^{N/2-1}\left|\mathrm{FFT}\left\{\frac{1}{D}U\left(p\frac{L}{DN},q\frac{L}{DN}\right)\right\}(r,s)\right|^2\approx\text{constant} \tag{3-4-27}$$

$$\frac{L^2}{\lambda}\left|\frac{C}{D}\right|\leqslant N \tag{3-4-28}$$

以上两结论将通过下面的实验研究进行验证.

3.4.6　数值计算及实验证明

为验证上面的研究，在波长为 632.8nm 的氦氖激光下进行实验. 图 3-4-1 是实验装置示意图. 图中，光波沿 z 轴正向传播，透镜 L_1 右方焦点后的光波形成沿 z 轴传播的发散球面波，该光波照明透光孔为“龙”字的光阑形成输入平面光波场. 实验测得 d_0=908mm. 透过光阑的光波经过距离 d_1=147mm 的衍射到达焦距 f_2=698.8mm 的透镜 L_2，穿过透镜后再经距离 d_2=1315mm 的传播到达 CCD 接收平面.

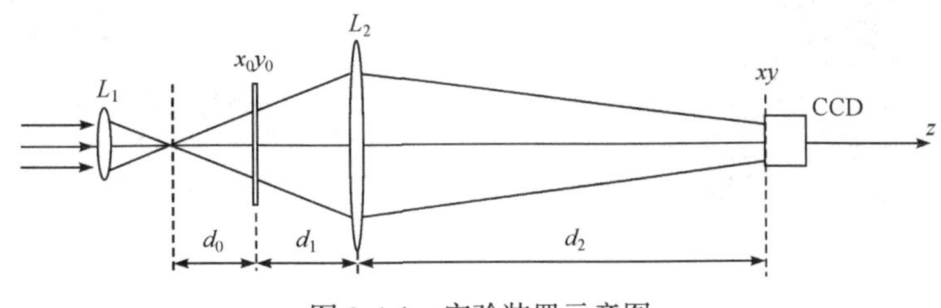

图 3-4-1　实验装置示意图

将光阑平面定义为 $ABCD$ 系统的入射平面，CCD 平面定义为 $ABCD$ 系统的出射平面. 根据实验测量，投射到光阑的光波可以视为波面半径为 d_0、半径约 18mm 的基横模高斯光束，

将照射光阑的光波视为平行光但在光阑平面上有一个焦距为$-d_0$的负透镜. $ABCD$系统的矩阵元素则由下式确定:

$$\begin{bmatrix} A & B \\ C & D \end{bmatrix} = \begin{bmatrix} 1 & d_3 \\ 0 & 1 \end{bmatrix} \begin{bmatrix} 1 & 0 \\ -1/f_2 & 1 \end{bmatrix} \begin{bmatrix} 1 & d_1 \\ 0 & 1 \end{bmatrix} \begin{bmatrix} 1 & 0 \\ 1/d_0 & 1 \end{bmatrix}$$

将有关参数代入后求得 $A\approx0.4388$, $B\approx1164\text{mm}$, $C\approx-0.0006\text{mm}^{-1}$, $D\approx0.7896$.

1. S-FFT 方法的实验证明

令式(3-4-13)左边不等式取等号得 $L_0=\sqrt{|B\lambda N/A|}$,设N=512求得L_0=29.32mm. 图3-4-2(a)给出物平面光波场 U_0 的二值化强度分布图像. 实验时采用的 CCD 窗口尺寸是4.64mm×6.17mm,对应像素 552×784. 根据式(3-4-7)知,计算结果是宽度 $L=\sqrt{|AB\lambda N|}=$ 12.87mm 的方形区域. 为便于比较,我们通过插值及周边补零,将 CCD 记录的结果变换为宽度 12.87mm 的 512×512 像素的灰度图像示于图 3-4-2(b).

将有关参数代入式(3-4-5)计算,计算结果通过归一化形成 0～255 灰度等级的强度图像由计算机输出,并示于图 3-4-2(c). 可以看出,理论计算与实验测量吻合很好.

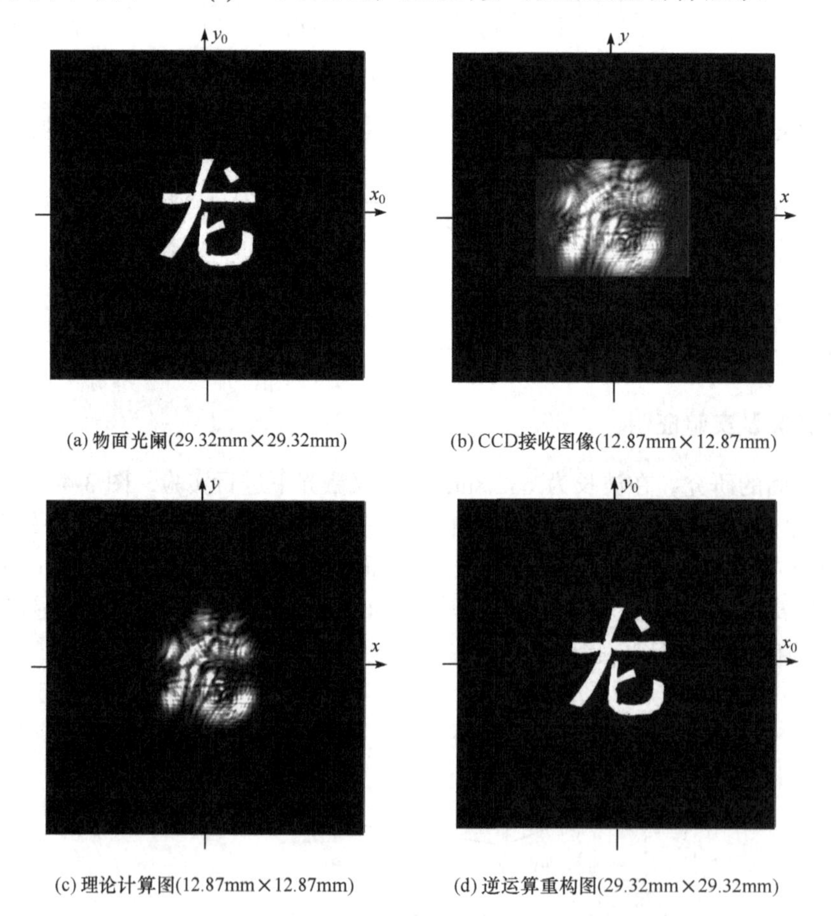

图 3-4-2 柯林斯公式及逆运算的 S-FFT 计算与实验测量的比较

由于 $L_0=\sqrt{|B\lambda N/A|}$ 及 $L=\sqrt{|AB\lambda N|}$ 分别是式(3-4-14)及式(3-4-19),在此情况下,我们已

经证明入射平面光波场 $U_0(x_0,y_0)$ 及出射平面光波场 $U(x,y)$ 间可以相互作满足取样定理的计算.根据计算重建的输入平面光波场 0 ～255 级的规一化强度分布示于图 3-4-2(d).与图 3-4-2(a)比较可以看出，二者基本没有区别．当然，这个比较仅给出了振幅重构的可行性．事实上，逆运算的相位重构是非常精确的．根据计算结果，在透光孔内相位的最大变化小于 10^{-12}rad，完全可以视为平面波的相位.注意到照明光阑的球面波已经处理成光阑平面的焦距为 $-d_0$ 的负透镜，因此，根据本书导出的满足取样定理的条件，逆运算式(3-4-15)可以非常准确地重建输入平面光波场．如果在数字全息中用柯林斯公式逆运算 S-FFT 方法进行波面重构，将是完全可行的.

2. D-FFT 方法的实验证明

仍然选择 N=512，令 $L_0=\sqrt{|AB\lambda N|}=12.87\text{mm}$．入射平面光波场强度图像示于图 3-4-3(a).由于计算结果边宽 L=L_0，实验时采用的 CCD 尺寸是 4.64mm×6.17mm，为便于比较，通过对 CCD 探测图像周边的补零操作，图 3-4-3(b)给出实验测量图像．按照式(3-4-22)作计算，其结果归一化处理成 0～255 灰度图示于图 3-4-3(c)．与图 3-4-3(b)比较看出，D-FFT 计算能够很好地模拟实验测量结果.

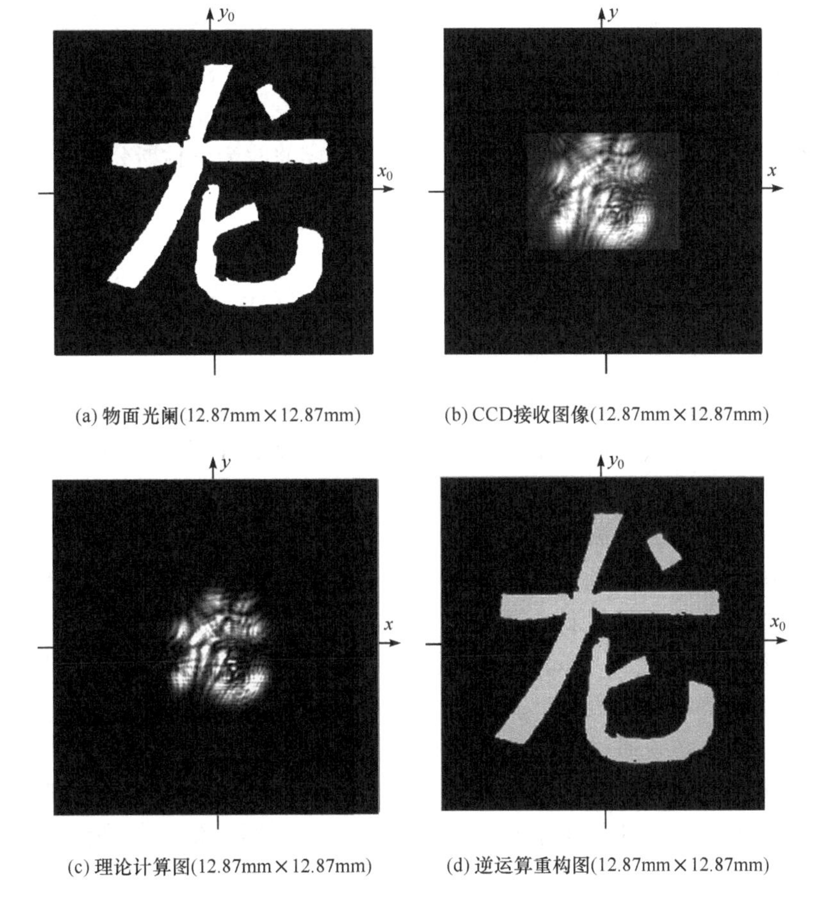

(a) 物面光阑(12.87mm×12.87mm)　(b) CCD接收图像(12.87mm×12.87mm)

(c) 理论计算图(12.87mm×12.87mm)　(d) 逆运算重构图(12.87mm×12.87mm)

图 3-4-3　柯林斯公式及逆运算的 D-FFT 计算与实验测量的比较

在柯林斯公式的正向及逆向运算中，由于 L_0=L=12.87mm，我们容易证明，本计算实例的取样条件式(3-4-25)及式(3-4-28)均得到满足，为简明地验证柯林斯公式逆运算的可行性，将图 3-4-3(c)对应的光波场复振幅代入逆运算式(3-4-26)，求得的物平面强度分布如图 3-4-3(d)所示．可以看出，逆运算重构图像与图 3-4-3(a)基本吻合．

为较定量地了解重建光波场的质量，图 3-4-4 给出过 x_0 轴与图 3-4-3(d)对应的重建场复振幅实部、虚部及原物光场模的数值曲线．不难看出，对于本运算实例，逆运算重构的物光场振幅及相位均有轻微畸变．但应该指出，其主要原因在于观测平面的宽度是有限值，具有空间滤波作用，我们不能接收物平面光波场的所有角谱分量．空间滤波作用使重建物光场中缺少了滤波时损失的高频分量，这种轻微畸变的出现是完全正常的．然而，重建波前计算中出现的这种偏差通常能够为大量的实际应用所接受．

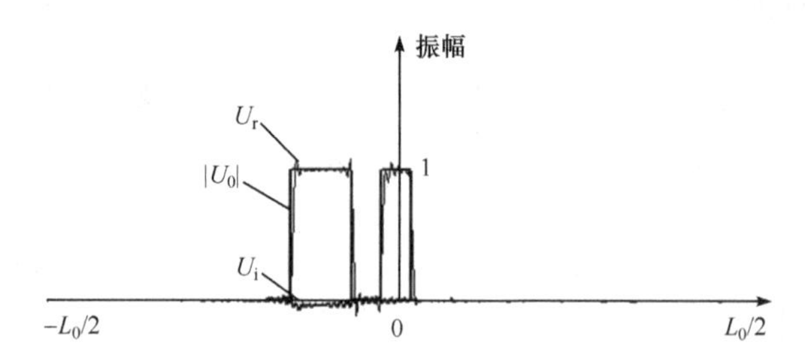

图 3-4-4 重构物光场 x_0 轴上复振幅的实部 U_r，虚部 U_i 与原物光场模 $|U_0|$ 的比较

本书光盘分别给出用 MATLAB7.0 语言编写的柯林斯公式 S-FFT 算法及 D-FFT 算法的计算程序 LXM10.m 及 LXM11.m，读者可以利用这两个程序考查正确计算柯林斯公式时应该遵循的取样条件，通过对程序的简单修改，还可以将程序修改为柯林斯公式的逆运算程序，解决光波通过光学系统时的许多实际衍射计算问题．

*3.5 衍射数值计算的应用实例

半个世纪以来，激光已经在科学研究、工业生产及国防科技中获得广泛应用．在标量衍射理论的框架下，激光的传播被表示为不同形式的衍射积分，对衍射积分的数值计算能够解决应用研究中大量的实际问题．基于本章对衍射积分的 FFT 计算研究，可以得到足够准确的解．然而，将激光应用研究中遇到的实际问题归结为衍射积分的运算，还需要基于物理概念对实际问题进行认真分析．为便于实际应用，本节给出两个应用研究实例：一是在二元光学元件设计中的应用；二是强激光穿过一波束整形光学装置——方形波导腔叠像系统后在后续空间的光场强度分布计算．在第一个应用研究实例中将看到，为实现二元光学元件的设计，衍射积分只是设计过程中的一个计算环节，当给定入射光波的复振幅后，必须通过反复的正向及逆向衍射的迭代运算才能得到期待的设计结果．在第二个实例中将看到，应用研究中如果能够正确地表示出初始光波场，并让复杂的光传播过程表示成可以使用衍射积分表示的形式，利用标量衍射理论能够十分准确地描述光传播的物理过程．

衍射计算的一个十分成功的应用研究领域是数字全息，但数字全息涉及内容较多[10]，本书第 9 章将进行较详细的介绍．

3.5.1　二元光学元件的设计

1. 角谱衍射变换

根据式(3-3-7)及式(3-3-13)，可以将衍射的正向运算表示为

$$U(x,y)=F^{-1}\left\{F\left\{U_0(x_0,y_0)\right\}\exp\left[\mathrm{j}kd\sqrt{1-(\lambda f_x)^2-(\lambda f_y)^2}\right]\right\} \tag{3-5-1a}$$

利用式(3-3-26)，衍射的逆运算表示为

$$U_0(x_0,y_0)=F^{-1}\left\{F\left\{U(x,y)\right\}\exp\left[-\mathrm{j}kd\sqrt{1-(\lambda f_x)^2-(\lambda f_y)^2}\right]\right\} \tag{3-5-1b}$$

将式(3-5-1a)定义为角谱衍射正变换，用符号 $F_{(d)}\{\ \}$ 表示，相应地，式(3-5-1b)定义为角谱衍射逆变换，简写为 $F_{(d)}^{-1}\{\ \}$，每个符号的下标 d 为衍射距离．于是衍射变换对可以简单地表示为

$$U(x,y)=F_{(d)}\left\{U_0(x_0,y_0)\right\} \tag{3-5-2a}$$

$$U_0(x_0,y_0)=F_{(d)}^{-1}\left\{U(x,y)\right\} \tag{3-5-2b}$$

2. 二元光学元件

在光束整形的应用研究中，通常期望光波通过二元光学系统后成为一个给定强度分布并沿某预定方向传播的平行光．这种既变换振幅又变换波面的二元光学系统通常可以由两个二元光学元件组成[12]，图 3-5-1 为所研究问题的示意图，图中，平面 x_0y_0 上的第一个元件作振幅变换，使到达 xy 平面的第二个元件表面的光波强度分布满足设计要求；第二个元件则作波面整形，使透过元件的光波成为沿光轴传播的平面波．以下通过衍射变换讨论光学元件的设计问题．

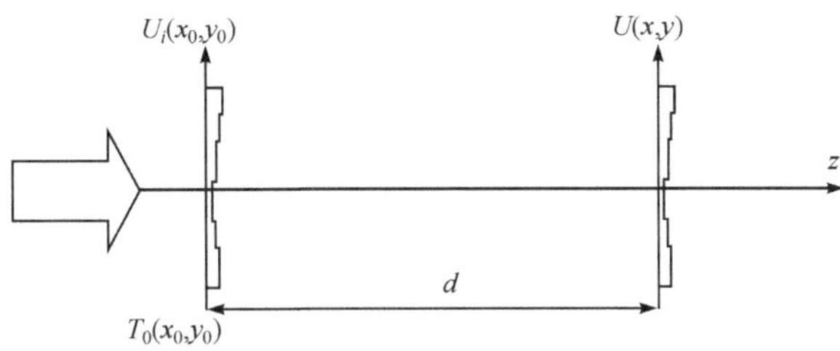

图 3-5-1　二元光学元件及坐标定义

设第一个元件的复振幅变换函数为 $T_0(x_0,y_0)$，复振幅为 $U_i(x_0,y_0)$ 的光束自左向右传播，期望通过距离 d 的传播到达 xy 平面时形成复振幅为 $U(x,y)$ 的光波场．根据图 3-5-1 有

$$U(x,y)=F_{(d)}\left\{U_i(x_0,y_0)T_0(x_0,y_0)\right\} \tag{3-5-3}$$

对式(3-5-3)两边作衍射逆变换后容易得到

$$T_0(x_0,y_0)=\frac{F_{(d)}^{-1}\left\{U(x,y)\right\}}{U_i(x_0,y_0)} \tag{3-5-4}$$

令 $T_A(x_0, y_0)$、$p_0(x_0, y_0)$以及 $\exp[j\phi(x_0, y_0)]$分别为二元光学元件的振幅透过率、光瞳及相位变换因子，可将该元件的复振幅透过函数表示为

$$T_0(x_0, y_0) = T_A(x_0, y_0) p_0(x_0, y_0) \exp[j\phi(x_0, y_0)] \tag{3-5-5}$$

于是得到

$$p_0(x_0, y_0)\exp[j\phi(x_0, y_0)] = \frac{F_{(d)}^{-1}\{U(x, y)\}}{T_A(x_0, y_0) U_i(x_0, y_0)} \tag{3-5-6}$$

由于光瞳内 $p_0(x_0, y_0)=1$ 是实函数，理想的纯相位型元件应满足

$$T_A(x_0, y_0) = 1 \tag{3-5-7}$$

给定入射到元件表面的光波场 $U_i(x_0, y_0)$ 及期望通过光学系统形成的光波场强度分布 $I(x, y)$ 后，二元光学元件的设计主要任务是求出满足制作工艺要求的相位变换因子，由于第二个光学元件的设计比较简单，以下主要对第一个元件的设计作讨论.

3. 二元光学元件设计的 GS 算法

二元光学元件的设计有不同的方法，根据 Gerchberg-Saxton 提出的 GS 算法[12]，现介绍一种用角谱衍射变换进行上述衍射元件设计的方法.

(1) 令 $Q(x, y)$为 0～2π满足给定约束条件的随机数，观测平面的初始振幅可设为

$$U_1(x, y) = |U(x, y)| \exp(jQ(x, y)) \tag{3-5-8}$$

式中，$|U(x, y)| = \sqrt{I(x, y)}$，约束条件是 $Q(x, y)$所确定的波面法线方向是来自第一个元件光瞳并指向 $I(x, y)$的非零区域的方向.

(2) 二元光学元件的理论尝试解即为

$$\widehat{T}_{01}(x_0, y_0) = \frac{F_{(d)}^{-1}\{U_1(x, y)\}}{U_i(x_0, y_0)} \tag{3-5-9}$$

(3) 对上面得到的相位分布作量化处理，得到符合光刻要求的尝试解 $T_{01}(x_0, y_0)$：

$$|T_{01}(x_0, y_0)| = |\widehat{T}_{01}(x_0, y_0)| \tag{3-5-10}$$

例如，利用二值化掩模处理工艺的尝试解的幅角可按下式作量化：

$$\arg[T_{01}(x_0, y_0)] = \mathrm{INT}\left\{2^L \frac{\arg[\widehat{T}_{01}(x_0, y_0)]}{2\pi}\right\} \frac{2\pi}{2^L} \tag{3-5-11}$$

式中，L 为正整数，INT{}表示对{}内的数据作取整操作. 当设计完成后，L 次掩模融刻处理便能生成具有 2^L 级不同相位调制的衍射元件[12].

(4) 将尝试解归一化，重新表示出观测平面的复振幅

$$U_1'(x, y) = F_{(d)}\left\{U_i(x_0, y_0) \frac{T_{01}(x_0, y_0)}{|T_{01}(x_0, y_0)|}\right\} \tag{3-5-12}$$

(5) 式(3-5-12)规一化并将观测平面复振幅重新设为

$$U_1(x, y) = |U(x, y)| \frac{U_1'(x, y)}{|U_1'(x, y)|} \tag{3-5-13}$$

(6) 将以上结果作为新的迭代计算初始值，反复进行从(2)到(5)的操作，直到获得满足误差要求或达到设定迭代次数的复振幅变换函数 $T_{01}(x_0, y_0)$.

如果应用研究中只需要在 xy 平面形成期待的强度分布，可以不使用第二个光学元件. 反之，如果期望经过 xy 平面后的光波变为具有期待强度分布的平面波，在上面的设计已经达到要求后，将最后一次迭代时到达观测平面的复振幅 $U_1'(x,y)$ 作类同于式(3-5-11)的量化处理，第二个光学元件的复振幅透过函数应满足

$$T_1(x,y) = \exp\left[\mathrm{j}\phi_1(x,y)\right] \tag{3-5-14}$$

$$\phi_1(x,y) = -\mathrm{INT}\left\{2^L \frac{\arg\left[U_1'(x,y)\right]}{2\pi}\right\}\frac{2\pi}{2^L} \tag{3-5-15}$$

至此，就基本完成了将光束强度分布进行变换并准直的二元光学设计.

4. 二元光学标记元件设计实例

在激光对材料表面改性处理应用研究中，利用激光在材料表面烧融成特殊的图案或文字的激光标记技术获得了重要应用. 只要将给定衍射距离的光波场强度分布设计成与被标记的图案相对应的形式，二元光学技术就可以方便地用于激光标记元件的设计，获得能量利用率高，标记时间短，标记图案丰富多彩的标记元件. 以下，以波长λ=10.6μm 的千瓦级 CO_2 激光及一幅龙的剪纸图案为标记图案(图 3-5-2(a))为例，给出二元光学元件的一个设计实例.

到达二元光学元件的 CO_2 激光强度分布如图 3-5-3(a)所示，图 3-5-3(b)给出经过 10 次迭代运算后在平面 xy 上光斑的强度分布.

(a)　(b)

图 3-5-2　标记图案(a)及标记光束强度图案(b)比较(图面尺寸 30mm×30mm)

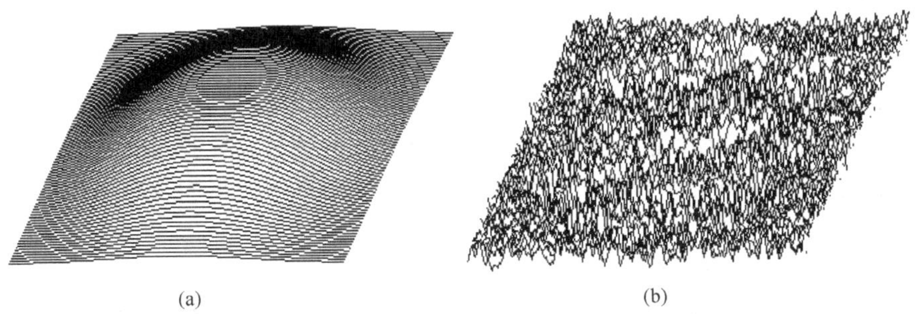

(a)　(b)

图 3-5-3　入射光束(a)及变换后光束(b)的强度分布比较(图面尺寸 30mm×30mm)

为简明地显示变换后光束在材料表面的标记效果，令材料表面对作用光束强度分布响应的阈值为变换后光束强度分布极大值的 5%，即大于该阈值的光束作用于材料表面后，将在材料表面留下热化学作用的印迹．图 3-5-2(b)给出大于阈值后的光束强度分布图案．与原图比较容易看出，“标记图案”是原图较忠实的复现．

3.5.2 方形波导腔叠像系统衍射场计算

1. 方形波导腔叠像系统

在强激光对材料表面热处理应用研究中，通常期望将光束截面整形为方形均匀分布，图 3-5-4 所示的方形波导腔叠像系统是一种很适用的光学装置[5,13]．图中，自左向右传播的激光首先穿过焦距为 f_0 的透镜 L_0 在方形波导腔的入口聚焦．波导腔是由四面矩形反射镜组成的两端开口的内反射长方体，进入波导腔的光束在腔内经多次反射后从右侧方形出口射出，出口后放置一成像透镜 L_1，当透镜到出口的距离大于透镜焦距时，可以在成像透镜右侧 d_c 处形成波导腔出口光波场的像．

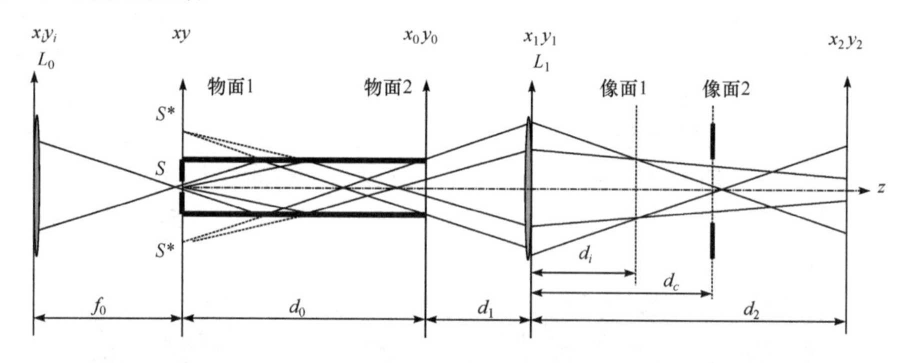

图 3-5-4　方形波导腔叠像系统原理示意图

如果将入射光在波导腔入口处的焦点视为一个点光源，则光束在腔壁的每一次反射可等价于形成一个镜向点光源，于是，波导腔出口成为一个二维点光源列阵共同照射的平面，其光波场等价于原入射光束波面分割为若干方形元波面后的重新叠加．由于叠加区域的复振幅分布是入射光波面上不同位置复振幅统计叠加结果，从强度分布局部平均的观点看来，将形成一个较均匀的分布．虽然，由于激光的空间相干性，叠加光波场将产生干涉，对光波场的均匀度产生影响，但适当进行光学设计后可以使干涉形成的空间强度变化周期很小，对热作用的影响能够忽略，从而获得边界整齐且均匀度非常高的方形光斑．

2. 方形波导腔叠像系统的傅里叶光学分析

按照图 3-5-4 给出的坐标定义，x_iy_i 为透镜 L_0 的坐标，xy 为波导腔入口坐标，x_0y_0 为波导腔出口坐标，x_1y_1 为成像透镜 L_1 的坐标，x_2y_2 为观察平面坐标；f_0，d_0，d_1 及 d_2 分别为以上各平面的间距；f_0，f_1 分别为透镜 L_0 及 L_1 的焦距；d_i，d_c 分别为波导腔入口及出口平面经透镜 L_1 成像后的像距，$2a$ 为方形波导腔出口宽度．以下分别对理想像平面及离焦像场上的光波场进行讨论．

1) 理想像平面上的光波场

为简单起见，将入射到光学系统的激光视为平行光，并且，为简明地研究各光束间的干涉问题，将波导腔出口的像平面光波场(图 3-5-4 中像面 2)视为来自像空间中二维点光源阵列平面(图 3-5-4 中像面 1)上每一点光源发出的球面波的叠加．由于像面 1 相对于物面 1 的横向放大率为

$$M_i = -\frac{d_i}{d_0 + d_1} \tag{3-5-16}$$

当通过腔体反射共形成 $2N\times 2N$ 个点光源时，像平面光波场可表示为

$$U\left(x_c, y_c\right) = \sum_{m=-N}^{N}\sum_{n=-N}^{N}\left|U_{mn}\left(x_c, y_c\right)\right|\exp\left[\mathrm{j}k\frac{\left(x_c - M_i x_m\right)^2 + \left(y_c - M_i y_n\right)^2}{2(d_c - d_i)}\right] \tag{3-5-17}$$

其中，$j=\sqrt{-1}$；$k=\dfrac{2\pi}{\lambda}$，而λ是激光波长；$d_i = \dfrac{f_1\left(d_0 + d_1\right)}{d_0 + d_1 - f_1}$；$d_c = \dfrac{f_1 d_1}{d_1 - f_1}$；

$$\begin{cases} x_m = m\times 2a, & m = 0, \pm 1, \pm 2, \cdots, \pm N \\ y_n = n\times 2a, & n = 0, \pm 1, \pm 2, \cdots, \pm N \end{cases}$$

$U_{mn}(x_c, y_c)$是物面 1 上坐标为(x_m, y_n)的点光源在像平面 2 上形成的光波场，我们将在稍后讨论它的具体表达式．

利用式(3-5-17)，像平面上光波场的强度分布为

$$\begin{aligned} I\left(x_c, y_c\right) &= U\left(x_c, y_c\right)U^*\left(x_c, y_c\right) \\ &= \sum_{m=-N}^{N}\sum_{n=-N}^{N}\sum_{p=-N}^{N}\sum_{q=-N}^{N}\left|U_{mn}\left(x_c, y_c\right)\right|\left|U_{pq}\left(x_c, y_c\right)\right| \\ &\quad\times\exp\left[\mathrm{j}k\frac{\left(x_c - M_i x_m\right)^2 + \left(y_c - M_i y_n\right)^2}{2(d_c - d_i)}\right]\exp\left[-\mathrm{j}k\frac{\left(x_c - M_i x_p\right)^2 + \left(y_c - M_i y_q\right)^2}{2(d_c - d_i)}\right] \end{aligned}$$

将上式化简，引入相干系数 F_{mnpq} 及衰减系数 F_m, F_n, F_p, F_q 得到[5]

$$\begin{aligned} I\left(x_c, y_c\right) &= U\left(x_c, y_c\right)U^*\left(x_c, y_c\right) \\ &= \sum_{m=-N}^{N}\sum_{n=-N}^{N}\sum_{p=-N}^{N}\sum_{q=-N}^{N} F_{mnpq}\left|F_m F_n U_{mn}\left(x_c, y_c\right)\right|\left|F_p F_q U_{pq}\left(x_c, y_c\right)\right| \\ &\quad\times\cos\left(\frac{2\pi M_i\left(x_p - x_m\right)}{\lambda(d_c - d_i)}x_c + \frac{2\pi M_i\left(y_q - y_n\right)}{\lambda(d_c - d_i)}y_c + \frac{\pi M_i^2\left(x_m^2 + y_n^2 - x_p^2 - y_q^2\right)}{\lambda(d_c - d_i)}\right) \end{aligned} \tag{3-5-18}$$

式中，相干系数 F_{mnpq} 可以取不同数值，当 $p=m$ 以及 $q=n$ 时 $F_{mnpq}=1$，否则 F_{mnpq} 取下述不同的数值，并对应不同的物理意义．

$F_{mnpq}=0$：各瓣光束完全不相干；

$F_{mnpq}=1$：各瓣光束完全相干；

$0<F_{mnpq}<1$：各瓣光束部分相干．

而 $F_s = R^{|s|}\left(0<R<1; s=p,q,m,n\right)$．$F_{mnpq}$ 及 R 的数值可以通过实验测定[5]．

可以看出，像平面上的叠加光斑上分别沿 x，y 方向形成不同间隔的多组干涉条纹．条纹的最大间距为

$$T_{\max} = \frac{\lambda\left(d_c - d_i\right)}{2M_i a} \tag{3-5-19}$$

由于成像作用，菲涅耳衍射形成的强度变化被有效抑制，像平面上的叠加光斑上基本上只具有干涉结构.

现在研究式(3-5-17)中 $U_{mn}(x_c, y_c)$的具体形式.

将入射激光视为平行光，设 $U_i(x_i, y_i)$是到达透镜 L_0 的激光振幅分布，令 $M_0=-d_0/f_0$，波导腔入口平面上坐标为(x_m, y_n)的点光源在波导腔出口处的光波场为

$$U_{0mn}\left(x_0,y_0\right)=\text{rect}\left(\frac{x_0}{2a}\right)\text{rect}\left(\frac{y_0}{2a}\right)\times\frac{1}{M_0}U_i\left((-1)^m\frac{x_0-x_m}{M_0},(-1)^n\frac{y_0-y_n}{M_0}\right)\exp\left[\text{j}k\frac{\left(x_0-x_m\right)^2+\left(y_0-y_n\right)^2}{2d_0}\right] \tag{3-5-20}$$

根据衍射受限成像理论，像平面光波场包含的角谱是通过光学系统出射光瞳的角谱(见第 4 章式(4-2-16)的讨论). 由于波导腔出口是通过透镜 L_1 在像面 2 成像的，透镜 L_1 的光瞳即出射光瞳，令成像透镜 L_1 半径为 r，该点光源在像平面上形成的光波场即可表示为

$$U_{mn}\left(x_c,y_c\right)=F^{-1}\left\{F\left\{\frac{1}{M_c}U_{0mn}\left(\frac{x_c}{M_c},\frac{y_c}{M_c}\right)\exp\left(-\text{j}k\frac{x_c^2+y_c^2}{2M_cd_c}\right)\right\}\text{circ}\left(\frac{\lambda d_c\sqrt{f_x^2+f_y^2}}{r}\right)\right\} \tag{3-5-21}$$

式中，$M_c=-\dfrac{d_c}{d_1}$，是像面 2 上光波场相对于物面 2 光波场的横向放大率；f_x, f_y 为频域坐标.

将式(3-5-21)代入式(3-5-18)，给定装置的尺寸参数以及入射激光的复振幅分布后，便能利用 FFT 对像平面上的光能分布进行计算. 计算时物面 1 上点光源阵列数目参照图 3-5-5 确定.

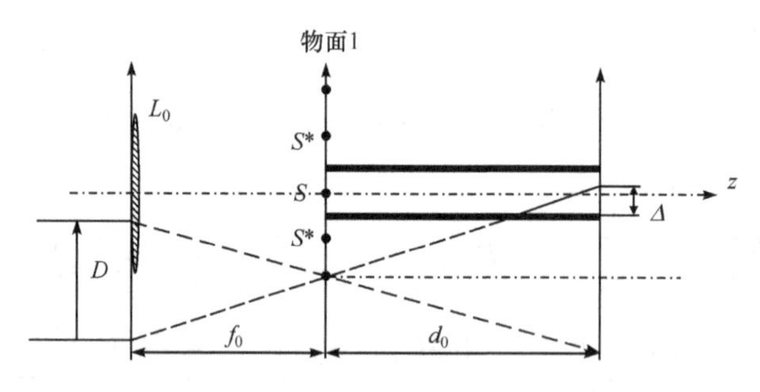

图 3-5-5 物面 1 点源阵列数量确定示意图

设入射光束直径为 D，为使图中光轴下方第 N 个像点 S^*发出的光线能够通过平面镜出口，必须满足 $\Delta=\dfrac{Dd_0}{2f_0}-(2N-1)a\geqslant 0$. 于是得到

$$N\leqslant\frac{Dd_0}{4af_0}+\frac{1}{2} \tag{3-5-22}$$

计算时 N 可取不等式右方的整数值.

2) 离焦像场的计算

实际应用中，被辐照材料表面不可能准确地是像平面，研究偏离理想像平面的光波场具有重要意义. 将通过成像系统后的光波场视为光学系统出射光瞳的菲涅耳衍射，可以直接使用瑞利的成像理论来对光学系统离焦像场进行计算. 由于波导腔出口的像为出射光瞳，波导

腔入口平面上坐标为(x_m, y_n)的点光源在出射光瞳上的光波场可以足够准确地表示为

$$U_{pmn}(x_c,y_c)=\mathrm{rect}\left(\frac{x_c}{2a},\frac{y_c}{2a}\right)\times\left|\frac{1}{M_c}U_{0mn}\left(\frac{x_c}{M_c},\frac{y_c}{M_c}\right)\right|\exp\left\{\frac{\mathrm{j}k}{2(d_c-d_i)}\left[(x_c-M_ix_m)^2+(y_c-M_iy_n)^2\right]\right\} \tag{3-5-23}$$

于是，像空间的光波场可利用菲涅耳衍射积分表示为

$$U_{2mn}(x_2,y_2)=\frac{\exp\left[\mathrm{j}k(d_2-d_c)\right]}{\mathrm{j}\lambda(d_2-d_c)}\times\int_{-\infty}^{\infty}\int_{-\infty}^{\infty}U_{pmn}\left(\frac{x_c}{M_c},\frac{y_c}{M_c}\right)\exp\left\{\frac{\mathrm{j}k}{2(d_2-d_c)}\left[(x_c-x_2)^2+(y_c-y_2)^2\right]\right\}\mathrm{d}x_c\mathrm{d}y_c \tag{3-5-24}$$

将像空间中的光波场视为像面 1 上各像点发出的球面波，最终可以将离焦像场上光波场的能量分布写为[5]

$$I_2(x_2,y_2)=\sum_{m=-N}^{N}\sum_{n=-N}^{N}\sum_{p=-N}^{N}\sum_{q=-N}^{N}F_{mnpq}\left|F_mF_nU_{2mn}(x_2,y_2)\right|\left|F_pF_qU_{2pq}(x_2,y_2)\right|\times\cos\left[\frac{2\pi}{T_{mp}}\left(x_2-M_i\frac{x_m+x_p}{2}\right)+\frac{2\pi}{T_{nq}}\left(y_2-M_i\frac{y_n+y_q}{2}\right)\right] \tag{3-5-25}$$

其中

$$T_{mp}=\frac{d_2-d_i}{M_i(x_p-x_m)}\lambda \tag{3-5-25a}$$

$$T_{nq}=\frac{d_2-d_i}{M_i(y_q-y_n)}\lambda \tag{3-5-25b}$$

可以看出，叠加光斑上将分别沿 x，y 方向形成不同间隔的多组干涉条纹．然而，离焦像场上菲涅耳衍射形成的强度变化对叠加光斑将形成影响，这种影响随距像平面的距离增大而增大，光斑上同时具有干涉和衍射结构．在下面数值计算与实验测量的比较研究中将直观地看到这个结果．

3. 方形波导腔叠像器实验测量与理论模拟的比较

1) 几个实验参数的确定

为证实以上理论研究的可行性，作者对光学系统进行了实验研究及理论模拟．实验在法国 CILASCI4000 CO_2激光下进行，激光功率 400W 时用热敏纸作 10ms 采样获得入射光束的光斑，如图 3-5-6(a)所示．根据热敏纸的特性及数值分析，入射光束的功率密度分布可以足够满意地由下式描述：

$$P(x_i,y_i)=\frac{4P_0}{\pi w^2(2\eta+1)}\left(\eta+\frac{x_i^2+y_i^2}{w^2}\right)\exp\left(-2\frac{(x_i-\Delta x)+(y_i-\Delta y)}{w^2}\right)$$

其中，P_0为激光功率，w=5mm，Δx=−0.05w，Δy=−0.05w，η=0.5．

根据上式模拟而得的光斑示于图 3-5-6(b)．可以看出，模拟光斑与实验测量光斑非常接近．

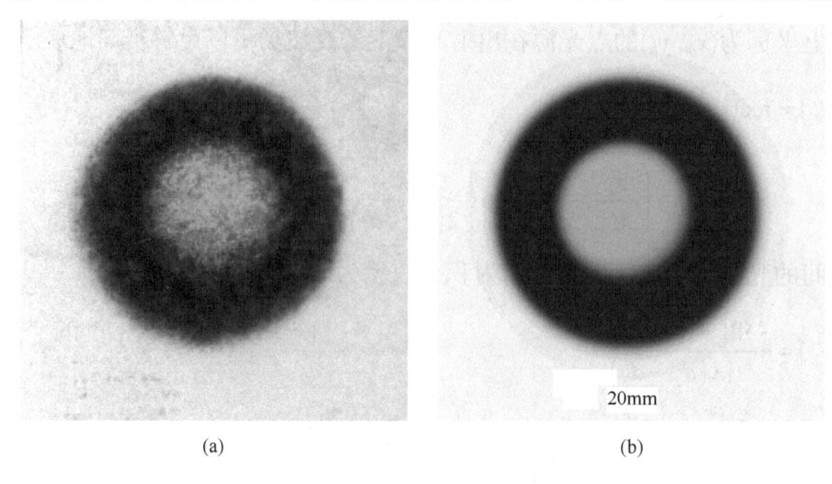

图 3-5-6　实验测量的入射光束光斑(a)及其模拟(b)(图像尺寸 20mm×20mm)

为通过实验确定各叠加光束间的相干系数以及衰减系数，对光波穿过光学系统时几个中间平面的强度变化作了测量．测量结果表明，光波通过方形波导腔到成像透镜 L_1 后的能量损失约 20%．这些能量损失由几部分组成：①波导腔入口是一个直径 1.14mm 的圆孔[15]，其作用是一个空间滤波器，阻挡了入射光波场的高频分量；②波导腔内反射面对垂直于及平行于入射面光波场能量的不同吸收；③成像透镜 L_1 对激光能量的部分反射及吸收．详细计算这些能量损失十分困难．但数值分析表明，当选择 $F_i=0.82^{|i|}$后的理论计算能量损失为 20.5%，令 $F_{ij}=0.4$ 时能够得到最接近实验测量的干涉条纹对比度．因此，在下面的研究中选用 $F_i=0.82^{|i|}$ 以及 $F_{ij}=0.4$ 进行模拟计算．

2) 像平面光波场的理论模拟及实验测量的比较

实验研究中，激光功率为 $P_0=400\text{W}$，装置参数分别是 $f_0=127\text{mm}$，$f_1=127\text{mm}$，$r=50\text{mm}$，$L=200\text{mm}$，$a=5\text{mm}$，$d_0=200\text{mm}$，$d_2=254\text{mm}$．选择采样时间 10ms，实验测得的像平面光斑以及根据数值计算结果由计算机模拟的光斑同时示于图 3-5-7．

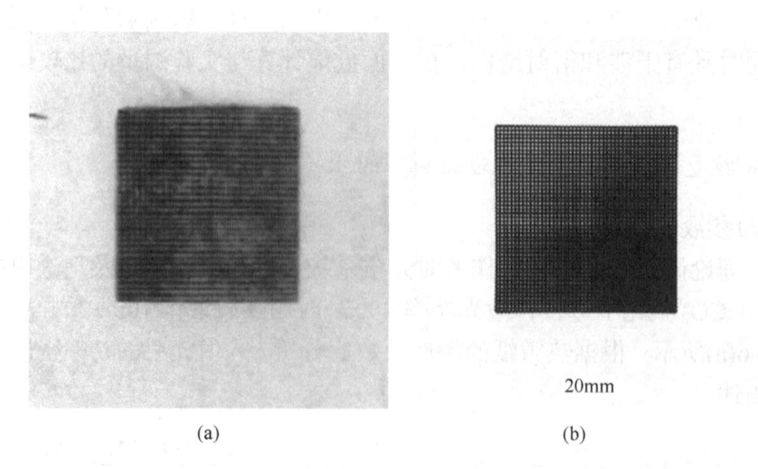

图 3-5-7　像平面光斑的实验测量(a)及其理论模拟(b)(20mm×20mm)

3) 离焦像场的理论计算与实验测量的比较

沿用上述参数，对离焦像场的实验测量及模拟计算光斑的比较示于图 3-5-8．

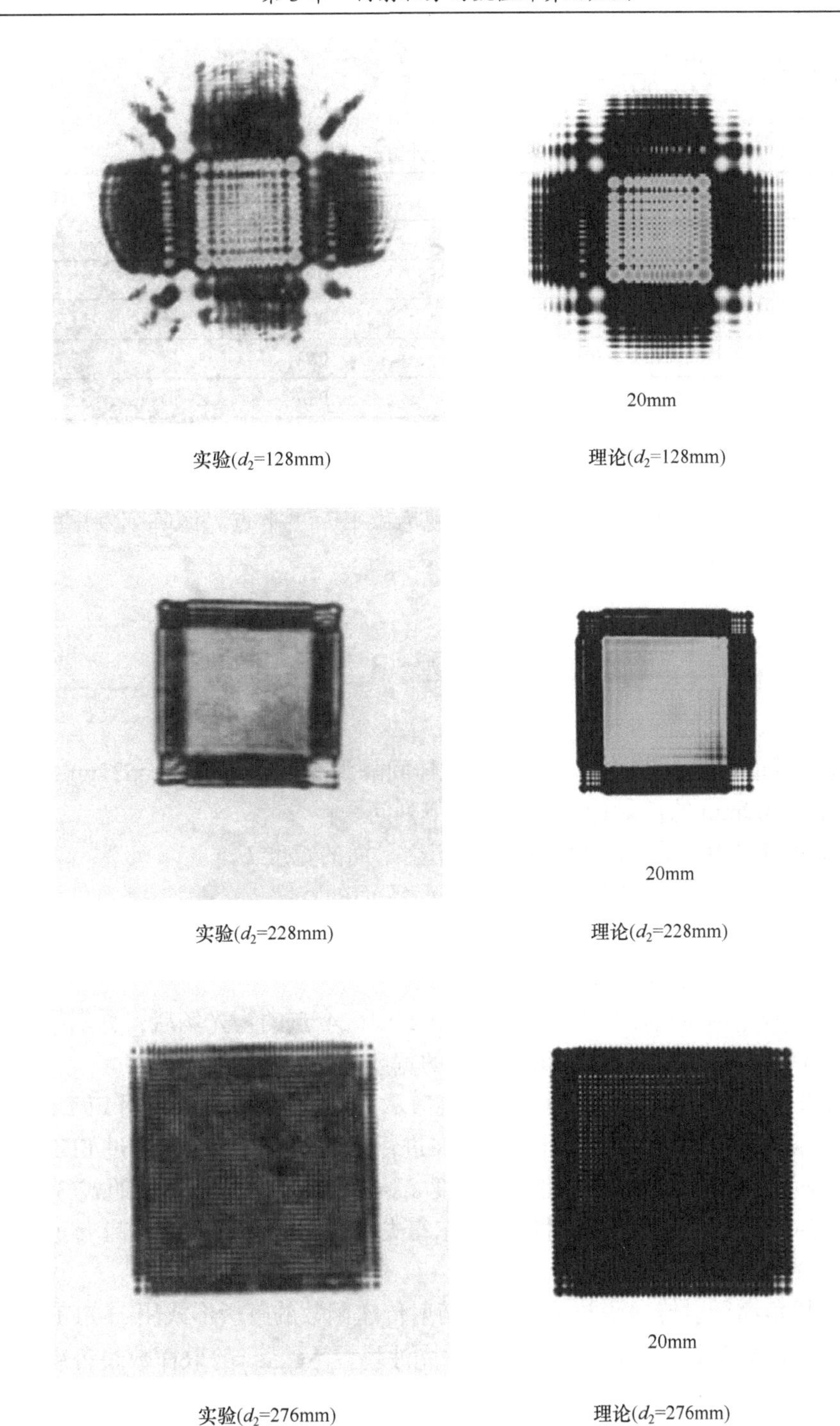

实验(d_2=128mm)　理论(d_2=128mm)

实验(d_2=228mm)　理论(d_2=228mm)

实验(d_2=276mm)　理论(d_2=276mm)

图 3-5-8　离焦像场的实验测量及模拟计算光斑的比较

不难看出，理论计算与实验测量吻合很好.

4) 干涉条纹间距的理论预测及实验测量的比较

作为进一步比较，表 3-5-1 给出不同空间平面上采样光斑的干涉条纹的理论计算与实验测量的比较. 由于实际测量中易于观测的是间隔最大的干涉条纹，在作干涉条纹的比较时，

条纹间距公式选择 $T_{ij}=\dfrac{d_2-d_i}{M_i\times 2d_0}\lambda$.

表 3-5-1　干涉条纹的理论计算与实际测量的比较

d_2/mm	理论/mm	实验/mm	误差/%
114	0.17	0.17	0
208	0.09	0.09	0
228	0.14	0.14	0
254	0.21	0.21	0
276	0.27	0.27	0

上述比较表明，理论计算能够十分准确地预计实验结果，特别是干涉条纹的间距测量在所观测精确度内无误差，说明将像空间光波场视为像平面 1 上点光源阵列发出的球面波能够非常准确地描述光波的相位分布.

习　题　3

3-1　设物光场取样数为 $N\times N$=512×512，取样间隔为 5μm，光波长 λ=532nm. 若沿光传播方向进行距离 d=1000mm 的衍射计算，试回答下列问题：

(1) 用菲涅耳衍射积分的一次 FFT 计算时衍射平面的宽度 L.

(2) 用菲涅耳衍射积分的离散卷积计算时衍射平面的宽度 L.

(3) 用菲涅耳衍射积分、基尔霍夫公式、瑞利-索末菲公式以及角谱衍射公式作离散卷积计算时，所得衍射平面的宽度是否相同，为什么？

(4) 通过对初始光场周围补零操作，形成 1024×1024 点的物光场后，分别给出菲涅耳衍射积分的一次 FFT 计算及卷积计算时衍射平面的宽度.

3-2　基尔霍夫公式及瑞利-索末菲公式均能表示为卷积形式，能够使用 FFT 进行计算. 由于所对应的传递函数只能表示为傅里叶变换，在进行衍射计算时，必须通过 FFT 获得传递函数的数值解. 若光波长 λ=532nm，初始屏为宽度 L_0=10mm 的方形. 试按照式(3-3-20)分别给出 d=184mm，d=367mm，d=734mm 时使用基尔霍夫传递函数及瑞利-索末菲传递函数进行衍射计算时的取样数 N.

*3-3　当采用角谱衍射传递函数及菲涅耳衍射传递函数的解析形式用 D-FFT 算法计算衍射时，式(3-3-21)是按照能量守恒原理考查初始光波场 $U_0(x_0,y_0)$ 的取样数是否满足要求的基本表达式. 在应用研究中可以首先按需要的分辨率给定某取样数 N，并利用式(3-3-21)计算 E. 此后，在同一物理尺度下将取样数减小为 $N/2$ 或增加为 $2N$，再计算总能量. 若计算结果无本质区别，则认为取样数 N 满足要求. 试对本书光盘给出的经典衍射公式的 D-FFT 计算程序 LXM6.m 作简单修改，当 N=512 时，考查 $N/2$，N 及 $2N$ 进行计算时的能量比.

*3-4　本书光盘分别给出用 MATLAB7.0 语言编写的柯林斯公式 S-FFT 算法及 D-FFT 算法的计算程序 LXM10.m 及 LXM11.m. 参照 3.4 节柯林斯公式的计算研究，试设计光波通过光学系统的衍射实验，利用这两个程序考查正确计算时应该遵循的取样条件.

参 考 文 献

[1] Goodman J W. Introduction to Fourier Optics[M]. 3rd ed. Roberts and Company Publishers, Inc., 2005.
[2] Li J C. Peng Z J，Fu Y C. Diffraction transfer function and its calculation of classic diffraction formula[J]. Optics Communications, 2007, 280: 243-248.
[3] Cooley J W, Tukey J W. Analgorithm for the machine calculation of complex Fourier series[J]. Mathematics of Comptation, 1965, 19(90): 297-301.
[4] Max J, Lacoume J L. Méthodes et techniques de traitement du signal et applications aux measures physiques[M]. 5th ed. Paris, Milan, Barcelona:Masson, 1996.
[5] 李俊昌. 激光的衍射及热作用计算[M]. 修订版. 北京: 科学出版社, 2008.
[6] Mas D. Perez J, Hernandez C, et al. Fast numerical calculation of Fresnel patterns in convergent systems[J]. Optics Communications, 2003,227: 245-258.
[7] Li J C, Yuan C J, Tankam P , et al. The calculation research of classical diffraction formulas in convolution form[J]. Optics Communications, 2011, 284(13): 3202-3206.
[8] Mas D, Garcia J, Ferreira C, et al. Fast algorithms for free-space diffraction patterns calculation[J]. Optics Communications, 1999, 164: 233-245.
[9] Li J C, Li C G. Algorithm study of Collins formula and inverse Collins formula[J]. Applied Optics, 2008, 47(4): A97-A102.
[10] 李俊昌. 衍射计算及数字全息[M]. 北京: 科学出版社, 2014.
[11] Collins S A. Lens-system diffraction integral written in terms of matrix optics[J]. J Optics, SocAm, 1970, 60: 1168.
[12] 金国藩, 严英白, 邬敏贤, 等. 二元光学[M]. 北京: 国防工业出版社, 1998.
[13] Li J C, Lopes R, Vialle C, et al. Study of an optical device for energy homogenization of a high power laser[J]. Journal of Laser Applications, 1999, 11(6): 279.

第4章　衍射受限成像

在信息光学领域，成像是一种最基本的光学信息处理过程．例如，本书第9章研究的数字全息就涉及相干光成像的计算问题．成像过程中，输入图像的信息被光波携带从光学系统的物面传播到像面，输出图像的质量取决于光学系统对光波的传递特性，研究光波通过光学系统时光信息的变化具有重要意义．在光学成像系统中，透镜是最基本的成像元件，本章将首先基于柯林斯公式对透镜的光学变换性质进行研究．然后，从线性系统理论及柯林斯公式出发，导出相干及非相干光照明下衍射受限成像系统的像光场计算公式．基于研究结果，引入信息的傅里叶分析理论，把输入信息分解为由本征函数构成的空间频率分量，考查这些空间频率分量在成像后振幅的衰减及相移的变化．由于表征光学系统对这些频率分量传递特性的是光学系统的传递函数，因此，将介绍并研究传递函数对成像质量的影响．最后，对相干及非相干两种照明方式下光学系统的成像特性进行比较．

4.1　透镜的光学变换性质

光学系统中，透镜是最基本的元件，鉴于柯林斯公式[1]可以描述光波通过轴对称傍轴光学系统的性能，单一透镜构成的系统是一个最简单的轴对称光学系统，本节主要基于柯林斯公式对透镜的光学变换性质进行研究．

4.1.1　物体在透镜前

图4-1-1是物平面在透镜前的单一透镜构成的光学系统．令物平面坐标为 x_0y_0，透镜平面坐标为 x_ty_t，观测平面坐标为 xy，物平面到透镜平面的距离为 d_0，透镜到观测平面距离为 d．

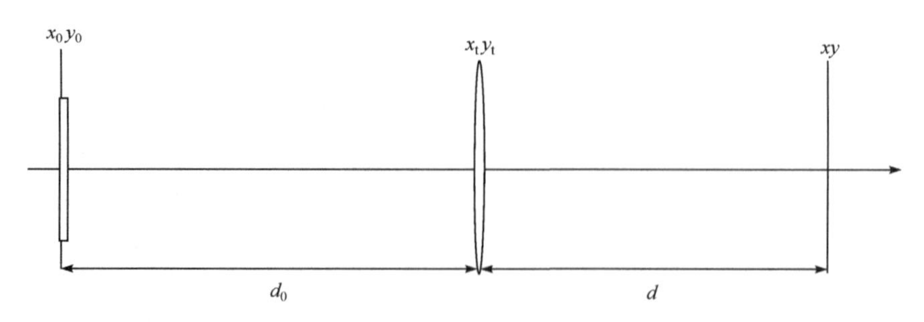

图4-1-1　物在透镜前的单一透镜构成的光学系统

将 x_0y_0 平面到 xy 平面的光传播视为光波通过一个 $ABCD$ 系统的衍射，可以借助柯林斯公式方便地对物平面与观测平面光波场的关系进行描述．根据第2章对柯林斯公式的讨论，下面写出柯林斯公式的傅里叶变换及卷积两种形式[1,2]：

$$U(x,y)=\frac{\exp(\mathrm{j}kL)}{\mathrm{j}\lambda B}\exp\left\{\frac{\mathrm{j}k}{2B}D\left(x^2+y^2\right)\right\}$$
$$\times\int_{-\infty}^{\infty}\int_{-\infty}^{\infty}\left\{U_0(x_0,y_0)\exp\left[\frac{\mathrm{j}k}{2B}A\left(x_0^2+y_0^2\right)\right]\right\}\exp\left[-\mathrm{j}2\pi\left(x_0\frac{x}{\lambda B}+y_0\frac{y}{\lambda B}\right)\right]\mathrm{d}x_0\mathrm{d}y_0 \tag{4-1-1}$$

$$U(x,y)=\frac{\exp(\mathrm{j}kL)}{\mathrm{j}\lambda BA}\exp\left[\mathrm{j}\frac{kC}{2A}\left(x^2+y^2\right)\right]$$
$$\times\int_{-\infty}^{\infty}\int_{-\infty}^{\infty}\frac{1}{A}U_0\left(\frac{x_a}{A},\frac{y_a}{A}\right)\exp\left\{\mathrm{j}\frac{k}{2BA}\left[(x_a-x)^2+(y_a-y)^2\right]\right\}\mathrm{d}x_a\mathrm{d}y_a \tag{4-1-2}$$

式中，$U_0(x_0,y_0)$是光学系统入射平面上的光波复振幅，$U(x,y)$为光波在光学系统出射平面上的复振幅；$k=2\pi/\lambda,\lambda$为光波长；L是光波沿轴上的光程；A，B，D为傍轴光学系统的三个矩阵元素．回顾第 2 章介绍的矩阵光学知识，系统的光学矩阵为[2-4]

$$\begin{bmatrix}A & B\\ C & D\end{bmatrix}=\begin{bmatrix}1 & d\\ 0 & 1\end{bmatrix}\begin{bmatrix}1 & 0\\ -1/f & 1\end{bmatrix}\begin{bmatrix}1 & d_0\\ 0 & 1\end{bmatrix}=\begin{bmatrix}1-d/f & d_0(1-d/f)+d\\ -1/f & 1-d_0/f\end{bmatrix} \tag{4-1-3}$$

选择不同的参数确定出 A，B，C，D 后，便能对透镜对光波场的复振幅变换特性进行讨论．以下讨论几个特殊情况．

1. 观测平面是透镜后焦面

令 $d=f$ 代入式(4-1-3)，系统的矩阵元素变为

$$\begin{bmatrix}A & B\\ C & D\end{bmatrix}=\begin{bmatrix}0 & f\\ -1/f & 1-d_0/f\end{bmatrix} \tag{4-1-4}$$

将 A，B，C，D 的值代入式(4-1-1)得

$$U(x,y)=\frac{\exp\left[\mathrm{j}k(d_0+f)\right]}{\mathrm{j}\lambda f}\exp\left\{\frac{\mathrm{j}k}{2f}\left(1-\frac{d_0}{f}\right)\left(x^2+y^2\right)\right\}$$
$$\times\int_{-\infty}^{\infty}\int_{-\infty}^{\infty}U_0(x_0,y_0)\exp\left[-\mathrm{j}2\pi\left(x_0\frac{x}{\lambda f}+y_0\frac{y}{\lambda f}\right)\right]\mathrm{d}x_0\mathrm{d}y_0 \tag{4-1-5}$$

其结果是输入平面光波场的傅里叶变换乘一个相位因子．

2. 物平面及观测平面分别是透镜前焦面及后焦面

令 $d=d_0=f$ 代入式(4-1-3)，系统的矩阵元素变为

$$\begin{bmatrix}A & B\\ C & D\end{bmatrix}=\begin{bmatrix}0 & f\\ -1/f & 0\end{bmatrix} \tag{4-1-6}$$

将 A，B，C，D 的值代入式(4-1-1)得

$$U(x,y)=\frac{\exp(\mathrm{j}2kf)}{\mathrm{j}\lambda f}\int_{-\infty}^{\infty}\int_{-\infty}^{\infty}U_0(x_0,y_0)\exp\left[-\mathrm{j}2\pi\left(x_0\frac{x}{\lambda f}+y_0\frac{y}{\lambda f}\right)\right]\mathrm{d}x_0\mathrm{d}y_0 \tag{4-1-7}$$

其结果是输入平面光波场的傅里叶变换乘一个常数相位因子．因此，物平面及观测平面分别是透镜前焦面及后焦面时，可以获得物光场的准确傅里叶变换．

3. 物平面紧贴透镜平面而观测平面是透镜后焦面

令 $d_0=0$，$d=f$ 代入式(4-1-3)，系统的矩阵元素变为

$$\begin{bmatrix} A & B \\ C & D \end{bmatrix} = \begin{bmatrix} 0 & f \\ -1/f & 1 \end{bmatrix} \tag{4-1-8}$$

将 A，B，C，D 的值代入式(4-1-1)得

$$\begin{aligned} U(x,y) = &\frac{\exp(\mathrm{j}kf)}{\mathrm{j}\lambda f}\exp\left\{\frac{\mathrm{j}k}{2f}(x^2+y^2)\right\} \\ &\times\int_{-\infty}^{\infty}\int_{-\infty}^{\infty}U_0(x_0,y_0)\exp\left[-\mathrm{j}2\pi\left(x_0\frac{x}{\lambda f}+y_0\frac{y}{\lambda f}\right)\right]\mathrm{d}x_0\mathrm{d}y_0 \end{aligned} \tag{4-1-9}$$

其结果是输入平面光波场的傅里叶变换乘一个相位因子.

4. 物平面与观测平面分别是透镜前后表面

令 $d_0=0$，$d=0$ 代入式(4-1-3)，系统的矩阵元素变为

$$\begin{bmatrix} A & B \\ C & D \end{bmatrix} = \begin{bmatrix} 1 & 0 \\ -1/f & 1 \end{bmatrix} \tag{4-1-10}$$

由于轴上光程 $L=0$，可以将观测平面的光波场视为式(4-1-2)中 $L=0$ 及 $B\to 0$ 的极限情况讨论. 将 A，C 及 L 的值代入式(4-1-2)，并求极限，有

$$\begin{aligned} U(x,y) = &\lim_{B\to 0}\exp\left[-\mathrm{j}\frac{k}{2f}(x^2+y^2)\right] \\ &\times\frac{1}{\mathrm{j}\lambda B}\int_{-\infty}^{\infty}\int_{-\infty}^{\infty}U_0(x,y)\exp\left\{\mathrm{j}\frac{k}{2B}\left[(x_a-x)^2+(y_a-y)^2\right]\right\}\mathrm{d}x_a\mathrm{d}y_a \end{aligned} \tag{4-1-11}$$

与菲涅耳衍射积分比较不难发现，这是一相位因子与入射光波场经无限小距离 B 衍射后的乘积，其极限是

$$U(x,y) = \exp\left[-\mathrm{j}\frac{k}{2f}(x^2+y^2)\right]U_0(x,y) \tag{4-1-12}$$

可见，焦距为 f 的单一薄透镜对光波场的变换，等效于让光波场乘上相位因子 $\exp\left[-\mathrm{j}\frac{k}{2f}(x^2+y^2)\right]$. 这是一个很重要的结论，这个结果通常基于透镜的厚度变化对光波场的相位延迟的计算导出[5]，本书后续章节中将经常使用这个结论.

5. 物平面与观测平面是共轭像面

所谓物平面与观测平面是共轭像面，即距离 d_0，d 与透镜焦距 f 满足透镜成像公式 $\frac{1}{f}=\frac{1}{d}+\frac{1}{d_0}$. 这时根据式(4-1-3)得

$$A=1-d/f,\quad B=d_0(1-d/f)+d=0,\quad C=-1/f,\quad D=1-d_0/f \tag{4-1-13}$$

第 2 章矩阵光学的讨论已经指出，矩阵元素 $B=0$ 与光学系统的成像问题相对应. 为便于讨论，将卷积形式的柯林斯公式(4-1-2)重新写为

$$U(x,y)=\exp(\mathrm{j}kL)\exp\left[\mathrm{j}\frac{kC}{2A}(x^2+y^2)\right]$$
$$\times\frac{1}{\mathrm{j}\lambda BA}\int_{-\infty}^{\infty}\int_{-\infty}^{\infty}\frac{1}{A}U_0\left(\frac{x_a}{A},\frac{y_a}{A}\right)\exp\left\{\mathrm{j}\frac{k}{2BA}\left[(x_a-x)^2+(y_a-y)^2\right]\right\}\mathrm{d}x_a\mathrm{d}y_a \tag{4-1-14}$$

矩阵元素 B=0 的问题可以视为 $B\to0$ 时的极限情况．不难看出，$B\to0$ 时，式(4-1-14)代表放大 A 倍的几何光学理想像经无限小距离衍射后与一相位因子的乘积．于是有

$$\lim_{B\to0}U(x,y)=\exp(\mathrm{j}kL)\exp\left[\mathrm{j}\frac{kC}{2A}(x^2+y^2)\right]\frac{1}{A}U_0\left(\frac{x}{A},\frac{y}{A}\right) \tag{4-1-15}$$

可见，如果物平面 $U_0(x_0,y_0)$ 是实函数，像平面光波场的相位分布与半径为 $A/C=d-f$ 的球面波相似．并且，由于复数相位因子不影响像的强度分布，从像强度分布的角度而言，通过柯林斯公式能够得到与几何光学完全相同的理想像．这是很自然的，因为推导柯林斯公式时，不考虑光学系统入射平面到出射平面间光学元件对光波衍射的限制作用．但是，任何实际光学系统均是衍射受限系统，这个结论只在可以忽略衍射受限的影响时才成立．

单一透镜组成的成像系统是最简单的成像系统，透镜尺寸或光学系统中其余元件对光波传播及成像质量的影响将再作专门研究．作为透镜成像作用的实例，基于柯林斯公式的 D-FFT 算法，令物平面是字符“R”为透光孔的光阑，照明光为波长 10.6μm 的均匀平面波，图 4-1-2 给出物平面及观测平面在像平面附近的几个光波场强度图像．可以看出，不考虑透镜尺寸对衍射的限制作用时，在像平面可以获得横向放大率为–2/3 的质量很好的像．

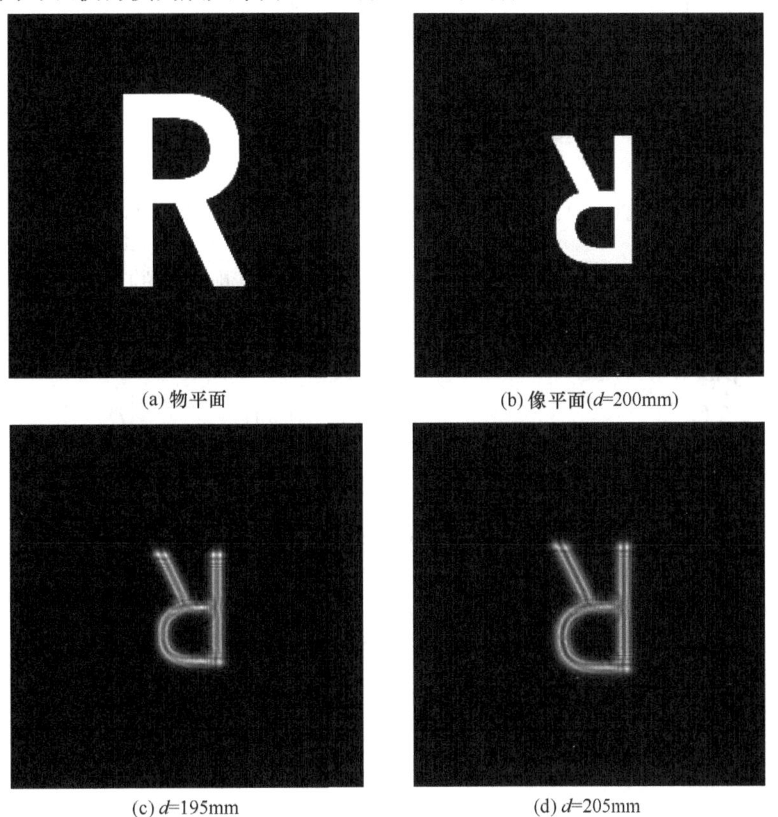

图 4-1-2　物平面及观测平面在像平面附近的几个光波场强度图像(10mm×10mm)

d_0=300mm，f=120mm

4.1.2　物体在透镜后

令投射到透镜平面的照明光是球面波，图 4-1-3 绘出物在透镜后的单一透镜构成的光学系统光路．图中，照明球面波波面半径为 R_0，振幅为 a，波束中心在光轴上．基于透镜的变换特性，穿过透镜的光波场为

$$\begin{aligned} t(x_t,y_t) &= a\exp\left[\frac{jk}{2R_0}(x_t^2+y_t^2)\right]\exp\left[-\frac{jk}{2f}(x_t^2+y_t^2)\right] \\ &= a\exp\left[-\frac{jk}{2R}(x_t^2+y_t^2)\right] \end{aligned} \tag{4-1-16}$$

其中

$$R=\left(\frac{1}{f}-\frac{1}{R_0}\right)^{-1} \tag{4-1-17}$$

式(4-1-16)表明，$R_0>f$，穿过透镜的光波是一个会聚球面波，反之则为发散球面波．

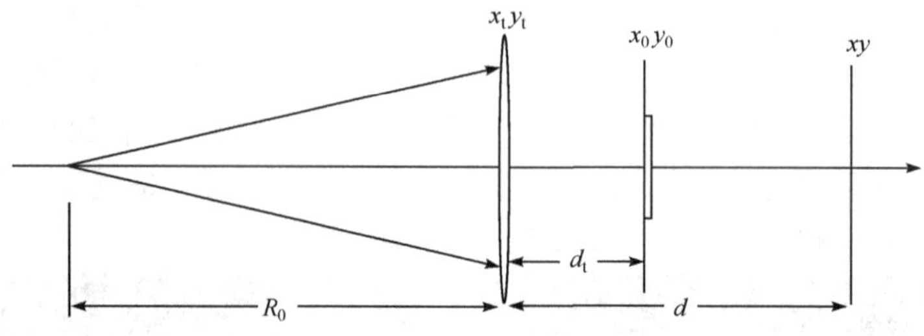

图 4-1-3　物在透镜后的单一透镜构成的光学系统

到达物平面的光波场可以按照光能流守恒写出

$$t_0(x_0,y_0)=a\frac{R}{R-d_t}\exp\left[-\frac{jk}{2(R-d_t)}(x_0^2+y_0^2)\right] \tag{4-1-18}$$

将 x_0y_0 到 xy 的空间视为一光学系统，由柯林斯公式得到观测平面的光波场

$$\begin{aligned} U(x,y) &= \frac{\exp(jkL)}{j\lambda B}\exp\left\{\frac{jk}{2B}D(x^2+y^2)\right\} \\ &\times\int_{-\infty}^{\infty}\int_{-\infty}^{\infty}\left\{t_0(x_0,y_0)U_0(x_0,y_0)\exp\left[\frac{jk}{2B}A(x_0^2+y_0^2)\right]\right\}\exp\left[-j2\pi\left(x_0\frac{x}{\lambda B}+y_0\frac{y}{\lambda B}\right)\right]dx_0dy_0 \end{aligned}$$

将系统的矩阵元素$\begin{bmatrix}A & B\\ C & D\end{bmatrix}=\begin{bmatrix}1 & d-d_t\\ 0 & 1\end{bmatrix}$代入上式得

$$\begin{aligned} U(x,y) &= \frac{\exp[jk(d-d_t)]}{j\lambda(d-d_t)}a\frac{R}{R-d_t}\exp\left\{\frac{jk}{2(d-d_t)}(x^2+y^2)\right\} \\ &\times\int_{-\infty}^{\infty}\int_{-\infty}^{\infty}\left\{U_0(x_0,y_0)\exp\left[\left(\frac{jk}{2(d-d_t)}-\frac{jk}{2(R-d_t)}\right)(x_0^2+y_0^2)\right]\right\} \\ &\times\exp\left[-j2\pi\left(x_0\frac{x}{\lambda(d-d_t)}+y_0\frac{y}{\lambda(d-d_t)}\right)\right]dx_0dy_0 \end{aligned} \tag{4-1-19}$$

当 $R=d$，即 $d=\left(\dfrac{1}{f}-\dfrac{1}{R_0}\right)^{-1}$ 时，有

$$
\begin{aligned}
U(x,y)=&\frac{\exp\left[\mathrm{j}k(d-d_\mathrm{t})\right]}{\mathrm{j}\lambda(d-d_\mathrm{t})}a\frac{d}{d-d_\mathrm{t}}\exp\left\{\frac{\mathrm{j}k}{2(d-d_\mathrm{t})}(x^2+y^2)\right\}\\
&\times\int_{-\infty}^{\infty}\int_{-\infty}^{\infty}U_0(x_0,y_0)\exp\left[-\mathrm{j}2\pi\left(x_0\frac{x}{\lambda(d-d_\mathrm{t})}+y_0\frac{y}{\lambda(d-d_\mathrm{t})}\right)\right]\mathrm{d}x_0\mathrm{d}y_0
\end{aligned}
\tag{4-1-20}
$$

这是物光场的傅里叶变换，但变换结果要乘积分号前的相位因子．当透镜焦距、照明球面波的半径以及物平面位置给定后，积分号前的相位因子是可以准确计算的．因此，可以通过照明球面波的选择，在期望的平面获得物平面的傅里叶变换．这为实际光信息的处理提供了许多方便．

作为实例，仍然令物平面是字符“R”为透光孔的光阑，图 4-1-4 给出经透镜傅里叶变换得到的频谱强度图像．可以看出，与字符直边相垂直方向具有丰富的高频分量．

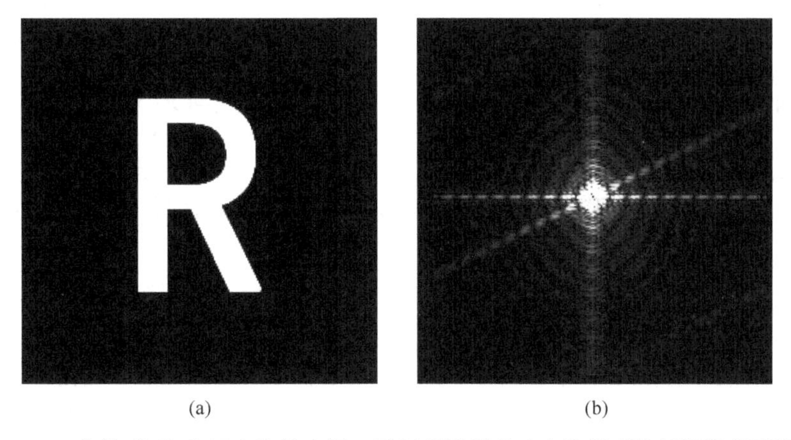

(a)　　(b)

图 4-1-4　字符“R”为透光孔的光阑(a)及经透镜傅里叶变换得到的频谱强度图像(b)

4.1.3　透镜孔径引起的渐晕效应

迄今为止，我们完全忽略了透镜孔径大小对光波场变化的影响．在绝大多数情况孔径效应可以采用几何光学近似考虑[5]．图 4-1-5 是用几何光学近似研究该问题的示意图．为简单起见，将照明光设为平行光，观测平面置于透镜后焦面．

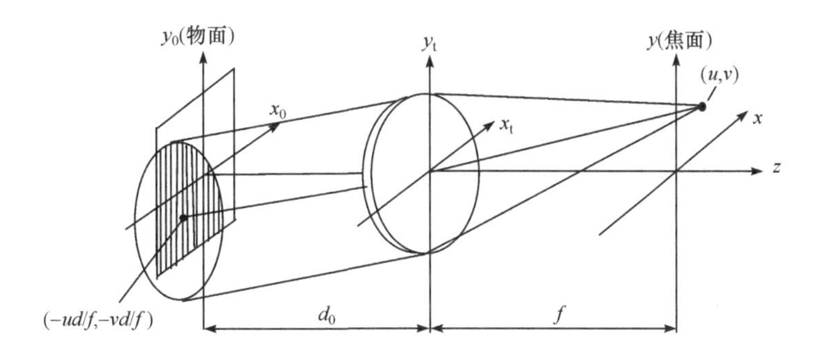

图 4-1-5　渐晕问题的几何光学近似

在图中，当透镜孔径足够大时，焦面上(u, v)处的光波场是来自物面的方向余弦$(u/f, v/f)$的所有光线的叠加．但是，当透镜孔径不够大时，这些光线只有一部分通过透镜．为分析透镜孔径的影响，把透镜孔径沿光轴负向投影到物平面上，投影中心是焦点(u, v)与透镜中心连线的延长线与物面的交点，交点在物面的坐标为$(-d_0u/f, -d_0v/f)$．可以看出，光瞳投影限制了输入物的大小(见图中阴影部分)，即只有光瞳投影与物面相交部分物体发出的光线才能通过透镜到达点(u, v)．很明显，对于焦面上不同的点(u, v)，光瞳在物面投影的位置及面积大小不相同，对于焦面上离开光轴较远的点，光瞳在物面上可能会没有投影．设透镜沿光轴的投影光瞳为$P(x_0, y_0)$．忽略偏离光轴的透镜光瞳投影畸变后，根据式(4-1-5)可以将焦面上点(u, v)的值表示为

$$\begin{aligned}U(u,v)=&\frac{\exp\left[\mathrm{j}k(d_0+f)\right]}{\mathrm{j}\lambda f}\exp\left\{\frac{\mathrm{j}k}{2f}\left(1-\frac{d_0}{f}\right)\left(u^2+v^2\right)\right\}\\&\times\int_{-\infty}^{\infty}\int_{-\infty}^{\infty}P\left(x_0+\frac{d_0u}{f},y_0+\frac{d_0v}{f}\right)U_0(x_0,y_0)\exp\left[-\mathrm{j}2\pi\left(x_0\frac{u}{\lambda f}+y_0\frac{v}{\lambda f}\right)\right]\mathrm{d}x_0\mathrm{d}y_0\end{aligned}\tag{4-1-21}$$

根据衍射的角谱理论，不同方向的光线对应于不同的角谱分量，透镜光瞳尺寸对输入的限制形成对物平面高频分量的限制[5]．因为$U_0(x_0,y_0)$的非零区域与$P\left(x_0+\frac{d_0u}{f},y_0+\frac{d_0v}{f}\right)$不相交时，方向余弦为$(u/f, v/f)$的波矢对应的角谱分量不能穿过透镜，透镜的这种效应称为渐晕(vignetting)效应．很明显，只有透镜孔径尺寸比被照明的透射物尺寸大得多时，渐晕效应才不显著．

基于上面的分析，当透射物体沿光轴的投影落在$P(x_0, y_0)$内时，为获得物光场较准确的傅里叶变换，应让式(4-1-21)中$d_0\to 0$，即应将物体邻近透镜放置．

对于物在透镜后的情况，利用几何光学近似，可以将穿过透镜的照明光在透明物面上的投影边界视为透光孔[6,7]．这时，所获得的是透光孔所限制的区域内透射光波场的傅里叶变换．

基于上述讨论，在使用透镜作光波场变换时，应根据实际情况考虑透镜孔径的影响．例如，单独考虑光波穿过透镜的变换时，式(4-1-12)常写为

$$U(x,y)=P(x,y)\exp\left[-\mathrm{j}\frac{k}{2f}\left(x^2+y^2\right)\right]U_0(x,y)\tag{4-1-22}$$

4.2　衍射受限系统的相干光照明成像

实际光学系统总是由尺寸有限的光学元件组成，按照衍射的角谱理论，只有落在元件孔径范围内的角谱才能正常穿过光学系统．因此，对衍射受限系统的成像研究具有重要意义．

对衍射受限成像的研究可以使用阿贝(Abbe)1873年提出的理论或瑞利(Rayleigh)1896年提出的理论[5]．阿贝认为，光波通过光学系统的衍射效应是由有限大小的入射光瞳引起的，按照他的理论，物平面光波的衍射分量只有一部分被有限的入射光瞳截取，按照衍射的角谱理论可知，未被截取的分量是物平面的空间频率的高频分量，因此，衍射受限的像相较于物将损失高频信息．瑞利认为，衍射效应来自有限大小的出射光瞳．然而，由于出射光瞳不过

是入射光瞳的几何光学像，两种观点事实上得到的是同样的结果.

基于阿贝及瑞利的成像理论，美国工程院院士、斯坦福大学教授顾德门(Goodman)总结了光波通过光学系统成像的计算方法[6-8]：将光学系统抽象为入射光瞳及出射光瞳封闭的一个“黑箱”，让光学系统内部的光传播满足几何光学近似，计算光波通过出射光瞳的衍射成像. 本节利用柯林斯公式及菲涅耳衍射逆运算追踪物平面点源发出的光波通过光学系统的成像过程，按照线性系统理论导出像光场计算公式. 基于对公式的分析研究，定义光学系统的相干传递函数，给出实验证明.

4.2.1　衍射受限成像系统的脉冲响应

图 4-2-1 是由多个光学元件构成的成像系统示意图. 设该系统能由 2×2 的光学矩阵 $\begin{bmatrix} A & B \\ C & D \end{bmatrix}$ 描述. 定义直角坐标系 $Oxyz$，令 z 轴与系统光轴重合，x_0y_0、x_py_p 及 xy 分别是系统的物平面、出射光瞳平面及像平面，出射光瞳到像平面的距离为 d_{pi}.

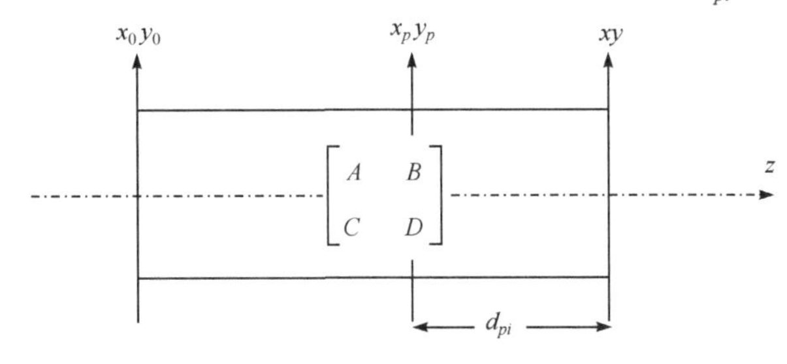

图 4-2-1　衍射受限成像系统

物平面上点源 $\delta(x_0-\xi, y_0-\eta)$ 发出光波到达像平面的光波场可根据柯林斯公式表示出

$$u_\delta(\xi,\eta;x,y)=\frac{\exp(\mathrm{j}kL)}{\mathrm{j}\lambda B}\int_{-\infty}^{\infty}\int_{-\infty}^{\infty}\delta(x_0-\xi,y_0-\eta)\times\exp\left\{\frac{\mathrm{j}k}{2B}\left[A\left(x_0^2+y_0^2\right)+D\left(x^2+y^2\right)-2\left(x_0x+y_0y\right)\right]\right\}\mathrm{d}x_0\mathrm{d}y_0 \tag{4-2-1}$$

式中，$\mathrm{j}=\sqrt{-1}$；$k=2\pi/\lambda$, λ 为光波长；L 为沿轴上的光程.

对于成像系统，物平面到像平面光学系统的光学矩阵满足[2-4]

$$\begin{bmatrix} A & B \\ C & D \end{bmatrix}=\begin{bmatrix} A & 0 \\ C & 1/A \end{bmatrix} \tag{4-2-2}$$

由于矩阵元素 $B=0$，为解决式(4-2-1)计算中分母为零的问题，令 $Ax_0=x_a$，$Ay_0=y_a$，并注意 $AD-BC=1$，将式(4-2-1)重新写为

$$u_\delta(\xi,\eta;x,y)=\exp(\mathrm{j}kL)\exp\left[\mathrm{j}\frac{kC}{2A}\left(x^2+y^2\right)\right]\times\frac{1}{\mathrm{j}\lambda BA}\int_{-\infty}^{\infty}\int_{-\infty}^{\infty}\frac{1}{A}\delta\left(\frac{x_a}{A}-\xi,\frac{y_a}{A}-\eta\right)\times\exp\left\{\mathrm{j}\frac{k}{2BA}\left[\left(x_a-x\right)^2+\left(y_a-y\right)^2\right]\right\}\mathrm{d}x_a\mathrm{d}y_a \tag{4-2-3}$$

矩阵元素 $B=0$ 的问题可以视为 $B\to 0$ 时的极限情况. 从式(4-2-3)与熟知的菲涅耳衍射积分比较不难看出，$B\to 0$ 时，式(4-2-3)代表放大 A 倍的理想像经无限小距离 BA 衍射后与一个二次相位因子的乘积. 于是有

$$\begin{aligned} u_\delta(\xi,\eta;x,y) &= \lim_{BA\to 0} u_\delta(\xi,\eta;x,y) \\ &= \exp(\mathrm{j}kL)\exp\left[\mathrm{j}\frac{kC}{2A}\left(x^2+y^2\right)\right]\frac{1}{A}\delta\left(\frac{x}{A}-\xi,\frac{y}{A}-\eta\right) \end{aligned} \tag{4-2-4}$$

以上结果表明，无衍射受限的情况下，到达像平面的仍然是δ函数表示的理想像点.

参照图 4-2-1 知，$u_\delta(\xi,\eta;x,y)$ 也可以视为无衍射受限时出射光瞳平面的光波场经过距离 d_{pi} 在像平面的衍射场. 出射光瞳平面上还没有穿过出射光瞳的光波场可以利用菲涅耳衍射逆运算获得

$$\begin{aligned} U_\delta(\xi,\eta;x_p,y_p) = &-\frac{\exp(-\mathrm{j}kd_{pi})}{\mathrm{j}\lambda d_{pi}} \\ &\times\int_{-\infty}^{\infty}\int_{-\infty}^{\infty} u_\delta(\xi,\eta;x,y)\exp\left\{-\mathrm{j}\frac{k}{2d_{pi}}\left[\left(x-x_p\right)^2+\left(y-y_p\right)^2\right]\right\}\mathrm{d}x\mathrm{d}y \end{aligned} \tag{4-2-5}$$

相关各量代入式(4-2-5)，利用δ函数的“筛选”性质，并忽略常数相位因子后得(习题 1)

$$\begin{aligned} &U_\delta(\xi,\eta;x_p,y_p) \\ &= -\frac{A}{\lambda d_{pi}}\exp\left[\mathrm{j}\frac{kC}{2}A\left(\xi^2+\eta^2\right)\right]\exp\left\{-\mathrm{j}\frac{k}{2d_{pi}}\left[\left(A\xi-x_p\right)^2+\left(A\eta-y_p\right)^2\right]\right\} \end{aligned} \tag{4-2-6}$$

设出射光瞳函数为 $P(x_p,y_p)$，穿过出射光瞳到达像平面的光波场可利用菲涅耳衍射积分表示为

$$\begin{aligned} h_C(\xi,\eta;x,y) = &\frac{\exp(\mathrm{j}kd_{pi})}{\mathrm{j}\lambda d_{pi}}\int_{-\infty}^{\infty}\int_{-\infty}^{\infty} U_\delta(\xi,\eta;x_p,y_p)P(x_p,y_p) \\ &\times\exp\left\{\mathrm{j}\frac{k}{2d_{pi}}\left[\left(x_p-x\right)^2+\left(y_p-y\right)^2\right]\right\}\mathrm{d}x_p\mathrm{d}y_p \end{aligned} \tag{4-2-7}$$

将式(4-2-6)代入式(4-2-7)，令 $f_x=\dfrac{x_p}{\lambda d_{pi}}$，$f_y=\dfrac{y_p}{\lambda d_{pi}}$ 求得(习题 2)

$$\begin{aligned} h_C(\xi,\eta;x,y) = &-A\exp\left[\mathrm{j}\frac{k}{2}\left(\frac{C}{A}-\frac{1}{d_{pi}}\right)\left(A^2\xi^2+A^2\eta^2\right)\right]\exp\left[\mathrm{j}\frac{k}{2d_{pi}}\left(x^2+y^2\right)\right] \\ &\times h_p(x-A\xi,y-A\eta) \end{aligned} \tag{4-2-8}$$

式中

$$h_p(x,y)=\int_{-\infty}^{\infty}\int_{-\infty}^{\infty} P(\lambda d_{pi}f_x,\lambda d_{pi}f_y)\exp\left[-\mathrm{j}2\pi\left(xf_x+yf_y\right)\right]\mathrm{d}f_x\mathrm{d}f_y \tag{4-2-9}$$

4.2.2 衍射受限成像系统像光场的计算

令物平面光波场为 $U_0(\xi,\eta)$，根据线性系统理论，像平面上的光波场表示为叠加积分

$$U(x,y)=\int_{-\infty}^{\infty}\int_{-\infty}^{\infty}U_0(\xi,\eta)h_c(\xi,\eta;x,y)\mathrm{d}\xi\mathrm{d}\eta \tag{4-2-10}$$

将式(4-2-8)代入式(4-2-10)得

$$\begin{aligned}U(x,y)=&-A\exp\left\{\mathrm{j}\frac{k}{2d_{pi}}\left[x^2+y^2\right]\right\}\\&\times\int_{-\infty}^{\infty}\int_{-\infty}^{\infty}U_0(\xi,\eta)\exp\left[\mathrm{j}\frac{k}{2}\left(\frac{C}{A}-\frac{1}{d_{pi}}\right)\left(A^2\xi^2+A^2\eta^2\right)\right]\\&\times h_p(x-A\xi,y-A\eta)\mathrm{d}\xi\mathrm{d}\eta\end{aligned} \tag{4-2-11}$$

令 $x_a=A\xi,y_a=A\eta$，则有

$$\begin{aligned}U(x,y)=&\exp\left\{\mathrm{j}\frac{k}{2d_{pi}}\left[x^2+y^2\right]\right\}\\&\times\int_{-\infty}^{\infty}\int_{-\infty}^{\infty}-\frac{1}{A}U_0\left(\frac{x_a}{A},\frac{y_a}{A}\right)\exp\left[\mathrm{j}\frac{k}{2}\left(\frac{C}{A}-\frac{1}{d_{pi}}\right)\left(x_a^2+y_a^2\right)\right]\\&\times h_p(x-x_a,y-y_a)\mathrm{d}x_a\mathrm{d}y_a\end{aligned} \tag{4-2-12}$$

对式(4-2-12)两边同乘 $\exp\left[-\frac{\mathrm{j}k}{2d_{pi}}\left(x^2+y^2\right)\right]$，再对等式两边作傅里叶变换得

$$\begin{aligned}&F\left\{U(x,y)\exp\left[-\frac{\mathrm{j}k}{2d_{pi}}\left(x^2+y^2\right)\right]\right\}\\&=F\left\{-\frac{1}{A}U_0\left(\frac{x}{A},\frac{y}{A}\right)\exp\left[\mathrm{j}\frac{k}{2}\left(\frac{C}{A}-\frac{1}{d_{pi}}\right)\left(x^2+y^2\right)\right]\right\}F\left\{h_p(x,y)\right\}\end{aligned} \tag{4-2-13}$$

由于 $h_p(x,y)$ 是出射光瞳的傅里叶变换，则有

$$F\left\{h_p(x,y)\right\}=P\left(-\lambda d_{pi}f_x,-\lambda d_{pi}f_y\right) \tag{4-2-14}$$

将式(4-2-14)代入式(4-2-13)，对等式两边作二维傅里叶逆变换，容易得到由傅里叶变换及逆变换表示的像平面光波场表达式

$$\begin{aligned}U(x,y)=&\exp\left[\frac{\mathrm{j}k}{2d_{pi}}\left(x^2+y^2\right)\right]\\&\times F^{-1}\left\{\begin{aligned}&F\left\{-\frac{1}{A}U_0\left(\frac{x}{A},\frac{y}{A}\right)\exp\left[\mathrm{j}\frac{k}{2}\left(\frac{C}{A}-\frac{1}{d_{pi}}\right)\left(x^2+y^2\right)\right]\right\}\\&\times P\left(-\lambda d_{pi}f_x,-\lambda d_{pi}f_y\right)\end{aligned}\right\}\end{aligned} \tag{4-2-15}$$

分析式(4-2-15)可以看出，由于 $-\frac{1}{A}U_0\left(\frac{x}{A},\frac{y}{A}\right)$ 是几何光学的理想像[8]，如果将带有二次相位因子的几何光学的理想像 $-\frac{1}{A}U_0\left(\frac{x}{A},\frac{y}{A}\right)\exp\left[\mathrm{j}\frac{k}{2}\left(\frac{C}{A}-\frac{1}{d_{pi}}\right)\left(x^2+y^2\right)\right]$ 视为输入信号，衍射受

限成像的主要计算可以视为输入信号经过一个线性空间不变系统的变换，$P\left(-\lambda d_{pi} f_x, -\lambda d_{pi} f_y\right)$ 是系统的传递函数.

由于傅里叶变换及逆变换可以借助快速傅里叶变换计算，式(4-2-15)成为能方便准确地计算像光场振幅及相位分布的表达式.

4.2.3　传递函数的物理意义

由于带有二次相位因子的几何光学理想像的频谱不再是几何光学理想像的频谱，现研究传递函数的物理意义.

令 $\frac{1}{d}=\frac{C}{A}-\frac{1}{d_{pi}}$，将式(4-2-15)中傅里叶变换展开得

$$\begin{aligned}&F\left\{-\frac{1}{A}U_0\left(\frac{x}{A},\frac{y}{A}\right)\exp\left[\frac{\mathrm{j}k}{2d}\left(x^2+y^2\right)\right]\right\}\\&=\iint_{-\infty}^{\infty}\left\{-\frac{1}{A}U_0\left(\frac{x}{A},\frac{y}{A}\right)\exp\left[\frac{\mathrm{j}k}{2d}\left(x^2+y^2\right)\right]\right\}\exp\left[-\mathrm{j}2\pi\left(xf_x+yf_y\right)\right]\mathrm{d}x\mathrm{d}y\end{aligned}\tag{4-2-16}$$

不难看出，式(4-2-16)中若令 $f_x=\frac{x_d}{\lambda d}$，$f_y=\frac{y_d}{\lambda d}$，其计算结果与几何光学理想像经距离 d 的衍射在 $x_d y_d$ 平面的菲涅耳衍射场相似.

按照这个结论考查式(4-2-15)知，在频率空间通过传递函数 $P\left(-\lambda d_{pi} f_x,-\lambda d_{pi} f_y\right)$ 滤波时，传递函数可以视为几何光学理想像菲涅耳衍射场的空间滤波器．按照衍射的角谱理论，只有落在传递函数窗口内的角谱才能通过傅里叶反变换形成像光场，光学系统所成之像通常会损失部分高频角谱．此外，当几何光学理想像沿光轴投影区内的菲涅耳衍射场不能完全通过空间滤波器窗口时，光学系统所成之像是不完整的像.

为直观起见，令 $H_C=P\left(-\lambda d_{pi} f_x,-\lambda d_{pi} f_y\right)$，图 4-2-2 给出形状分别为方形及圆形出射光瞳时的传递函数图像．设方形出射光瞳边长为 l，圆形出射光瞳的半径为 r，频域中对应的矩形出射光瞳传递函数边长为 $\frac{l}{\lambda d_{pi}}$，圆形出射光瞳传递函数边界半径为 $\frac{r}{\lambda d_{pi}}$．于是，方形出射光瞳在 f_x 及 f_y 向的截止频率为 $f_{Cx}=f_{Cy}=\frac{l}{2\lambda d_{pi}}$，圆形出射光瞳沿任意方向的截止频率则为 $f_{Cr}=\frac{r}{2\lambda d_{pi}}$.

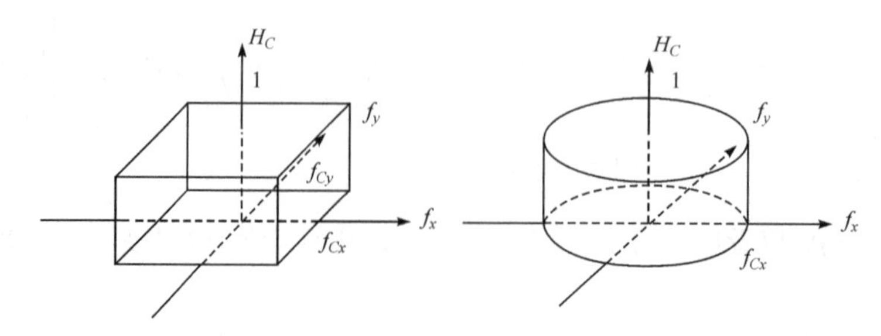

图 4-2-2　方形及圆形出射光瞳对应的传递函数图像

由于传递函数由出射光瞳的形状及尺寸确定，对于与光轴对称的圆形光瞳，成像质量在像平面各个方向一致，然而，对于非轴称的光瞳，滤波器对不同方向空间频率有不同的通带，反映到空域中，被阻断的高频分量将在光瞳宽度较窄的方向受到较多的限制，对应像光场的细节沿该方向必然有较多的损失，成像质量在不同方向不一致.

稍后，将通过实验及理论计算证实上面的结论.

4.2.4　物平面照明光为球面波的讨论

在以上研究中，$U_0(x,y)$可以是任意形式的光波场复振幅. 现讨论具有振幅透过率$u_0(x,y)$的物平面被波面半径 R 的照明光球面波照明的情况. 在式(4-2-15)中用$u_0(x,y)\exp\left[\frac{\mathrm{j}k}{2R}(x^2+y^2)\right]$代替$U_0(x,y)$得

$$U(x,y)=\exp\left[\frac{\mathrm{j}k}{2d_{pi}}(x^2+y^2)\right]\times F^{-1}\left\{\begin{aligned}&F\left\{-\frac{1}{A}u_0\left(\frac{x}{A},\frac{y}{A}\right)\exp\left[\frac{\mathrm{j}k}{2d_f}(x^2+y^2)\right]\right\}\\&\times P(-\lambda d_{pi}f_x,-\lambda d_{pi}f_y)\end{aligned}\right\} \tag{4-2-17}$$

式中

$$d_f=\frac{RA^2d_{pi}}{Cd_{pi}RA-RA^2+d_{pi}} \tag{4-2-18}$$

基于前面对式(4-2-16)的讨论知，式(4-2-17)中$F\left\{-\frac{1}{A}u_0\left(\frac{x}{A},\frac{y}{A}\right)\exp\left[\frac{\mathrm{j}k}{2d_f}(x^2+y^2)\right]\right\}$计算结果与几何光学理想像经距离$d_f$的菲涅耳衍射场相似. 利用 FFT 数值计算理论可以证明，d_f越大，$F\left\{-\frac{1}{A}u_0\left(\frac{x}{A},\frac{y}{A}\right)\exp\left[\frac{\mathrm{j}k}{2d_f}(x^2+y^2)\right]\right\}$的数值分布越集中于光轴附近. 因此，当出射光瞳给定后，d_f越大，穿过传递函数窗口的信息越丰富. 为得到较好的成像质量，应根据式(4-2-18)，让$d_f\to\infty$，即$Cd_{pi}RA-RA^2+d_{pi}\to 0$. 由此求得照明光波面半径

$$R\approx\frac{d_{pi}}{A^2-Cd_{pi}A} \tag{4-2-19}$$

这时，式(4-2-17)变为

$$U(x,y)=\exp\left[\frac{\mathrm{j}k}{2d_{pi}}(x^2+y^2)\right]\times F^{-1}\left\{F\left\{-\frac{1}{A}u_0\left(-\frac{x_a}{A},-\frac{y_a}{A}\right)\right\}P(-\lambda d_{pi}f_x,-\lambda d_{pi}f_y)\right\} \tag{4-2-20}$$

由于几何光学理想像经距离$d_f\to\infty$的衍射对应于理想像的频谱或夫琅禾费衍射图像，式(4-2-20)中$P(-\lambda d_{pi}f_x,-\lambda d_{pi}f_y)$变为几何光学理想像频谱的传递函数.

4.2.5　研究实例——单透镜成像系统

将成像系统简化为单一透镜(图 4-2-3)，系统的出射光瞳视为透镜的光瞳，顾德门教授在《傅里叶光学导论》中导出了相干光成像的计算公式[8]．现基于上面的研究模型对此进行简要讨论．

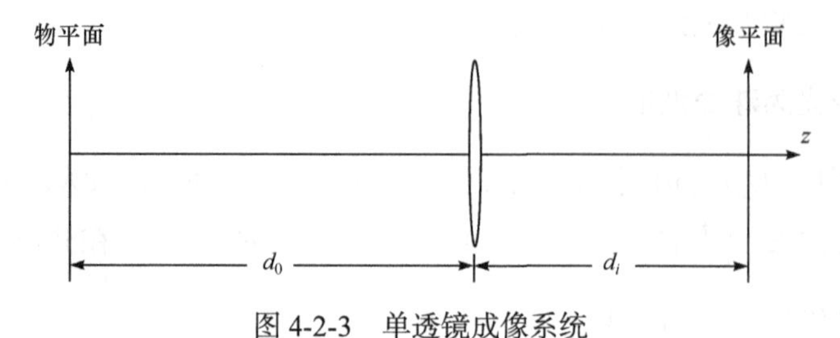

图 4-2-3　单透镜成像系统

按照图 4-2-3 标示的参数，物平面到像平面的光学矩阵为

$$\begin{bmatrix} A & B \\ C & D \end{bmatrix} = \begin{bmatrix} 1 & d_i \\ 0 & 1 \end{bmatrix} \begin{bmatrix} 1 & 0 \\ -1/f & 1 \end{bmatrix} \begin{bmatrix} 1 & d_0 \\ 0 & 1 \end{bmatrix} = \begin{bmatrix} 1-d_i/f & d_0\left(1-d_i/f\right)+d_i \\ -1/f & 1-d_0/f \end{bmatrix} \tag{4-2-21}$$

由于出射光瞳即透镜光瞳，将 $d_{pi}=d_i$， $C=-1/f$ 代入式(4-2-15)得

$$U(x,y)=\exp\left[\frac{\mathrm{j}k}{2d_i}\left(x^2+y^2\right)\right] \times F^{-1}\left\{ F\left\{-\frac{1}{A}U_0\left(\frac{x}{A},\frac{y}{A}\right)\exp\left[-\mathrm{j}k\frac{1}{2Ad_i}\left(x^2+y^2\right)\right]\right\} \times P\left(-\lambda d_i f_x,-\lambda d_i f_y\right)\right\} \tag{4-2-22}$$

如果只对像光场振幅分布感兴趣，按照顾德门教授规定的近似条件[8]，省略式中二次相位因子即得到

$$U(x,y)=F^{-1}\left\{F\left\{-\frac{1}{A}U_0\left(\frac{x}{A},\frac{y}{A}\right)\right\}P\left(-\lambda d_i f_x,-\lambda d_i f_y\right)\right\} \tag{4-2-23}$$

这正是《傅里叶光学导论》[8]介绍的像光场振幅分布计算公式．因此，式(4-2-23)可以视为式(4-2-15)用于单透镜成像系统时在给定近似条件下的一个特例．当像光场计算公式简化为式(4-2-23)时，$P\left(-\lambda d_i f_x,-\lambda d_i f_y\right)$是几何光学理想像频谱的传递函数．

4.2.6　具有孔径光阑的单透镜成像理论模拟及实验证明

为比较衍射受限对成像的影响及检验上述讨论的可行性，现研究图 4-2-4 的实验．实验系统中，透镜焦距 f =300mm，孔径 75mm；物平面是一个“光”字透光孔的光阑，光阑宽度 L_0=10.65mm；物平面到透镜的距离 d_0=900mm，像平面放置一个 CCD 探测器，为让 CCD 能够完整地记录下物体的像，让像的放大率 A= –0.5，即像距 d_i=450mm．为考查出射光瞳对成像质量的影响，紧邻透镜前先后放置直径 8.5mm 及 5.5mm 两种圆孔光阑，进行无光阑及有光阑的成像实验．

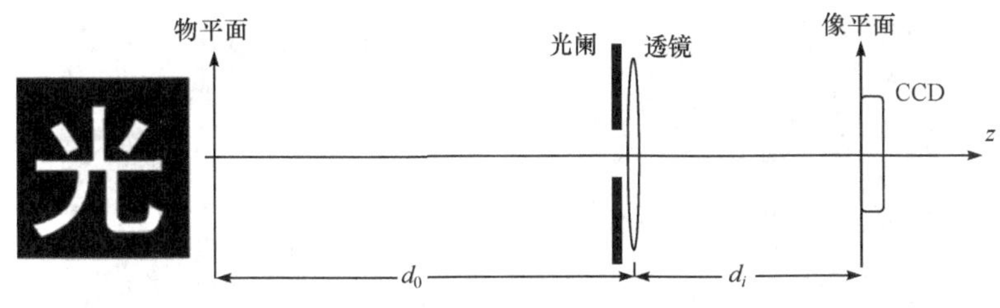

图 4-2-4　衍射受限成像实验

利用沿光轴 z 传播的波长 $\lambda = 0.0006328\text{mm}$ 的平面波照明物平面，图 4-2-5(a)～(c)给出无光阑及光阑直径 8.5mm 和 5.5mm 时 CCD 在像平面探测的光斑图样．很明显，当光阑直径较小时，成像结果与几何光学预计的像有较大的区别，只有出射光瞳尺寸足够大，即在透镜后不设置孔径光阑时，像平面的光波场才近似于几何光学的理想像．

利用式(4-2-15)进行像光场模拟计算，图 4-2-5(a′)～(c′)给出模拟计算图像．可以看出，模拟与实验测量十分吻合．当光阑的直径较小时，像平面得到的是损失了较多高频信息的不完整的像．

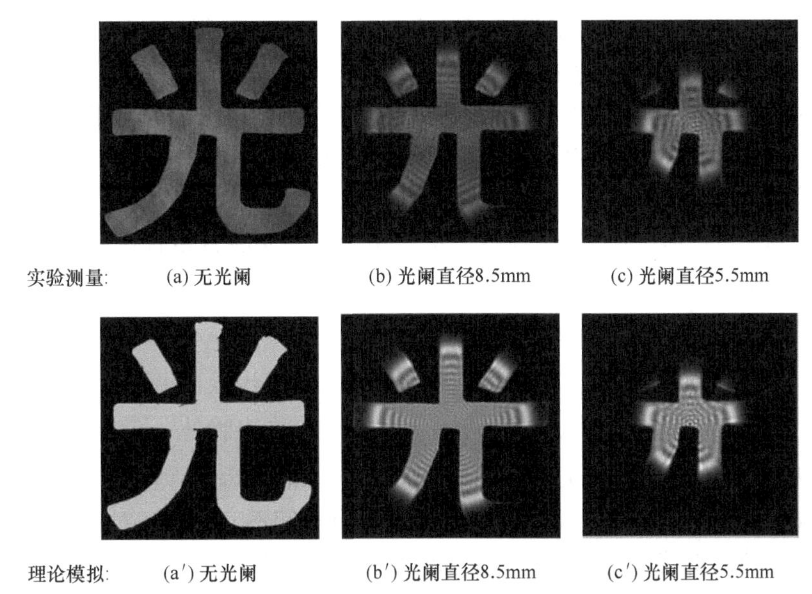

图 4-2-5　衍射受限成像实际测量与理论模拟的比较(像平面尺寸 5.3mm×5.3mm)

为较直观地了解出射光瞳的空间滤波作用，图 4-2-6(a)给出式(4-2-15)计算过程中带有二次相位因子的几何光学理想像的频谱及出射光瞳对频谱的截取情况(图中浅色圆框是传递函数的边界)，图 4-2-6(b)是基于像光场计算的模拟图像．不难看出，带有二次相位因子的几何光学理想像的频谱分布与平面波照射下理想像的菲涅耳衍射图像相似，并且，由于传递函数的空间滤波作用，滤波窗外有大量的信息损失，不能得到完整的像．基于式(4-2-16)的讨论可以证明(习题 4-3)：①图 4-2-6(a)的谱分布与几何光学理想像经距离 450mm 的菲涅耳衍射图像相似，对应的衍射场宽度为 27.1mm；②当用 1024×1024 取样点进行计算时，滤波窗直径为 159 像素．

为便于理解本节的讨论，本书光盘给出基于式(4-2-15)用 MATLAB7.0 编写的模拟计算程序 LXM12.m．程序的默认参数是按照图 4-2-4 的实验设计的，计算时将光阑位置视为在透镜

(a) 光阑直径8.5mm

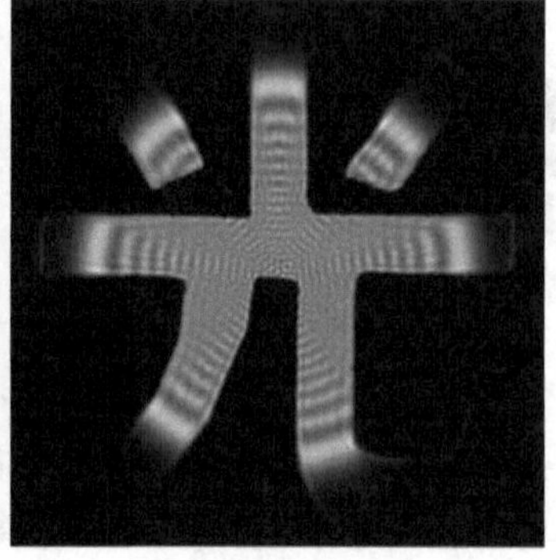

(b) 像光场强度图像

图 4-2-6　传递函数的空间滤波作用

前 1mm. 读者可以根据实际情况重新定义系统的 $ABCD$ 参数，重新定义出射光瞳，设计不同形式的物平面，解决应用研究中遇到的实际问题.

4.2.7　像差对成像系统传递函数的影响

前面的讨论始终未涉及系统的像差对成像质量的影响. 如果系统有像差，则入射的球面波经系统传输后，由出射光瞳射出时不再是球面波，而是一个发生畸变的波面. 这样，实际光波在出射光瞳上产生的光扰动相位分布与理想球面波的相位分布就不相同. 实际波面与理想球面的偏差称为波面像差或波像差(wave aberration). 可以设想，照射出射光瞳的仍是一个理想的球面波，但出瞳内有一块虚拟的移相板，使离开出瞳的波面变形. 假设在出瞳上 (x,y) 点的相位偏差为 $kW(x,y)$，其中 $k=2\pi/\lambda$，W 表示由波面变形引起的有效程差，按上述观点，光瞳函数重新定义为[7,8]

$$P'(x,y)=P(x,y)\exp\left[\mathrm{j}kW(x,y)\right]=\begin{cases}\exp\left[\mathrm{j}kW(x,y)\right], & \text{在出瞳内}\\ 0, & \text{在出瞳外}\end{cases}\tag{4-2-24}$$

$P'(x,y)$ 称为广义光瞳函数(generalized pupil function). 因此，虽然系统存在像差，但在一定的孔径和视场范围内，对光场的振幅变换仍具有空间不变性质. 对于轴对称的光瞳，将自变量的负号去掉，直接得到有像差时系统的相干传递函数

$$H_C'(f_x,f_y)=P'\left(\lambda d_{pi}f_x,\lambda d_i f_y\right)=\begin{cases}\exp\left[\mathrm{j}kW\left(\lambda d_{pi}f_x,\lambda d_{pi}f_y\right)\right], & \text{在出瞳内}\\ 0, & \text{在出瞳外}\end{cases}\tag{4-2-25}$$

将上面的讨论用于式(4-2-15)，可以将有像差时的像光场计算公式写成

$$U(x,y)=\exp\left[\frac{\mathrm{j}k}{2d_{pi}}\left(x^2+y^2\right)\right]\times F^{-1}\left\{\begin{array}{l}F\left\{-\dfrac{1}{A}U_0\left(\dfrac{x}{A},\dfrac{y}{A}\right)\exp\left[\mathrm{j}\dfrac{k}{2}\left(\dfrac{C}{A}-\dfrac{1}{d_{pi}}\right)\left(x^2+y^2\right)\right]\right\}\\ \times H_C'(f_x,f_y)\end{array}\right\}\tag{4-2-26}$$

可见，像差的存在并不影响相干传递函数的通频带宽度，仅在通频带内引入了相位畸变．但对相干光而言，振幅和相位是同等重要的物理参数．相位畸变仍然会导致对像质的负面影响．

4.3　衍射受限系统的非相干照明成像

在非相干照明下，物面上各点的振幅和相位随时间变化的方式彼此独立且统计无关，虽然物面上每一点通过系统后仍可得到一个对应的复振幅分布，但由于物面的照明光是非相干光，不能通过对这些复振幅分布的相干叠加得到像的复振幅分布，而应该先由这些复振幅分布分别求出对应的强度分布，然后将这些强度分布叠加而得到像面强度分布．光的非相干叠加对于强度是线性的，因此非相干成像系统是强度的线性系统，相应的传播函数称非相干传递函数或光学传递函数．

4.3.1　衍射受限系统的光学传递函数

非相干线性空间不变成像系统的物像关系满足下述卷积积分[5-8]：

$$\begin{aligned} I_i(x,y) &= \kappa_0 \int_{-\infty}^{\infty}\int_{-\infty}^{\infty} I_g(x_0,y_0) h_I(x-x_0,y-y_0)\,\mathrm{d}x_0\mathrm{d}y_0 \\ &= \kappa_0\, I_g(x,y) * h_I(x,y) \end{aligned} \tag{4-3-1}$$

式中，κ_0 是实常数，I_g 是几何光学理想像的强度分布，I_i 为像强度分布，h_I 为强度脉冲响应(或称非相干脉冲响应、强度点扩散函数)．它是物面点源产生的像斑的强度分布，是相干光成像脉冲响应模的平方，即 $h_I(x,y)=\left|h_C(x,y)\right|^2$，利用式(4-2-8)有

$$h_I(x,y) = A^2\left|h_p(x,y)\right|^2 \tag{4-3-2}$$

非相干光成像系统应当作为光强度分布的线性变换而进行频谱分析．对式(4-3-1)两端作傅里叶变换，并应用卷积定理得

$$G_{Ii}(f_x,f_y) = \kappa G_{Ig}(f_x,f_y)\cdot H_I(f_x,f_y) \tag{4-3-3}$$

式中，$\kappa=\kappa_0 A^2$ 仍然是实常数，$G_{Ii}(f_x,f_y)$、$G_{I_g}(f_x,f_y)$ 和 $H_I(f_x,f_y)$ 分别表示系统输出像强度、理想像强度和强度脉冲响应函数的频谱函数．由于光强度总是非负的实函数，其傅里叶变换是厄米函数

$$G_{I_i}(f_x,f_y) = G_{I_i}^*(-f_x,-f_y) \tag{4-3-4}$$

令

$$G_{I_i}(f_x,f_y) = A(f_x,f_y)\exp\left[\mathrm{j}\phi(f_x,f_y)\right] \tag{4-3-5}$$

则由式(4-3-4)有

$$A(f_x,f_y)\exp\left[\mathrm{j}\phi(f_x,f_y)\right] = A(-f_x,-f_y)\exp\left[-\mathrm{j}\phi(-f_x,-f_y)\right]$$

由此得到

$$\begin{cases} A(f_x,f_y)=A(-f_x,-f_y) \\ \phi(f_x,f_y)=-\phi(-f_x,-f_y) \end{cases} \tag{4-3-6}$$

即$G_{I_i}(f_x,f_y)$的模是偶函数，幅角是奇函数．对式(4-3-5)作傅里叶逆变换得

$$\begin{aligned} I_i(x_i,y_i) &= F^{-1}\left\{A(f_x,f_y)\exp\left[\mathrm{j}\phi(f_x,f_y)\right]\right\} \\ &= \int_{-\infty}^{\infty}\int_{-\infty}^{\infty} A(f_x,f_y)\exp\left[\mathrm{j}\phi(f_x,f_y)\right]\exp\left[\mathrm{j}2\pi(f_x x+f_y y)\right]\mathrm{d}f_x\mathrm{d}f_y \end{aligned} \tag{4-3-7}$$

由于积分范围是正负无穷，取积分函数的正、负频率项相加，利用式(4-3-6)及欧拉公式有

$$\begin{aligned} & A(f_x,f_y)\exp\left[\mathrm{j}\phi(f_x,f_y)\right]\exp\left[\mathrm{j}2\pi(f_x x+f_y y)\right] \\ & +A(-f_x,-f_y)\exp\left[\mathrm{j}\phi(-f_x,-f_y)\right]\exp\left[-\mathrm{j}2\pi(f_x x+f_y y)\right] \\ & = A(f_x,f_y)\cdot 2\cos\left[2\pi(f_x x+f_y y)+\phi(f_x,f_y)\right] \end{aligned} \tag{4-3-8}$$

于是得到

$$I_i(x_i,y_i)=\int_0^{\infty}\int_0^{\infty} A(f_x,f_y)\cdot 2\cos\left[2\pi(f_x x+f_y y)+\phi(f_x,f_y)\right]\mathrm{d}f_x\mathrm{d}f_y \tag{4-3-9}$$

此外，由于光强度为非负的实函数，零频分量正比于光强平均值，其幅值大于任何非零频分量的幅值，即有

$$\begin{cases} \left|G_{I_i}(0,0)\right| \geqslant \left|G_{I_i}(f_x,f_y)\right| \\ \left|G_{I_g}(0,0)\right| \geqslant \left|G_{I_g}(f_x,f_y)\right| \\ \left|H_I(0,0)\right| \geqslant \left|H_I(f_x,f_y)\right| \end{cases} \tag{4-3-10}$$

由于人眼视觉或光电探测器对图像的接收效果取决于像所携带的信息与图像强度平均的比值，为反映这个客观事实，用零频分量对$G_{I_i}(f_x,f_f)$, $G_{I_g}(f_x,f_f)$和$H_I(f_x,f_f)$进行归一化，得到归一化的频谱函数为

$$G'_{I_i}(f_x,f_y)=\frac{G_{I_i}(f_x,f_y)}{G_{I_i}(0,0)}=\frac{\iint_{\infty} I_i(x,y)\exp\left[-\mathrm{j}2\pi(f_x x+f_y y)\right]\mathrm{d}x\mathrm{d}y}{\iint_{\infty} I_i(x,y)\mathrm{d}x\mathrm{d}y} \tag{4-3-11}$$

$$G'_{I_g}(f_x,f_y)=\frac{G_{I_g}(f_x,f_y)}{G_{I_g}(0,0)}=\frac{\iint_{\infty} I_g(x,y)\exp\left[-\mathrm{j}2\pi(f_x x+f_y y)\right]\mathrm{d}x\mathrm{d}y}{\iint_{\infty} I_g(x,y)\mathrm{d}x\mathrm{d}y} \tag{4-3-12}$$

$$H_O(f_x,f_y)=\frac{H_I(f_x,f_y)}{H_I(0,0)}=\frac{\iint_{\infty} h_I(x,y)\exp\left[-\mathrm{j}2\pi(f_x x+f_y y)\right]\mathrm{d}x\mathrm{d}y}{\iint_{\infty} h_I(x,y)\mathrm{d}x\mathrm{d}y} \tag{4-3-13}$$

由式(4-3-3)和式(4-3-11)～式(4-3-13)不难得到

$$H_O(f_x,f_y)=G'_{I_i}(f_x,f_y)\big/G'_{I_g}(f_x,f_y) \tag{4-3-14}$$

式中，$H_O(f_x,f_y)$称为非相干成像系统的光学传递函数 OTF，它的模$\left|H_O(f_x,f_y)\right|$称为调制传

递函数(modulation transfer function, MTF)，而其幅角称相位传递函数(phase transfer function, PTF)．通常可以将 OTF 表示成

$$H_O(f_x,f_y)=\left|H_O(f_x,f_y)\right|\exp\left[\mathrm{j}\phi(f_x,f_y)\right] \tag{4-3-15}$$

OTF 反映了非相干成像系统传递信息的频率特性．一旦知道光学系统的光学传递函数，便能对非相干成像问题进行计算．因此，OTF 是表征成像光学系统质量的基本依据．

4.3.2　衍射受限系统的光学传递函数和相干传递函数的关系

由于相干传递函数和光学传递函数的定义式中都包含脉冲响应函数 $h_p(x,y)$，它们二者之间应该有某种联系，现对此进行研究．

根据式(4-2-14)和式(4-3-13)，并注意到 $h_I\left(x,y\right)=A^2\left|h_p\left(x,y\right)\right|^2$，相干传递函数及光学传递函数由以下两式定义：

$$H_C(f_x,f_y)=F\left\{h_p(x,y)\right\}=P\left(-\lambda d_{pi}f_x,-\lambda d_{pi}f_y\right)$$

$$H_O(f_x,f_y)=\frac{F\left\{\left|h_I(x,y)\right|^2\right\}}{F\left\{\left|h_I(x,y)\right|^2\right\}\Big|_{\substack{f_x=0\\f_y=0}}}=\frac{F\left\{\left|h_p(x,y)\right|^2\right\}}{F\left\{\left|h_p(x,y)\right|^2\right\}\Big|_{\substack{f_x=0\\f_y=0}}}$$

而根据自相关定理，有

$$\begin{aligned}F\left\{\left|h_p(x,y)\right|^2\right\}&=H_C(f_x,f_y)☆H_C(f_x,f_y)\\&=\int_{-\infty}^{\infty}\int_{-\infty}^{\infty}H_C^*(\xi,\eta)H_C(\xi+f_x,\eta+f_y)\mathrm{d}\xi\mathrm{d}\eta\end{aligned}$$

再由帕塞瓦尔定理，又有

$$F\left\{\left|h_p(x,y)\right|^2\right\}\Big|_{\substack{f_x=0\\f_y=0}}=\iint_\infty\left|h_p(x,y)\right|^2\mathrm{d}x\mathrm{d}y=\iint_\infty\left|H_C(\xi,\eta)\right|^2\mathrm{d}\xi\mathrm{d}\eta$$

于是得到

$$H_O(f_x,f_y)=\frac{\iint_\infty H_C^*(\xi,\eta)H_C(\xi+f_x,\eta+f_y)\mathrm{d}\xi\mathrm{d}\eta}{\iint_\infty\left|H_C(\xi,\eta)\right|^2\mathrm{d}\xi\mathrm{d}\eta} \tag{4-3-16}$$

即光学传递函数等于相干传递函数的归一化自相关．由于这一结论是在 $h_I=A^2\left|h_p\right|^2$ 的基础上导出的，对有像差和没有像差的系统都完全成立．

4.3.3　光学传递函数的一般性质和意义

OTF 描述非相干照明下系统的成像性质，它反映系统本身的属性，而与输入物函数的具体形式无关．OTF 的几个重要的性质如下：

(1)
$$H_O(0,0)=1 \tag{4-3-17}$$

式(4-3-17)可由定义式(4-3-13)令其分子中 $f_x=f_y=0$ 而直接得证，它表示光学系统对零频

信息总是百分之百地传递.

(2) $$H_O(f_x,f_y)=H_O^*(-f_x,-f_y) \tag{4-3-18}$$

这是因为$h_I(x,y)=\left|h_p(x,y)\right|^2$是实函数，其傅里叶变换谱必然具有厄米函数特性.

(3) 令$H_O(f_x,f_y)=T(f_x,f_y)\exp\left[\mathrm{j}\phi(f_x,f_y)\right]$，其中$T(f_x,f_y)$即 MTF，$\phi(f_x,f_y)$即 PTF，则有

$$\begin{cases}T(f_x,f_y)=T(-f_x,-f_y)\\ \phi(f_x,f_y)=-\phi(-f_x,f_y)\end{cases} \tag{4-3-19}$$

即 MTF 是偶函数，PTF 是奇函数．式(4-3-19)可由性质(2)直接证明.

(4) $$\left|H_O(f_x,f_y)\right|\leqslant H_O(0,0)=1 \tag{4-3-20}$$

其物理意义是，任意空间频率的 MTF 必低于零频下的值 1，即非相干光学成像系统也可以看成一个低通空间频率滤波器.

为证明式(4-3-20)，要用到 Schwarz 不等式：

$$\left|\int_{-\infty}^{\infty}\int_{-\infty}^{\infty}XY\mathrm{d}\xi\mathrm{d}\eta\right|^2\leqslant\int_{-\infty}^{\infty}\int_{-\infty}^{\infty}|X|^2\,\mathrm{d}\xi\mathrm{d}\eta\cdot\int_{-\infty}^{\infty}\int_{-\infty}^{\infty}|Y|^2\,\mathrm{d}\xi\mathrm{d}\eta \tag{4-3-21}$$

其中，$X(\xi,\eta),Y(\xi,\eta)$是ξ,η的任意两个复函数，等号只有当$Y=KX^*$时才成立，K是复常数.

由于X,Y是任意的复值函数，可令

$$\begin{cases}X(\xi,\eta)=H_C^*(\xi,\eta)\\ Y(\xi,\eta)=H_C(\xi+f_x,\eta+f_y)\end{cases} \tag{4-3-22}$$

将此关系代入式(4-3-21)，得

$$\begin{aligned}&\left|\int_{-\infty}^{\infty}\int_{-\infty}^{\infty}H_C^*(\xi,\eta)H_C(\xi+f_x,\eta+f_y)\mathrm{d}\xi\mathrm{d}\eta\right|^2\\ &\leqslant\int_{-\infty}^{\infty}\int_{-\infty}^{\infty}\left|H_C^*(\xi,\eta)\right|^2\mathrm{d}\xi\mathrm{d}\eta\cdot\int_{-\infty}^{\infty}\int_{-\infty}^{\infty}\left|H_C(\xi+f_x,\eta+f_y)\right|^2\mathrm{d}\xi\mathrm{d}\eta\\ &=\left[\int_{-\infty}^{\infty}\int_{-\infty}^{\infty}\left|H_C^*(\xi,\eta)\right|^2\mathrm{d}\xi\mathrm{d}\eta\right]^2\end{aligned}$$

上式两端先开方，再除以$\int_{-\infty}^{\infty}\int_{-\infty}^{\infty}\left|H_C(\xi,\eta)\right|^2\mathrm{d}\xi\mathrm{d}\eta$即得证.

现在再讨论 OTF 的一般意义．在式(4-3-3)中取$f_x=f_y=0$，有

$$G_{I_i}(0,0)=G_{I_g}(0,0)H_I(0,0)$$

又由式(4-3-14)知

$$H_O(f_x,f_y)=\frac{H_I(f_x,f_y)}{H_I(0,0)}=\frac{G_{I_i}(f_x,f_y)/G_{I_i}(0,0)}{G_{I_g}(f_x,f_y)/G_{I_g}(0,0)}$$

在归一化 $H_I(0,0)=\int_{-\infty}^{\infty}\int_{-\infty}^{\infty}\left|h_p(x,y)\right|^2\mathrm{d}x\mathrm{d}y=1$ 条件下，必有

$$G_{I_i}(0,0)=G_{I_g}(0,0)=G_0$$

令

$$G_{I_i}(f_x,f_y)=\left|G_{I_i}(f_x,f_y)\right|\exp\left[\mathrm{j}\phi_i(f_x,f_y)\right]$$

$$G_{I_g}(f_x,f_y)=\left|G_{I_g}(f_x,f_y)\right|\exp\left[\mathrm{j}\phi_g(f_x,f_y)\right]$$

从而有

$$\begin{aligned}H_O(f_x,f_y)&=\frac{\left|G_{I_i}(f_x,f_y)\right|/G_0}{\left|G_{I_g}(f_x,f_y)\right|/G_0}\exp\left\{\mathrm{j}\left[\phi_i(f_x,f_y)+\phi_g(f_x,f_y)\right]\right\}\\&=\frac{V_i(f_x,f_y)}{V_g(f_x,f_y)}\exp\left\{\mathrm{j}\left[\phi_i(f_x,f_y)+\phi_g(f_x,f_y)\right]\right\}\end{aligned}$$

式中，$V_i(f_x,f_y)$ 和 $V_g(f_x,f_y)$ 分别表示系统的输出像和输入物的对比度. 由上式显然有

$$T(f_x,f_y)=\left|H_O(f_x,f_y)\right|=\frac{V_i(f_x,f_y)}{V_g(f_x,f_y)} \tag{4-3-23}$$

即 MTF 描述系统对各种频率分量对比度的传递能力，而 PTF 则描述系统对理想像各频率分量施加的相移. 由于实际像的强度将为实际像频谱的傅里叶逆变换，基于相移定理不难看出，PTF 将决定实际的像强度分布的位置相对于其对应的理想像强度分布 $I_0(x_0,y_0)$ 的移动量.

对于衍射受限非相干成像系统，由性质(1)和(4)，有

$$V_i(f_x,f_y)\leqslant V_g(f_x,f_y) \tag{4-3-24}$$

式(4-3-24)表明，对于光学成像系统而言，其像的对比度不可能大于物的对比度. 此外，由式(4-3-23)还可以看出，当 $H_O(f_x,f_y)=0$ 时，必然有 $T(f_x,f_y)=0$. 这就意味着，只要空间频率 f_x,f_y 大于系统的截止频率，不论物的对比度有多大，像的对比度总是为零. 这时，任何光能量接收器再也不能感知到像的结构了. 因此，任何光能量接收器都有一个系统的截止频率，即成像系统的分辨极限，在截止频率内的像结构才能被分辨.

4.3.4　衍射受限系统的光学传递函数的计算

由于衍射受限成像系统的相干传递函数 $H_C(f_x,f_y)$ 与光瞳函数 $P(x,y)$ 之间有下列关系：

$$H_C(f_x,f_y)=P(\lambda d_{pi}f_x,\lambda d_{pi}f_y)$$

而且光瞳函数值只取两个实数值，即 0 和 1，故有

$$H_C(f_x,f_y)=H_C^*(f_x,f_y)$$

$$\left|H_C(f_x,f_y)\right|^2=H_C(f_x,f_y)$$

将上列各式代入式(4-3-16)中，有

$$H_O(f_x,f_y)=\frac{\int\limits_{-\infty}^{\infty}\int\limits_{-\infty}^{\infty}P^*(\lambda d_{pi}\xi,\lambda d_{ip}\eta)P\left(\lambda d_{pi}\left(\xi+f_x\right),\lambda d_{pi}\left(\eta+f_y\right)\right)\mathrm{d}\xi\mathrm{d}\eta}{\int\limits_{-\infty}^{\infty}\int\limits_{-\infty}^{\infty}P(\lambda d_{pi}\xi,\lambda d_{pi}\eta)\mathrm{d}\xi\mathrm{d}\eta} \tag{4-3-25a}$$

令 $x=\lambda d_{pi}\xi_x, y=\lambda d_{pi}\eta$ ，则式(4-3-25a)可改写成

$$H_O(f_x,f_y)=\frac{\int\limits_{-\infty}^{\infty}\int\limits_{-\infty}^{\infty}P^*(x,y)P\left(x+\lambda d_{pi}f_x,y+\lambda d_{pi}f_y\right)\mathrm{d}x\mathrm{d}y}{\int\limits_{-\infty}^{\infty}\int\limits_{-\infty}^{\infty}P(x,y)\mathrm{d}\xi\mathrm{d}\eta} \tag{4-3-25b}$$

上式表明，光学传递函数 OTF 可以表示为光瞳函数的归一化自相关．由于 $P(x,y)$ 只取 0 和 1 两个实数值，故式(4-3-25b)中的分母代表光瞳的总面积 σ_0 ，而分子则表示两个错开的光瞳互相重叠区的面积 $\sigma(f_x,f_y)$ ，如图 4-3-1 所示．

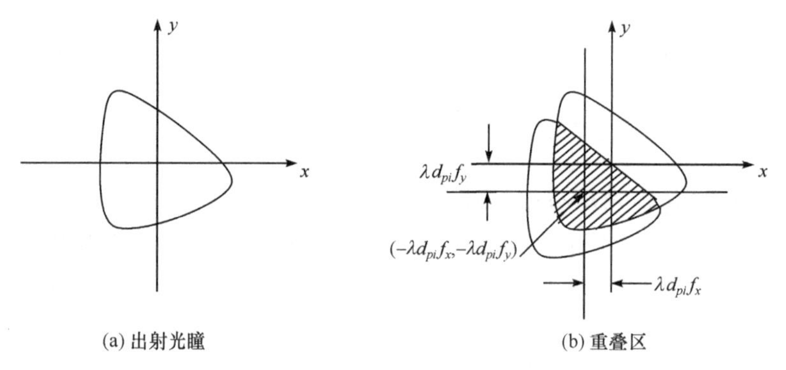

(a) 出射光瞳　　(b) 重叠区

图 4-3-1　衍射受限系统的 OTF 计算

因此，可以对 OTF 作出这样的几何解释：

$$H_O(f_x,f_y)=\frac{\text{出瞳重叠面积}}{\text{出瞳总面积}}=\frac{\sigma(f_x,f_y)}{\sigma_0} \tag{4-3-26}$$

上述几何解释表明，无像差的衍射受限非相关成像系统的 OTF 恒为非负的实数，它只改变各频谱分量的对比度，而不产生相移．

根据式(4-3-26)，对于几何形状比较简单的出射光瞳，可以求出 $H_O(f_x,f_y)$ 的完整表达式．对于形状复杂的出瞳，则要逐一求出 $H_O(f_x,f_y)$ 在一系列分立频率上的值．下面给出无像差衍射受限系统 OTF 的两个计算实例．为了与相干照明的情况相比较，仍对方形光瞳和圆孔光瞳进行讨论．

1. 方形出射光瞳的 OTF 计算

设衍射受限无像差非相干成像系统的出瞳是边长为 l 的正方形．由于出瞳总面积 $\sigma_0=l^2$ ，重叠面积由图 4-3-2(a)中阴影所示，可以求得

$$\sigma(f_x,f_y)=\left(l-\lambda d_{pi}\left|f_x\right|\right)\left(l-\lambda d_{pi}\left|f_y\right|\right) \tag{4-3-27}$$

于是

$$H_O(f_x,f_y)=\frac{\sigma(f_x,f_y)}{\sigma_0}=\left(1-\frac{\lambda d_{pi}|f_x|}{l}\right)\left(l-\frac{\lambda d_{pi}|f_y|}{l}\right) \tag{4-3-28}$$

显然，只有当$\lambda d_{pi}|f_x|<l,\lambda d_{pi}|f_y|<l$时，$H_O(f_x,f_y)$才有不为零的值，由此求得该系统沿两坐标方向的截止频率为

$$f_{Ox}=f_{Oy}=\frac{l}{\lambda d_{ip}} \tag{4-3-29}$$

对比相干光学传递函数的几何解释(图 4-3-1)可知，方形出瞳相干传递函数的截止频率为$f_{Cx}=f_{Cy}=\dfrac{l}{2\lambda d_{pi}}$，即非相干成像系统的截止频率是相干成像系统的两倍. 根据式(4-3-28)绘出的光学传递函数图像如图 4-3-2(b)所示.

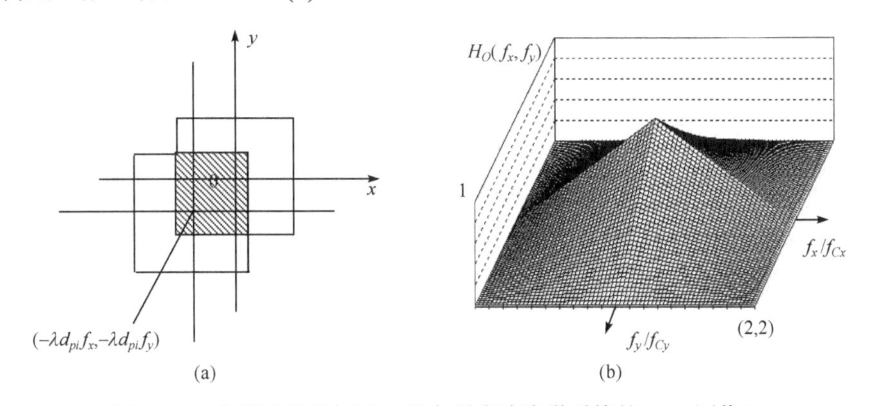

图 4-3-2　方形出瞳叠加区(a)及方形出瞳光学系统的 OTF 图像(b)

2. 圆形出射光瞳的 OTF 计算

设衍射受限非相干成像系统的出瞳是直径为$D=2r$的圆. 由于 OTF 必然是圆对称的，可以只沿f_x轴正向计算$H_O(f_x,f_y)$就能表示出光学传递函数. 如图 4-3-3(a)所示，令弓形所对应的圆内角为2θ，由几何学关系容易求得出瞳重叠面积为

$$\sigma(f_x,0)=2r^2\theta-2r^2\sin\theta\cos\theta$$

其中

$$\theta=\arccos\left(\frac{\lambda d_{pi}f_x/2}{r}\right)=\arccos\left(\frac{\lambda d_{pi}f_x}{D}\right)$$

由于出瞳总面积为$\sigma_0=\pi r^2$，于是有

$$H_O(f_x,f_y)=\frac{\sigma(f_x,0)}{\sigma_0}=\frac{2}{\pi}(\theta-\sin\theta\cos\theta) \tag{4-3-30}$$

显然，当$\theta=0$对应于重叠面积为 0 时，对应于系统的截止频率f_{Or}的值满足

$$f_{Or}=D/\lambda d_{pi} \tag{4-3-31}$$

同样，与相干光学传递函数的几何解释(图 4-3-1)对比可知，圆形出瞳相干传递函数的截止频率为$f_C=\dfrac{D}{2\lambda d_{pi}}$，即圆形出瞳非相干成像系统的截止频率也是相干成像系统的两倍. 根据式(4-3-30)

绘出的光学传递函数图像如图 4-3-3(b)所示.

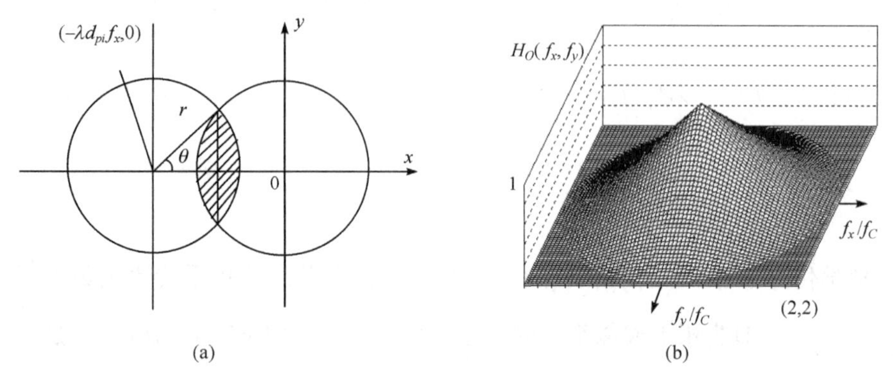

图 4-3-3　圆形出瞳叠加区(a)及圆形出瞳光学系统的 OTF 图像(b)

从以上两个计算实例可以看出，虽然同一结构的光学系统光学传递函数的截止频率是相干传递函数的两倍，但光学传递函数只在零频率点有最大值 1，随离开零频率点距离的增加传递函数的模值逐渐减小，到截止频率时减到零. 而相干传递函数的模在整个通带内均为 1. 考查成像质量时，二者的这种区别是很重要的.

本书光盘给出用 MATLAB7.0 编写的圆形出射光瞳的非相干光成像计算程序 LXM13.m. 运行程序时，将任意输入的一幅图像视为理想像的强度图像，程序给出不同直径出射光瞳形成的像的强度图像. 读者可以根据实际情况修改程序的默认参数，解决应用研究中的实际问题.

4.3.5　有像差的光学传递函数

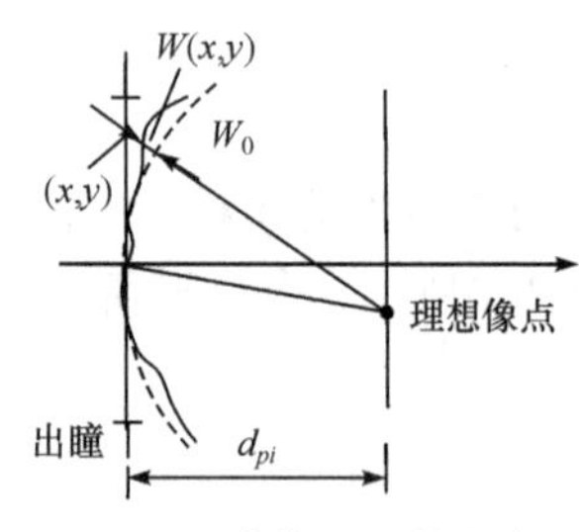

图 4-3-4　波像差函数的定义

对于有像差的光学系统，不论造成像差的原因是什么，总可以归结为波面对于理想球面波的偏离，图 4-3-4 给出波像差函数定义的几何图像[5-8].

图中，虚线代表无像差时穿越出瞳的理想球面波，实线是实际波面. 如果从理想像点向后追踪一条光线到出射光瞳上的 (x, y)点，像差函数 $W(x, y)$便是这条光线从理想球面到实际波面的光程差. 这个光程差可正可负，取决于实际波前是在理想参考球面的左边还是右边. 因此，仿照对相干传递函数影响的讨论，可用广义光瞳函数替代光瞳函数，写成

$$P'(x,y)=P(x,y)\exp\left[\mathrm{j}kW(x,y)\right]=\begin{cases}\exp\left[\mathrm{j}kW(x,y)\right], & \text{在出瞳内}\\ 0, & \text{在出瞳外}\end{cases}$$

代入式(4-3-25b)得

$$H_O(f_x,f_y)=\frac{\iint_{\sigma(f_x,f_y)}\exp\left[\mathrm{j}kW(x,y)\right]\exp\left[\mathrm{j}kW(x+\lambda d_{pi}f_x,y+\lambda d_{pi}f_y)\right]\mathrm{d}x\mathrm{d}y}{\iint_{\sigma_0}\mathrm{d}x\mathrm{d}y}\tag{4-3-32}$$

利用 Schwarz 不等式可以证明，像差的存在不会增大 MTF 的值. 为此，在式(4-3-21)

中令

$$X = \exp\left[-jkW(\xi,\eta)\right]$$
$$Y = \exp\left[jkW(\xi+\lambda d_{pi}f_x, \eta+\lambda d_{pi}f_y)\right]$$

将式(4-3-32)两端取模的平方，再应用 Schwarz 不等式(4-3-21)，同时注意到$|X|^2=|Y|^2=1$，便得到

$$\left|H_O(f_x,f_y)\right|^2_{有像差} = \frac{\left|\iint_{\sigma(f_x,f_y)} \exp\left[jkW(\xi,\eta)\right]\exp\left[jkW(\xi+\lambda d_{pi}f_x,\eta+\lambda d_{pi}f_y)\right]\mathrm{d}\xi\mathrm{d}\eta\right|^2}{\left|\iint_{\sigma_0}\mathrm{d}\xi\mathrm{d}\eta\right|^2}$$

$$\leqslant \frac{\left|\iint_{\sigma(f_x,f_y)} \left|\exp\left[jkW(\xi,\eta)\right]\right|^2\mathrm{d}\xi\mathrm{d}\eta \cdot \iint_{\sigma(f_x,f_y)} \left|\exp\left[jkW(\xi+\lambda d_{pi}f_x,\eta+\lambda d_{pi}f_y)\right]\right|^2\mathrm{d}\xi\mathrm{d}\eta\right|}{\left|\iint_{\sigma_0}\mathrm{d}\xi\mathrm{d}\eta\right|^2}$$

$$= \left|\frac{\iint_{\sigma(f_x,f_y)}\mathrm{d}\xi\mathrm{d}\eta}{\iint_{\sigma_0}\mathrm{d}\xi\mathrm{d}\eta}\right|^2 = \frac{\sigma(f_x,f_y)}{\sigma_0} = \left|H_O(f_x,f_y)\right|^2_{无像差}$$

将两端开平方后有

$$\left|H_O(f_x,f_y)\right|_{有像差} \leqslant \left|H_O(f_x,f_y)\right|_{无像差}$$

即

$$T(f_x,f_y)_{有像差} \leqslant T(f_x,f_y)_{无像差} \tag{4-3-33}$$

可见，像差的存在会使光学系统的调制传递函数下降，像面光强度分布的各个空间频率分量的对比度降低. 但可以证明，只要是同样大小和形状的出射光瞳，则对于有像差系统和无像差系统，其截止空间频率都是相同的.

4.3.6　有离焦像差的光学传递函数及成像计算

为证实上一节的结论，本节首先进行有像差时方形及圆形出射光瞳的 OTF 的计算，然后给出两种系统成像计算的实例[7].

1. 有离焦像差的方形出瞳的 OTF 计算

设系统的出瞳是正方形，边长为 l. 像差仅是由像面位置没有与理想像面重合而引起的. 图 4-3-5 是光学系统存在离焦像差时相关参数定义图. 图中，实际像面位于理想像面右方 Δ 处；实际波面 W_1 对应的像点为 P_i' . 理想像点 P_i 对应的理想球面波面为 W_0 ，在过 P_i' 点的平面上将产生离焦像.

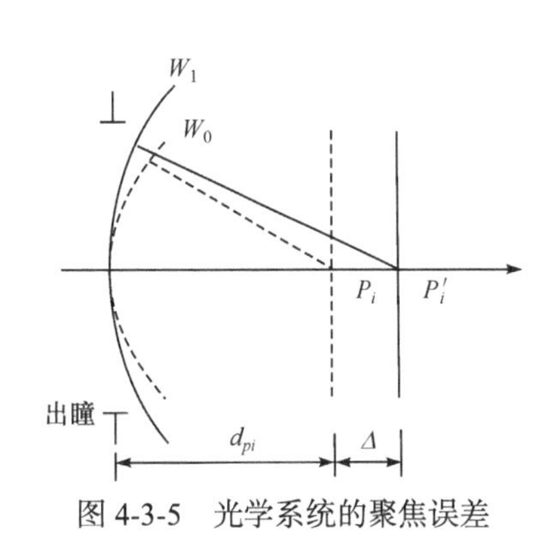

图 4-3-5　光学系统的聚焦误差

为求该离焦系统的光学传递函数 $H_O(f_x,f_y)$ ，根据式(4-3-32)，应先确定波像差 $\exp\left[jkW(x,y)\right]$. 按照几何关系及球面波的傍轴近似有

$$\exp\left[\mathrm{j}kW(x,y)\right]=\exp\left\{-\mathrm{j}\frac{k}{2d_{pi}}(x^2+y^2)-\left[-\mathrm{j}\frac{k}{2(d_{pi}+\varDelta)}(x^2+y^2)\right]\right\}$$
$$=\exp\left[\mathrm{j}\frac{k\varepsilon}{2}(x^2+y^2)\right] \tag{4-3-34}$$

式中，ε表征离焦的程度，即

$$\varepsilon=\frac{1}{d_{pi}+\varDelta}-\frac{1}{d_{pi}}\approx-\frac{\varDelta}{d_{pi}^2} \tag{4-3-35}$$

对于边长为l的正方形光瞳，定义孔径边缘$(x=\pm l/2,\ y=\pm l/2)$的光程差W_M为

$$W_M=\frac{\varepsilon}{2}\left(\frac{l}{2}\right)^2=\frac{\varepsilon l^2}{8} \tag{4-3-36}$$

根据前面对相干光学系统的研究知，相干截止频率为$f_C=l/(2\lambda d_{pi})$或$l=2\lambda d_{pi}f_C$，于是可将波相差函数写成

$$W(x,y)=\frac{\varepsilon}{2}(x^2+y^2)=\frac{8W_M}{2l^2}(x^2+y^2)=\frac{W_M(x^2+y^2)}{(\lambda d_{pi}f_C)^2} \tag{4-3-37}$$

在式(4-3-25b)中作坐标变换: $x=x'-\frac{1}{2}\lambda d_{pi}f_x$， $y=y'-\frac{1}{2}\lambda d_{pi}f_y$，并在变换结束后令$x'=x$，$y'=y$，则有

$$H_O(f_x,f_y)=\frac{1}{l^2}\iint_\infty P^*\left(x-\frac{1}{2}\lambda d_{pi}f_x,y-\frac{1}{2}\lambda d_{pi}f_y\right)P\left(x+\frac{1}{2}\lambda d_{pi}f_x,y+\frac{1}{2}\lambda d_{pi}f_y\right)$$
$$\times\exp\left\{\mathrm{j}k\frac{W_M}{\left(\lambda d_{pi}f_C\right)^2}\left[\left(x+\frac{1}{2}\lambda d_{pi}f_x\right)^2+\left(y+\frac{1}{2}\lambda d_{pi}f_y\right)^2\right.\right.$$
$$\left.\left.-\left(x-\frac{1}{2}\lambda d_{pi}f_x\right)^2-\left(y-\frac{1}{2}\lambda d_{pi}f_y\right)^2\right]\right\}\mathrm{d}x\mathrm{d}y$$

上式积分号中指数因子经整理可化为

$$\exp\left\{-\mathrm{j}2\pi\left[\left(\frac{-2f_xW_M}{\lambda^2d_{pi}f_C^2}\right)x+\left(\frac{-2f_yW_M}{\lambda^2d_{pi}f_C^2}\right)y\right]\right\}$$

而两个错开光瞳的重叠面积为

$$\sigma(f_x,f_y)=\left(l-\lambda d_{pi}\left|f_x\right|\right)\left(l-\lambda d_{pi}\left|f_y\right|\right)$$

所以

$$H_O(f_x,f_y)=\frac{1}{l^2}\iint_\infty \mathrm{rect}\left(\frac{x}{l-\lambda d_{pi}\left|f_x\right|},\frac{y}{l-\lambda d_{pi}\left|f_y\right|}\right)$$
$$\times\exp\left\{-\mathrm{i}2\pi\left[\left(\frac{-2f_xW_M}{\lambda^2d_{pi}f_C^2}\right)x+\left(\frac{-2f_yW_M}{\lambda^2d_{pi}f_C^2}\right)y\right]\right\}\mathrm{d}x\mathrm{d}y \tag{4-3-38}$$

于是得到

$$H_O(f_x,f_y)=\frac{1}{l^2}\left(l-\lambda d_{pi}\left|f_x\right|\right)\left(l-\lambda d_{pi}\left|f_y\right|\right)\operatorname{sinc}\left[\left(l-\lambda d_{pi}\left|f_x\right|\right)\left(\frac{-2f_xW_M}{\lambda^2 d_{pi}f_C^2}\right)\right]$$
$$\times\operatorname{sinc}\left[\left(l-\lambda d_{pi}\left|f_y\right|\right)\left(\frac{-2f_yW_M}{\lambda^2 d_{pi}f_C^2}\right)\right]$$

将方形出瞳相干成像系统的截止频率 $f_C=l/\left(2\lambda d_{pi}\right)$ 代入上式，并考虑到 sinc 函数是偶函数，整理化简后得

$$H_O(f_x,f_y)=\left(1-\frac{\left|f_x\right|}{2f_C}\right)\left(1-\frac{\left|f_y\right|}{2f_C}\right)\operatorname{sinc}\left[\frac{8W_M}{\lambda}\left(\frac{f_x}{2f_C}\right)\left(1-\frac{\left|f_x\right|}{2f_C}\right)\right]$$
$$\times\operatorname{sinc}\left[\frac{8W_M}{\lambda}\left(\frac{f_y}{2f_C}\right)\left(1-\frac{\left|f_y\right|}{2f_C}\right)\right] \tag{4-3-39}$$

式(4-3-39)就是方形出瞳离焦像场的 OTF 表达式．图 4-3-6(a)绘出 $W_M=0,\frac{\lambda}{4},\frac{\lambda}{2},\frac{3\lambda}{4}$ 和 λ 时的 $H_O(f_x,0)$ 曲线．由图中看到，当 $W_M=0$ 时，得到无像差衍射受限成像系统的 OTF 曲线．当 $W_M\geqslant\lambda/2$ 时，OTF 在某些区域出现负值，对应频率成分产生 π 的相移，这表示该区域的对比度发生了翻转．这种现象通常称为伪分辨(false resolution)．稍后将给出存在伪分辨的成像计算实例．

由于出射光瞳非轴对称，在不同频率方向传递函数变化形式还不相同，图 4-3-6(b)给出 W_M=0.5λ时光学传递函数的三维图像．

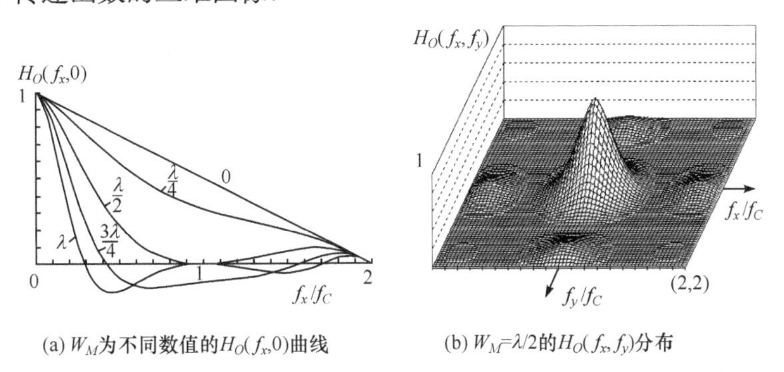

(a) W_M为不同数值的$H_O(f_x,0)$曲线　(b) W_M=λ/2的$H_O(f_x,f_y)$分布

图 4-3-6　方形出射光瞳系统存在不同离焦像差时的光学传递函数

2. 有离焦像差时圆形出瞳系统的 OTF 计算

设光学系统具有半径为 r 的圆形出射光瞳，像差仍然是由像面位置没有与理想像面重合而引起的，计算存在离焦误差时的 OTF．在此情况下，OTF 仍然是圆对称的，只需沿 f_x 轴正向计算 $H_O(f_x,0)$．在式(4-3-32)中作坐标变换 $x=x'-\lambda d_{pi}f_x/2$，变换结束后仍然用 x 代替 x' 为积分变量，图 4-3-7 是出瞳重叠区域坐标定义．注意到出瞳面积为 $\sigma_0=\pi r^2$，令 $\sigma\left(f_x,0\right)$ 是积分计算时出瞳重叠区域，可将式(4-3-32)写为

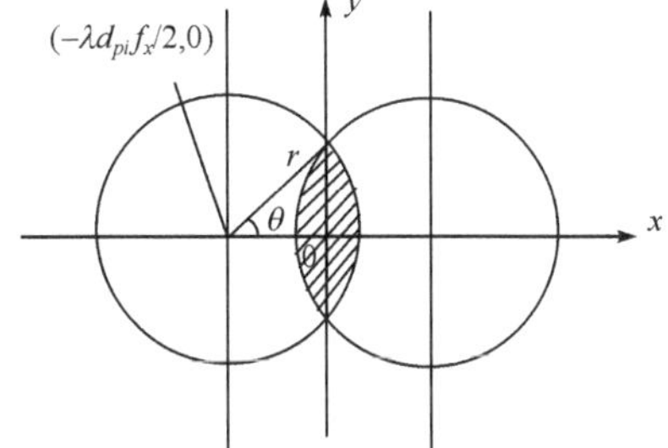

图 4-3-7　圆形出瞳重叠区域坐标定义

$$H_O(f_x,0)=\frac{1}{\pi r^2}\iint_{\sigma(f_x,0)}\exp\left[-\mathrm{j}kW(x-\lambda d_{pi}f_x/2,y)\right]\times\exp\left[\mathrm{j}kW(x+\lambda d_{pi}f_x/2,y)\right]\mathrm{d}x\mathrm{d}y \tag{4-3-40}$$

基于式(4-3-34)的讨论，将$W(x,y)=\frac{\varepsilon}{2}\left(x^2+y^2\right)$代入式(4-3-40)，得

$$\begin{aligned}H_O(f_x,0)&=\frac{1}{\pi r^2}\iint_{\sigma(f_x,0)}\exp\left[-\mathrm{j}k\frac{\varepsilon}{2}\left((x-\lambda d_{pi}f_x/2)^2+y^2\right)\right]\\&\quad\times\exp\left[\mathrm{j}k\frac{\varepsilon}{2}\left((x+\lambda d_{pi}f_x/2)^2+y^2\right)\right]\mathrm{d}x\mathrm{d}y\\&=\frac{1}{\pi r^2}\iint_{\sigma(f_x,0)}\exp\left(\mathrm{j}k\varepsilon\lambda d_{pi}f_x x\right)\mathrm{d}x\mathrm{d}y\end{aligned}$$

根据出瞳重叠区域的对称性及欧拉公式可得

$$\begin{aligned}H_O(f_x,0)&=\frac{2}{\pi r^2}\int_0^{r-\frac{\lambda d_{pi}f_x}{2}}2\cos\left[k\varepsilon\lambda d_{pi}f_x x\right]\mathrm{d}x\int_0^{\sqrt{r^2-\left(x+\frac{\lambda d_{pi}f_x}{2}\right)^2}}\mathrm{d}y\\&=\frac{4}{\pi r^2}\int_0^{\frac{D-\lambda d_{pi}f_x}{2}}\sqrt{r^2-\left(x+\frac{\lambda d_{pi}f_x}{2}\right)^2}\cos\left[k\varepsilon\lambda d_{pi}f_x x\right]\mathrm{d}x\end{aligned}$$

令孔径边缘光程差为$W_r=\frac{\varepsilon}{2}\left(\frac{D}{2}\right)^2=\frac{\varepsilon D^2}{8}$，引入圆形出瞳相干成像系统的截止频率$f_C=r/\left(\lambda d_{pi}\right)=D/\left(2\lambda d_{pi}\right)$，将$\lambda d_{pi}=D/2f_C$，$\varepsilon=\frac{8W_r}{D^2}$，以及$k=2\pi/\lambda$代入上式得

$$H_O(f_x,0)=\frac{4}{\pi r^2}\int_0^{\frac{2Df_C-Df_x}{4f_C}}\sqrt{\frac{D^2}{4}-\left(x+\frac{Df_x}{4f_C}\right)^2}\cos\left[\frac{16\pi W_r}{\lambda D}\left(\frac{f_x}{2f_C}x\right)\right]\mathrm{d}x \tag{4-3-41}$$

通过数值积分,图4-3-8(a)给出$W_r=0,\frac{\lambda}{4},\frac{\lambda}{2},\frac{3\lambda}{4}$和$\lambda$时的$H_O(f_x,0)$曲线. 图4-3-8(b)是$W_r=\lambda/2$时的$H_O(f_x,f_y)$曲线. 由圆对称性知系统的截止频率在一切方向均为

$$f_O=f_{Ox}=f_{Oy}=D/\lambda d_{pi} \tag{4-3-42}$$

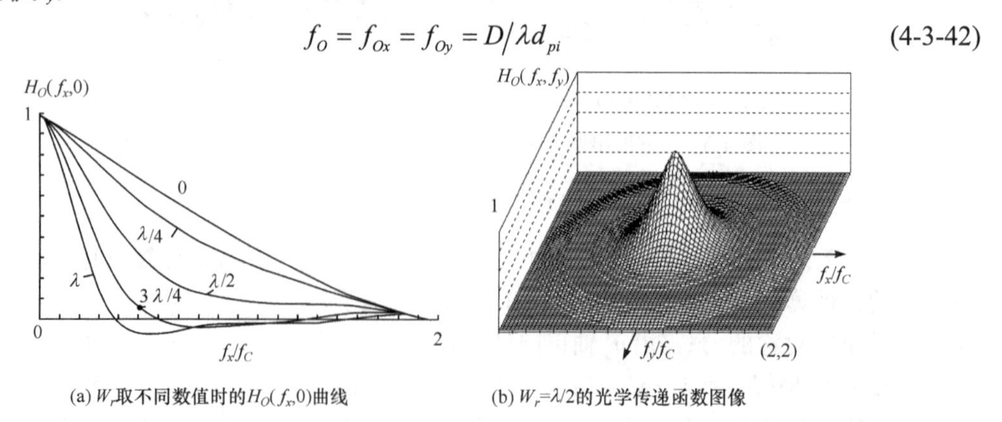

(a) W_r取不同数值时的$H_O(f_x,0)$曲线　　(b) $W_r=\lambda/2$的光学传递函数图像

图 4-3-8　圆形出射光瞳的光学传递函数图像

3. 有离焦像差时方形和圆形出瞳的成像计算及比较

众所周知，一个实际成像系统的光路通常由圆对称的光学元件组成，成像系统的出射光

瞳通常也是圆形的．此外，在成像系统的实际应用中，像面轻微的离焦在所难免．为对光学传递函数对成像的影响形成更直观的概念，同时，也对方形和圆形出射光瞳成像质量作一形象的比较，现计算有离焦像差时的一个成像实例．

设方形出射光瞳边长 l 及圆形出射光瞳直径 $D=2r$ 均为 10mm，光瞳到像面的距离 d_{pi}=200mm，光波长$\lambda=0.0006328$mm．根据式(4-3-29)及式(4-3-31)，方形出瞳在两坐标方向的截止频率为 $f_{Ox}=f_{Oy}=\dfrac{l}{\lambda d_{pi}}\approx 79\text{mm}^{-1}$，圆形出瞳在任意方向的截止频率为 $f_{Or}=\dfrac{2r}{\lambda d_{pi}}\approx$ 79mm^{-1}，由于实际像的强度分布正比于理想像强度分布与成像系统 OTF 的卷积，利用卷积的快速傅里叶变换(FFT)算法，不难对成像问题进行计算．然而，为让计算能够给出一些有意义的结果，理想像的强度场进行如下设计．

理想像宽度为ΔL_0，取样数为 N 时，FFT 计算得到的理想像频谱的最高频率为 $N/(2\Delta L_0)$，让 $f_{\max}=\dfrac{N}{2\Delta L_0}>79\text{mm}^{-1}$，就能较好地考查上述成像系统对理想像频谱的传递能力．令 N=512，ΔL_0=3mm，图 4-3-9(a)给出符合以上原则的 0～255 灰度等级的理想图像．事实上图像只包含两种数值，白色区域强度为 255 单位，黑色区域为 0．可以看出，这是一组宽度逐渐减小并向图中小圆中心汇聚的黑白带形图案．靠近小圆上边沿的图案具有较高的空间频率，其数值约 128 线/mm，超过两种系统的最高截止频率．通过成像计算后让像强度归一化为 0～255 单位，就能较直观地考查光学系统对图像上不同空间频率部位的成像情况．

利用傅里叶变换与卷积的关系，式(4-3-1)可以重新写为

$$I_i(x,y)=\kappa F^{-1}\left\{F\left\{I_g(x,y)\right\}F\left\{h_I(x,y)\right\}\right\} \tag{4-3-43}$$

由式(4-3-13)知 $F\left\{h_I(x,y)\right\}=H_I(0,0)H_O\left(f_x,f_y\right)$，而 $H_I(0,0)=\iint_\infty \left|h_p(x,y)\right|^2 \mathrm{d}x\mathrm{d}y=C_0$ 是一个正的实常数．于是，式(4-3-43)可以重新写成

$$I_i(x,y)=\kappa C_0 F^{-1}\left\{F\left\{I_g(x,y)\right\}H_O\left(f_x,f_y\right)\right\} \tag{4-3-44}$$

根据能量守恒原理，在 $H_O\left(f_x,f_y\right)$截止频率内的被传递的理想像频谱能量应等于实际像的能量，给定理想像 $I_g(x,y)$及实际计算时的取样数后，通过数值计算不难确定出常数κC_0．但是，如果我们只对像的相对强度分布感兴趣，可以令κC_0=1，将方形及圆形出瞳的传递函数代入式(4-3-44)，利用 FFT 技术便能对像光场的强度 $I_i(x,y)$求解．

基于数值计算结果，图 4-3-9(b)及图 4-3-9(c)分别给出 $W_M=0.5\lambda$及λ时方形出瞳系统像光场的强度图像．从图 4-3-9(c)可以看出，方形出瞳光学系统在离焦量 $W_M=\lambda$时，超过传递函数截止频率的图像区域已经模糊，空间频率更高的局部区域已经出现明显的对比度翻转的伪分辨现象．图 4-3-9(d)是圆形出瞳光学系统在离焦量 $W_r=\lambda$时的成像计算结果，像面上也出现了模糊区及伪分辨区．但仔细分析不难发现，圆形出瞳系统成像的模糊区及伪分辨区更靠近理想像的高频区域．这意味着圆形出瞳系统的成像分辨率高于方形出瞳系统．注意到计算实例中方形出瞳的面积大于圆形出瞳，虽然在方形出瞳对角线方向系统的截止频率要高于圆形出瞳系统，但是，当系统存在离焦误差时，方形出瞳成像的分辨率反而较低．实际成像系统在使用时或多或少总会有离焦误差，有离焦时圆形出瞳成像质量优于方形出瞳，这是一个与实际应用吻合的很有意义的结论．

(a) 理想像(3mm×3mm)

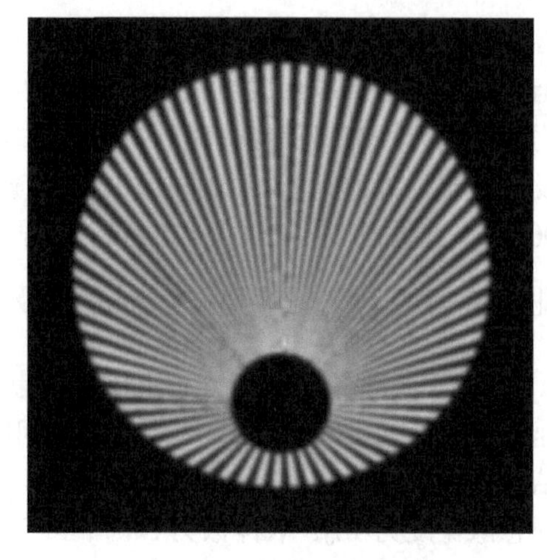

(b) 方瞳W_M=0.5λ离焦像(3mm×3mm)

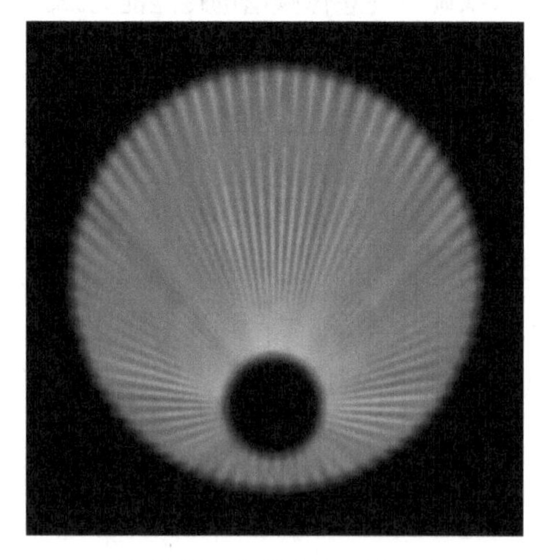

(c) 方瞳W_M=λ离焦像(3mm×3mm)

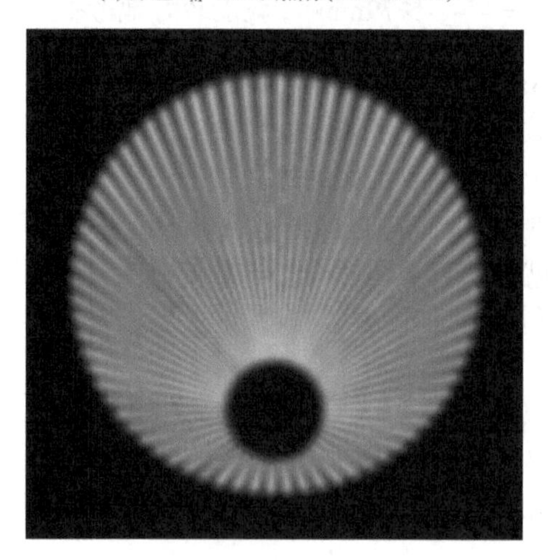

(d) 圆瞳W_r=λ离焦像(3mm×3mm)

图 4-3-9　方形与圆形出射光瞳离焦像比较

d_{pi}=200mm，λ= 0.0006328mm; 方瞳边宽 10mm，圆瞳直径 10mm

4.4　相干成像与非相干成像的比较

本节对相干成像与非相干成像两种系统作一些比较，通过这种比较虽然并不能简单地得出哪一种照明方式更优越的结论，但有助于深入理解这两种系统之间的联系以及某些差异，从而可根据一些具体情况判断选择哪一种照明方式会更适合些．

4.4.1　两个点物像分辨极限的比较

从前两节的讨论看到，非相干衍射受限系统的 OTF，其截止频率扩展到相干系统 CTF 的截止频率的两倍处．似乎可以得出这样的结论：对于同一个光学成像系统，使用非相干照明一定要比采用相干照明得到更好的像．可是从下面两个点物的分辨极限比较的讨论将看到，这个结论一般是不正确的．主要原因在于，相干系统截止频率是确定像的复振幅的最高频率分量，而非相干系统截止频率是对像的强度的最高频率分量而言．虽然在这两种情形中，最后的可观察量都是像的强度分布，但由于两种截止频率所描述的物理量不同，所以不能直接对它们进行比较，而简单地得出结论．

分辨率或分辨极限是评价光学系统成像质量的一个重要指标．对于衍射受限的圆形光瞳情况，在非相干照明方式下，根据瑞利分辨判据，对两个强度相等的非相干点源，若一个点源产生的艾里斑中心恰好落在另一个点源所产生的艾里斑的第一个极小上，则称它们是对于非相干衍射受限系统刚好能分辨的两个点源．由第 2 章圆孔的夫琅禾费衍射图样公式知，像斑的归一化强度可表示为

$$I(r_0)=\left[\frac{2\mathrm{J}_1\left(kdr_0/2z\right)}{kdr_0/2z}\right]^2=\left[\frac{2\mathrm{J}_1(\pi x)}{\pi x}\right]^2$$

式中，$x=dr_0/\lambda z$．又由表 3-1-1 可知，第一个暗环的角半径为 $x=1.22$，所以，如果把两个点源像的中心沿 x 轴方向分别放在 $x=\pm 0.61$ 处，则它们正好满足瑞利分辨判据的条件，且其光强分布可表示为

$$I(x)=\left\{\frac{2\mathrm{J}_1\left[\pi\left(x-0.61\right)\right]}{\pi\left(x-0.61\right)}\right\}^2+\left\{\frac{2\mathrm{J}_1\left[\pi\left(x+0.61\right)\right]}{\pi\left(x+0.61\right)}\right\}^2 \tag{4-4-1}$$

图 4-4-1(a)画出了此强度分布的剖面图．

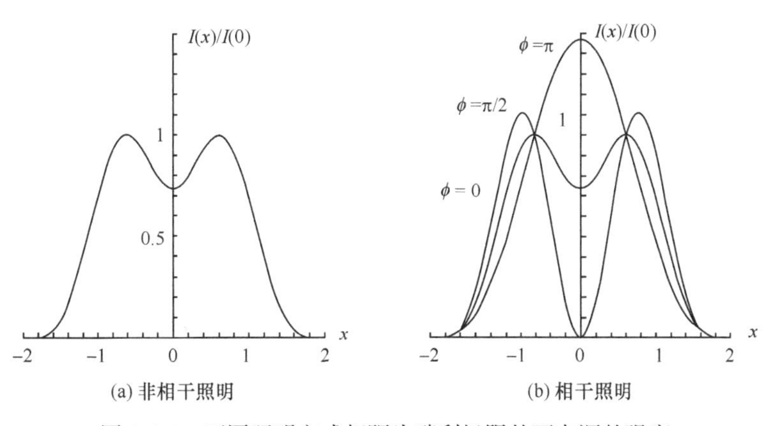

图 4-4-1　不同照明方式相距为瑞利极限的两点源的强度

对于相干照明方式，两个点源产生的艾里斑则必须按复振幅叠加后，再求其合强度，此强度为

$$I(x)=\left|\frac{2\mathrm{J}_1\left[\pi\left(x-0.61\right)\right]}{\pi\left(x-0.61\right)}+\frac{2\mathrm{J}_1\left[\pi\left(x+0.61\right)\right]}{\pi\left(x+0.61\right)}\exp\left(\mathrm{i}\phi\right)\right|^2 \tag{4-4-2}$$

式中，ϕ 是两个物点之间的相位差．显然，$I(x)$ 的值与 ϕ 有关．在图 4-4-1(b)中画出了 $\varphi=0,\pi/2$ 和 π 时的光强分布．将相干照明与非相干照明对比后可得出如下结论：

(1) $\phi=0$，即两个点源同相位时，$I(x)$ 不出现中心凹陷，因而两物点完全不能分辨，其分辨能力不如非相干照明的情形好．

(2) $\phi=\pi/2$ 时，相干照明的强度分布 $I(x)$ 与非相干照明所得结果完全相同，从而在两种照明方式下，系统的分辨能力都一样．

(3) $\phi=\pi$，即两点源相位相反时，相干照明的强度分布$I(x)$的中心凹陷取极小值，远低于19%，这两个点间的分辨要比非相干照明方式下更清楚.

由此可见，到底哪种照明方式对提高两个点源间的分辨率更有利，不可能得出一个普遍适用的结论. 故瑞利判据仅适用于非相干成像系统，而对于相干成像系统，能否分辨两个点源，则要考虑它们的相位关系.

4.4.2 像强度频谱的比较

在相干光照明下，参照式(4-2-20)的讨论，适当选择物平面照明波的波面半径，可以得到较好的成像质量. 引入卷积符号“*”并利用卷积定理，可以将式(4-2-20)写为

$$U(x,y)=\exp\left[\mathrm{j}\frac{k}{2d_{pi}}\left(x^2+y^2\right)\right]\times\left\{-\frac{1}{A}u_0\left(\frac{x}{A},\frac{y}{A}\right)*h_p(x,y)\right\} \tag{4-4-3}$$

由于二次相位因子$\exp\left[\mathrm{j}\frac{k}{2d_{pi}}\left(x^2+y^2\right)\right]$光强分布的计算不起作用，在下面的讨论中将直接略去. 令$f_g(x,y)=-\frac{1}{A}u_0\left(\frac{x}{A},\frac{y}{A}\right)$为几何光学的理想像，像光场强度分布则为

$$I_C(x,y)=\left|f_g(x,y)*h_p(x,y)\right|^2 \tag{4-4-4}$$

对于非相干光照明，像光场强度分布为

$$I_O(x_i,y_i)=\kappa\left|f_g(x_i,y_i)\right|^2*\left|h_p(x_i,y_i)\right|^2 \tag{4-4-5}$$

对以上两式进行傅里叶变换，并利用卷积定理和相关定理，得到相关照明和非相关照明方式下像强度的频谱，即

$$G_C(f_x,f_y)=\left[G_g(f_x,f_y)H_C(f_x,f_y)\right]☆\left[G_g(f_x,f_y)H_C(f_x,f_y)\right]$$
$$G_O(f_x,f_y)=\kappa[G_g(f_x,f_y)☆G_g(f_x,f_y)][H_C(f_x,f_y)☆H_C(f_x,f_y)]$$

式中，$G_C(f_x,f_y)$和$G_O(f_x,f_y)$分别是相干和非相干系统中像强度的频谱. 就频谱内容而言，从上列两式不能简单地得出结论来说明，一种照明方式比另一种照明方式更好. 但两式表明，两种照明方式下的频谱内容可以很不相同. 因为成像结果不仅与照明方式有关，也与系统的结构和物的空间结构有关. 这一点可以从下面的两个例子中得到进一步的理解[7].

由相干成像系统的传递函数式(4-3-4)

$$H_C(f_x,f_y)=P'(\lambda d_{pi}f_x,\lambda d_{pi}f_y)=\begin{cases}\mathrm{e}^{\mathrm{i}kW(\lambda d_{pi}f_x,\lambda d_{pi}f_y)}, & \text{在出瞳内}\\ 0, & \text{在出瞳外}\end{cases}$$

可知，$H_C(f_x,f_y)$具有陡峭的不连续性，且在截止频率确定的通频带内不衰减，因而具有较小的误差.

而非相干成像系统的传递函数为式(4-3-16)

$$H_O(f_x,f_y)=\frac{\iint_\infty H_C^*(\xi,\eta)H_C(\xi+f_x,\eta+f_y)\mathrm{d}\xi\mathrm{d}\eta}{\iint_\infty\left|H_C(\xi,\eta)\right|^2\mathrm{d}\xi\mathrm{d}\eta}$$

它在截止频率所确定的通频带内，不像$H_C(f_x,f_y)$那样恒等于1，而是随空间频率的增大逐渐

减小，其结果是降低了像的对比度.

例 1　有一单透镜成像系统，其圆形边框的直径为 7.2cm，焦距为 10cm，且物和像等大，设物的透过率函数为 $t(x)=\left|\sin\left(2\pi x/b\right)\right|$，式中，$b=0.5\times10^{-3}\text{cm}$．今用 $\lambda=600\text{nm}$ 的单色光垂直照明该物，试解析说明在相干光和非相干光照明情况下，像面上能否出现强度起伏?

解　按题设条件，物周期 $T_1=b/2$，其频率 $f_1=\dfrac{1}{T_1}=\dfrac{2}{b}=400\text{线}/\text{mm}$；而 d_0=d_i=2f=200nm，故 $f_C=\dfrac{D}{2\lambda d_i}=300\text{线}/\text{mm}$，$f_0=\dfrac{D}{\lambda d_i}=600\text{线}/\text{mm}$．

显然，在相干照明条件下，$f_C<f_1$，系统的截止频率小于物的基频，此时，系统只允许零频分量通过，其他频谱分量均被挡住，所以物不能成像，像面呈均匀分布．在非相干照明下，$f_1<f_0$，系统的截止频率大于物的基频，故零频和基频均能通过系统参与成像，在像面上将有图像存在．基于这种分析，非相干成像要比相干成像好．但在别的物结构下，情况将发生变化(见例 2).

例 2　在例 1 中，如果物的透过率函数换为 $t(x)=\sin\left(2\pi x/b\right)$，结论如何?

解　这时，物周期 $T_1=b$，其频率 $f_1=\dfrac{1}{T_1}=\dfrac{1}{b}=200\text{线}/\text{mm}$，根据例 1 的数据，显然 $f_1<f_C<f_0$．即在相干照明下，这个呈正弦分布的物函数复振幅能够不受衰减地通过此系统成像．而对于非相干照明方式，物函数的基频也小于其截止频率，故此物函数也能通过该系统成像，但其幅度要随空间频率的增加受到逐渐增大的衰减，即对比度降低．由此可见，在这种物结构下，相干照明方式要比非相干照明方式好.

4.4.3　图像阶跃边沿响应的比较与分析

为更直观地了解相干及非相干照明方式下成像的区别，下面引入相干照明，再对图 4-3-9 所研究的成像问题进行计算．从该计算实例中将看到，两种不同的照明方式对于振幅突变的阶跃图像边沿的响应有显著区别.

由于光学系统的相干传递函数可以用光学系统出射光瞳表示，表述像光场强度的式(4-4-4)可以通过傅里叶变换重新写为

$$I_C\left(x_i,y_i\right)=\left|F^{-1}\left\{F\left\{f_g\left(x_i,y_i\right)\right\}P(-\lambda d_{pi}f_x,-\lambda d_{pi}f_y)\right\}\right|^2 \tag{4-4-6}$$

当给定理想像复振幅 f_g 以及光学系统出射光瞳 P，利用 FFT 技术不难求出像光场的强度．相应地，根据式(4-3-44)的讨论，非相干照明情况下像光场强度表达式(4-4-5)可通过傅里叶变换写为

$$I_O\left(x_i,y_i\right)=\kappa C_0F^{-1}\left\{F\left\{I_g\left(x_i,y_i\right)\right\}H_O\left(f_x,f_y\right)\right\} \tag{4-4-7}$$

注意到 $I_g=\left|f_g\right|^2$，并令 κC_0=1(见图 4-3-9 计算的讨论)，当给定理想像复振幅 f_g 以及光学系统出射光瞳 P，利用 FFT 技术也能对像光场的强度 $I_O\left(x_i,y_i\right)$ 求解.

令系统无像差，用图 4-3-9 的计算参数代入式(4-4-6)和式(4-4-7)，图 4-4-2 给出 0～255 灰度等级的两种不同光学系统在相干及非相干照明情况的成像图像比较.

(a) 方瞳非相干照明成像

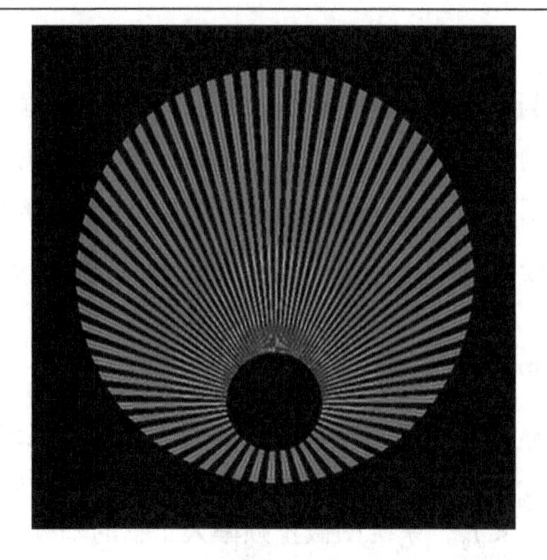

(b) 方瞳相干照明成像

(c) 圆瞳非相干照明成像

(d) 圆瞳相干照明成像

图 4-4-2　两种不同出射光瞳光学系统的成像图像比较(3mm×3mm)

d_{ip}=200mm, λ= 0.0006328mm; 方瞳边宽 10mm, 圆瞳直径 10mm

比较两组图像可以看出，相干及非相干照明情况下，振幅突变的图案边沿响应有显著区别. 非相干照明时，成像后图案边沿只显示出灰度的平缓变化，然而，相干照明时，像图案边沿随图案空间周期的不同而有不同的响应，情况复杂得多. 例如，在图案中靠近整个图案边沿区域的带形条边沿出现了明亮的边界，随着带形条向小圆心收缩，条带的宽度减小，明亮的边界逐渐消失，带形条灰度下降. 但当带形条宽度减小到某一数值时，亮度反而增大. 最后，在靠近小圆周上方图像混叠，呈现一片平均亮度区而不能分辨.

对于上述现象，研究成像的卷积计算过程可以得到合理的解释[9]. 为简明起见，以边长为 l 的方形出射光瞳的光学系统为对象. 这时

$$h_p\left(x,y\right)=\int_{-L_p}^{L_p}\int_{L_p}^{L_p}\exp\left[-\mathrm{j}2\pi\left(xf_x+yf_y\right)\right]\mathrm{d}f_x\mathrm{d}f_y \tag{4-4-8}$$

其中，$L_p=\dfrac{l}{2\lambda d_{pi}}$. 令 $T=\lambda d_{pi}/l$，分离变量求解积分得

$$h_p(x,y)=h_p(x)\times h_p(y)=\frac{1}{T}\text{sinc}\left(\frac{x}{T}\right)\times\frac{1}{T}\text{sinc}\left(\frac{y}{T}\right) \tag{4-4-9}$$

根据式(4-3-2)，非相干脉冲响应是相干传递函数模的平方，当像的放大率 $A=1$ 时，有

$$h_I(x,y)=\left|h_p(x)\right|^2\times\left|h_p(y)\right|^2=\frac{1}{T^2}\text{sinc}^2\left(\frac{x}{T}\right)\times\frac{1}{T^2}\text{sinc}^2\left(\frac{y}{T}\right) \tag{4-4-10}$$

将理想像抽象为在第一象限的高为 b、宽为 a 的一个单位振幅矩形光斑，光斑两边分别与坐标重合，并且只考虑放大率为 1 的强度图像，则相干及非相干照明的像分别为

$$I_C(x_i,y_i)=\left[\int_0^a h_p(x-x_i)\mathrm{d}x\right]^2\times\left[\int_0^b h_p(y-y_i)\mathrm{d}y\right]^2 \tag{4-4-11}$$

$$I_O(x_i,y_i)=\int_0^a\left|h_p(x-x_i)\right|^2\mathrm{d}x\times\int_0^b\left|h_p(y-y_i)\right|^2\mathrm{d}y \tag{4-4-12}$$

显然，只需要研究在 x 方向的成像即可了解成像性质．图 4-4-3 是宽度 $a\gg T$ 时两种照明情况的成像的卷积计算过程及结果的比较．其中，图(a)给出非相干照明求像平面上 x_i 点数值时脉冲响应与理想像的位置关系，图(b)是卷积计算形成的像与理想像的比较．可以看出，图(b)x_i 点数值取决于图(a)中 $x>0$ 区域脉冲响应曲线与 x 轴所围区域面积之和．对于图示情况，该区域脉冲响应数值接近零，因此图(b)中 x_i 点的像强度也只有很小的数值．卷积计算过程中当图(a)的 x_i 逐渐接近原点时，脉冲响应曲线与 x 轴所围区域面积逐渐增加，于是形成了图(b)的成像曲线．

在图 4-4-3 中，图(a′)和(b′)给出了相干照明的卷积计算过程及结果，图(b′)中的细实线是脉冲响应与理想像的卷积曲线，粗实线是像的强度曲线．由于脉冲响应以 T 为周期交替取正负值，卷积计算过程中当图(a′)的 x_i 逐渐接近原点但距离小于 T 时，卷积积分值也周期性地取正负值，$x_i=-T$ 时达到负的极大．此后，随 x_i 增加到 $x_i=T$ 的整个过程中积分值迅速增加，并于 $x_i=T$ 达到卷积积分的最大值．但此后 x_i 增加将又引入脉冲响应左侧周期性的正负取值的影响，形成了图(b′)的卷积曲线．最后，成像曲线由卷积曲线值

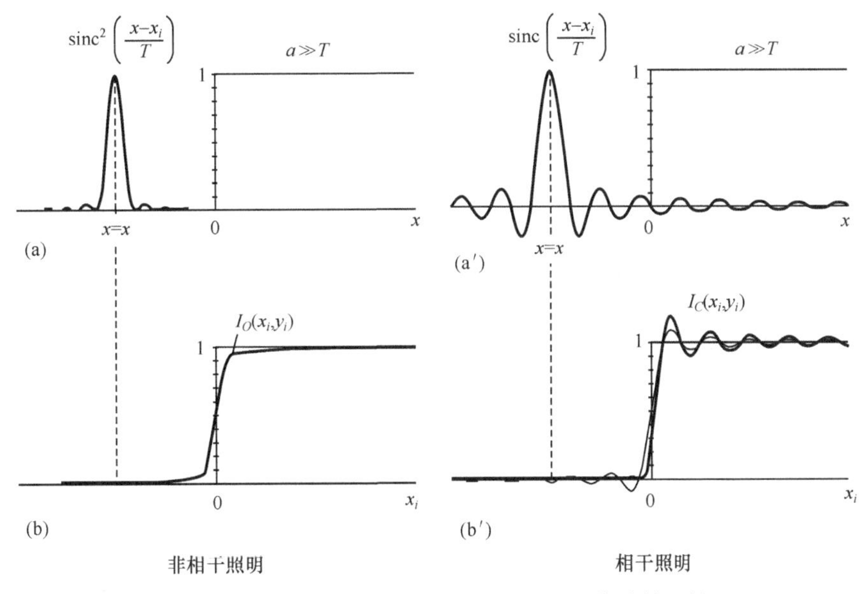

图 4-4-3　宽度 $a\gg T$ 时两种照明情况的成像计算比较

的平方给出．比较两种照明的成像结果可以看出，在像的边沿处相干照明不但有更陡峭的边界，而且在边界处显现出“振铃振荡”(ringing)，振铃振荡的周期为 $2T = 2\lambda d_i / l$ ．对于波长较大，出瞳到像面距离较长，以及出瞳尺寸较小的光学系统，将能在图像的阶跃边界处看到“振铃振荡”[8]．这里，对图 4-4-2 中远离小圆的辐射带图案的相干像边沿出现的亮边给出了解释．

为进一步对图 4-4-2 两种照明方式成像细节的区别进行解释，图 4-4-4 给出理想像有不同宽度 a 时两种照明情况的成像比较．基于上面对卷积计算过程的分析，不难理解不同宽度 a 两种照明成像的结果．例如，当 $a=4T$ 时，像斑中心对应于相干脉冲响应从$-2T$ 到$+2T$ 积分值，这时，两侧“负半周”对积分有最大负向影响，从而在像斑中心呈现极小值．对于 $a=2T$ 的情况，像斑中心对应于相干脉冲响应从$-T$ 到$+T$ 积分值，这时无任何负向影响，像斑中心呈现整个图像的极大值．可以想象，如果是 $a=b$ 的方形物，$a=b=4T$ 时像的总体亮度将进一步减弱，而 $a=b=2T$ 时亮度将进一步增强．以上分析对图 4-4-2 向中心汇集的窄带从两侧明亮到中央出现极大的变化作出了解释，因为在这个区域窄带经历了空间宽度从 $4T$ 到 $2T$ 的变化过程．

分析图 4-4-4 还可以看出，当物光场空间频率大于 $1/T$ 时，无论相干光还是非相干光照明，准确成像均不可能．因为脉冲响应的两个零点间将包含两个以上“条纹”，卷积运算时两零点间的积分是对所包含“条纹”积分之和．这时，由于相干光的脉冲响应包含负值，卷积运算后强度低于非相干照明．这样，我们得到图 4-4-2(b)、(d)中小圆上方出现一个亮度较低的均匀区域的合理解释．

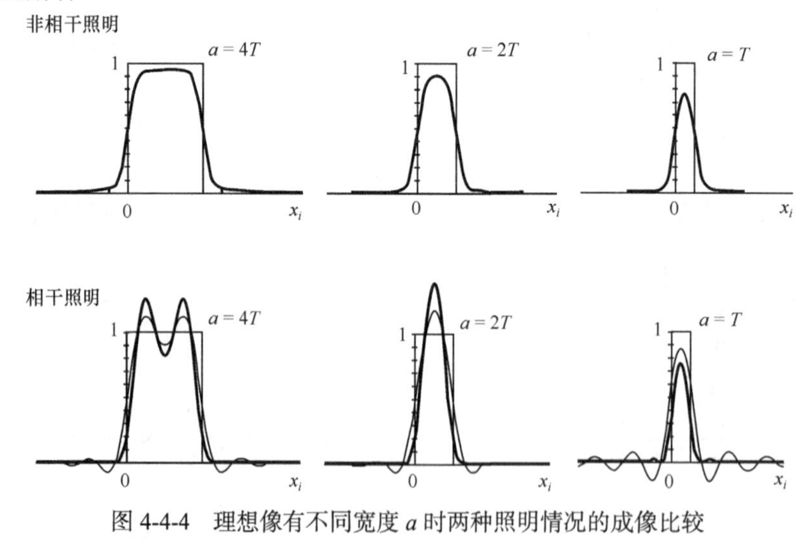

图 4-4-4　理想像有不同宽度 a 时两种照明情况的成像比较

4.4.4　相干光照明的散斑效应

激光是高单色性及高相干性的光波，实际物体表面通常不是光学光滑的，即表面起伏的标准差通常远大于光波长．由于照明光的高相干性，照明物表面具有严重的散斑效应．于是，来自物体表面的光波事实上是由物体表面上大量微散射基元发出的散射光．由于激光的高相干性，当通过光学系统成像后，像光场将保持物体表面散射照明光时的散斑场特性，与非相干照明的成像有显著区别．散射光的成像必须使用统计光学理论[10]，下面对此进行简单讨论．

激光照射到粗糙表面上，由该表面散射的光波场就成为携带了信息的载体．研究全息散斑干涉首先要建立光学粗糙表面散射的模型．光由产生、传播到接收的过程是一个多重随机过程，但是在本书讨论的范围内，只考虑具有良好单色性的激光光源，而且一般认为工作环境是不变的．因此约定把讨论的对象限制为单色的线偏振空间随机光场．

设物体表面是非光学平滑的空间曲面 S_0，定义物体复反射或复透射率为

$$R(x_0,y_0,z_0)=r(x_0,y_0,z_0)\exp\left[\mathrm{j}\phi_r(x_0,y_0,z_0)\right] \tag{4-4-13}$$

式中，$r(x_0,y_0,z_0)$ 及 $\phi_r(x_0,y_0,z_0)$ 均是与表面特性及照明光波长有关的随机变量．若到达物体表面照明光场的复振幅为 $U(x_0,y_0,z_0)=a(x_0,y_0,z_0)\exp\left[\mathrm{j}\phi_a(x_0,y_0,z_0)\right]$，被物体散射的光波场可以表示成

$$\begin{aligned}U_0(x_0,y_0,z_0)&=a(x_0,y_0,z_0)r(x_0,y_0,z_0)\exp\left[\mathrm{j}\left(\phi_r(x_0,y_0,z_0)+\phi_a(x_0,y_0,z_0)\right)\right]\\&=a_0(x_0,y_0,z_0)\exp\left[\mathrm{j}\phi_0(x_0,y_0,z_0)\right]\end{aligned} \tag{4-4-14}$$

于是，散射光的振幅及相位均变为随机变量．

大量实验表明，光学粗糙表面的散射光场可以视为来自表面的大量散射基元的散射光，散射光具有如下统计特性[6,10]：

(1) 被测量表面上各散射基元散射光波的振幅 $a_0(x_0,y_0,z_0)$ 与相位 $\phi_0(x_0,y_0,z_0)$ 彼此统计独立，不同散射基元散射出的光场复振幅彼此统计独立．

(2) 被测量表面起伏的标准差远大于照明光的波长，以至于可以认为 $\phi_0(x_0,y_0,z_0)$ 取值概率在区间$[-\pi,\pi]$上均匀分布．

(3) 被测量表面的散射基元非常细微，与照明区域及测量系统在物面上形成的点扩散函数的有效覆盖区域相比足够小，但与光波长相比又足够大．这时，被测量表面的散射光波在物面上的相关函数可以表示为[10]

$$J_{A0}(\boldsymbol{r}_{02}-\boldsymbol{r}_{01})=\left\langle U_0(\boldsymbol{r}_{01})U_0^*(\boldsymbol{r}_{02})\right\rangle=\left\langle I_0(\boldsymbol{r}_0)\right\rangle\delta(\boldsymbol{r}_{02}-\boldsymbol{r}_{01}) \tag{4-4-15}$$

式中，运算符$\langle\cdot\rangle$表示对时间的平均运算，函数$\delta(\cdot)$为二维δ函数，$\langle\cdot\rangle$为照明光场及物面宏观反射特性决定的空间缓变强度函数，矢量 $\boldsymbol{r}$ 为坐标(x,y)的简写．式(4-4-15)表明，散射后物面光场不再是激光器发出的空间相干场，而是变成了严格空间非相干的．如果物表面的变化还是时间函数，严格相干的照明激光束还会变成时间部分相干场．

令式(4-4-14)中 z_0 为某一常量时表示与某物体表面相切的一个平面，设成像系统的相干传递函数为 h_C，像的横向放大率为 A，可以将物光通过光学系统成像后的像光场表示为

$$U(x,y)=\int_{-\infty}^{\infty}\int_{-\infty}^{\infty}-\frac{1}{A}U_0\left(\frac{x_a}{A},\frac{y_a}{A},z_0\right)h_C(x-x_a,y-y_a)\mathrm{d}x_a\mathrm{d}y_a \tag{4-4-16}$$

根据式(4-4-14)对 U_0 特性的分析，在相干光照明下，物体表面经光学系统成像后，像光场将保持物体表面散射照明光时的特性，物体表面散射基元发出的随机波前光波的干涉将在像面上形成颗粒状斑纹，即散斑．理论可以证明[10]，单个散斑的大小是像(或物)上一个分辨单元(resolution cell)的大小．在非相干照明下，这种干涉不会产生．因此，当我们感兴趣的特定物体接近光学系统的分辨极限时，如果采用相干光照明，散斑效应将是相当讨厌的事．作为实例，以 2 欧元钱币为物体，图 4-4-5 分别给出相干照明及非相干照明情况下同一像素数物体像的比较．

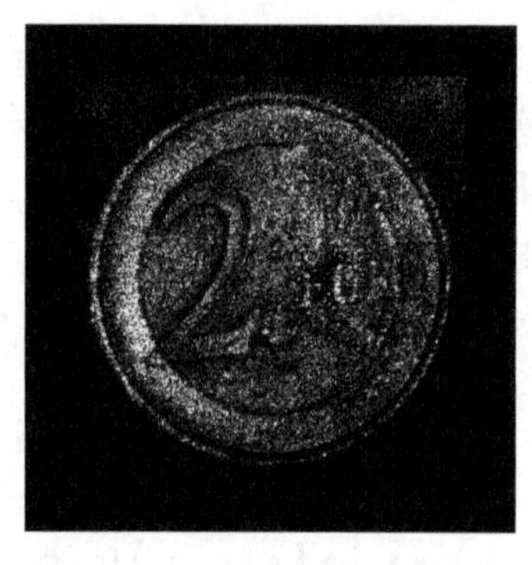

相干光照明

非相干光照明

图 4-4-5　相干光照明及非相干光照明物体像的比较

上面的讨论似乎引入一个结论，那就是应该尽可能选用非相干照明，以避免相干照明引入的各种弊端．然而，对于许多重要情况，如数字全息干涉计量、高分辨率显微术以及相干光学信息处理，则需要使用相干光照明才能获得需要的结果．因此，只有较好地了解两种不同照明情况成像的特点，才能根据实际需要作出合理的选择．

习　题　4

4-1　本书 4.2.1 节衍射受限成像系统的脉冲响应研究中，式(4-2-6)是后续讨论的重要表达式．试根据式(4-2-4)及式(4-2-5)导出式(4-2-6)．

4-2　按照线性系统理论导出像光场计算公式时，获得衍射受限成像系统的脉冲响应是先决条件．试根据式(4-2-6)及式(4-2-7)导出衍射受限成像系统的脉冲响应式(4-2-8)．

4-3　本书图 4-2-4 的衍射受限成像实验系统中，透镜前方的圆孔光阑是孔径光阑．

(1) 试说明为什么透镜平面为系统的像方主面．

(2) 若孔径光阑是直径 D=4mm 的圆孔，并且光阑在透镜前方 d_1=1mm 处，求系统的出射光瞳位置及尺寸．

(3) 令光波长为λ，频域坐标为 f_x, f_y ，写出该光学系统的相干传递函数．

(4) 利用 FFT 对式(4-2-15)进行像光场模拟计算时，若将带有二次相位因子的几何光学理想像的频谱平面视为几何光学理想像的菲涅耳衍射图像，基于图 4-2-4 所设定的参数导出衍射距离及衍射图像的宽度．

(5) 利用 FFT 对式(4-2-15)进行像光场模拟计算时，对于孔径光阑是直径 D=4mm 的圆孔，若几何光学理想像取样数是 1024×1024，试计算以像素为单位的传递函数窗口直径．

4-4　习题图 4-1 是由两面凸透镜 L_1, L_3 及一面凹透镜 L_2 组成的变焦系统，平面 P_0, P_i 是系统的共轭像面．设 L_1, L_2, L_3 的焦距分别是 f_1, f_2, f_3，将 P_0, P_i 视为一轴对称 *ABCD* 系统的输入及输出平面．

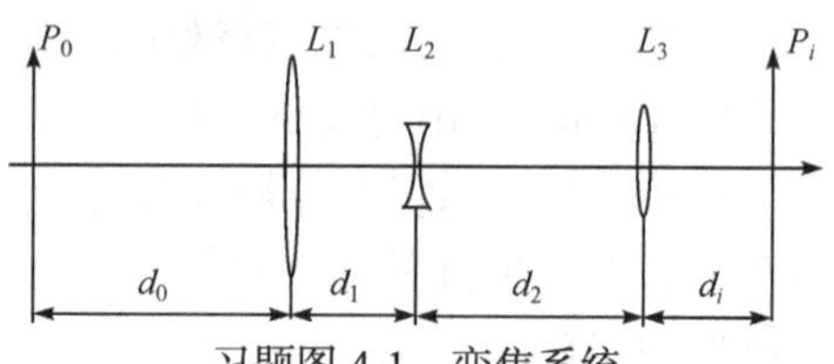

习题图 4-1　变焦系统

(1) 按照习题图 4-1，写出系统的 *ABCD* 光学矩阵计算式．

(2) 试求 A、B、C、D 的表达式．

(3) 当 P_0, P_i 是系统的共轭像面时，根据矩阵

光学理论 B=0，试求 d_i 的表达式.

(4) 当穿过 P_0 的光波是平行于光轴的平面波时，若到达 P_i 的也是平行于光轴的平面波，根据矩阵光学理论，矩阵元素 C=0. 试写出各透镜焦距与习题图 4-1 中 d_1, d_2 的关系式.

4-5　为什么在 $f_x = f_y = 0$ 处光学传递函数的值均为 1?如果光学系统真正实现了点物成像，这时的光学传递函数是怎样的形式?

4-6　若非相干成像系统的出射光瞳是由大量随机分布的小圆孔构成，小圆孔直径均为 $2a$，出瞳到像面的距离为 d_{pi}，光波长为λ. 试证明这种系统可以实现非相干低通滤波，试讨论系统的截止频率近似值.

参考文献

[1] Collins S A. Laser-system diffraction integral written in terms of matrioptics[J]. J Optics Soc Am, 1970(60): 1168.

[2] 李俊昌. 激光的衍射及热作用计算[M]. 修订版. 北京: 科学出版社, 2008.

[3] 吕百达. 激光光学——光束描述、传输变换与光腔技术物理[M]. 3 版. 北京: 高等教育出版社, 2003.

[4] 王绍民，赵道木. 矩阵光学原理[M]. 杭州: 杭州大学出版社, 1994.

[5] Goodman J W. 傅里叶光学导论[M]. 詹达三, 等译. 北京: 科学出版社, 1976.

[6] 陈家璧, 苏显渝. 光学信息技术原理及应用[M]. 北京: 高等教育出版社, 2002.

[7] 王仕璠. 信息光学理论与应用[M]. 北京: 北京邮电大学出版社, 2003.

[8] 顾德门(Goodman J W). 傅里叶光学导论[M]. 3 版. 秦克诚, 刘培森, 陈家璧, 等译. 北京: 电子工业出版社, 2006.

[9] Li J C (李俊昌), Merlin J, Perez J. Etude comparative de differents dispositifs permettant de transformer un faisceau laser de puissance avec une repartition energeique gaussienne en une repartition uniforme[J]. Revue de Physique Appliquée，1986, 21: 425-433.

[10] 顾德门. 统计光学[M]. 秦克诚, 等译. 北京: 科学出版社, 1992.

第 5 章　光学信息处理

基于线性系统理论、标量衍射理论及衍射的数值计算研究，前面几章研究了光的传播和光学系统的特性；本章在这些理论的基础上，介绍光学信息处理的基本概念、原理和一些成功应用.

光信息指的是一束光的强度或振幅分布、相位分布、颜色及偏振态等. 由于大量的信息或数据可以转换成光信息进行传输，通过光学系统可以按照人们的需要对光信息进行处理，获得期待的结果. 因此，在近代光学的应用研究领域，光信息的处理及传输是一个很重要的课题. 光学信息处理根据照明光是相干光还是非相干光又分为相干光信息处理和非相干光信息处理，二者各有优劣. 相干光信息处理多为在频域的调制处理，即在入射光频谱面对频谱进行复空间滤波，改变频谱分布得到需要的输出，如图像的相加、相减及图像的特征识别. 非相干光信息处理可实现图像的相乘、积分、相关和卷积等运算.

德国科学家阿贝提出的二次成像理论[1]是光信息处理的理论基础. 本章第一部分介绍阿贝二次成像理论和阿贝-波特实验；第二部分讨论相干光信息处理技术及其应用；第三部分介绍非相干光信息处理. 由于标量衍射理论能够十分准确地描述光传播的物理过程，借助于计算机及衍射的数值计算，许多物理过程将通过 MATLAB 程序给出模拟图像.

5.1　阿贝二次成像理论和阿贝-波特实验

5.1.1　阿贝二次成像理论

阿贝二次成像理论是 1873 年阿贝在显微镜成像中提出来的[1]，成像系统如图 5-1-1 所示，相干光照射物体 P_0 后，透过物体的光波视为沿不同方向衍射的平面子波的叠加，穿过透镜 L_1 的衍射子波透过透镜焦平面 P_f后在像平面 P_i叠加形成物体的像.

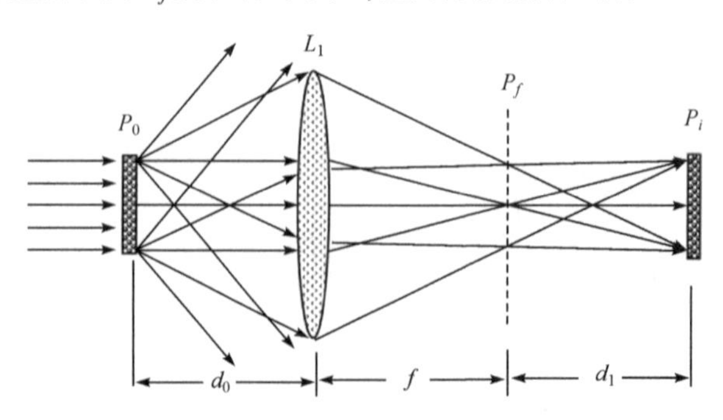

图 5-1-1　阿贝二次成像理论示意图

阿贝将成像过程分成两步：①物体衍射的各次级平面子波通过透镜后在透镜焦平面 P_f上形成不同空间位置的光点；②根据惠更斯-菲涅耳原理，焦平面上的各点可以看成许多新的相干次级波源，像平面所成之像为这些次级波源发出的光波互相干涉的结果. 下面基于标量衍射理论对这个成像过程作定量描述.

在空间中建立直角坐标 $Oxyz$，图 5-1-1 中令 z 轴与光轴重合，令物平面光波场为 $U_0(x,y)$，到达透镜前表面的光波场可以根据第 2 章衍射的角谱理论式(2-2-27)表示为

$$U_1(x,y)=F^{-1}\left\{F\left\{U_0(x,y)\right\}\exp\left[\mathrm{j}kd_0\sqrt{1-(\lambda f_x)^2-(\lambda f_y)^2}\right]\right\} \tag{5-1-1}$$

式中，$F^{-1}\{\ \},F\{\ \}$ 分别是傅里叶逆变换及正变换符号，λ为光波长，d_0 是物平面到透镜 L_1 的距离，$k=2\pi/\lambda$，f_x,f_y 为与空间坐标 x 及 y 对应的频域坐标.

回顾式(2-2-27)的讨论知，式(5-1-1)的物理意义是，透镜前表面光波场的分布可以表示为振幅正比于物光场的频谱 $F\left\{U_0(x,y)\right\}$，方向余弦为 $\lambda f_x,\lambda f_y,\sqrt{1-(\lambda f_x)^2-(\lambda f_y)^2}$ 的平面波的叠加. 令 $G_0(f_x,f_y)=F\left\{U_0(x,y)\right\}$，采用衍射的傍轴近似，利用菲涅耳衍射传递函数将式(5-1-1)重新写为

$$U_1(x,y)=F^{-1}\left\{G_0(f_x,f_y)\exp\left[\mathrm{j}kd_0\left(1-\frac{\lambda^2}{2}\left(f_x^2+f_y^2\right)\right)\right]\right\} \tag{5-1-2}$$

根据透镜的傅里叶变换特性，在透镜后焦面的光波场 $U_f(x,y)$ 可以由第 4 章式(4-1-9)写出

$$\begin{aligned}U_f(x,y)=&\frac{\exp(\mathrm{j}kf)}{\mathrm{j}\lambda f}\exp\left\{\frac{\mathrm{j}k}{2f}\left(x^2+y^2\right)\right\}\\&\times\int_{-\infty}^{\infty}\int_{-\infty}^{\infty}U_1(x_0,y_0)\exp\left[-\mathrm{j}2\pi\left(x_0\frac{x}{\lambda f}+y_0\frac{y}{\lambda f}\right)\right]\mathrm{d}x_0\mathrm{d}y_0\end{aligned} \tag{5-1-3}$$

注意到式(5-1-3)中的二重积分代表的是对函数 $U_1(x,y)$ 的傅里叶变换，变换后在频域的单位是 $f_x=\dfrac{x}{\lambda f}$，$f_y=\dfrac{y}{\lambda f}$，将式(5-1-2)代入上式，整理后得

$$U_f(x,y)=\frac{\exp\left[\mathrm{j}k(d_0+f)\right]}{\mathrm{j}\lambda f}\exp\left[\frac{\mathrm{j}k}{2f}\left(1-\frac{d_0}{f}\right)\left(x^2+y^2\right)\right]G_0\left(\frac{x}{\lambda f},\frac{y}{\lambda f}\right) \tag{5-1-4}$$

至此，得到透镜后焦面的光波场，完成了阿贝成像的第一步描述.

令透镜后焦面到像平面的距离为 d_1，像平面上的光波场可用菲涅耳衍射积分的傅里叶变换形式表示出

$$\begin{aligned}U_i(x,y)=&\frac{\exp(\mathrm{j}kd_1)}{\mathrm{j}\lambda d_1}\exp\left[\frac{\mathrm{j}k}{2d_1}\left(x^2+y^2\right)\right]\\&\times\int_{-\infty}^{\infty}\int_{-\infty}^{\infty}\left\{U_f(x_0,y_0)\exp\left[\frac{\mathrm{j}k}{2d_1}\left(x_0^2+y_0^2\right)\right]\right\}\\&\times\exp\left[-\mathrm{j}2\pi\left(x_0\frac{x}{\lambda d_1}+y_0\frac{y}{\lambda d_1}\right)\right]\mathrm{d}x_0\mathrm{d}y_0\end{aligned} \tag{5-1-5}$$

将式(5-1-4)代入式(5-1-5)，并略去对能量测量无关的常数相位因子，有

$$U_i(x,y)=\frac{1}{\lambda^2 d_1 f}\exp\left[\frac{\mathrm{j}k}{2d_1}\left(x^2+y^2\right)\right]\times\int_{-\infty}^{\infty}\int_{-\infty}^{\infty}\Theta\left(x_0,y_0\right)\exp\left[-\mathrm{j}2\pi\left(x_0\frac{x}{\lambda d_1}+y_0\frac{y}{\lambda d_1}\right)\right]\mathrm{d}x_0\mathrm{d}y_0 \tag{5-1-6}$$

式中

$$\Theta\left(x_0,y_0\right)=\exp\left[\frac{\mathrm{j}k}{2}\left(\frac{1}{d_1}+\frac{1}{f}-\frac{d_0}{f^2}\right)\left(x_0^2+y_0^2\right)\right]G_0\left(\frac{x_0}{\lambda f},\frac{y_0}{\lambda f}\right) \tag{5-1-6a}$$

由于式(5-1-6)中二重积分表示的是函数$\Theta\left(x_0,y_0\right)$的傅里叶变换，如果式(5-1-6a)中$G_0\left(\frac{x_0}{\lambda f},\frac{y_0}{\lambda f}\right)$前方的二次相位因子变为 1，则$\Theta\left(x_0,y_0\right)$的傅里叶变换将得到坐标方向相反，并具有一定横向放大的物平面光波场．令$\left(\frac{1}{d_1}+\frac{1}{f}-\frac{d_0}{f^2}\right)=0$，并令$d_i=f+d_1$为物距，容易得到

$$\frac{1}{f}=\frac{1}{d_i}+\frac{1}{d_0} \tag{5-1-7}$$

这正是我们十分熟悉的几何光学中的透镜成像公式，即阿贝二次成像理论所确定的像位置与几何光学一致．下面再对像的横向放大率进行讨论．

当透镜成像公式满足时，式(5-1-6)简化为

$$U_i(x,y)=\frac{1}{\lambda^2 d_1 f}\exp\left[\frac{\mathrm{j}k}{2d_1}\left(x^2+y^2\right)\right]\times\int_{-\infty}^{\infty}\int_{-\infty}^{\infty}G_0\left(\frac{x_0}{\lambda f},\frac{y_0}{\lambda f}\right)\exp\left[-\mathrm{j}2\pi\left(x_0\frac{x}{\lambda d_1}+y_0\frac{y}{\lambda d_1}\right)\right]\mathrm{d}x_0\mathrm{d}y_0 \tag{5-1-8}$$

令$f_{x0}=\frac{x_0}{\lambda f},f_{y0}=\frac{y_0}{\lambda f}$，将式(5-1-8)重新写成

$$U_i(x,y)=\frac{f}{d_1}\exp\left[\frac{\mathrm{j}k}{2d_1}\left(x^2+y^2\right)\right]\times\int_{-\infty}^{\infty}\int_{-\infty}^{\infty}G_0\left(f_{x0},f_{y0}\right)\exp\left[-\mathrm{j}2\pi\left(f_{x0}\frac{f}{d_1}x+f_{y0}\frac{f}{d_1}y\right)\right]\mathrm{d}f_{x0}\mathrm{d}f_{y0} \tag{5-1-9}$$

其积分可以视为$G_0\left(f_{x0},f_{y0}\right)$的傅里叶逆变换，但变换后的坐标是$\left(-\frac{f}{d_1}x,-\frac{f}{d_1}y\right)$．由于$G_0\left(f_x,f_y\right)=F\left\{U_0(x,y)\right\}$，我们立即得到

$$U_i(x,y)=\frac{f}{d_1}\exp\left[\frac{\mathrm{j}k}{2d_1}\left(x^2+y^2\right)\right]U_0\left(-\frac{f}{d_1}x,-\frac{f}{d_1}y\right) \tag{5-1-10}$$

式(5-1-10)表明，在像平面上得到的是横向放大率为d_1/f的倒像．

综上所述，阿贝的成像理论所预见的成像位置及像的尺寸与熟知的几何光学讨论结果相

吻合，我们按照阿贝的二次成像理论对成像过程进行了定量描述．容易证明，式(5-1-10)也可以通过柯林斯公式简明地得到(见习题 5-1)．

阿贝成像过程不但能通过实验证明，而且能在计算机上进行模拟．本书光盘提供的程序 LXM14.m 是阿贝成像过程的模拟程序．令初始物光场为振幅正比于唐三彩骏马图像，设图像宽度 L=10mm，光波长 $\lambda=0.000532$mm，物距 d_0=300mm，透镜焦距 f=150mm，图 5-1-2 给出一个模拟实例．显然，这是放大率为 1 的倒像．

(a) 物平面图像
(10mm×10mm)

(b) 焦平面光波场强度分布
(9.72mm×9.72mm)

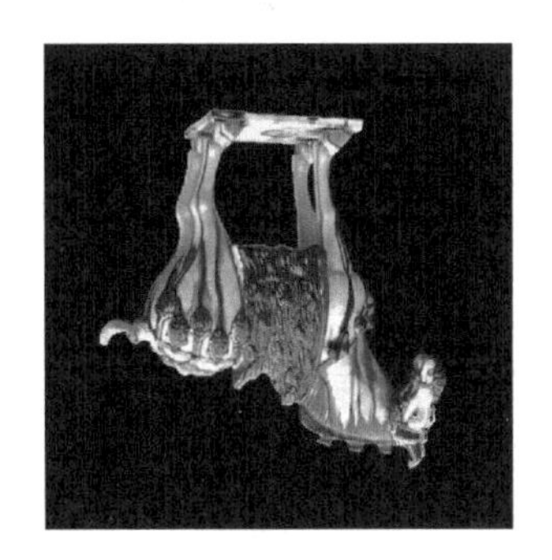

(c) 像平面图像
(10mm×10mm)

图 5-1-2　阿贝成像过程模拟

对照图 5-1-2 利用惠更斯原理分析阿贝成像过程知，成像过程是透镜焦平面上每一个小点源发出的光波在像平面的叠加结果，而每一小点源是穿过透镜的物光场角谱分量形成的，即透镜焦平面的光波场分布对应于物光场的频谱分布，该频谱分布是物体在频率空间的描述．由此得到一个重要的启示：如果能够通过某种特殊作用改变透镜焦平面的光波场，让物光场的频谱按照需要发生变化，则重建像不再是原物光场的像，重建像包含的信息将产生我们需要的变化．在焦平面上采用不同形式的滤波器改变物光场的频谱，研究所成之像与滤波器的关系，就是本章讨论的光信息处理的主要内容．

下面先介绍阿贝-波特为证明二次成像理论所做的实验．从光信息处理的角度而言，阿贝-波特实验可以视为一个光信息处理的实例．

5.1.2　阿贝-波特实验

1. 实验简介

为证明相干光照明下的二次成像理论，阿贝(1873 年)和波特(1906 年)分别做了实验，这就是著名的阿贝-波特实验[2]．图 5-1-3 是实验系统示意图，图中一个细丝网格(相当于二维正交光栅)置于物平面，用相干单色平行光照明后，在透镜的焦平面上出现周期性网格的傅里叶频谱，继而通过后续衍射形成网格的像．阿贝和波特在透镜焦平面放置不同形式的光阑遮挡住物光场的不同频谱分量，在像平面得到不同形式的像．为便于后续讨论，令照明光波长为λ，物平面到透镜的距离为 d_0，透镜焦距为 f，透镜焦平面到像平面的距离为 d_1．

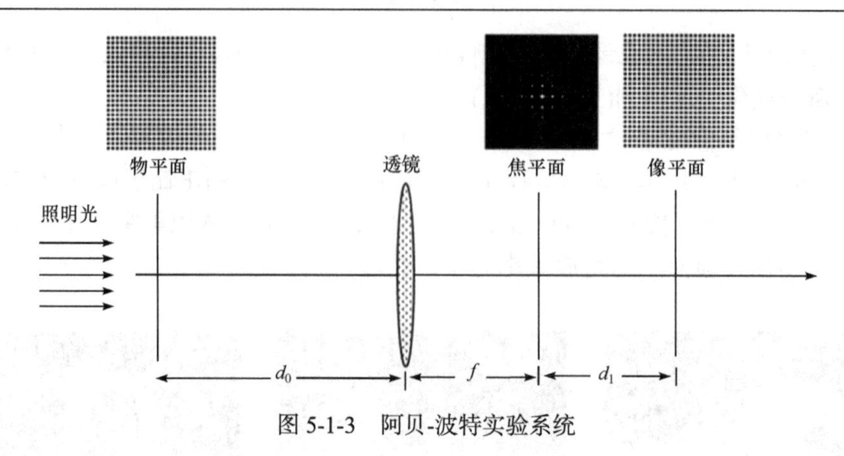

图 5-1-3　阿贝-波特实验系统

2. 焦平面光波场理论分析

设 L 为物平面二维光栅的宽度，光栅的透光孔宽度为 a，光栅周期为 d，在图 5-1-3 中建立直角坐标系 $Oxyz$，令 z 轴与光轴重合，平面波照射下光栅的透过率函数为

$$U_0(x,y)=U_{0x}(x)U_{0y}(y) \tag{5-1-11}$$

式中

$$U_{0x}(x)=\left[\mathrm{rect}\left(\frac{x}{a}\right)*\frac{1}{d}\mathrm{comb}\left(\frac{x}{d}\right)\right]\mathrm{rect}\left(\frac{x}{L}\right) \tag{5-1-11a}$$

$$U_{0y}(y)=\left[\mathrm{rect}\left(\frac{y}{a}\right)*\frac{1}{d}\mathrm{comb}\left(\frac{y}{d}\right)\right]\mathrm{rect}\left(\frac{y}{L}\right) \tag{5-1-11b}$$

根据式(5-1-4)，透镜后焦平面上的光场正比于

$$G_0(f_{x0},f_{y0})=F\{U_0(x,y)\}=G_{0x}(f_{x0})\times G_{0y}(f_{y0}) \tag{5-1-12}$$

式中，$G_{0x}(f_{x0})=F\{U_{0x}(x)\}$，$G_{0y}(f_{y0})=F\{U_{0y}(y)\}$ 分别是形式相同的两个一维傅里叶变换式.

通过运算容易得到(见习题 5-2)

$$G_{0x}(f_{x0})=\frac{aL}{d}\sum_{m=-\infty}^{\infty}\mathrm{sinc}\left(\frac{ma}{d}\right)\mathrm{sinc}\left[L\left(f_{x0}-\frac{m}{d}\right)\right] \tag{5-1-12a}$$

$$G_{0y}(f_{y0})=\frac{aL}{d}\sum_{n=-\infty}^{\infty}\mathrm{sinc}\left(\frac{na}{d}\right)\mathrm{sinc}\left[L\left(f_{y0}-\frac{n}{d}\right)\right] \tag{5-1-12b}$$

根据 5.1.1 节研究，$f_{x0}=\dfrac{x}{\lambda f}$，$f_{y0}=\dfrac{y}{\lambda f}$，于是得到

$$G_{0x}\left(\frac{x}{\lambda f}\right)=\frac{aL}{d}\sum_{m=-\infty}^{\infty}\mathrm{sinc}\left(\frac{ma}{d}\right)\mathrm{sinc}\left[L\left(\frac{x}{\lambda f}-\frac{m}{d}\right)\right] \tag{5-1-12c}$$

$$G_{0y}\left(\frac{y}{\lambda f}\right)=\frac{aL}{d}\sum_{n=-\infty}^{\infty}\mathrm{sinc}\left(\frac{na}{d}\right)\mathrm{sinc}\left[L\left(\frac{y}{\lambda f}-\frac{n}{d}\right)\right] \tag{5-1-12d}$$

以上结果表明，透镜后焦面上形成振幅受到 $\mathrm{sinc}\left(a\dfrac{x}{\lambda f}\right)\mathrm{sinc}\left(a\dfrac{y}{\lambda f}\right)$ 函数调制的二维 sinc

函数阵列，阵列在 x，y 方向的周期均为 $T_d=\dfrac{\lambda f}{d}$，阵列上每一 sinc 函数形成光斑的第一零点到光斑中心的距离为 $T_L=\dfrac{\lambda f}{L}$，在原点处的二维 sinc 函数斑有极大值.

利用式(5-1-4)，透镜焦平面上的衍射场为

$$I_f(x,y)=\left|U_f(x,y)\right|^2=\frac{1}{\lambda^2 f^2}\left|G_0\left(\frac{x}{\lambda f},\frac{y}{\lambda f}\right)\right|^2 \tag{5-1-13}$$

令 L=10mm，$\lambda=0.0006328$mm，d_0=300mm，f=150mm，d=0.4mm，a=0.16mm，图 5-1-4 给出物平面及透镜焦平面光波场强度的模拟图像.

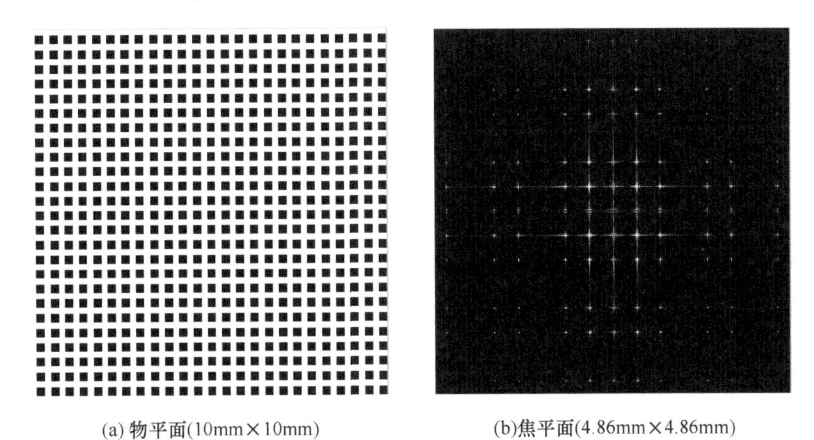

(a) 物平面(10mm×10mm)　　(b)焦平面(4.86mm×4.86mm)

图 5-1-4　物平面及透镜焦平面光波场强度模拟图像

为进一步了解焦平面光波场分布特点，令 $T_a=\dfrac{\lambda f}{a}$，图 5-1-5 给出 $\mathrm{sinc}^2\left(a\dfrac{x}{\lambda f}\right)$ 函数及焦平面光波场归一化强度的 x 轴向曲线. 比较这两条曲线可以清楚地看出函数 $\mathrm{sinc}^2\left(a\dfrac{x}{\lambda f}\right)$ 对光斑阵列振幅的调制作用.

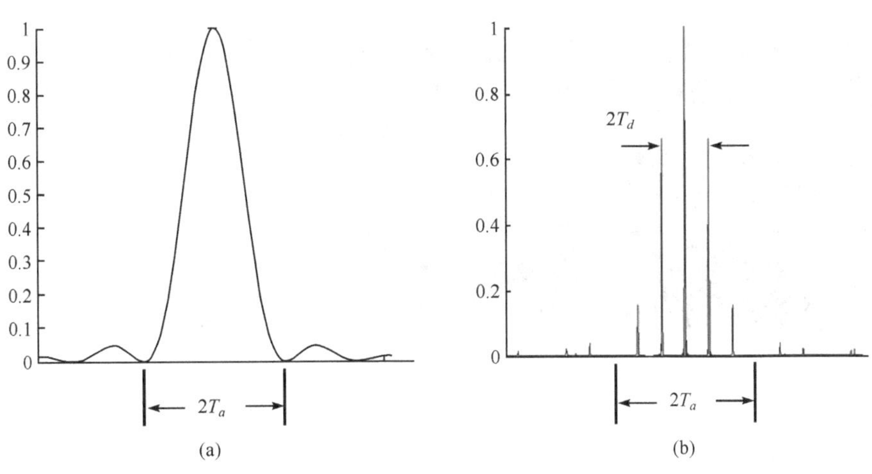

图 5-1-5　$\mathrm{sinc}^2\left(a\dfrac{x}{\lambda f}\right)$ 函数(a)及焦平面光波场归一化强度的 x 轴向曲线(b)

3. 焦平面放置不同形式滤波窗的成像研究

实验研究中，阿贝和波特在透镜焦平面设置不同形式的光阑形成空间滤波器，改变了后面所成之像的频谱，得到不同形式的像[3]．为简明起见，令像的横向放大率$d_1/f=1$，下面通过理论及计算机数值计算对几种不同滤波器的成像进行讨论．

1) 无滤波光阑，全部频谱分量通过

根据式(5-1-10)，像平面光场复振幅为

$$\begin{aligned}U_i(x,y)=&\exp\left[\frac{\mathrm{j}k}{2d_1}\left(x^2+y^2\right)\right]\\&\times\left[\operatorname{rect}\left(\frac{x}{a}\right)*\frac{1}{d}\operatorname{comb}\left(\frac{x}{d}\right)\right]\operatorname{rect}\left(\frac{x}{L}\right)\\&\times\left[\operatorname{rect}\left(\frac{y}{a}\right)*\frac{1}{d}\operatorname{comb}\left(\frac{y}{d}\right)\right]\operatorname{rect}\left(\frac{y}{L}\right)\end{aligned}\tag{5-1-14}$$

由于复数相位因子对能量测量无影响，得到的像与物完全一样(图 5-1-4(a))．

2) 只让零频分量通过的低通滤波器

在透镜后焦平面中央放一直径为$2T_L=2\dfrac{\lambda f}{L}$的圆孔滤波窗，只让$m=n=0$的零频分量通过窗口参与像平面成像．由于 sinc 函数旁瓣的强度远小于中央区域值，此时式(5-1-12)可近似为

$$G_0\left(\frac{x}{\lambda f},\frac{y}{\lambda f}\right)\approx\frac{a^2L^2}{d^2}\operatorname{sinc}\left(L\frac{y}{\lambda f}\right)\operatorname{sinc}\left(L\frac{x}{\lambda f}\right)\tag{5-1-15}$$

代入式(5-1-9)得

$$U_i(x,y)\approx\exp\left[\frac{\mathrm{j}k}{2d_1}\left(x^2+y^2\right)\right]\operatorname{rect}\left(\frac{x}{L}\right)\operatorname{rect}\left(\frac{y}{L}\right)\tag{5-1-16}$$

通过计算机数值计算，图 5-1-6 分别给出圆孔滤波窗、透过滤波窗的频谱及像平面所成之像的强度分布．可以看出，像平面是一个近似均匀照明的光波场．

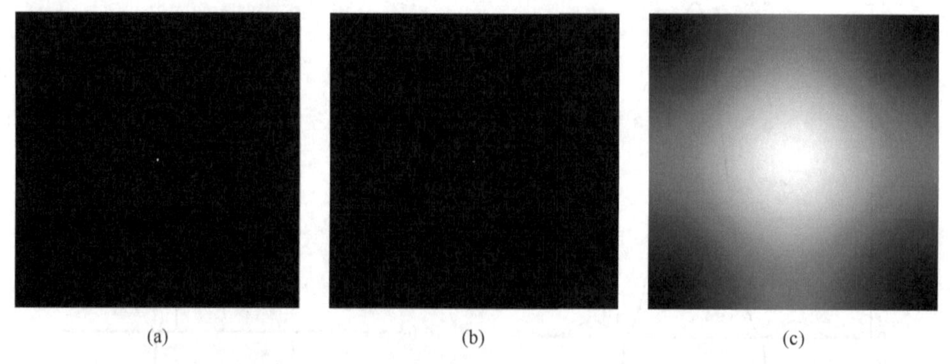

图 5-1-6　圆孔滤波窗(a)、透过滤波窗的频谱(b)及像平面光波场(c)强度图像

3) 只让负一级、零级和正一级通过的低通滤波器

让圆孔滤波窗孔直径为$2(T_d+T_L)$，即让式(5-1-12)中m，n =1,0,−1 的光波通过窗口，透过窗口的光波场近似为

$$
\begin{aligned}
&G_0\left(f_{x0},f_{y0}\right)\\
&\approx\left\{\frac{aL}{d}\operatorname{sinc}\left(Lf_{x0}\right)+\frac{aL}{d}\operatorname{sinc}\left(\frac{a}{d}\right)\left[\operatorname{sinc}\left(Lf_{x0}+\frac{L}{d}\right)+\operatorname{sinc}\left(Lf_{x0}-\frac{L}{d}\right)\right]\right\}\\
&\quad\times\left\{\frac{aL}{d}\operatorname{sinc}\left(Lf_{y0}\right)+\frac{aL}{d}\operatorname{sinc}\left(\frac{a}{d}\right)\left[\operatorname{sinc}\left(Lf_{y0}+\frac{L}{d}\right)+\operatorname{sinc}\left(Lf_{y0}-\frac{L}{d}\right)\right]\right\}
\end{aligned}
\tag{5-1-17}
$$

代入式(5-1-9)，并注意到$d_1/f=1$，得

$$
\begin{aligned}
U_i(x,y)=&\frac{a}{d}\exp\left[\frac{\mathrm{j}k}{2f}\left(x^2+y^2\right)\right]\\
&\times\operatorname{rect}\left(\frac{x}{L}\right)\left\{1+\operatorname{sinc}\left(\frac{a}{d}\right)\left[\exp\left(-\mathrm{j}\frac{2\pi}{d}x\right)+\exp\left(\mathrm{j}\frac{2\pi}{d}x\right)\right]\right\}\\
&\times\operatorname{rect}\left(\frac{y}{L}\right)\left\{1+\operatorname{sinc}\left(\frac{a}{d}\right)\left[\exp\left(-\mathrm{j}\frac{2\pi}{d}y\right)+\exp\left(\mathrm{j}\frac{2\pi}{d}y\right)\right]\right\}
\end{aligned}
$$

利用欧拉公式化简为

$$
\begin{aligned}
U_i(x,y)=&\frac{a}{d}\exp\left[\frac{\mathrm{j}k}{2f}\left(x^2+y^2\right)\right]\operatorname{rect}\left(\frac{x}{L}\right)\operatorname{rect}\left(\frac{y}{L}\right)\\
&\times\left[1+2\operatorname{sinc}\left(\frac{a}{d}\right)\cos\left(\frac{2\pi}{d}x\right)\right]\left[1+2\operatorname{sinc}\left(\frac{a}{d}\right)\cos\left(\frac{2\pi}{d}y\right)\right]
\end{aligned}
\tag{5-1-18}
$$

此时，像变成周期为 d 的二维余弦振幅光栅．图 5-1-7 分别给出滤波窗、透过滤波窗的频谱及像平面所成之像的强度模拟分布图像．

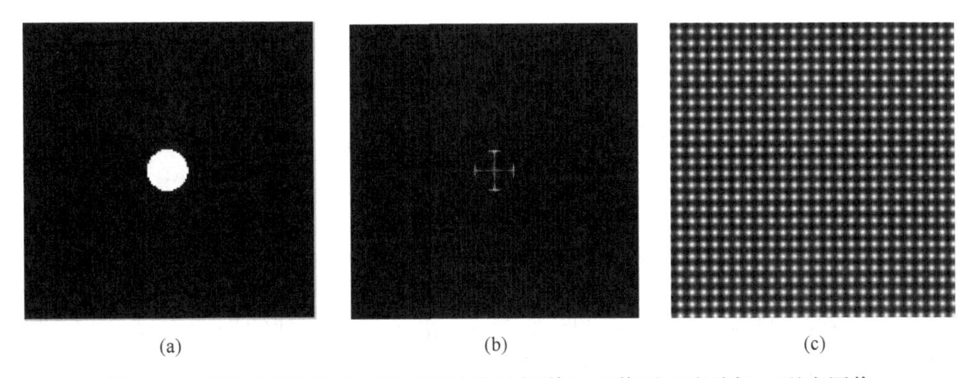

(a)　(b)　(c)

图 5-1-7　圆孔滤波窗(a)、透过滤波窗的频谱(b)及像平面光波场(c)强度图像

4) 环形滤波器

让光阑为中央不透光的环形孔，仅让 m，$n=\pm1$ 的频谱通过，此时式(5-1-14)近似为

$$
\begin{aligned}
&G_0\left(f_{x0},f_{y0}\right)\\
&\approx\left\{\frac{aL}{d}\operatorname{sinc}\left(\frac{a}{d}\right)\left[\operatorname{sinc}\left(Lf_{x0}+\frac{L}{d}\right)+\operatorname{sinc}\left(Lf_{x0}-\frac{L}{d}\right)\right]\right\}\\
&\quad\times\left\{\frac{aL}{d}\operatorname{sinc}\left(\frac{a}{d}\right)\left[\operatorname{sinc}\left(Lf_{y0}+\frac{L}{d}\right)+\operatorname{sinc}\left(Lf_{y0}-\frac{L}{d}\right)\right]\right\}
\end{aligned}
\tag{5-1-19}
$$

代入式(5-1-9)得

$$
\begin{aligned}
U_i(x,y) = 4\frac{a}{d}\exp\left[\frac{\mathrm{j}k}{2f}\left(x^2+y^2\right)\right]\mathrm{rect}\left(\frac{x}{L}\right)\mathrm{rect}\left(\frac{y}{L}\right) \\
\times\mathrm{sinc}^2\left(\frac{a}{d}\right)\cos\left(\frac{2\pi}{d}x\right)\cos\left(\frac{2\pi}{d}y\right)
\end{aligned}
\tag{5-1-20}
$$

像的结构变为余弦振幅光栅型．图 5-1-8 给出滤波窗、透过滤波窗的频谱及像平面光波场强度图像．由于像的强度分布是$U_i(x,y)$的模平方，其周期为$d/2$，即像平面光点数在 x 及 y 方向均变为物的两倍．

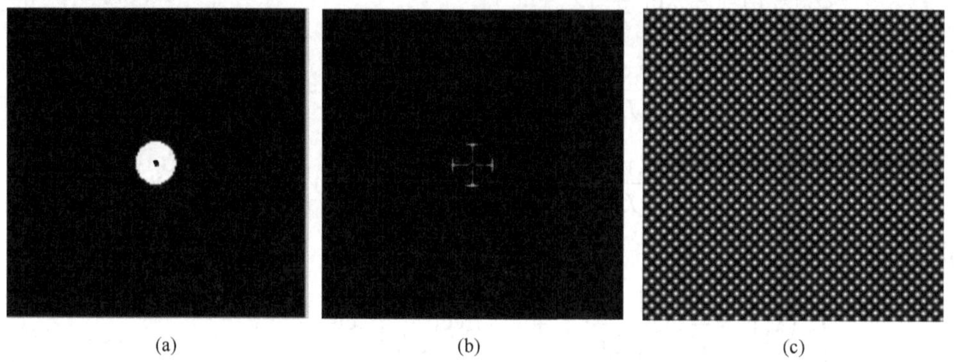

(a) (b) (c)

图 5-1-8 环形滤波窗(a)、透过滤波窗的频谱(b)及像平面光波场(c)强度图像

5) 水平狭缝滤波

将光阑透光孔做成沿 x 轴的一条狭缝，宽度为 T_d，根据式(5-1-12)，透过光阑的光波场正比于

$$
\begin{aligned}
G_0\left(f_{x0},f_{y0}\right) &= \frac{a^2L^2}{d^2}\mathrm{sinc}\left(Lf_{y0}\right)\sum_{m=-\infty}^{\infty}\mathrm{sinc}\left(\frac{ma}{d}\right)\mathrm{sinc}\left[L\left(f_{x0}-\frac{m}{d}\right)\right] \\
&= \frac{a^2L^2}{d^2}\mathrm{sinc}\left(Lf_{y0}\right)\left[\mathrm{sinc}\left(af_{x0}\right)\sum_{m=-\infty}^{\infty}\delta\left(f_{x0}-\frac{m}{d}\right)\right]*\mathrm{sinc}\left(Lf_{x0}\right)
\end{aligned}
\tag{5-1-21}
$$

代入式(5-1-9)得

$$
U_i(x,y) = \frac{a}{d}\exp\left[\frac{\mathrm{j}k}{2d_1}\left(x^2+y^2\right)\right]\mathrm{rect}\left(\frac{x}{L}\right)\mathrm{rect}\left(\frac{y}{L}\right)\left[\mathrm{rect}\left(\frac{x}{a}\right)*\mathrm{comb}(dx)\right] \tag{5-1-22}
$$

不难看出，由式(5-1-22)确定的像强度图像是一个沿 x 方向排列的周期为 d、宽度为 a 的亮线．图 5-1-9 给出滤波窗、透过滤波窗的频谱及像平面光波场强度模拟图像．

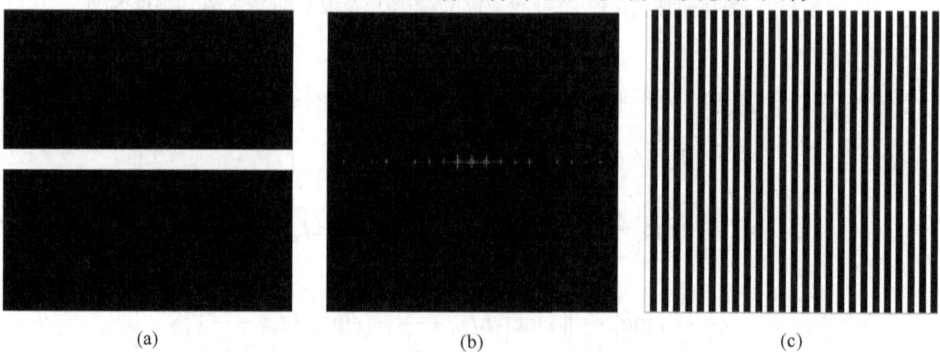

(a) (b) (c)

图 5-1-9 水平狭缝滤波窗(a)、透过滤波窗的频谱(b)及像平面光波场(c)强度图像

6) 垂直狭缝滤波窗

将光阑透光孔做成沿 y 轴的一条狭缝，宽度为 T_d. 通过与上面相似的讨论，可以得到像平面的光波场为

$$U_i(x,y)=\frac{a}{d}\exp\left[\frac{\mathrm{j}k}{2d_1}\left(x^2+y^2\right)\right]\mathrm{rect}\left(\frac{x}{L}\right)\mathrm{rect}\left(\frac{y}{L}\right)\left[\mathrm{rect}\left(\frac{y}{a}\right)*\mathrm{comb}(dy)\right] \tag{5-1-23}$$

式(5-1-23)表明，像的强度图像是一个沿 y 方向排列的周期为 d、宽度为 a 的亮线. 图 5-1-10 给出滤波窗、透过滤波窗的频谱及像平面光波场强度模拟图像.

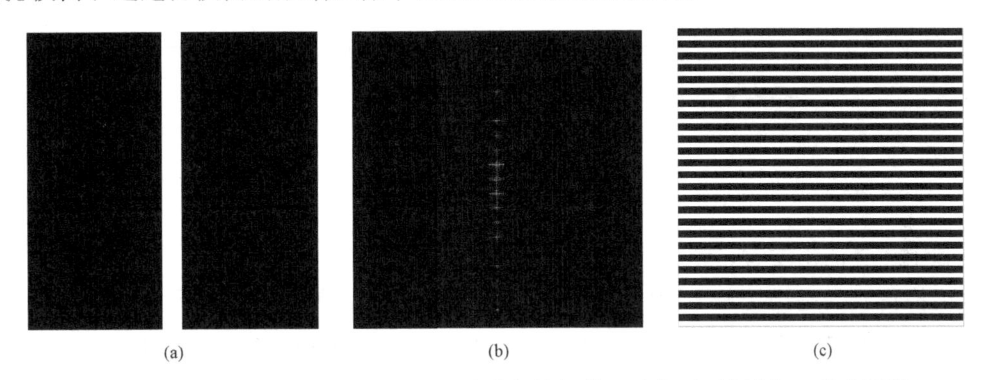

图 5-1-10　垂直狭缝滤波窗(a)、透过滤波窗的频谱(b)及像平面光波场(c)强度图像

本节的模拟图像是执行书附光盘程序 LXM15.m 获得的，由于模拟研究相对应的实验已经有大量文献报道，如文献[3]，这里不再给出实验证明. 通过习题 5-3 的求解可以对本节介绍的不同形式的滤波窗尺寸有较清晰的概念. 读者可以对 LXM15.m 程序作简单修改，改变不同形式的滤波窗观察成像的变化，并设计相关实验证明其结果.

5.2　空间频率滤波系统和空间滤波器

5.2.1　空间频率滤波系统

阿贝-波特实验说明，通过对物光场频谱的处理能够使像平面的光场分布发生改变，实现对光信息的处理. 事实上，阿贝-波特实验中在透镜焦平面放入的滤波窗是只改变频谱强度的空间滤波器，当透镜焦平面放置的是能够改变焦平面光波场的振幅和相位的滤波片时，能够按照人们的需要实现光信息处理. 下面对光信息处理的实用系统及物光场频谱的处理作进一步讨论.

由于将物平面放置于透镜前焦面时在透镜后焦面能够得到物光场的准确的傅里叶变换，由两面透镜及滤波片构成的 $4f$ 空间滤波系统是最实用的光信息处理的系统，图 5-2-1 为系统的结构示意图. 图中，来自物平面的物光透过第一面透镜后在透镜后焦面形成物光场的频谱，频谱面与第二面透镜的前焦面吻合，在频谱面上放置具有复振幅透过率的滤波片后，后一面透镜的后焦面上则是被处理后物光场的像.

设 $U_f(x,y)=A_f(x,y)\exp\left[\mathrm{j}\varphi_f(x,y)\right]$ 是到达透镜焦平面的光波场，如果透镜焦平面放入的滤波片透过率为

$$H(x,y)=A_H(x,y)\exp\left[\mathrm{j}\varphi_H(x,y)\right] \tag{5-2-1}$$

则透过滤波片的光波场变为

$$\begin{aligned}U_f'(x,y)&=U_f'(x,y)H(x,y)\\&=A_H(x,y)A_f(x,y)\exp\left\{\mathrm{j}\left[\varphi_H(x,y)+\varphi_f(x,y)\right]\right\}\end{aligned} \tag{5-2-2}$$

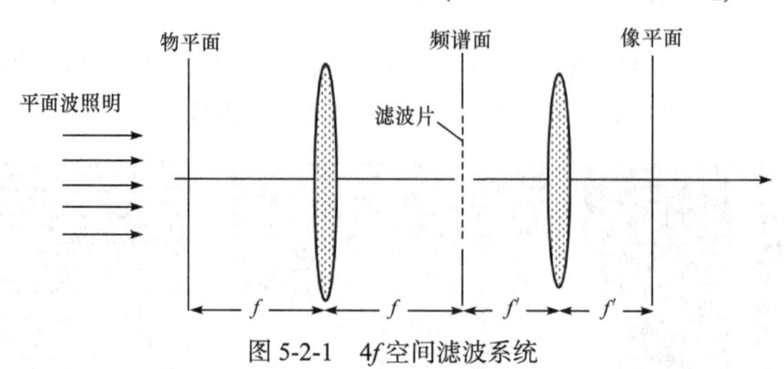

图 5-2-1　4*f* 空间滤波系统

从数学运算的角度看，光波通过 4*f* 空间滤波系统的过程相当于完成了两次傅里叶变换，第一次变换得到的是透镜焦平面的光波场 $U_f(x,y)$，第二次傅里叶变换是对穿过滤波片的光波场 $U_f'(x,y)$ 进行变换，由于第二次傅里叶变换也可以视为坐标反向的傅里叶变换，因此，在像平面上得到的是经过处理的物光场的倒像.

5.2.2　滤波器的种类

在 4*f* 空间滤波系统应用研究中，透镜焦平面放入的滤波片通常是根据透过率函数(5-2-1)的性质特殊加工形成的，详细有以下几种.

1) 振幅滤波器

振幅滤波器是一种仅改变各空间频率成分的振幅分布、相位分布不变的滤波器，即 $H(x,y)=A_H(x,y)$，5.1 节介绍的阿贝-波特实验中采用的滤波窗即属于振幅滤波器. 为让振幅分布发生连续变化，通常用感光胶片作振幅滤波器，制作时按所需的函数分布控制.

2) 相位滤波器

这种滤波器只改变空间频率的相位分布，而相应的振幅分布不变，即 $H(x,y)=\exp\left[\mathrm{j}\varphi_H(x,y)\right]$. 由于不改变振幅分布，因此入射光场的能量没有损失. 相位滤波器通常采用真空镀膜的方法制作，但受工艺的限制，得到复杂的相位分布变化很困难，所以只有当所要求的相位变化相当简单时，才能成功地实现和使用. 也可以通过在频谱面插入一块厚度适当变化的透明板来实现空间频谱分量的相位调制.

3) 复数滤波器

这种滤波器对空间频谱各分量的振幅和相位分布同时调制，即 $H(x,y)=A_H(x,y)\exp\left[\mathrm{j}\varphi_H(x,y)\right]$. 它的应用很广泛，但在一般方法制造时难以用任意却简单的图样来同时控制振幅透过率和相位透过率，直到 1963 年美国的 Vanderlugt 用全息方法合成制作出一个复数空间滤波器[3,4]，情况才得到很大改善. 下面对此进行专门介绍.

5.2.3　Vanderlugt 滤波器

1963 年，美国的 Vanderlugt 用如图 5-2-2 所示的全息方法合成一个复数滤波器. 图中透

镜 L_1 使点光源 S 发出的光准直，其后的平行光一部分照到膜片 P_1 上，一部分投射到棱镜 P 上．让膜片 P_1 在透镜 L_2 的前焦面上，记录介质放在透镜 L_2 的后焦平面，透镜 L_2 对透过 P_1 的光实施傅里叶变换，从棱镜折射出的光以一定的角度射到记录介质上并与穿过透镜 L_2 的光干涉，曝光的胶片经显影，获得一张透明片，可作为复数空间滤波器．

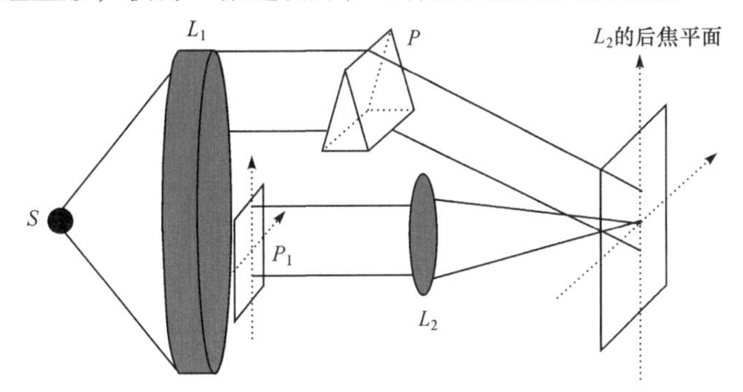

图 5-2-2　Vanderlugt 滤波器合成示意图

下面是这个过程的数学分析．设 P_1 的振幅透过率为 $h=h(x,y)$，经透镜 L_2 傅里叶变换后，利用第 4 章式(4-1-5)，投射到记录介质的光场复振幅为

$$h_i(x_i,y_i)=\frac{\exp(\mathrm{j}2kf)}{\mathrm{j}\lambda f}\int_{-\infty}^{\infty}\int_{-\infty}^{\infty}h(x_0,y_0)\exp\left[-\mathrm{j}2\pi\left(x_0\frac{x_i}{\lambda f}+y_0\frac{y_i}{\lambda f}\right)\right]\mathrm{d}x_0\mathrm{d}y_0 \tag{5-2-3}$$

式中，(x_i,y_i) 为介质平面坐标；$k=2\pi/\lambda$，λ 为光波长；f 为 L_2 的焦距．忽略常数相位因子，并令 $H(f_x,f_y)$ 是 $h(x,y)$ 的傅里叶变换，可以将式(5-2-3)简写为

$$\begin{aligned}h_i(x_i,y_i)&=\frac{1}{\lambda f}H\left(\frac{x_i}{\lambda f},\frac{x_i}{\lambda f}\right)\\&=\frac{1}{\lambda f}H(f_x,f_y)\\&=\frac{1}{\lambda f}A(f_x,f_y)\exp\left[\mathrm{j}\phi(f_x,f_y)\right]\end{aligned} \tag{5-2-4}$$

设棱镜斜入射到记录介质的平面波为

$$U(x_i,y_i)=u\exp(-\mathrm{j}2\pi f_\theta y_i) \tag{5-2-5}$$

其中，空间频率 f_θ 等于

$$f_\theta=\frac{\sin\theta}{\lambda} \tag{5-2-6}$$

记录介质平面上的光强度分布则为

$$\begin{aligned}I(x_i,y_i)&=\left|u\exp(-\mathrm{j}2\pi f_\theta y_i)+\frac{1}{\lambda f}A(f_x,f_y)\exp\left[\mathrm{j}\phi(f_x,f_y)\right]\right|^2\\&=u^2+\frac{1}{\lambda^2f^2}A^2(f_x,f_y)+\frac{2u}{\lambda f}A(f_x,f_y)\cos\left[2\pi f_\theta y_i+\phi(f_x,f_y)\right]\\&=u^2+\frac{1}{\lambda^2f^2}A^2\left(\frac{x_i}{\lambda f},\frac{y_i}{\lambda f}\right)+\frac{2u}{\lambda f}A\left(\frac{x_i}{\lambda f},\frac{y_i}{\lambda f}\right)\cos\left[2\pi f_\theta y_i+\phi\left(\frac{x_i}{\lambda f},\frac{y_i}{\lambda f}\right)\right]\end{aligned} \tag{5-2-7}$$

式(5-2-7)第三项含有复函数 $h_i(x_i, y_i)$ 振幅和相位分布的信息，它们分别被一个高频载波的振幅调制和相位调制记录下来，高频载波是由来自棱镜的“参考”平面波的相对角度倾斜而引入的．因此，用对强度敏感的介质就能够同时记录下复函数 $h_i(x_i, y_i)$ 振幅分布和相位分布的信息．

将经过曝光的胶片显影和定影，即得到振幅透过率正比于曝光期间照射光的强度分布的透光片，它的振幅透过率具有以下形式：

$$
\begin{aligned}
T(x,y) &\propto I(x,y) \\
&= u^2 + \frac{1}{\lambda^2 f^2} A^2\left(\frac{x}{\lambda f}, \frac{y}{\lambda f}\right) + \frac{2u}{\lambda f} A\left(\frac{x}{\lambda f}, \frac{y}{\lambda f}\right) \cos\left[2\pi f_\theta y + \phi\left(\frac{x}{\lambda f}, \frac{y}{\lambda f}\right)\right] \\
&= u^2 + \frac{1}{\lambda^2 f^2} |H|^2 + \frac{u}{\lambda f} H \cos(\mathrm{j}2\pi f_\theta y) + \frac{u}{\lambda f} H^* \cos(-\mathrm{j}2\pi f_\theta y)
\end{aligned}
\tag{5-2-8}
$$

考查 $T(x,y)$ 中的第三项，除一个简单的复指数因子外，正比于 H．将该透光片作为滤波片放在图 5-2-1 的 $4f$ 系统的频谱面上，按照傅里叶变换理论，在系统的输出平面上将出现函数 h 与输入光信息的卷积．如果将光信息处理设计为通过一个脉冲响应为 h 的线性空间不变系统的过程，在 $4f$ 系统的输出平面上又能消除 $T(x,y)$ 中其他项的效应，经上述处理的透光片就可作为一个脉冲响应为 h 的滤波器使用．

下面的讨论中将看到，通过适当的光学设计，可以在系统的输出平面上得到一个不受干扰的区域，该区域的光波场是函数 h 与输入光信息的卷积．

设要进行滤波的输入光信息为 $u_0(x_0, y_0)$，频谱面上的复振幅分布是

$$
U_0(x,y) = \frac{1}{\lambda f} F\{u_0(x,y)\} = \frac{1}{\lambda f} U\left(\frac{x}{\lambda f}, \frac{x}{\lambda f}\right) \tag{5-2-9}
$$

利用式(5-2-8)，透过滤波器的光场振幅分布满足

$$
\begin{aligned}
U_0'(x,y) &\propto U_0(x,y) T(x,y) \\
&= \frac{u^2 U}{\lambda f} + \frac{1}{\lambda^3 f^3} |H|^2 U \\
&\quad + \frac{u}{\lambda^2 f^2} HU \exp(\mathrm{j}2\pi f_\theta y) + \frac{u}{\lambda^2 f^2} H^* U \exp(-\mathrm{j}2\pi f_\theta y)
\end{aligned}
\tag{5-2-10}
$$

由于输出平面光波场复振幅分布与式(5-2-10)的傅里叶变换成正比，引入卷积符号“*”，并将像平面坐标 (x_i, y_i) 定义为与 (x,y) 反向的坐标，像平面光场复振幅分布则为

$$
\begin{aligned}
u_i(x_i, y_i) &\propto \frac{u^2}{\lambda f} u_0(x_i, y_i) + \frac{1}{\lambda^3 f^3}\left[h(x_i, y_i) * h^*(x_i, y_i) * u_0(x_i, y_i)\right] \\
&\quad + \frac{u}{\lambda^2 f^2}\left[h(x_i, y_i) * u_0(x_i, y_i) * \delta(x_i, y_i + f_\theta \lambda f)\right] \\
&\quad + \frac{u}{\lambda^2 f^2}\left[h^*(-x_i, -y_i) * u_0(x_i, y_i) * \delta(x_i, y_i - f_\theta \lambda f)\right]
\end{aligned}
\tag{5-2-11}
$$

利用 δ 函数的性质，式(5-2-11)中的第三和第四项中的卷积项又可表示成

$$
\begin{aligned}
&\left[h(x_i,y_i)*u_0(x_i,y_i)*\delta(x_i,y_i+f_\theta\lambda f)\right]\\
&=\int_{-\infty}^{\infty}\int_{-\infty}^{\infty} h(x_i-\xi,y_i+f_\theta\lambda f-\eta)u_0(\xi,\eta)\mathrm{d}\xi\mathrm{d}\eta
\end{aligned}
\tag{5-2-12}
$$

$$
\begin{aligned}
&\left[h^*(-x_i,-y_i)*u_0(x_i,y_i)*\delta(x_i,y_i-f_\theta\lambda f)\right]\\
&=\int_{-\infty}^{\infty}\int_{-\infty}^{\infty} h^*(\xi-x_i,\eta-y_i+f_\theta\lambda f)u_0(\xi,\eta)\mathrm{d}\xi\mathrm{d}\eta
\end{aligned}
\tag{5-2-13}
$$

可见第三项是$h(x_i,y_i)$与$u_0(x_i,y_i)$在像平面(x_i,y_i)上的卷积，其中心坐标为$(0,-f_\theta\lambda f)$，第四项是$h(x_i,y_i)$与$u_0(x_i,y_i)$在像平面(x_i,y_i)上的交叉相关，其中心坐标为$(0,f_\theta\lambda f)$．式(5-2-11)前两项的中心位于像平面(x_i,y_i)的原点，在通常的滤波处理中没有特别的用处．只要能够在像平面上获得不受干扰的第三和第四项对应的光波场，滤波系统就能实现$h(x_i,y_i)$与$u_0(x_i,y_i)$两个函数的卷积和交叉相关运算．

理论分析可以证明，如果棱镜折射出的平面参考波倾斜角θ足够大，则能在像平面上获得不受干扰的第三和第四项对应的光波场．为便于讨论，假定$h(x_i,y_i)$与$u_0(x_i,y_i)$在 y_i 轴方向的最大宽度分别为W_h和W_u，图 5-2-3 给出能够有效分离第三和第四项时像平面光场$u_i(x_i,y_i)$各项中心位置示意图．

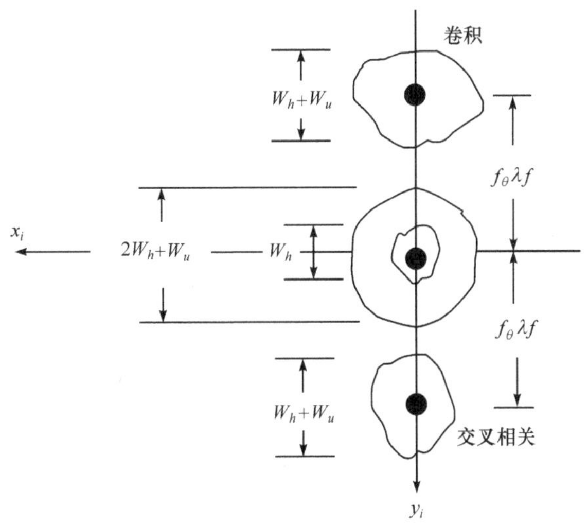

图 5-2-3　像平面输出各项中心位置示意图

根据卷积的性质，式(5-2-11)四项的宽度分别为

$$
\begin{aligned}
&\frac{u^2}{\lambda f}u_0(x_i,y_i)\to W_h\\
&\frac{1}{\lambda^3 f^3}\left[h(x_i,y_i)*h^*(x_i,y_i)*u_0(x_i,y_i)\right]\to 2W_h+W_u\\
&\frac{u}{\lambda^2 f^2}\left[h(x_i,y_i)*u_0(x_i,y_i)*\delta(x_i,y_i+f_\theta\lambda f)\right]\to W_h+W_u\\
&\frac{u}{\lambda^2 f^2}\left[h^*(-x_i,-y_i)*u_0(x_i,y_i)*\delta(x_i,y_i-f_\theta\lambda f)\right]\to W_h+W_u
\end{aligned}
\tag{5-2-14}
$$

参照图 5-2-3，显然第三、四项与第一、二项分开的条件为

$$f_\theta \lambda f-\frac{1}{2}\left(2W_h+W_u\right)>\frac{1}{2}\left(W_h+W_u\right)$$

利用 $\lambda f_\theta=\sin\theta\approx\theta$ ，容易得到

$$\theta>\frac{1}{f}\left(\frac{3}{2}W_h+W_u\right) \tag{5-2-15}$$

因此，按照式(5-2-15)制作 Vanderlugt 滤波片，便能在像平面上实现输入光信息 $u_0\left(x_i,y_i\right)$ 与函数 $h\left(x_i,y_i\right)$ 的卷积和交叉相关运算.

由于空域函数 $h\left(x_i,y_i\right)$ 根据信息处理的需要通常容易得到，按照 Vanderlugt 方法可以方便地制作出频域的滤波片，这项技术在光信息处理中得到较广泛的应用.

5.3　空间滤波器的应用实例

基于阿贝的成像理论，在成像透镜焦平面上放置不同形式的滤波片便能改变像的特性，以下介绍两个成功应用的实例.

5.3.1　策尼克相衬显微镜

空间滤波一个最成功的例子要算策尼克相衬显微镜. 一般情况下，显微术中观察的许多物体(如透明生物体)，透明度很高，对光吸收少或基本不吸收；光通过这样的物体时，主要的效应就是光线穿过物体时因厚度的不同而产生的相位改变，而通常的显微镜和接收器只对光强响应，无法直接观测这类物体的厚度和结构. 1935 年，策尼克根据空间滤波原理提出了一个新的相衬方法[3,5]，使这个问题得到很好的解决，其特点是观察到的光的强度与物体引起的相位改变成线性变化，从而可以测量出物体的厚度. 设透明物体的振幅透过率函数为

$$t(x,y)=\exp\left[\mathrm{j}\varphi(x,y)\right] \tag{5-3-1}$$

即对光没有吸收，只使光的相位发生一个移动. 为讨论简单，不计成像系统出射光瞳和入射光瞳有限大小的效应，并设像的放大率为 1. 为使强度与相位的改变成线性关系，要求物体厚度不同引起的相位的改变 $\Delta\phi(x,y)$ 远小于 2π，此时透过物体的光的振幅分布可表示为

$$\begin{aligned}u(x,y)&\propto\exp\left[\mathrm{j}\varphi(x,y)\right]=\exp\left[\mathrm{j}\varphi_0+\mathrm{j}\Delta\varphi(x,y)\right]\\&=\exp\left(\mathrm{j}\varphi_0\right)\times\exp\left[\mathrm{j}\Delta\varphi(x,y)\right]\approx\exp\left(\mathrm{j}\varphi_0\right)\left[1+\mathrm{j}\Delta\varphi(x,y)\right]\\&=\exp\left(\mathrm{j}\varphi_0\right)+\mathrm{j}\Delta\varphi(x,y)\exp\left(\mathrm{j}\varphi_0\right)\end{aligned} \tag{5-3-2}$$

其中， φ_0 代表光通过物体产生的平均相移，因此 $\Delta\varphi(x,y)$ 已去除了零频分量. 可以这样看式(5-3-2)两项的物理意义，第一项代表通过样品经历了的均匀相移 φ_0 沿光轴传播的直透光，第二项是由于物体厚度变化而形成的偏离光轴的衍射光，两项经过透镜在像平面干涉成像. 对于通常的显微镜，上述物体所成的像可以表示成

$$I_i\approx\left|1+\mathrm{j}\Delta\varphi(x,y)\right|^2=1+\Delta^2\varphi(x,y)$$

策尼克认为， $\Delta^2\varphi(x,y)$ 之所以在像面上观察不到，是由于通常 $\Delta^2\varphi(x,y)\ll 1$ ，如果能够改变

直透光和轻微偏离光轴的衍射光的相位关系，使它们直接干涉，就能观察到像强度的变化.

利用上面介绍的空间滤波技术，采用相位滤波器可以改变两项光波之间的相位差，将相位的变化转换成光的强弱的变化，这种变换又称为幅相变换. 由于沿光轴传播的直透光在焦面上将会聚成轴上的一个焦点，而另一项为空间频率较高的衍射光，它们在焦平面偏离焦点散射，策尼克提出在焦平面上放一块变相板(即空间频率滤波器)调制焦点附近本底光与衍射光的相位，从而改变两者之间的相位差. 变相板可以在一块玻璃基片上涂上一小滴透明的电解质构成，电解质小滴位于焦面中心，其厚度及折射率使得焦点附近的光通过它后，让直透光相位相对于衍射光的相位延迟 $\pi/2$ 或 $3\pi/2$. 当延迟 $\pi/2$ 时，像平面上的强度为

$$\begin{aligned} I_i &= \left|\exp\left(\mathrm{j}\frac{\pi}{2}\right) + \mathrm{j}\Delta\varphi(x,y)\right|^2 = \left|\mathrm{j} + \mathrm{j}\Delta\varphi(x,y)\right|^2 \\ &\approx 1 + 2\Delta\varphi(x,y) \end{aligned} \tag{5-3-3}$$

若延迟 $3\pi/2$ ，像平面上的强度则为

$$\begin{aligned} I_i &= \left|\exp\left(\mathrm{j}\frac{3\pi}{2}\right) + \mathrm{j}\Delta\varphi(x,y)\right|^2 = \left|-\mathrm{j} + \mathrm{j}\Delta\varphi(x,y)\right|^2 \\ &\approx 1 - 2\Delta\varphi(x,y) \end{aligned} \tag{5-3-4}$$

可见两种情况中，像的强度分布与相位的改变 $\Delta\varphi(x,y)$ 成线性关系. 式(5-3-3)的情形叫正相衬，式(5-3-4)的情形叫负相衬. 在策尼克方法中，通过电解质小滴有部分吸收作用，使直透光有部分衰减，还可以改善像的强度变化的相衬度，便于观察.

为能较直观地了解策尼克相衬显微镜的原理，本书光盘给出模拟程序 LXM16.m. 在程序中，焦平面的光波场用柯林斯公式计算，按照策尼克提出的相衬技术进行滤波，即让焦平面中央一个小区域的相位发生改变，让经过滤波的焦平面的光波第二次成像. 图 5-3-1 给出程序的一个执行实例，其中，图 5-3-1(a)是用 0～255 级灰度表示 $\Delta\varphi(x,y)$ 在 0～π范围变化的图像，图 5-3-1(b)是让焦平面中央一个小区域的相位发生$\pi/2$ 改变而获得的正相衬成像，图 5-3-1(c)是相位发生 $3\pi/2$ 改变的负相衬成像. 从图中可以看出，正相衬及负相衬所成之像的灰度变化与式(5-3-3)及式(5-3-4)所预见的结果相对应，正相衬成像的灰度基本与原始物像相似，负相衬所成之像则相反，即图像中较亮区域与原始物像较暗区域相对应. 由于传统显微镜完全不能看到相位型物体，策尼克提出的技术无疑是一大进步. 通过模拟研究容易发现，在频谱面进行滤波是一件十分精细的工作，读者可以通过程序调整频谱中央相衬区及相位变化的大小，观察所成图像受到的影响.

(a) 纯相位变化的原图像

(b) 正相衬像强度图像

(c) 负相衬像强度图像

图 5-3-1　策尼克相衬显微镜成像模拟

5.3.2 Maréchal 的工作和补偿滤波器

20 世纪 50 年代初期，巴黎大学的 Maréchal 等科技人员，用相干光空间滤波方法改善照片的质量，取得很大成功[3]，他们的工作极大地推动了光信息处理的研究．普通的照片是由非相干成像系统摄制的，Maréchal 认识到照片中的各种不希望存在的缺陷如模糊、细节不清楚等是非相干成像系统光学传递函数中相应的缺陷引起的．由此他认为如果把照相底片放在一个相干光学处理系统中，在系统的焦面上放置适当的衰减板和相移板构成一个滤波器，因其作用又叫补偿滤波器，这样可能部分地消除一些不希望的缺陷．即原成像系统的传递函数有缺陷，但乘以补偿滤波器的透过率函数，可望得到一个令人满意的总体频率响应．利用这一想法，Maréchal 及其研究小组成功地使照片质量的各种缺陷得到改善．如只要衰减掉物频谱中的低频分量，那么像中的微小细节就会得到强力的突出．

他们在消除像模糊方面取得很大成功，原理简述如下：原来的成像系统离焦厉害，成像的非相干脉冲响应在几何光学近似下是一个半径为 a 的圆形光斑，若几何光学规定的理想像强度为 $I_i(x,y)$，引入卷积符号“*”后，离焦像可以表示为

$$I_i'(x,y)=I_i(x,y)*\frac{1}{\pi a^2}\mathrm{circ}\left(\frac{\sqrt{x^2+y^2}}{a}\right) \tag{5-3-5}$$

式中，$\frac{1}{\pi a^2}$ 是归一化因子[6]．若将离焦像放在焦距为 f 的透镜的前焦面上，根据式(4-1-7)，在相干的平面波照明下，透镜后焦面光波场则为

$$\begin{aligned}U_f(x,y)&=\frac{\exp(\mathrm{j}2kf)}{\mathrm{j}\lambda f}F\{I_i'(x,y)\}\\&=\frac{\exp(\mathrm{j}2kf)}{\mathrm{j}\lambda f}F\{I_i(x,y)\}\times F\left\{\frac{1}{\pi a^2}\mathrm{circ}\left(\frac{\sqrt{x^2+y^2}}{a}\right)\right\}\\&=\frac{\exp(\mathrm{j}2kf)}{\mathrm{j}\lambda f}F\{I_i(x,y)\}\times\frac{\mathrm{J}_1\left(2\pi a\sqrt{f_x^2+f_y^2}\right)}{\pi a\sqrt{f_x^2+f_y^2}}\\&=\frac{\exp(\mathrm{j}2kf)}{\mathrm{j}\lambda f}F\{I_i(x,y)\}\times H(f_x,f_y)\end{aligned} \tag{5-3-6}$$

式中，$f_x=\frac{x}{\lambda f},f_y=\frac{y}{\lambda f}$，$\mathrm{J}_1$ 是一阶贝塞尔函数．

如图 5-3-2(a)中用虚线给出函数 $H(f_x,f_y)$ 的分布形式．可以想象，如果在焦平面设计滤波器，让式(5-3-6)中 $H(f_x,f_y)$ 的变化平缓，并让滤波后的光波场在另一个透镜的前焦面上，则能在透镜的后焦面上得到一个一定程度上消除离焦畸变的像．据此分析，巴黎大学的 Maréchal 等科技人员用一个补偿滤波器放在系统的频谱面上，如图 5-3-2(b)所示，这个滤波器由一块吸收板和一块相移板组合，吸收板使 $H(f_x,f_y)$ 很高的低频峰衰减，这样可使像的对比度提高，相移板使 J_1 的第一个负瓣区的符号变正(相当于相位移动π)，综合效果使输出图像的质量获得一定改善．

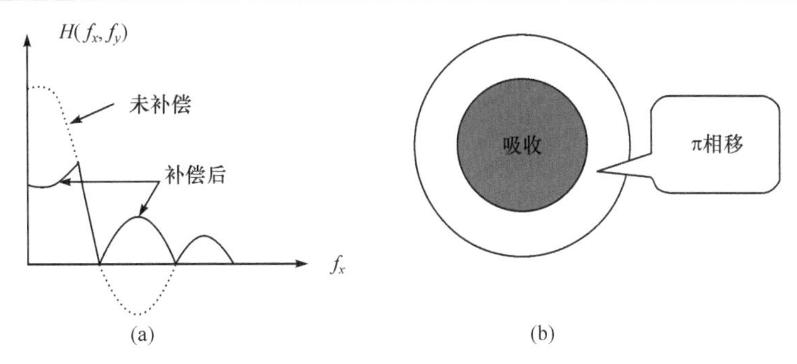

图 5-3-2　Maréchal 滤波器示意图

5.4　相干光信息处理系统

从前面的叙述可知，如果用相干光照射，在透镜的后焦平面上得到输入光信号的傅里叶频谱，通过对频谱面的频谱进行调制，即对输入光信号的频谱作空间滤波，就能改变输出图像，得到所需要的结果.

相干光信息处理系统有不同的结构[3]，图 5-4-1 为最常见的 4f 滤波系统，从输入面到输出面，相隔四个“焦距”的距离，因此称为 4f 系统．点光源 S 在透镜 L_1 的前焦点，发出的光经 L_1 后为平行光，输入面 P_0 紧贴在 L_1 后面，振幅透过率为 $u_0(x_0,y_0)$，P 是频谱面，略去常数相位因子后频谱面光波复振幅为

$$f(x,y)=\frac{1}{\lambda f}F\{u_0(x,y)\}=\frac{1}{\lambda f}U\left(\frac{x}{\lambda f},\frac{y}{\lambda f}\right)$$

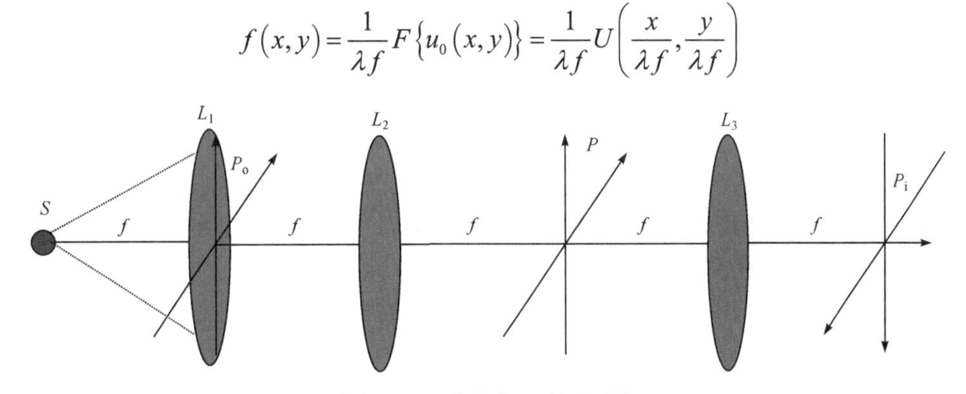

图 5-4-1　光信息 4f 处理系统

如果一个滤波器放在 P 处对频谱进行调制，滤波器的复振幅透过率是函数 $h(x,y)$ 的傅里叶变换 $H\left(\frac{x}{\lambda f},\frac{y}{\lambda f}\right)=F\{h(x,y)\}$，这样滤波器后的光波场与 UH 成正比，经过透镜 L_3，在透镜 L_3 的焦平面，即系统像平面的光场复振幅则为

$$u_i(x_i,y_i)\propto\int_{-\infty}^{\infty}\int_{-\infty}^{\infty}u_0(\xi,\eta)h(x_i-\xi,y_i-\eta)\mathrm{d}\xi\mathrm{d}\eta \tag{5-4-1}$$

在像平面上，输出是倒置的，坐标反向，因为先后作了两次傅里叶变换．显然 4f 相干光信息处理系统对复振幅是线性的，像平面上光波场的强度分布满足

$$I_i(x_i,y_i)=\left|u_i(x_i,y_i)\right|^2\propto\left|\int_{-\infty}^{\infty}\int_{-\infty}^{\infty}u_0(\xi,\eta)h(x_i-\xi,y_i-\eta)\mathrm{d}\xi\mathrm{d}\eta\right|^2 \tag{5-4-2}$$

下面介绍式(5-4-1)的几个应用.

5.4.1　多重像的实现

在图 5-4-1 的 4*f* 滤波系统的频谱面上，放置一个正交龙基光栅，即光栅透过率函数为

$$H(f_x,f_y)=\left[\sum_{m=-\infty}^{\infty}\mathrm{rect}\left(\frac{f_x-md}{d/2}\right)\right]\left[\sum_{n=-\infty}^{\infty}\mathrm{rect}\left(\frac{f_y-nd}{d/2}\right)\right] \tag{5-4-3}$$

式中，$f_x=\dfrac{x}{\lambda f},f_y=\dfrac{y}{\lambda f}$，$d$ 是光栅常数．由式(5-4-1)得像平面复振幅

$$u_i(x_i,y_i)=u_0(x_i,y_i)*\left[\sum_{m=-\infty}^{\infty}\mathrm{sinc}\left(\frac{x_i-m/d}{2/d}\right)\right]*\left[\sum_{n=-\infty}^{\infty}\mathrm{sinc}\left(\frac{y_i-n/d}{2/d}\right)\right] \tag{5-4-4}$$

式中，*代表卷积运算．在式(5-4-4)中后面两项是 sinc 函数二维阵列，它们可以近似看成δ函数二维阵列,物函数与 sinc 函数二维阵列卷积的结果就在像平面上形成输入图像的多重图像，如图 5-4-2 所示.

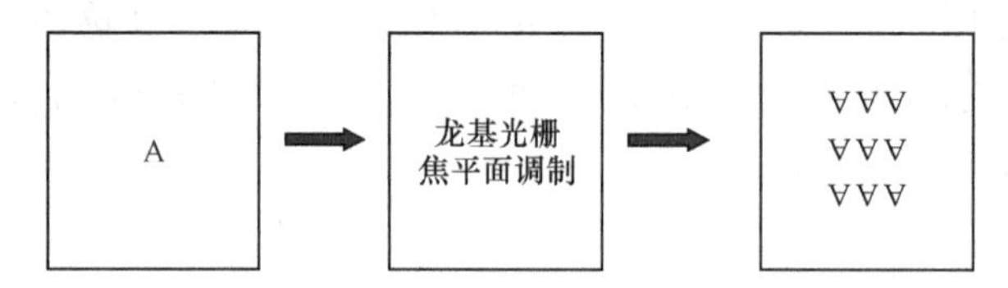

图 5-4-2　利用龙基光栅实现多重像倒置

5.4.2　图像的相减和相加

在实际中，经常会遇到两组信息的相加、相减、比较等，对两幅图像进行相加、相减、比较、识别等有很多应用．如两幅相近的图像相减可以检测它们之间的差异，进而研究与之相联系的事物的变化，在医学上两张不同时间拍摄的病理照片相减可帮助医生掌握病情的发展，同一地面区域先后拍摄的两张照片相减可发现地面物体的变化，检测工件与标准件图像相减可判断工件外形加工是否合格以及是否存在缺陷.

下面以光栅调制为例介绍如何对两幅图像进行相加、相减[6]．如图 5-4-3 所示，两幅处理的图像放在 4*f* 系统的输入面上，正弦光栅置于频谱面处．忽略光栅的有限尺寸，一维正弦光栅的滤波函数可表示为

$$\begin{aligned}H(f_x,f_y)&=\frac{1}{2}+\frac{1}{2}\cos(2\pi f_0x+\varphi_0)\\&=\frac{1}{2}+\frac{1}{4}\exp\left[\mathrm{j}(2\pi f_0x+\varphi_0)\right]+\frac{1}{4}\exp\left[-\mathrm{j}(2\pi f_0x+\varphi_0)\right]\end{aligned} \tag{5-4-5}$$

式中,f 为透镜的焦距，f_0 是光栅的频率，φ_0 表示光栅的初相位．设图像 $u_A(x_0,y_0)$ 和 $u_B(x_0,y_0)$ 相对于 y 轴对称放置在输入面上，则输入函数为

$$u_0(x_0,y_0)=u_A(x_0-b,y_0)+u_B(x_0+b,y_0) \tag{5-4-6}$$

令$U(f_x,f_y)=F\{u_0(x,y)\}$，$U_A(f_x,f_y)=F\{u_A(x,y)\}$，$U_B(f_x,f_y)=F\{u_B(x,y)\}$，频谱面复振幅则为

$$U(f_x,f_y)=U_A(f_x,f_y)\exp(-\mathrm{j}2\pi bf_x)+U_B(f_x,f_y)\exp(\mathrm{j}2\pi bf_x)$$

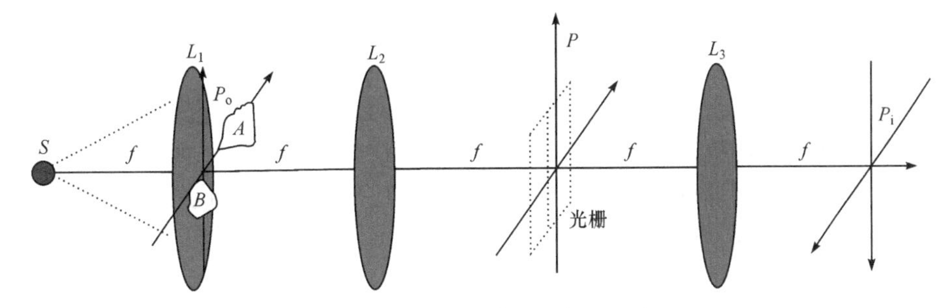

图 5-4-3　两幅图像的相加和相减

令$b=\lambda ff_0$，注意到$f_x=\dfrac{x}{\lambda f},f_y=\dfrac{y}{\lambda f}$，滤波后，频谱面光场的复振幅分布为

$$\begin{aligned}&U(f_x,f_y)H(f_x,f_y)\\&=\frac{1}{2}\left[U_A(f_x,f_y)\exp(-\mathrm{j}2\pi f_0x)+U_B(f_x,f_y)\exp(\mathrm{j}2\pi f_0x)\right]\\&+\frac{1}{4}\left[U_A(f_x,f_y)\exp(\mathrm{j}\varphi_0)+U_B(f_x,f_y)\exp(-\mathrm{j}\varphi_0)\right]\\&+\frac{1}{4}\left\{U_A(f_x,f_y)\exp\left[-\mathrm{j}(4\pi f_0x+\varphi_0)\right]+U_B(f_x,f_y)\exp\left[\mathrm{j}(4\pi f_0x+\varphi_0)\right]\right\}\end{aligned}\tag{5-4-7}$$

对式(5-4-7)作傅里叶逆变换，得像平面的光场复振幅分布

$$\begin{aligned}u_i(x_i,y_i)=&\frac{1}{2}\left[u_A(x_i-b,y_i)+u_B(x_i+b,y_i)\right]\\&+\frac{1}{4}\exp(\mathrm{j}\varphi_0)\left[u_A(x_i,y_i)+u_B(x_i,y_i)\exp(-\mathrm{j}2\varphi_0)\right]\\&+\frac{1}{4}\left[u_A(x_i-2b,y_i)\exp(-\mathrm{j}\varphi_0)+u_B(x_i+2b,y_i)\exp(\mathrm{j}\varphi_0)\right]\end{aligned}\tag{5-4-8}$$

从式(5-4-8)可以看出，对于中心位于$x_0=b$的图像$u_A(x_0,y_0)$，经光栅在频谱面调制后，在像平面上形成三个像，零级像中心位于$x_i=b$处，正负一级对称分布于$x_i=b$的两侧，即中心位于$x_i=0,2b$；同理，中心位于$x_i=-b$的图像$u_B(x_0,y_0)$，三个像中心位于像平面$x_i=0,-b,-2b$. 因此图像$u_A(x_0,y_0)$的正一级像与$u_B(x_0,y_0)$的负一级像在像平面中心(原点)区域相干叠加.

如果光栅的初相位取为$\pi/2$，相当于光栅偏离光轴四分之一周期，式(5-4-8)第二项变为$\dfrac{\mathrm{j}}{4}\left[u_A(x_i,y_i)-u_B(x_i,y_i)\right]$，表明在像平面中心区域实现了两幅图像相减. 如果光栅的初相位取为0，相当于光栅零点在原点处，式(5-4-8)第二项变为$\dfrac{1}{4}\left[u_A(x_i,y_i)+u_B(x_i,y_i)\right]$，得到两幅图像在像平面中心区域相加的结果.

显然，为能够得到便于观察或使用的结果，式(5-4-8)的三项在像平面上必须相互分离，

为实现这一点，两幅图像的宽度均必须小于 b.

5.4.3　图像的特征识别

特征识别就是从输入信息中检测某个特定信息的存在并确定它的位置，或比较两幅图像是否相同，即进行相关检测，有很广的应用范围，如从卫星或其他航空器拍摄的地面照片检测某种物体、机器人的视觉识别、 从书中查找某个字符、指纹识别等. 有很多方法可以完成图像的特征识别，如数字图像处理，先采集待比较的两幅图像，进行抽样、A/D 转换变成数字化图像，然后计算处理提取它们的特征量和模式，进行对比分析，再运用一定评价方案完成判别，得出结论，随着计算机的发展，已得到广泛应用. 但用相干光信息处理比较两幅图像可在很短的时间内完成，速度快，在某些方面比数字图像处理优越. 下面介绍一种匹配滤波器相关检测的图像识别法，基本原理就是前面介绍的滤波处理.

1. 匹配滤波器

匹配滤波器定义为对一个特定的信号 $s(x,y)$，滤波器的滤波函数取为[3]

$$h(x,y)=s^*(-x,-y) \tag{5-4-9}$$

令 $S(f_x,f_y)=F\{s(-x,-y)\}$，则式(5-4-9)的傅里叶变换是

$$H(f_x,f_y)=S^*(f_x,f_y) \tag{5-4-10}$$

如果将输入 $u_0(x_0,y_0)$ 投射到与 $s(x,y)$ 匹配的滤波器上，则输出为

$$\begin{aligned} u_i(x_i,y_i)&=\int_{-\infty}^{\infty}\int_{-\infty}^{\infty} u_0(\xi,\eta)h(x_i-\xi,y_i-\eta)\mathrm{d}\xi\mathrm{d}\eta \\ &=\int_{-\infty}^{\infty}\int_{-\infty}^{\infty} u_0(\xi,\eta)s^*(\xi-x_i,\eta-y_i)\mathrm{d}\xi\mathrm{d}\eta \end{aligned} \tag{5-4-11}$$

即 $u_i(x_i,y_i)$ 是 $u_0(x_0,y_0)$ 与 $s(x,y)$ 的交叉相关函数. 当输入物光场 $u_0(x_0,y_0)=s(x_0,y_0)$ 时，式(5-4-11)变成

$$u_i(x_i,y_i)=\int_{-\infty}^{\infty}\int_{-\infty}^{\infty} s(\xi,\eta)s^*(x_i-\xi,y_i-\eta)\mathrm{d}\xi\mathrm{d}\eta \tag{5-4-12}$$

即像平面上像的光场分布是物的自相关，为一个亮点. 如果输入光信号 $u_0(x_0,y_0)$ 不是 $s(x,y)$，像平面上像的光场分布是物与 $s(x,y)$ 的交叉相关，输出是一个弥散的亮斑.

这里用图 5-4-4 的 4f 系统对式(5-4-11)运算的意义作简单解释.

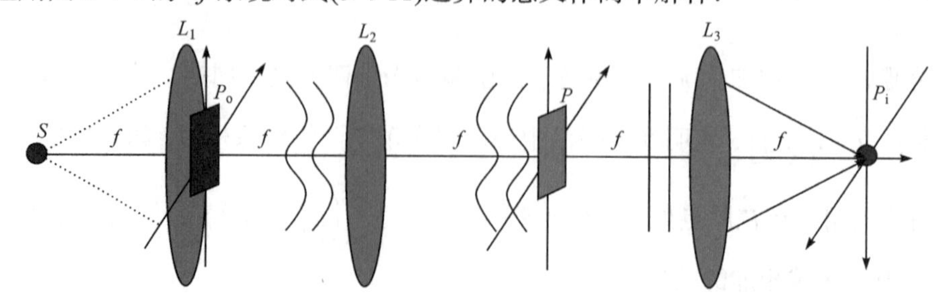

图 5-4-4　匹配滤波器作用的意义

物光 $s(x_0,y_0)$ 光经透镜 L_2 的傅里叶变换作用，透镜 L_2 后的光场是 $s(x,y)$ 的傅里叶变换 $S(f_x,f_y)$，通过匹配滤波器，透镜 L_3 前面的光场正比于 $S^*(f_x,f_y)S(f_x,f_y)$. 显然这是一个实数，即滤波器后的光场为一个平面波(注：这里的平面是指与光轴垂直的平面上各点相位相同，但强度一般不均匀). 再经透镜 L_3 会聚在焦点处形成一个亮点. 可见滤波器的作用是把前面光场弯曲的同相面抹成了平面. 当然，如果输入物光场 $u_0(x_0,y_0)\neq s(x_0,y_0)$，通过滤波后的光场复振幅一般是一个与坐标相关的复函数，这样滤波器后的光场波前还是弯曲的，透镜 L_3 会聚后形成一个弥散的光斑. 根据匹配滤波器的这个作用，可以通过测量透镜 L_3 后焦点的光强度，来检测输入光信号中有没有 $s(x,y)$. 如果输入光信号 $s(x,y)$ 中心不在物平面的原点，根据系统空间不变性，输出像平面上的亮点只会相对于焦点移动了一定的距离.

式(5-4-10)表明匹配滤波器是物函数傅里叶变换的复共轭，可以方便地用前面介绍的 Vanderlugt 提出的全息法制作.

本书所附光盘给出 MATLAB7.0 语言编写的匹配滤波器模拟程序 LXM17.m，图 5-4-5 给出一组执行实例. 图中，(a)、(b)、(c)是三幅不同的图像，将这三幅图像的灰度分布视为物函数，选择图(a)的傅里叶变换的复共轭作为滤波器，图(a1)、(b1)、(c1)是对应的输出平面的图像强度分布. 可以看出，匹配滤波器获得的输出在像平面是一个强度较高的亮点. 读者可以通过程序更改输入图像或让另外图像的傅里叶变换的复共轭作为滤波器，观察程序执行结果，加深对本节内容的理解.

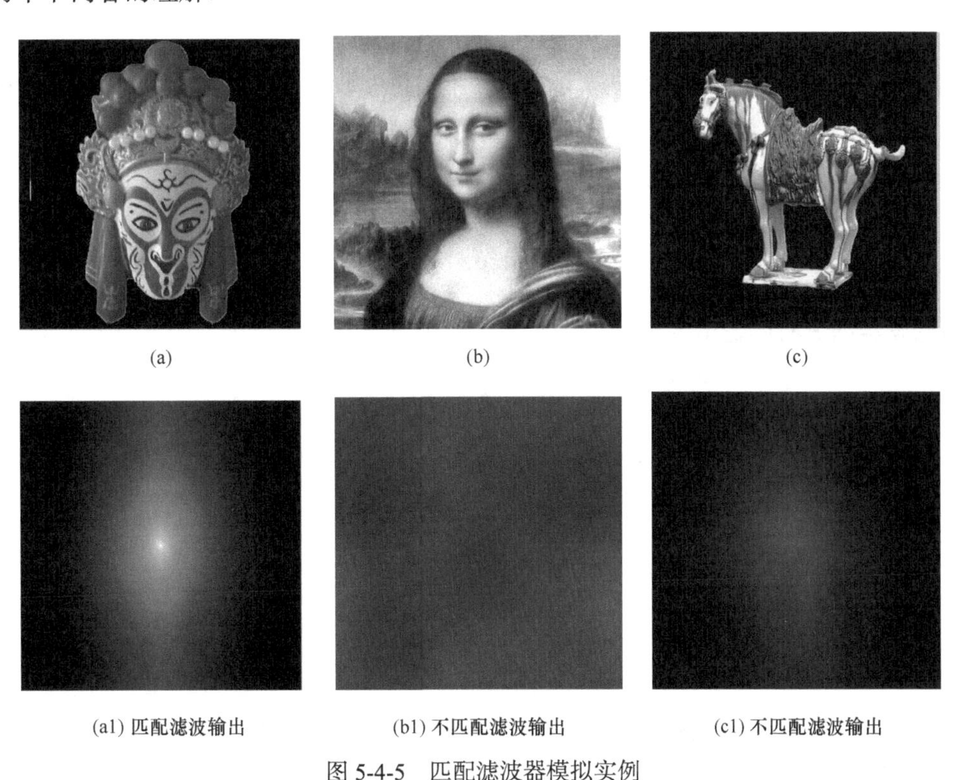

(a)　(b)　(c)

(a1) 匹配滤波输出　(b1) 不匹配滤波输出　(c1) 不匹配滤波输出

图 5-4-5　匹配滤波器模拟实例

2. 特征识别举例——N 个字符识别

下面以从输入光信号中判别 N 个字符：$s_1,s_2,\cdots,s_N$ 是否出现或出现哪个特定字符为例，

进一步说明匹配滤波器特征识别的一些问题[3]．如图 5-4-6 所示，将输入u_0加到一组滤波器$\left[s_1,s_2,\cdots,s_N\right]$上，其中每个滤波器各自与 N 个字符中的一个字符相匹配；考虑到各个输入字符的能量一般不相等，为便于比较，对每个滤波器后的输出应用相应字符的总能量的平方根值进行归一化，随后的输出为$\left[u_1,u_2,\cdots,u_N\right]$，对各个输出的模的平方$\left[|u_1|^2,|u_2|^2,\cdots,|u_N|^2\right]$进行比较，即可判别输入是$N$个字符中的哪一个．

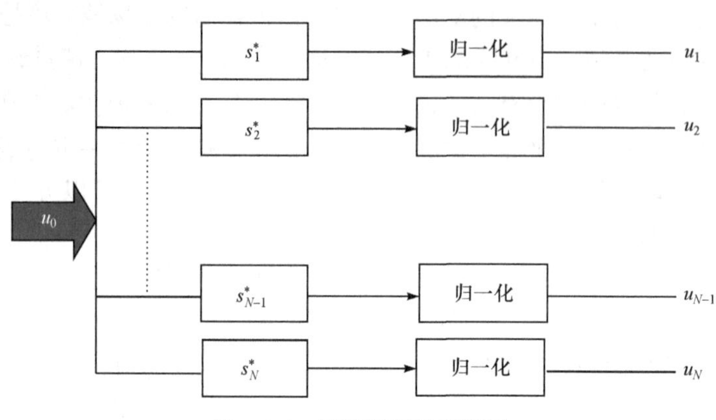

图 5-4-6　字符识别系统框图

设输入是特定字符s_k，即

$$u_0\left(x_0,y_0\right)=s_k\left(x_0,y_0\right)$$

可以证明输出$|u_k|^2$将是N个响应中最大的一个．根据式(5-4-12)，对应匹配滤波器的峰值输出为

$$|u_k|^2=\frac{\left[\int\limits_{-\infty}^{\infty}\int\limits_{-\infty}^{\infty}|s_k|^2\,\mathrm{d}\xi\mathrm{d}\eta\right]^2}{\int\limits_{-\infty}^{\infty}\int\limits_{-\infty}^{\infty}|s_k|^2\,\mathrm{d}\xi\mathrm{d}\eta}=\int\limits_{-\infty}^{\infty}\int\limits_{-\infty}^{\infty}|s_k|^2\,\mathrm{d}\xi\mathrm{d}\eta \tag{5-4-13}$$

而其他滤波器$(n\neq k)$的输出等于

$$|u_n|^2=\frac{\left[\int\limits_{-\infty}^{\infty}\int\limits_{-\infty}^{\infty}s_k s_n^*\mathrm{d}\xi\mathrm{d}\eta\right]^2}{\int\limits_{-\infty}^{\infty}\int\limits_{-\infty}^{\infty}|s_n|^2\,\mathrm{d}\xi\mathrm{d}\eta}\leqslant\frac{\int\limits_{-\infty}^{\infty}\int\limits_{-\infty}^{\infty}|s_k|^2\,\mathrm{d}\xi\mathrm{d}\eta\times\int\limits_{-\infty}^{\infty}\int\limits_{-\infty}^{\infty}|s_n|^2\,\mathrm{d}\xi\mathrm{d}\eta}{\int\limits_{-\infty}^{\infty}\int\limits_{-\infty}^{\infty}|s_n|^2\,\mathrm{d}\xi\mathrm{d}\eta}$$

因此

$$|u_n|^2\begin{cases}\leqslant|u_k|^2, & n\neq k\\ =|u_k|^2, & n=k\end{cases} \tag{5-4-14}$$

所以通过比较各个匹配滤波器的后输出峰值的大小可以识别在一组可能的字符中究竟是哪个字符实际输入到系统中．

上面所讨论的是利用傅里叶变换匹配滤波器从N个字符中识别某个字符，如果要辨别一个已知物体是否出现在一幅大的图像中，问题的难度会增大，但这又是非常有实际价值的问题．在一幅大的图像中即有背景噪声下检测一个已知物体图样，主要问题是物体图样的方位

(或旋转)和大小缩放对识别有很大的限制作用，这是因为匹配滤波器对物体旋转和大小极其敏感，稍有偏差，匹配滤波器的响应就急剧下降，甚至被噪声湮没，使得检测失效. 为克服这两个困难，已研究出很多特征识别的变换方法.

例如，利用梅林变换可以解决物体缩放带来的问题[3]. 对于函数$g(x)$，它的梅林变换定义为

$$M(s)=\int_0^{\infty} g(\xi)\xi^{s-1}\mathrm{d}\xi \tag{5-4-15}$$

如参数s限定在复平面的虚轴上，取为$s=\mathrm{j}2\pi f$，并令$\xi=\mathrm{e}^{-x}$，则

$$M(\mathrm{j}2\pi f)=\int_0^{\infty} g(\mathrm{e}^{-x})\mathrm{e}^{-\mathrm{j}2\pi fx}\mathrm{d}x \tag{5-4-16}$$

可见函数$g(x)$的梅林变换就是函数$g(\mathrm{e}^{-x})$的傅里叶变换. 记函数$g(x)$的梅林变换为M_1，函数$g(ax)$的梅林变换为M_a，其中$0<a<\infty$. 如果$g(x)$代表一幅一维图像，$a>1$ 意味着图像被缩小，$0<a<1$对应图像被放大. 由于

$$\begin{aligned}M_a(\mathrm{j}2\pi f)&=\int_0^{\infty} g(a\xi)\xi^{\mathrm{j}2\pi f-1}\mathrm{d}\xi=\int_0^{\infty} g(x)\left(\frac{x}{a}\right)^{\mathrm{j}2\pi f-1}\frac{\mathrm{d}x}{a}\\&=a^{-\mathrm{j}2\pi f}\int_0^{\infty} g(x)x^{\mathrm{j}2\pi f-1}\mathrm{d}x\\&=a^{-\mathrm{j}2\pi f}M_1(\mathrm{j}2\pi f)\end{aligned} \tag{5-4-17}$$

注意到$\left|a^{-\mathrm{j}2\pi f}\right|=1$，式(5-4-17)表明梅林变换$M_a$的模与标度$a$的大小无关，利用这一不变性可以解决物体缩放带来的问题.

对于物体的旋转，可利用圆谐波分析来解决[3]. 通常极坐标中的二维函数$f(r,\theta)$是角变量θ的周期为2π的周期函数，对角变量θ进行傅里叶级数展开

$$f(r,\theta)=\sum_{m=-\infty}^{\infty} A_m(r)\mathrm{e}^{\mathrm{j}m\theta} \tag{5-4-18}$$

式中，傅里叶系数是径向坐标r的函数，等于

$$A_m(r)=\frac{1}{2\pi}\int_0^{2\pi} f(r,\theta)\mathrm{e}^{-\mathrm{j}m\theta}\mathrm{d}\theta \tag{5-4-19}$$

式(5-4-18)中的每一项$A_m(r)\mathrm{e}^{\mathrm{j}m\theta}$称为函数$f(r,\theta)$的“圆谐波分量”. 显然，若$f(r,\theta)$转动一角度$\alpha$变为$f(r,\theta-\alpha)$，$f(r,\theta-\alpha)$圆谐波展开式为

$$f(r,\theta-\alpha)=\sum_{m=-\infty}^{\infty} A_m(r)\mathrm{e}^{-\mathrm{j}m\alpha}\mathrm{e}^{\mathrm{j}m\theta} \tag{5-4-20}$$

比较式(5-4-18)与式(5-4-20)，旋转后的函数圆谐波分量发生了一个$-m\alpha$ rad 的相位变化，利用这一性质可以解决图像识别中物体旋转引起的问题.

5.4.4　逆滤波器和图像的恢复

这里所说的图像恢复是指通过滤波器调制处理使一幅模糊图像变清晰，图像质量得到改善. 实际中，多种因素如移动、云层等可能会导致照片模糊，后期对它们进行处理，提高清晰度，是必要和非常有实际意义的. 从前面介绍的光信息处理角度看，能够使一幅模糊图像变清晰的滤波器叫逆滤波器，所以先介绍逆滤波器及其工作原理[3].

逆滤波器

如图 5-4-7 所示，为了说明问题，设想这样一种情况，物与像之间有一层薄雾(也相当于滤波器)使像模糊，物的强度分布、像的强度分布、薄雾透射率(相当于点扩散函数)分别记为 $I(x_0,y_0)$、$I'(x_i,y_i)$ 和 $c(x,y)$，物像之间的关系可利用卷积号*表示为

$$I'(x_i,y_i)=I(x_i,y_i)*c(x_i,y_i) \tag{5-4-21}$$

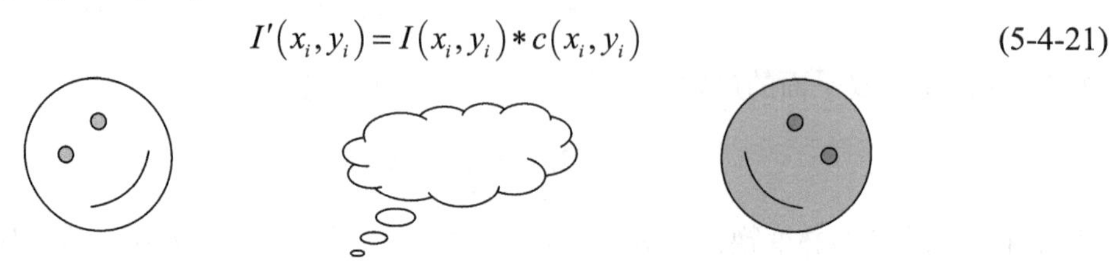

图 5-4-7　图像的模糊示意图

现在的任务就是根据实测的像强度分布 $I'(x_i,y_i)$ 和点扩散函数 $c(x,y)$，得到尽可能接近理想物 $I(x_0,y_0)$ 的像.

为了从式(5-4-21)中求出 $I(x_i,y_i)$，最直接的方法是在频域中进行

$$\begin{aligned}F\left\{I'(x_i,y_i)\right\}&=F\left\{I(x_i,y_i)*c(x_i,y_i)\right\}\\&=F\left\{I(x_i,y_i)\right\}\times F\left\{c(x_i,y_i)\right\}\end{aligned} \tag{5-4-22}$$

只要 $F\left\{c(x_i,y_i)\right\}\neq 0$，容易得到理想像 $I(x_i,y_i)$ 的频谱

$$F\left\{I(x_i,y_i)\right\}=\frac{F\left\{I'(x_i,y_i)\right\}}{F\left\{c(x_i,y_i)\right\}} \tag{5-4-23}$$

根据式(5-4-23)，再进行一次傅里叶逆变换，就可以得到物的理想像.

根据上面的研究，若已知实测的像强度分布 $I'(x_i,y_i)$，在其频谱面将滤波器函数选为

$$H\left(\frac{x}{\lambda f},\frac{y}{\lambda f}\right)=\frac{1}{F\left\{c(x,y)\right\}} \tag{5-4-24}$$

的滤波器通常称为"逆滤波器". 基于图 5-4-8 的 4f 系统，很容易通过逆滤波器实现模糊图像变清晰的操作.

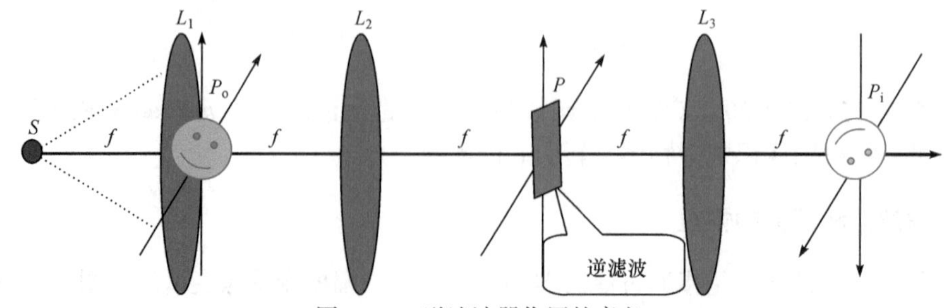

图 5-4-8　逆滤波器作用的意义

本书光盘提供的程序 LXM18.m 给出一个逆滤波器模拟研究实例，该程序设成像的非相干脉冲响应在几何光学近似下是一个半径为 a 的圆形光斑(见 5.3.2 节)，即 $c(x,y)=$

$\frac{1}{\pi a^2}\text{circ}\left(\frac{\sqrt{x^2+y^2}}{a}\right)$. 按照式(5-4-25)，逆滤波器选择为$1/F\{c(x,y)\}$，程序中$F\{c(x,y)\}$由快速傅里叶变换给出．图 5-4-9 给出图像宽度为 10mm，a=0.2mm 时的模拟研究结果．

(a) 理想像

(b) 离焦像

(c) 校正像

图 5-4-9　逆滤波器对模糊图像校正的模拟

应该指出，简单地使用逆滤波器进行处理的方法有下列严重缺点：

(1) 衍射使传递函数$F\{c(x_i,y_i)\}\neq 0$的频率集合限定在一个有限范围内，在这个范围之外$F\{c(x_i,y_i)\}=0$，其倒数没有意义，即必须把逆滤波器的应用限制在衍射限定的频率通带内．

(2) 在衍射限定的频率通带内，函数$F\{c(x_i,y_i)\}$常常存在孤立的零点，如严重的离焦和多种运动模糊就属于这样的情况，此时像的频谱就得不到恰当的补偿．

(3) 逆滤波器没有考虑到其他噪声，通过逆滤波器那些信噪比最差的频率成分会被极大地增强，结果使得恢复的图像中噪声反占优势．

上述问题以及图 5-4-5 的图像恢复过程，关键还是确定和制作所需的“逆滤波器”，如维纳滤波器[3](发明者 Norbert Wiener)很好地解决了上面的问题．维纳滤波器的发明者考虑到检测图像包含噪声$n(x_i,y_i)$，将式(4-2-2)重新写成

$$I'(x_i,y_i)=I(x_i,y_i)*c(x_i,y_i)+n(x_i,y_i) \tag{5-4-25}$$

于是，问题转化为设计一个滤波器，让重建图像与理想像的均方差值ε^2=平均$\left[\left|I(x_i,y_i)-I'(x_i,y_i)\right|^2\right]$最小．令$C(f_x,f_y)=F\{c(x,y)\}$，通过研究，维纳滤波器的形式为

$$H(f_x,f_y)=\frac{C^*(f_x,f_y)}{\left|C(f_x,f_y)\right|^2+\Phi_n(f_x,f_y)/\Phi_0(f_x,f_y)} \tag{5-4-26}$$

式中，$\Phi_n(f_x,f_y),\Phi_0(f_x,f_y)$分别是噪声及光信息的功率谱密度．

这样，在信噪比高，即$\Phi_n(f_x,f_y)/\Phi_0(f_x,f_y)\ll 1$的频率上，滤波器化为逆滤波器

$$H(f_x,f_y)\approx\frac{C^*(f_x,f_y)}{\left|C(f_x,f_y)\right|^2}=C(f_x,f_y) \tag{5-4-27}$$

在信噪比低，即$\Phi_n(f_x,f_y)/\Phi_0(f_x,f_y)\gg 1$的频率上，滤波器化为强烈衰减的匹配滤波器

$$H\left(f_x,f_y\right)=\frac{\Phi_0\left(f_x,f_y\right)}{\Phi_n\left(f_x,f_y\right)}C^*\left(f_x,f_y\right) \tag{5-4-28}$$

5.5　非相干光信息处理系统

前面介绍了相干光信息处理的基本原理和方法，在实际中，也可以用非相干光作某些光信息处理，两者相比较，非相干系统比相干光系统物理实现更简便一些，它能够克服与光学元件上的灰尘微粒和由散斑现象产生的相干赝像．但非相干光信息处理系统缺点也很突出，主要有：①非相干光处理系统没有相干光处理系统焦面那样的“频谱面”，这样对输入的频谱的处理不能像前面介绍的简单滤波处理即可，而需借助其他不很直接的方法；②非相干光处理系统测量的光的强度是一个非负的实物理量，这样用强度表示数据就使以光学形式实现的数据处理的类型受到限制；③非相干像在原点总有它的最大频谱分量会导致系统输出端的衬度降低．

因为非相干光处理系统用非相干光源照明，系统对复振幅不是线性的，而对光的强度是线性的．下面，简要介绍根据几何光学原理设计的非相干光处理系统，它们可对图像进行多种运算和处理．

5.5.1　两幅图像乘积的积分

在如图 5-5-1 所示的非相干光处理系统中，S 为非相干光源，两个焦距相等的透镜 L 之间有两张透明片放入其中，用光电探测器 D 测量透过两张透明片的光的总强度．设一个透明片的强度透射率为 $u_1\left(x,y\right)$，另一个的强度透射率为 $u_2\left(x,y\right)$，则紧靠第二张透明片之后的透射光强分布等于

$$t\left(x,y\right)=u_1\left(x,y\right)u_2\left(x,y\right) \tag{5-5-1}$$

因此，光电流为

$$I=\int_{-\infty}^{\infty}\int_{-\infty}^{\infty}u_1\left(x,y\right)u_2\left(x,y\right)\mathrm{d}x\mathrm{d}y \tag{5-5-2}$$

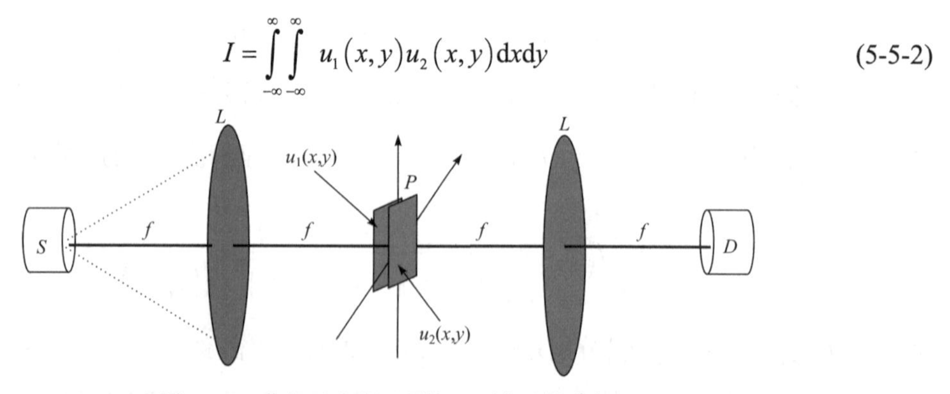

图 5-5-1　非相干光处理系统：两个函数乘积

显然，式(5-5-2)在数学上就是两个函数 $u_1\left(x,y\right)$ 和 $u_2\left(x,y\right)$ 乘积的积分．换言之，利用图 5-5-1 的非相干光处理系统可以完成两个函数的积分运算．在图 5-5-1 中，两透明片重叠在一起，实现乘积运算，右边的透镜使光线会聚完成积分，故这个透镜又称为积分透镜．积分(5-5-2)通过光来完成，为并行计算，速度快，在特征识别等方面有许多应用．

5.5.2 两幅图像的卷积和相关运算

在图 5-5-1 中，如果使其中一张透明片匀速运动，同时测量随时间变化的光电流，就相当于实现了两个函数的卷积运算. 首先将透明片$u_1(x,y)$倒置放在系统中，即$u_1(-x,-y)$，这样积分变为

$$I=\int_{-\infty}^{\infty}\int_{-\infty}^{\infty} u_1(-x,-y)u_2(x,y)\mathrm{d}x\mathrm{d}y \tag{5-5-3}$$

再让透明片$u_1(-x,-y)$沿 x 轴负向以速度 v 运动，则光电流是时间的函数，即

$$I(t)=\int_{-\infty}^{\infty}\int_{-\infty}^{\infty} u_1(vt-x,-y)u_2(x,y)\mathrm{d}x\mathrm{d}y \tag{5-5-4}$$

这就是函数$u_1(x,y)$和$u_2(x,y)$在点$(vt,0)$的卷积，移动结束，根据光电流随时间的变化，就得到两个函数的一维卷积，如图 5-5-2 所示.

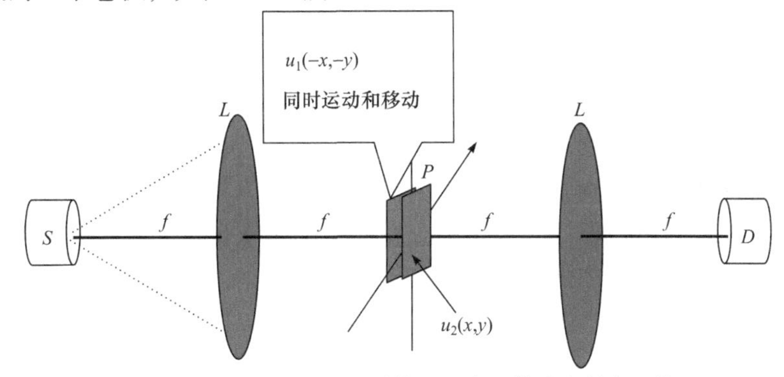

图 5-5-2 非相干光处理系统：两个函数卷积的积运算

如果透明片$u_1(x,y)$每次移动前，使它沿 y 轴移动$-y_m$，则有

$$I(vt,y_m)=\int_{-\infty}^{\infty}\int_{-\infty}^{\infty} u_1(vt-x,y_m-y)u_2(x,y)\mathrm{d}x\mathrm{d}y \tag{5-5-5}$$

如取$t=t_1,t_2,\cdots$，就得到

$$\begin{aligned}I(x_n,y_m)&=\int_{-\infty}^{\infty}\int_{-\infty}^{\infty} u_1(vt_n-x,y_m-y)u_2(x,y)\mathrm{d}x\mathrm{d}y\\&=\int_{-\infty}^{\infty}\int_{-\infty}^{\infty} u_1(x_n-x,y_m-y)u_2(x,y)\mathrm{d}x\mathrm{d}y\end{aligned} \tag{5-5-6}$$

式中，$I(x_n,y_m)$二维阵列就是两个函数的二维卷积，在 x 轴方向连续变化，在 y 轴方向是抽样的.

在式(5-5-6)中，由于$u_1(x,y)$是实函数，复共轭函数与其本身完全相同，因此将$u_1(x,y)$正常放置，按卷积时的扫描方式运动和移动透明片$u_1(x,y)$，则有

$$\begin{aligned}I(x_n,y_m)&=\int_{-\infty}^{\infty}\int_{-\infty}^{\infty} u_1^*(vt_n+x,y_m+y)u_2(x,y)\mathrm{d}x\mathrm{d}y\\&=\int_{-\infty}^{\infty}\int_{-\infty}^{\infty} u_1^*(x_n-x,y_m-y)u_2(x,y)\mathrm{d}x\mathrm{d}y\end{aligned} \tag{5-5-7}$$

这就是两个函数的二维相关运算.

上面简要介绍的几种以几何光学为基础的非相干处理系统实现的运算，只能对光强分布即实函数进行处理，在实际应用中会受到很大限制.

习 题 5

5-1 根据图 5-1-1 的阿贝二次成像理论示意图，利用柯林斯公式导出式(5-1-10).

5-2 阿贝成像的研究中，描述透镜焦平面光波场振幅分布的表达式(5-1-12)是后续成像研究的基础. 试根据式(5-1-11)导出式(5-1-12).

5-3 阿贝成像的研究中，在透镜焦平面设计不同形式的滤波窗可以形成不同的像. 为对滤波窗尺寸大小有一个较直观的概念，试根据图 5-1-4 的研究参数，对下面几种情况分别计算中心在光轴的圆滤波窗直径：

(1) 只让零频分量通过的低通滤波器.

(2) 只让负一级、零级和正一级通过的低通滤波器.

(3) 让光阑为中央不透光的环形孔，仅让 m，$n=\pm1$ 的频谱通过的环形滤波器.

(4) 只让 x 轴上的一行光斑通过的水平狭缝滤波器.

(5) 只让 y 轴上的一行光斑通过的水平狭缝滤波器.

5-4 在策尼克相衬显微镜中，焦平面上变相板或多或少对光有吸收，设强度透过率为 $\beta\,(0<\beta<1)$，试求观测到的像强度的表达式.

5-5 在图 5-2-1 的光学成像系统中，用平行相干光照射物体，设物体是一个相位型物体，其振幅透过率为

$$u_o(x_o,y_o)=\mathrm{e}^{\mathrm{j}\phi(x_o,y_o)}$$

在系统的后焦平面上放置一块厚度均匀的强度透过率为

$$h(x,y)=\alpha\left(x^4+2x^2y^2+y^4\right)$$

的衰减板，试找出像强度与物的相位的关系.

参 考 文 献

[1] Abbe E. Beitrage zür theorie des microskops und der microskopischen wahrnehmung[J]. Archiv Microskopische Anat, 1873, 9: 413-468.

[2] Reyleigh L. On the theory of optical images, with special references to the microscope[J]. Phil Mag, 1896, 42(5) :167.

[3] Goodman J W. 傅里叶光学导论[M]. 秦克诚, 等译. 北京:电子工业出版社, 2006.

[4] Vanderlugt A B. Signal detection by complex spatial filtering. Technical report. Ann Arbort, MI: Institute of Science and Technology University of Michigan, 1963.

[5] Zernikc F. Das phsancontrastverfahren bei der microskopischen beobachtung[J]. Z Tech Phys, 1935, 16: 454.

[6] 苏显渝，吕乃光，陈家璧. 信息光学原理[M]. 北京，电子工业出版社, 2010.

第 6 章　部分相干理论

到目前为止，我们在讨论光波叠加时，总把问题局限于要么完全相干，要么完全不相干的两种极端情况．这样做回避了更为普遍的情况，主要是为了数学上方便些，对很多问题这样做也可以得到满意的结果，至少物理问题的极端情况一般容易解析处理．事实上，两种极端情况只是概念上的理想化，而非实际的物理情况．特别是完全相干的情况，只有在光源是严格单色点光源时才存在．

在两个相反的极端之间有一个值得关注的领域——部分相干，即实际问题本身不是完全相干，也非完全不相干．例如，以往我们认为两束光相干要满足三个条件：振动方向一致，频率相同，还要求相位差恒定．按这个要求，太阳光应该是不相干的，但在杨氏实验中，直接用太阳光照射靠得很近的狭缝时，事实上也可以产生能够观察得到的条纹，说明太阳光(不作分波阵面或分振幅处理)是有相干性的．即使有人为的因素，但把相干效应分为两类其实是很方便的：时间和空间．前者直接与光源的有限带宽相关，后者与光源在空间的有限延展相关．

本章将讨论部分相干的问题，并介绍相关的应用．

6.1　引　　言

我们先来看准单色光的情况(因为严格的单色光事实上是不存在的)：一系列相位各异的有限长波列的组合．这样的扰动几乎是正弦曲线，尽管频率在其平均值附近缓慢变化(与光波的振动频率 10^{15}Hz 相比)，而且振幅也在起伏，但相较而言也是变化很慢．波列的平均存在时间大约是 Δt_c，称为相干时间，等于频率带宽 $\Delta\nu$ 的倒数．

如果是单色光，$\Delta\nu$将等于 0，而 Δt_c 等于无穷，当然这是做不到的．然而，在远小于 Δt_c 的时间间隔内，实际光波的行为本质上就与单色光一样．事实上，相干时间是时间间隔，在此期间，我们可以预报光波在空间中给定点处的相位．这就是时间相干性的含义，即如果 Δt_c 大，光波的时间相干性就高，反之亦然．

同样的特性可以有所差别．想象我们有两个分离的点 P'_1 和 P'_2 分布在由准单色点光源发出的同一条径向上．如果相干长度 $c\Delta t_c$ 比 P'_1 和 P'_2 之间的距离 r_{12} 大得多，则单个波列很容易分布在整个间隔上．P'_1 处的光场分布与 P'_2 处有高度的关联．另一方面，如果纵向的间隔比相干长度大很多，许多具有不同相位的波列，将横跨在间隔 r_{12} 上，在这种情况下，两个点上的光场分布在任何时刻将相互独立．这时关联存在的程度，也可以称为纵向相干．无论我们是从相干时间 Δt_c 或者相干长度 $c\Delta t_c$ 来看问题，其效果都来源于光源的有限频宽．

空间相干的概念常用来描述普通光源在空间中有限延展时引起的效果．假设有一个空间延展很宽的单色光源，其上有两个辐射元，横向间隔大于λ，可以推测它们之间非常独立．这就是说，两个辐射元发射的光扰动相位之间缺乏联系．这类扩展光源一般归于非相干，很快可以看到，这种描述多少有些误导．通常大家不是太关心光源本身发生了什么变化，而是关心其辐射场中一定间隔范围内发生了什么．要回答的问题其实是：实际情况下光源的性质和几何形状，如何影响光场中两点的相位关系.

以杨氏实验为例来说明问题. 如图 6-1-1 所示，实验中单色光源 S 照射遮光屏上的两个针孔 S_1 和 S_2，依次作为子波源，在观察屏 Σ_0 上产生条纹. 我们已经知道，如果 S 是一个理想化的点光源，子波从 Σ_a 面上任意放置的衍射孔 S_1 和 S_2 发出都保持确定的相位关系，它们将精确关联，所以是相干的，结果得到位置确定的稳定条纹，光场是空间相干的. 在另一个极端情况下，如果针孔用不同的热光源照射(即使频宽很小)，由于不存在确定的相位关系，观察不到条纹；S_1 和 S_2 处的光场认为是不相干的. 干涉条纹的出现与否被看作是相干性好坏的非常方便的标志.

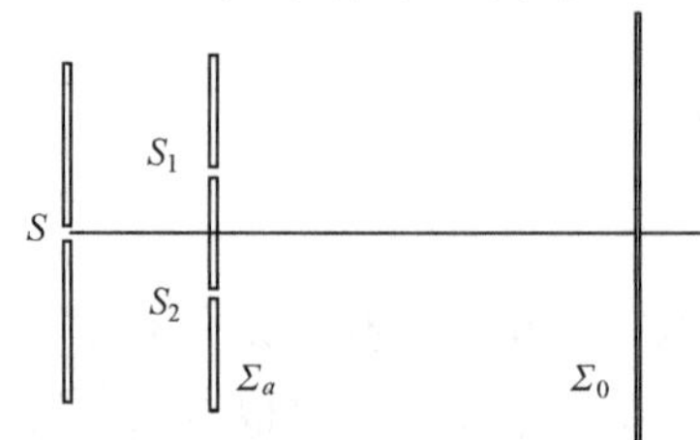

图 6-1-1　杨氏实验示意图

设想两个标量光波(由于振动方向一致，为方便计，暂不考虑其矢量性)$E_1(t)$和 $E_2(t)$相向传播，并在 P 点相遇，P 点的光强应为

$$
\begin{aligned}
I &= \left\langle (E_1(t)+E_2(t))\cdot(E_1(t)+E_2(t)) \right\rangle_{\mathrm{T}} \\
&= \left\langle E_1^2(t) \right\rangle_{\mathrm{T}} + \left\langle E_2^2(t) \right\rangle_{\mathrm{T}} + 2\left\langle E_1(t)E_2(t) \right\rangle_{\mathrm{T}}
\end{aligned}
\tag{6-1-1}
$$

记 $I_1 = \left\langle E_1^2(t) \right\rangle_{\mathrm{T}}$ 和 $I_2 = \left\langle E_2^2(t) \right\rangle_{\mathrm{T}}$，分别为 $E_1(t)$和 $E_2(t)$单独传递到 P 点时，P 点处的光强. 如果两光是严格单色的，且具有同样的频率，干涉条纹将决定于它们在 P 点处的相位关系. 如果两光波是同相位的，对所有的时刻 t，无论光场一起变强或变弱，$E_1(t)\,E_2(t)$在任意时刻 t 总是正的. 因此，$I_{12} = 2\left\langle E_1(t)\,E_2(t) \right\rangle_{\mathrm{T}}$ 将是非零正数，光强 I 将大于 I_1+I_2. 同样，如果两光波是完全反相的，当其中一个为正的时，另一个一定是负的，结果 $E_1(t)\,E_2(t)$将始终是负的，产生负的干涉项 I_{12}，光强 I 将小于 I_1+I_2. 在这两种情况下，两光场都是不断振荡的，尽管如此，它们在任意时刻要么全为正，要么全为负，所以其时间平均值 I_{12} 总是非零的.

现在考虑更为实际的情况，即光波 $E_1(t)$和 $E_2(t)$都是准单色的，其相干长度是有限的. 如果我们再计算乘积 $E_1(t)\,E_2(t)$，由于相位是变化的，容易看到 $E_1(t)\,E_2(t)$是随时间变化的. 因此，由于干涉项$\left\langle E_1(t)\,E_2(t) \right\rangle_{\mathrm{T}}$是在与光波的周期相比较长时间间隔内的平均值，即使不等于零，也将很小，即 $I \approx I_1+I_2$. 换句话说，在两个光波的起伏之间没有关联时，相位之间没有确定的关系，它们不是完全相干的，将不会产生如理想情况下的高反差干涉条纹. 事实上，如果在空间中移动 P(即沿杨氏实验的观察屏移动)，还会在两个光波之间引入相应的延迟时间 τ，则干涉项将变为$\left\langle E_1(t)\,E_2(t+\tau) \right\rangle_{\mathrm{T}}$，为互关联. 相干就是关联，后面将给出严格的定义.

使用有限频宽光源时，用杨氏实验也可以说明时间相干效应. 例如，用氦氖激光照射两个靠得很近的圆形针孔可以得到干涉条纹. 如果将一片有一定厚度(如 0.5mm)的光学平板玻璃放置在其中一个针孔的后面，可以看到，干涉图样除了位置有一个平移外，其式样(包括对比度)几乎没有变化，这是因为激光的相干长度远远超过了玻璃引起的光程变化. 同样的实验，如果用准直汞弧灯光重复一次，发现没有放入光学平板玻璃时可以观察到条纹，但在其中一个针孔的后面放入光学平板玻璃后，条纹消失了. 因为汞弧灯的相干长度很短，而玻璃引起的光程变化又足够大，使得来自两个衍射孔的不关联光波到达观察屏. 换言之，对离开两个针孔的任意两列相干光波，来自被覆盖针孔的波列在玻璃中被延迟，到达观察屏时完全晚于另一波列，以至于实际上与完全不同的波列相遇.

无论是时间还是空间相干情况下，我们实际都关心一个现象，即光场分布之间的关联性. 这就是说，我们通常对取决于光场“空-时”中两个点的关联函数影响的效果感兴趣. 无可否认，术语“时间相干”似乎暗示着一种只与时间相联系的效应. 然而，它与在空间或者时间中分布长度有限的波列相联系，有人甚至宁愿将它称为纵向空间相干，而不是时间相干. 虽然如此，它确实内在地依赖于相位的时间稳定性. 因此，我们将继续使用时间相干这个术语. 空间相干，如果愿意，称为横向空间相干，也许是最容易领会的，因为它很接近表述波列这个概念. 于是，如果两个横向放置的点在同一时刻的同一个波面上，这些点上的光场是空间相干的.

6.2 可 见 度

干涉系统产生的条纹的质量可以定量地用可见度 V 来描述，如最早由迈克耳孙给出的公式，表示为

$$V(r)\equiv\frac{I_{\max}-I_{\min}}{I_{\max}+I_{\min}} \tag{6-2-1}$$

式中，$I_{\max}$ 和 $I_{\min}$ 分别是条纹附近光强的最大值和最小值. 如果我们搭建一个杨氏实验装置(图 6-2-1)，用非相干准单色光照射有一定宽度 b 的狭缝作为光源，可以依次改变衍射孔 S_1、S_2 的位置或者非相干准单色光源的尺寸，并在变化中测量 V，从而阐述相干的概念.

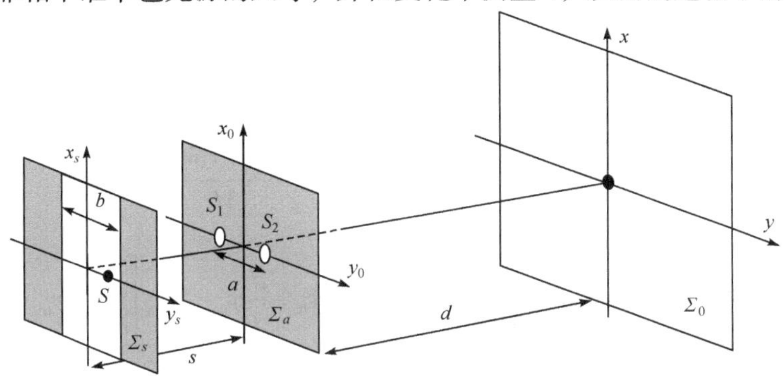

图 6-2-1 狭缝的杨氏衍射实验

设光源所在面 Σ_s 到衍射孔 S_1、S_2 所在面 Σ_a 的距离为 s，而 Σ_a 到观察屏平面 Σ_0 的距离为 d，相关坐标如图 6-2-1 所示，衍射孔 S_1、S_2 对称放置在光轴两侧，间距为 a. 下面我们推导光源平面轴上 y_s 点光源 S 照明衍射孔 S_1、S_2 后在观察屏上的光强分布. 为方便计，设双孔屏的窗口函数为 $w(x_0,y_0)$，经点光源 S 后到达观察屏的光波场为

$$\begin{aligned}U(x,y)=&\frac{\exp(\mathrm{j}kd)}{\mathrm{j}\lambda d}\int_{-\infty}^{\infty}\int_{-\infty}^{\infty}w(x_0,y_0)\exp\left\{\frac{\mathrm{j}k}{2s}\left[x_0^2+(y_0-y_s)^2\right]\right\}\\&\times\exp\left\{\frac{\mathrm{j}k}{2d}\left[(x_0-x)^2+(y_0-y)^2\right]\right\}\mathrm{d}x_0\mathrm{d}y_0\end{aligned} \tag{6-2-2}$$

式中，$k=2\pi/\lambda$. 经过整理可以将式(6-2-2)写为

$$\begin{aligned}U(x,y)=&\frac{1}{M^2}\Theta(x,y,y_s)\\&\times\int_{-\infty}^{\infty}\int_{-\infty}^{\infty}w\left(\frac{x_0}{M},\frac{y_0}{M}\right)\exp\left\{\frac{\mathrm{j}k}{2Md}\left[(x_0-x)^2+\left(y_0-\frac{d}{s}y_s-y\right)^2\right]\right\}\mathrm{d}x_0\mathrm{d}y_0\end{aligned} \tag{6-2-3}$$

式中

$$M=\left(1+\frac{d}{s}\right) \tag{6-2-4}$$

$$\Theta\left(x,y,y_s\right)=\frac{\exp\left(\mathrm{j}kd\right)}{\mathrm{j}\lambda d}\exp\left[\mathrm{j}k\frac{M-1}{2Md}x^2-\frac{\mathrm{j}k}{2Md}\left(y+\frac{d}{s}y_s\right)^2+\frac{\mathrm{j}k}{2d}y^2+\frac{\mathrm{j}k}{2s}y_s^2\right] \tag{6-2-5}$$

将 $w(x_0,y_0)$设计为中心在 y_0 轴上，半径为 r，并与原点对称的圆孔

$$w\left(x_0,y_0\right)=\mathrm{circ}\left(\frac{\sqrt{x_0^2+\left(y_0-a/2\right)^2}}{r}\right)+\mathrm{circ}\left(\frac{\sqrt{x_0^2+\left(y_0+a/2\right)^2}}{r}\right) \tag{6-2-6}$$

代入式(6-2-3)得

$$U\left(x,y\right)=U_1\left(x,y\right)+U_2\left(x,y\right) \tag{6-2-7}$$

式中

$$\begin{aligned}U_1\left(x,y\right)=&\frac{\Theta\left(x,y,y_s\right)}{M^2}\times\int_{-\infty}^{\infty}\int_{-\infty}^{\infty}\mathrm{circ}\left(\frac{\sqrt{x_0^2+\left(y_0-Ma/2\right)^2}}{Mr}\right)\\&\times\exp\left\{\frac{\mathrm{j}k}{2Md}\left[\left(x_0-x\right)^2+\left(y_0-\frac{d}{s}y_s-y\right)^2\right]\right\}\mathrm{d}x_0\mathrm{d}y_0\end{aligned} \tag{6-2-8}$$

$$\begin{aligned}U_2\left(x,y\right)=&\frac{\Theta\left(x,y,y_s\right)}{M^2}\times\int_{-\infty}^{\infty}\int_{-\infty}^{\infty}\mathrm{circ}\left(\frac{\sqrt{x_0^2+\left(y_0+Ma/2\right)^2}}{Mr}\right)\\&\times\exp\left\{\frac{\mathrm{j}k}{2Md}\left[\left(x_0-x\right)^2+\left(y_0-\frac{d}{s}y_s-y\right)^2\right]\right\}\mathrm{d}x_0\mathrm{d}y_0\end{aligned} \tag{6-2-9}$$

当 r 足够小时，式(6-2-8)、式(6-2-9)积分号中的相位因子可以用 x_0,y_0 取两个圆孔中心坐标值的表达式代替，于是有

$$\begin{aligned}U_1\left(x,y\right)\approx&\frac{\Theta\left(x,y,y_s\right)}{M^2}\exp\left\{\frac{\mathrm{j}k}{2Md}\left[x^2+\left(Ma/2-\frac{d}{s}y_s-y\right)^2\right]\right\}\\&\times\int_{-\infty}^{\infty}\int_{-\infty}^{\infty}\mathrm{circ}\left(\frac{\sqrt{x_0^2+\left(y_0-Ma/2\right)^2}}{Mr}\right)\mathrm{d}x_0\mathrm{d}y_0\\=&\Delta_s\Theta\left(x,y,y_s\right)\exp\left\{\frac{\mathrm{j}k}{2Md}\left[x^2+\left(Ma/2-\frac{d}{s}y_s-y\right)^2\right]\right\}\end{aligned} \tag{6-2-10}$$

式中，Δ_s 是圆孔的面积．同理可得

$$U_2\left(x,y\right)\approx\Delta_s\Theta\left(x,y,y_s\right)\exp\left\{\frac{\mathrm{j}k}{2Md}\left[x^2+\left(-Ma/2-\frac{d}{s}y_s-y\right)^2\right]\right\} \tag{6-2-11}$$

于是，观测平面的叠加光场为

$$
\begin{aligned}
U(x,y)&=U_1(x,y)+U_2(x,y)=\varDelta_s\varTheta(x,y,y_s)\exp\left\{\frac{\mathrm{j}k}{2Md}\left[x^2+(Ma/2)^2+\left(y+\frac{d}{s}y_s\right)^2\right]\right\}\\
&\quad\times\left\{\exp\left[-\frac{\mathrm{j}k}{2d}\left(y+\frac{d}{s}y_s\right)a\right]+\exp\left[\frac{\mathrm{j}k}{2d}\left(y+\frac{d}{s}y_s\right)a\right]\right\}\\
&=2\varDelta_s\varTheta(x,y,y_s)\exp\left\{\frac{\mathrm{j}k}{2Md}\left[x^2+(Ma/2)^2+\left(y+\frac{d}{s}y_s\right)^2\right]\right\}\\
&\quad\times\cos\left[\frac{ka}{2d}\left(y+\frac{d}{s}y_s\right)\right]
\end{aligned}
\tag{6-2-12}
$$

由于 S 点发出的光通过小孔 S_1 和 S_2 在观察屏上是相干叠加，其强度分布为

$$
\begin{aligned}
\left|U(x,y)\right|^2&=4\varDelta_s^2\left|\varTheta(x,y,y_s)\right|^2\cos^2\left[\frac{ka}{2d}\left(y+\frac{d}{s}y_s\right)\right]\\
&=4\frac{\varDelta_s^2}{\lambda^2d^2}\cos^2\left[\frac{ka}{2d}\left(y+\frac{d}{s}y_s\right)\right]=4I_0\cos^2\left[\frac{ka}{2d}\left(y+\frac{d}{s}y_s\right)\right]
\end{aligned}
\tag{6-2-13}
$$

显然，若 S 在光轴上，即 $y_s=0$，通过衍射孔 S_1、S_2 后重叠在观察屏平面 $\varSigma_0$ 上时，将产生由下式给出的光强分布：

$$
I=4I_0\cos^2\left(\frac{ya\pi}{d\lambda}\right)
\tag{6-2-14}
$$

式中，y 是观察屏 $\varSigma_0$ 上观察点到中心的距离．这时条纹的中心在 P 处，如图 6-2-2 所示．

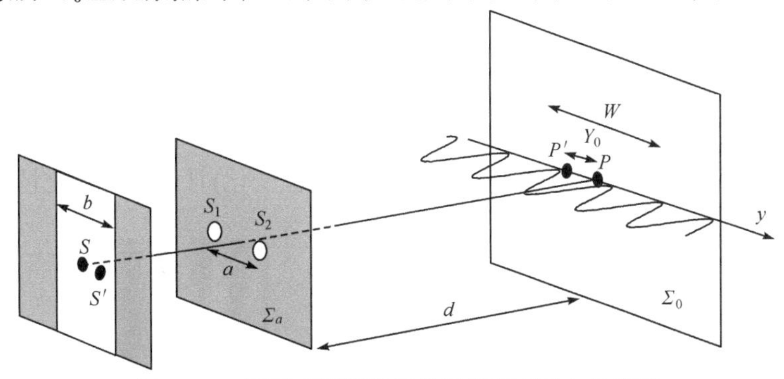

图 6-2-2　不同点光源发出的光在观察屏上的位置

同样，在 S 左方或右方的点光源，也要生成相同的干涉条纹组，只是各自在垂直于条纹的方向有一个小的平移，所有从 S' 到 P' 点的光线有相等的光程，干涉被加强，换句话说，中央最大出现在 P' 处．而光源最两侧的点光源发出的光，在屏上中央最大之间的距离为 W．因为光源是非相干的，在平面上相叠加的是它们的光强，而不是光场的复振幅．利用一系列平行于 S_1S_2 的非相干线光源，可以给出宽度为 b 的矩形扩展光源(缝光源)产生的衍射图样．变量 Y_0 描述在衍射图样中点光源 S' 在 $\varSigma_0$ 上出现的衍射条纹，其中心到观察屏原点的距离，由式(6-2-13)有 $Y_0=y_sd/s$，且线光源对光通量的贡献 $\mathrm{d}I$ 正比于其面元大小，而该面元的大小可以与其在 $\varSigma_0$ 上的像 $\mathrm{d}Y_0$ 的大小相对应．因此，$\mathrm{d}Y_0$ 对总光强的贡献可以表示为

$$
\mathrm{d}I=A\mathrm{d}Y_0\cos^2\left[\frac{a\pi}{d\lambda}(y-Y_0)\right]
\tag{6-2-15}
$$

式中，A 是一个常数．类似于式(6-2-14)，式(6-2-15)是很细的光源 dY_0 在中心位于 Y_0 处条纹组光强分布的表达式．对线光源在整个宽度 W 上积分，可以得到整个衍射图样的光强分布

$$I(y)=A\int_{-W/2}^{+W/2}\cos^2\left[\frac{a\pi}{d\lambda}(y-Y_0)\right]\mathrm{d}Y_0 \tag{6-2-16}$$

经过简单的三角运算，得到

$$I(y)=\frac{AW}{2}+\frac{A}{2}\frac{d\lambda}{a\pi}\sin\left(\frac{a\pi}{d\lambda}W\right)\cos\left(2\frac{a\pi}{d\lambda}y\right) \tag{6-2-17}$$

光强在平均值 $I=AW/2$ 附近振荡，随着宽度 W 的增加光强变强．因此

$$\frac{I(y)}{\overline{I}}=1+\frac{\sin(a\pi W/d\lambda)}{a\pi W/d\lambda}\cos\left(2\frac{a\pi}{d\lambda}y\right) \tag{6-2-18}$$

或者

$$\frac{I(y)}{\overline{I}}=1+\operatorname{sinc}\left(\frac{aW}{d\lambda}\right)\cos\left(2\frac{a\pi}{d\lambda}y\right) \tag{6-2-19}$$

相应的光强极值由下式给出：

$$\frac{I_{\max}}{\overline{I}}=1+\left|\operatorname{sinc}\left(\frac{aW}{d\lambda}\right)\right| \tag{6-2-20}$$

和

$$\frac{I_{\min}}{\overline{I}}=1-\left|\operatorname{sinc}\left(\frac{aW}{d\lambda}\right)\right| \tag{6-2-21}$$

当 W 与条纹宽度$(\lambda d/a)$相比很小时，sinc 函数趋于 1，所以 $I_{\max}/\overline{I}=2$，而 $I_{\min}/\overline{I}=0$．增大 W，$I_{\min}$ 开始不接近零，条纹的对比度下降，直到 $W=\lambda d/a$ 时条纹最终完全消失．幅角在 π 和 2π 之间(也就是 $W=\lambda d/a$ 和 $W=2\lambda d/a$)，sinc 函数的值是负的．当缝光源的宽度增加使 W 超过 $\lambda d/a$ 时，条纹再次出现，但相位有平移；换句话说，尽管原来在 $y=0$ 处光强最大，现在光强却最小．图 6-2-3 给出了光源宽度变化(对应的像宽也变化)时条纹的变化情况．

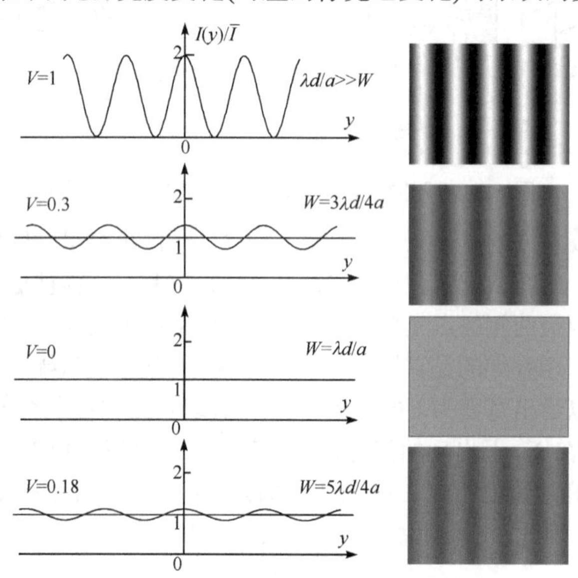

图 6-2-3　光源宽度变化时条纹的变化情况

注意，被衍射屏衍射的光是定域分布的，所以随着 y 的增大衍射条纹组并不无限制均匀、连续地延伸.

作为一条规则，光源的宽度 b 和狭缝的间隔 a 与屏之间的距离 s、d 相比是很小的，否则观察不到条纹. 其曲线在图 6-2-4 中给出. 注意到 V 是光源宽度和衍射孔间距 a 的函数. 保持其中任意一个变量为常数，改变另一个的大小，都将同样使 V 变化. 在观察屏上条纹组的可见度是与光在衍射孔上的分布方式相联系的. 如果光源完全是点光源，W 等于零，可见度就完美地等于 1. $aW/\lambda d$ 越小，V 越大(或者说越好)，条纹也就越清晰. 我们可以把 V 想象为来自原光源的光，在经过衍射屏散射后相干程度的量度.

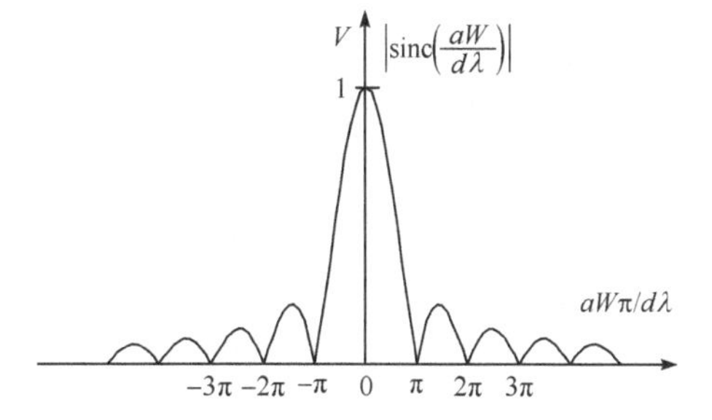

图 6-2-4 条纹可见度与光源宽度和衍射孔距离的关系

前面的讨论中假设圆孔 S_1、S_2 的半径 r 足够小，所以在观察屏上各干涉条纹的亮度在很大范围内是均匀的. 实际情况下 r 有一定大小，观察屏上各干涉条纹的亮度不再均匀，干涉亮纹叠加在一个中央亮边缘暗的光斑上，要得到解析表达式相关的推导相对繁杂，为此这里我们只给出一个基于衍射计算的仿真程序，程序编号为 LXM19.m，图 6-2-5 是用该程序得到的一组计算结果.

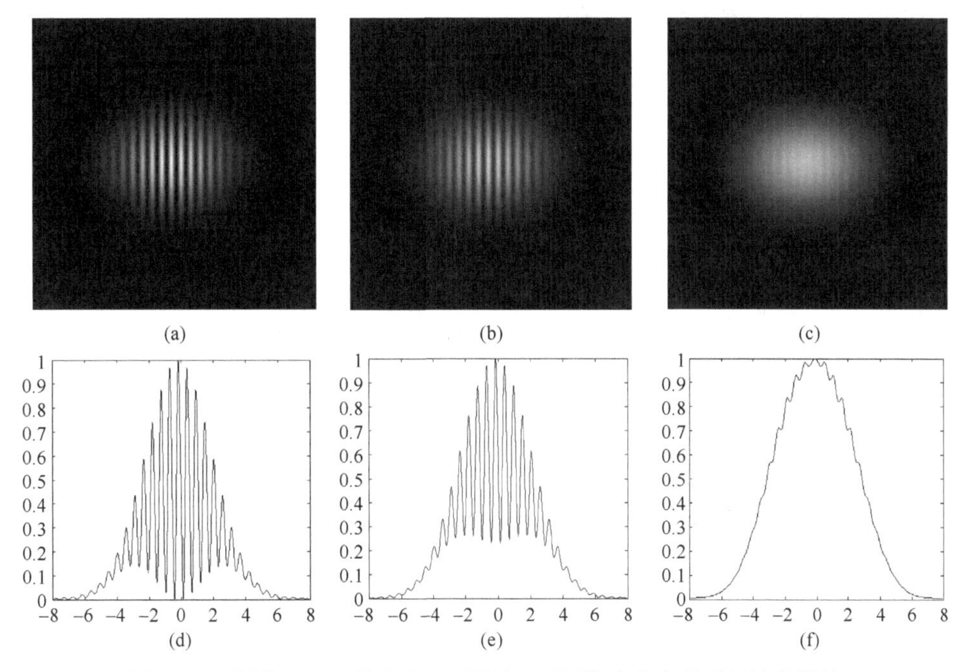

图 6-2-5　圆孔 S_1、S_2 的半径 r 不足够小时用仿真程序得到的计算结果

为方便比较，我们将 $W=\lambda d/a$ 时对应的缝光源宽度 b 记为 L_s，通常称为临界宽度，其大小为 $L_s=\lambda s/a$，在计算中实际的缝光源宽度 b 均用 L_s 的倍数给出.

图 6-2-5 中，观察屏面积为 16mm × 16mm，非相干单色光波的波长 λ=0.532μm，面光源到双孔衍射屏距离 s=100mm，双孔间距 a=0.5mm，小孔直径 r=0.05mm，衍射面到观测屏距离 d=500mm，衍射计算时的取样数为 1024 × 1024. 图(a)、(b)和(c)分别是缝光源宽度 b 等于

0、$0.5L_s$ 和 L_s 时观察屏上的干涉光强分布，而图(d)、(e)和(f)是与图(a)、(b)和(c)相对应的光强分布过中心剖线，光强已经作了强度归一化处理，横坐标的单位是 mm. 从图可以看到，在观察屏的中心处条纹的可见度最高，离开中心可见度降低. 另外，随着缝光源宽度的增大，条纹可见度降低，这与前面的讨论是一致的.

需要说明的是，图 6-2-5 给出的是仿真数值计算结果，由于取样点和算法的限制，结果与理论值有一定偏差，好在这个偏差不大，还是有助于理解实验现象和相关原理的. 另外，程序中各种参数均可修改调整，大家可以自己尝试，结果在此不再列举.

如果主光源是圆形的，可见度的计算更为复杂，结果正比于一阶贝塞尔函数. 这也让我们想起来圆孔的衍射. V 的表达式与相应同样形状的衍射孔衍射图样之间的相似，不是偶然的，而是称为范西泰特-策尼克定理的表现，这种表现不久我们就会看到.

6.3 互相干函数及相干度

让我们将讨论向更正式的方向进一步. 还是假设有一个窄带扩展光源，如图 6-3-1 所示，它生成的光场的复表示为 $E(r,t)$. 我们忽略其偏振效果，于是可以按标量处理. 在空间中两个点 S_1 和 S_2 的光场为 $E(S_1,t)$和 $E(S_2,t)$，或者简记为 $E_1(t)$和 $E_2(t)$. 如果这两个点用有两个圆形衍射孔的不透明屏隔开，我们又回到了杨氏实验.

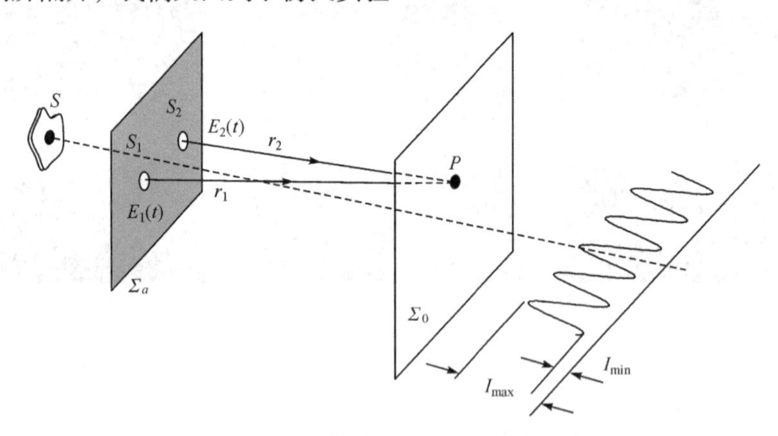

图 6-3-1 窄带扩展光源下的杨氏实验

两个衍射孔扮演了产生子波光源这样一个角色，这些子波要传播到平面 Σ_0 上的某点 P 处. 结果这里的光场为

$$\tilde{E}_P(t)=\tilde{K}_1\tilde{E}_1(t-t_1)+\tilde{K}_2\tilde{E}_2(t-t_2) \tag{6-3-1}$$

其中，$t_1=r_1/c$，$t_2=r_2/c$. 这就是说在“空-时”点(P,t)的光场,可以分别用 S_1 和 S_2 处在 t_1 和 t_2 时刻的光场确定，这些是瞬时光场，首先从衍射孔发出，现在却叠加在一起. 数值 $\tilde{K}_1$ 和 $\tilde{K}_2$ 称为传播因子，决定于衍射孔径的大小以及各自到 P 的相对位置. 例如，在如图 6-3-1 所示的设置下，从针孔中发出的子波，相位上与原光源传播到衍射孔 Σ_a 的光波相差 π/2. 显然，有人可能会说 $E(r,t)$的相位超前 Σ_a，这就是传播因子 $\tilde{K}$ 的作用. 此外，它们反映出了由诸多物理原因导致的光场减弱：吸收，衍射等. 这里，由于光场的相位有 π/2 的改变，可以乘入系数 exp(jπ/2)，$\tilde{K}_1$ 和 $\tilde{K}_2$ 就成了纯虚数.

在 P 点处，在比相干时间长的时间间隔内测得的叠加光强为

$$I=\left\langle \tilde{E}_P(t)\tilde{E}_P^*(t)\right\rangle_{\mathrm{T}} \tag{6-3-2}$$

注意式(6-3-2)没有乘入常系数．因此使用式(6-3-1)

$$\begin{aligned}I=&\tilde{K}_1\tilde{K}_1^*\left\langle \tilde{E}_1(t-t_1)\tilde{E}_1^*(t-t_1)\right\rangle_{\mathrm{T}}+\tilde{K}_2\tilde{K}_2^*\left\langle \tilde{E}_2(t-t_2)\tilde{E}_2^*(t-t_2)\right\rangle_{\mathrm{T}}\\&+\tilde{K}_1\tilde{K}_2^*\left\langle \tilde{E}_1(t-t_1)\tilde{E}_2^*(t-t_2)\right\rangle_{\mathrm{T}}+\tilde{K}_1^*\tilde{K}_2\left\langle \tilde{E}_1^*(t-t_1)\tilde{E}_2(t-t_2)\right\rangle_{\mathrm{T}}\end{aligned} \tag{6-3-3}$$

现在假设光波场是稳定的，这与经典光学大多数的情况一致；换言之，其统计性质不受时间选取的影响，所以其时间平均值与我们选择的初始时刻无关．于是，尽管光场是有起伏的，但时间的起始点可以改变，对等式(6-3-3)中的平均值没有影响，不必关心我们测量 I 的起始时刻．因此，前面的两个时间平均值可以改写为

$$I_{S_1}=\left\langle \tilde{E}_1(t)E_1^*(t)\right\rangle_{\mathrm{T}} \text{和} I_{S_2}=\left\langle \tilde{E}_2(t)E_2^*(t)\right\rangle_{\mathrm{T}}$$

这里，起始时刻已经从 t_1 和 t_2 分别移开，下标强调是 S_1 和 S_2 处的光强．此外，如果我们让 $\tau=t_1-t_2$，可以改变等式(6-3-3)中后两项的初始时刻 t_2，并将它们改写为

$$\tilde{K}_1\ \tilde{K}_2^*\left\langle \tilde{E}_1(t+\tau)\ \tilde{E}_2^*(t)\right\rangle_{\mathrm{T}}+\tilde{K}_1^*\ \tilde{K}_2\left\langle \tilde{E}_1^*(t+\tau)\ \tilde{E}_2(t)\right\rangle_{\mathrm{T}}$$

由于是复数加自己的复共轭，应该等于其实部的两倍，即

$$2\mathrm{Re}\left[\tilde{K}_1\ \tilde{K}_2^*\left\langle \tilde{E}_1(t+\tau)\ \tilde{E}_2^*(t)\right\rangle_{\mathrm{T}}\right]$$

因子 $\tilde{K}$ 是纯虚数，所以 $\tilde{K}_1\tilde{K}_2^*=\tilde{K}_1^*\tilde{K}_2=|\tilde{K}_1||\tilde{K}_2|$．其中的时间平均部分是互关联函数，我们将其表示为

$$\tilde{\varGamma}_{12}(\tau)\equiv\left\langle \tilde{E}_1(t+\tau)\tilde{E}_2^*(t)\right\rangle_{\mathrm{T}} \tag{6-3-4}$$

称为 S_1 和 S_2 处光场的互相干函数．如果我们都这样使用，式(6-3-3)写为

$$I=|\tilde{K}_1|^2 I_{S_1}+|\tilde{K}_2|^2 I_{S_2}+2|\tilde{K}_1||\tilde{K}_2|\mathrm{Re}\,\tilde{\varGamma}_{12}(\tau) \tag{6-3-5}$$

$|\tilde{K}_1|^2 I_{S_1}$ 和 $|\tilde{K}_2|^2 I_{S_2}$ 这两项，如果我们再忽略乘上的常系数，分别是其中一个衍射孔单独打开时在 P 点的光强，换言之，$\tilde{K}_1$ 或 $\tilde{K}_2$ 分别等于零．把它们表示为 I_1 和 I_2，式(6-3-5)变成

$$I=I_1+I_2+2|\tilde{K}_1||\tilde{K}_2|\mathrm{Re}\,\tilde{\varGamma}_{12}(\tau) \tag{6-3-6}$$

注意，当 S_1 和 S_2 刚好重合时，互相干函数变为

$$\tilde{\varGamma}_{11}(\tau)\equiv\left\langle \tilde{E}_1(t+\tau)\tilde{E}_1^*(t)\right\rangle_{\mathrm{T}} \quad \text{或} \quad \tilde{\varGamma}_{22}(\tau)\equiv\left\langle \tilde{E}_2(t+\tau)\tilde{E}_2^*(t)\right\rangle_{\mathrm{T}}$$

我们可以想象这两个波列来自光源重合的同一点，由于某种原因相位上又正比于时间 τ 的延迟．现在的情况下 τ 等于零(因为光程差为零)，这些函数简化为平面 $\varSigma_a$ 上相应的光强 $I_{S_1}=\left\langle \tilde{E}_1(t)\tilde{E}_1^*(t)\right\rangle_{\mathrm{T}}$ 和 $I_{S_2}=\left\langle \tilde{E}_2(t)\tilde{E}_2^*(t)\right\rangle_{\mathrm{T}}$．因此

$$\varGamma_{11}(0)=I_{S_1},\quad \varGamma_{22}(0)=I_{S_2}$$

这些被称为自相干函数．这样

$$I_1=|\tilde{K}_1|^2\,\varGamma_{11}(0),\quad I_2=|\tilde{K}_2|^2\,\varGamma_{22}(0)$$

记住等式(6-3-6)，注意下式：

$$|\tilde{K}_1||\tilde{K}_2|=\sqrt{I_1}\sqrt{I_2}\Big/\sqrt{\Gamma_{11}(0)}\sqrt{\Gamma_{22}(0)}$$

于是，归一化的互相干函数定义为

$$\tilde{\gamma}_{12}(\tau)\equiv\frac{\tilde{\Gamma}_{12}(\tau)}{\sqrt{\Gamma_{11}(0)\Gamma_{22}(0)}}=\frac{\left\langle\tilde{E}_1(t+\tau)E_2^*(t)\right\rangle_{\mathrm{T}}}{\sqrt{\left\langle|\tilde{E}_1|^2\right\rangle\left\langle|\tilde{E}_2|^2\right\rangle}}\tag{6-3-7}$$

它又被称为复相干度.

等式(6-3-6)可以重写为

$$I=I_1+I_2+2\sqrt{I_1I_2}\,\mathrm{Re}\,\tilde{\gamma}_{12}(\tau)\tag{6-3-8}$$

这是部分相干光普遍的干涉定律.

对准单色光，相角的变化伴随着光程的不同由下式给出：

$$\varphi=2\pi(r_2-r_1)/\bar{\lambda}=2\pi\bar{\nu}\tau\tag{6-3-9}$$

式中，$\bar{\lambda}$ 和 $\bar{\nu}$ 是平均波长和平均频率. 由于 $\tilde{\gamma}_{12}(\tau)$ 是一个复数，可以表示为

$$\tilde{\gamma}_{12}(\tau)=|\tilde{\gamma}_{12}(\tau)|\,\mathrm{e}^{\mathrm{j}\Phi_{12}(\tau)}\tag{6-3-10}$$

$\tilde{\gamma}_{12}(\tau)$ 的相角对应回等式(6-3-4)，是光场间的相角. 若令 $\Phi_{12}(\tau)=\alpha_{12}(\tau)-\varphi$，有

$$\mathrm{Re}\,\tilde{\gamma}_{12}(\tau)=|\tilde{\gamma}_{12}(\tau)|\cos[\alpha_{12}(\tau)-\varphi]$$

等式(6-3-8)表示为

$$I=I_1+I_2+2\sqrt{I_1I_2}\,|\tilde{\gamma}_{12}(\tau)|\cos[\alpha_{12}(\tau)-\varphi]\tag{6-3-11}$$

从式(6-3-7)和 Schwarz 不等式可以得到 $0\leqslant|\tilde{\gamma}_{12}(\tau)|\leqslant1$. 事实上，如果 $|\tilde{\gamma}_{12}(\tau)|=1$，$I$ 与两个在 S_1 和 S_2 处相位相差 $\alpha_{12}(\tau)$ 的完全相干光波产生的光强是一样的，如果是另一个极端的情况，即 $|\tilde{\gamma}_{12}(\tau)|=0$，则 $I=I_1+I_2$，没有干涉，两个光场被称为非相干的. 当 $0<|\tilde{\gamma}_{12}(\tau)|<1$ 时，我们有部分相干，其相干程度就是 $|\tilde{\gamma}_{12}(\tau)|$ 自身，被称为相干度. 综上所述，有

$|\tilde{\gamma}_{12}(\tau)|=1$，　　完全相干

$|\tilde{\gamma}_{12}(\tau)|=0$，　　完全不相干

$0<|\tilde{\gamma}_{12}(\tau)|<1$，　　部分相干

必须强调整个过程中的统计基本性质. 显然 $\tilde{\Gamma}_{12}(\tau)$ 和 $\tilde{\gamma}_{12}(\tau)$ 是不同光强分布表达式中的关键，它们是我们前面称之为相干项的本质. 必须指出的是，$\tilde{E}_1(t+\tau)$ 和 $\tilde{E}_2(\tau)$ 事实上是两个在时间点和空间点上均不同的光场分布，我们也预期，光场的振幅和相位也会由于某种原因波动. 如果在 S_1 和 S_2 处的这种起伏是完全无关的，那么 $\tilde{\Gamma}_{12}(\tau)=\left\langle E_1(t+\tau)E_2^*(t)\right\rangle_{\mathrm{T}}$ 将趋于零，因为 $\tilde{E}_1$ 和 $\tilde{E}_2$ 取正或负，且可能性是相等的. 在这种情况下无关联存在，且 $\tilde{\Gamma}_{12}(\tau)=\tilde{\gamma}_{12}(\tau)=0$. 如果 S_1 处 $t+\tau$ 时刻的光场完全与 S_2 处 t 时刻的光场关联，尽管其相位都在变化，但它们的相对相位保持不变，光场乘积的时间平均值当然就不为零，就像即使两者只有微弱的关联，它们的平均值也不会为零一样.

与 $\cos2\pi\bar{\nu}\tau$ 和 $\sin2\pi\bar{\nu}\tau$ 相比，$|\tilde{\gamma}_{12}(\tau)|$ 和 $\alpha_{12}(\tau)$ 都是 τ 的缓慢变化的函数，换言之，当 P 从叠加后的条纹中划过，空间中各点强度 I 的变化主要是由 (r_2-r_1) 不同时相位 φ 的变化导致的.

当式(6-3-11)中的 cos 项取+1 或−1 时，I 的值分别为最大和最小. P 点的可见度将为

$$V = \frac{2\sqrt{I_1}\sqrt{I_2}}{I_1 + I_2} |\tilde{\gamma}_{12}(\tau)| \tag{6-3-12}$$

也许最普遍的设置情况是光强是经过调整的，所以 $I_1=I_2$，于是

$$V = |\tilde{\gamma}_{12}(\tau)| \tag{6-3-13}$$

即复相干度的模与条纹可见度是相同的.

认识到式(6-3-7)和式(6-3-8)清楚地提出了通过直接测量确定 $\tilde{\Gamma}_{12}(\tau)$ 和 $\tilde{\gamma}_{12}(\tau)$ 实部的方法是重要的. 如果两个光场的通量密度调整为相等，式(6-3-13)给出了从实验的叠加干涉条纹图样中获得 $|\tilde{\gamma}_{12}(\tau)|$ 的一种方法. 此外，中央条纹(从 $\varphi=0$)离轴平移量是 $\alpha_{12}(\tau)$ 的量度，表现出了 S_1 和 S_2 处光场间相位的延迟大小. 于是，测量条纹可见度和条纹的位置，就同时给出了复相干度的振幅和相位.

顺便说明，如果，并且只有当光场是严格单色的时候，对任意时刻 τ 和任意一对空间点，$|\tilde{\gamma}_{12}(\tau)|$ 才等于 1，因此，这样的情况是无法实现的. 此外，对一个非零辐射场，要让任意时刻 τ 和任意一对空间点 $|\tilde{\gamma}_{12}(\tau)|$ 等于零，在自由空间中也是不存在的.

6.4　时间相干和空间相干

让我们以前面的形式阐述时间相干和空间相干的概念.

如果图 6-3-1 中的光源 S 收缩为一个位于中轴上的点光源，并具有有限带宽，这时在 S_1 和 S_2 处的光场相同，起主导作用的将是时间相干效应. 实际上，两个点光源之间的互相干(式(6-3-4))是光场的自相干. 所以，$\tilde{\Gamma}(S_1,S_2,\tau)=\tilde{\Gamma}_{12}(\tau)=\tilde{\Gamma}_{11}(\tau)$，或者 $\tilde{\gamma}_{12}(\tau)=\tilde{\gamma}_{11}(\tau)$. 与 S_1 和 S_2 重合得到的情况一样，$\tilde{\gamma}_{12}(\tau)$ 有时称为该点在间隔时间 τ 的两个时刻的复时间相干度. 式(6-3-8)中，I 的表达式应该含有 $\tilde{\gamma}_{11}(\tau)$ 而不是 $\tilde{\gamma}_{12}(\tau)$.

假设光波被分解成相等的两个，具有形式

$$\tilde{E}(t)=E_0\mathrm{e}^{\mathrm{j}\phi(t)} \tag{6-4-1}$$

通过分振幅干涉仪后，又重合形成干涉图样，则

$$\tilde{\gamma}_{11}(\tau) = \frac{\left\langle \tilde{E}(t+\tau)\tilde{E}^*(t)\right\rangle}{|\tilde{E}|^2} \tag{6-4-2}$$

或者

$$\tilde{\gamma}_{11}(\tau) = \left\langle \mathrm{e}^{\mathrm{j}\phi(t+\tau)}\mathrm{e}^{-\mathrm{j}\phi(t)}\right\rangle_{\mathrm{T}}$$

因此

$$\tilde{\gamma}_{11}(\tau) = \lim_{T\to\infty}\frac{1}{T}\int_0^T \mathrm{e}^{\mathrm{j}[\phi(t+\tau)-\phi(t)]}\mathrm{d}t,\quad \tilde{\gamma}_{11}(\tau) = \lim_{T\to\infty}\frac{1}{T}\int_0^T (\cos\Delta\phi + \mathrm{j}\sin\Delta\phi)\mathrm{d}t \tag{6-4-3}$$

式中，$\Delta\phi=\phi(t+\tau)-\phi(t)$. 对一个相干长度无限长的严格单色平面波，$\phi(t)=\boldsymbol{k}\cdot\boldsymbol{r}-\omega t$，$\Delta\phi=-\omega\tau$，并且

$$\tilde{\gamma}_{11}(\tau) = \cos\omega\tau - \mathrm{j}\sin\omega\tau = \mathrm{e}^{-\mathrm{j}\omega\tau}$$

因此$|\tilde{\gamma}_{11}|=1$，$\tilde{\gamma}_{11}$的幅角等于$-2\pi\nu\tau$，我们获得完全相干. 作为对照，对准单色光，τ大于相干时间，$\Delta\phi$是随机的，在0～2π变化，所以积分平均值为零，$|\tilde{\gamma}_{11}|=0$，对应完全不相干. 当迈克耳孙干涉仪两臂的长度相差30cm时，光程相差60cm，两光相遇时对应的时间延迟为$\tau\approx 2\text{ns}$，这大概是好的同位素放电灯的相干时间. 在这种光源照明下，条纹可见度会很差. 如果使用白光，$\Delta\nu$很大，Δt_c非常小，相干长度小于一个波长. 为了让τ小于Δt_c(也就是为了让可见度提高)，光程差只能是波长的一个很小分数. 另一个极端的情况是激光，这时Δt_c可以如此之长，数值$c\tau$导致要让可见度有可以观察到的减小，需要实际无法做到的大型干涉仪.

我们看到$\tilde{\Gamma}_{11}(\tau)$是时间相干的量度，一定与光源的相干时间，因而与光源的带宽紧密联系. 实际上，自相干函数$\tilde{\Gamma}_{11}(\tau)$的傅里叶变换是功率谱，描述光的能谱密度分布.

如果我们回到杨氏实验(图6-3-1)，使用一个带宽非常窄的扩展光源，空间相干效应又将起支配作用. 这时在S_1和S_2处的光分布不相同，条纹图样将依赖于$\tilde{\Gamma}(S_1,S_2,\tau)=\tilde{\Gamma}_{12}(\tau)$. 通过检测$(r_2-r_1)=0$，即$\tau=0$的中心附近区域，$\tilde{\Gamma}_{12}(0)$和$\tilde{\gamma}_{12}(0)$可以被确定下来. 后者的数值就是两个点光源在同一时刻的复空间相干度. $\tilde{\Gamma}_{12}(0)$在后面将要讨论的迈克耳孙恒星干涉仪中扮演了一个重要角色.

在空间中某区域内的复相干度,与产生光场的扩展光源上光强的分布有很方便的联系. 我们将使用这个联系，即范西泰特-策尼克定理来帮助计算，而不给出公式推导的整个过程. 事实上，6.2节的解释已经部分暗示了这个要点.

图6-4-1绘出了一个扩展准单色非相干光源S在平面σ上，具有光强$I(x,y)$. 在观察屏上有两个点P_1和P_2，到S上小面元的距离分别为R_1和R_2，在该平面上我们希望确定$\tilde{\gamma}_{12}(0)$，它描述两点处光场振动间的联系. 注意，尽管光源是非相干的，到达P_1和P_2处的光通常在一定程度上相联系，因为每个面元在各观察点上都有光场分布.

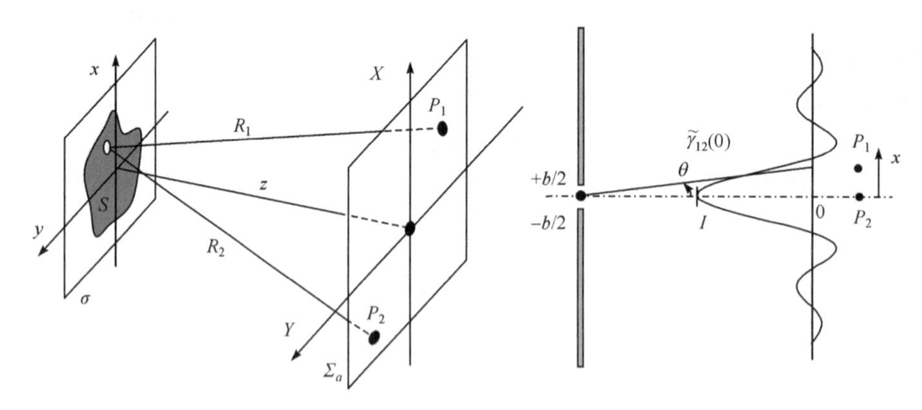

图6-4-1 扩展准单色光源的光场及其空间相干性的关系

从在P_1和P_2点的光场计算$\tilde{\gamma}_{12}(0)$，可以用范西泰特-策尼克定理解决. 假设S不是一个光源，而是一个有相同大小和形状的衍射孔，可以假设$I(x,y)$不是辐射度的描述，而是衍射孔上相应光场强度分布的函数形式. 换言之，可以想象有一个透明衍射孔，其光强透射性质对应函数$I(x,y)$，在P_2附近将出现衍射图样. 在P_2处归一化的衍射光场分布，其各处的值(如在P_1处)等于该处$\tilde{\gamma}_{12}(0)$的值，这就是范西泰特-策尼克定理. 该定理具体表述为：P_1、P_2间的互相干函数$\tilde{\Gamma}(P_1,P_2,0)$，即$\tilde{\Gamma}_{12}(0)$(又称为互强度，用$J$表示)为

$$\tilde{\Gamma}_{12}(0)=\frac{\exp(\mathrm{j}\Psi)}{\bar{\lambda}^2 z^2}\iint_{-\infty}^{+\infty} I(x,y)\exp\left[-\mathrm{j}\frac{2\pi}{\bar{\lambda} z}(x\Delta X+y\Delta Y)\right]\mathrm{d}x\mathrm{d}y \tag{6-4-4}$$

其中，z 是光源到屏 Σ_a 的距离；$\Delta X=X_2-X_1,\Delta Y=Y_2-Y_1$ 分别是 $P_2(X_2,Y_2)$到 $P_1(X_1,Y_1)$之间距离在 X 轴和 Y 轴上的大小；$\Psi=\frac{\bar{k}}{2z}(\rho_2^2-\rho_1^2)$，$\rho_1$ 和 ρ_2 分别是 P_1 和 P_2 到光轴的距离.

这一定理表示成归一化形式比较方便，令式(6-4-4)中ΔX=0, ΔY=0，即 P_1 与 P_2 重合，可以得到 P_1 和 P_2 处的光强

$$I(P_1)=I(P_2)=\frac{1}{\bar{\lambda}^2 z^2}\iint_{-\infty}^{+\infty} I(x,y)\mathrm{d}x\mathrm{d}y \tag{6-4-5}$$

于是

$$\tilde{\gamma}_{12}(0)=\frac{\tilde{\Gamma}_{12}(0)}{\sqrt{I(P_1)I(P_2)}}=\frac{\exp(\mathrm{j}\Psi)\iint_{-\infty}^{+\infty} I(x,y)\exp\left[-\mathrm{j}\frac{2\pi}{\bar{\lambda} z}(x\Delta X+y\Delta Y)\right]\mathrm{d}x\mathrm{d}y}{\iint_{-\infty}^{+\infty} I(x,y)\mathrm{d}x\mathrm{d}y} \tag{6-4-6}$$

式(6-4-6)给出了一个重要的结论：当 P_1、P_2 靠近，而且 S 与 z 相比很小，即光源的线度以及观察区域的线度都比二者之间的距离小很多时，观察区域上的复相干度正比于光源光强分布的归一化傅里叶变换.

如果光源的光强是归一化的，当光源是一个狭缝时，$\tilde{\gamma}_{12}(0)$ 是一个 sinc 函数，而光源是一个圆孔时，$\tilde{\gamma}_{12}(0)$ 是一个贝塞尔函数.

下面我们实际计算后一个结论，即计算一个亮度均匀、非相干准单色、半径为 R 的圆盘形光源所产生的光场的复相干度，如图 6-4-2 所示.

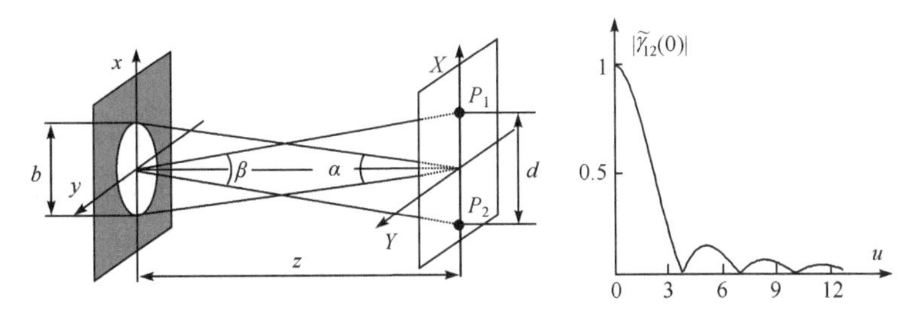

图 6-4-2　圆盘光源情况下复相干度的计算结果及其几何关系示意图

设光源的光强分布为

$$I(x,y)=I_0\mathrm{circ}\left(\frac{\sqrt{x^2+y^2}}{R}\right)=I_0\mathrm{circ}\left(\frac{r}{R}\right) \tag{6-4-7}$$

利用傅里叶-贝塞尔积分和式(6-4-6)，可以计算出

$$\tilde{\gamma}_{12}(0)=\left[\frac{2\mathrm{J}_1(u)}{u}\right]\mathrm{e}^{\mathrm{j}\Psi} \tag{6-4-8}$$

其中，J_1 是第一类贝塞尔函数，$u=\frac{\pi b}{\bar{\lambda} z}\sqrt{\Delta X^2+\Delta Y^2}=\frac{\pi b}{\bar{\lambda}}\alpha d$，$d$ 是 P_1、P_2 之间的距离，$\alpha=b/z$ 是光源对 P_1、P_2 两点连线中心点的张角，即光源的角直径. 如果令 $\beta=d/z$，则有 $u=\frac{\pi}{\bar{\lambda}}b\beta$.

图 6-4-2 给出了$|\tilde{\gamma}_{12}(0)|$相对 u 变化的曲线，u 很小时$|\tilde{\gamma}_{12}(0)|$的值接近 1，条纹可见度很高，随着 u 的增加，$|\tilde{\gamma}_{12}(0)|$的值变为 0，条纹可见度等于零，再增加 u，$|\tilde{\gamma}_{12}(0)|$的值不为 0，条纹可见度小，但不为零.

6.5　恒星干涉仪

1890 年迈克耳孙在前人 Fizeau 的基础上，提出了一个干涉装置(图 6-5-1)，在此关注该装置既因为它是许多现代重要技术的始祖，也因为它自身在解释相干理论方面的引导作用. 恒星干涉仪的功用，与它的称谓一样，是用来测量遥远天体很小的张角的.

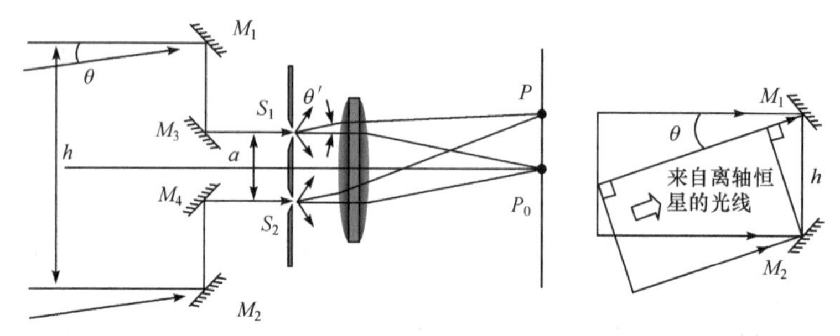

图 6-5-1　迈克耳孙恒星干涉仪及其光程差计算示意图

两个相距很远放置的可移动反射镜 M_1 和 M_2，收集来自遥远恒星的光线(假设是平行的). 光线沿反射镜 M_3 和 M_4 经带有掩模的孔径 S_1 和 S_2 进入望远镜的物镜. 光程 $M_1M_3S_1$ 和 $M_2M_4S_2$ 被做成相等的，于是 M_1 和 M_2 上光场相角之间的关系与 S_1 和 S_2 上的一致. 在物镜的焦平面上，两个衍射孔产生常见的杨氏干涉条纹. 实际上，掩模和光阑并非必要的，反射镜自身可以充当衍射孔.

假设我们调整装置的位置，使其主光轴指向相距很近的双星中的一颗. 由于所涉及的距离是巨大的，无论来自哪颗星的光线，到达干涉仪时都可以视为是很好地被准直了的. 此外，至少我们暂时假设，光线以平均波长 $\bar{\lambda}_0$ 为中心，有一个很窄的带宽. 轴上恒星在 S_1 和 S_2 上的光场分布是同相位的，以 P_0 为中心形成一套明暗相间的条纹.

类似地，来自另一颗恒星的光线角度为 θ，但这次在 M_1 和 M_2(因此在 S_1 和 S_2)上的光场相位相差约 $\bar{k}_0 h\theta$，或者，时间上延迟 $h\theta/c$，如图 6-5-1 所示. 结果条纹组的中心位于 P 点，离开 P_0 的角度约 $h\theta/c=a\theta'/c$. 因为这些恒星的表现可以把它们视为非相干点光源，各自的光强分布简单地叠加. 每个恒星形成的干涉条纹的距离是相等的，仅与 a 有关. 然而条纹的可见度随 h 而变化. 于是，如果 h 从零逐渐增加到 $\bar{k}_0 h\theta=\pi$，即直到

$$h=\frac{\bar{\lambda}_0}{2\theta} \tag{6-5-1}$$

这两组条纹间错开的距离不断增加，直到来自一颗恒星的最亮条纹落在来自另一颗恒星的暗条纹上，在该点，如果它们的光强是一样的，则 V=0. 所以，当条纹消失时，只需测量 h 就可以确定恒星与恒星的角距离 θ.

注意，即使恒星是点光源，并假设是完全不关联的，其光场中的任意两点(M_1 和 M_2)并不一定非相干. 为此，当 h 变得很小时，来自每个点光源的光线在 M_1 和 M_2 上的相对相位为零，

V 趋近于 1，光场在这些点上是高度相干的.

用与双星系统相同的方法，单独一颗星的中心角直径 θ 也可以测量. 条纹可见度再次与光场在 M_1 和 M_2 处的相干程度相联系. 如果假设恒星是由非相干点光源按圆形分布组成的，光强均匀，其可见度也是随 M_1 和 M_2 之间的距离变化的. 在前面我们给出这类光源的可见度由一阶贝塞尔函数给出式(6-4-8)，于是

$$V=|\tilde{\gamma}_{12}(0)|=2\left|\frac{\mathrm{J}_1(\pi h\theta/\bar{\lambda}_0)}{\pi h\theta/\bar{\lambda}_0}\right| \tag{6-5-2}$$

当 u=0 时，$\mathrm{J}_1(u)/u=1/2$，V 的最大值为 1，而当 $\pi h\theta/\bar{\lambda}_0=3.83$ 时，V 第一次为零，同样地，条纹在下面情况下消失：

$$h=1.22\bar{\lambda}_0/\theta \tag{6-5-3}$$

通过简单地测量 h 可以求出中心角直径 θ.

在迈克耳孙的装置中，两个装有外伸支架的反射镜可以在长长的支架上移动，被放置在威耳逊山天文台的 100in(1in=2.54cm)反射望远镜上. 参宿四(猎户座 α 星)是第一颗用该装置测量其角直径的恒星，它是位于猎户星座左上方的橙色恒星. 在 1920 年 12 月一个寒冷的夜晚，干涉仪形成的条纹在 h=121in 时消失，用平均波长 $\bar{\lambda}_0$=570nm，得 $\theta=1.22(570\times10^{-9})/121(2.54\times10^{-2})=22.6\times10^{-8}$rad，或者 0.047s. 利用其已得到的距离，得出该恒星的直径约 240 百万 mi(1mi=1.60934km)，或大约为太阳直径的 280 倍. 实际上，参宿四是一颗不规则变星，它的最大直径是如此巨大，超过火星对太阳的轨道. 使用恒星干涉仪的主要限制在于，对很小的星星，反射镜间距离需要很长，因而很不方便. 在射电天文学中也一样，类似的装置被广泛地用于测量太空中无线电辐射源的范围.

顺便说一下，假设相干性“好”表示可见度为 0.88 或更大. 对圆盘形光源，应该出现在 $\pi h\theta/\bar{\lambda}_0=1$ 处，即

$$h=0.32\bar{\lambda}_0/\theta \tag{6-5-4}$$

对一个直径为 R 的窄带光源，在距离 z 处，有一个相干区域面积等于 $\pi(h/2)^2$，其上 $|\tilde{\gamma}_{12}|\geqslant 0.88$. 因为 $R/z=\theta$，则

$$h=0.32z\bar{\lambda}_0/R \tag{6-5-5}$$

这些表达式对在干涉或衍射实验中估计所需的物理参量是很方便的. 例如，如果你将一个红色滤色片覆盖在直径 1mm 的圆盘形光源上，然后退后 20m，那么

$$h=0.32(20)(600\times10^{-9})/10^{-3}=3.8(\mathrm{mm})$$

这里，取平均波长为 600nm. 这意味着距离等于或小于 h 放置衍射孔时，可以产生好的条纹. 很明显，相干面积随着 z 的增大而增加，这就是远处明亮的路灯总是可以方便地用作相干光源的原因.

习　题　6

6-1　习题图 6-1 是杨氏双缝实验的示意图，作为光源的单缝宽度为 a.

(1) 证明：用光强均匀的准单色光照明时，P_1 和 P_2 点的 $\tilde{\gamma}_{12}(0)$ 是一个 sinc 函数.

(2) 若 a=0.1mm，z=1m，d=3mm，求观察屏上干涉条纹的可见度(取光源的中心波长 $\bar{\lambda}$ =600nm).

(3) 要保证观察屏上的可见度为 0.41，在 z 和 d 不变的情况下，光源的宽度应为多少？

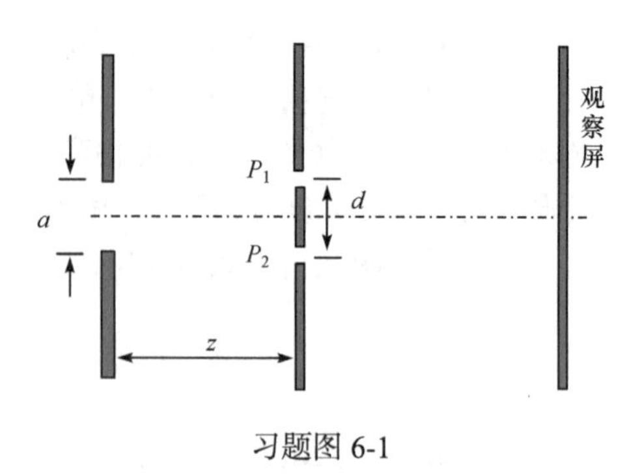

习题图 6-1

6-2　已知太阳到地球的距离约 1.49×10^{11}m，太阳的直径约 1.39×10^{9}m，若将太阳视为光强均匀的准单色光圆盘形光源(平均波长取 550nm)，问：

(1) 要想用太阳光照射杨氏双缝，获得可见度不小于 0.88 的干涉条纹，双缝的间距不能大于多少？

(2) 双缝的间距大约等于多少时条纹消失？

6-3　用迈克耳孙恒星干涉仪测量距离地球 2 光年的一颗恒星的直径，当反射镜之间的距离调整到 6m 时，干涉条纹消失，求这颗星的直径(平均波长 $\bar{\lambda}$ =550nm).

参 考 文 献

[1] 马科斯 · 玻恩, 埃米尔 · 沃耳夫. 光学原理[M]. 7 版. 北京: 电子工业出版社, 2006.

[2] Hecht E. Optics[M]. 4th ed. Beijing: Higher Education Press,2004.

[3] 苏显渝，李继陶. 信息光学[M]. 北京: 科学出版社, 1999.

[4] 陈家璧，苏显渝. 光学信息技术原理及应用[M]. 北京: 高等教育出版社, 2002.

第 7 章　全 息 照 相

早在 1948 年，匈牙利裔的英国科学家丹尼斯·加伯(Dennis Gabor)就提出全息照相的原理，但缺乏强度高、相干性好的光源，在 20 世纪 50 年代，一直进展缓慢. 1960 年出现激光后，全息照相才获得迅猛发展，在科研、工业、医学、艺术等领域中获广泛应用，加伯也因此获得 1971 年诺贝尔物理学奖.

全息照相是一种特殊的三维立体照相技术，用此技术拍摄的照片称为全息图. 全息图不仅能记录下物光的光强，而且能记录下物光的相位. 在一定条件下照明这张全息图，就能再现物光的波前. 其作用远不能简单地用“照相”一词来概括. 所以，在许多科学技术文献中常不用“全息照相”，而用“全息技术”或“全息术”称呼它所代表的一种近代科学技术的新分支.

本章将系统介绍全息照相的原理、全息图的主要类型以及全息照相的应用概况. 其中全息干涉计量是全息照相应用得非常成功的一个领域，将另辟一章，对它作较为详细的介绍.

就物理内容而言，全息照相的基本规律并未超过传统波动光学范围，它以波动光学的衍射理论作为基础，把两列相干光形成的干涉图用照相方法记录下来并加以应用而已. 就其原理来说，并不新. 然而它给科学技术带来的影响、它的成效却如此重大，这一事实启示我们：在旧原理基础上形成新概念、新思想的机会总是存在的. 人们并不总是需要掌握最新、最尖端的科学成果才能对科学的进展作出贡献. 甚至，对于比较古老的学科的深刻理解，也能在今天不断发展的科学事业中作出贡献.

7.1　全息照相的基本原理

物体的光波包含多种信息，除频率反映了颜色信息外，物光波还含有振幅和相位信息. 振幅信息反映物光波的强弱，相位信息反映物光波传播的时间先后(或传播距离的远近). 然而，现有的各种光记录材料，如感光胶片、CCD 等都只能记录光波的强度信息，而不能直接记录光波的相位信息. 当用普通照相方法拍摄物体时，必须首先把物体的光波通过透镜或针孔等光学系统成像. 然后将感光胶片放在像平面上感光. 再经过显影、定影等过程，在照相纸上显现出来的是物体以光强分布形式所呈现的二维平面像，最多还能显示物体的色彩的强度分布.

全息照相则不同，它不仅记录物体光波的振幅，而且能将其相位信息也记录在照片上. 在一定条件下照明这张照片，就能再现物体的光波. 这时，即便物体已被移走，只要用眼睛去观察这再现的光波，就能看到物体的三维像，有如物体仍放在原处一样. 实际上，全息照相使用的感光材料也只能记录光波的强度信息，而不能直接记录其相位信息，为什么它能同时将其相位信息也记录下呢？关键是采用另外一束与物光波相干的辅助光波，该辅助光波与物光波同时照在感光胶片上，并形成干涉条纹. 这些干涉条纹虽然也是以强度分布的形式记录下来，但是它们不仅含有物光的振幅信息，也含有物光的相位信息．通常将物体的光波称**物光波**(object wave)或简称**物光**，称辅助光波为**参考光波**(reference wave)或简称**参考光**．用感光胶片或干版记录下物光与参考光所形成的干涉条纹的照片称为**全息图**(hologram). 该名词出自希腊字，“holos”是“完全”(whole)，而“gramma”是“信息”(message)的意思．在一定条件下照明这张全息图，如用原来的参考光照明全息图，就能再现物体的光波．加伯把这种方法称为“**光学成像的一种新的两步方法**”[1].

第一步：将物光与参考光所形成的干涉图纹记录在全息图上，称为**记录过程**(recording process)，或**建图过程**(construction process).

第二步：在一定条件下照明全息图，再现物光波，称为**再现过程**(display process)，或**建像过程**(image reconstruction process).

这种新的二步成像技术称为**全息照相或全息技术或全息术**(holography).

在普通照相的情况下，物体的光波通过透镜或针孔等光学系统成像，将三维信息塌陷为二维图像后，在成像平面上所成的像点与物体上的发光点是一一对应的，亦即照片上的一个点只记录下物体上对应的一个点的信息，如图 7-1-1(a)和(b)所示．像上的箭头对应物体上的箭头，像上的箭尾对应物体上的箭尾．在成像平面上记录的照片被撕破后，破损部分对应的录面上的任意点，如图 7-1-1(e)所示的 P 点，能记录下该点所对应的物体表面上所有物点的

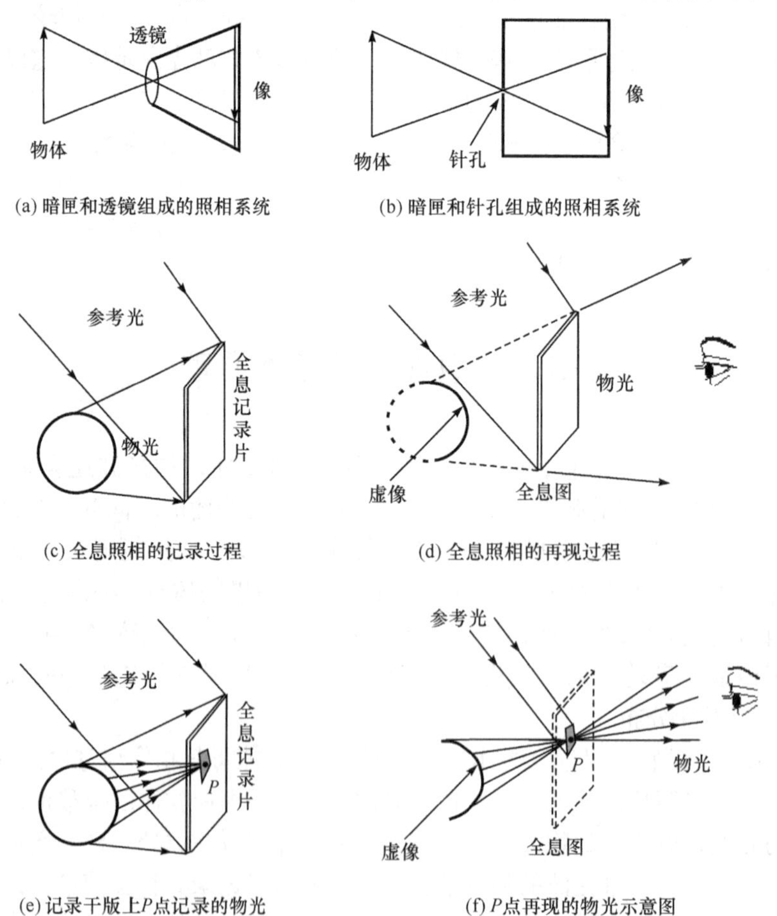

图 7-1-1

光信息，全息图即使破损，如破裂成许多碎片后，每个碎片都仍然保持有整个物体的信息，在参考光照射下再现出的物光仍可反映整个的物体，只不过好像是通过由碎片形成的一个很小的窗口去看物体，也许在某个角度下看不全，只能看到物体的某一部分，但通过改变视角，扫描式地观看，仍可看到整个的物体．甚至要想一次就能看到整个物体也行，只需将眼睛凑近该碎片，就像眼睛凑近一个很小的窗口，就可以看见窗内的整个物体一样．

在第 9 章将看到，全息成像不但可以利用计算机模拟，而且利用 CCD(charge-coupled device)代替传统的感光板，形成了一项新技术——数字全息(digital holography)．理论上可以证明，利用一幅全息图的碎片观察物体的像时，与用整张全息图相比，只是分辨率有所下降．图 7-1-2 是利用书附 MATLAB 程序 LXM20.m 的一个模拟实例．图 7-1-2(a)是记录了唐三彩骏马像的数字全息图(1024×1024 像素)，图 7-1-2(b)和(c)是这幅全息图的两个矩形“碎片”，利用这三幅尺寸不同的全息图重现的像依次示于它们的下方．

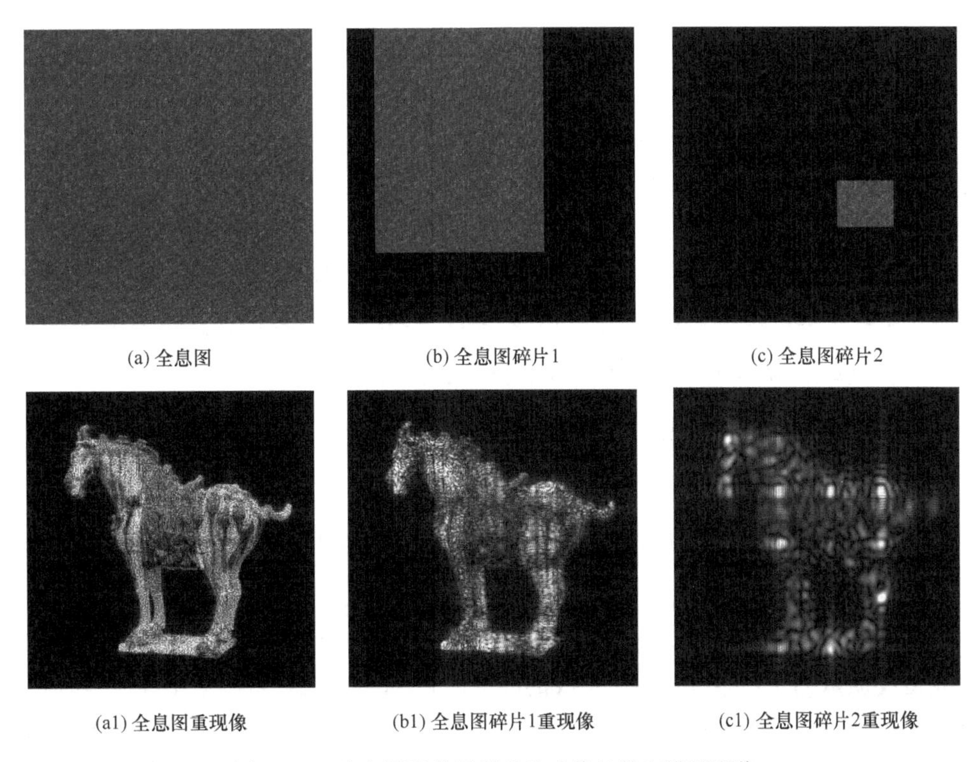

图 7-1-2　全息图及其局部碎片成像的数字模拟图像

7.1.1　平面波形成的全息图——全息光栅

来自同一光源的两列平面波在空间某区域相遇而干涉，将它们的干涉条纹记录在照相底版上，经过化学处理后，便得到一种最简单的全息图．因为这些干涉条纹具有像光栅一样的空间周期性，常称为**全息光栅**(holographic grating)．而且，这些干涉条纹是按余弦(或正弦)规律分布的，所以也称为**余弦光栅**(cosine grating)或**正弦光栅**(sine grating)．

1. 干涉条纹的特征

若上述两平面波来自同一激光器，输出激光为线偏振光，波长为 λ，在相遇区间具有相同振向，可用标量复振幅描述它们．设在记录平面上某任意点 P 处两平面波的振幅、波矢量、初相分别为 A_1 和 A_2、$\boldsymbol{k}_1$ 和 $\boldsymbol{k}_2$、ϕ_1 和 ϕ_2，P 点的矢径为 $\boldsymbol{r}$，则两平面波在 P 点的复振幅可分别表示为

$$u_1 = A_1 \exp\left[\mathrm{j}(\boldsymbol{k}_1 \cdot \boldsymbol{r} - \phi_1)\right], \quad u_2 = A_2 \exp\left[\mathrm{j}(\boldsymbol{k}_2 \cdot \boldsymbol{r} - \phi_2)\right] \tag{7-1-1}$$

根据叠加原理，它们的合成光场在感光乳胶片上的复振幅分布为

$$u = u_1 + u_2 = A_1 \exp\left[\mathrm{j}(\boldsymbol{k}_1 \cdot \boldsymbol{r} - \phi_1)\right] + A_2 \exp\left[\mathrm{j}(\boldsymbol{k}_2 \cdot \boldsymbol{r} - \phi_2)\right] \tag{7-1-2}$$

合成光场相应的光强分布为

$$\begin{aligned} I &= (u_1 + u_2)(u_1 + u_2)^* = I_1 + I_2 + 2\sqrt{I_1 I_2}\cos(\boldsymbol{K} \cdot \boldsymbol{r} - \phi) \\ &= (I_1 + I_2)\left[1 + \frac{2\sqrt{I_1 I_2}}{I_1 + I_2}\cos\Theta\right] \end{aligned} \tag{7-1-3a}$$

式中

$$\boldsymbol{K} = \boldsymbol{k}_2 - \boldsymbol{k}_1, \quad I_1 = A_1^2, \quad I_2 = A_2^2, \quad \Theta = \boldsymbol{K} \cdot \boldsymbol{r} - \phi, \quad \phi = \phi_2 - \phi_1 \tag{7-1-4}$$

其中，$I_1 = A_1^2$ 和 $I_2 = A_2^2$ 分别为两束光的光强，$\boldsymbol{K} = \boldsymbol{k}_2 - \boldsymbol{k}_1$ 为两光波的波矢量之差，$\Theta = \boldsymbol{K} \cdot \boldsymbol{r} - \phi$ 为它们的相位差，$\phi = \phi_2 - \phi_1$ 为它们的初相差．

更严格、更普遍的讨论应考虑在记录平面上两光束偏振方向不同的情况和光源的相干性．例如，若两光束偏振方向的夹角为 ψ，两平面波在 P 点处的光程差为 l_{12}，复自相干度(complex degree of self-coherence)为 $\gamma(l_{12})$，则式(7-1-3a)应改写为[7]

$$\begin{aligned} I &= I_1 + I_2 + 2\sqrt{I_1 I_2}\left|\gamma(l_{12})\right|\cos\psi\cos(\boldsymbol{K} \cdot \boldsymbol{r} - \phi) \\ &= (I_1 + I_2)\left[1 + \frac{2\sqrt{I_1 I_2}}{I_1 + I_2}\left|\gamma(l_{12})\right|\cos\psi\cos(\boldsymbol{K} \cdot \boldsymbol{r} - \phi)\right] = I_0\left[1 + V\cos\Theta\right] \end{aligned} \tag{7-1-3b}$$

式中，$I_0 = I_1 + I_2$ 为光场的平均光强，V 为干涉条纹的能见度，即

$$V \equiv \frac{I_{\max} - I_{\min}}{I_{\max} + I_{\min}} = \frac{2\sqrt{I_1 I_2}}{I_1 + I_2}\left|\gamma(l_{12})\right|\cos\psi = \frac{2\sqrt{B}}{1 + B}\left|\gamma(l_{12})\right|\cos\psi \tag{7-1-5}$$

为获得高质量的干涉条纹，需使条纹的能见度 $V = 1$．这就要求两束平面波具有相同的偏振方向，使 $\cos\psi = 1$；还需使两束光光强相等，即 $I_1 = I_2$，光束比 B 取值为 1；再有就是要求复自相干度的模取值为 1，也就是要求两束光程差为零($l_{12} = 0$)．这时，干涉条纹暗纹处强度为零，衬比反差最大、清晰度最高、条纹质量最好．

综上所述，拍摄高质量全息光栅的前提是记录平面上有高质量的干涉条纹，而高质量的干涉条纹需满足的条件是两光束在记录平面上：

(1) 有相同的偏振方向($\psi = 0$)；

(2) 光束比为 $B = 1$ ($I_1 = I_2$)；

(3) 程差为零($l_{12} = 0$，这时复自相干度的模取值为 1)．

然而，要做到整个记录感光材料(全息干版或全息软片)平面上处处都满足两光束程差为零往往是不可能的，应做到的是两光束在记录材料中心处具有零程差，而离开中心最远处的最大程差不超过光源的相干长度也就可以了．满足此条件的光路布局常称为**等光程**或**零程差**

配置[7].

当 $\Theta = \text{const}$，也就是 $\boldsymbol{K} \cdot \boldsymbol{r} = (\boldsymbol{k}_2 - \boldsymbol{k}_1) \cdot \boldsymbol{r} = \text{const}$ 时，在其对应的空间曲面上各点光强都相等，称为**等强度面**. 它们是一系列与 $\boldsymbol{K} = (\boldsymbol{k}_2 - \boldsymbol{k}_1)$ 垂直的平面族.

取直角坐标 $Oxyz$，使 $\boldsymbol{k}_1$、$\boldsymbol{k}_2$、$\boldsymbol{K}$ 在 xz 平面内，如图 7-1-3 所示. 以 2α 表示 $\boldsymbol{k}_1$ 与 $\boldsymbol{k}_2$ 的夹角，注意到 $\boldsymbol{k}_1$、$\boldsymbol{k}_2$ 与 $\boldsymbol{K}$ 构成等腰三角形，$|\boldsymbol{k}_1| = |\boldsymbol{k}_2| = 2\pi / \lambda$，$\lambda$ 为光波的波长，可计算出

$$K = 2(2\pi / \lambda)\sin\alpha \tag{7-1-6}$$

在 xz 平面内，干涉条纹是一系列与 $\boldsymbol{K}$ 垂直的直条纹，如图 7-1-4 所示. 图中表示了干涉条纹的取向，它们正好与 $\boldsymbol{k}_1$ 和 $\boldsymbol{k}_2$ 夹角的二等分线平行. 若取极坐标，使其原点与直角坐标 $Oxyz$ 的原点重合，并使极轴与 $\boldsymbol{K}$ 矢量同方向. 以 d 表示条纹间距，则有

$$\cos \boldsymbol{K} \cdot \boldsymbol{r} = \cos\ Kr = \cos K(d + r) \quad 或 \quad Kd = 2\pi$$

将上面的关系式代入式(7-1-6)可得

$$d = 2\pi / K = \lambda / 2\sin\alpha \quad 或 \quad 2d\sin\alpha = \lambda \tag{7-1-7a}$$

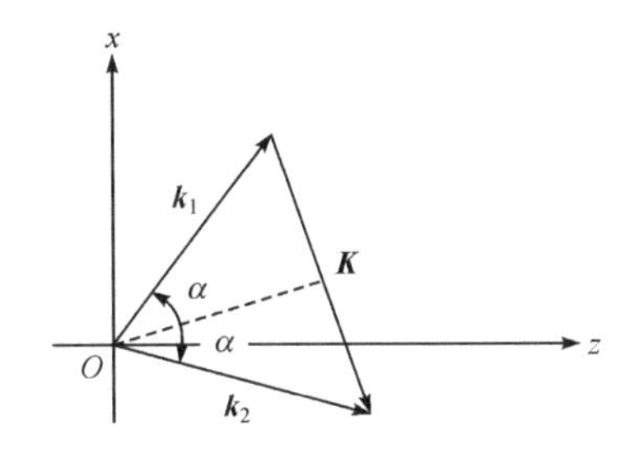

图 7-1-3 波矢量关系图

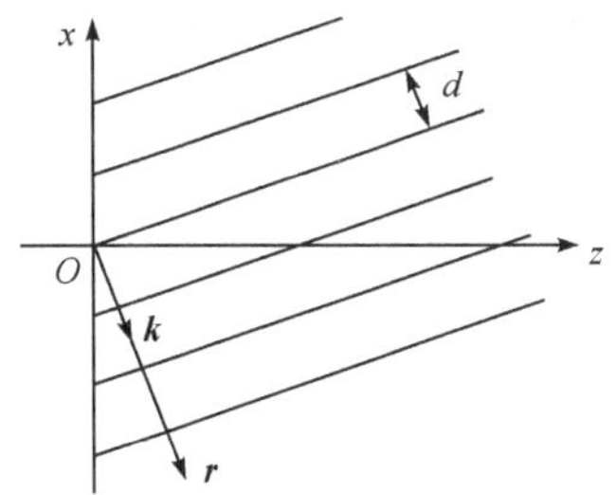

图 7-1-4 等相面系列示意图

条纹间距也常称为条纹的空间周期，其倒数称为条纹的**空间频率**(spatial frequency). 以 f 表示之

$$f = K / 2\pi = 1 / d = 2\sin\alpha / \lambda \tag{7-1-7b}$$

空间频率表示了单位长度内的条纹数，它与 $K = |\boldsymbol{K}|$ 成正比. K 值越大单位长度内的条纹数越多. 以后我们将会看到，利用两束光的干涉条纹进行检测时，K 值决定了测量灵敏度的高低. 因此，常将 $\boldsymbol{K}$ 称为**灵敏度矢量**(sensitivity vector).

2. 干涉条纹的记录 感光材料的分辨率和感光灵敏度

为记录下光场的干涉条纹，需要使用全息记录材料，它们的种类很多，以卤化银乳胶感光材料为例. 其记录过程可分三个阶段：首先通过曝光形成潜像；其次经过显影处理形成黑白图像；最后经过定影成为稳定的永久性图像.

银盐全息乳剂是由极细小的卤化银颗粒分散在明胶中混合构成的，将它涂敷在片基上. 干版的片基是玻璃材料；胶片的片基是醋酸盐材料. 当感光材料曝光时，乳剂中的卤化银粒子将吸收光能，吸收了足够能量的卤化银晶体将呈现为金属银小斑，形成显影中心，并构成潜像. 在显影过程中，这些单个的、细小的显影中心会使卤化银晶粒变成金属银沉积下来，而不含显影中心的晶粒不会发生这样的变化. 各部分金属银含量的多少，由光能量的分布而定. 于是，各部分透光性能也因光能量的分布而定，潜像就转化成了黑白图像. 定影的作用则是将没有变化的卤化银晶粒全部清除而留下金属银. 于是，黑白图像变成稳定的永久性的

图像——银像[12].

以卤化银乳胶感光材料制作成的记录底片通常有两种：全息干版(将感光材料涂敷在玻璃平板上)和全息软片(将感光材料涂敷在透明软片上).

干涉条纹是否能精确地用这些全息记录材料记录下来，还与感光材料的其他一些性能有关. 首先，记录材料有一个分辨率的问题. **分辨率**(resolution)，也称**鉴别率**，或**解像力**(resolving power)，其定义为：记录材料所能记录下条纹的最高空间频率，常用单位为条/mm. 卤化银乳胶的分辨率主要决定于银颗粒的大小和分布. 记录材料的粒度越细，分辨率越高；而粒度越粗，分辨率越低. 分辨率的高低除与卤化银颗粒大小(一般要求在0.03～0.08μm)有关外，还与曝光量、显影条件等有关.

普通照相材料的分辨率约为200条/mm，全息记录材料的分辨率为800～5000条/mm.

为了清晰地记录下干涉条纹，除了对条纹的能见度V有所要求以外，还必须根据条纹的空间频率来选择适合的记录材料. 空间频率由光束夹角决定，夹角越大，空间频率也越高. 拍摄全息图时，需预先根据式(7-1-7)估算干涉条纹的空间频率，选择分辨率大于条纹空间频率的记录材料，是记录下清晰的干涉条纹的必要条件.

当感光乳胶受到光照(曝光)，再将它显影、定影之后，它的透光性能将发生改变. 光照较强的部位，透光性能将有较大的衰减；而光照较弱的部位，透光性能衰减较小. 为了描述乳胶的这种感光性能，引入光密度或黑度以及曝光量的概念. 它们分别定义如下：

光密度(optical density)或**黑度**(darkness 或 blackness) D : 定义为入射光光强I_0与透射光光强I之比的对数

$$D \equiv \log\left(I_0 / I\right) \tag{7-1-8a}$$

曝光量(exposure) E ：定义为感光材料表面上的光强I与曝光时间τ的乘积

$$E = I\tau \tag{7-1-8b}$$

曝光量表示感光材料表面单位面积上所接收到的光能量，单位通常用$\mu J/cm^2$，即每平方厘米的微焦耳数.

光密度的测量，通常采用平行光束，分别测出入射光光强I_0和透射光光强I，相除后取对数即可得光密度之值.

不同的记录材料在曝光后经过正常化学处理达到同样的振幅透射率(或光密度)所需要的曝光量是不同的，反映了不同的记录材料对光辐射的灵敏程度. 为了描述记录材料的感光灵敏程度，引入**灵敏度**(sensitivity)的物理量，定义为感光材料曝光后经过正常化学处理达到一定振幅透射率(或光密度)所需要的曝光量(或单位面积所需要的光能量). 为了便于比较，常以曝光后的乳胶在正常化学处理后达到振幅透射率$|t| = 0.5$或光密度$D = 0.6$所需要的曝光量作为衡量乳胶灵敏度的参照标准.

由于灵敏度还与波长有关，所以通常以灵敏度曲线来表征材料的感光的灵敏度. 以横坐标表示波长，纵坐标表示曝光后的乳胶在正常化学处理达到$|t| = 0.5$或$D = 0.6$所需要的曝光量. 灵敏度曲线能全面反映记录材料的感光的灵敏度，故通常也将灵敏度称为**光谱灵敏度**(spectral sensitivity)或**色灵敏度**(color sensitivity).

不过，通常使用者只需要根据自己使用激光器的波长来考虑记录材料对该波长的灵敏度就足够了，而不必全面考查材料对不同波长的响应. 因此，厂家有时只给出对应于一些常用激光波长的灵敏度，甚至只给出对红敏或蓝敏的大致平均参考数据. 因为使用者往往还需要自己作进一步的感光测试.

灵敏度还与记录材料的粒度有关. 通常情况下，记录材料的粒度越细，分辨率越高，灵敏度越低；反之，记录材料的粒度越粗，分辨率越低，灵敏度越高.

3. 调制传递函数 MTF

理想的记录材料能将光场的干涉条纹分布准确地记录下来，也就是它能将干涉条纹的强度分布准确地转移到记录材料中，成为记录材料内相应物理量的同样调制度的条纹分布. 但实际的记录材料，由于受到材料性能的限制，主要是感光颗粒粒度的影响，只能在某种程度上反映原来的光场干涉条纹的分布. 为此，引入调制传递函数的概念来描述记录材料的这种性质. 其定义是：**调制传递函数**(modulation transfer function, MTF)——全息图的振幅调制度 $M_{\mathrm{H}}(f)$ 与相同位置处光场干涉条纹能见度 V 的比值. 以 $M(f)$ 表示，它是全息图中条纹空间频率 f 的函数，即

$$M(f) \equiv M_{\mathrm{H}}(f)/V \quad 或 \quad M_{\mathrm{H}}(f)=VM(f) \tag{7-1-9}$$

对于理想的记录介质，调制传递函数 $M(f)$ 为 1，而实际的记录介质，其调制传递函数 $M(f)$ 一般都小于 1，显然，$M(f)$ 值越大，越趋近于 1，材料的记录性能就越好；反之，$M(f)$ 值越小，越偏离 1，材料的记录性能就越差. 因此，它可以反映记录材料性能的优劣. $M(f)$ 决定于条纹的空间频率，随着条纹的空间频率的增大而衰减. 当条纹的空间频率过于高时，$M(f)$ 就降低到无法记录下条纹的地步. 因此，在记录高空频条纹时，应特别注意选择满足条件的记录材料.

当记录式(7-1-3)所表述的两平面波的干涉条纹时，设曝光时间为 τ，其曝光量为 $E=I\tau=I_0\left[1+V\cos\Theta\right]\tau$. 记录材料曝光，再经过处理后，应将光场分布的信息转移到记录材料内，使记录材料内产生与之对应的条纹并具有同样的调制度. 但是，由于记录材料对所接收到的光能的响应不是均匀一致的，其响应程度强弱与条纹的空间频率有关. 也就是说，式(7-1-10)还不能确切表述全息图的实际曝光量. 为此，我们引入**有效曝光量**的概念，以 E_{e} 表示有效曝光量，则有效曝光量可写为[5]

$$E_{\mathrm{e}}=I_0\left[1+M(f)V\cos\Theta\right]\tau=E_0\left[1+M_{\mathrm{H}}(f)\cos\Theta\right] \tag{7-1-10}$$

式中，$E_0=I_0\tau$ 为平均曝光量；$M_{\mathrm{H}}(f)$ 是全息图实际的振幅调制度，即 $M_{\mathrm{H}}(f)=M(f)V$.

4. 全息图的复振幅透射率

若照射在全息图前表面的光波复振幅分布为 $u_0(x,y)$，通过全息图后，在其后表面的光波复振幅分布变化为 $u(x,y)$，则两者之比定义为全息图的**透射率函数**(transmittance function)、一般情况下，该比值应表示为复数，故也称**复振幅透射率**(complex amplitude transmittance)，通常以 $t_{\mathrm{H}}(x,y)$ 表示

$$t_{\mathrm{H}}(x,y) \equiv u(x,y)/u_0(x,y) \tag{7-1-11}$$

这就是说，全息图的作用可以看作是一个衍射屏，其屏函数就是复振幅透射率 $t_{\mathrm{H}}(x,y)$. 照射在全息图上的光场，通过全息图后将发生怎样的改变、产生怎样的衍射，都概括在这一屏函数中. 在全息和光信息处理中，复振幅透射率是一个非常重要的物理量.

5. 干涉条纹的两种类型——振幅型和相位型干涉条纹

记录材料经过曝光、化学处理后，便将光场中的光强分布信息——干涉条纹在感光材料内的空间分布转移到记录材料中．记录在感光材料内的干涉条纹按条纹构成的形式分类，可分为**振幅型条纹**和**相位型条纹**两大类．

振幅型条纹是明暗相间的条纹(在银盐感光材料的情况下，它是以光密度高低不等的形式记录下条纹分布)．相位型条纹又可分为折射率高低相间的相位型条纹(如重铬酸明胶记录下的条纹或经过漂白的卤化银乳胶记录下的条纹)，或是凸凹相间的浮雕状相位型条纹(如光致抗蚀剂或光导热塑记录材料记录下的条纹)，或兼而有之．以上无论那一种情况，我们都可以用全息图的复振幅透射率 $t_{\mathrm{H}}(x,y)$ 来表示．

一般情况下，全息图的复振幅透射率 $t_{\mathrm{H}}(x,y)$ 均可表示为

$$t_{\mathrm{H}}(x,y)=t(x,y)\exp\left[\mathrm{j}\psi(x,y)\right] \tag{7-1-12}$$

当感光记录材料曝光时，复振幅透射率的模 t 和相位 ψ 都将随之而变化．变化的大小程度取决于感光材料的自身性质以及它所接收到的光能多少，也就是说，主要取决于曝光量的大小．我们可以将它们的变化关系表示为[8]

$$\frac{\mathrm{d}t_{\mathrm{H}}}{\mathrm{d}E}=\left(\frac{\partial t}{\partial E}\right)\exp\left[\mathrm{j}\psi\right]+\mathrm{j}t\exp\left[\mathrm{j}\psi\right]\left(\frac{\partial\psi}{\partial E}\right) \tag{7-1-13}$$

不同的感光记录材料，对光辐射有不同的响应．有的材料对相位变化没有响应，而只对透过率的模值变化有响应；有的材料则对相位变化有响应，而对透过率的模值变化没有响应．若某种记录材料对式(7-1-13)中，$\dfrac{\partial t}{\partial E}$ 取有限值，而 $\dfrac{\partial\psi}{\partial E}=0$ 或近似为 0，这种材料就形成**振幅型全息图**(amplitude hologram)或**吸收型全息图**(absorption hologram)．若某种记录材料对式(7-1-13)中，$\dfrac{\partial\psi}{\partial E}$ 取有限值，而 $\dfrac{\partial t}{\partial E}=0$ 或近似为 0，这种材料就形成**相位型全息图**(phase hologram)．对于用前一种材料所制成的全息图，其复振幅透射率可以表达为

$$t_{\mathrm{H}}(x,y)=t\left[E_{\mathrm{e}}\left(x,y\right)\right]\exp\left(\mathrm{j}\psi_{\mathrm{C}}\right)$$

式中，$\psi_{\mathrm{C}}=$常数．由于它只是一个常数相位因子，通常将它忽略，而将振幅全息图的复振幅透射率简单地表示为

$$t_{\mathrm{H}}(x,y)=t\left[E_{\mathrm{e}}\left(x,y\right)\right]$$

对于用后一种记录材料所制成的全息图，其复振幅透射率 $t_{\mathrm{H}}(x,y)$ 可以表达为

$$t_{\mathrm{H}}(x,y)=b\exp\left[\mathrm{j}\psi(x,y)\right]$$

式中，$b=$常数，$\psi(x,y)=\psi\left[E_{\mathrm{e}}\left(x,y\right)\right]$．

下面，我们分别讨论这两种类型的全息图．

1) 振幅型全息图——振幅型全息光栅

经过曝光、化学处理后得到的全息图的复振幅透射率 $t(x,y)$ 可以表达为有效曝光量 $E_{\mathrm{e}}(x,y)$ 的函数[3,6,8]，即

$$t(x,y)=t\left[E_{\mathrm{e}}\left(x,y\right)\right] \tag{7-1-14}$$

根据泰勒级数(Taylor’s series)

$$f(x)=f(a)+f'(a)\frac{(x-a)}{1!}+f''(a)\frac{(x-a)^2}{2!}+f'''(a)\frac{(x-a)^3}{3!}+\cdots \tag{7-1-15}$$

将式(7-1-14)用泰勒级数在某个有效曝光量 E_e 处展开

$$t(E)=t(E_e)+t'(E_e)\frac{(E-E_e)}{1!}+t''(E_e)\frac{(E-E_e)^2}{2!}+t'''(E_e)\frac{(E-E_e)^3}{3!}+\cdots \tag{7-1-16}$$

当 $E=0$ 时，我们有

$$t(0)=t(E_e)+t'(E_e)\frac{(-E_e)}{1!}+t''(E_e)\frac{(-E_e)^2}{2!}+t'''(E_e)\frac{(-E_e)^3}{3!}+\cdots$$

或

$$t(E_e)=t(0)+\left[\frac{(-1)^{1-1}}{1!}t'(E_e)\right]E_e+\left[\frac{(-1)^{2-1}}{2!}t''(E_e)\right]E_e^{\ 2}+\left[\frac{(-1)^{3-1}}{3!}t'''(E_e)\right]E_e^{\ 3}+\cdots \tag{7-1-17}$$

式中，$t'(E_e),t''(E_e),t'''(E_e),\cdots$ 分别为复振幅透射率 $t(x,y)$ 对曝光量的一阶、二阶、三阶……偏导数在有效曝光量 E_e 处的取值．通常这些高阶项之值，阶级越高其值越小．与一阶之值比较，高阶项常可略去不计．在只保留前面两项时，也就是在线性条件下，我们有

$$t(E_e)=t(0)+t'(E_e)E_e \tag{7-1-18}$$

以 t_0 来表示上式中的常数项 $t(0)$，即令

$$t_0\equiv t(0) \tag{7-1-19}$$

t_0 实际上就是复振幅透射率 $t(x,y)$ 在有效曝光量 $E_e(x,y)=0$ 处的取值．将全息干版或软片在没有曝光的情况下进行显影、定影处理后的感光材料的复振幅透射率就是 t_0．

式(7-1-18)中的第二项系数 $t'(E_e)$ 是 t-E 曲线的斜率，是 $\dfrac{\partial t(x,y)}{\partial E}$ 在偏置点即有效曝光量 E_e 处的取值．我们以 β 来表示[4]，称**曝光量常数**，即

$$t'(E_e)=\frac{\partial t(x,y)}{\partial E}\bigg|_{E_e}=\beta \tag{7-1-20}$$

对于正片，$\beta>0$；对于负片，$\beta<0$，其值主要取决于记录材料的性质和处理的配方．

将式(7-1-10)、式(7-1-19)、式(7-1-20)代入式(7-1-18)，便得

$$t(x,y)=t_0+\beta E_e(x,y)=t_0+\beta I_0[1+M(f)V\cos\Theta]\tau=t_b+\beta' I_0M(f)V\cos\Theta \tag{7-1-21}$$

式中，$t_b=t_0+\beta I_0\tau=t_0+\beta E_0=t_0+\beta' I_0$ 是常数，反映了全息图的平均透射率，可看作全息图透射率的直流成分，$E_0=I_0\tau$ 为平均曝光量，并且 $\beta'=\beta\tau$．对于两束平面波干涉场的记录，若只限于考虑理想情况，即 $M(f)=1$ 时，我们有

$$t(x,y)=t_0+\beta I_0[1+V\cos\Theta]\tau=(t_0+\beta E_0)+\beta E_0V\cos\Theta=t_b+\alpha\cos\Theta \tag{7-1-22}$$

式中

$$\alpha=\beta E_0V \tag{7-1-23}$$

全息图透射率的极大值和极小值分别为

$$\begin{cases} t_{\max} = t_b + \alpha \\ t_{\min} = t_b - \alpha \end{cases} \tag{7-1-24}$$

记录材料的透射率调制度 t_M 为

$$t_M = (t_{\max} - t_{\min}) / (t_{\max} + t_{\min}) = \alpha / t_b \tag{7-1-25}$$

欲使记录下的条纹有最佳的透射率调制度，需使 $t_M = 1$，也就是 $\alpha = t_b$. 将此关系代入式(7-1-24)，我们有

$$t_b = \alpha = 1/2, \quad t_{\min} = 0, \quad t_{\max} = 1 \tag{7-1-26}$$

此时，暗纹部分的透光率为 0，亮纹部分的透光率为 1.

注意到，$t_b = \alpha = 1/2$ 的条件相当于全息图的振幅平均透射率为 0.5，或相应的强度透射率为 1/4，即相应的光密度为

$$D = \log 4 \approx 0.6 \tag{7-1-27}$$

这就是为什么通常在拍摄振幅全息图时，应选择合适的曝光量、在一定的化学处理条件下，使全息图达到的光密度为 0.6. 因为这时全息图的透射率调制度取最佳值 $t_M = 1$. 在此情况下，式(7-1-22)可改写为

$$t(x,y) = \frac{1}{2}[1 + \cos\Theta] = \frac{1}{2} + \frac{1}{4}\exp(\mathrm{j}\Theta) + \frac{1}{4}\exp(-\mathrm{j}\Theta) \tag{7-1-28}$$

式(7-1-28)表示了最佳情况下所获得的两束平面波的全息图的复振幅透射率.

遮去原来的第二列平面波，单独以第一列平面波照明全息图. 透过全息图的衍射光复振幅 $u(x,y)$ 为

$$\begin{aligned} u(x,y) &= A_1 \exp[\mathrm{j}(\boldsymbol{k}_1 \cdot \boldsymbol{r} - \phi_1)] t(x) = A_1 \exp[\mathrm{j}(\boldsymbol{k}_1 \cdot \boldsymbol{r} - \phi_1)] \left[\frac{1}{2} + \frac{1}{4}\exp(\mathrm{j}\Theta) + \frac{1}{4}\exp(-\mathrm{j}\Theta) \right] \\ &= \frac{1}{2} A_1 \exp[\mathrm{j}(\boldsymbol{k}_1 \cdot \boldsymbol{r} - \phi_1)] + \frac{A_1}{4}\exp[\mathrm{j}(\boldsymbol{k}_2 \cdot \boldsymbol{r} - \phi_2)] \\ &\quad + \frac{A_1}{4}\exp\{\mathrm{j}[(2\boldsymbol{k}_1 - \boldsymbol{k}_2) \cdot \boldsymbol{r} - (2\phi_1 - \phi_2)]\} \end{aligned} \tag{7-1-29}$$

式(7-1-29)表明，在第一列平面波照明下，衍射光有三项. 第一项是零级衍射光，也是照明光的直透光，它具有第一列平面波的性质，只是振幅比原来衰减了一半，即光强衰减了 1/4. 第二项是一级衍射光，它是因照明光(第一列平面波)照射全息图而再现的第二列平面波. 这时，虽然已经遮去原来的第二列平面波，在第二列平面波的传播方向上也仍然有第二列平面波的衍射光出现，就好像第二列平面波并没有被遮挡一样. 全息图能再现物光就是这个现象. 第三项称负一级衍射光，它的意义将在以后介绍. 此外，全息图还可能产生二级、三级等高级项衍射，这属于非线性现象. 在线性记录的情况下，就只有三项衍射光，即零级和正负一级衍射光.

我们关心的是全息图再现的一级衍射光，因为它再现了所记录的另一束光. 对于一般的全息图，再现的这一束光就是物光，所以我们总是希望这项衍射光的光强越强越好. 为了描述全息图再现物光的强弱性能，引入**衍射效率**(diffraction efficiency)这一物理量. 它的定义是：衍射光波与入射光波光强之比. 以 η 表示之，即

$$\eta \equiv I_1 / I \tag{7-1-30}$$

式中，I 为入射光光强，I_1 为一级衍射光光强．在上述利用两束平面波记录的全息图中，照明全息图的入射光光强为 $I = A_1^2$，其一级衍射光光强为 $I_1 = A_1^2/16$，其相应的衍射效率通常以百分率的形式表示为

$$\eta = I_1 / I = 0.0625 = 6.25\% \tag{7-1-31}$$

这是振幅型全息图(余弦型干涉条纹)理想的最高衍射效率，因为这是在假定了全息图无吸收等损失的情况下，记录是线性的，条纹能见度和调制传递函数为 1 的理想条件下所获得的结果．实际的振幅型全息图(余弦型干涉条纹)的衍射效率 $\eta_{实际}$ 永远不能大于此值，即

$$\eta_{实际} < 6.25\% \tag{7-1-32}$$

以上，我们讨论的是两束平面波干涉场的线性记录，记录的条纹信息是余弦型的．如果记录不在材料的线性区，处理后的条纹信息将发生畸变，条纹不再是余弦型的．我们考虑一种极端的情况，设处理后的全息条纹是矩形型的．在理想情况下，为二元光栅，即光栅振幅透射率在透光部分为 1，在不透光部分为零．这种光栅称为**龙基光栅**，其振幅透射率可表示为[6,9,11]

$$t(x) = \begin{cases} 1, & 0 < x \leqslant d/2 \\ 0, & -d/2 < x \leqslant 0 \end{cases} \tag{7-1-33}$$

式中，d 为龙基光栅的周期．将式(7-1-33)用傅里叶级数展开，我们有

$$t(x) = \frac{a_0}{2} + \sum_{n=1}^{\infty}\left[a_n\cos(2\pi n\nu x) + b_n\sin(2\pi n\nu x)\right] \tag{7-1-34}$$

式中，$\nu = 1/d$ 为光栅的空间频率．傅里叶级数的各项系数为

$$a_0 = \frac{2}{d}\int_{-d/2}^{d/2} t(x)\,\mathrm{d}x = \frac{2}{d}\int_0^{d/2}\mathrm{d}x = 1$$

$$a_n = \frac{2}{d}\int_{-d/2}^{d/2} t(x)\cos(2\pi n\nu x)\,\mathrm{d}x = \frac{2}{d}\int_0^{d/2}\cos(2\pi n\nu x)\,\mathrm{d}x = 0$$

$$b_n = \frac{2}{d}\int_{-d/2}^{d/2} t(x)\sin(2\pi n\nu x)\,\mathrm{d}x = -\frac{2}{d}\frac{1}{2\pi n\nu}\cos(2\pi n\nu x)\Big|_0^{d/2} = \frac{1}{\pi n}\left[1-(-1)^n\right]$$

于是，龙基光栅的复振幅透射率可表示为

$$t(x) = \frac{1}{2} + \frac{1}{\mathrm{j}\pi}\left\{\exp(\mathrm{j}2\pi\nu x) - \exp(-\mathrm{j}2\pi\nu x) + \frac{\exp\left[\mathrm{j}2\pi(3\nu)x\right] - \exp\left[-\mathrm{j}2\pi(3\nu)x\right]}{3} + \cdots\right\}$$

因此，正负一级衍射的衍射效率均为

$$\eta = (1/\pi)^2 \approx 10.13\% \tag{7-1-35}$$

可见，矩形光栅的衍射效率比正弦光栅高．然而在非线性记录的情况下，再现物光将发生畸变，这是应避免的．所以，尽管有较高的衍射效率，还是宁肯在线性区域记录全息图．不过，在全息干涉计量(holographic interferometry)中，在这种非线性区域记录全息图是有用的．

2) 相位型全息图——相位型全息光栅

有的记录材料在曝光、处理之后，形成相位型的全息图，如重铬酸明胶，又如卤化银银

盐乳胶在曝光后，经过显影、定影后，再经过漂白处理，也变成折射率调制的相位型全息图. 相位型全息图的复振幅透射率 $t(x,y)$ 可表示为[2,3]

$$t_{\mathrm{H}}(x,y)=b\exp\left[\mathrm{j}\psi(x,y)\right] \tag{7-1-36}$$

式中，b 是小于 1 的常数，是相位型全息图的振幅衰减系数. 在线性记录的条件下，将相位 $\psi(x,y)$ 表达为有效曝光量 $E_{\mathrm{e}}(x,y)$ 的函数，类似振幅全息图的讨论，我们有

$$\psi\left(E_{\mathrm{e}}\right)=\psi\left(0\right)+\psi'\left(E_{\mathrm{e}}\right)E_{\mathrm{e}} \tag{7-1-37}$$

以 ψ_0 来表示式(7-1-37)中的常数项 $\psi\left(0\right)$，即令

$$\psi_0\equiv\psi(0) \tag{7-1-38}$$

它是复振幅透射率的相位在有效曝光量 $E_{\mathrm{e}}(x,y)=0$ 处的取值. 将全息干版在没有曝光的情况下进行显影、定影处理后的复振幅透射率的相位值就是 ψ_0，它表示了在没有曝光的情况下，经过化学处理后的感光材料对透射光引起的相移.

式(7-1-37)中的第二项系数 $\psi'\left(E_{\mathrm{e}}\right)$ 是 t - ψ 曲线的斜率 $\dfrac{\partial\psi\left(x,y\right)}{\partial E}$ 在有效曝光量 E_{e} 处的取值. 我们以 γ 来表示，称**曝光量常数**，即

$$\psi'\left(E_{\mathrm{e}}\right)=\left.\frac{\partial\psi\left(x,y\right)}{\partial E}\right|_{E_{\mathrm{e}}}=\gamma \tag{7-1-39}$$

这样，相位全息图的相位 $\psi(x,y)$ 可表示为

$$\psi(x,y)=\psi_0+\gamma E_{\mathrm{e}}(x,y) \tag{7-1-40}$$

相位全息图的曝光量常数 γ 类似振幅全息图的曝光量常数 β，其值取决于记录材料的性质和处理的配方，而 E_{e} 可用式(7-1-10)表示，于是，式(7-1-40)可写为

$$\psi(x,y)=\psi_0+\gamma I_0\left[1+M(f)V\cos\Theta\right]\tau \tag{7-1-41}$$

仍只限于考虑理想情况，即 $M(f)=1$，式(7-1-41)可写为

$$\psi(x,y)=\psi_0+\gamma I_0\left[1+V\cos\Theta\right]\tau=\psi_0+\gamma E_0\left[1+V\cos\Theta\right] \tag{7-1-42}$$

于是，相位型全息图的复振幅透射率 $t_{\mathrm{H}}(x,y)$ 可表示为

$$t_{\mathrm{H}}(x,y)=b\exp\left[\mathrm{j}\psi(x,y)\right]=b\exp\mathrm{j}\left[\psi_b+\gamma E_0V\cos\Theta\right]=C\exp\left[\mathrm{j}\alpha\cos\Theta\right] \tag{7-1-43}$$

式中

$$\psi_b=\psi_0+\gamma E_0,\quad C=b\exp\left(\mathrm{j}\psi_b\right),\quad \alpha=\gamma E_0V \tag{7-1-44}$$

α 称为相位全息图的**相位调制度**. 利用贝塞尔展开式，将式(7-1-43)改写为[2,7,16]

$$t_{\mathrm{H}}(x,y)=C\left\{\mathrm{J}_0(\alpha)+2\sum_{n=1}^{\infty}(-1)^n\mathrm{J}_{2n}(\alpha)\cos(2n\Theta)+2\mathrm{j}\sum_{n=0}^{\infty}(-1)^n\mathrm{J}_{2n+1}(\alpha)\cos[(2n+1)\Theta]\right\} \tag{7-1-45}$$

式中，$\mathrm{J}_m(\alpha)$ 是第一类贝塞尔函数，注意到它的一个重要性质

$$\mathrm{J}_{-m}(\alpha)=(-1)^m\mathrm{J}_m(\alpha) \tag{7-1-46}$$

我们可以将式(7-1-45)改写为以下更简洁的形式：

$$t_{\mathrm{H}}(x,y)=C\sum_{m=-\infty}^{\infty}(\mathrm{j})^m\mathrm{J}_m(\alpha)\exp(\mathrm{j}m\Theta) \tag{7-1-47}$$

对于正一级衍射，$m=1$，注意到，$\mathrm{j}=\exp(\mathrm{j}\pi/2)$，于是，我们有

$$t_1(x,y)=C\mathrm{j}\mathrm{J}_1(\alpha)\exp(\mathrm{j}\Theta)=C\exp(\mathrm{j}\pi/2)\mathrm{J}_1(\alpha)\exp(\mathrm{j}\Theta) \tag{7-1-48}$$

以第一列平面波照明全息图．全息图的一级衍射光复振幅为

$$\begin{aligned}u_1(x,y)&=A_1\exp\left[\mathrm{j}\left(\boldsymbol{k}_1\cdot\boldsymbol{r}-\phi_1\right)\right]C\exp(\mathrm{j}\pi/2)\mathrm{J}_1(\alpha)\exp(\mathrm{j}\Theta)\\&=\left(b\,\mathrm{J}_1(\alpha)A_1/A_2\right)\left\{A_2\exp\left[j\left(\boldsymbol{k}_2\cdot\boldsymbol{r}-\phi_2\right)\right]\right\}\exp\left\{\mathrm{j}\left[\psi_b+\left(\pi/2\right)\right]\right\}\end{aligned} \tag{7-1-49}$$

式(7-1-49)表明，这项衍射光是平面波，其传播方向为$\boldsymbol{k}_2$的方向．也就是说，以第一列平面波照明全息图所得到的正一级衍射光再现了第二列平面波，只是相位滞后了$\psi_b+\pi/2$，振幅衰减为$b\mathrm{J}_1(\alpha)A_1/A_2$．

一级衍射光的衍射效率为

$$\eta_1=I_1/I=\left(A_1\right)^2\left|C\right|^2\left[\mathrm{J}_1(\alpha)\right]^2/\left(A_1\right)^2=\left|C\right|^2\left[\mathrm{J}_1(\alpha)\right]^2=b^2\left[\mathrm{J}_1(\alpha)\right]^2 \tag{7-1-50}$$

若忽略吸收等损失，即$|C|=b=1$时

$$\eta_1=I_1/I=\left[\mathrm{J}_1(\alpha)\right]^2 \tag{7-1-51}$$

而一阶贝塞尔函数是准周期函数，它的第一个极值，也是其最大值，在$\alpha\approx1.82$处，此时，$\mathrm{J}_1(1.82)\approx0.582$，即

$$\eta_{1\max}=\left[\mathrm{J}_1(1.82)\right]^2\approx33.9\,\% \tag{7-1-52}$$

所以，相位全息图一级衍射的理论最大衍射效率为33.9 %．这时，其他各衍射级的衍射效率都低于一级．例如，此时零级衍射效率约为11.6%，二级衍射效率约为9.37%．

以上，我们讨论的是两束平面波干涉场的线形记录，记录的相位型的条纹是余弦型的．如果记录不在材料的线形区，处理后的条纹将发生畸变．考虑一种较极端的情况，设处理后获得的相位型全息条纹是矩形型的．

这种矩形型折射率全息图的透射率函数的相位因子$\psi(x)$可表示为

$$\psi(x)=\begin{cases}0, & 0\leqslant x\leqslant d/2\\ \pi, & -d/2\leqslant x<0\end{cases} \tag{7-1-53a}$$

式中，d是全息图记录的条纹间距．于是，相位全息图相应部分的等效透射率函数为

$$t_{\mathrm{H}}(x)=\begin{cases}t_0, & 0\leqslant x\leqslant d/2\\ -t_0, & -d/2\leqslant x<0\end{cases} \tag{7-1-53b}$$

用傅里叶级数展开

$$t_{\mathrm{H}}\left(x\right)=\frac{a_0}{2}+\sum_{n=1}^{\infty}\left[a_n\cos\left(2\pi n\nu x\right)+b_n\sin\left(2\pi n\nu x\right)\right] \tag{7-1-54a}$$

$\nu=1/d$为光栅的空间频率．傅里叶级数的各项系数为

$$a_0=\frac{2}{d}\int_{-d/2}^{d/2}t\left(x\right)\mathrm{d}x=\frac{2}{d}\left[-\int_{-d/2}^{0}t_0\mathrm{d}x+\int_0^{d/2}t_0\mathrm{d}x\right]=\frac{2}{d}\left[-t_0\left(\frac{d}{2}\right)+t_0\left(\frac{d}{2}\right)\right]=0$$

$$a_n=\frac{2}{d}\int_{-d/2}^{d/2}t\left(x\right)\cos\left(2\pi n\nu x\right)\mathrm{d}x=\frac{2}{d}\left[-\int_{-d/2}^{0}t_0\cos\left(2\pi n\nu x\right)\mathrm{d}x+\int_0^{d/2}t_0\cos\left(2\pi n\nu x\right)\mathrm{d}x\right]=0$$

$$b_n=\frac{2}{d}\int_{-d/2}^{d/2}t(x)\sin(2\pi n\nu x)\mathrm{d}x=\frac{2}{d}\left[-\int_{-d/2}^{0}t_0\sin(2\pi n\nu x)\mathrm{d}x+\int_{0}^{d/2}t_0\sin(2\pi n\nu x)\mathrm{d}x\right]$$
$$=\frac{t_0}{n\pi}\left[\cos(2\pi n\nu x)\Big|_{-d/2}^{0}-\cos(2\pi n\nu x)\Big|_{0}^{d/2}\right]=\frac{2t_0}{n\pi}\left[1-(-1)^n\right]$$

于是，这种相位全息图的透射率函数可表示为[6,9,11]

$$t_{\mathrm{H}}(x)=\frac{2t_0}{\mathrm{j}\pi}\left\{\begin{array}{l}\exp(\mathrm{j}2\pi\nu x)-\exp(-\mathrm{j}2\pi\nu x)\\+\dfrac{\exp[\mathrm{j}2\pi(3\nu)x]-\exp[-\mathrm{j}2\pi(3\nu)x]}{3}+\cdots\end{array}\right\} \tag{7-1-54b}$$

在没有吸收衰减的最佳情况下，$t_0=1$，矩形型分布相位全息图的一级衍射的衍射效率约为[6,9]

$$\eta_1=(2/\pi)^2\approx 40.5\% \tag{7-1-55}$$

由此可见，无论振幅型全息图，或是相位型全息图，矩形型条纹比余弦型衍射效率高.

以上我们所讨论的都属于**薄全息图**(thin hologram)的范围，所谓“薄”或“厚”，是指全息图的记录材料的厚度与全息干涉条纹间距相比较而言．它们精确的定义将在后面给出.

为了便于比较上面这几种类型薄全息图的衍射效率，我们将上述结果归纳在表 7-1-1 中.

表 7-1-1　薄全息图最佳衍射效率的理论值

	余弦型调制	矩形型调制
振幅型全息图最佳衍射效率	6.3%	10.1%
相位型全息图最佳衍射效率	33.9%	40.5 %

7.1.2　点光源形成的全息图(点源全息图)

点光源形成的全息图称点源全息图(point source holograms)．所有发光体都可视为发光点的集合．因此，首先弄清楚一个点光源作为物光，另一个点光源作为参考光所形成的全息图的规律，是进一步深入理解全息图的一般规律的基础[4,10].

1. 点光源全息图的记录

设有两个相干点光源，波长为 λ，分别位于点 $P_{\mathrm{O}}(x_{\mathrm{O}},y_{\mathrm{O}},z_{\mathrm{O}})$ 和点 $P_{\mathrm{R}}(x_{\mathrm{R}},y_{\mathrm{R}},z_{\mathrm{R}})$，全息记录片位于 Oxy 坐标平面，如图 7-1-5 所示．它们在记录片上的复振幅分布分别为

$$u_{\mathrm{O}}(x,y)=A'_{\mathrm{O}}(x,y)\exp[\mathrm{j}kr_{\mathrm{O}}(x,y)],\quad u_{\mathrm{R}}(x,y)=A'_{\mathrm{R}}(x,y)\exp[\mathrm{j}kr_{\mathrm{R}}(x,y)] \tag{7-1-56}$$

式中，A'_{O} 和 A'_{R} 为复数，其模分别与 $P_{\mathrm{O}}(x_{\mathrm{O}},y_{\mathrm{O}},z_{\mathrm{O}})$ 和 $P_{\mathrm{R}}(x_{\mathrm{R}},y_{\mathrm{R}},z_{\mathrm{R}})$ 点到记录片上的任意点 $Q(x,y)$ 的距离 r_{O} 和 r_{R} 成反比，其幅角决定于它们的初相位．r_{O} 和 r_{R} 是记录片上任意点 $Q(x,y,0)$ 所在位置的函数，在菲涅耳近似的情况下，它们可以分别表示为

$$r_O=\sqrt{(x-x_{\mathrm{O}})^2+(y-y_{\mathrm{O}})^2+z_{\mathrm{O}}^2}$$
$$\approx\left[z_{\mathrm{O}}+\frac{1}{2z_{\mathrm{O}}}(x_{\mathrm{O}}^2+y_{\mathrm{O}}^2)+\frac{1}{2z_{\mathrm{O}}}(x^2+y^2)-\frac{1}{z_{\mathrm{O}}}(xx_{\mathrm{O}}+yy_{\mathrm{O}})\right]$$

$$r_R=\sqrt{\left(x-x_{\mathrm{R}}\right)^2+\left(y-y_{\mathrm{R}}\right)^2+z_{\mathrm{R}}^2}$$
$$\approx\left[z_{\mathrm{R}}+\frac{1}{2z_{\mathrm{R}}}\left(x_{\mathrm{R}}^2+y_{\mathrm{R}}^2\right)+\frac{1}{2z_{\mathrm{R}}}\left(x^2+y^2\right)-\frac{1}{z_{\mathrm{R}}}\left(xx_{\mathrm{R}}+yy_{\mathrm{R}}\right)\right]$$

于是，这两个点光源 $P_{\mathrm{O}}(x_{\mathrm{O}},y_{\mathrm{O}},z_{\mathrm{O}})$ 和 $P_{\mathrm{R}}(x_{\mathrm{R}},y_{\mathrm{R}},z_{\mathrm{R}})$ 辐射的光波在记录片上的复振幅分布可分别表示为

$$u_{\mathrm{O}}(x,y)=A_{\mathrm{O}}'\exp\left[\mathrm{j}(kr_{\mathrm{O}})\right]\approx A_{\mathrm{O}}\exp\left[\frac{\mathrm{j}k}{2}\frac{1}{z_{\mathrm{O}}}(x^2+y^2)\right]\exp\left[-\mathrm{j}k\left(\frac{x_{\mathrm{O}}}{z_{\mathrm{O}}}x+\frac{y_{\mathrm{O}}}{z_{\mathrm{O}}}y\right)\right] \tag{7-1-57}$$

$$u_{\mathrm{R}}(x,y)=A_{\mathrm{R}}'\exp\left[\mathrm{j}(kr_{\mathrm{R}})\right]\approx A_{\mathrm{R}}\exp\left[\frac{\mathrm{j}k}{2}\frac{1}{z_{\mathrm{R}}}(x^2+y^2)\right]\exp\left[-\mathrm{j}k\left(\frac{x_{\mathrm{R}}}{z_{\mathrm{R}}}x+\frac{y_{\mathrm{R}}}{z_{\mathrm{R}}}y\right)\right] \tag{7-1-58}$$

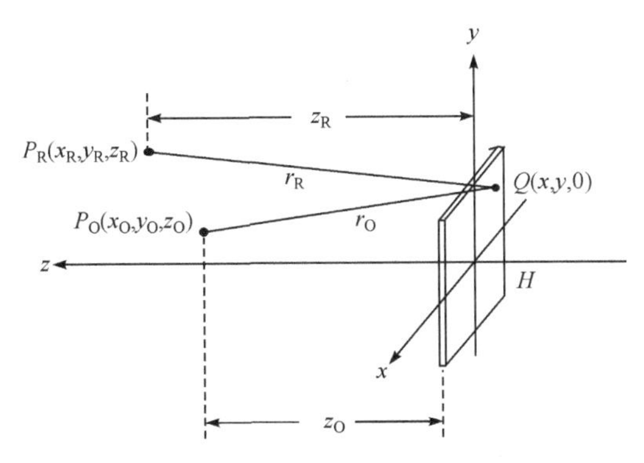

图 7-1-5 点源全息图的记录

记录片上的光强分布为

$$I(x,y)=\left[u_{\mathrm{O}}(x,y)+u_{\mathrm{R}}(x,y)\right]\cdot\left[u_{\mathrm{O}}(x,y)+u_{\mathrm{R}}(x,y)\right]^*=\left|u_{\mathrm{O}}\right|^2+\left|u_{\mathrm{R}}\right|^2+u_{\mathrm{O}}u_{\mathrm{R}}^*+u_{\mathrm{O}}^*u_{\mathrm{R}}$$

在线性记录的情况下，全息图的复振幅透射率为

$$t_{\mathrm{H}}=t_0+\beta'I=t_b+\beta'u_{\mathrm{O}}u_{\mathrm{O}}^*+\beta'u_{\mathrm{O}}u_{\mathrm{R}}^*+\beta'u_{\mathrm{O}}^*u_{\mathrm{R}} \tag{7-1-59}$$

2. 点光源全息图的再现

用点光源照明再现该全息图．设照明点光源位于 $P_{\mathrm{B}}(x_{\mathrm{B}},y_{\mathrm{B}},z_{\mathrm{B}})$ 点，则它在记录干版上的复振幅分布为

$$u_{\mathrm{B}}=A_{\mathrm{B}}'\exp(\mathrm{j}kr_{\mathrm{B}})\approx A_{\mathrm{B}}\exp\left[\frac{\mathrm{j}k}{2}\frac{1}{z_{\mathrm{B}}}(x^2+y^2)\right]\exp\left[-\mathrm{j}k\left(\frac{x_{\mathrm{B}}}{z_{\mathrm{B}}}x+\frac{y_{\mathrm{B}}}{z_{\mathrm{B}}}y\right)\right] \tag{7-1-60}$$

这时，全息图的衍射光复振幅分布为

$$u_{\mathrm{B}}t_{\mathrm{H}}=u_{\mathrm{B}}t_b+u_{\mathrm{B}}\beta'u_{\mathrm{O}}u_{\mathrm{O}}^*+u_{\mathrm{B}}\beta'u_{\mathrm{O}}u_{\mathrm{R}}^*+u_{\mathrm{B}}\beta'u_{\mathrm{O}}^*u_{\mathrm{R}}=u_1+u_2+u_3+u_4 \tag{7-1-61}$$

考虑第三项衍射光

$$u_3=u_{\mathrm{B}}\beta'u_{\mathrm{O}}u_{\mathrm{R}}^*=A_3\exp\left[\frac{\mathrm{j}k}{2}\frac{1}{z_{\mathrm{P}}}(x^2+y^2)\right]\exp\left[-\mathrm{j}k\left(\frac{x_{\mathrm{P}}}{z_{\mathrm{P}}}x+\frac{y_{\mathrm{P}}}{z_{\mathrm{P}}}y\right)\right] \tag{7-1-62}$$

式中

$$A_3 \equiv \beta' A_B A_O A_R^* \tag{7-1-63}$$

比较相应系数，可得

$$\frac{1}{z_P} = \frac{1}{z_B} + \frac{1}{z_O} - \frac{1}{z_R} \tag{7-1-64}$$

$$\frac{x_P}{z_P} = \frac{x_B}{z_B} + \frac{x_O}{z_O} - \frac{x_R}{z_R} \tag{7-1-65}$$

$$\frac{y_P}{z_P} = \frac{y_B}{z_B} + \frac{y_O}{z_O} - \frac{y_R}{z_R} \tag{7-1-66}$$

这就是说，第三项衍射光有如一个位置在 $P_P\left(x_P, y_P, z_P\right)$ 点处的点光源发出的球面波.

若再现时，照明点光源放在参考点源处，即当 $x_B = x_R$, $y_B = y_R$, $z_B = z_R$ 时，则有 $z_P = z_O$, $x_P = x_O$, $y_P = y_O$. 也就是说 $P_P\left(x_P, y_P, z_P\right)$ 与 $P_O(x_O, y_O, z_O)$ 点重合.

这时，第三项衍射光 u_3 再现了物点源 u_O 的光波，我们将衍射光 u_3 称为全息图衍射的**原始像**(primary image).

若 $z_P = z_O > 0$，取正值，则 u_3 是发散的球面光波，观察者看到的是**虚像**(virtual image).

不过，原始像也可能是**实像**(real image). 这时， $z_P = z_O < 0$，取负值，即记录时的物光和再现时的衍射光都是向($x_O, y_O, -|z_O|$)点会聚的球面波.

类似地，考虑第四项衍射光 u_4 .

$$u_4 = u_B \beta' u_O^* u_R = A_4 \exp\left[\frac{jk}{2}\frac{1}{z_C}(x^2 + y^2)\right] \exp\left[-jk\left(\frac{x_C}{z_C}x + \frac{y_C}{z_C}y\right)\right] \tag{7-1-67}$$

式中

$$A_4 \equiv \beta' A_B A_O^* A_R \tag{7-1-68}$$

比较相应系数，可得

$$\frac{1}{z_C} = \frac{1}{z_B} - \frac{1}{z_O} + \frac{1}{z_R} \tag{7-1-69}$$

$$\frac{x_C}{z_C} = \frac{x_B}{z_B} - \frac{x_O}{z_O} + \frac{x_R}{z_R} \tag{7-1-70}$$

$$\frac{y_C}{z_C} = \frac{y_B}{z_B} - \frac{y_O}{z_O} + \frac{y_R}{z_R} \tag{7-1-71}$$

这就是说，第四项衍射光有如一个位置在 $P_C\left(x_C, y_C, z_C\right)$ 点处的点光源发出的球面波.

当再现时，照明点光源放在参考点源处，即

$$x_B = x_R, \quad y_B = y_R, \quad z_B = z_R$$

则

$$\frac{1}{z_C} = \frac{2}{z_R} - \frac{1}{z_O} \quad 或 \quad z_C = \frac{z_O z_R}{2z_O - z_R} \tag{7-1-72}$$

这时， $z_C \neq z_O$. 注意到 u_4 中虽含物光信息，但它不是原始物光波 u_O ，而是原始物光波的共轭光波 u_O^* ，故这项衍射光波称为共轭光波，相应的像称为**共轭像**(conjugate image).

当 $z_O > z_R / 2$ 时，$z_C > 0$，为虚像，u_4 为发散的球面光波.

而当 $z_O < z_R / 2$ 时，$z_C < 0$，为实像，u_4 为会聚的球面光波.

若记录时使用的光源波长为 λ_1，再现时使用的光源波长为 λ_2，通过类似的计算，可得第三项衍射光 u_3 对应的原始像坐标值分别为

$$\frac{1}{z_P} = \frac{1}{z_B} + \mu\left(\frac{1}{z_O} - \frac{1}{z_R}\right) \tag{7-1-73}$$

$$\frac{x_P}{z_P} = \frac{x_B}{z_B} + \mu\left(\frac{x_O}{z_O} - \frac{x_R}{z_R}\right) \tag{7-1-74}$$

$$\frac{y_P}{z_P} = \frac{y_B}{z_B} + \mu\left(\frac{y_O}{z_O} - \frac{y_R}{z_R}\right) \tag{7-1-75}$$

式中

$$\mu \equiv \lambda_2 / \lambda_1 = k_1 / k_2 \tag{7-1-76}$$

第四项衍射光 u_4 对应的共轭像坐标值分别为

$$\frac{1}{z_C} = \frac{1}{z_B} - \mu\left(\frac{1}{z_O} - \frac{1}{z_R}\right) \tag{7-1-77}$$

$$\frac{x_C}{z_C} = \frac{x_B}{z_B} - \mu\left(\frac{x_O}{z_O} - \frac{x_R}{z_R}\right) \tag{7-1-78}$$

$$\frac{y_C}{z_C} = \frac{y_B}{z_B} - \mu\left(\frac{y_O}{z_O} - \frac{y_R}{z_R}\right) \tag{7-1-79}$$

当参考光和照明光均为平行光时，式(7-1-74)、式(7-1-75)、式(7-1-78)以及式(7-1-79)不再适用. 这时，可用平行光传播方向的方向余弦以及物点和像点方向余弦来表达.

原始像的三个关系式可近似表示如下：

$$\frac{1}{z_P} = \frac{\mu}{z_O} \tag{7-1-80}$$

$$\cos\alpha_P = \cos\alpha_B + \mu(\cos\alpha_O - \cos\alpha_R) \tag{7-1-81}$$

$$\cos\beta_P = \cos\beta_B + \mu(\cos\beta_O - \cos\beta_R) \tag{7-1-82}$$

类似地，共轭像的三个关系式可表示如下：

$$\frac{1}{z_C} = -\frac{\mu}{z_O} \tag{7-1-83}$$

$$\cos\alpha_C = \cos\alpha_B - \mu(\cos\alpha_O - \cos\alpha_R) \tag{7-1-84}$$

$$\cos\beta_C = \cos\beta_B - \mu(\cos\beta_O - \cos\beta_R) \tag{7-1-85}$$

3. 像的放大率

为了描述全息图再现时，所获得的再现像与原物相比较放大或缩小的情况，一般借用几何光学中关于放大率(magnification)的定义[6]，以足标“$_O$”和“$_i$”分别表示“物体”和“物

像”的坐标，如“x_O”和“x_i”分别表示“物体”和“物像”的 x 坐标值.

1) 像的横向放大率

像的横向放大率(transverse magnification 或 lateral magnification)定义为[6]

$$M_T \equiv \frac{\Delta x_i}{\Delta x_O} \quad 及 \quad M_T \equiv \frac{\Delta y_i}{\Delta y_O} \tag{7-1-86}$$

在其他条件不变的情况下，考虑当物点 x_O 或 y_O 坐标发生微小变化时，原始像 x_P 或 y_P 坐标相应的变化. 分别应用式(7-1-74)、式(7-1-75)的关系，我们可以得到

$$\Delta x_P = \mu\left(\frac{z_P}{z_O}\right)\Delta x_O \tag{7-1-87}$$

$$\Delta y_P = \mu\left(\frac{z_P}{z_O}\right)\Delta y_O \tag{7-1-88}$$

根据像的横向放大率定义和式(7-1-87)、式(7-1-88)，原始像的横向放大率为

$$M_{TP} = \frac{\Delta x_P}{\Delta x_O} = \frac{\Delta y_P}{\Delta y_O} = \mu\frac{z_P}{z_O} \tag{7-1-89}$$

类似地，在其他条件不变的情况下，考虑当物点 x_O 或 y_O 坐标发生微小变化时，共轭像 x_C 或 y_C 坐标相应地变化. 分别应用式(7-1-78)、式(7-1-79)的关系，我们可以得到

$$\Delta x_C = -\mu\left(\frac{z_C}{z_O}\right)\Delta x_O \tag{7-1-90}$$

$$\Delta y_C = -\mu\left(\frac{z_C}{z_O}\right)\Delta y_O \tag{7-1-91}$$

根据像的横向放大率定义和式(7-1-89)、式(7-1-90)，共轭像的横向放大率为

$$M_{TC} = \frac{\Delta x_C}{\Delta x_O} = \frac{\Delta y_C}{\Delta y_O} = -\mu\frac{z_C}{z_O} \tag{7-1-92}$$

2) 像的视角放大率

像的视角放大率(angular magnification)定义如下[6]：

x 轴方向的视角放大率

$$M_{ang} \equiv \frac{\Delta\alpha_i}{\Delta\alpha_O} \tag{7-1-93}$$

y 轴方向的视角放大率

$$M_{ang} \equiv \frac{\Delta\beta_i}{\Delta\beta_O} \tag{7-1-94}$$

由式(8-1-80)可得原始像 x 轴方向的视角放大率

$$M_{ang} = \frac{\Delta\alpha_P}{\Delta\alpha_O} = \mu\frac{\sin\alpha_O}{\sin\alpha_P} \tag{7-1-95}$$

由式(8-1-81)可得原始像 y 轴方向的视角放大率

$$M_{ang} = \frac{\Delta\beta_P}{\Delta\beta_O} = \mu\frac{\sin\beta_O}{\sin\beta_P} \tag{7-1-96}$$

由式(8-1-83)可得共轭像 x 轴方向的视角放大率

$$M_{\text{ang}}=\frac{\Delta\alpha_{\mathrm{C}}}{\Delta\alpha_{\mathrm{O}}}=-\mu\frac{\sin\alpha_{\mathrm{O}}}{\sin\alpha_{\mathrm{C}}} \tag{7-1-97}$$

由式(5-1-84)可得共轭像 y 轴方向的视角放大率

$$M_{\text{ang}}=\frac{\Delta\beta_{\mathrm{C}}}{\Delta\beta_{\mathrm{O}}}=-\mu\frac{\sin\beta_{\mathrm{O}}}{\sin\beta_{\mathrm{C}}} \tag{7-1-98}$$

3) 像的纵向或轴向放大率

像的纵向放大率(longitudinal magnification)或轴向放大率(axial magnification)定义为[6]

$$M_{\mathrm{L}}\equiv\frac{\Delta z_{\mathrm{i}}}{\Delta z_{\mathrm{O}}} \tag{7-1-99}$$

在其他条件不变的情况下，考虑当物点 z 坐标变化时，原始像 z 坐标相应的变化．对式(7-1-72)求偏导数，我们有

$$\frac{\Delta z_{\mathrm{P}}}{z_{\mathrm{P}}^{2}}=\mu\frac{\Delta z_{\mathrm{O}}}{z_{\mathrm{O}}^{2}}\quad\text{或}\quad\Delta z_{\mathrm{P}}=\mu\left(\frac{z_{\mathrm{P}}}{z_{\mathrm{O}}}\right)^{2}\Delta z_{\mathrm{O}} \tag{7-1-100}$$

根据像的纵向放大率定义和式(7-1-99)，原始像的纵向放大率为

$$M_{\mathrm{LP}}=\frac{\Delta z_{\mathrm{P}}}{\Delta z_{\mathrm{O}}}=\mu\left(\frac{z_{\mathrm{P}}}{z_{\mathrm{O}}}\right)^{2}=\frac{1}{\mu}M_{\mathrm{TP}}{}^{2} \tag{7-1-101}$$

在其他条件不变的情况下，考虑当物点 z 坐标变化时，共轭像 z 坐标相应的变化．对式(7-1-76)求偏导数，可得

$$\Delta z_{\mathrm{C}}=-\mu\left(\frac{z_{\mathrm{C}}}{z_{\mathrm{O}}}\right)^{2}\Delta z_{\mathrm{O}} \tag{7-1-102}$$

根据像的纵向放大率定义和式(7-1-101)，共轭像的纵向放大率为

$$M_{\mathrm{LC}}=\frac{\Delta z_{\mathrm{C}}}{\Delta z_{\mathrm{O}}}=-\mu\left(\frac{z_{\mathrm{C}}}{z_{\mathrm{O}}}\right)^{2}=-\frac{1}{\mu}M_{\mathrm{TC}}{}^{2} \tag{7-1-103}$$

4. 像的分辨率

像的分辨率和记录与再现时参考光源和再现光源的大小、光源的单色性以及衍射受限等因素有关．下面，我们将在无像差的情况下进行讨论．

1) 照明光源尺寸对再现像的影响

由式(7-1-74)、式(7-1-75)、式(7-1-78)、式(7-1-79)，我们可以得到

$$\frac{\Delta x_{\mathrm{P}}}{z_{\mathrm{P}}}=\frac{\Delta x_{\mathrm{B}}}{z_{\mathrm{B}}}\quad\text{或}\quad\Delta x_{\mathrm{P}}=\frac{z_{\mathrm{P}}}{z_{\mathrm{B}}}\Delta x_{\mathrm{B}} \tag{7-1-104}$$

$$\Delta y_{\mathrm{P}}=\frac{z_{\mathrm{P}}}{z_{\mathrm{B}}}\Delta y_{\mathrm{B}} \tag{7-1-105}$$

$$\Delta x_{\mathrm{C}}=\frac{z_{\mathrm{C}}}{z_{\mathrm{B}}}\Delta x_{\mathrm{B}} \tag{7-1-106}$$

$$\Delta y_{\mathrm{C}}=\frac{z_{\mathrm{C}}}{z_{\mathrm{B}}}\Delta y_{\mathrm{B}} \tag{7-1-107}$$

如图 7-1-6 所示，若照明光为长度为$\overline{BB'}$、平行于y轴的线光源，当其照明全息图后，得到的原始像也是一个线段，长为$\overline{PP'}$. 根据式(7-1-104)，在$\overline{PP'}$不很长的情况下，我们有

$$\overline{PP'} \approx \frac{z_{\mathrm{P}}}{z_{\mathrm{B}}} \overline{BB'} \tag{7-1-108}$$

当$\mu=1$，$z_{\mathrm{B}}=z_{\mathrm{R}}$时，$z_{\mathrm{P}}=z_{\mathrm{O}}$，则

$$\overline{PP'} \approx \frac{z_{\mathrm{O}}}{z_{\mathrm{R}}} \overline{BB'}$$

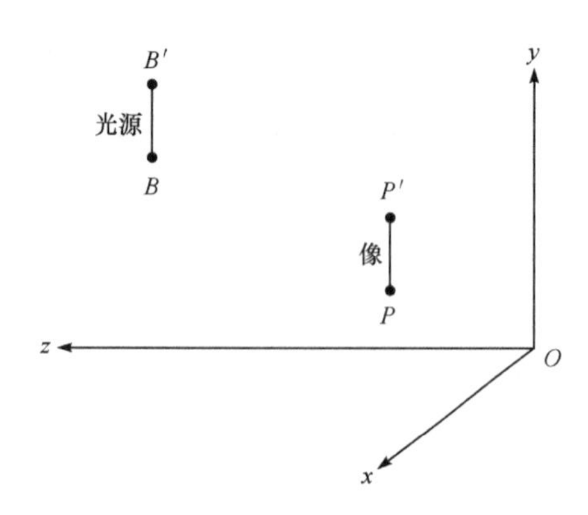

图 7-1-6 线源再现引起像点的展宽

由于照明光有一定线度引起点像的展宽，这种展宽将引起像各个部分的重叠而导致模糊，所以$\overline{PP'}$必须限制在一定范围之内. 当$\overline{PP'}$的限制值一定时，若$z_{\mathrm{O}}/z_{\mathrm{R}}$的值很小，则$\overline{BB'}$可以取较大的值. 当$z_{\mathrm{O}} \to 0$时，$\overline{BB'}$可以很大. 因此，拍摄时可使物体尽量靠近全息片. 当物体位于全息片上时，$z_{\mathrm{O}}=0$，于是$\overline{PP'}=0$. 在此情况下，即使采用扩展光源照明全息图也能再现出清晰的像. $z_{\mathrm{O}}=0$意味着物体位于全息片上. 例如，我们可以利用透镜将物体的实像成像在全息记录片上，或用共轭再现的方法，将物体的实像再现在全息记录片上. 总之，只要物体尽量靠近全息片，都可以降低再现时点像的展宽.

2) 再现光源单色性的影响

若照明光源有一定的线宽$\Delta\lambda$，则线宽的存在使再现像点扩展而变模糊，这种现象称为**色模糊**(color blur)或**色差**(chromatic aberration). 色差也分为**横向色差**(transverse chromatic aberration)与**纵向色差**(longitudinal chromatic aberration)两种.

根据式(7-1-80)，当照明光源有$\Delta\lambda$波长展宽时，所引起的衍射角的展宽$\Delta\alpha_{\mathrm{P}}$为

$$-\sin\alpha_{\mathrm{P}}\Delta\alpha_{\mathrm{P}} = \frac{\Delta\lambda}{\lambda_1}(\cos\alpha_{\mathrm{O}} - \cos\alpha_{\mathrm{R}}) \tag{7-1-110}$$

衍射角的展宽$\Delta\alpha_{\mathrm{P}}$导致再现像相应地在$x$方向的展宽为

$$\Delta x_{\mathrm{P}} = z_{\mathrm{P}}\Delta\alpha_{\mathrm{P}}$$

将式(7-1-110)整理后代入上面的关系，可得x方向的横向色差[5]

$$\Delta x_{\mathrm{P}} = z_{\mathrm{P}}\Delta\alpha_{\mathrm{P}} = -\frac{\Delta\lambda}{\lambda_1}(\cos\alpha_{\mathrm{O}} - \cos\alpha_{\mathrm{R}})\frac{z_{\mathrm{P}}}{\sin\alpha_{\mathrm{P}}} \tag{7-1-111}$$

类似地，y方向的横向色差为

$$\Delta y_{\mathrm{P}} = -\frac{\Delta\lambda}{\lambda_1}(\cos\beta_{\mathrm{O}} - \cos\beta_{\mathrm{R}})\frac{z_{\mathrm{P}}}{\sin\beta_{\mathrm{P}}} \tag{7-1-112}$$

纵向色差可根据式(7-1-72)得到

$$\frac{\Delta z_{\mathrm{P}}}{z_{\mathrm{P}}^2} = -\frac{\Delta\lambda}{\lambda_1}\left(\frac{1}{z_{\mathrm{O}}} - \frac{1}{z_{\mathrm{R}}}\right) \tag{7-1-113}$$

当物体靠近全息图，即$z_{\mathrm{O}} \to 0$时，以原参考光再现，于是原始像的轴向距离$z_{\mathrm{P}} \to 0$，此

时，由式(7-1-111)、式(7-1-112)可知，我们有 $\Delta x_{\mathrm{P}} \to 0$ ，$\Delta y_{\mathrm{P}} \to 0$ ，故当物体位于全息片上时，全息图的横向色差和纵向色差都趋于零，由此可见，物体位于全息片上的全息图可以用白光再现出清晰的图像．例如，正如前所述，我们可以利用透镜将物体的实像成像在全息片上，或用共轭再现的方法，将物体的实像成像在全息片上．此外，若物体尽量靠近全息片时，也可以大大降低再现时的色差．

3) 衍射受限

我们知道，透镜成像光束受光瞳的限制，点物的像形成一个夫朗禾费衍射斑，使像的分辨率受到限制．光栅衍射同样受到光栅有限大小尺寸的限制，使其衍射光从一个点扩展为一个斑．对于轴向衍射光而言，扩展的光斑尺寸反比于光栅的线度，正比于照明光波长和光栅的距离．若激光波长为 λ ，光栅的宽度和高度分别为 a 和 b ，观察面离开光栅的距离为 f ，则光斑的**半宽距** x_i 、 y_i ，也就是光斑在 x 轴与 y 轴方向从光斑中心至第一个暗纹间的距离分别为(参看文献[7] P.94-99)

$$x_i = \lambda f / a, \quad y_i = \lambda f / b \tag{7-1-114}$$

全息图可以看作由许多微小光栅所组成，限制光束的是全息图的尺寸或照明光束的口径．若不考虑其他因素的影响，在衍射受限的情况下，被记录物体的最小分辨率距离为

$$d_{\min} = \lambda |z_{\mathrm{O}}| / D_{\mathrm{H}} \tag{7-1-115}$$

式中，D_{H} 为全息图的线度，并假定记录时物体位于 z 轴上．

当照明光束直径 D_{B} 小于全息图的线度 D_{H} 时，像的分辨率还要降低．这时，被记录物体的最小分辨率距离为

$$d_{\min} = \lambda |z_{\mathrm{O}}| / D_{\mathrm{B}} \tag{7-1-116}$$

7.1.3　同轴全息图和离轴全息图

按参考光与物光的主光线的方向来区分全息图可分为同轴全息图(on-axis hologram 或 in-line hologram)和离轴全息图(off-axis hologram 或 off-line hologram).

1. 同轴全息图

同轴全息图是加伯在首先提出全息照相概念时使用的记录方法，所以也称加伯全息图(Gabor hologram).

同轴全息图在记录时物体中心、参考光中心和全息图中心三点共轴线，如图 7-1-7 所示．以球面波为例，物光和参考光均为点光源，它们与全息图中心都位于同一根轴线上．若这根轴线与全息图正交，则全息图上的干涉条纹为一组同心圆环．若这根轴线与全息图不正交，则其干涉条纹为一组同心椭圆环．若参考光采用平行光束，并且平行光的传播方向与物体中心和全息图中心两点的连线相平行，也形成同轴全息图．

同轴全息图的特点是，对光源的相干性要求不高，对系统的稳定性也要求不高，在横向色差公式(7-1-111)、式(7-1-112)中，因 $\alpha_{\mathrm{O}} \approx \alpha_{\mathrm{R}}$ ，故同轴全息图的再现像的横向色差趋于零．但由于同轴全息图再现时，原始像和共轭像都在同一个方向传播，互相干扰，不能观察清晰的原始像．不过，采用同轴全息拍摄粒子场或尺寸较小的透明物时都还是有很好的效果．因为在这种情况下产生的共轭像在观察面上已经弥散成一片光强很微弱的背景光了．又如，当我们

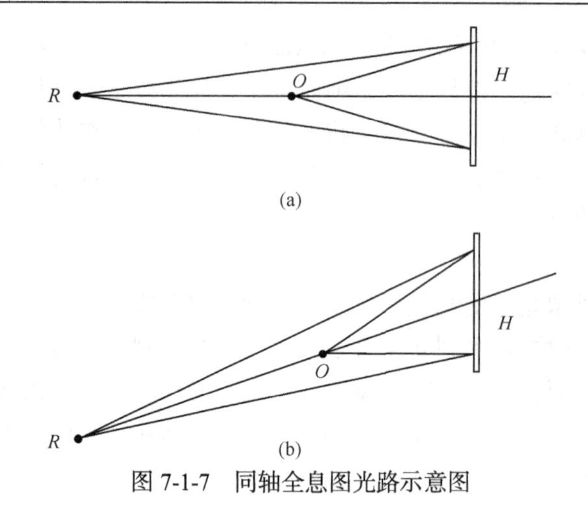

图 7-1-7　同轴全息图光路示意图

采用共轭再现方法用透镜系统观察一个微生物或微粒的实像时，它对应的虚像处于很远距离的一个平面上．因此，该虚像的衍射光波在到达这个被观察微生物或微粒的实像所在平面上时，已变得非常微弱，呈现为一个光强十分微弱的背景光．而微生物或微粒的实像非常清晰，所受干扰不大．

2. 离轴全息图

离轴全息图在记录时物体中心、参考光中心和全息图中心三点不共线．在物光和参考光的夹角满足一定条件下，衍射光没有相互干扰，无论拍摄任何物体都有很好的效果，是最常使用的一种方法．前面所讨论的两束平面波所形成的全息图就是一种最简单的离轴全息图．实际上，同轴全息图只不过是离轴全息图在参物光夹角为零时的结果．

离轴全息是美国密歇根大学(University of Michigan)的 Emmett Leith 和 Juris Upatnieks 首先提出来的．他们在阅读了加伯的论文后，借用了他们自己在孔径雷达方面的研究成果，采用了激光和离轴全息方法首先成功地拍摄了三维物体的透射型全息图．此后，带动全世界成百上千的实验室开展了全息的研究工作．

这里主要介绍透明物体的离轴全息图，至于漫散射物体的离轴全息图可参看文献[7]第 5 章 5.3.2.2 节．

1) 记录

一种简单的分波前法的记录光路如图 7-1-8 所示[4,8]．S 为点光源，经透镜 L 准直后，所得的平行光分成两个部分．一部分照在平面透明物体 O(如一张透明图片)上；另一部分经棱

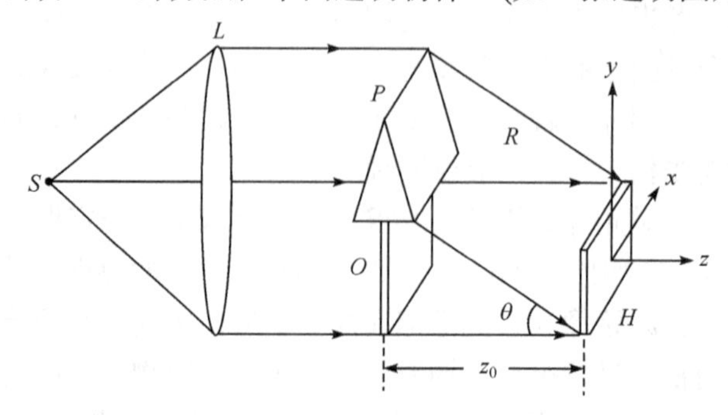

图 7-1-8　离轴全息图记录光路示意图

镜 P 折射，作为参考光 R 照射在全息干版 H 上．取坐标使 xy 平面与全息记录片重合．设参考光 R 的波矢量 $\boldsymbol{k}_{\mathrm{R}}$ 在与 yz 相平行的平面内，与 z 轴的夹角为 θ．以 $R(x,y)$ 表示参考光在全息记录片上的复振幅分布，则

$$R(x,y)=R_0\exp(\mathrm{j}\boldsymbol{k}_{\mathrm{R}}\cdot\boldsymbol{r})\tag{7-1-117}$$

注意到式(7-1-117)中相位因子内参考光 R 的波矢量 $\boldsymbol{k}_{\mathrm{R}}$ 与矢径 $\boldsymbol{r}$ 的标量积为

$$\boldsymbol{k}_{\mathrm{R}}\cdot\boldsymbol{r}=k(x\cos\alpha+y\cos\beta+z\cos\gamma)\tag{7-1-118}$$

其中，α,β,γ 分别为参考光波矢量 $\boldsymbol{k}_{\mathrm{R}}$ 与 x,y,z 轴的夹角，且 $\alpha=\dfrac{\pi}{2},\beta=\dfrac{\pi}{2}+\theta,z=0$．因此

$$\boldsymbol{k}_{\mathrm{R}}\cdot\boldsymbol{r}=ky\cos\beta=-k\sin\theta y=-2\pi\frac{\sin\theta}{\lambda}y\tag{7-1-119}$$

于是，式(7-1-117)可写为

$$R=R_0\exp\left(-\mathrm{j}2\pi\frac{\sin\theta}{\lambda}y\right)\tag{7-1-120}$$

以 $O(x,y)$ 表示物光在全息记录片上的复振幅分布

$$O(x,y)=O_0(x,y)\exp[-\mathrm{j}\phi_{\mathrm{O}}(x,y)]\tag{7-1-121}$$

全息记录片上的光场的复振幅分布为

$$u(x,y)=R(x,y)+O(x,y)\tag{7-1-122}$$

其对应的光强分布为

$$\begin{aligned}I(x,y)=&R_0{}^2+O(x,y)O^*(x,y)\\&+O(x,y)R_0\exp\left[\mathrm{j}\left(2\pi\frac{\sin\theta}{\lambda}y\right)\right]+O^*(x,y)R_0\exp\left[-\mathrm{j}\left(2\pi\frac{\sin\theta}{\lambda}y\right)\right]\end{aligned}\tag{7-1-123}$$

式(7-1-123)后面的第三项和第四项形成干涉项

$$\begin{aligned}&O(x,y)R_0\exp\left[\mathrm{j}\left(2\pi\frac{\sin\theta}{\lambda}y\right)\right]+O^*(x,y)R_0\exp\left[-\mathrm{j}\left(2\pi\frac{\sin\theta}{\lambda}y\right)\right]\\&=2\left|O(x,y)\right|R_0\cos\left[2\pi\frac{\sin\theta}{\lambda}y-\phi_O(x,y)\right]\end{aligned}$$

该干涉项包含物光的振幅分布信息和相位分布信息．在线性记录的情况下，全息图复振幅透射率可表示为

$$\begin{aligned}t_{\mathrm{H}}(x,y)&=t_0+\beta'\left\{\begin{aligned}&R_0^2+O(x,y)O^*(x,y)\\&+R_0O(x,y)\exp\left(\mathrm{j}2\pi\frac{\sin\theta}{\lambda}y\right)+R_0O^*(x,y)\exp\left(-\mathrm{j}2\pi\frac{\sin\theta}{\lambda}y\right)\end{aligned}\right\}\\&=t_1+t_2+t_3+t_4\end{aligned}\tag{7-1-124}$$

$$\begin{cases}t_1=t_{\mathrm{b}}=t_0+\beta'R_0^2\\t_2=\beta'O(x,y)O^*(x,y)\\t_3=\beta'R_0O(x,y)\exp\left(\mathrm{j}2\pi\dfrac{\sin\theta}{\lambda}y\right)\\t_4=\beta'R_0O^*(x,y)\exp\left(-\mathrm{j}2\pi\dfrac{\sin\theta}{\lambda}y\right)\end{cases}\tag{7-1-125}$$

2) 全息图的再现

(1) 再现光为原来的参考光.

再现光 u_B 为平行光，振幅为 A_0，方向与记录时使用的参考光方向相同，即

$$u_B = A_0 \exp\left(-j2\pi\frac{\sin\theta}{\lambda}y\right) \tag{7-1-126}$$

全息图被再现光照射后，出射的衍射光有如下四项：

$$\begin{aligned} u(x,y) &= u_B t_H(x,y) = A_0 \exp\left(-j2\pi\frac{\sin\theta}{\lambda}y\right)(t_1+t_2+t_3+t_4) \\ &= u_1+u_2+u_3+u_4 \end{aligned} \tag{7-1-127}$$

下面，让我们对这些衍射光的性质逐一进行讨论.

首先，考虑第一项衍射光

$$u_1 = u_B t_1 = A_0 t_b \exp\left(-j2\pi\frac{\sin\theta}{\lambda}y\right) \tag{7-1-128}$$

根据 u_1 的相位因子我们可以判断：它是一束平面波，传播方向是沿着照明光原来的方向，也就是沿着原来记录时使用的参考光传播的方向. 它是照明光的直透波，振幅比原来的照明光衰减了 t_b 倍.

第二项衍射光为

$$u_2 = u_B t_2 = A_0\beta' O(x,y)O^*(x,y)\exp\left(-j2\pi\frac{\sin\theta}{\lambda}y\right) \tag{7-1-129}$$

这是一束沿照明光方向，也就是沿原来记录时使用的参考光方向传播的光波. 但它不是平面波，对于透明胶片而言，$O(x,y)O^*(x,y)$ 表示的是物光自身相互干涉带有相干噪声的光波，即自相干的散斑场，是微微有些发散的光波，有的文献将 $O(x,y)O^*(x,y)$ 形成的发散光称为“**晕轮光**”[4].

由于第一项衍射光和第二项衍射光的传播方向相同，将它们合称为零级衍射光.

第三项衍射光，通常称为正一级衍射光

$$u_3 = u_B t_3 = A_0\beta' R_0 O(x,y) = A_0\beta' R_0 O_0(x,y)\exp\left[-j\phi_O(x,y)\right] \tag{7-1-130}$$

它具有和原来物光完全相同的波前，只是振幅比原来的物光衰减了 $A_0\beta' R_0$ 倍. 它沿着 z 轴方向，也就是沿原来物光的方向传播. 观察者迎着它看，可以看到物体的虚像. 这就是再现的物光.

第四项衍射光，通常称为负一级衍射光

$$u_4 = u_B t_4 = A_0\beta' R_0 O^*(x,y)\exp\left(-j2\pi\frac{2\sin\theta}{\lambda}y\right) \tag{7-1-131}$$

这是物光的共轭光，O 是发散的光波，故 O^* 是会聚的光波. 将式(7-1-131)改写为

$$u_4 = A_0\beta' R_0 O^*(x,y)\exp\left(j2\pi\frac{\sin\theta'}{\lambda}y\right) \tag{7-1-132}$$

比较相位因子可以看出，它的传播方向沿着与 z 轴夹角为 θ' 的方向，而

$$\theta' = -\arcsin(2\sin\theta) \tag{7-1-133}$$

u_3 和 u_4 具有相等的振幅，分别位于零级衍射光的两侧，如图 7-1-9(a)所示.

基于第 9 章介绍的数字全息 1-FFT 重建方法可以很方便地对再现光为原参考光的重建像进行模拟. 利用书附光盘提供的程序 LXM24.m 及唐三彩骏马图像形成数字全息图后，对 1-FFT 重建图像程序 LXM25.m 作简单修改，将重现光修改为形成数字全息图时使用的参考光，执行修改后的程序获得的重建像示于图 7-1-9(b).

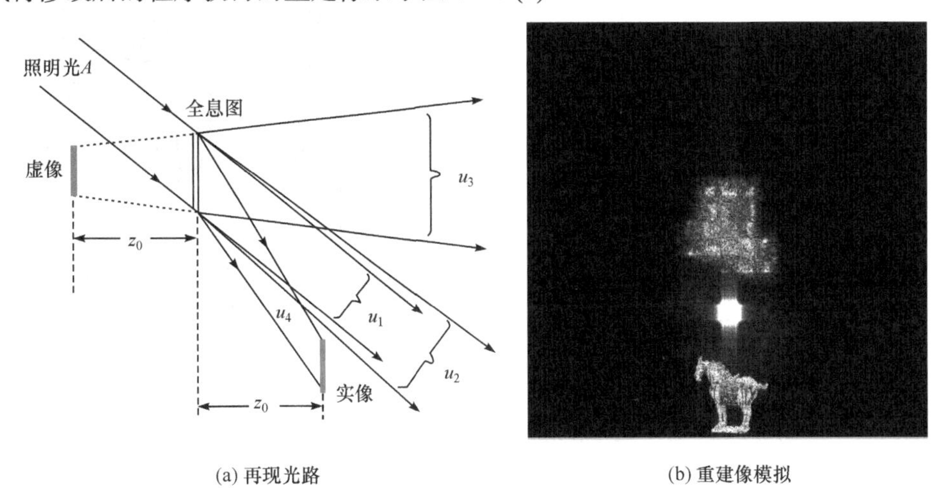

(a) 再现光路　　(b) 重建像模拟

图 7-1-9　再现光为原参考光的再现光路及重建像模拟

(2) 再现光垂直照射全息图.

若再现光 u_B 仍为平行光，振幅为 A_0，沿 z 轴方向垂直照射全息图，如图 7-1-10(a)所示.

$$u_B = A_0 \tag{7-1-134}$$

这时，全息图被照射后，出射的四项衍射光 u_1, u_2, u_3, u_4 分别为

第一项衍射光

$$u_1 = A_0 t_b \tag{7-1-135}$$

它是沿 z 轴方向传播的平面波，振幅比入射平面波衰减了 t_b 倍.

第二项衍射光

$$u_2 = A_0 \beta' O(x,y) O^*(x,y) \tag{7-1-136}$$

它也沿 z 轴方向传播，是自相干的散斑场、微微有些发散的“晕轮光”.

第三项衍射光

$$u_3 = A_0 \beta' R_0 O(x,y) \exp\left(\mathrm{j}2\pi \frac{\sin\theta}{\lambda}\right) y \tag{7-1-137}$$

它含有 $O(x,y)$ 项，表示它具有与物光相同的性质，只是振幅比原来物光衰减了 $A_0\beta' R_0$ 倍，并有一个相位因子 $\exp\left(\mathrm{j}2\pi \frac{\sin\theta}{\lambda}\right) y$，它表示再现物光在传播方向上与原来的物光差一个 θ 角度，即物光中心光束的传播方向与 z 轴的夹角为 θ，形成的虚像在距离干版 z_0 处.

第四项衍射光

$$u_4 = A_0 \beta' R_0 O^*(x,y) \exp\left(-\mathrm{j}2\pi \frac{\sin\theta}{\lambda}\right) y \tag{7-1-138}$$

它是再现的物光共轭波，处于虚像的另一侧，共轭波的实像位置和原始像的虚像位置是对称

的(参看文献[7]对漫散射物体的离轴全息图的再现分析).

基于书附光盘提供的程序 LXM24.m 的简单修改及程序 LXM25.m，图 7-1-10(b)给出一个重建像模拟实例.

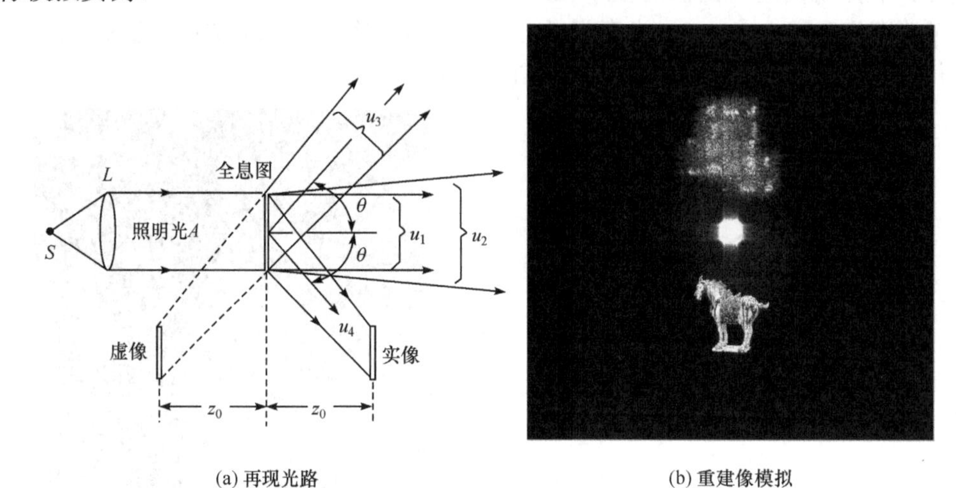

(a) 再现光路　　　　(b) 重建像模拟

图 7-1-10　再现光为沿光轴传播平行光的再现光路及重建像模拟

利用上面的理论分析容易证明，再现时的照明光不一定要沿原来记录时使用的参考光方向. 不过，这时的再现物光将发生相应的偏移.

7.1.4　菲涅耳全息图和夫朗禾费全息图以及傅里叶变换全息图

1. 菲涅耳全息图和夫朗禾费全息图

按全息图所记录的物体衍射光场分类，可分为菲涅耳全息图和夫朗禾费全息图以及傅里叶变换全息图. 在物光场的菲涅耳衍射区记录的全息图是菲涅耳全息图(Fresnel hologram)，在物光场的夫朗禾费衍射区记录的全息图是夫朗禾费全息图(Fraunhofer hologram).

一般情况下拍摄的全息图，大都是菲涅耳全息图. 前面对全息图所作的分析，既适用于菲涅耳全息图，也适用于夫朗禾费全息图. 不过，夫朗禾费全息图有其特殊的一些性质，下面，我们将对它作进一步的介绍.

假定所研究的是平面物体，取直角坐标 x,y,z，全息记录片处于 x,y 平面，物体位于 x_0,y_0 平面，与全息记录片平行，它们的中心都位于坐标原点，两者相距为 z_0. 若物体的复振幅分布为 $o(x_0,y_0)$，则物光在菲涅耳衍射区的分布为

$$O(x,y)=\frac{\exp(\mathrm{j}kz_0)}{\mathrm{j}\lambda z_0}\int_{-\infty}^{\infty}\int_{-\infty}^{\infty}o(x_0,y_0)\exp\left\{\frac{\mathrm{j}k}{2z_0}\left[(x-x_0)^2+(y-y_0)^2\right]\right\}\mathrm{d}x_0\mathrm{d}y_0 \tag{7-1-139}$$

物光在夫朗禾费衍射区的分布为

$$\begin{aligned}O(x,y)=&\frac{\exp(\mathrm{j}kz_0)}{\mathrm{j}\lambda z_0}\exp\left[\frac{\mathrm{j}k}{2z_0}(x^2+y^2)\right]\\&\times\int_{-\infty}^{\infty}\int_{-\infty}^{\infty}o(x_0,y_0)\exp\left\{-\mathrm{j}2\pi\left(\frac{x}{\lambda z_0}x_0+\frac{y}{\lambda z_0}y_0\right)\right\}\mathrm{d}x_0\mathrm{d}y_0\end{aligned} \tag{7-1-140}$$

在物光的菲涅耳衍射区，物光衍射光场强度分布随距离变化很快，达到夫朗禾费衍射区后，物光衍射光场强度分布不再有大的变化.

在夫朗禾费衍射区，z_0 与所拍摄物体的线度相比甚大，以至于可以忽略物光衍射式中 x_0, y_0 的二次项时，其条件可表示为

$$(k/2z_0)(x_0^2+y_0^2) \ll \pi \quad 或 \quad z_0 \gg (1/\lambda)(x_0^2+y_0^2) \tag{7-1-141a}$$

若物体为一个半径为 a 的圆形物体，即 $x_0^2+y_0^2=a^2$，则式(7-1-141a)可改写为

$$z_0 \gg a^2/\lambda \tag{7-1-141b}$$

可见，通常拍摄的大多为菲涅耳全息图.

在实验室要拍摄一般的物体无透镜夫朗禾费全息图是困难的. 例如，要用波长为 0.633μm 的激光拍摄 10cm 尺寸的物体，则大约需 $z_0 \gg 15\,\text{km}$，这在实验室是很难做到的. 要想在实验室使用 0.633μm 波长的激光，在距离为米级的范围内拍摄无透镜夫朗禾费全息图，被摄物体必须满足 $a \ll \sqrt{\lambda z_0}$，即被摄物体必须远小于毫米级，因此，这类全息图可用于拍摄粒子场、微生物群等场合. 如果使用透镜，可以将物光的夫朗禾费衍射区缩短到透镜焦距的量级，故夫朗禾费全息图一般可分为用透镜和不用透镜两种.

2. 傅里叶变换全息图

当参考光使用的是平面波时，这类夫朗禾费全息图被称为**傅里叶全变换全息图**(Fourier transform hologram). 傅里叶全息图的典型记录光路之一如图 7-1-11 所示. 将平面物体放置在透镜的前焦面上，全息记录片放置在透镜的后焦面上，透镜焦距为 f，这时，全息记录片上的物光复振幅分布正好是放置在透镜的前焦面上平面物体 $o(x_0, y_0)$ 的傅里叶变换. 即全息记录片上的物光复振幅分布为(参看文献[7]P.57 式(2-4-21))

$$O(x,y)=\frac{\exp(\mathrm{j}2kf)}{\mathrm{j}\lambda f}\int_{-\infty}^{\infty}\int_{-\infty}^{\infty}o(x_0,y_0)\exp\left\{-\mathrm{j}2\pi\left(\frac{x}{\lambda f}x_0+\frac{y}{\lambda f}y_0\right)\right\}\mathrm{d}x_0\mathrm{d}y_0 \tag{7-1-142}$$

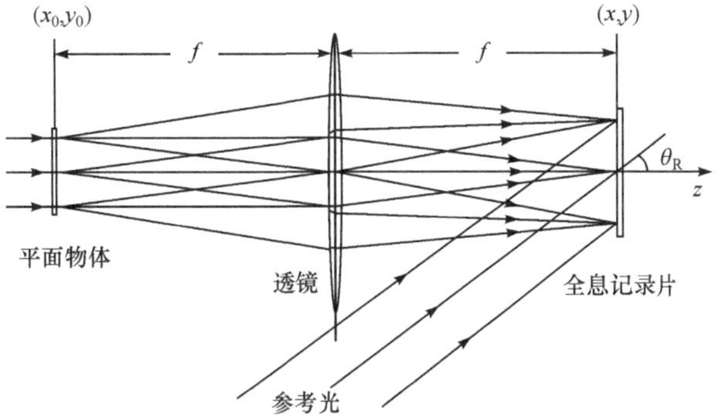

图 7-1-11　有透镜傅里叶变换全息图的记录光路之一

若参考光与 z 轴的夹角为 θ_R，它在全息记录片上的复振幅分布可表示为

$$R(x,y)=R_0\exp(\mathrm{j}k\sin\theta_R x) \tag{7-1-143}$$

于是，记录平面上光场的强度分布为

$$\begin{aligned}I(x,y)=&R_0^2+O(x,y)O^*(x,y)\\&+R_0\exp(-\mathrm{j}k\sin\theta_R x)O(x,y)+R_0\exp(\mathrm{j}k\sin\theta_R x)O^*(x,y)\end{aligned} \tag{7-1-144}$$

当记录的是振幅全息图时，在线性记录的情况下，其复振幅透射率函数为

$$t(x,y)=t_0+\beta' I(x,y)=t_1+t_2+t_3+t_4 \tag{7-1-145}$$

式中

$$t_1=t_0+\beta' R_0{}^2 \tag{7-1-146}$$

$$t_2(x,y)=\beta' O(x,y)O^*(x,y) \tag{7-1-147}$$

$$\begin{aligned} t_3(x,y)=&\beta' R_0\exp(-\mathrm{j}k\sin\theta_\mathrm{R}x)\frac{\exp(\mathrm{j}2kf)}{\mathrm{j}\lambda f}\\ &\times\int_{-\infty}^{\infty}\int_{-\infty}^{\infty}o(x_0,y_0)\exp\left\{-\mathrm{j}2\pi\left(\frac{x}{\lambda f}x_0+\frac{y}{\lambda f}y_0\right)\right\}\mathrm{d}x_0\mathrm{d}y \end{aligned} \tag{7-1-148}$$

$$\begin{aligned} t_4(x,y)=&\beta' R_0\exp(\mathrm{j}k\sin\theta_\mathrm{R}x)\frac{\exp(-\mathrm{j}2kf)}{-\mathrm{j}\lambda f}\\ &\times\int_{-\infty}^{\infty}\int_{-\infty}^{\infty}o^*(x_0,y_0)\exp\left\{\mathrm{j}2\pi\left(\frac{x}{\lambda f}x_0+\frac{y}{\lambda f}y_0\right)\right\}\mathrm{d}x_0\mathrm{d}y \end{aligned} \tag{7-1-149}$$

当以振幅为 A 的平面波垂直照射全息图，并通过一个焦距为 f' 的透镜形成实像时，若将全息图放置于透镜的前焦面 (x,y)，观察屏放置于透镜的后焦面 $(x_\mathrm{i},y_\mathrm{i})$ 上，如图 7-1-12 所示. 此时前焦面 (x,y) 上衍射光的光场复振幅分布为

$$u(x,y)=At(x,y)=At_1+At_2+At_3+At_4=u_1(x,y)+u_2(x,y)+u_3(x,y)+u_4(x,y)$$

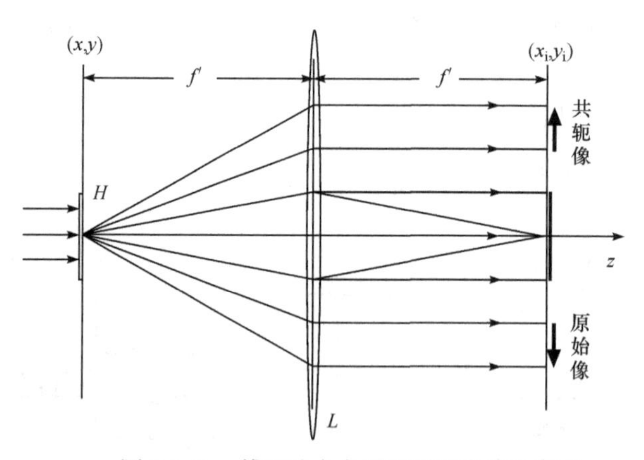

图 7-1-12　傅里叶全息图的再现光路示意图

注意到：透镜后焦面 $(x_\mathrm{i},y_\mathrm{i})$ 上衍射光的光场复振幅分布 $\tilde{u}(x_\mathrm{i},y_\mathrm{i})$ 可表示为[7]

$$\begin{aligned} \tilde{u}(x_\mathrm{i},y_\mathrm{i})&=\frac{\exp(\mathrm{j}2kf')}{\mathrm{j}\lambda f'}F\left[u(x_\mathrm{i},y_\mathrm{i})\right]\\ &=\frac{\exp(\mathrm{j}2kf)}{\mathrm{j}\lambda f'}\left[\tilde{u}_1(x_\mathrm{i},y_\mathrm{i})+\tilde{u}_2(x_\mathrm{i},y_\mathrm{i})+\tilde{u}_3(x_\mathrm{i},y_\mathrm{i})+\tilde{u}_4(x_\mathrm{i},y_\mathrm{i})\right]\\ &=U_1+U_2+U_3+U_4 \end{aligned} \tag{7-1-150}$$

$$U_1=\frac{\exp(\mathrm{j}2kf')}{\mathrm{j}\lambda f'}\tilde{u}_1(x_\mathrm{i},y_\mathrm{i})=\frac{\exp(\mathrm{j}2kf')}{\mathrm{j}\lambda f'}F\left[At_1\right]=At_1\frac{\exp(\mathrm{j}2kf')}{\mathrm{j}\lambda f'}\delta(x_\mathrm{i},y_\mathrm{i}) \tag{7-1-151}$$

它表明，第一项衍射光是平行光，经过透镜聚焦在透镜的后焦面上，形成一个中心亮点.

$$U_2=\frac{\exp(\mathrm{j}2kf')}{\mathrm{j}\lambda f'}\tilde{u}_2(x,y)=\frac{\exp(\mathrm{j}2kf')}{\mathrm{j}\lambda f'}F[At_2]$$
$$=A\frac{\exp(\mathrm{j}2kf')}{\mathrm{j}\lambda f'}\beta'F[O(x,y)O^*(x,y)] \tag{7-1-152}$$
$$=\beta'A\frac{\exp(\mathrm{j}2kf')}{\mathrm{j}\lambda f'}\tilde{O}(f_x,f_y)☆\tilde{O}^*(f_x,f_y)$$

第二项衍射光是物光傅里叶变换的自相关函数，式中，$f_x=x_\mathrm{i}/\lambda f', f_y=y_\mathrm{i}/\lambda f'$，它形成对称于中心亮点的晕轮光.

$$U_3=\frac{\exp(\mathrm{j}2kf)}{\mathrm{j}\lambda f'}\tilde{u}_3(x,y)=\frac{\exp(\mathrm{j}2kf')}{\mathrm{j}\lambda f'}F[At_3]$$

$$=\beta'AR_0\frac{\exp[\mathrm{j}2k(f+f')]}{-\lambda^2 ff'}$$
$$\times\int_{-\infty}^{\infty}\int_{-\infty}^{\infty}o(x_0,y_0)\mathrm{d}x_0\mathrm{d}y_0\int_{-\infty}^{\infty}\int_{-\infty}^{\infty}\exp\left\{-\mathrm{j}2\pi\left[\left(\frac{x_0}{\lambda f}+\frac{x_\mathrm{i}}{\lambda f'}+\frac{\sin\theta_\mathrm{R}}{\lambda}\right)x+\left(\frac{y_0}{\lambda f}+\frac{y_\mathrm{i}}{\lambda f'}\right)y\right]\right\}\mathrm{d}x\mathrm{d}y$$

$$=\beta'AR_0\frac{\exp[\mathrm{j}2k(f+f')]}{-\lambda^2 ff'}\int_{-\infty}^{\infty}\int_{-\infty}^{\infty}o(x_0,y_0)\delta\left(\frac{x_0}{\lambda f}+\frac{x_\mathrm{i}}{\lambda f'}+\frac{\sin\theta_\mathrm{R}}{\lambda},\frac{y_0}{\lambda f}+\frac{y_\mathrm{i}}{\lambda f'}\right)\mathrm{d}x_0\mathrm{d}y_0$$

$$=\beta'AR_0\frac{\exp[\mathrm{j}2k(f+f')]}{-f'/f}\int_{-\infty}^{\infty}\int_{-\infty}^{\infty}o(x_0,y_0)\delta\left(x_0+\frac{x_\mathrm{i}f}{f'}+f\sin\theta_\mathrm{R},y_0+\frac{fy_\mathrm{i}}{f'}\right)\mathrm{d}x_0\mathrm{d}y_0$$

$$=\beta'AR_0\frac{\exp[\mathrm{j}2k(f+f')]}{-f'/f}o\left(-\frac{x_\mathrm{i}+f'\sin\theta_\mathrm{R}}{f'/f},-\frac{y_\mathrm{i}}{f'/f}\right) \tag{7-1-153}$$

从第三项衍射的计算过程中，我们可以看到，这种再现光路使傅里叶变换全息图再经过一次傅里叶变换而还原为原物的像. 在观察屏上再现的是原始像，它比原物放大或缩小了 f'/f 倍，相对于原来坐标 (x_0,y_0) 为一个倒像. 若坐标 $(x_\mathrm{i},y_\mathrm{i})$ 与 (x_0,y_0) 取向相同，原点都在 z 轴上，该倒像位于 x_i 轴负侧，中心在 $x_\mathrm{i}=-f'\sin\theta_\mathrm{R}$ 处，如图 7-1-12 所示.

$$U_4(x,y)=(1/\mathrm{j}\lambda f')\exp(\mathrm{j}2kf')F[At_4]$$
$$=\beta'AR_0\frac{\exp[\mathrm{j}2k(f'-f)]}{\lambda^2 ff'}\times\int_{-\infty}^{\infty}\int_{-\infty}^{\infty}o^*(x_0,y_0)\mathrm{d}x_0\mathrm{d}y_0\int_{-\infty}^{\infty}\int_{-\infty}^{\infty}$$
$$\times\exp\left\{-\mathrm{j}2\pi\left[\left(\frac{x_\mathrm{i}}{\lambda f'}-\frac{x_0}{\lambda f}-\frac{\sin\theta_\mathrm{R}}{\lambda}\right)x+\left(\frac{y_\mathrm{i}}{\lambda f'}-\frac{y_0}{\lambda f}\right)y\right]\right\}\mathrm{d}x\mathrm{d}y$$
$$=\beta'AR_0\frac{\exp[\mathrm{j}2k(f'-f)]}{\lambda^2 ff'}\int_{-\infty}^{\infty}\int_{-\infty}^{\infty}o^*(x_0,y_0)\delta\left[\frac{x_\mathrm{i}}{\lambda f'}-\frac{x_0}{\lambda f}-\frac{\sin\theta_\mathrm{R}}{\lambda},\frac{y_\mathrm{i}}{\lambda f'}-\frac{y_0}{\lambda f}\right]\mathrm{d}x_0\mathrm{d}y_0$$
$$=\beta'AR_0\frac{\exp[\mathrm{j}2k(f'-f)]}{f'/f}o^*\left(\frac{x_\mathrm{i}-f'\sin\theta_\mathrm{R}}{f'/f},\frac{y_\mathrm{i}}{f'/f}\right) \tag{7-1-154}$$

第四项衍射光是物体的共轭像，是一个正像，也放大或缩小了 f'/f 倍，位于 x_i 轴正侧，中心在 $x_i = f'\sin\theta_R$ 处，如图 7-1-12 所示.

当再现时的准直照明光与记录时的参考光同方向时，则再现的原始像位于后焦面的中心，仍为放大了 f'/f 倍的倒像.

傅里叶变换全息图记录的实际上是物光的傅里叶谱，其光能大部分集中在低频范围，为避免曝光不够均匀，可以使全息记录片少许离焦，可使大部分曝光区域有比较合适的参物光比．对于低频物体而言，傅里叶变换全息图记录面上的直径仅在毫米量级．若直接用细束激光作参考光记录，可使全息图面积小于 2mm^2 左右，特别适用于高密度全息存储.

3. 无透镜傅里叶变换全息图

不使用透镜也可以拍摄傅里叶变换全息图.关键是采用点光源发出的球面波作为参考光，并将它放置在与平面物体同一个平面内，如图 7-1-13 所示．这种全息图称为无透镜傅里叶变换全息图.

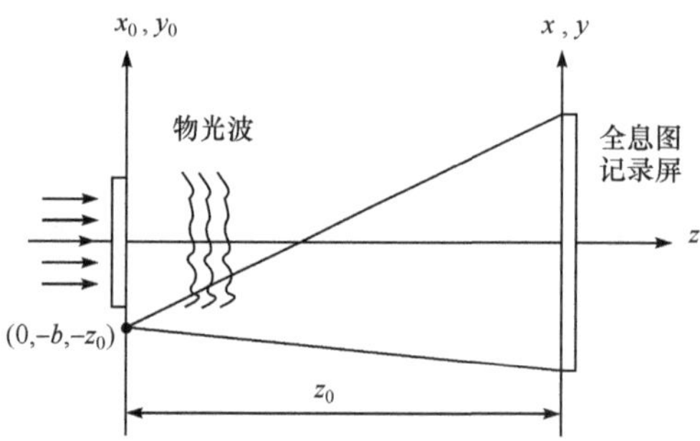

图 7-1-13　无透镜傅里叶变换全息图的拍摄光路示意图

下面介绍其原理．在直角坐标系 $Oxyz$ 中定义 $z=0$ 的 xy 平面为全息记录片平面，物体和作为参考光的点光源都位于 $z=-z_0$ 的 x_0y_0 平面内，物平面上物光的复振幅分布为 $o(x_0, y_0)$，到达全息记录片的物光复振幅 $O(x,y)$ 可由衍射的菲涅耳近似表示为

$$
\begin{aligned}
O(x,y) = {} & \frac{\exp(\mathrm{j}kz_0)}{\mathrm{j}\lambda z_0}\exp\left[\frac{\mathrm{j}k}{2z_0}\left(x^2+y^2\right)\right] \\
& \times\int_{-\infty}^{\infty}\int_{-\infty}^{\infty}\left\{o(x_0,y_0)\exp\left[\frac{\mathrm{j}k}{2z_0}\left(x_0^2+y_0^2\right)\right]\right\}\exp\left\{-\mathrm{j}2\pi\left(\frac{x}{\lambda z_0}x_0+\frac{y}{\lambda z_0}y_0\right)\right\}\mathrm{d}x_0\mathrm{d}y_0
\end{aligned}
\tag{7-1-155}
$$

参考光为来自 $(0,-b,-z_0)$ 点的球面波，它在全息记录片上的复振幅分布为

$$
\begin{aligned}
R(x,y) &= r_0\exp\left\{\frac{\mathrm{j}k}{2z_0}\left[x^2+(y+b)^2\right]\right\} \\
&= r_0\exp\left(\frac{\mathrm{j}k}{2z_0}b^2\right)\exp\left(\frac{\mathrm{j}k}{z_0}by\right)\exp\left[\frac{\mathrm{j}k}{2z_0}\left(x^2+y^2\right)\right]
\end{aligned}
\tag{7-1-156}
$$

全息记录片记录的全息图则为

$$
I(x,y) = \left|O(x,y)\right|^2 + \left|R(x,y)\right|^2 + O^*(x,y)R(x,y) + O(x,y)R^*(x,y) \tag{7-1-157}
$$

式中，$O^*(x,y)R(x,y)$ 与 $O(x,y)R^*(x,y)$ 两项恰好消去了相位因子 $\exp\left[\frac{\mathrm{j}k}{2z_0}\left(x^2+y^2\right)\right]$．忽略

$R(x,y)$中的常数相位因子$\exp\left(\dfrac{jk}{2z_0}b^2\right)$，并令

$$O_g(x,y)=\frac{\exp(jkz_0)}{j\lambda z_0}\times\int_{-\infty}^{\infty}\int_{-\infty}^{\infty}\left\{o(x_0,y_0)\exp\left[\frac{jk}{2z_0}\left(x_0^2+y_0^2\right)\right]\right\}\times\exp\left\{-j2\pi\left(\frac{x}{\lambda z_0}x_0+\frac{y}{\lambda z_0}y_0\right)\right\}dx_0dy_0 \tag{7-1-158}$$

可以将式(7-1-157)写为

$$I(x,y)=\left|O(x,y)\right|^2+r_0^2+r_0O_g^*(x,y)\exp\left(\frac{jk}{z_0}by\right)+r_0O_g(x,y)\exp\left(-\frac{jk}{z_0}by\right) \tag{7-1-159}$$

无透镜傅里叶变换全息的物体像重现有两种方式，现绘于图 7-1-14. 令全息图所在平面为z=0平面，图 7-1-14(a)是用波面半径为z_c的发散球面波照射全息图，逆着透射光方向可以在$z=-z_c$平面上看到物体的两个取向相反的虚像；图 7-1-14(b)是用波面半径为z_c的会聚球面波照射全息图，在$z=z_c$平面上形成物体的两个取向相反的实像.

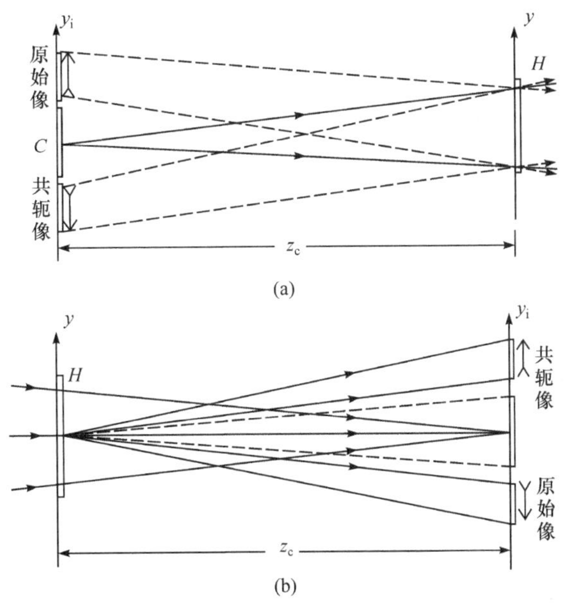

图 7-1-14 无透镜傅里叶变换全息重现图像的两种方式

现以图 7-1-14(b)为例进行理论分析. 全息图在波面半径为z_c的会聚球面波照射下，$z=z_c$平面上透射光可以表示为

$$U(x_i,y_i)=\frac{\exp(jkz_c)}{j\lambda z_c}\times\int_{-\infty}^{\infty}\int_{-\infty}^{\infty}I(x,y)\exp\left[-\frac{jk}{2z_c}\left(x^2+y^2\right)\right]\exp\left\{\frac{jk}{2z_c}\left[\left(x-x_i\right)^2+\left(y-y_i\right)^2\right]\right\}dxdy \tag{7-1-160}$$

将$I(x,y)$代入式(7-1-160)得到

$$U\left(x_{\mathrm{i}}, y_{\mathrm{i}}\right)=U_{12}\left(x_{\mathrm{i}}, y_{\mathrm{i}}\right)+U_{3}\left(x_{\mathrm{i}}, y_{\mathrm{i}}\right)+U_{4}\left(x_{\mathrm{i}}, y_{\mathrm{i}}\right) \tag{7-1-161}$$

式中，$U_{12}\left(x_{\mathrm{i}}, y_{\mathrm{i}}\right)$代表沿光轴传播的平面波$\left|O(x, y)\right|^{2}+r_{0}^{2}$经距离$z_{\mathrm{c}}$的衍射形成的图像，其分布特点是围绕坐标原点的弥散分布；$U_{3}\left(x_{\mathrm{i}}, y_{\mathrm{i}}\right)$及$U_{4}\left(x_{\mathrm{i}}, y_{\mathrm{i}}\right)$分别代表式(7-1-159)右边第三、四两项在$z=z_{\mathrm{c}}$再现平面的图像．对于$U_{3}\left(x_{\mathrm{i}}, y_{\mathrm{i}}\right)$有

$$\begin{aligned} U_{3}\left(x_{\mathrm{i}}, y_{\mathrm{i}}\right)= & \frac{\exp\left(\mathrm{j} k z_{\mathrm{c}}\right)}{\mathrm{j} \lambda z_{\mathrm{c}}} \times \int_{-\infty}^{\infty} \int_{-\infty}^{\infty} r_{0} O_{g}^{*}(x, y) \exp\left(\frac{\mathrm{j} k}{z_{0}} b y\right) \exp\left[-\frac{\mathrm{j} k}{2 z_{\mathrm{c}}}\left(x^{2}+y^{2}\right)\right] \\ & \times \exp\left\{\frac{\mathrm{j} k}{2 z_{\mathrm{c}}}\left[\left(x-x_{\mathrm{i}}\right)^{2}+\left(y-y_{\mathrm{i}}\right)^{2}\right]\right\} \mathrm{d} x \mathrm{d} y \end{aligned} \tag{7-1-162}$$

利用式(7-158)表述的共轭项$O_{g}^{*}(x, y)$代入式(7-1-162)整理后得

$$\begin{aligned} U_{3}\left(x_{\mathrm{i}}, y_{\mathrm{i}}\right)= & r_{0} \frac{\exp\left(\mathrm{j} k\left(z_{\mathrm{c}}-z_{0}\right)\right)}{z_{\mathrm{c}} / z_{0}} \exp\left[\frac{\mathrm{j} k}{2 z_{\mathrm{c}}}\left(x_{\mathrm{i}}^{2}+y_{\mathrm{i}}^{2}\right)\right] \times \int_{-\infty}^{\infty} \int_{-\infty}^{\infty} \\ & \left(\int_{-\infty}^{\infty} \int_{-\infty}^{\infty}\left\{o^{*}\left(\lambda z_{0} x_{0}^{\prime}, \lambda z_{0} y_{0}^{\prime}\right) \exp\left[-\frac{\mathrm{j} k}{2 z_{0}}\left(\lambda z_{0}\right)^{2}\left(x_{0}^{\prime 2}+y_{0}^{\prime 2}\right)\right]\right\}_{0}\right) \\ & \times\left(\exp\left[\mathrm{j} 2 \pi\left(x_{0}^{\prime} x+y_{0}^{\prime} y\right)\right] \mathrm{d} x_{0}^{\prime} \mathrm{d} y^{\prime}\right) \\ & \times \exp\left\{-\mathrm{j} 2 \pi\left[\frac{x_{\mathrm{i}}}{\lambda z_{\mathrm{c}}} x+\frac{1}{\lambda z_{\mathrm{c}}}\left(y_{\mathrm{i}}-\frac{z_{\mathrm{c}}}{z_{0}} b\right) y\right]\right\} \mathrm{d} x \mathrm{d} y \end{aligned} \tag{7-1-162}$$

式中，$x_{0}^{\prime}=\dfrac{x_{0}}{\lambda z_{0}}, y_{0}^{\prime}=\dfrac{y_{0}}{\lambda z_{0}}$．

式(7-1-163)表明，$U_{3}\left(x_{\mathrm{i}}, y_{\mathrm{i}}\right)$是$o^{*}\left(x_{0}, y_{0}\right) \exp\left[-\dfrac{\mathrm{j} k}{2 z_{0}}\left(x_{0}^{2}+y_{0}^{2}\right)\right]$首先将空间尺度放大$1 / \lambda z_{0}$倍进行傅里叶逆变换，然后再作一次傅里叶正变换的结果，但傅里叶正变换时在再现平面上空间尺度放大了λz_{c}倍．鉴于相位因子$\exp\left[-\dfrac{\mathrm{j} k}{2 z_{0}}\left(x_{0}^{2}+y_{0}^{2}\right)\right]$不影响物光场的强度分布，综合两次放大效应，$U_{3}\left(x_{\mathrm{i}}, y_{\mathrm{i}}\right)$代表空间尺度放大$z_{\mathrm{c}} / z_{0}$倍的物体实像，并且再现平面上的实像中心在$\left(0, \dfrac{z_{\mathrm{c}}}{z_{0}} b\right)$处(见图 7-1-14(b)中的共轭像)．

利用类似的讨论容易证明，$U_{4}\left(x_{\mathrm{i}}, y_{\mathrm{i}}\right)$是$o\left(x_{0}, y_{0}\right) \exp\left[\dfrac{\mathrm{j} k}{2 z_{0}}\left(x_{0}^{2}+y_{0}^{2}\right)\right]$首先将空间尺度放大$1 / \lambda z_{0}$倍进行傅里叶正变换，然后再作一次傅里叶正变换的结果，但傅里叶正变换时在再现平面上空间尺度放大了λz_{c}倍．注意到连续两次傅里叶变换得到的是原函数的“倒立”分布，$U_{4}\left(x_{\mathrm{i}}, y_{\mathrm{i}}\right)$代表空间尺度放大$z_{\mathrm{c}} / z_{0}$倍的物体倒立实像，并且再现平面上的实像中心在$\left(0,-\dfrac{z_{\mathrm{c}}}{z_{0}} b\right)$处(见图 7-1-14(b)中的原始像)．

利用计算机很容易模拟形成有透镜或无透镜傅里叶变换全息图，并且能够模拟每一种

重建方式的重建图像. 利用书附光盘提供的 MATLAB 程序 LXM21.m，执行程序时调用光盘提供的唐三彩骏马图像，图 7-1-15 给出一组模拟实例. 其中，图 7-1-15(a)是模拟形成的无透镜傅里叶变换数字全息图(1024×1024 像素)，图 7-1-15(b)是按照图 7-1-14(b)的光路模拟的像平面图像.

(a) 无透镜傅里叶变换数字全息图

(b) 重建像平面图像强度分布

图 7-1-15 无透镜傅里叶变换全息模拟实例

7.2 几种其他主要类型的全息图

在 7.1 节中我们已经介绍了全息图的几种类型，如按全息图干涉条纹构成的形式分类的振幅型全息图和相位型全息图；按参考光与物光的主光线的方向来分类的同轴全息图和离轴全息图；按记录时全息图物体所在衍射光场的位置分类的菲涅耳全息图和夫朗禾费全息图以及傅里叶变换全息图等. 下面，我们将再介绍其他几种重要类型的全息图. 因为是按不同分类方法来区分，所以有些类型的全息图会在不同分类中重复出现.

7.2.1 体积全息图

按全息图干涉条纹间距与记录介质厚度比例分类，可将全息图分为**平面全息图**(plane hologram)和**体积全息图**(volume hologram)两类. 平面全息图也称**薄全息图**(thin hologram)，体积全息图也称**厚全息图**(thick hologram).

对同一厚度记录材料的全息干版或软片而言，全息图可以是平面全息图，也可以是体积全息图，取决于所记录的干涉条纹间距(即条纹的疏密程度)与记录材料厚度的关系. 通常，以**克莱因**(Klein)参量作为区分这两种全息图的依据.

1. 克莱因参量

若乳胶厚度为 δ，干涉条纹的间距(空间周期)为 d，乳胶折射率为 n，记录波长为 λ_0(真空中的波长)，克莱因提出下面的参量 Q 来区分平面全息图和体积全息图[5]：

$$Q = 2\pi\lambda_0\delta / nd^2 \tag{7-2-1}$$

根据体积全息图的理论，满足 $Q \geqslant 10$ 的全息图为体积全息图．反之，为平面全息图．

2. 布拉格定律

为了用简化的模型分析全息图的性能，无论哪种类型的全息图，一般都可以理想化为两种模型[8]，即平面衍射光栅和体积衍射光栅．为研究平面全息图和体积全息图的不同性质，我们先比较平面衍射光栅和体积衍射光栅的不同性质．图 7-2-1 表示一个竖直放置的平面光栅，图中表示的是它的一个断面．它是一个在不透明屏上开有一系列周期性间隔的透明狭缝的光栅．当一束波长为 λ_0 的平面波以任意的入射角 θ_i 照射在这个光栅上时，决定衍射光同相位的相长叠加条件由下面的光栅方程所决定：

$$d\left(\sin\theta_i + \sin\theta_d\right) = \lambda_0 \tag{7-2-2}$$

式中，d 为光栅间隔，θ_d 为衍射角．方程所表示的是每一个透明狭缝衍射的光和所有其他透明狭缝衍射的同相位的光相叠加，这样就构成最大输出的衍射平面波．这里，入射角 θ_i 和波长 λ_0 是任意的，只是入射角和衍射角限制在 $0\sim\pi/2$ 范围，即 $|\theta_i| \leqslant 90^\circ$，$|\theta_d| \leqslant 90^\circ$．这里，我们仅考虑了第一级衍射．除了一级衍射外，在平面波以任意的入射角 θ_i 照射在平面光栅上时还可以产生负的和高级衍射．

图 7-2-2 表示一个竖直放置的体积光栅的断面示意图，它由周期性散射平面所构成，散射平面之间的间隔为 d．当用一束波长为 λ_0 的平面波照明时，由相同的原理，相继平面散射的同相位光的叠加将产生最大的输出．于是

$$\overline{DB'} + \overline{B'E} = 2d\sin\alpha = \lambda \tag{7-2-3}$$

式(7-2-3)是一个确定平面波相长干涉和衍射的公式，称为**布拉格定律**(Bragg′s law)[17]，是布拉格(W.L.Bragg)在研究 X 射线的晶体衍射现象中导出的．他假定晶体衍射实际上是入射波在晶体平面上的反射．在入射波和反射波的掠射角相等的情况下有最大的衍射，如图 7-2-2 所示．

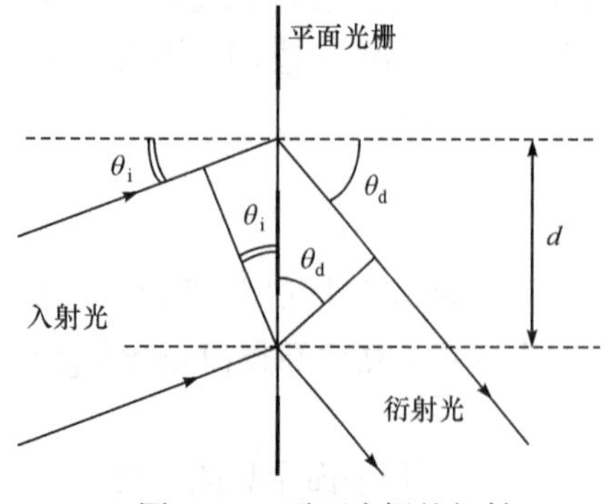

图 7-2-1　平面光栅的衍射

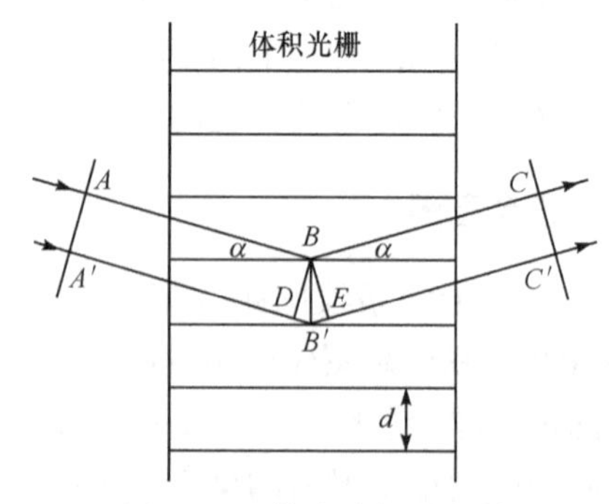

图 7-2-2　体积光栅的衍射

由式(7-2-3)可见，对于体积光栅而言，光波波长、光波入射角与光栅散射面间距有严格的关系．对一定的体积光栅，间隔 d 已经给定，则一定的波长就确定了一定的入射角和衍射角．不像平面光栅的衍射条件式(7-2-2)有很大的宽容性．如果这个体积光栅是由两个平面波的干涉而形成的余弦光栅，那么对于图 7-2-2 的干涉条纹而言，这两束平面波应该对称于光栅平面的法线方向，并分别与法线方向的夹角为 α．而式(7-2-3)的布拉格条件相当于再现时需采用记录时的波长和角度．

体积全息图所记录的干涉条纹，可以看作是由很多的基元余弦光栅所组成，它们都具有上述体积光栅的特点．因此，体积全息图具有方向和波长的选择性，仅当再现光的波长和入射方向与原参考光相同时衍射效率才最大，而当再现光的入射方向偏离原参考光或波长改变时，衍射效率显著下降，乃至趋于零．

体积全息图的记录介质内干涉条纹平面的取向和间距决定于参考光和物光的方向．设物光和参考光均为平面波，它们的入射面相重合，均在 zx 平面内．在空气中，物光、参考光与记录介质法线的交角分别为 ψ_O 和 ψ_R，而在记录介质中分别为 θ_O 和 θ_R，记录介质的折射率为 n．根据折射定律，我们有 $\sin\psi_\mathrm{O}/\sin\theta_\mathrm{O}=\sin\psi_\mathrm{R}/\sin\theta_\mathrm{R}=n$

在记录材料内，物光、参考光的空间频率在 x 和 z 轴的分量分别为

$$f_{\mathrm{O}x}=\sin\theta_\mathrm{O}/\lambda,\quad f_{\mathrm{O}z}=\cos\theta_\mathrm{O}/\lambda \tag{7-2-4}$$

$$f_{\mathrm{R}x}=\sin\theta_\mathrm{R}/\lambda,\quad f_{\mathrm{R}z}=\cos\theta_\mathrm{R}/\lambda \tag{7-2-5}$$

干涉条纹的等强度面方程为

$$\boldsymbol{K}\cdot\boldsymbol{r}=\left(\boldsymbol{k}_\mathrm{O}-\boldsymbol{k}_\mathrm{R}\right)\cdot\boldsymbol{r}=2\pi\left[\left(f_{\mathrm{O}x}-f_{\mathrm{R}x}\right)x+\left(f_{\mathrm{O}z}-f_{\mathrm{R}z}\right)z\right]=\mathrm{const} \tag{7-2-6}$$

由式(7-2-6)可见，条纹等强度面在 x 轴方向的空间频率为

$$f_x=f_{\mathrm{O}x}-f_{\mathrm{R}x} \tag{7-2-7}$$

条纹等强度面在 z 轴方向的空间频率为

$$f_z=f_{\mathrm{O}z}-f_{\mathrm{R}z} \tag{7-2-8}$$

等强度面沿 x 轴与 z 轴的间距(空间周期在 x 轴与 z 轴的分量) d_x 与 d_z 分别为

$$d_x=1/\left(f_{\mathrm{O}x}-f_{\mathrm{R}x}\right)=\lambda/\left(\sin\theta_\mathrm{O}-\sin\theta_\mathrm{R}\right)=\lambda_0/\left(\sin\psi_\mathrm{O}-\sin\psi_\mathrm{R}\right) \tag{7-2-9}$$

$$d_z=1/\left(f_{\mathrm{O}z}-f_{\mathrm{R}z}\right)=\lambda/\left(\cos\theta_\mathrm{O}-\cos\theta_\mathrm{R}\right) \tag{7-2-10}$$

$\boldsymbol{K}$ 的方向即干涉条纹的等强度面的法线方向，等强度面与 z 轴的夹角 θ (图 7-2-3)可通过对式(7-2-6)求 x 对 z 的导数 $\left(\mathrm{d}x/\mathrm{d}z\right)$ 而得到与夹角 θ 正切的关系

$$\tan\theta=\frac{\mathrm{d}x}{\mathrm{d}z}=-\frac{\left(f_{\mathrm{O}z}-f_{\mathrm{R}z}\right)}{\left(f_{\mathrm{O}x}-f_{\mathrm{R}x}\right)}=-\frac{\left(\cos\theta_\mathrm{O}-\cos\theta_\mathrm{R}\right)}{\left(\sin\theta_\mathrm{O}-\sin\theta_\mathrm{R}\right)}$$

$$=-\frac{\left(-2\sin\dfrac{\theta_\mathrm{O}+\theta_\mathrm{R}}{2}\sin\dfrac{\theta_\mathrm{O}-\theta_\mathrm{R}}{2}\right)}{\left(2\cos\dfrac{\theta_\mathrm{O}+\theta_\mathrm{R}}{2}\sin\dfrac{\theta_\mathrm{O}-\theta_\mathrm{R}}{2}\right)}=\tan\left(\frac{\theta_\mathrm{O}+\theta_\mathrm{R}}{2}\right)$$

故

$$\theta=\left(\theta_\mathrm{O}+\theta_\mathrm{R}\right)/2 \tag{7-2-11}$$

式(7-2-11)表明：等强度面与 z 轴的夹角 θ 恰为物光、参考光与 z 轴的夹角之和的一半，即等强度面恰好位于物光与参考光夹角的二等分线上．

等强度面的垂直间距(空间周期)为

$$d=\lambda/2\sin\left[\left(\theta_\mathrm{O}-\theta_\mathrm{R}\right)/2\right] \tag{7-2-12}$$

而 $\alpha=\left(\theta_\mathrm{O}-\theta_\mathrm{R}\right)/2$，于是，式(7-2-12)可写为

$$2d\sin\alpha=\lambda$$

这正是式(7-2-3)所表述的布拉格条件，α 正是相对于干涉条纹面的掠射角．

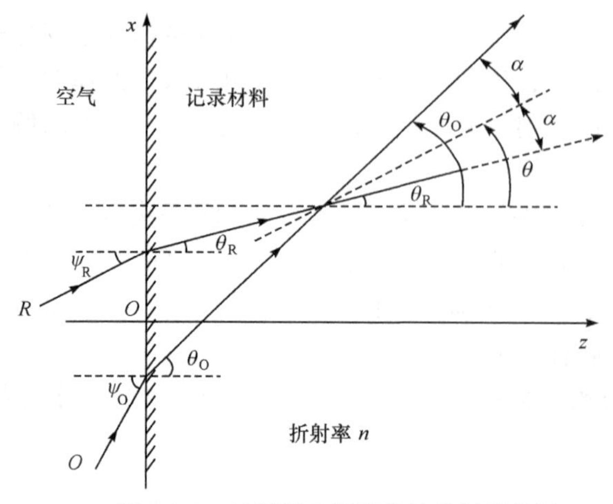

图 7-2-3　拍摄厚全息图有关参量示意图

薄全息图的再现方式只有一种，即透射型再现．厚全息图的再现方式有两种，透射型再现和反射型再现．

3. 透射型厚全息图

透射型再现的全息图称透射全息图(transmission hologram)，拍摄透射型厚全息图时，物光、参考光在全息记录片的同侧．常采取对称入射的方式(图 7-2-4)，设两束光都在 xz 平面内，对称于 z 轴，这时，$\psi_R=-\psi_O$，$\theta_R=-\theta_O$．干涉条纹的空间频率为

$$f_x=f_{Rx}-f_{Ox}=(\sin\theta_R/\lambda)-(\sin\theta_O/\lambda)=2\sin\theta_R/\lambda \tag{7-2-13}$$

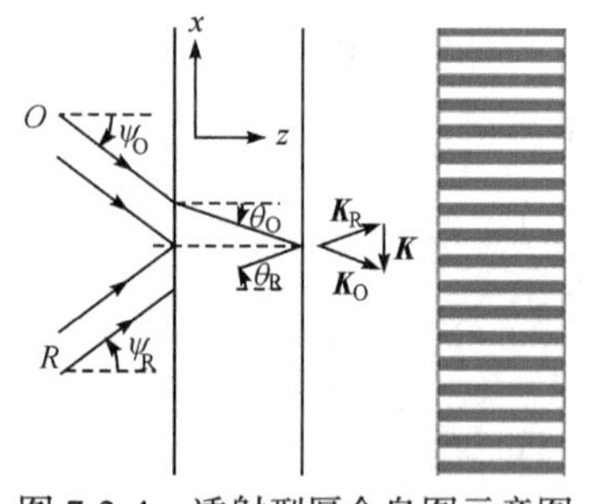

图 7-2-4　透射型厚全息图示意图

$$f_z=f_{Rz}-f_{Oz}=(\cos\theta_R/\lambda)-(\cos\theta_O/\lambda)=0 \tag{7-2-14}$$

即干涉条纹平面与记录材料面相垂直．干涉条纹的间距为

$$d=d_x=1/f_x=\lambda/2\sin\theta_R=\lambda_0/2\sin\psi_R \tag{7-2-15}$$

透射型厚全息图 ψ_R 的取值可以由 0°变化到 90°，干涉条纹间距可以从零变化到 $\lambda_0/2$．对于波长为 $\lambda_0=0.6328\mu\text{m}$ 的氦氖激光，相应的最大空间频率为

$$f=2/\lambda_0=2/(0.6328\mu\text{m})\approx 3161\text{mm}^{-1}$$

也就是说，在此情况下，记录透射型厚全息图的记录材料应达到 3161 线 /mm 的分辨率．

4. 反射型厚全息图

反射型再现的全息图称为反射全息图(reflection hologram)．拍摄反射型厚全息图时，物光、参考光在全息记录片的异侧，也常采取对称入射的方式，如图 7-2-5 所示．这时

$$\psi_O=\pi-\psi_R,\quad \theta_O=\pi-\theta_R$$

注意到

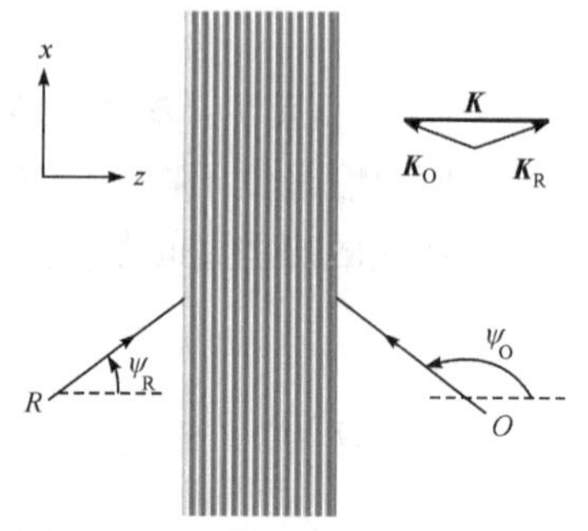

图 7-2-5　反射型厚全息图示意图

$$\sin\theta_{\mathrm{O}}=\sin\left(\pi-\theta_{\mathrm{R}}\right)=\sin\theta_{\mathrm{R}},\cos\theta_{\mathrm{O}}=\cos\left(\pi-\theta_{\mathrm{R}}\right)=-\cos\theta_{\mathrm{R}}$$

干涉条纹的空间频率为

$$f_x=f_{\mathrm{R}x}-f_{\mathrm{O}x}=\left(\sin\theta_{\mathrm{R}}/\lambda\right)-\left(\sin\theta_{\mathrm{O}}/\lambda\right)=0 \tag{7-2-16}$$

$$f_z=f_{\mathrm{R}z}-f_{\mathrm{O}z}=\left(\cos\theta_{\mathrm{R}}/\lambda\right)-\left(\cos\theta_{\mathrm{O}}/\lambda\right)=2\cos\theta_{\mathrm{R}}/\lambda \tag{7-2-17}$$

即干涉条纹平面与记录材料面相平行，如图 7-2-5 所示．条纹间距为

$$d=d_z=1/f_z=\lambda/2\cos\theta_{\mathrm{R}}=\lambda/2\sqrt{1-\sin^2\theta_{\mathrm{R}}}=\lambda_0/2\sqrt{n^2-\sin^2\psi_{\mathrm{R}}} \tag{7-2-18}$$

反射型体积全息图ψ_{R}的取值可以由 0°变化到 90°，相应的干涉条纹间距可以从$\lambda/2=\lambda_0/2n$变化到$\lambda_0/2\sqrt{n^2-1}$．

若照明光沿原参考光方向入射在反射型体积全息图上，考虑沿反射角方向反射的光束 1 和经过第二个散射层反射的光束 2，这两束光的光程差Δ为(图 7-2-6)

$$\begin{aligned}\Delta&=2n\overline{AB}-\overline{AD}=\left(2nd/\cos\theta_{\mathrm{R}}\right)-\overline{AC}\sin\psi_{\mathrm{R}}\\&=\left(2nd/\cos\theta_{\mathrm{R}}\right)-2d\tan\theta_{\mathrm{R}}\left(n\sin\theta_{\mathrm{R}}\right)=2nd\cos\theta_{\mathrm{R}}\end{aligned}$$

两束光相长叠加的条件是

$$2nd\cos\theta_{\mathrm{R}}=\lambda_0\quad\text{或}\quad2d\cos\theta_{\mathrm{R}}=\lambda$$

注意到$\theta_{\mathrm{R}}+\alpha=\pi/2$ (图 7-2-6)，故得

$$2d\sin\alpha=\lambda$$

这正是布拉格条件，即按原参考光方向，以原波长照明体积全息图时，入射在全息图乳胶内的光波方向正好满足布拉格条件．

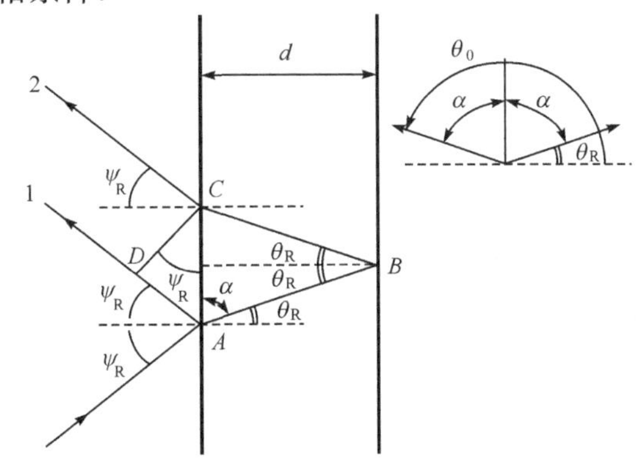

图 7-2-6　反射型厚全息图的再现

5. 体积全息图的衍射效率

反射全息图的衍射效率可用耦合波理论推导出来，有兴趣者可参看文献[6]和[8]．这里我们只介绍其部分结果，它们都是布拉格入射条件下的衍射效率．

1) 透射型体积全息图的衍射效率

对于纯相位型记录介质，光栅是相位调制的，如折射率调制的相位全息图，其内部的折射率可以表示为

$$n=n_0+n_1\cos(\boldsymbol{K}\cdot\boldsymbol{r}) \tag{7-2-19}$$

式中，n_1为记录介质折射率的调制度，$\boldsymbol{K}$为光栅矢量．

在布拉格入射条件下，衍射效率公式具有以下形式：

(1) **相位型非倾斜光栅**(全息图内的条纹如图 7-2-4 所示)[6].

有吸收
$$\eta = \exp\left(-2a_0\delta / \cos\theta_b\right)\sin^2\left(\pi n_1\delta / \lambda_0 \cos\theta_b\right) \tag{7-2-20}$$

无吸收
$$\eta = \sin^2\left(\pi n_1\delta / \lambda_0 \cos\theta_b\right) \tag{7-2-21}$$

式中，a_0 为记录介质的吸收系数，δ 为记录介质的厚度，θ_b 为布拉格角，λ_0 为光波波长，n_1 为式(7-2-19)中所使用的记录介质折射率调制度.

当
$$n_1\delta / \cos\theta_b = \lambda_0 / 2 \tag{7-2-22}$$
时，衍射效率达到最大值
$$\eta_{\max} = 100\% \tag{7-2-23}$$

(2) **振幅型非倾斜光栅**(全息图内的条纹如图 7-2-4 所示)[6].

衍射效率公式为(在布拉格入射条件下)
$$\eta = \exp\left(-2a_0\delta / \cos\theta_b\right)\mathrm{sh}^2\left(-a_0\delta / 2\cos\theta_b\right) \tag{7-2-24}$$

将式(7-2-24)对 a_0 求导数，并令导数等于零，可得最大衍射效率为 3.7%，这就是振幅型透射体积全息图的理论最大衍射效率.

2) 反射型体积全息图的衍射效率

(1) **相位型非倾斜光栅**(全息图内的条纹如图 7-2-5 所示)[6].

无吸收
$$\eta = \mathrm{th}^2\left(\pi n_1\delta / \lambda_0 \sin\theta_b\right) \tag{7-2-25}$$

根据双曲正切函数的性质，只要 $n_1\delta$ 足够大，理论衍射效率也可以趋近于100%.

(2) **振幅型非倾斜光栅**(全息图内的条纹如图 7-2-5 所示)[6].

振幅型非倾斜光栅的衍射公式较为复杂，这里只指出：它在调制度最大的情况下，衍射效率可达到最大值7.2%.

以上我们介绍的都是非倾斜光栅，至于倾斜光栅，情况更为复杂，有兴趣的读者可以参考文献[6]和[8].

至此，我们可以将记录在理想介质上的几种主要类型的全息图(包括平面全息图)的理论上的最大衍射效率归纳如表 7-2-1 所示.

表 7-2-1　各种全息图衍射效率的理想值

全息图类型	透射型平面(薄)全息图			
调制方式	余弦振幅	矩形振幅	余弦相位	矩形相位
衍射效率/%	6.3	10.1	33.9	40.5
全息图类型	透射型体积(厚)全息图		反射型体积(厚)全息图	
调制方式	余弦振幅	余弦相位	余弦振幅	余弦相位
衍射效率/%	3.7	100	7.2	100

体积全息图的再现条件十分苛刻，再现光需满足布拉格条件．正是这一特点，体积全息图可用白光照明再现．因白光含有连续分布的不同波长，其中总有满足布拉格条件的波长，

而其他波长的光不起作用.

对于银盐乳胶而言，可通过不同化学处理而获得不同的条纹间距，故可以控制再现像的颜色. 若用红、绿、蓝三种波长拍摄体积全息图，在同一记录介质内形成三组间距不同的布拉格反射面，白光再现时就可得三组单色再现像，它们叠加在一起，便获得彩色物体的再现.

反射型的体积全息图也常称为 Denniyuk 反射全息图. 1962 年，苏联的 Yuri N. Denisyuk 将 Lippmann 在彩色摄影方面获得 1906 年诺贝尔奖的研究成果与全息技术相结合发展的白光反射型全息图，使全息图首次在普通白炽灯照明下再现.

平面全息图不受布拉格条件的限制，在白光照射下再现时，各种波长的再现像，同时以不同角度衍射，叠加在一起，从而造成图像的色模糊. 因此，一般的平面全息图只能用激光再现(用特殊方法拍摄的平面全息图也可以用白光再现，将在下面介绍). 此外，平面全息图还不能反射再现(仔细观察时，虽也能看到有反射再现的像，但衍射光太弱而不易分辨).

7.2.2 白光再现全息图

根据全息图再现时是必须用激光再现，还是可以用白光来照明再现，是又一种区别全息图种类的方式. 按全息图的这两种不同的再现方式分类，可分为激光再现全息图和白光再现全息图(white light display hologram)两种，体积全息图都是白光再现全息图，至于平面全息图，除下面即将介绍的像面全息图和彩虹全息图外，绝大多数的平面全息图都属于激光再现全息图，都必须使用激光再现. 下面，主要介绍可以白光再现的两种平面全息图.

1. 像全息图

记录时物体非常靠近记录介质，或利用成像系统将物体成像在记录介质附近，这种情况下拍摄的全息图就是**像全息图**(image hologram).

因为 $z_0 \approx 0$，即使采用扩展的白光光源照明也能再现出清晰的像. 像全息图记录时所采用的物光波一般有两种方式：一种是透镜成像，如图 7-2-7 所示；另一种是采用全息图的共轭再现像，如图 7-2-9(a)所示. 在图 7-2-7 中，物体 O 通过透镜所形成的像 O_i 位于记录全息片上. 再现时，再现的物像也将是跨在全息片上，部分物像还突出到全息片的前方.

对于采用全息图的再现像的方式，一般采用菲涅耳全息图的再现共轭实像作为拍摄的对象. 例如，菲涅耳全息图 H_1 是采用平行光 R_1 作为参考光拍摄的，如图 7-2-8(a)所示. 再现时，使用原参考光的共轭光 R_1^* 照明再现，如图 7-2-8(b)所示，则其衍射光为原来物光 O 的共轭光 O^*，再现为一个实像. 如果观察者迎着衍射光观看，将看到这个再现的共轭实像，常称物体的**赝像**(pseudo image)，原来的凸面变为凹面，而凹面变为凸面. 其实，这两种情况下再现的曲面形状都一样，并没有变化，只是观察方向相反而已，如图 7-2-8 所示. 对观察效果而言，两种情况下的再现像呈现空间前后颠倒、左右反转的区别，将全息记录片 H 放置在这个再现的实像位置，使再现实像跨在全息片上，使用会聚参考光 R 将这个实像记录在全息片 H 上，如图 7-2-9(a)所示. 再现时，使用拍摄全息片 H 的参考光的共轭光 R^*，即发散光照明再现全息片 H，如图 7-2-9(b)所示. 这时，观察者将看到原来的物体 O. 由于物像是跨在全息片上，如果物像景深不大，$z_0 \approx 0$，故对再现光要求不严，在白光点光源照明下可以产生一个近似消色的像，即使采用稍稍扩展的白光光源照明也能再现图像. 不过，物像景深不能太大. 通常情况下，只允许几厘米. 否则，会引起畸变和模糊.

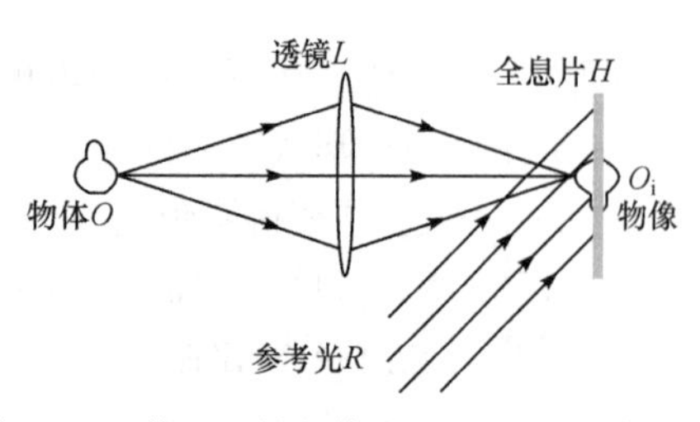

图 7-2-7　使用透镜的像全息图记录光路

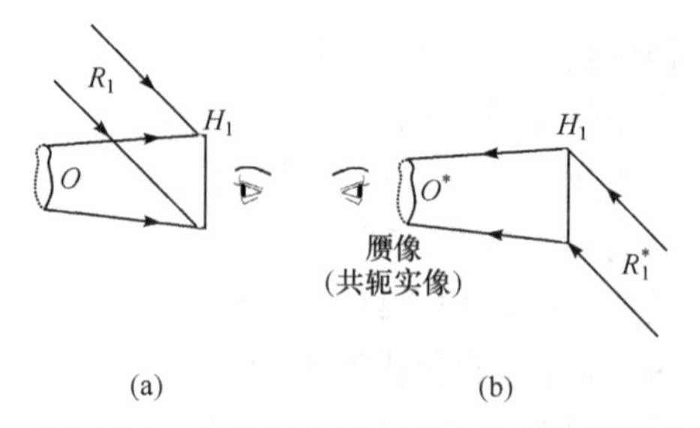

图 7-2-8　菲涅耳全息图的拍摄与共轭再现

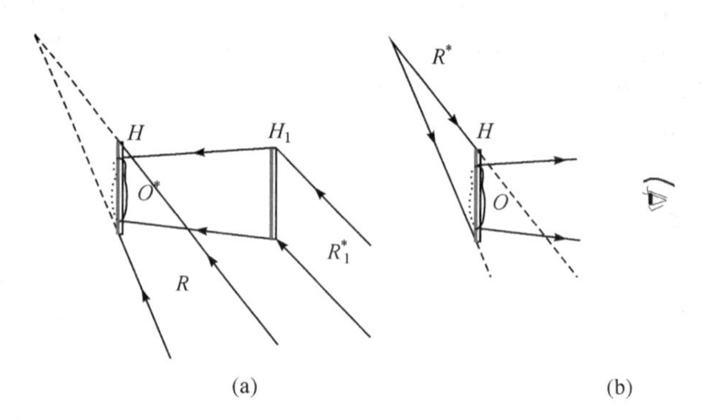

图 7-2-9　使用全息图再现像的像全息图

2. 彩虹全息图

彩虹全息图(rainbow holograms)采用激光记录全息图，而用白光再现．它的主要方法是在记录系统中的适当位置放置一个狭缝，再现时由于狭缝的作用，限制了再现像的色模糊，从而实现了白光再现全息图像．二步彩虹全息(two-step rainbow holography)是本顿(Benton)在1969 年提出的[18]，因为它需要分两步进行记录，故冠名“二步”．该方法拍摄的白光再现全息图像可以采用光致抗蚀剂制作成浮雕全息图，再用电铸方法拷贝成金属浮雕模版，然后用金属浮雕模版在加热软化的塑料薄膜上压制模压全息图．由于这种方法可以大批量生产低成本的模压全息图，从而使全息图跨出实验室，走向市场．后来，美籍华人陈选、杨振寰等又在像全息基础上提出一步彩虹全息方法 [19]．这种方法将二步简化为一步，虽然方法简单一些，但视场受到限制．为了扩大视场又提出在系统中放置一个场镜的方法[20]．以后又发展了像散二步彩虹和一步彩虹，它们能够加宽狭缝和扩大景深．此后，陆续发展了许多新的方法，如移动物体[21]或透镜[22]使在透镜焦平面上的光场形成一个 sinc 函数的分布以取代狭缝的作用，利用条形散斑屏[23]来产生综合狭缝的方法，零光程差方法[24]等．

这里，我们将只介绍二步彩虹全息术．

二步彩虹全息分两步进行记录．

第一步：用发散球面波参考光 R_1 以普通菲涅耳全息图方法记录一张全息图 H_1 ．这张全息图常被称为**主全息图**(master hologram)，如图 7-2-10(a)所示．

第二步：用第一步所使用参考光的共轭光即会聚球面波 R_1^* 照明再现 H_1 ，同时，在 H_1 前面加一个狭缝，这样形成的像是**通过狭缝形成的赝像**．若以此实像作为新的物光再用另一束会聚球面波参考光 R_2 与其干涉而制作成一张菲涅耳全息图 H_2 ，这就做成了一张彩虹全息图，如图 7-2-11 所示．

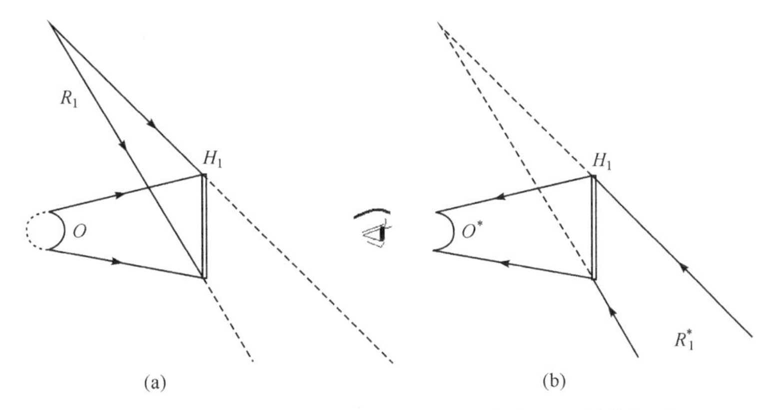

图 7-2-10　发散参考光拍摄菲涅耳全息图及其共轭再现

用拍摄 H_2 的参考光的共轭光(发散球面波 R_2^*)照明再现彩虹全息图 H_2 时，若观察者的眼睛在狭缝实像处迎着衍射光观看，可以看到单色的三维物体像.

以拍摄一个球形物体为例，设参考光 R_1 为一个点光源，其菲涅耳全息拍摄光路如图 7-2-10(a)所示. 再现时，若以 R_1 的共轭光 R_1^* 照明再现，则再现的衍射光为原来物光的共轭光. 这时，如果观察者迎着衍射光观看，将看到再现的共轭实像，也就是物体的赝像，即原来的凸球面变为凹球面，如图 7-2-10(b)所示.

若在主全息图 H_1 前方放置一个狭缝，如图 7-2-11 所示，这时，相当于全息图 H_1 破裂成为一条狭窄的矩形条. 我们知道，它依然可以再现出完整的三维物体的图像. 不过，由于照明光是 R_1 的共轭光 R_1^*，所以再现的衍射光形成物体的赝像 O^*. 将全息记录片放置在赝像的中部，使赝像跨在全息片 H_2 上，并以会聚光 R_2 作为参考光进行记录，这样，就制作了彩虹全息图 H_2 (图 7-2-11).

再现时，若以 R_2 的共轭光 R_2^*(发散球面波)作为照明光，这时，将再现出狭缝的实像和所记录的物体赝像 O^* 的赝像，也就是物体的原始像 O. 若观察者在狭缝的实像处向 H_2 方向观看，他将看到物体的单色三维像，一个立体的球形体跨在全息干版 H_2 上，突出到干版的前方. 如图 7-2-12 所示，由于受到狭缝的限制，在竖直方向失去了纵向的视差，而横向视差则完全保留，所以观察者仍有强烈的景深感觉.

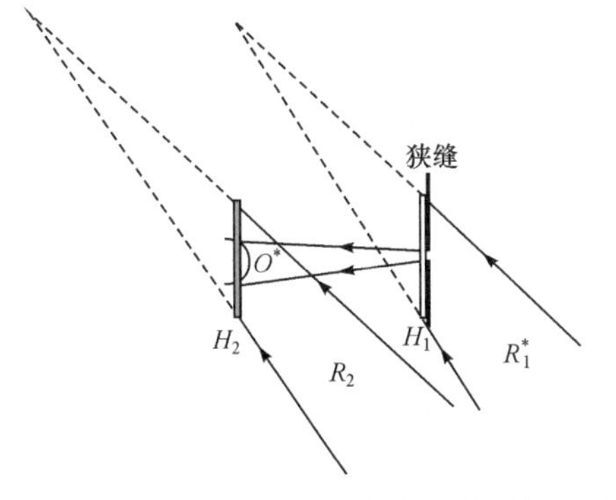

图 7-2-11　彩虹全息图的拍摄示意图

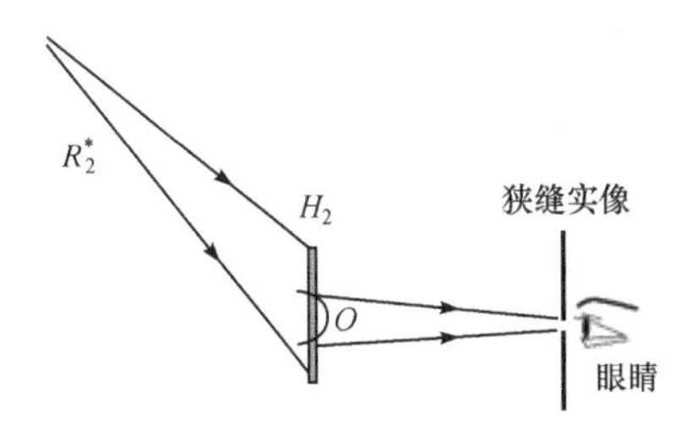

图 7-2-12　彩虹全息图的再现

当然，全息记录片也可以安放在其他地方，如安放在图 7-2-13 中的位置 1，即安放在 H_1 与实像之间，这种情况下记录的 H_2 所再现的物像将出现在全息图的后方. 又如，若全

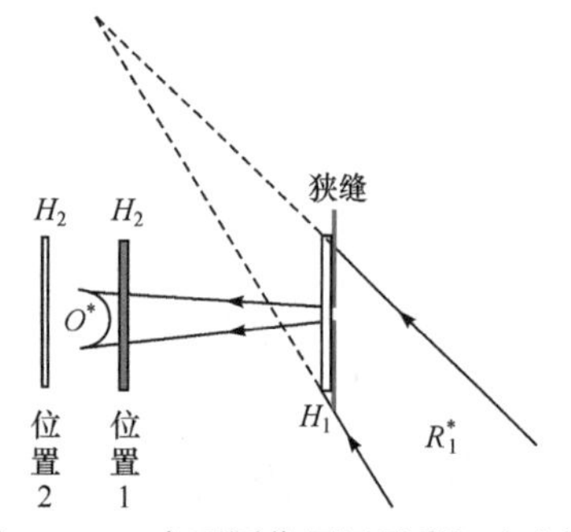

图 7-2-13　在不同位置记录彩虹全息图

息记录片安放在图 7-2-13 中的位置 2，即放在实像的后方，这样记录下的 H_2 所再现的物像将出现在全息图的前方．看上去整个物体全都突出到全息图的 H_2 外面来．

如果以另外一种波长的单色点光源照明再现 H_2，则再现的狭缝实像位置将发生偏移，而再现物体的原始像位置仍保持不变．波长越短，越向后、向下偏移．如绿色点光源照明 H_2 所再现的绿色狭缝实像位置将比红色点光源照明 H_2 所再现的红色狭缝实像位置向后、向下偏移一定的距离，如图 7-2-14 所示．如果以白色点光源照明再现 H_2，则将再现出一系列按自上而下波长逐渐减小的顺序，即按红、橙、黄、绿、青、蓝、紫彩虹颜色顺序排列的连续的狭缝实像，形成一个彩虹色窗口．于是，通过这个窗口便可以看到按彩虹色顺序排列的不同颜色的、有横向视差的、彩虹色的三维像，这就是彩虹全息图名称的由来．

上面第一步所使用的参考光也可用平行光，这样就可以省去一个会聚透镜．第二步则最好使用会聚透镜，为的是在白光再现时可以使用普通的点光源，如日光、电灯光等．

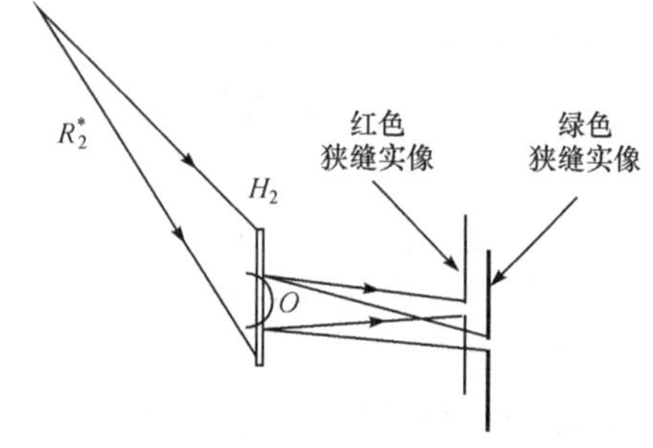

图 7-2-14　不同波长点光源照明再现彩虹全息图

7.2.3　浮雕全息图

前面我们曾指出：相位型条纹可分为折射率高低相间的相位型条纹和凸凹相间的浮雕状相位型条纹两种．其中折射率型的全息图都在前面讨论过，本节将只讨论浮雕状相位型条纹构成的全息图．这种全息图称**浮雕全息图**(relief holograms)．

光致抗蚀剂全息图、光导热塑全息图、刻蚀全息图以及模压全息图、烫印全息图等都属于浮雕型全息图．

1. 光致抗蚀剂全息图

光致抗蚀剂(photoresist)也称光刻胶，是一种光敏有机材料，它在不均匀光照下曝光和显影，可形成对应于光场分布的浮雕图形．它记录的全息图称**光致抗蚀剂全息图**或**光刻胶全息图**(photoresists holograms)．

光刻胶可分为正性和负性两类．正性光刻胶在曝光后，曝光部分产生有机酸，放在碱性显影剂中被溶解，而未曝光部分不被溶解；负性光刻胶在曝光后，曝光部分铰链后不溶于显影剂，而未曝光部分被溶解．在使用光刻胶记录全息图时，要求全息图的条纹信息与基片牢固粘结，故必须使用正性光刻胶．否则，若使用负性光刻胶，则全息图在曝光之后放在溶剂中显影时，除了未曝光部分均被溶解之外，其他许多受到曝光部分，如果该部分记录光强度较弱以至于这些部位的底部还不足以达到“抗蚀”的程度，若该部分处于光刻胶未曝光部分的近旁，当无光照部分的光刻胶被完全溶解后，其近邻受光照部分的光刻胶则将都裸露在显影剂中，包括这些曝光量不足的底部也都裸露在显影剂中，于是，曝光量不足的光刻胶也随之被溶解，尽管该处上面部分曝光较足仍具有“抗蚀”性能而未被溶解，但底部光刻胶的溶解造成该处未溶解的光刻胶也脱落底板……并进而波及更远部分，致使全息图信息遭到毁灭性破坏．对于以余弦型干涉条纹为主的全息图，出现大量曝光不足的底部是不可避免的．所以，拍摄一般的全息图都必须使用正性光刻胶．除非利用掩模制作二元型的全息图，如二元光栅．这时，光照在光刻胶上的分布要么全暗、要么全亮，在足够强的光照下，只要曝光量足够，使记录材料所有受光照部分的底部都达到“抗蚀”的程度，不被溶解，这时即使采用负性光致抗蚀剂也能制作出合乎要求的二元光栅．

光刻胶的分辨率一般都只有1000～1500cy/mm，因此，拍摄全息图时参考光和物光的夹角不可太大，一般都限制在30°左右．实际使用时应根据所采用的记录激光波长和记录材料具体估算．

为了解浮雕全息图的衍射机制，我们以光刻胶全息图为例进行具体的讨论．为简化问题，这里将只考虑一维的情况，并以两平面波所形成的浮雕全息图为例，以 $d(x)$ 表示全息图在 x 方向的浮雕型厚度分布，称为浮雕全息图的**厚度函数**．在干涉条纹呈余弦分布的情况下，我们有[2,3]

$$d(x)=h_0+\left(h_1/2\right)\cos\Theta \tag{7-2-26}$$

式中，h_1 是浮雕型干涉条纹峰值-峰值的变化幅度，h_0 为平均厚度，如图 7-2-15 所示．此外，$\Theta=\boldsymbol{K}\cdot\boldsymbol{r}-\varphi$，其中参数见式(7-1-4)．

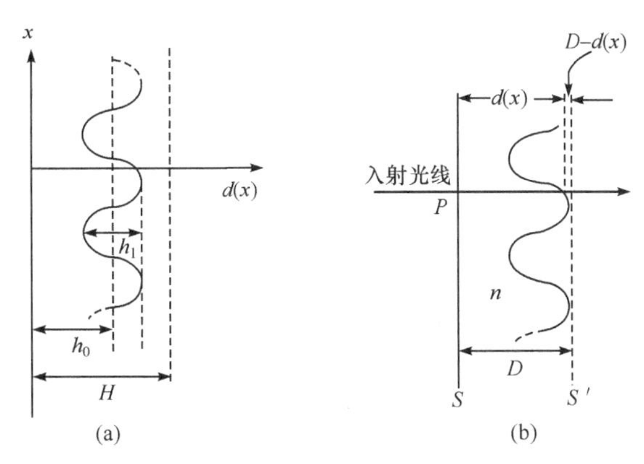

图 7-2-15　浮雕全息图的参数示意图

以光刻胶作记录材料形成的浮雕型全息图，在一定条件下光刻胶的浮雕槽纹深度是由曝光量 $E(x)$，处理时的刻蚀速度差 Δr (已曝光区域和未曝光区域被显影剂侵蚀的速度 r_1 与 r_2 之差值)和显影时间 T 决定的，其厚度函数可表示为[2,3,25]

$$d(x)=H-\left(r_2T+\alpha_0\Delta rE(x)T\right) \tag{7-2-27}$$

式中，α_0 为曝光量常数，H 为未显影前光刻胶的厚度．

对于理想的记录介质，即调制传递函数 $M(f)$ 为 1 的情况下，将式(7-1-10)所表示的有效曝光量 $E_e=E_0\left[1+V\cos\Theta\right]$ 代入式(7-2-27)，并注意到，为了与多数参考文献相一致，我们将 x 坐标原点沿其正方向平移对应于 π 的距离，使余弦函数前的负号变为正号．于是，光刻胶的厚度函数可表示为[2,3,25]

$$d(x)=H-(r_2+\alpha_0\Delta rE_0)T+\alpha_0\Delta rE_0VT\cos\Theta \tag{7-2-28}$$

与式(7-2-26)比较，我们有

$$h_0 = H - (r_2 + \alpha_0 \Delta r E_0)T \tag{7-2-29}$$

$$h_1 / 2 = \alpha_0 \Delta r E_0 VT \tag{7-2-30}$$

若光刻胶的折射率为n，再现光为垂直照射在浮雕全息图上波长为λ的平行光，在浮雕全息图的前后表面取两个紧贴表面的平面S和S'. 考虑一条任意的从P点入射的光线在穿过前后表面S和S'引起的相位变化，如图 7-2-15(b)所示.

光线在光刻胶内和在空气中的光程分别为$nd(x)$及$D-d(x)$. 光线穿过前后表面S和S'的总光程为

$$nd(x) + D - d(x) = D + (n-1)d(x)$$

相应的总相位延迟为

$$(2\pi/\lambda)\left[D + (n-1)d(x)\right]$$

浮雕全息图的相移$\psi(x)$可以表示为浮雕厚度Δd的函数，即

$$\psi(x) = (2\pi/\lambda)\left[D + (n-1)d(x)\right] \tag{7-2-31}$$

于是，浮雕相位型全息图的透射率函数可表示为[27]

$$\begin{aligned} t_{\mathrm{H}}(x) &= b\exp \mathrm{j}(2\pi/\lambda)\left[D + (n-1)d(x)\right] = b\exp \mathrm{j}(2\pi/\lambda)\left[D + (n-1)\left(h_0 + (h_1/2)\cos\Theta\right)\right] \\ &= b\exp \mathrm{j}(2\pi/\lambda)\left[(D-h_0) + nh_0\right]\exp\left[\mathrm{j}(2\pi/\lambda)(n-1)(h_1/2)\cos\Theta\right] \\ &= C\exp(\mathrm{j}\alpha\cos\Theta) \end{aligned} \tag{7-2-32}$$

$$C = b\exp \mathrm{j}(2\pi/\lambda)\left[(D-h_0) + nh_0\right] \tag{7-2-33}$$

$$\alpha = (n-1)(\pi h_1/\lambda) = (n-1)(2\pi/\lambda)\alpha_0 \Delta r E_0 VT \tag{7-2-34}$$

式中，$\exp \mathrm{j}(2\pi/\lambda)\left[(D-h_0)+nh_0\right]$是浮雕全息图的相位延迟因子，$(2\pi/\lambda)nh_0$是光刻胶的平均厚度内引起的相位延迟，$(2\pi/\lambda)(D-h_0)$是光刻胶外空气层的平均厚度内引起的相位延迟；$\Theta$决定于两相干平面波的光路参数；衰减系数$b$虽影响透射光的亮度，但它对以后用来复制金属材料的浮雕全息图没有影响. 故上述参量对浮雕全息图性能的影响都不大. 最为重要的参量莫过于相位调制度α，在前面相位型全息图中我们已特别讨论了它的重要性. 正弦型光刻胶全息图的相位调制度α与浮雕调制度的刻蚀深度h_1成线性关系，为了获得预期的相位调制度α，需要控制刻蚀深度h_1，而刻蚀深度h_1与刻蚀时间T也成线性关系. 因此，控制适当的刻蚀时间T在制作光刻胶浮雕型全息图中起至关重要的作用.

应用贝塞尔展开式，只考虑 0 级和 ±1 级衍射时，我们有

$$t_{\mathrm{H}}(x) = C\mathrm{J}_0(\alpha) + C\mathrm{J}_1(\alpha)\exp \mathrm{j}(\Theta + \pi/2) + C\mathrm{J}_1(\alpha)\exp\left[-\mathrm{j}(\Theta - \pi/2)\right] \tag{7-2-35}$$

以原参考光照明再现时，透过光刻胶全息图的一级衍射光的衍射效率为

$$\eta_1 = \left|C\mathrm{J}_1(\alpha)R_0\right|^2 / R_0^{\ 2} = b^2 \mathrm{J}_1^{\ 2}(\alpha) = T\mathrm{J}_1^{\ 2}(\alpha) \tag{7-2-36}$$

式中，$T = b^2$为强度透射系数. 当$T=1$，$\alpha \approx 1.82$时，贝塞尔函数$\mathrm{J}(\alpha)$有最大值. 这时，$\eta_1 \approx 0.339$. 也就是说，正弦型浮雕全息图理想的最大衍射效率为 33.9 %.

光刻胶全息图最重要的应用是利用它作为母版，翻铸金属材料的浮雕全息图，然后再用

金属材料的硬质浮雕全息图大量复制化学材料(如塑料)的浮雕全息图．最主要的复制方法有模压和烫印两种．

2. 模压全息图

模压全息图(embossing hologram)是用表面载有浮雕全息图的坚硬金属模版压印在加热软化的塑料薄膜上形成的．将记录在光刻胶、光导热塑、未坚膜的重铬酸盐明胶等材料上的浮雕全息图(通常是可以白光显示的全息图，如彩虹全息图或像全息图)，用电铸方法复制在一块金属模版上，再用这块金属模版压印在加热软化的塑料薄片或塑料薄膜上，这样就将浮雕全息图转印在塑料薄片或塑料薄膜上．印在透明塑料上者形成透射型全息图；若在浮雕表面上涂敷反光材料，便形成反射全息图．为了加强其反射光，在塑料薄片或塑料薄膜上事先通过真空镀铝，在其基底镀一铝反射层，这就制作成可以白光显示的反射型全息图．因为它是用金属模版压印而成的，故称模压全息图．此方法可大批量复制全息图，使全息图的成本大大降低，从而使全息图走出实验室、迈向市场[26,27]．

模压转印分平压和滚压两种，滚压又分为圆压平和圆压圆两种，不同的加工方式有不同的专用设备．后一种方式速度快，更适宜于大批量工业化生产．

3. 烫印全息图

烫印全息图(hot stamping hologram)是利用传统印刷中的烫印方法将存有全息图纹的浮雕型模压全息图转移到其他载体上，如纸、塑料或其他材料上．首先，将浮雕型模压全息图转移在涂敷有热熔胶层和分离层的聚酯薄膜(PET)上．然后，在烫印设备上通过加热的烫印模头将全息烫印材料上的热熔胶层和分离层加热熔化，在一定的压力作用下，将烫印材料的信息层全息浮雕条纹与PET基材分离，使铝箔信息层与承烫面粘合，融为一体，牢固结合[26,27]．

为了将烫印电化铝上特定部分的全息图准确烫印到承烫材料的特定位置上，在普通传统印刷中的烫印设备上需要特别加装全息图自动定位装置．

烫印全息图与普通的模压全息图相比较，片基更薄，只在微米量级，粘贴牢靠，不可被揭取．用手摸上去，几乎分不出全息图的厚度．

烫印全息也分平烫和滚烫两种，不同的加工方式有不同的专用设备，后一种方式速度更快．

7.2.4 脉冲全息图

全息图按制作时所用的光源发光时间特性来区别，可分为连续波全息图(continuous wave laser hologram或CW Laser hologram)和脉冲全息图(pulse laser hologram)两大类．本书中涉及的绝大部分都属于连续波全息图．当使用连续波激光器拍摄全息图时，根据一般连续波激光器功率和记录介质灵敏度需要的曝光量的要求，都使得记录时的曝光时间相对比较长．在曝光时间间隔之内，在全息图平面上的干涉条纹不能发生移动，哪怕只有几分之几的波长的移动量也是不允许的，因为这样的移动会导致最终记录的干涉条纹变模糊，从而使再现像畸变，衍射效率降低．严重时，甚至记录不了任何干涉条纹，再现时看不到任何衍射像．显然，使用连续波激光器所拍摄的全息图，其拍摄对象只能限制于静物，而不能拍摄活体、运动物体．并且，必须使用防震台以隔离地面传来的振动，还必须减缓实验室内的空气流动和温度变化的影响[7,15]．

图 7-2-16　子弹飞行的脉冲全息图

脉冲全息图是使用脉冲激光器拍摄的全息图．使用调 Q 的激光器，激光脉冲的宽度约为几十纳秒．单频脉冲激光器在一个脉冲内振荡频率保持不变，有很好的相干性．其时间相干性取决于脉冲的宽度，一般在米的量级．脉冲宽度一般在二三十纳秒，如此短的脉冲宽度，相当于曝光时间只有 30ns 左右，比普通高速相机的快门速度高得多，故可以拍摄活体和快速运动变化状态，如出膛的子弹(图 7-2-16)、喷射的液体、喷射的微粒群、飞虫、人物……还有爆炸、燃烧、破裂等现象的瞬态记录．而且，在拍摄时无需任何防震、防空气流动的措施．

现在激光技术的发展，使得激光器脉冲宽度缩短到皮秒(picosecond，1 皮秒$=1\text{ps}=10^{-12}\text{s}=10^{-3}\text{ns}$)，乃至飞秒(femtosecond，1 飞秒$=1\text{fs}=10^{-15}\text{s}=10^{-3}\text{ps}$)的量级．再加上 CCD 技术、计算机技术的发展，超短脉冲激光数字全息技术获得了重要进展．这种技术不仅可以拍摄皮秒乃至飞秒量级的超高速瞬态现象，而且可以拍摄处于高散射介质内的物体的全息图(再现时能重建散射介质内物体的二维图像，将原来肉眼看不见的散射介质内物体显示出来)，这是发展高散射介质内全息层析技术的基础[7,15]．

7.3　全息照相的应用概况

7.3.1　全息显示

全息显示(holography display)的应用主要有以下几个方面．

1. 模压和烫印全息

随着全息复制技术特别是模压全息技术和全息烫印技术的发展，模压和烫印全息图成为当今世界上唯一能大批量生产三维显示产品的高新技术，它涉及光全息学、激光技术、电化学、精密机械、计算机数码技术等多门学科，被誉为 21 世纪的印刷术．由于它印制的标签、图片能显示三维立体图像，能显示丰富绚丽的色彩，能进行特殊的保密编码，因而，作为一种新型的装潢手段和防伪方法，已被许多国家用于钞票、信用卡、护照、签证、证件、邮票、商标、防伪标记、商品装潢、三维艺术图片等方面．

自从英国的《摄影家爱好者》杂志(1983，No.7)和美国的《国家地理》杂志(1984，No.3)采用全息图作为封面以来，世界上众多的年报、杂志、书籍也都采用了模压和烫印全息图作为重要期刊的封面或插图．

2. 全息展示和存档

全息照相能再现原物的三维图像，逼真显示其精细结构，可作为特殊物品的可视记录档案．可应用于博物馆易碎的古器物原貌存档和展示方面，如英格兰 Cheshire 博物馆应用全息图记录了一个有 2300 年的铁器时代的出土老人；又如，俄罗斯克里姆林宫陈列有许多反射全息图，不细心的观众会误以为是摆放在玻璃橱窗内的真实文物．苏格兰司法科学部门还应用全息图作为可视记录档案研究尸体．

3. 全息艺术

全息图除了能显示三维图像外，采用记录叠加三组不同间距干涉条纹(通常让它们对应于红、蓝、绿三色)的方法，再现时可以获得不同的彩色，是一种可以表现美术创作的、崭新的三维艺术媒介．于是，随着全息技术的发展，出现了一批以全息技术作为表现手段的艺术家，被称为“全息艺术家”．他们最初的彩色习作是对模型“着色”，采用银盐乳胶预膨胀技术，在每次曝光前，根据所期望的色调和亮度进行适当处理，颜色范围从光谱中的浅紫至桃红色之间变化．采用全息方法表现出的色彩极为丰富、绚丽，图像可以是写实、逼真，也可以是虚幻、迷离……可供艺术家尽情发挥．一些国际组织为“全息艺术家”设立了专门的奖金，以支持、鼓励全息艺术的发展．

4. 全息肖像

全息肖像是全息显示技术中的一个重要领域，方法主要有两种：一种是用脉冲激光器拍摄；另一种是合成全息方法，用普通相机从不同角度拍摄两百张左右普通二维照片，然后把它们合成在一张全息图上．

全息肖像具有三维立体效果，已应用于立体的人物肖像拍摄、具有纪念意义的群像等．如美国芝加哥的全息艺术中心为美国前总统里根拍摄了立体感很强的全息肖像，在美国森林湖、中国深圳等地举行的全息显示国际会议上都曾拍摄了全体与会代表的合影．在会议文集上可以查看到，这些全息照片都有非常好的三维立体视觉感．

全息肖像具有很好的应用前景，如可用于拍摄具有纪念意义的群像、结婚纪念照、金婚银婚纪念照、祝寿高龄老人的纪念照、取得学位的纪念照、作为礼品馈赠的贵宾纪念照等．

5. 全息超焦深显微显示

用显微镜观察游动微生物与微粒子时，由于显微镜焦深小，跟踪调整焦距极为困难．而全息图能同时记录远距离和近距离的物体，故可通过连续拍摄全息图记录不同时刻游动微生物与微粒子的运动变化状态．图 7-3-1 表示了这种方法的实际应用．图中记录的是放在水槽内游动的浮游生物．将 35mm 的全息记录底片放在一个专用摄影机中，用脉冲激光器发射的激光，经过扩束、准直后垂直照射在水槽上，以每秒 70 幅的速度连拍多幅同轴全息图，

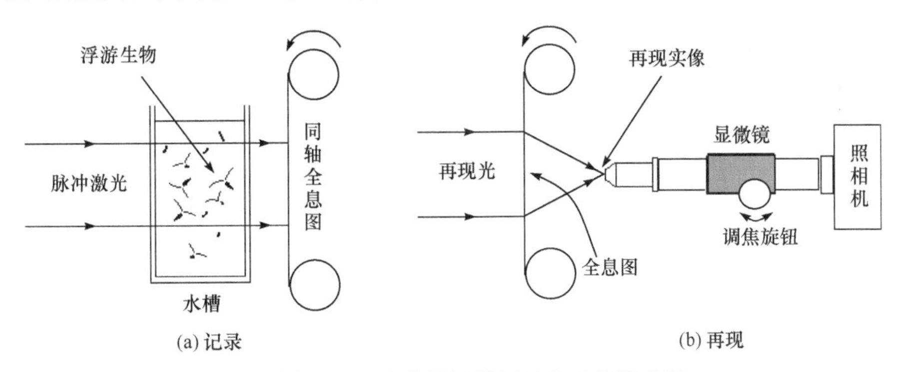

图 7-3-1 超焦深显微显示方法的示意图

如图 7-3-1(a)所示．再现时用显微镜对全息图的再现实像进行观察，对感兴趣的目标，锁定一个，逐次聚焦进行观察和照相记录，如图 7-3-1(b)所示[13]．

图 7-3-2 表示了用这种方法得到的 6 幅照片．每幅照片的时间间隔为 1/70s，可以看到相应时间浮游生物的活动状态．左下角的亮点是显微镜焦面外的离焦物，当显微镜对该亮点聚焦时，就可以看清楚该亮点是同类浮游生物还是其他物体，以及它的变化状态[13]．

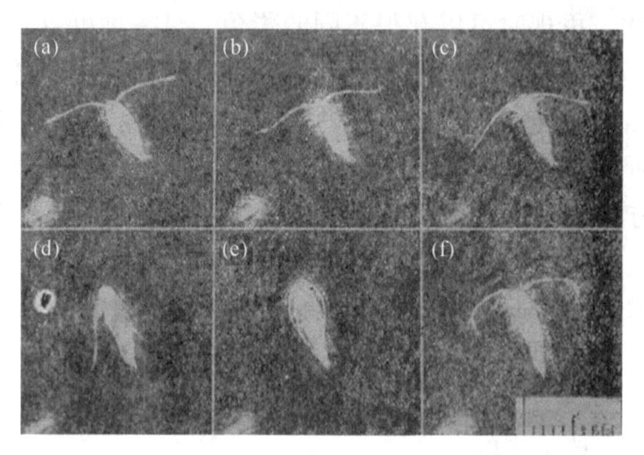

图 7-3-2　使用显微镜观察游动微生物全息图的再现实像

7.3.2　全息光学元件

全息光学元件(holographic optical element, HOE)是用全息技术记录或复制的一种新型光学元件．采用不同的记录方法，可以使之具有成像、聚焦、分束、准直、偏转、扫描、滤波等功能．它是一种薄膜型元件，重量轻，成本低，特别适用于“准单色”系统，如激光系统．若与传统光学元件结合使用，还能改善光学系统的性能和扩展应用范围．

当前，经济效益最高的全息光学元件是全息平视显示器(holographic head-up display)，使用在飞机上的“全息平视显示器”可使飞行员在观看驾驶仓仪器、仪表指示的同时，可以通过舷窗直视前方，图 7-3-3 显示了通过停泊在航空母舰上的战斗机舷窗上的平视显示器看到的景象．这种全息平视显示器已经应用于一些军用飞机和商用飞机．

图 7-3-3　通过战斗机舷窗上的平视显示器看到的景象

同样的系统也应用于轿车和卡车．过去这种光学系统的典型结构包括阴极射线示波管、准直光学元件和交联玻璃．这种结构受到视场和效率两方面的限制．用全息光学元件使之同时兼有准直和分束的功能，取代了平视显示器光学系统中的准直透镜和交联玻璃，因此大大扩展了视场(甚至于可接近全视场)，并达到较高的效率. 如德国的大众汽车公司和美国的休斯公司最早分别独立地发展了这项技术，并用在某些汽车的挡风玻璃上，其结构示意图如图7-3-4所示. 其主要组件是一片全息组合器，这个组合器实际上是一片倾斜放置的全息分束镜(当分束镜逆向使用时就可将两束光组合为一束)，它把来自液晶显示器的像通过反射镜和投影透镜反射给驾驶员，并使反射的虚像位于离驾驶员约两米远处，使驾驶员不那么费力地改变眼睛的焦距，从而降低眼睛的疲劳. 与此同时，它将汽车前方的外景光透射给驾驶员，还可衰减阳光的照射.

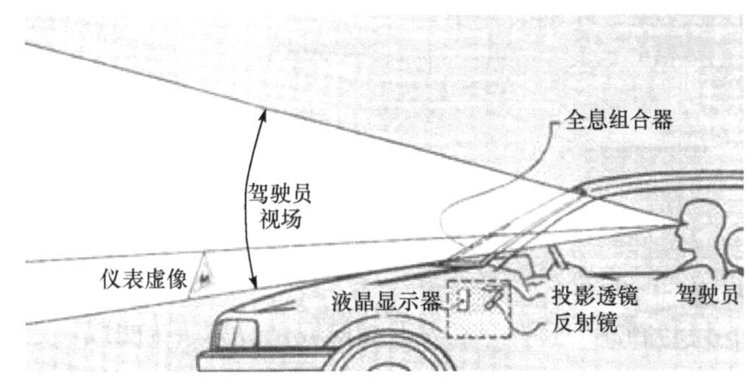

图 7-3-4　汽车平视显示器结构示意图

7.3.3　全息信息存储

全息信息存储(holographic information storage)就是采用全息照相方法将图像或文字、符号等信息进行存储，需要时采用再现光束读出. 全息信息存储具有以下特点：

(1) 无需透镜，直接用激光束就可读出和写入信息.

(2) 既可在二维平面上又可在三维空间内记录信息，并以分布式方式将信息记录在全息图的整个表面(平面全息图)或整个体积(体积全息图)中. 信息的冗余度大，记录介质的局部缺陷或损伤不会导致信息的丢失或误码.

(3) 能将很多信息在同一记录介质内叠加记录，三维空间记录信息的存储量上限约为$1/\lambda^3$，具有大容量、高密度的特点.

(4) 可并行读取数据，读取速率高.

(5) 记录全息图的材料抗干扰能力强、保存时间久，并能大批量生产，成本较低.

数字光盘技术和产品从最早的CD到VCD到SVCD到DVD再到蓝光产品(HD-DVD、BD)，已经成为电子产品中最前沿的数字音视频主要产品.

采用可见光进行数据信息的读取是光盘技术的基础. 光盘容量(或记录密度)与数值孔径和波长成比例，可见光波长在380～800nm范围，也就是说提高物镜数值孔径NA和采用更短波长的激光光源就可以提高单面光盘的存储容量. 目前光盘产品所采用的可见光有[28]

CD：　红光　λ=780nm　NA=0.45；

DVD：　红橙光　λ=650nm　NA=0.6；

蓝光产品：　蓝紫光　λ=405nm　NA＝0.85或NA＝0.65

可见，蓝光产品已经是可见光产品的极限. 但提高光盘记录容量的技术远不止缩短波长和提高数值孔径(数值孔径的极限为1.0)两种途径，当前已将光盘单盘容量目标定在500GB以上，达到TB数量级(10^{12}byte)，提升光盘密度的研究正加紧进行，新技术不断推出，其中，激光全息存储是一个重要的选择.

三维体积全息记录技术使用两束激光，信号光是记录数据的载体，信号光需要与参照光相干涉，并以干涉条纹的形式记录在晶体中．可使用红色激光，也可使用蓝色激光．改变参考光角度，可以记录另一组信息．读取时可以用相同的参考光，通过 CCD 进行信息识别．在同样 12cm 光盘上，使用全息记录技术可以将存储容量提升到 1TB，这将是目前 DVD 标准容量(4.7GB)的 200 倍[28].

全息干涉计量是全息照相应用得非常成功的一个领域，鉴于它对理工科学生的重要性，我们将在第 8 章对它作较为详细的介绍.

习　题　7

7-1　在习题图 7-1 光路中，参考光束 R 和物光束 O 均为平行光，对称地倾斜入射在记录介质平面 H 上，即 $\theta_{\mathrm{O}}=-\theta_{\mathrm{R}}$．二者的夹角为 $\theta=2\theta_{\mathrm{O}}$.

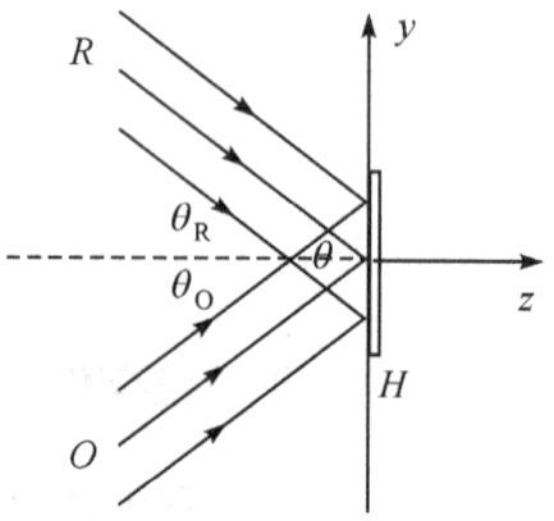

(1) 取坐标如习题图 7-1 所示，试分别写出参考光束 R 和物光束 O 在记录介质平面 H 上的相位分布函数 $\phi_{\mathrm{R}}(y)$ 和 $\phi_{\mathrm{O}}(y)$.

(2) 说明全息图上干涉条纹的形状.

(3) 当记录光波长为 $\lambda=632.8\mathrm{nm}$，参物光夹角分别为 $\theta=60^{\circ}$ 和 $\theta=1^{\circ}$ 时，试计算条纹间距分别为多少.

习题图 7-1

(4) 若全息记录干版的感光层为 $8\mu\mathrm{m}$，折射率为 $n=1.52$，分辨率为 3000条/mm，试说明：当参物光夹角 $\theta=60^{\circ}$ 时，用此记录干版能否匹配？能否形成体积全息图？

(5) 采用与记录时同样波长、同方向的再现光照射这张全息图，试分析 0 级、+1 级和 −1 级衍射光的特征，并作图表示.

7-2　在习题 7-1 中改用正入射的平面波再现，+1 级和 −1 级衍射光各发生什么变化？

7-3　如习题图 7-2(a)光路所示，参考光束 R 是正入射的平行光，物光是位于轴外、坐标为 $(0,y_{\mathrm{O}},z_{\mathrm{O}})$ 的点光源 O 发出的球面波．记录并经过线性处理后所得的全息图，用坐标为 $(0,0,z_{\mathrm{O}})$ 的轴上点光源 R' 再现，如习题图 7-2(b)所示，试求 +1 和 −1 级两像点的位置.

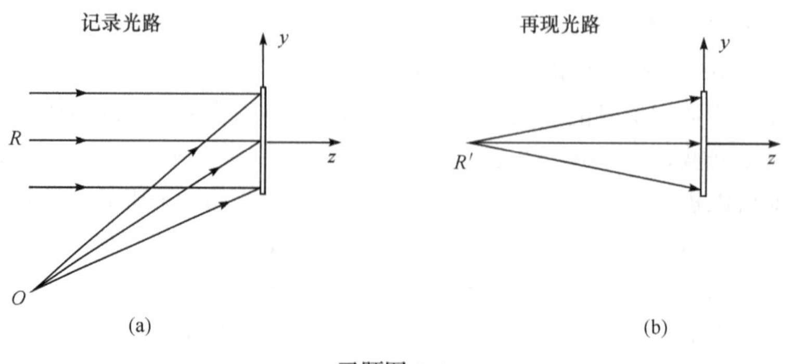

习题图 7-2

7-4　与习题 7-3 情况类似，只是照明光波改用不同波长的正入射平面波再现，试求 +1 级和 −1 级两像点的位置.

7-5　习题图 7-3(a)光路所示是全息术的创始人加伯(Gabor)最初设计的一类共轴全息装置．设物体是透明的，其振幅透射率函数为 $t(x,y)=t_0+\Delta t(x,y)$，式中，$|\Delta t| \ll t_0$．

(1) 求记录时全息干版 H 上的复振幅与光强分布．

(2) 线性化学处理后全息图的复振幅透射率函数．

(3) 再现光路如习题图 7-3(b)所示，试分析再现的波场．

(4) 讨论这种共轴全息系统的缺点和局限性．

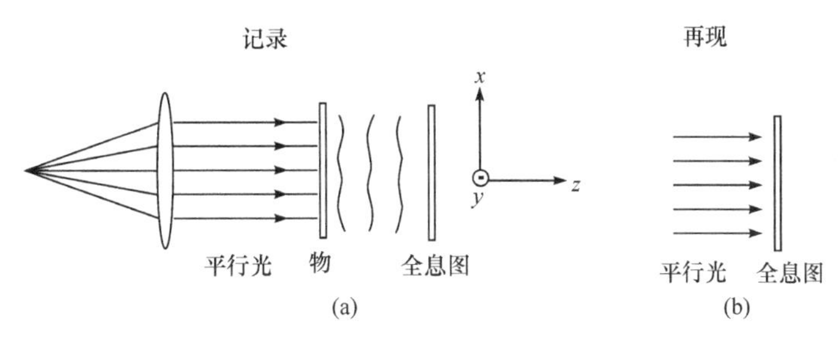

习题图 7-3

7-6　当用氦氖激光拍摄反射全息图时，若记录材料的折射率为 $n=1.52$，则在记录材料内干涉条纹最低的空间频率是多少？最高空间频率是多少？这就要求记录材料的分辨率应达到多少？若改用红宝石激光器拍摄反射全息图时又如何？

7-7　设计一个用于拍摄透射型全息图的光路图，并提出所采用的激光器波长，估计所记录的干涉条纹的空间频率，并指出对记录材料的要求．

7-8　设计一个用于拍摄反射型全息图的光路图，并指出所采用的激光器波长，估计所记录的干涉条纹的空间频率，并指出对记录材料的要求．

7-9　若光刻胶的分辨率为 1500cy/mm，使用波长为 $\lambda=442\text{nm}$ 的氦镉激光器拍摄全息图，光路参考光和物光的夹角不能大于多少度？

参 考 文 献

[1] Gabor D. [J]. Proc. Roy. Soc(London), Ser A, 1949, 197: 545.

[2] 史密斯 H M. 全息学原理[M].北京：科学出版社, 1973.

[3] 史密斯 H M. 全息记录材料[M].北京：科学出版社, 1984.

[4] 顾德门. 傅里叶光学导论[M]. 北京：科学出版社, 1979.

[5] 于美文，张静方. 全息显示技术[M]. 北京：科学出版社, 1989.

[6] 于美文. 光全息及其应用[M]. 北京：北京理工大学出版社,1996.

[7] 熊秉衡, 李俊昌, 等. 全息干涉计量——原理和方法[M]. 北京：科学出版社, 2009.

[8] Collier R J, Burckhardt C B, Lin L H. Optical Holgraphy[M]. New York and London：Academic Press, 1971.

[9] 于美文, 张静方. 光全息术[M]. 北京：北京教育出版社, 1989.

[10] Ghatak A K, Thyagarajan K. Contemporary Optics[M]. New York: Plenum Press, 1978.

[11] 王仕璠. 信息光学理论与应用[M]. 北京：北京邮电大学出版社, 2004.

[12] 于美文, 张存林, 杨永源. 全息记录材料及其应用[M]. 北京：高等教育出版社, 1997.

[13] 饭塚启吾. 光学工程学[M]. 许菊心, 杨国光译. 北京：机械工业出版社, 1982.

[14] SLAVISH. Emulsions for holography[OL]. http://www.slavich.com/technical.htm [2006-9-01].

[15] 李俊昌, 熊秉衡. 信息光学理论与计算[M]. 北京: 科学出版社, 2009.
[16] 陈家壁, 苏显渝. 光学信息技术原理及应用[M]. 北京：高等教育出版社, 2002.
[17] Bragg W L. The diffraction of short electromagnetic waves by a crystal[J]. Poc Cambridge Phil Soc, 1912, 17: 43.
[18] Benton S A. Hologram reconstructions with extended light sources[J]. JOSA, 1969,59(10).
[19] Chen H, Yu F T S. One-step rainbow hologram[J]. Opt Lett, 1978,3(2): 85.
[20] Tamura P N. One-step rainbow holography with a field lens[J]. Appl Opt, 1978, 17(21): 3343.
[21] Chan Q Z, Chen G C, Chen H. One-step rainbow holography of diffuse 3-D objects with no slits[J]. Appl Opt, 1983, 22(23): 3902-3905.
[22] 国承山. 不用狭缝的三维漫射体一步彩虹全息术[J]. 中国激光, 1987,14(12): 738, 739.
[23] 于美文. 条形散斑屏用于彩虹全息记录系统[J]. 光学学报, 1986, 6(3): 207-211.
[24] Quercioli F, Molesini G. Zero-path-difference rainbow holography[J]. Opt Lett, 1985, 10(10): 475-477.
[25] 熊秉衡, 张文碧, 钟丽云, 等. 模压全息图的衍射效率与光刻胶母版沟纹深度的关系[J]. 光子学报, 1996, 25(11): 993-996.
[26] 熊秉衡. 全息印刷技术[J]. 云南印刷, 1994, 2: 24-27.
[27] 熊秉衡. 模压全息技术的某些新进展[J]. 激光与光电子学进展, 1995, 11(总 359 期): 1-4.
[28] 电子产品世界——设计创新, 光盘产品发展概述[OL]. http://www.designnews.com.cn/article/html/2007-03/200737114647.htm7114647.htm[2007-03-07].

第 8 章　全息干涉计量

全息干涉计量是利用全息照相的方法来进行干涉计量，与一般光学干涉检测方法很相似，也是一种高精度、无接触、全场、无损的检测方法，灵敏度和精度也基本相同，只是获得相干光的方式不同．一般光学干涉检测方法获得相干光的方式主要有分振幅法和分波前法．分振幅法是将同一束光的振幅分为两个或多个部分，如迈克耳孙干涉仪、法布里-珀罗干涉仪；分波前法是将一束光的同一波前为两个或多个部分，如双缝干涉、多缝干涉、菲涅耳双反射镜、菲涅耳双棱镜等．全息干涉计量术则是将同一束光在不同时间的波前来进行干涉，可以看作是一种波前的时间分割法．其主要特点是：相干光束由同一光学系统所产生，因而可以消除全息干涉计量装置的系统误差[1]．

全息干涉计量是全息技术最重要、最成功的应用之一．根据其曝光方法的不同，主要可分为三种．一是单曝光法或实时法，它利用单次曝光形成的全息图的再现像与测量时的物光之间的干涉进行检测；二是双曝光法，它利用两次不同时刻的曝光形成的两个再现像之间的干涉进行检测；三是连续曝光法，它利用持续曝光形成的一系列再现像之间的干涉进行检测．下面，将分别介绍它们的基本原理和方法．

8.1　单曝光法或实时全息法

8.1.1　基本原理

单曝光法(one-exposure holographic interferometry)，顾名思义，这种方法只曝光一次，记录下初始的物光波前．再现时，将物光和参考光同时照明全息图，在物光方向将同时看到参考光再现的初始物光波前与观察时刻的直接透过全息图传播的物光波前．这种方法是将再现的物体初始物光波前与观察时刻的物光波前进行实时的干涉比较，具有实时的特点[2]，故也称**实时全息干涉计量**或**实时全息法**(real-time holographic interferometry)．

透明物和不透明物的实时全息检测光路分别如图 8-1-1(a)、(b)所示，它们的原理是相同的．图中，BS 为分束镜，$M1$、$M2$、$M3$ 为反射镜，VA 为可变衰减器，SF、SF1、SF2 为空间滤波器，CL、CL1、CL2 为准直镜，H 为全息干版，L 为扩束镜，O 为待测物体．

以透明物的实时全息检测为例，在光学系统中建立直角坐标 $Oxyz$，全息记录屏平面与 z=0 平面重合，到达 H 的初始物光波为 $O(x,y)=O_0(x,y)\exp\left[\mathrm{j}\varphi_0(x,y)\right]$，参考光波为 $R(x,y)=R_0(x,y)\exp\left[\mathrm{j}\varphi_{\mathrm{r}}(x,y)\right]$，记录干版曝光时间为$\tau$．初始物光波与参考光波干涉后干版上的曝光量即为

$$E(x,y)=\tau\left[O_0^2+R_0^2+2O_0R_0\cos\left(\varphi_0-\varphi_{\mathrm{r}}\right)\right]=E_0\left[1+V\cos\left(\varphi_0-\varphi_{\mathrm{r}}\right)\right] \tag{8-1-1}$$

为简明起见，式(8-1-1)右端略去与坐标相关变量的表示，并且

$$E_0 = \tau\left(O_0^2 + R_0^2\right),\quad V = 2\sqrt{B}/\left(1+B\right),\quad B = R_0^2 / O_0^2$$

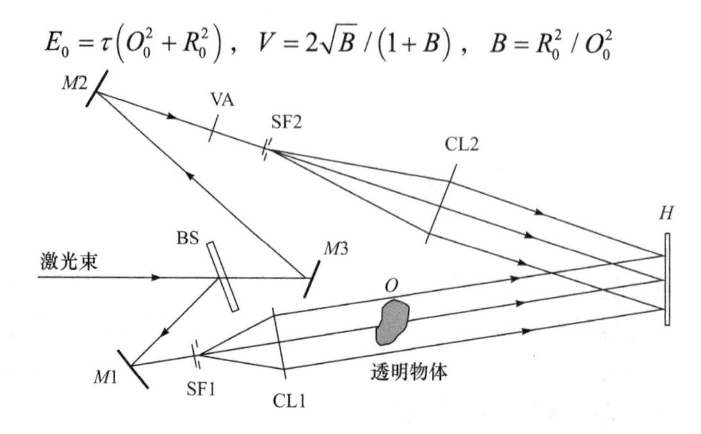

(a) 实时全息用于检测透明物体的实验光路

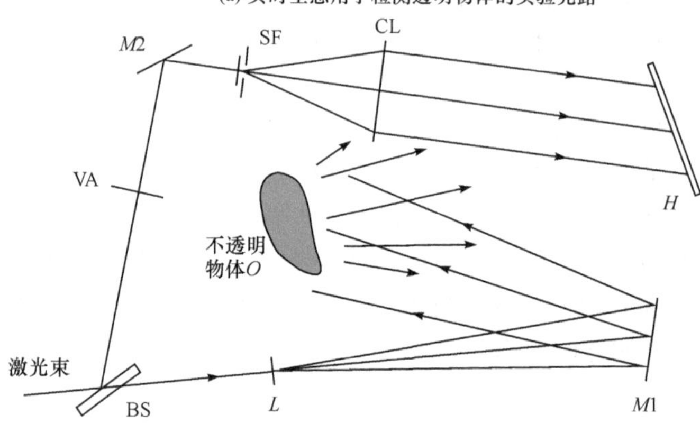

(b) 实时全息用于检测不透明物体的实验光路

图 8-1-1

由于相位型全息图具有较高的衍射效率，通常将全息图处理为相位型．引入与干版材料及制作工艺相关的系数 b_t 及γ后，全息图的复振幅透过率 t_H 为

$$\begin{aligned} t_H(x,y) &= b_t \exp\left\{ j\gamma E_0\left[1 + V\cos\left(\varphi_0 - \varphi_r\right)\right]\right\} \\ &= K\exp\left[j\alpha\cos\left(\varphi_0 - \varphi_r\right)\right] \end{aligned} \tag{8-1-2}$$

式中

$$K = b_t \exp\left(j\gamma E_0\right),\quad \alpha = \gamma E_0 V$$

应用贝塞尔函数展开式(8-1-2)，理论及实验研究证明[3]，当参考光与物光的夹角大于 30° 时，在全息片后只出现与 0 级及 ±1 级贝塞尔函数展开相对应的衍射光波，注意到整数阶贝塞尔函数 $J_{+1} = J_{-1}$，只考虑 0 级和 1 级衍射时有

$$\begin{aligned} t_H(x,y) = &KJ_0(\alpha) \\ &+KJ_1(\alpha)\exp\left[j\left(\varphi_0 - \varphi_r + \pi/2\right)\right] \\ &+KJ_1(\alpha)\exp\left[j\left(-\varphi_0 + \varphi_r + \pi/2\right)\right] \end{aligned} \tag{8-1-3}$$

对于透明的折射率变化不大的待测物体，可以认为物体折射率的变化只影响透射光波的相位，变形物光可设为

$$O'(x,y) = O_0(x,y)\exp\left\{j\left[\varphi_0(x,y) + \Delta\varphi_0(x,y)\right]\right\} \tag{8-1-4}$$

当未变形的初始物光波与参考光波干涉形成的全息图精确复位后，用原参考光和变形后的物光波照射全息图，这时，透过全息图的衍射波可写为

$$(O'+R)t_{\mathrm{H}}=O't_{\mathrm{H}}+Rt_{\mathrm{H}} \tag{8-1-5}$$

将相关各量代入式(8-1-5)可得

$$\begin{aligned}O't_{\mathrm{H}}=&KJ_0(\alpha)O_0\exp\left\{j\left[\varphi_0+\Delta\varphi_0(x,y)\right]\right\}\\&+KJ_1(\alpha)O_0\exp\left\{j\left[2\varphi_0-\varphi_{\mathrm{r}}+\Delta\varphi_0(x,y)+\pi/2\right]\right\}\\&+KJ_1(\alpha)O_0\exp\left\{j\left[\varphi_{\mathrm{r}}+\Delta\varphi_0(x,y)+\pi/2\right]\right\}\end{aligned} \tag{8-1-5a}$$

$$\begin{aligned}Rt_{\mathrm{H}}=&KJ_0(\alpha)R_0\exp(j\varphi_{\mathrm{r}})\\&+KJ_1(\alpha)R_0\exp\left[j(\varphi_0+\pi/2)\right]\\&+KJ_1(\alpha)R_0\exp\left[j(2\varphi_{\mathrm{r}}-\varphi_0+\pi/2)\right]\end{aligned} \tag{8-1-5b}$$

沿着物光传播方向的衍射光波中，与初始物光波和变形物光波有关的分量波由式(8-1-5a)右边第一项及式(8-1-5b)右边第二项确定，即

$$U_{\mathrm{t}}(x,y)=KJ_0(\alpha)O_0\exp\left[j(\varphi_0+\Delta\varphi_0)\right]+KJ_1(\alpha)R_0\exp\left[j(\varphi_0+\pi/2)\right] \tag{8-1-6}$$

沿着参考光传播方向的衍射光波中，与初始物光波和变形物光波有关的分量波由式(8-1-5a)右边第三项及式(8-1-5b)右边第一项确定，即

$$U_{\mathrm{r}}(x,y)=KJ_1(\alpha)O_0\exp\left[j(\varphi_{\mathrm{r}}+\Delta\varphi_0+\pi/2)\right]+KJ_0(\alpha)R_0\exp(j\varphi_{\mathrm{r}}) \tag{8-1-7}$$

与上面两式对应的由分量波干涉形成的干涉场强度分布分别为

$$I_{\mathrm{t}}(x,y)=|K|^2\left\{\left[O_0J_0(\alpha)\right]^2+\left[R_0J_1(\alpha)\right]^2+2O_0J_0(\alpha)R_0J_1(\alpha)\cos\left(\Delta\varphi_0-\frac{\pi}{2}\right)\right\} \tag{8-1-8}$$

$$I_{\mathrm{r}}(x,y)=|K|^2\left\{\left[O_0J_1(\alpha)\right]^2+\left[R_0J_0(\alpha)\right]^2+2O_0J_0(\alpha)R_0J_1(\alpha)\cos\left(\Delta\varphi_0+\frac{\pi}{2}\right)\right\} \tag{8-1-9}$$

由此可见，我们可以在垂直于物光或参考光传播的方向设置观测屏，看到初始物光和检测时刻穿过物体的变形物光干涉条纹，条纹的明暗变化相位相差π. 但对于光学检测，二者是等价的. 图 8-1-2 是一次力学检测中在垂直于物光和参考光传播的方向设置观测屏后的干涉条纹

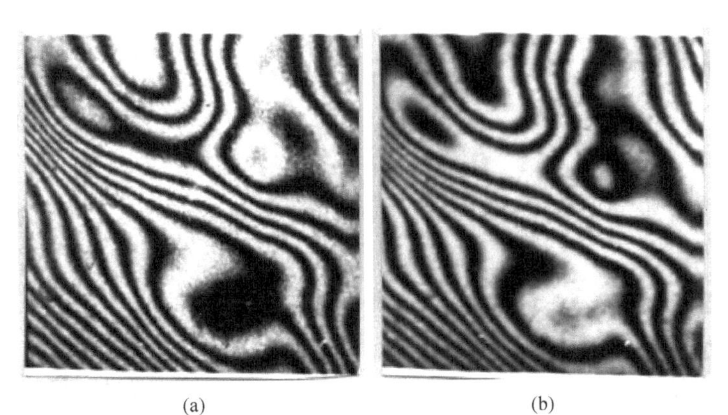

(a)　　(b)

图 8-1-2　物光及参考光方向的干涉条纹比较

比较[3]. 从图中可以看出，除了两图的条纹明暗变化相反外，两图的干涉条纹是相似的. 上面的分析得到了一个很好的实验证明.

由于单次曝光法能够实时地观测物体变化引起的干涉条纹变化，在光学检测中有许多重要应用. 例如，检测燃烧场的折射率分布、检测透明物体的蠕变、检测玻璃板的平行度、检测光学元件的质量和稳定性等.

8.1.2 实验方法和装置

在实时全息法中，全息图复位精度不得低于波长的量级. 如此严格的要求给实时全息图的摄制带来一定的困难，特别是在使用卤化银乳胶作为记录材料的情况下，常需借助专门的设备和方法方可拍摄下高质量的实时全息图. 分别介绍如下.

1. 卤化银乳胶记录

1) 复位架

复位架(reposition plate holder)是一种干版夹持架，将干版装上曝光后，可取下处理，然后装回架上. 因它设有精密的定位点，故能使干版精确复位. 图 8-1-3 所示的复位架是瑞典 N.艾布拉姆森教授设计的[4]. 它以三个球形定位端点来定位干版平面，另外三个圆柱形定位销子来定位干版在平面内的位置，整个干版依靠重力就位，是一种最简易实用的复位装置.

2) 原位曝光及化学处理方法

原位曝光及化学处理方法使用一个稳定的支架将全息干版垂直悬挂，如图 8-1-4 所示，将盛有化学试剂的容器从其下方升起，浸没干版在试剂内进行处理. 整个处理过程均在暗室情况下进行操作. 先得把玻璃容器移开进行曝光，然后将盛有显影液的容器从干版下方升起，浸没干版进行处理. 完毕后缓缓降下容器，再换上第二种化学试剂，如此反复多次，直至全部化学处理完成. 在整个过程中必须细心谨慎，不得触碰支架或干版，否则前功尽弃.

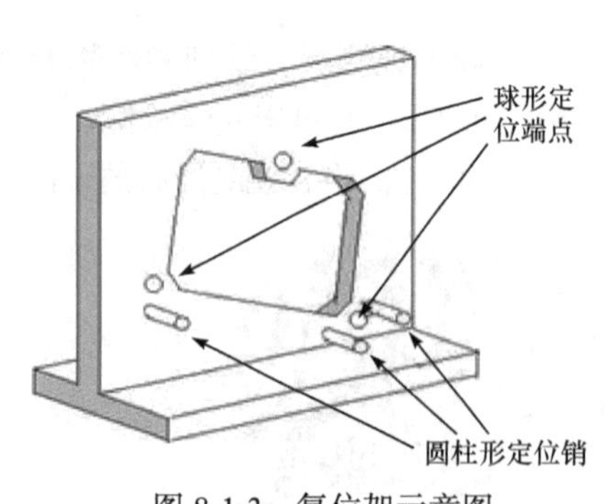

图 8-1-3 复位架示意图

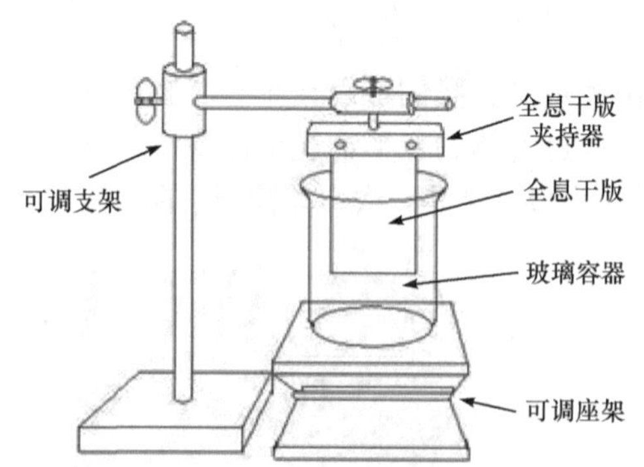

图 8-1-4 全息干版原位化学处理装置示意图

3) 液门闸盒

“液门闸盒”简称“液闸盒”或“液门盒”或“液门”(liquid gate)是一个前后有透明玻璃窗口、侧面狭窄的容器，如图 8-1-5 所示.

将全息干版夹持在干版夹持器上后，通过液门上方的插入槽口插进液门，液门内有与它相匹配的滑槽导轨，当夹持器推到液门的底部，就被卡槽和弹簧稳定地固定在此位置，而夹持器上的全息干版也正好处于液门窗口的位置. 水或化学试剂可直接从图示的注液入口注入液门, 通常可将一个漏斗插在进液入口以便于注入溶液. 先注入蒸馏水或与乳胶折射率相匹配的液体(简称匹配液), 使之浸没全息干版. 这时, 为了关闭排液出口闸门, 对于没有阀门的简易液门可以在排液出口端接一个橡皮软管, 并用一个弹簧夹子将它夹紧作为“闸门”. 待系统充分稳定, 全息干版的乳胶吸收溶液, 膨胀完毕达到稳定态后, 可以进行曝光. 曝光后的处理全部过程在液门内进行, 整个过程中全息干版保持原位不动. 先将排液出口所接的橡皮软管的夹子放松, 让溶液通过橡皮软管泄放. 然后再次关闭排液“闸门”(夹紧橡皮软管)注入显影液进行显影. 显影完毕后, 用相同的方法泄放显影液. 之后, 重复类似的操作. 注入蒸馏水以清洗全息干版, 然后泄放; 注入定影液进行定影, 然后泄放; 注入蒸馏水进行清洗, 然后泄放; 注入漂白液进行漂白, 然后泄放; 注入蒸馏水进行清洗, 然后泄放; 再次注入蒸馏水进行清洗, 然后泄放; 注入匹配液或蒸馏水. 待系统稳定后即可进行观测. 图 8-1-6 是它的工作原理图[5].

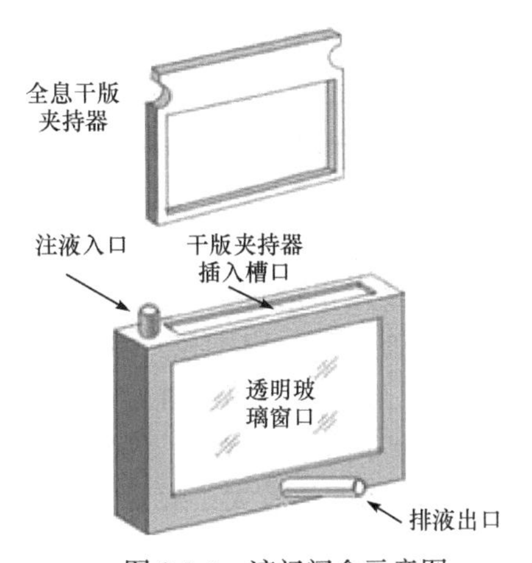

图 8-1-5　液门闸盒示意图

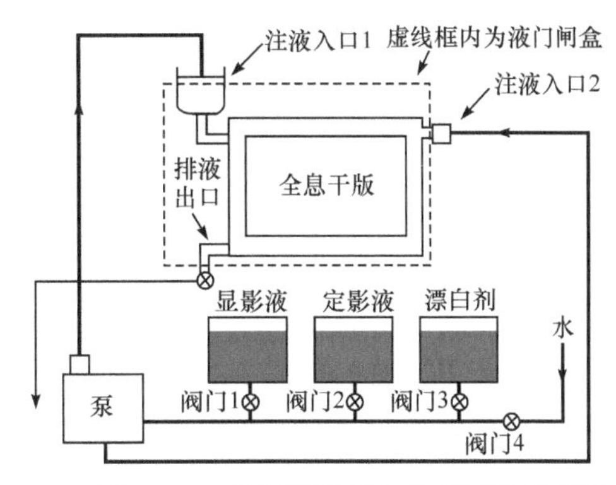

图 8-1-6　控制液门闸盒处理系统示意图

以上三种方法适用于银盐全息干版制作的实时全息图.

2. 光导热塑记录

光导热塑记录的拍摄光路与使用银盐记录材料没有差别, 不同的只是在记录平面上安放的记录材料是光导热塑料膜(photoconductor -thermoplastic film). 拍摄时需要使用专用设备“光导热塑记录仪”和夹持光导热塑料膜片的专用夹持器, 将它放置在全息工作台上进行拍摄记录.

光导热塑料膜是一种浮雕型相位记录介质, 光导热塑片的结构如图 8-1-7 所示, 在透明基片(可以是玻璃, 也可以是软片)上涂布有一层透明的导电材料, 如氧化锡, 在它上方是一层透明的光电导体, 最上一层是热塑料[5].

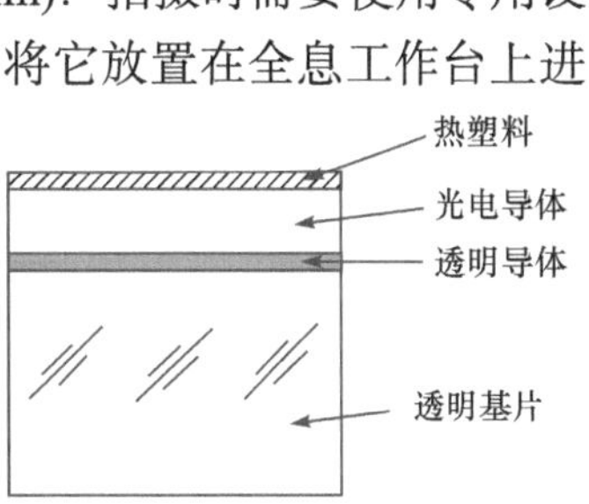

热塑料
光电导体
透明导体
透明基片

图 8-1-7　光导热塑料结构示意图

通常的记录方法有两种——顺序法和同时法.

1) 顺序法

首先要在暗室中对光导热塑片敏化. 所谓敏化就是用带有高压的电网充电, 在热塑料和透明

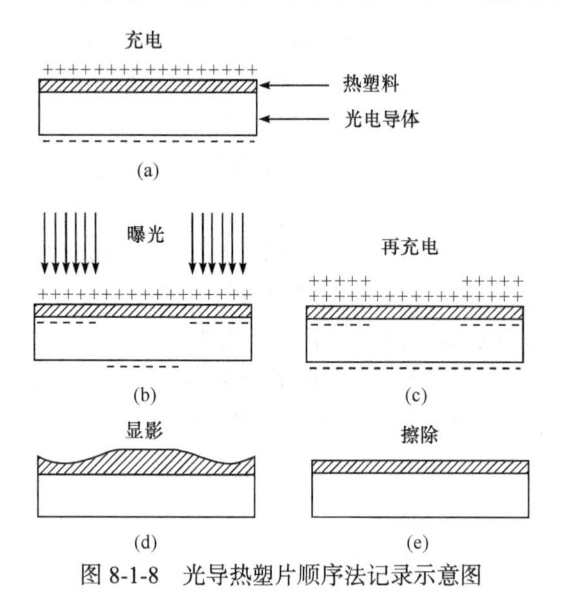

图 8-1-8　光导热塑片顺序法记录示意图

导体之间建立约几千伏特电位差的、均匀的电场，如图 8-1-8(a)所示．第二步是通过曝光，记录物光和参考光的干涉条纹．光电导体受光照部分导电，而未受光照部分保持原来不导电状态，光强的大小决定了光电导体导电的程度，于是，在光电导体上形成了对应于干涉图形的电荷分布的潜像，如图 8-1-8(b)所示．第三步是再充电，使光导层上的电荷潜像转移到热塑层上，如图 8-1-8(c)所示．第四步是显影和定影，显影过程是在透明电极上通电加热使塑料软化，电场静电力的作用使热塑料变形，其形变分布对应于曝光时的光强分布．定影过程就是冷却，于是形成了对应于参、物光干涉图形的浮雕型相位全息图，如图 8-1-8(d)所示．

光导热塑料可以擦除后再重复使用．擦除方法是在透明电极上通电加热，使热塑料升温到软化点以上，则表面张力使形变恢复到原来的状态后再冷却．图 8-1-8(e)是擦除并冷却后的情况，它是一个可逆的过程．

2) 同时法

同时法的结构如图 8-1-9 所示，这种方法是对光导热塑片的曝光和充电是同时进行的．加热程序可放在此前，或在此后，也可同时进行．可一步或两步完成记录．由于在开始充电时，参、物光干涉图形已对光导体曝光，故从一开始，电荷就按参、物光干涉图形对光导体的作用来分布．若干涉图形是不变的，电荷分布也会按干涉图形的分布而继续增加．热塑料被升温软化，并在充电的静电力作用下变形．电荷较多部分，静电力大变形较大．形变大处，电荷积累也越多，这相当于一个正反馈过程，直至充电、曝光停止．热塑料冷却，与干涉图形相对应的形变也同时凝固，全息记录过程就此完成．同时法更有利于热塑料上条纹形变的形成，效果比顺序法好．

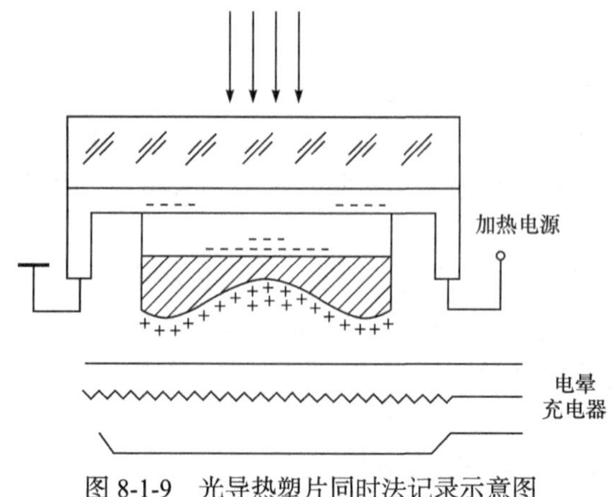

图 8-1-9　光导热塑片同时法记录示意图

热塑记录材料以高压充电作为显影手段，可方便地原位显影，它还可以通过加温来消像，擦除原来的记录而重新使用，这种可以“反复记录-擦除”的全息记录材料，特别适用于实时全息．而且，它是一种浮雕型记录介质，衍射效率较高，很容易达到 30%左右．再有就是它的感光阈值较高，光照度小于 60lx 就不能正常记录．也就是说，比读书所必需的照度(30lx)大一倍的光照度也不会使它感光．故在通常的室内照明条件下就可以曝光、记录而无需在暗室条件下工作，这给实验带来更多方便．它的缺点是：分辨率不高(约小于 2000 线/mm)，噪声较大，尺寸较小，不适宜于拍摄较大的物体．

3. 光折变晶体记录

其拍摄光路与前面使用银盐记录材料没有差别，不同的只是在记录平面上安放的记录材料是光折变晶体(photo-refractive crystals)．光折变晶体是一种在光照下折射率可发生改变的晶体[5]．它可方便地原位显影，也可以通过加温来消像，擦除原来的记录而重新使用．但目前所制作的光折变晶体体积都较小，不适宜于拍摄较大的物体．

4. 实时全息干涉计量实例

利用上面的液门装置，下面给出透明平板的二维应力场实时全息干涉图像[6]．实验采用一套带有液门的实时全息系统，光路布局及坐标定义如图 8-1-10 所示．检测对象 O 为厚 10mm，边长 200mm 的预置了裂纹的正方形有机玻璃板．由于液门 LG 的窗口较小(80mm×100mm)，为有效收集来自物体的光能，采用大口径透镜 CL2 来会聚到达液门的光束．试件装在加力架上，可以沿图中 x_0 及 y_0 方向加力．试件的受力状态以及状态的变化则通过实时摄影系统记录．

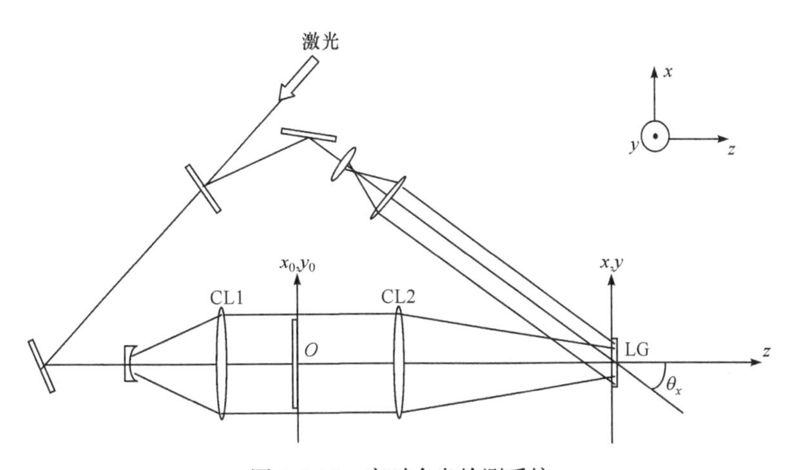

图 8-1-10　实时全息检测系统

图 8-1-11(a)是已经放置了有机玻璃板试件的加力架正面照片．加力架高 800mm，宽 920mm，深 300mm；重约 800kg；检测截面为最大线度可达 424mm；采用油压系统加力，试件的上方和两侧圆柱形活塞式压头由油压系统驱动，加力时机座自身位移不大于亚微米级，试件平面内的水平和竖直方向的加载能力可达 30000kg．

拍摄全息图时，预置了裂纹的试件(图 8-1-11(b))不加外力放在光路中．拍摄全息图并利用液门将全息图原位处理完毕后，开启原参考光及照明物光，对试件逐步加力，直到试件破损(图 8-1-11(c))．在不同加力状态下，用摄像机在参考光方向拍摄的部分干涉条纹图像示于图 8-1-12．图中，(a)～(i)依次对应加载后应力增加的状态．

(a) 放置了试件的加载装置

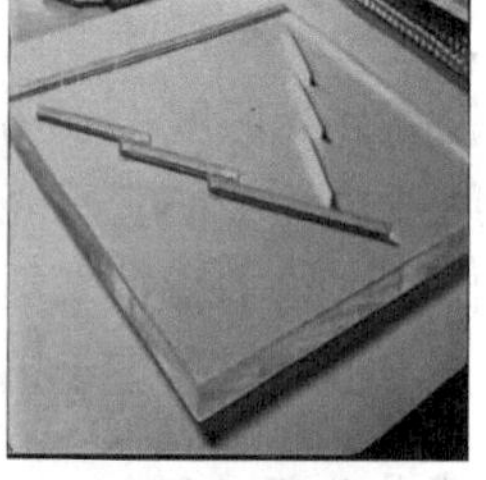

(b) 预置裂纹的试件

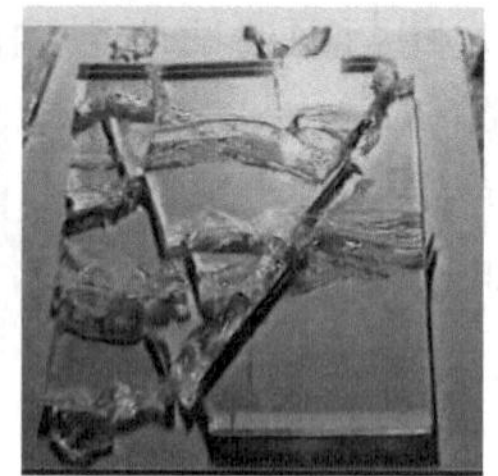

(c) 加载最后破损的试件

图 8-1-11　有机玻璃试件加载装置及试件加载检测前后的照片

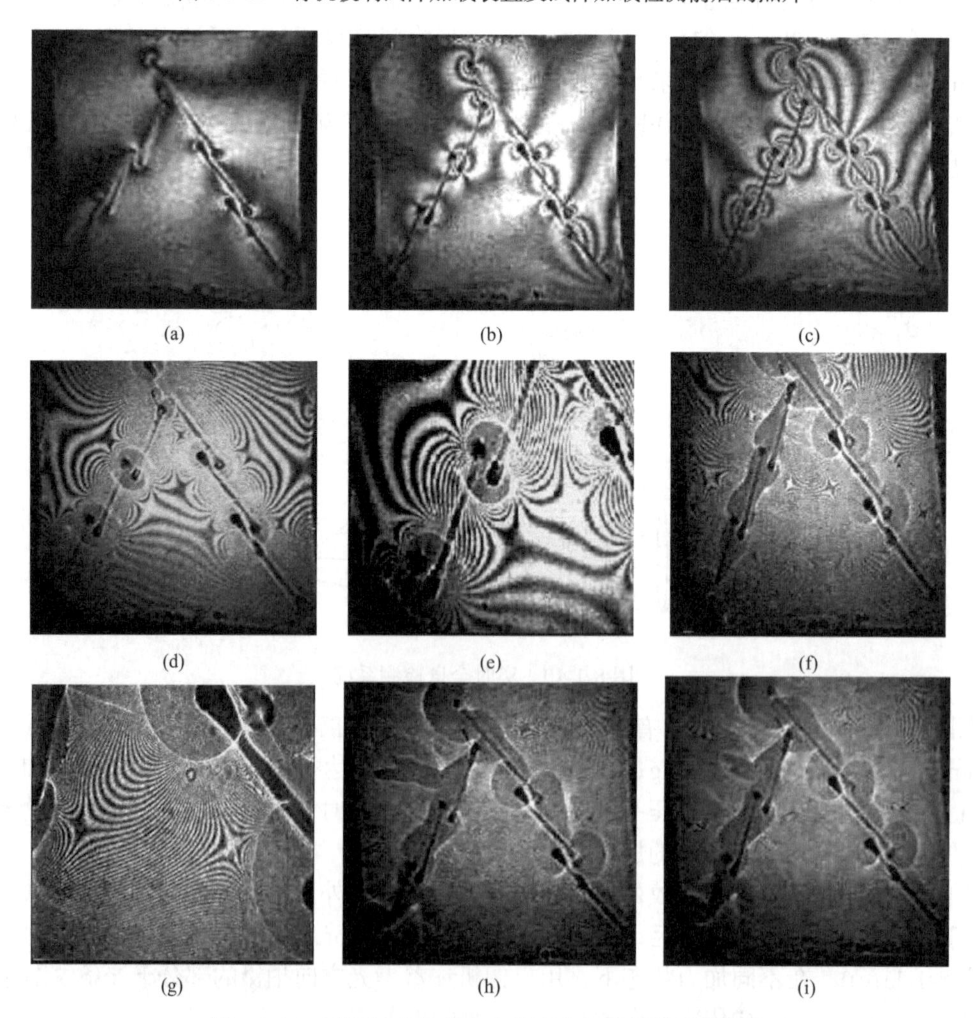

(a) (b) (c) (d) (e) (f) (g) (h) (i)

图 8-1-12　不同加力状态在参考光方向拍摄的干涉条纹

不难看出，实时全息干涉图像为我们提供了试件受力时，从弹性形变开始，经历塑性形变，直到断裂的整个力学过程应力变化的信息(包括裂纹的扩展、延伸、分叉的某些细节). 根据这些信息可以得到许多重要的检测结果，读者可以从文献[3]中获得详尽的信息.

8.2　二次曝光全息干涉计量或双曝光法

二次曝光全息干涉计量(double-exposure holographic interferometry)或**双曝光法**(double-exposure method)是 1965 年 Haines 和 Hildebrand 提出的方法. 这个方法是采用同一张全息干版曝光两次来制作全息图，第一次记录初始物光波，第二次记录变化后的物光波. 于是，再现时就再现出两个物光波. 它们之间相互干涉，形成干涉条纹. 分析这些条纹，就可以了解物体前后发生的变化. 与单曝光法看到的条纹不同的是：双曝光法看到的条纹是静止不动的.

8.2.1　基本原理

设物体变化时，强度分布不变，只是相位分布发生了变化. 第一次曝光时，到达记录屏的物光的复振幅分布为

$$O_1(x,y)=O_0(x,y)\exp[-\mathrm{j}\phi_{O1}(x,y)] \tag{8-2-1}$$

参考光的复振幅分布为

$$R(x,y)=R_0\exp[-\mathrm{j}\phi_{R}(x,y)] \tag{8-2-2}$$

干版上相应的光强分布为

$$I_1(x,y)=\left|O_1(x,y)+R(x,y)\right|^2 \tag{8-2-3}$$

设曝光时间为 τ_1，则曝光量为

$$E_1=I_1(x,y)\tau_1=\left|O_1(x,y)+R(x,y)\right|^2\tau_1 \tag{8-2-4}$$

第二次曝光时，物光的复振幅分布变化为

$$O_2(x,y)=O_0(x,y)\exp[-\mathrm{j}\phi_{O2}(x,y)] \tag{8-2-5}$$

参考光保持不变，则干版上相应的光强分布为

$$I_2(x,y)=\left|O_2(x,y)+R(x,y)\right|^2 \tag{8-2-6}$$

设第二次曝光曝光时间为 τ_2，则相应的曝光量为

$$E_2=I_2(x,y)\tau_2=\left|O_2(x,y)+R(x,y)\right|^2\tau_2 \tag{8-2-7}$$

两次曝光的总曝光量为

$$E=E_1+E_2=\left|O_1(x,y)+R(x,y)\right|^2\tau_1+\left|O_2(x,y)+R(x,y)\right|^2\tau_2 \tag{8-2-8}$$

若制作的实时全息图是振幅型的，经过合适的曝光、显影、定影后，在线性条件下，全息图的振幅透射率为

$$\begin{aligned}t(x,y)&=t_0+\beta\left(E_1+E_2\right)\\&=\left[t_0+\beta\left(\tau_1+\tau_2\right)\left|R\right|^2\right]+\beta\left(\tau_1\left|O\right|_1^2+\tau_2\left|O_2\right|^2\right)+\beta\left(\tau_1O_1+\tau_2O_2\right)R^*+\beta\left(\tau_1O_1^*+\tau_2O_2^*\right)R\\&=t_1+t_2+t_3+t_4\end{aligned} \tag{8-2-9}$$

当以原来记录时所用的参考光再现时，我们有

$$u(x,y)=Rt(x,y)=Rt_1+Rt_2+Rt_3+Rt_4=u_1+u_2+u_3+u_4 \tag{8-2-10}$$

考虑第三项衍射光u_3

$$\begin{aligned}u_3(x,y)&=Rt_3=\beta(\tau_1 O_1+\tau_2 O_2)RR^*\\&=\beta R_0{}^2 O_0\left\{\tau_1\exp\mathrm{j}\left[-\phi_{\mathrm{O}1}(x,y)\right]+\tau_2\exp\mathrm{j}\left[-\phi_{\mathrm{O}2}(x,y)\right]\right\}\end{aligned} \tag{8-2-11}$$

第三项衍射光包括两项物光的复振幅，即第一次曝光时的物光和第二次曝光时的物光的复振幅，它们互相干涉的光强分布为

$$\begin{aligned}I_3&=\left(\beta R_0{}^2 O_0\right)^2\left\{\tau_1{}^2+\tau_2{}^2+2\tau_1\tau_2\cos\left[\phi_{\mathrm{O}2}(x,y)-\phi_{\mathrm{O}1}(x,y)\right]\right\}\\&=I_{30}\left\{1+V_3\cos\left[\phi_{\mathrm{O}2}(x,y)-\phi_{\mathrm{O}1}(x,y)\right]\right\}\end{aligned} \tag{8-2-12}$$

式中，V_3为第三项衍射光干涉条纹的条纹能见度，即二次曝光全息图干涉条纹的条纹衬比. 显然，为了获得最佳的条纹衬比，应该取两次曝光时间相等，即$\tau_1=\tau_2=\tau$. 这时

$$V_3=1 \tag{8-2-13}$$

于是式(8-2-12)可写为[3]

$$I_3=I_{30}\left\{1+\cos\left[\phi_{\mathrm{O}2}(x,y)-\phi_{\mathrm{O}1}(x,y)\right]\right\}=I_{30}\left\{1+\cos\left[\Delta\phi(x,y)\right]\right\} \tag{8-2-14}$$

式中，$I_{30}=2\left(\tau\beta R_0{}^2 O_0\right)^2$为第三项衍射光的平均光强，$\Delta\phi=[\phi_{\mathrm{O}2}(x,y)-\phi_{\mathrm{O}1}(x,y)]$为物光的相位增量. 式(8-2-14)表明：再现的两束物光的光强分布按余弦规律变化，这就是两束物光相干涉的效应. 通过分析这些干涉条纹，就可以了解物体所发生的相位变化.

在具体分析物体某物理量的变化状态时，还需要将相应的物光的相位增量$\Delta\phi(x,y)=[\phi_{\mathrm{O}2}(x,y)-\phi_{\mathrm{O}1}(x,y)]$表示为该物理量的函数. 如物体形变的分析，就需要将它表示为位移量的函数.

8.2.2　应用实例

1. 位移测量

物体表面上任意点位移的测量是研究物体变化的基础. 利用全息干涉计量方法测量位移是利用物体位移引起物光的相位变化来间接测定相应的位置变化的. 例如，利用双曝光全息干涉计量方法，在物体没有发生位移时作第一次曝光，在物体位移后作第二次曝光. 根据式(8-2-14)，只要我们找出第一次曝光和第二次曝光时刻物光的相位增量$\Delta\phi=[\phi_{\mathrm{O}2}(x,y)-\phi_{\mathrm{O}1}(x,y)]$与物体位移之间的关系，便可利用全息图显示的干涉条纹分布来求出物体上各个点的位移量分布.

下面讨论物光的相位增量$[\phi_{\mathrm{O}2}(x,y)-\phi_{\mathrm{O}1}(x,y)]$与物体位移量之间的函数关系.

图 8-2-1 是测量不透明物体表面形变的物光光程示意图，物体和光源都处于空气中，物体上某点P发生一个微小位移，从P_1点移动到了P_2点. $S(x_S,y_S,z_S)$为照明点光源，$V(x_V,y_V,z_V)$为全息图上的某任意点(以后，观察者将通过这一点观看物体上的P点). 它们在笛卡儿坐标系统中的坐标位置分别表示在它们相应的括弧内. 其位移矢量由P_1指向P_2，可表

示为 $\boldsymbol{d}\left(d_x, d_y, d_z\right)$.

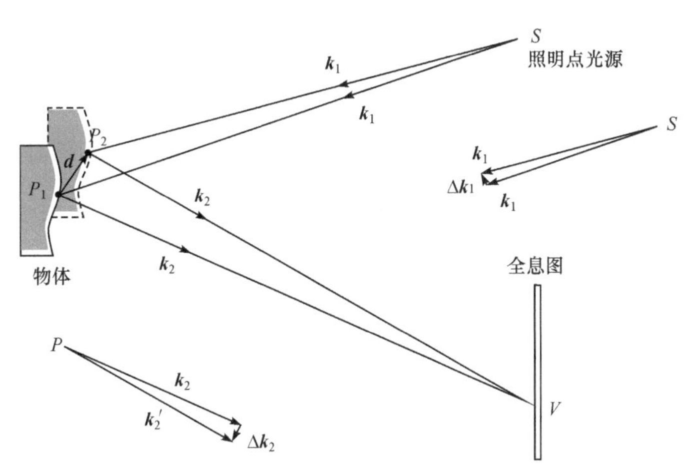

图 8-2-1　测量不透明物体表面形变的物光光程示意图

设光扰动在 S 点的初相位为 ϕ_S，物体发生位移之前从点光源 S 发射的光线经 P_1 点反射到 V 点，在点 V 的相位 ϕ_{O1} 为

$$\phi_{O1} = -\left(\boldsymbol{k}_1 \cdot \overrightarrow{SP_1} + \boldsymbol{k}_2 \cdot \overrightarrow{P_1V}\right) + \phi_S \tag{8-2-15}$$

式中，$\overrightarrow{SP_1}$ 为由 S 点指向 P_1 的矢量，$\boldsymbol{k}_1$ 为沿该方向的波矢量，也就是位移前光源 S 照向 P_1 点的波矢量；$\overrightarrow{P_1V}$ 为由 P_1 点指向 V 的矢量，$\boldsymbol{k}_2$ 为沿该方向的波矢量，也就是位移前从 P_1 点射向全息图 V 点反射光线的波矢量，$|\boldsymbol{k}_1| = |\boldsymbol{k}_2| = \dfrac{2\pi}{\lambda}$. 位移发生后 V 点的相位 ϕ_{O2} 为

$$\phi_{O2} = -\left(\boldsymbol{k}_1' \cdot \overrightarrow{SP_2} + \boldsymbol{k}_2' \cdot \overrightarrow{P_2V}\right) + \phi_S = -\left[\left(\boldsymbol{k}_1 + \Delta\boldsymbol{k}_1\right) \cdot \overrightarrow{SP_2} + \left(\boldsymbol{k}_2 + \Delta\boldsymbol{k}_2\right) \cdot \overrightarrow{P_2V}\right] + \phi_S \tag{8-2-16}$$

式中，$\overrightarrow{SP_2}$ 为由 S 点指向 P_2 的矢量，相应的波矢量为 $\boldsymbol{k}_1' = \boldsymbol{k}_1 + \Delta\boldsymbol{k}_1$，也就是位移后光源照向 P_2 点的波矢量；$\overrightarrow{P_2V}$ 为由 P_2 点指向 V 的矢量，相应的波矢量为 $\boldsymbol{k}_2' = \boldsymbol{k}_2 + \Delta\boldsymbol{k}_2$，也就是位移后从 P_2 点射向全息图 V 点光线的波矢量，$|\boldsymbol{k}_1'| = |\boldsymbol{k}_2'| = \dfrac{2\pi}{\lambda}$.

于是，位移前后全息图上 V 点物光的相位增量 $\Delta\phi$ 为

$$\Delta\phi = \phi_{O2} - \phi_{O1} = \boldsymbol{k}_1 \cdot \left(\overrightarrow{SP_1} - \overrightarrow{SP_2}\right) - \Delta\boldsymbol{k}_1 \cdot \overrightarrow{SP_2} + \boldsymbol{k}_2 \cdot \left(\overrightarrow{P_1V} - \overrightarrow{P_2V}\right) - \Delta\boldsymbol{k}_2 \cdot \overrightarrow{P_2V} \tag{8-2-17}$$

注意到，当位移量 d 很小时，$\boldsymbol{k}_1$ 的增量 $\Delta\boldsymbol{k}_1$ 的方向与 $\boldsymbol{k}_1$ 相垂直；$\boldsymbol{k}_2$ 的增量 $\Delta\boldsymbol{k}_2$ 也与 $\boldsymbol{k}_2$ 相垂直，即 $\Delta\boldsymbol{k}_1 \perp \overrightarrow{SP_2}$，$\Delta\boldsymbol{k}_2 \perp \overrightarrow{P_2V}$，故

$$\Delta\boldsymbol{k}_1 \cdot \overrightarrow{SP_2} = 0, \quad \Delta\boldsymbol{k}_2 \cdot \overrightarrow{P_2V} = 0 \tag{8-2-18}$$

此外，从图 8-2-1 可以明显看出下面的矢量关系：

$$\overrightarrow{SP_1} + \boldsymbol{d} = \overrightarrow{SP_2}, \quad \boldsymbol{d} + \overrightarrow{P_2V} = \overrightarrow{P_1V} \tag{8-2-19}$$

于是

$$\begin{aligned} \Delta\phi = \phi_{O2} - \phi_{O1} &= \boldsymbol{k}_1 \cdot \left(\overrightarrow{SP_1} - \overrightarrow{SP_2}\right) + \boldsymbol{k}_2 \cdot \left(\overrightarrow{P_1V} - \overrightarrow{P_2V}\right) \\ &= \boldsymbol{k}_1 \cdot (-\boldsymbol{d}) + \boldsymbol{k}_2 \cdot \boldsymbol{d} = \left(\boldsymbol{k}_2 - \boldsymbol{k}_1\right) \cdot \boldsymbol{d} \end{aligned} \tag{8-2-20}$$

定义灵敏度矢量

$$\boldsymbol{K} \equiv \boldsymbol{k}_2 - \boldsymbol{k}_1 \tag{8-2-21}$$

则有

$$\Delta\phi = \phi_{O2} - \phi_{O1} = \boldsymbol{K} \cdot \boldsymbol{d} \tag{8-2-22}$$

令 $\boldsymbol{K}$ 的单位矢量为 $\hat{\boldsymbol{e}} = \dfrac{\boldsymbol{K}}{K}$，$\boldsymbol{k}_1$ 的单位矢量为 $\hat{\boldsymbol{e}}_1 = \dfrac{\boldsymbol{k}_1}{k_1}$，$\boldsymbol{k}_2$ 的单位矢量为 $\hat{\boldsymbol{e}}_2 = \dfrac{\boldsymbol{k}_2}{k_2}$，$\hat{\boldsymbol{e}}_2 - \hat{\boldsymbol{e}}_1 = \boldsymbol{e}$ (注意 $|\hat{\boldsymbol{e}}| \neq |\boldsymbol{e}|$，$\boldsymbol{e}$ 不是单位矢量)．于是，式(8-2-22)也可表示为

$$\Delta\phi = \phi_{02} - \phi_{01} = (\boldsymbol{k}_2 - \boldsymbol{k}_1) \cdot \boldsymbol{d} = \boldsymbol{K} \cdot \boldsymbol{d} = \frac{2\pi}{\lambda}\left[\hat{\boldsymbol{e}}_2 - \hat{\boldsymbol{e}}_1\right] \cdot \boldsymbol{d} = \frac{2\pi}{\lambda} \boldsymbol{e} \cdot \boldsymbol{d} \tag{8-2-23}$$

点 P_2 和点 P_1 虽然在微观尺度上是不同的两个点，然而当位移量 d 极小时，在宏观尺度上它们可以看作是同一个点，即在宏观尺度上我们有 $P = P_1 = P_2$.

图 8-2-2 是观察二次曝光全息图再现像上 P 点的示意图．全息图上 V 点通常称为**观察点**(viewing point)，当观察者视角变化时，P 点将随视角变化而变化，这时，$\boldsymbol{k}_1$ 和 $\boldsymbol{k}_2$ 都随之变化，所以，我们可把 $\boldsymbol{k}_1$，$\boldsymbol{k}_2$ 都看作是点 P 的函数或点 V 的函数．为以后叙述的方便，我们将 $\boldsymbol{k}_1$ 称为**照明波矢量**(illumination wave vector)，简称**照明矢量**(illumination vector)；将 $\boldsymbol{k}_2$ 称为**观察波矢量**(observation wave vector)，简称**观察矢量**(observation vector)[3].

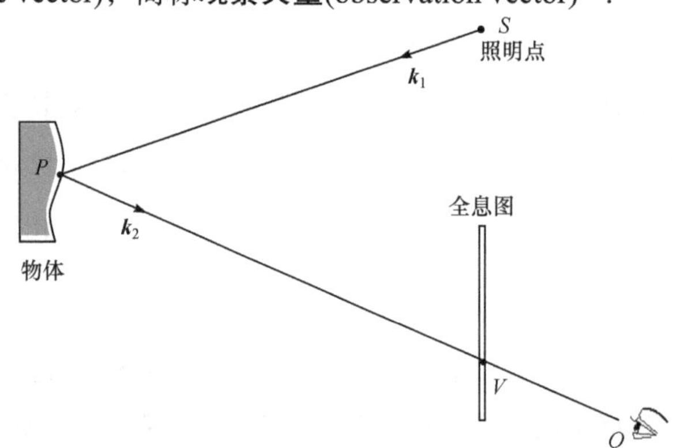

图 8-2-2　观察二次曝光全息图再现像上 P 点的示意图

注意到 P 点的坐标为(x_P, y_P, z_P)，S 点的坐标为(x_S, y_S, z_S)，于是，可将 $\boldsymbol{k}_1$ 和 $\boldsymbol{k}_2$ 的单位矢量 $\hat{\boldsymbol{e}}_1$，$\hat{\boldsymbol{e}}_2$ 表示如下[7]:

$$\hat{\boldsymbol{e}}_1(P) = \begin{vmatrix} e_{1x}(P) \\ e_{1y}(P) \\ e_{1z}(P) \end{vmatrix} = \frac{1}{\sqrt{(x_P - x_S)^2 + (y_P - y_S)^2 + (z_P - z_S)^2}} \begin{vmatrix} x_P - x_S \\ y_P - y_S \\ z_P - z_S \end{vmatrix} \tag{8-2-24}$$

$$\hat{\boldsymbol{e}}_2(P) = \begin{vmatrix} e_{2x}(P) \\ e_{2y}(P) \\ e_{2z}(P) \end{vmatrix} = \frac{1}{\sqrt{(x_V - x_P)^2 + (y_V - y_P)^2 + (z_V - z_P)^2}} \begin{vmatrix} x_V - x_P \\ y_V - y_P \\ z_V - z_P \end{vmatrix} \tag{8-2-25}$$

全息图中物体虚像上相应条纹的亮纹条件为

$$\Delta\phi(P) = \phi_{O2}(P) - \phi_{O1}(P) = \frac{2\pi}{\lambda} \boldsymbol{d}(P) \cdot \left[\hat{\boldsymbol{e}}_{21}(P) - \hat{\boldsymbol{e}}_1(P)\right] = \frac{2\pi}{\lambda} \boldsymbol{d}(P) \cdot \boldsymbol{e}(P) = 2\pi N \tag{8-2-26}$$

式中，N 为条纹序数，可取一系列整数值，也可以表示为波长的关系．注意到相位增量 $\Delta\phi(P)$

与对应的光程增量$\Delta\delta(P)$之间的关系为

$$\Delta\phi(P) = -\frac{2\pi}{\lambda}\Delta\delta(P) \tag{8-2-27}$$

于是，亮纹条件式(8-2-26)还可表示为

$$-\Delta\delta(P) = \boldsymbol{d}\cdot\left[\hat{\boldsymbol{e}}_2(P) - \hat{\boldsymbol{e}}_1(P)\right] = \boldsymbol{d}(P)\cdot\boldsymbol{e}(P) = N\lambda \tag{8-2-28}$$

以上表明，每一点的干涉相位增量由该点的位移矢量和灵敏度矢量的数性积决定．而灵敏度矢量仅由全息光路布局的几何结构所决定．当位移矢量和灵敏度矢量相垂直时，干涉相位差总是为零，与位移大小无关．

1) 一维位移场的测量

图 8-2-3 是一个应用双曝光全息方法检测一维位移的简单例子——测定悬臂梁自由端受力后梁上诸点的微小位移．

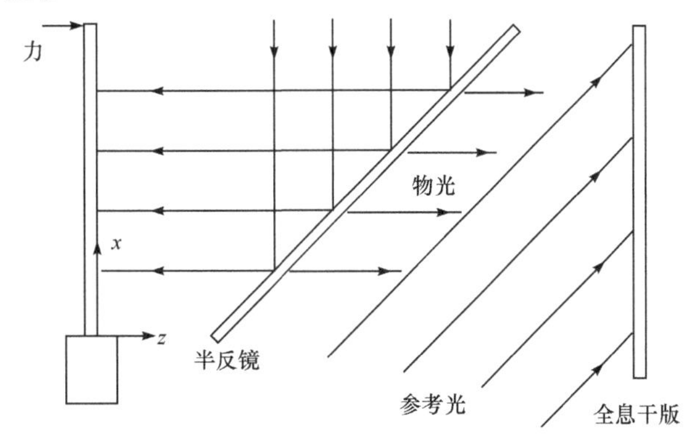

图 8-2-3　悬臂梁的垂直变形的全息记录示意图

设待研究的悬臂梁处于 x 轴上，其一端固定在刚性基座上，另一端是自由端，可在 xz 平面内摆动．照明光是一束单色平面波，沿 z 轴反方向垂直照射在梁上．当悬臂梁处于静止状态，也就是整个梁身处于 x 轴上时，作第一次曝光，然后，在 z 方向微微对悬臂梁的自由端加力，使其稍稍偏离平衡位置时，作第二次曝光．将这张双曝光全息图在参考光照明下再现时，将会看到再现像上分布有明暗相间的干涉条纹，如图 8-2-4(b)所示．

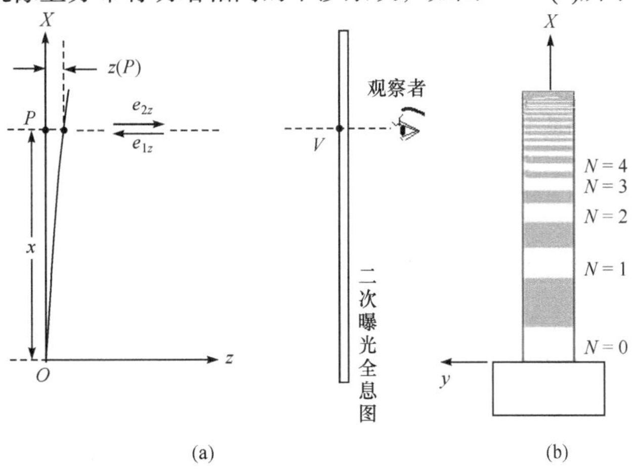

图 8-2-4　观察全息图悬臂梁再现像上的干涉图纹

考查梁上任意点 $P(x,y,z)$，第一次曝光时，梁上所有的点，包括任意点 $P(x,y,z)$，都有

$z=0$．第二次曝光时，设任意点 $P(x,y,z)$ 在 z 方向移动的距离为 $z(x)$．

在所选取的坐标情况下，如图 8-2-4(a)所示，我们有

$$e_{2x}=e_{2y}=0,\quad e_{1x}=e_{1y}=0,\quad -e_{1z}=e_{2z}=1,\quad d_x=d_y=0,\quad d_z=z(P)=z(x)$$

根据式(8-2-28)，干涉条纹的亮纹条件为

$$\boldsymbol{d}(P)\cdot\boldsymbol{e}(P)=d_z e_z=z(x)(e_{2z}-e_{1z})=N\lambda$$

即

$$2z(x)=N\lambda \quad 或 \quad z(x)=N\lambda/2 \tag{8-2-29}$$

由于刚性基座没有移动，其对应的相移为 0，对应的条纹序数为 $N=0$，其他条纹序数依次为 N=1,2,3 等整数．因此，任何一点偏离 z 轴的距离，可简单地数出该位置的条纹序数，根据式(8-2-29)就可以确定其表面上各个点位移量大小．图 8-2-4(b)表示了观察者沿 z 轴的反方向观察二次曝光全息图时，悬臂梁在 xy 平面上的干涉条纹示意图．

2) 三维位移场的测量

一般情况下，物体的位移是三维的，需要有三个方程来求解．下面介绍一种简单、常用的方法——多全息图分析法[1]．

为了确定位移 $\boldsymbol{d}$ 的三个独立分量，必须测出三个参量，建立三个独立的方程式．可以同时记录三张不同位置的双曝光全息图．在物体位移前，对三张不同位置的全息干版作第一次曝光．在物体位移后，对这三张全息干版作第二次曝光．处理后对三张双曝光全息图分别在 V_1，V_2 和 V_3 三点进行相位测量．如图 8-2-5 所示，对于每个观测点 $V_i\ (i=1,2,3)$，可以确定一个观察方向从 P 点指向 V_i 点的波矢量 $\boldsymbol{k}_2^{(i)}$，它们与照明光波的波矢量 $\boldsymbol{k}_1$ 一起决定它们分别对应的灵敏度矢量．对于每个观察方向 i，可以写出一个相位增量 $\Delta\phi^{(i)}$ 和位移的关系式．为了简化表达式的形式，我们以 $\Phi^{(i)}$ 表示相位增量 $\Delta\phi^{(i)}$．即 $\Delta\phi^{(i)}\equiv\Phi^{(i)}$．每个观察方向 i 的相位增量表示为 $\Phi^{(i)}$，于是

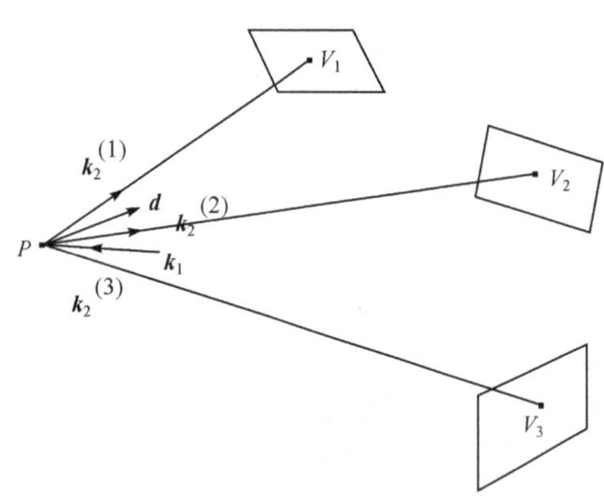

图 8-2-5　多全息图分析系统简图

$$\begin{cases}\Phi^{(1)}=(\boldsymbol{k}_2^{(1)}-\boldsymbol{k}_1)\cdot\boldsymbol{d}=\boldsymbol{K}_1\cdot\boldsymbol{d}\\ \Phi^{(2)}=(\boldsymbol{k}_2^{(2)}-\boldsymbol{k}_1)\cdot\boldsymbol{d}=\boldsymbol{K}_2\cdot\boldsymbol{d}\\ \Phi^{(3)}=(\boldsymbol{k}_2^{(3)}-\boldsymbol{k}_1)\cdot\boldsymbol{d}=\boldsymbol{K}_3\cdot\boldsymbol{d}\end{cases} \tag{8-2-30}$$

式中，$(\boldsymbol{k}_2^{(i)}-\boldsymbol{k}_1)\equiv\boldsymbol{K}_i\ (i=1,2,3)$．若三个灵敏度矢量是非共面的，则式(8-2-30)方程组将决定位移矢量 $\boldsymbol{d}$．这种测量位移的方法称为多全息图分析法，是 A. E. Ennos[7]首先提出的，他利用两张全息图和接近掠入射的照明相配合去测量金属箔片的面内形变．显然，若 V_1,V_2 和 V_3 是位于同一张大全息图上的三个观察点时，式(8-2-30)也是同样有效的．

由式(8-2-30)可知，确定位移矢量 $\boldsymbol{d}$ 的最方便的方法是将全部矢量分解为 xyz 坐标系中互相垂直的分量．如果物体是平面，使坐标的 xy 平面与物体相平行将是很方便的．在其他情况

下，坐标系的选取，总是以最简便为原则.

式(8-2-30)可以写成线性代数方程组，并用矩阵形式表示如下：

$$\begin{bmatrix} \Phi^{(1)} \\ \Phi^{(2)} \\ \Phi^{(3)} \end{bmatrix} = \begin{bmatrix} K_{1x}K_{1y}K_{1z} \\ K_{2x}K_{2y}K_{2z} \\ K_{3x}K_{3y}K_{3z} \end{bmatrix} \begin{bmatrix} d_x \\ d_y \\ d_z \end{bmatrix} \tag{8-2-31}$$

亮纹条件为

$$\begin{bmatrix} K_{1x}K_{1y}K_{1z} \\ K_{2x}K_{2y}K_{2z} \\ K_{3x}K_{3y}K_{3z} \end{bmatrix} \begin{bmatrix} d_x \\ d_y \\ d_z \end{bmatrix} = 2\pi \begin{bmatrix} N_1 \\ N_2 \\ N_3 \end{bmatrix} \tag{8-2-32}$$

系数矩阵完全由全息系统的几何位置和光波波长决定. 式(8-2-32)右端的矢量由观察干涉条纹而得到. 由式(8-2-32)可以解出位移的三个正交分量d_x，d_y和d_z. 计算时，首先在物体上确定零级条纹所在位置，即在第一次曝光和第二次曝光时位置保持不变的那些点. 然后数出从零级条纹所在位置到V_1点的亮条纹数目，即确定出V_1点的条纹序数N_1(所选择的观察点为亮点). 用同样的办法，逐一确定V_2和V_3点的条纹序数N_2和N_3. 这就意味着全息图记录的物体上必须存在一个在两次曝光过程中保持不动的点或区域，然而，在实验中并不能总是如此. 例如，与静止的夹具连接不牢时就会造成物体整体的移动，有时，即便物体上存在两次曝光过程中保持不动的点或区域，但却很难找到它们的位置. 参考文献[8]和[9]提出了解决这个问题的一个简单方法：把一个易于弯曲的细条状物(如细绳)的一端固定在全息图视场内某个在检测中保持静止不动的物体上，细条状物另一端固定在待测物体上，并被轻轻拉紧. 这样，就在干涉图中引入了一个可靠的零级条纹参考点.

Kopf[10]还提出了一种三次曝光的全息方法，在这种方法中，由于零级条纹的亮度比其他亮纹亮得多，所以易于识别.

除多全息图法外，单全息图分析法是测量位移矢量的又一种方法[11]，它采用单张的大全息图，通过全息图上三个不同的点V_1，V_2和V_3观察物点P，可对三个独立的相位变化进行测量. 读者可以参看文献[11]、[12]和[21].

全息干涉检测应用研究中，根据实际问题，利用先验的理论知识建立干涉图理论模型，对于实现准确的检测是很有实用价值的工作. 附录 B 给出散射光全息干涉图像的理论模型，并基于理论模型，模拟了物体微形变的双曝光全息图及干涉图像. 与附录 B 相对应，书附光盘程序 LXM22.m 是双曝光全息图的形成模拟，程序 LXM23.m 是调用模拟形成的全息图获取干涉图像的程序，也是可以面向实际检测应用的程序. 阅读附录 B 及执行程序，可以加深对上述内容的理解.

2. *应力分析*

全息干涉计量术可应用于透明固体的应力分析(stress analysis). 图 8-2-6 表示了一个薄透明材料的实验样品，其厚度为t，试件上下两端受到拉力F的作用. 当试件受此拉伸负荷后，光程要发生相应的变化. 其因素有二：一是由受力后试件厚度的微小变化引起；二是由受力后试件折射率的微小变化引起. 若x，y方向的应力远大于z方向的应力，这时，在一定近似程度上可视为所有应力都位于x，y平面内，即试件处于平面应力状态. 由于泊松效应，材料

在 z 方向所产生的应变 ε_{zz} 为[1]

$$\varepsilon_{zz} = \delta t / t \tag{8-2-33}$$

式中，t 为试件厚度，δt 是受力后试件厚度的微小增量.

在弹性材料中，这种横向应变与应力场的关系为

$$\varepsilon_{zz} = -(\nu / E)(\sigma_1 + \sigma_2) \tag{8-2-34}$$

式中，σ_1，σ_2 为主应力(principal stresses)，它们互相垂直，并都位于 x，y 平面. 若物光沿 z 轴方向照明透射试件进行二次曝光全息干涉计量. 第一次曝光在试件受力之前，第二次曝光在试件受力之后，n_0 为未受力状态下试件的折射率，n 为受力状态下试件的折射率，则在这两次曝光之间图 8-2-7 所示两虚线之间 $\overline{AB}$ 路段的光程差 $\Delta\delta$ 为

$$\Delta\delta = \left[n(t+\delta t) - (n_0 t + \delta t)\right] \tag{8-2-35}$$

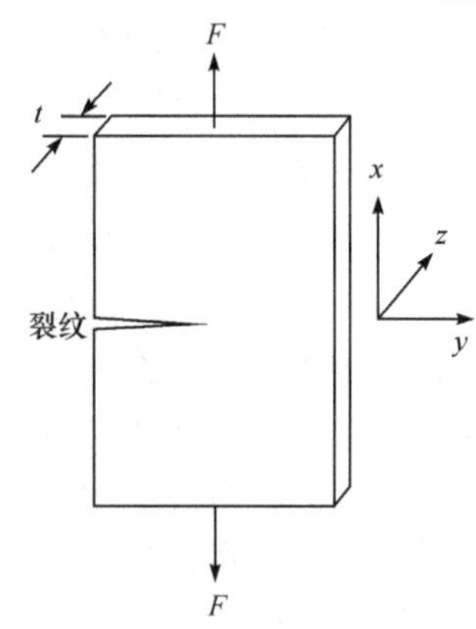

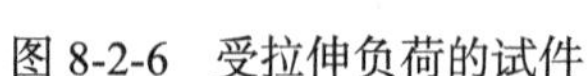

图 8-2-6　受拉伸负荷的试件

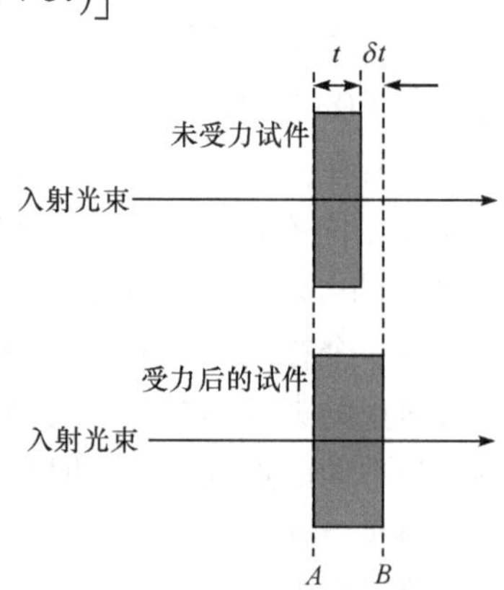

图 8-2-7　两次曝光间的光程差示意图

在其他条件没有变化的情况下，这也就是物光两次曝光之间的总光程差. 设 n_1 为光在 σ_1 方向偏振的折射率；n_2 为光在 σ_2 方向偏振的折射率；A，B 为材料的应力-光学系数.

$$n_1 - n_0 = A\sigma_1 + B\sigma_2, \quad n_2 - n_0 = B\sigma_1 + A\sigma_2 \tag{8-2-36}$$

对于应力-光学灵敏度较低的材料，近似地有

$$A = B, \quad n_1 = n_2 = n \tag{8-2-37}$$

对光学上各向同性的材料，式(8-2-36)可写作

$$n - n_0 = A(\sigma_1 + \sigma_2) \tag{8-2-38}$$

将式(8-2-34)的关系代入式(8-2-38)，得

$$n - n_0 = -(AE\varepsilon_{zz}) / \nu \tag{8-2-39}$$

于是，表示光程差的式(8-2-35)可进一步写为

$$\begin{aligned}\Delta\delta &= (n-n_0)t + (n-1)\delta t = -\frac{AE\varepsilon_{zz}t}{\nu} + (n-1)\varepsilon_{zz}t \\ &= \left[-\frac{AE}{\nu} + \left(n_0 - \frac{AE\varepsilon_{zz}}{\nu} - 1\right)\right]\varepsilon_{zz}t \\ &= \left[-\frac{AE}{\nu} + (n_0 - 1)\right]\varepsilon_{zz}t - \frac{AE\varepsilon_{zz}{}^2}{\nu}t\end{aligned} \tag{8-2-40}$$

注意到 $\frac{AE\varepsilon_{zz}{}^2}{\nu}t$ 是一个比式(8-2-40)中其他项小得多的项，将它略去后就得到

$$\Delta\delta = \left[\left(n_0 - \frac{E}{\nu}A\right) - 1\right]\varepsilon_{zz}t \tag{8-2-41}$$

干涉条纹的亮纹条件为 $\Delta\delta = N\lambda$，于是我们得到

$$\varepsilon_{zz} = \frac{N\lambda}{\left[\left(n_0 - \frac{E}{\nu}A\right) - 1\right]t} \tag{8-2-42}$$

式中，N 为条纹序数，$(n_0 - EA/\nu)$ 可视为试件的有效折射率. 于是，由式(8-2-42)可定量计算 z 方向试件的应变 ε_{zz} .

此方法已经由 T. D. Duldderarh 和 R. O'Regan[25-27]应用于实验断裂力学中. 特别是他们测量了如图 8-2-6 所示的拉伸试件中裂纹尖端附近的应变场. 他们研究的试件是由聚甲基丙烯酸甲酯(PMM) 制作的，其厚度为 0.7 ～ 13mm . 图 8-2-8 的上半部分表示了他们获得的一张典型的全息干涉图，图 8-2-8 的下半部分是 ε_{zz} 的理论等值线. 两者相比较，可以看到实验与理论吻合得很好.

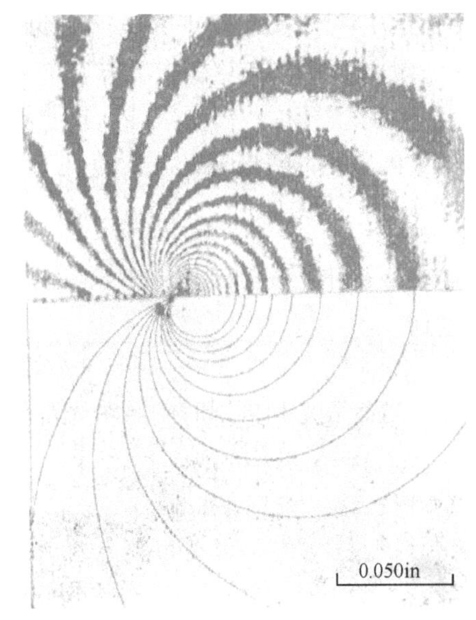

图 8-2-8　理论等值线和干涉图的比较

3. 全息等值线(全息轮廓线或等高线)

与一般全息干涉计量不同，全息等值线(全息轮廓线或等高线)(holographic contouring)的干涉条纹来自物体同一状态的两个不同照明光波波前. 一般的全息干涉计量，干涉条纹是由物体的变化引起的，如全息位移测量中，物体的两个不同状态对应的相位变化是由位移矢量场和灵敏度矢量的标量积给出的. 位移矢量描述了表面各点位置在两个状态间的变化，由激光波长、照明方向和观察方向决定的灵敏度矢量，以及测量的光路布局则是保持不变的. 而全息等值线方法，其思路则恰好相反. 在全息等值线方法中，物体没有位移等变化，条纹的产生是由其他因素引起的. 例如，波长 λ 发生变化、介质的折射率发生变化、照明方向发生变化都能产生干涉条纹，而这些条纹反映出来的信息是调制三维物体像的全息等值线. 也就是说，三维物体的像被一组条纹所调制，这组条纹相对于一个标准面具有恒定值.

1) 用波长差产生等值线

首先，我们介绍用波长差产生等值线(contouring by wavelength differences)的方法. 由于灵敏度矢量的长度依赖于波长 λ，故波长 λ 发生变化，将引起灵敏度矢量的变化，从而引起光程的变化. 波长的变化可以按预期的不连续的阶梯变化，例如，使用氩离子激光器或连续的染料激光器的不同波长，也可以使用带有可变标准具的脉冲激光器，利用改变标准具的腔片的距离来改变激光波长.

图 8-2-9 表示了一种使用双波长的全息等值线方法的光路布局. 它采用平面波作参考光和照明光，使用实时全息方法，并将全息图拍摄成像面全息图，再现时用一个远心的观察系统观看. 设记录全息图时使用的波长为 λ，照明时使用的波长为 λ' . 于是，物体上的 P 点在再现时将移动到 P' 点. 这时，我们也可以将它视为：波长没有改变，而是物体上的 P 点发生了相应的位移.

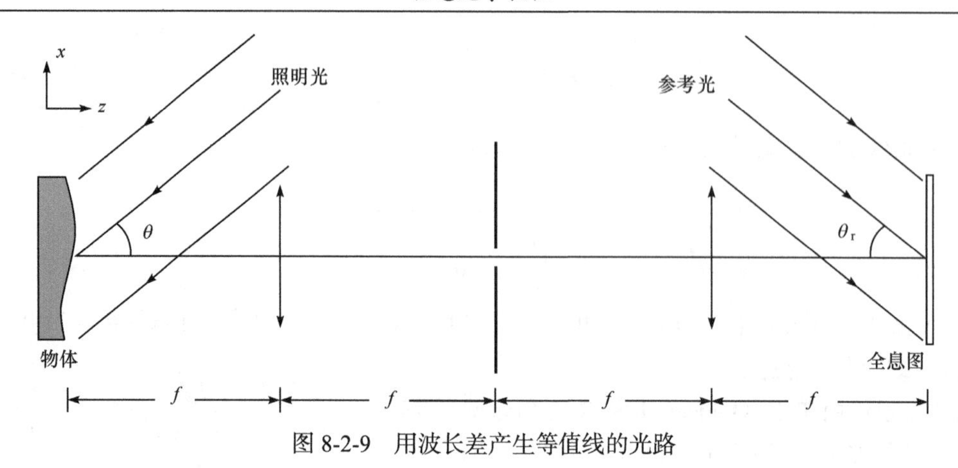

图 8-2-9　用波长差产生等值线的光路

再现时，使再现光波长满足

$$\sin\theta_\mathrm{r} / \lambda = \sin\theta_\mathrm{r}' / \lambda' \tag{8-2-43}$$

式中，θ_r 和 θ_r' 分别为参考光和再现光与全息图法线的夹角．根据式(7-1-17)～式(7-1-20)，注意到

$$\mu \equiv \lambda' / \lambda = k / k' \tag{8-2-44}$$

当参考光和再现时的照明光都使用平行光，即 $z_\mathrm{B} \to \infty$，$z_\mathrm{r} \to \infty$ 时，我们有

$$\frac{1}{z_\mathrm{p}} = \mu\left(\frac{1}{z_\mathrm{O}}\right) \quad 或 \quad z_\mathrm{p} = \frac{z_\mathrm{O}}{\mu} = \frac{\lambda}{\lambda'} z_\mathrm{O} \tag{8-2-45}$$

$$x_\mathrm{p} = z_\mathrm{p}\left(\mu\frac{x_\mathrm{O}}{z_\mathrm{O}}\right) = x_\mathrm{O}, \quad y_\mathrm{p} = z_\mathrm{p}\left(\mu\frac{y_\mathrm{O}}{z_\mathrm{O}}\right) = y_\mathrm{O} \tag{8-2-46}$$

这相当于点物只在纵向(z 轴方向)发生位移，而横向位置无变化．在此情况下，相当于点物发生一个等价的假想位移 $\boldsymbol{d}$ [7]．若点物位于 $P(x,y,z)$ 点，则其假想位移 $\boldsymbol{d}$ 可表示为

$$\boldsymbol{d} = \begin{bmatrix} 0 \\ 0 \\ (z/\mu) - z \end{bmatrix} \tag{8-2-47}$$

在图 8-2-9 的光路中，观察矢量为 $\boldsymbol{e}_2 = (0,0,1)^\mathrm{T}$，照明矢量为 $\boldsymbol{e}_1 = (-\sin\theta, 0, -\cos\theta)^\mathrm{T}$.于是，灵敏度矢量为

$$\boldsymbol{K} = \frac{2\pi}{\lambda}(\boldsymbol{e}_2 - \boldsymbol{e}_1) = \frac{2\pi}{\lambda}(\sin\theta, 0, 1+\cos\theta)^\mathrm{T} \tag{8-2-48}$$

$$\begin{aligned} \varPhi = \boldsymbol{K}\cdot\boldsymbol{d} = \frac{2\pi}{\lambda}\boldsymbol{e}\cdot\boldsymbol{d} &= \frac{2\pi}{\lambda}\begin{bmatrix}\sin\theta & 0 & (1+\cos\theta)\end{bmatrix}\begin{bmatrix} 0 \\ 0 \\ (z/\mu) - z \end{bmatrix} \\ &= \frac{2\pi}{\lambda}\left[(1+\cos\theta)\left(\frac{1-\mu}{\mu}\right)z\right] = 2\pi(1+\cos\theta)\left(\frac{\lambda-\lambda'}{\lambda\lambda'}\right)z \end{aligned} \tag{8-2-49}$$

亮纹条件为

$$\varPhi = 2\pi(1+\cos\theta)\left(\frac{\lambda-\lambda'}{\lambda\lambda'}\right)z = 2N\pi, \quad N = \pm1, \pm2, \pm3, \cdots \tag{8-2-50}$$

条纹对应于两个波前在 z 方向的**等相位值线**(**等值线**或**等高线**). 它们以平行于全息图平面(即 (x,y) 平面)的平面与物体表面相截.

等高线条纹的宽度 Δz 为

$$\Delta z=\frac{\lambda\lambda'}{(1+\cos\theta)(\lambda-\lambda')} \tag{8-2-51}$$

Δz 又称为**等值线条纹灵敏度**.

2) 用折射率的变化产生等值线

用折射率的变化产生等值线(contouring by refractive index variation)的方法又称为**沉浸法**(immersion method)[7]. 在这个方法中，改变的仍然是激光波长，但不改变激光的频率，而是通过改变介质的折射率来改变激光的传播速度，从而改变波长.

若 c_0 为真空中的光速，c 是折射率为 n 的介质中的光速，λ 为其相应的波长；c' 是折射率为 n' 的介质中的光速，λ' 为其相应的波长，ν 为光波的频率，则它们有以下关系：

$$\nu=\frac{c_0}{\lambda_0}=\frac{c}{\lambda}=\frac{c'}{\lambda'} \tag{8-2-52a}$$

$$\lambda=\frac{\lambda_0}{n},\quad \lambda'=\frac{\lambda_0}{n'}\quad 或\quad k=\frac{2\pi}{\lambda}=\frac{2\pi}{\lambda_0}n,\quad k'=\frac{2\pi}{\lambda'}=\frac{2\pi}{\lambda_0}n' \tag{8-2-52b}$$

沉浸法的实验装置如图 8-2-10 所示. 若采用双曝光法拍摄全息图，将物体放置在一个盛有折射率为 n 的透明气体或液体的容器中，进行第一次曝光. 之后，将容器中的透明气体或液体更换为折射率为 n' 的透明气体或液体，进行第二次曝光.

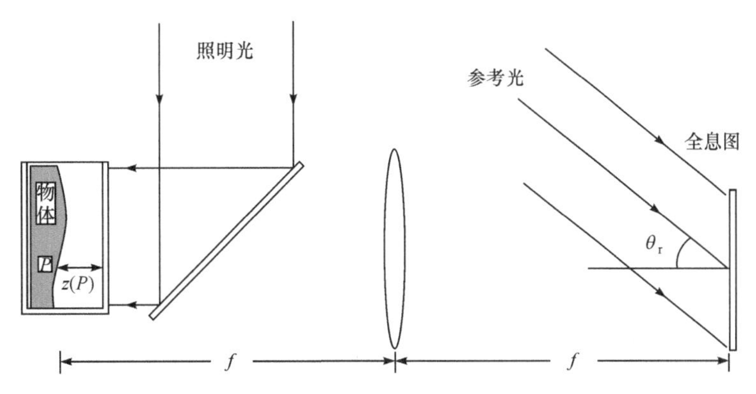

图 8-2-10　用折射率的变化产生等值线的装置示意图

设物体由一束平面波透过玻璃容器壁进行照明，采用远心成像系统进行观察，这样，就能消除由不同折射率引起的不同的偏转效应. 设从容器壁到物体表面的距离为 $z(P)$，则两次状态的相位差为[7]

$$\Delta\phi(P)=\Phi(P)=\boldsymbol{k}'\cdot\boldsymbol{r}'-\boldsymbol{k}\cdot\boldsymbol{r}=(2\pi/\lambda_0)\left[(n'-n)2z(P)\right] \tag{8-2-53}$$

于是，等值线间隔为

$$\Delta z=\lambda_0/2(n'-n) \tag{8-2-54}$$

若所使用的是酒精(alcohol)掺水的液体，其折射率可通过调整它们的比例而改变，可以方便地改变等值线的间隔，这种方法常被称为“掺水烈酒法”(grog method).

3) 变化照明方向产生等值线

在前面两节中，我们通过改变波长来改变灵敏度矢量，显然，也可以通过改变照明或观察方向来改变灵敏度矢量.

在图 8-2-11 的光路中，若采用双曝光全息方法，第一次曝光时，照明点光源在位置 S，而第二次曝光时，点光源移动到位置 S'，其相应的位置变化矢量为 $\boldsymbol{d}_S(S)$，方向由 S 指向 S'. 让我们考虑由于照明点光源位置的变化，其相应的相位将作怎样的变化.

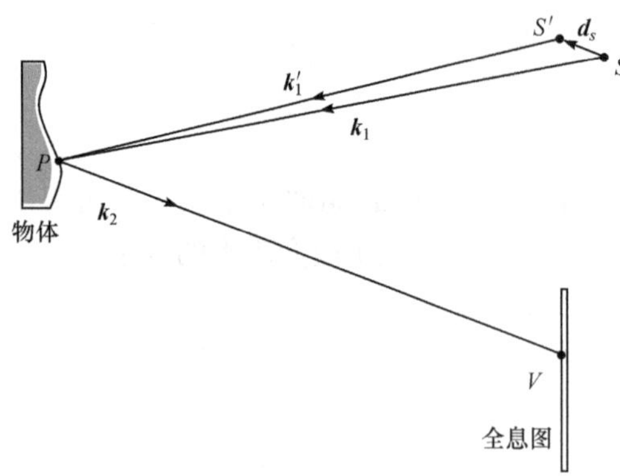

图 8-2-11 变化照明方向产生等值线示意图

第一次曝光时，从点光源 S 发射的光线经某点 P 漫反射到在全息图上的某点 V，到达 V 点的光波相位 ϕ_{O1} 为

$$\phi_{O1}=-\left(\boldsymbol{k}_1\cdot\overrightarrow{SP}+\boldsymbol{k}_2\cdot\overrightarrow{PV}\right)+\phi_S \tag{8-2-55}$$

式中，ϕ_S 为点光源 S 的初相；$\overrightarrow{SP}$ 为由 S 点指向 P 点的矢量；$\boldsymbol{k}_1$ 为沿该方向的波矢量，也就第一次曝光时的照明矢量；$\overrightarrow{PV}$ 为由 P 点指向 V 的矢量，$\boldsymbol{k}_2$ 为沿该方向的波矢量，也就是第一次曝光时的观察矢量，$|\boldsymbol{k}_1|=|\boldsymbol{k}_2|=2\pi/\lambda$.

第二次曝光时，V 点的相位 ϕ_{O2} 为

$$\phi_{O2}=-\left(\boldsymbol{k}_1'\cdot\overrightarrow{S'P}+\boldsymbol{k}_2\cdot\overrightarrow{PV}\right)+\phi_S \tag{8-2-56}$$

$$\overrightarrow{S'P}=\overrightarrow{SP}-\boldsymbol{d}_S,\quad \boldsymbol{k}_1'=\boldsymbol{k}_1+\Delta\boldsymbol{k}_1 \tag{8-2-57}$$

式中，$\overrightarrow{S'P}$ 为由 S' 点指向 P 点的矢量；$\boldsymbol{k}_1'$ 为沿该方向的波矢量，也就第二次曝光时的照明矢量；而观察矢量和第一次曝光时一样，仍为 $\boldsymbol{k}_2$.

于是，两次曝光前后全息图上 V 点物光的相位增量 Φ 为

$$\begin{aligned}\Phi=\phi_{O2}-\phi_{O1}&=-\left(\boldsymbol{k}_1'\cdot\overrightarrow{S'P}+\boldsymbol{k}_2\cdot\overrightarrow{PV}\right)+\phi_S+\left(\boldsymbol{k}_1\cdot\overrightarrow{SP}+\boldsymbol{k}_2\cdot\overrightarrow{PV}\right)-\phi_S\\&=\boldsymbol{k}_1\cdot\boldsymbol{d}_S-\Delta\boldsymbol{k}_1\cdot\overrightarrow{SP}+\Delta\boldsymbol{k}_1\cdot\boldsymbol{d}_S=\boldsymbol{k}_1\cdot\boldsymbol{d}_S-\Delta\boldsymbol{k}_1\cdot\overrightarrow{SP}+\Delta\boldsymbol{k}_1\cdot\boldsymbol{d}_S\end{aligned} \tag{8-2-58}$$

当点光源的位移动量 $\boldsymbol{d}_S$ 很小时

$$\Delta\boldsymbol{k}_1\perp\overrightarrow{SP},\quad \Delta\boldsymbol{k}_1\cdot\overrightarrow{SP}\approx 0,\quad \Delta\boldsymbol{k}_1\cdot\boldsymbol{d}_S\approx 0$$

$$\Phi(P)=\boldsymbol{k}_1(P)\cdot\boldsymbol{d}_S=(2\pi/\lambda)\hat{\boldsymbol{e}}_1(P)\cdot\boldsymbol{d}_S(S) \tag{8-2-59}$$

这时物体被一组旋转对称双曲面(rotational symmetric hyperboloids)所截，它们的焦点位于两个照明点光源 S 与 S' 处. 物体离照明点光源越远截面就越平坦，条纹图样与观察位置无关[7]. 当照明光使用平行光时，将产生等间距的平行面. 这时，相当于有两束不同方向的平面波先后照在物体表面上. 式(8-2-55)和式(8-2-56)可改写为

$$\phi_{O1}=-\left(\boldsymbol{k}_1\cdot\boldsymbol{r}+\vec{k}_2\cdot\overrightarrow{PV}\right)+\phi_{O1}',\quad \phi_{O2}=-\left(\boldsymbol{k}_1'\cdot\boldsymbol{r}+\boldsymbol{k}_2\cdot\overrightarrow{PV}\right)+\phi_{O2}'$$

式中，ϕ_{O1}' 和 ϕ_{O2}' 分别为两平面波在坐标原点的初相，$\boldsymbol{r}$ 为 P 点的矢径. 于是

$$\Phi = \phi_{O2} - \phi_{O1} = -\left(\boldsymbol{k}_1{}' - \boldsymbol{k}_1\right)\cdot \boldsymbol{r} + \phi'_{O2} - \phi'_{O1} = -\left(\boldsymbol{k}_1{}' - \boldsymbol{k}_1\right)\cdot \boldsymbol{r} + \Delta\phi_O$$

其中，$\Delta\phi_O = \phi'_{O2} - \phi'_{O1} = \text{const}$ 为两平面波在原点的初相差，对定态光场是恒量．若两平面波波矢量 $\boldsymbol{k}_1{}', \boldsymbol{k}_1$ 之间的夹角为 2α，则条纹的距离为[6]

$$\Delta h = \lambda / 2\sin\alpha \tag{8-2-60}$$

同样的情况也可以不使用全息的方法，直接将两束夹角为 2α 的平行光照射在物体表面上，将产生同样的效果，这种方法常称为**投影条纹等值线法**(projected fringe contouring).

如果照明角度的变化是采用两次曝光间在适当的方向上移动物体的变化来达到，等值线面几乎可以产生在任何方位[14,15].

此技术可以结合使用照明方向的改变来实现[16-18].

4. 大型结构的全息检测

本节将介绍大物体的全息检测，主要采用远距离拍摄方法和一种大景深全息技术来作大型结构的全息检测.

全息照相的景深和被摄物体的尺寸大小通常被限制在激光器的相干长度之内，也可以采用“光程补偿”的技术扩展景深，但这种方法一般只能将景深扩展到激光器相干长度的 1～2 倍．贝尔实验室曾有用普通氦氖激光器拍摄了 1.2m 景深的记录[34]．然而，这对拍摄许多工程结构还是很不够的.

当以能见度允许的条件来定义相干长度 l_C，如以复自相干度的模 $|\gamma(\tau)|$ 等于 $1/\sqrt{2}$ 时对应的光程差 l_{12} 来定义相干长度时，我们有

$$|\gamma(l_C)| \equiv 1/\sqrt{2} \approx 0.707 \tag{8-2-61}$$

对于实验室常用的氦氖激光器而言，由式(8-2-61)定义的相干长度约为几十厘米的量级(例如，腔长一米多，输出功率三四十毫瓦的氦氖激光器，其相干长度为二三十厘米)．因此，通常拍摄大景深、大面积的全息图都不使用氦氖激光器，而采用经过选模的大功率氩离子激光器或大能量的红宝石激光器，它们的相干长度一般在米的量级，乃至 10m 量级．Gates 曾用 10J 输出的红宝石激光器在现场条件下拍摄了 6m^3 的工程结构[20]．然而，要用这样的激光器来拍摄大景深、大面积的全息图付出的代价是昂贵的.

下面我们将介绍，如何采用较为低廉的、普通实验室最常用的氦氖激光器来拍摄大景深、大面积全息图的方法，即等光程椭圆远距离拍摄方法.

当被摄物较大，激光器相干长度较小时，可以将物光作小角度、远距离的扩束，使得照明在物体上的物光波面具有较大的曲率半径，较易于满足相干性的要求，这是最简单的方法.

为了使照明物体的物光，在通过物体散射到全息记录干版上具有近乎相等的光程，可使用等光程椭圆方法布置光路．作等光程椭圆的方法如下：

若激光束透过参物光分束镜后直接照明物体，参考光经过参物光分束镜反射后，经过一个反射镜的反射便到达全息干版，则以参物光分束镜中心 L 及干版中心 H 为两焦点作一个椭圆，并使椭圆经过参考光反射镜中心，然后将物体表面放在这个椭圆的周界附近，椭圆周界线内外允许有一定范围的宽度，这就是激光器相干长度允许的宽度．只要物体被拍摄表面摆放的位置处于这个范围内，都能很好地满足相干性的要求，如图 8-2-12 所示．若拍摄的物体相当大，需要使分束

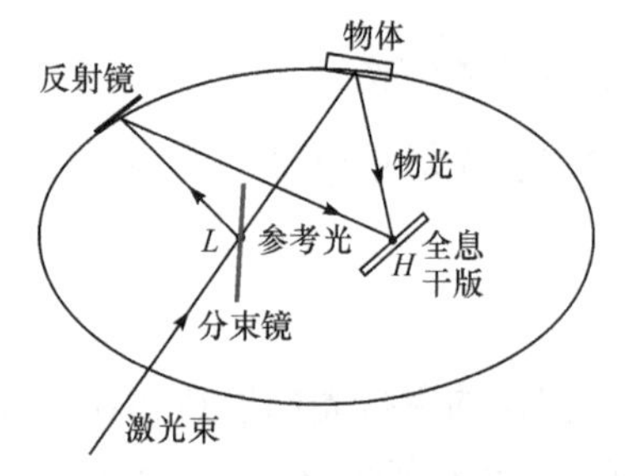

图 8-2-12　参物光等光程椭圆示意图

镜中点 L 和全息记录干版中心 H 靠近，并使参考光的反射镜离开 L 、H 足够远，椭圆有足够大的曲率半径，也就是使图 8-2-12 的等光程椭圆曲线趋向于半径足够大的圆曲线．

例如，使用一台相干长度为 30cm 的 60mW 的氦氖激光器拍摄一座宽 1m 、厚 1m 、高 2m 的机床．要使机床距扩束透镜 L 的焦点和全息记录干版 H 的中心的距离大约为 10m 远．这就是 Nils Abramson 拍摄大型铣床曾使用过的数据，并曾获得了满意的结果(图 8-2-14)[3]．

显然，如此大的物体，如此远的距离，一般的全息防震台是用不上的．被摄物体只能放在地面上，多数的光学元件也只能放在地面上．因而，拍摄时需特别注意防震措施．例如，对光路中安放在地面的每个元件可分别垫以金属块以增大其惯性，并垫橡皮以防震，且最好在夜间拍摄．

当物体非常大，有时采用图 8-2-12 的光路不便安排布局时，也可以分别单独作物光的等光程椭圆，如图 8-2-13 所示[6]．以物光的扩束镜焦点 L 与记录干版中心 H 为两个焦点作等光程椭圆．具体实施时，可以用一根细绳，一端固定在物光扩束透镜的焦点 L 位置，另一端固定在全息记录干版的中心 H 位置，将细绳套上一支杆身光滑的笔 P ，笔暂时固定在物体表面的中心点，这时需调整光路，使物光从分束镜到 P 点，再到记录片中心 H 的光程与参考光从分束镜到记录片中心 H 的光程相等．然后移动笔 P ，在光路平面上画一段椭圆曲线，将待摄物表面安放在此椭圆曲线周界附近，只要不超过椭圆周界线内外激光器相干长度的范围，都能很好地满足相干性的要求．当然，也可以不在光路平面上真画曲线，而只是套上一支可让细绳自由滑动的光滑的杆，用它来控制待摄物表面的位置，也就可以达到目的了．这种方法虽可拍摄很大的场景，但景深受限于激光器的相干长度．

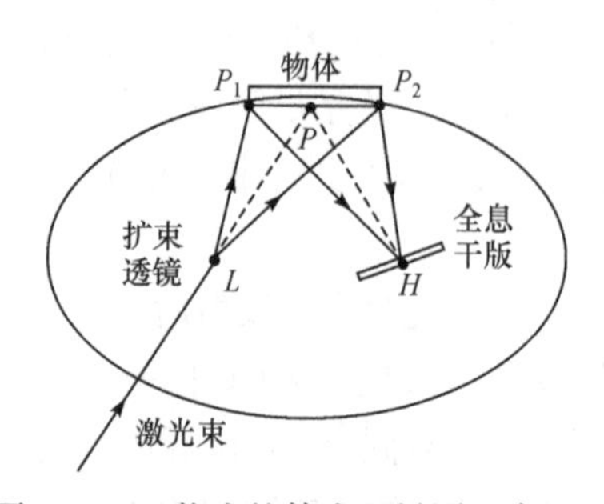

图 8-2-13　物光的等光程椭圆示意图

图 8-2-14　铣床的全息干涉图

利用激光光源时间相干性的准周期性，采用不同光程的物光分区照明被拍摄物体，可以形成一种大景深全息技术，深入研究这项技术的读者可以参看文献[3]、[21].

8.3　时间平均法原理及其应用

连续曝光法(continue-exposure)或称时间平均法(time-average holographic interferomet)常用于研究物体的振动. 在物体振动过程中，对振动物体在一定时间间隔τ内连续地曝光，拍摄下一张全息照片. 这相当于在同一片全息干版上记录下时间间隔τ内一系列连续的物光波前，这样拍摄下来的全息图用原参考光照明再现时，将再现出这段时间内物体振动过程中所有的像. 观察者所看到的是所有这些再现像互相干涉的总效果. 其形成的干涉条纹对于分析物体的振动状态有重要的应用. 下面，我们介绍这种方法的基本原理[6]及在振动检测中的应用.

设物光和参考光在全息干版上$P(x,y)$点的波函数分别为$O(x,y,t)$和$R(x,y)$，则该点的曝光量为

$$E(x,y)=\int_0^{\tau}(O_0{}^2+R_0{}^2+OR^*+O^*R)\,\mathrm{d}t \tag{8-3-1}$$

其中，τ为曝光时间，在线性记录的情况下，对于振幅型全息图，其复振幅透射率为

$$\begin{aligned}t(x,y)&=t_0+\beta E(x,y)\\&=t_0+\beta'(O_0{}^2+R_0{}^2)+\beta R^*\int_0^{\tau}O(x,y,t)\,\mathrm{d}t+\beta R\int_0^{\tau}O^*(x,y,t)\,\mathrm{d}t\\&=t_1+t_2+t_3+t_4\end{aligned} \tag{8-3-2}$$

式中，以t_3表示对应于原始像的第三项，以T表示振动周期，并设

$$\tau=NT+\tau_0 \tag{8-3-3}$$

若$NT\gg\tau_0$，则t_3可表示为

$$t_3=\left(\beta R^*\right)\int_0^{NT+\tau_0}O(x,y,t)\,\mathrm{d}t\approx\left(N\beta R^*\right)\int_0^{T}O(x,y,t)\,\mathrm{d}t$$

以原参考光照明全息图，再现的原始像所对应的衍射光复振幅为

$$u_3=Rt_3=N\beta R_0{}^2\int_0^{T}O(x,y,t)\,\mathrm{d}t \tag{8-3-4}$$

考虑一根簧片的振动，其两端分别夹紧在两个固定基座上. 取坐标如图 8-3-1 所示. 设簧片在平衡位置附近作谐振动，簧片上任意点$P(x)$相对平衡位置P_0的位移$d(x,t)$可表示为

$$d(x,t)=A(x)\cos(\omega t+\psi) \tag{8-3-5}$$

式中，振幅A为x的函数，ψ为振动的初相.

设簧片振动过程中，物光振幅是不随时间变化的，仅相位随时间变化，即

$$O(x,y)=O_0(x,y)\exp[-\mathrm{j}\phi(x,y,t)]$$

式中，$O_0(x,y)$分布对时间保持不变，只有相位$\phi(x,y,t)$随时间而变化，若只考虑一维情况，即

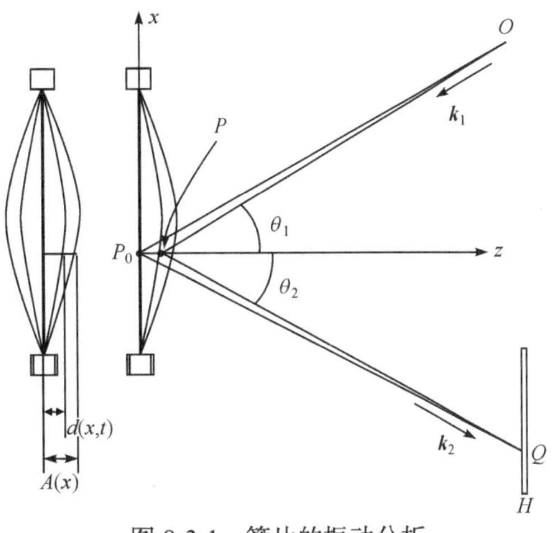

图 8-3-1　簧片的振动分析

$O(x)=O_0(x)\exp[-\mathrm{j}\phi(x,t)]$．若物体初始状态在平衡位置 P_0，相位为 $\phi_0(x)$；某瞬间移动到任意点 $P(x)$，相位为 $\phi(x)$．相应的相位增量 $\Delta\phi$ 为

$$\Delta\phi=\phi-\phi_0=(\boldsymbol{k}_2-\boldsymbol{k}_1)\cdot\boldsymbol{d}=\frac{2\pi}{\lambda}d(x,t)(e_{2z}-e_{1z})=\frac{2\pi}{\lambda}d(x,t)\left[\cos\theta_2-(-\cos\theta_1)\right]$$

或

$$\phi=\phi_0+\frac{2\pi}{\lambda}d(x,t)(\cos\theta_2+\cos\theta_1) \tag{8-3-6}$$

式中，ϕ_0 为照明光源的初相位．于是，物光复振幅分布可表示为

$$\begin{aligned}O(x)&=O_0(x)\exp[-\mathrm{j}\phi_0]\exp\left[-\mathrm{j}\frac{2\pi}{\lambda}d(x,t)(\cos\theta_2+\cos\theta_1)\right]\\&=O_0(x)\exp[-\mathrm{j}\phi_0]\exp\left[-\mathrm{j}\frac{2\pi}{\lambda}A(x)(\cos\theta_2+\cos\theta_1)\cos(\omega t+\psi)\right]\end{aligned} \tag{8-3-7}$$

将式(8-3-7)代入式(8-3-4)，得

$$\begin{aligned}u_3(x)&=N\beta R_0^{\ 2}O_0(x)\exp(-\mathrm{j}\phi_0)\int_0^T\exp\left[-\mathrm{j}\frac{2\pi}{\lambda}A(x)(\cos\theta_2+\cos\theta_1)\cos(\omega t+\psi)\right]\mathrm{d}t\\&=N\beta R_0^{\ 2}O_0(x)\exp(-\mathrm{j}\phi_0)\left(\frac{2\pi}{\omega}\right)\\&\quad\times\frac{1}{2\pi}\int_0^{2\pi}\exp\left[-\mathrm{j}\frac{2\pi}{\lambda}A(x)(\cos\theta_2+\cos\theta_1)\cos(\omega t+\psi)\right]d(\omega t)\\&=(NT)\beta R_0^{\ 2}O_0(x)\exp(-\mathrm{j}\phi_0)\times\frac{1}{2\pi}\int_0^{2\pi}\exp[-\mathrm{j}\xi\cos\gamma]\,\mathrm{d}\gamma\\&=\tau\beta R_0^{\ 2}O_0(x)\exp(-\mathrm{j}\phi_0)\mathrm{J}_0(\xi)\end{aligned} \tag{8-3-8}$$

式中，$\gamma=\omega t+\psi,2\pi/\omega=T$，$\mathrm{J}_0(\xi)$ 是第一类零阶贝塞尔函数，并且

$$\xi=\frac{2\pi}{\lambda}A(x)(\cos\theta_2+\cos\theta_1) \tag{8-3-9}$$

再现正一级衍射光，即物光原始像的光强分布为

$$I(x)=u_3u_3^{\ *}=CO(x)O^*(x)\mathrm{J}_0^{\ 2}(\xi)=CI_0(x)\mathrm{J}_0^{\ 2}(\xi) \tag{8-3-10}$$

式中，$C=\tau^2\beta^2R_0^{\ 4}=\mathrm{const}$，$I_0(x)=O_0^{\ 2}(x)$．

下面，分别三种情况进行讨论[31]．

1) 簧片静止不动

当簧片静止不动时，物面上各点振幅为零 $A(x)=0$，$\xi=0,\mathrm{J}_0(0)=1$，故 $I(x)=CI_0(x)$，即整个物面是一片亮区，比原来物光衰减了 C 倍．

2) 簧片与基座一同作活塞式振动

此时物面上各点振幅相等

$$A(x)=A_0$$

$$\xi=(2\pi/\lambda)A(x)(\cos\theta_2+\cos\theta_1)=(2\pi/\lambda)A_0(\cos\theta_2+\cos\theta_1)=\mathrm{const}\neq0$$

若 $\xi=\xi_n$，即 ξ 等于第一类零阶贝塞尔函数的根值时，则物面是一片暗区．若 $\xi\neq\xi_n$，则整个物面亮度均匀，但比静止时暗．

3) 簧片作非活塞式振动

此时簧片表面上各点的 $D(x)$ 不等，物面呈现节线和暗区．物面光强分布是物体静止时的光强被 ξ 的第一类零阶贝塞尔函数所调制并衰减了 C 倍．其强度分布曲线如图 8-3-2 所示．与节线对应的零级亮纹宽度比其他各级大许多，亮度也高得多．暗纹条件是

$$\mathrm{J}_0(\xi_n)=0$$

式中，ξ_n 为一类零阶贝塞尔函数之根值．表 8-3-1 列出了前 6 个根值．

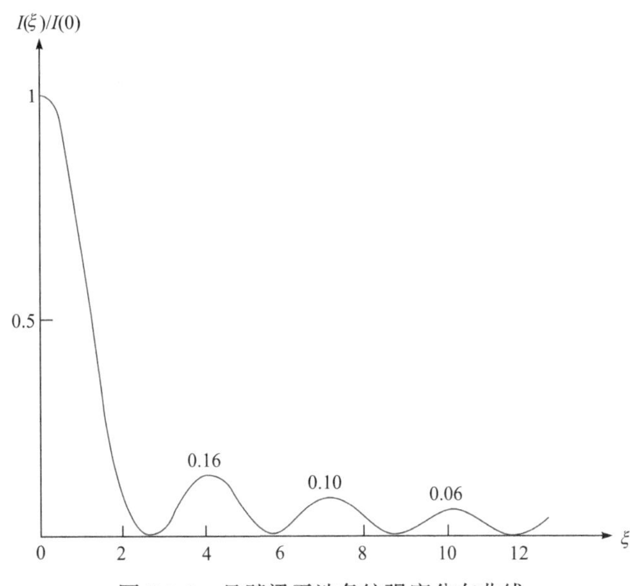

图 8-3-2　悬臂梁干涉条纹强度分布曲线

表 8-3-1　前 6 个暗纹位置

条纹序数	ξ_n	条纹序数	ξ_n
1	2.4048	4	11.7915
2	5.5201	5	14.9309
3	8.6537	6	18.0710

表 8-3-2 列出了前 6 级亮纹的亮度与零级亮纹亮度之比，即相对亮度 $I(\xi)/I(0)$．可以看出，除零级亮纹外，其余亮纹的亮度都很低．

表 8-3-2　各级亮纹与零级比的相对亮度

条纹序数	相对亮度	条纹序数	相对亮度
0	1	3	0.06
1	0.16	4	0.04
2	0.10	5	0.03

根据时间平均全息图上干涉条纹的分布状态，可以分析振动物体各个部位的振幅分布以及振动体的振动模式．这种方法已发展成为全息振动分析的一种成熟技术，并在航空制造业、机床制造业、汽车工业、乐器研究、振动模式分析等方面获得应用．

图 8-3-3 是激振乐器吉他的两幅时间平均全息图，表示了它的两种不同的振动模式，根据不同激振条件下所产生的不同的振动模式，以及乐器上各个部位的振幅分布，有助于指导吉他、小提琴等乐器制作时应注意的问题.

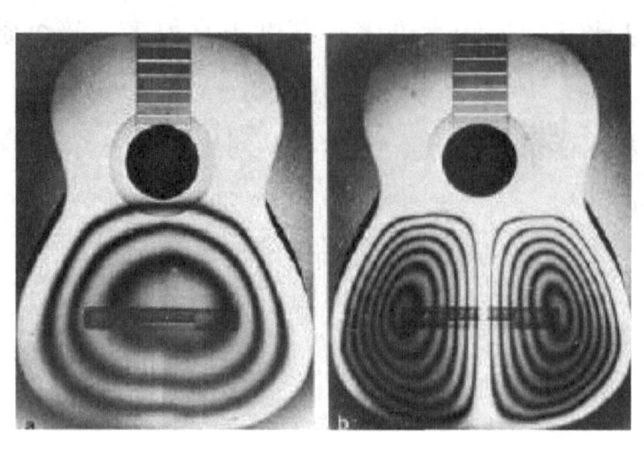

图 8-3-3　激振小提琴时间平均全息图

8.4　全息系统的智能化、小型化、多功能化

为了将实时全息技术应用于更多的领域，将全息系统智能化、小型化、多功能化是十分必要的[6]. 以下介绍国外报道的部分研究成果.

比利时 Liege 大学的研究者们研制了一台使用光折变晶体的可移动式实时全息干涉计量系统. 它是一种强有力的全场光学检测装置，可以在微米至亚微米的范围无接触地测量位移以及应用在其他许多方面，包括应变、应力、流场测量、无损检测、共振模式可视化等. 使用的记录材料是铋族光折变晶体(photorefractive crystals, PRCs) $Bi_{12}SiO_{20}$, $Bi_{12}GeO_{20}$. 虽然比起传统的记录材料(卤化银、热塑片)灵敏度差了几乎 1000 倍，不过它能自处理和可擦除，并反复使用. 它用于全息照相机，如同散斑干涉仪一样，不需要繁杂的操作和处理，先前，他们曾开发了一种案板式的原型装置[22-24]，也是便携式的组装，包括了激光器、所有光学件、光折变晶体、观察用的 CCD 摄像机. 激光器是便携式的、空气冷却的、连续波的、二极管激励的固体 Nd:YAG 激光器. 输出功率 490mW，波长 532nm. 以这样的功率，可观察 $50\text{cm}\times 50\text{cm}$ 的物体. 这个原型装置有一个麻烦问题就是它必须连同激光器一起安置在一个台面上. 为了解决这个问题，他们将激光器从仪器中取出，将激光通过光纤引入. 为此，用一根单模光纤将输入功率 5W 以 80% 的传输效率输入装置. 它适用于当前市场的各类常用激光器，如相干公司的 VERDI 型激光器. 另外一个改进是参考光束的形成元件，采用了特殊的光学设计，大大减小了它们的尺寸，包括一些进口的元件. 终端的全息头是一个形如图 8-4-1 所示，长 25cm、直径 8cm、质量 1kg 的圆筒，与以前的原型装置具有同样的功能和拍摄质量. 激光头包括了一个移动架，一根光学耦合光纤，一个用于振动测量的声光调制器，以及所有必要的电子控制设备(如压电位移器，开关和 CCD 电源).

这个新系统已经应用于许多方面的测量[25]，其中，碳纤化合物构成的航空器材和构件热膨胀系数(coefficient of thermal expansion, CTE)的测量，如图 8-4-2 所示. 其中，图 8-4-2(a)是在试件上投射了人为的载波条纹，在温度不变的情况下，试件和底座的条纹没有位移.

图 8-4-2(b)是在温度升高的情况下同样的场景，明显看到了条纹的位移. 目前，此仪器以及光折变晶体都已提供了商业产品.

图 8-4-1　便携式全息相机

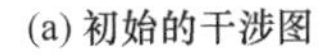

(a) 初始的干涉图

(b) 温度增加后的干涉图

图 8-4-2　利用全息干涉图的黑白等值线来导出样品的热膨胀系数

此外，Liege 大学还将全息干涉计量应用于晶体生长、晶体切割、抛光、镀膜等过程中的参数控制以及飞行器构件的检测中.

图 8-4-3 表示了 Liege 大学将全息干涉计量应用在飞行器构件的检测，其中图(a)是检测碳纤维加固聚合物的飞行器构件内的缺陷；图(b)是测量飞机发动机涡轮叶片振动模式；图(c)是光折变晶体全息相机和测量工作台.

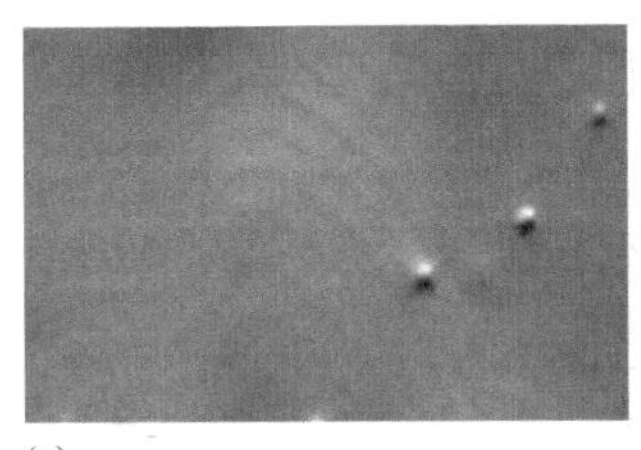

(a)

Fault detection by holographic interferomctry in carbon fiber relnforced polymer aircraft structure

(b) Modal vlbration measurement by holographic interferometry of aircraft engine turbine biade

(c)

Photorefractive holographic camera and measurement workbench

图 8-4-3　全息干涉计量在飞行器构件检测方面的应用

俄罗斯科学院物理-技术研究所研发了一种智能化、小型化的全息检测系统，将它应用于太空中的科学研究，记录无重力情况下晶体生长、电泳分离蛋白质等过程，还用它监测舷窗的外表面状态(采集表面缺陷、微刮痕、微穴、污染等数据)[26-31]．该全息检测系统包括氦氖激光器，光学系统，扫描系统，调节系统，TV 相机(TV camera)等．

图 8-4-4(a)是该系统的结构外观示意图；图 8-4-4(b)是在 MIR"和平号"空间站实际使用情况，宇航员手扶的装置就是小型化的全息系统．图 8-4-5 是系统的光路示意图．来自激光器的激光束通过显微透镜聚焦，穿过旋转镜上的小孔，并经过物镜准直成为平行光进入扫描系统并送到待测物体(如舷窗)．从转镜小孔到物镜的主平面的距离等于物镜的焦距以确保光束的平行度．从物体表面反射的光再次通过扫描系统反射回物镜，其中一部分聚焦进入小孔，这些光并不形成物体的像，而是被过滤的零级空间频率；另外一部分带有缺陷信息的物体漫射光通过扫描系统和物镜后并不聚焦进转镜小孔，而是从转镜上反射到反射镜 M_1 上，再传输给相机；或反射到反射镜 M_2 上，再传输给 TV 相机，形成对比的、有相位差异的像——干涉图．在这两个位置可拍照，可用 CCD 相机记录，也可用肉眼直接观察．

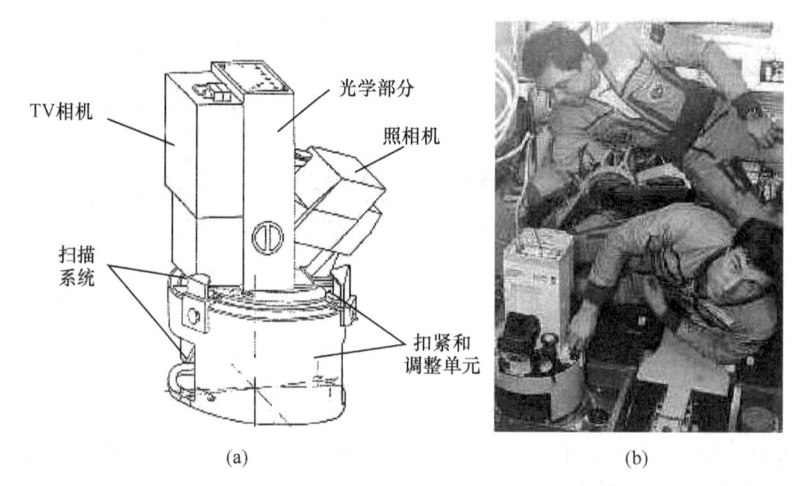

图 8-4-4　用于太空的智能化小型全息系统

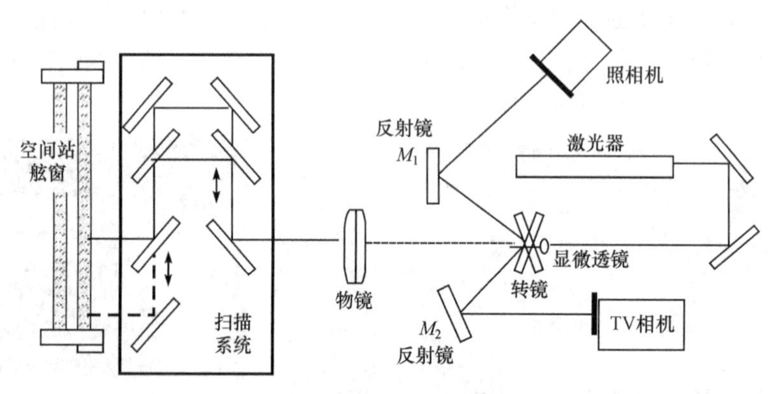

图 8-4-5　用于太空中的全息系统光路示意图

此系统的其他应用，有工业上的无损检测，如精密仪器的部件、微电子工业(半导体芯片)、光纤、光学元件、振动控制等．

此外，为使全息系统具有更多的功能，人们致力于研制具有多种功能的全息检测系统．如美国 Recognition Technology Inc 和 Karl Stetson 公司联合开发的 HG7000 型多功能干涉仪，可以使用以下任何一种相干光学技术进行干涉计量：

(1) 全息照相术(holography)；

(2) 剪切照相术(shearography)；

(3) 散斑相关术(speckle correlation)；

(4) 投影莫尔条纹(projected fringe moire)；

(5) 脉冲全息照相术(pulsed holography).

它被称为“一个系统可用作所有相干光的无损检测”，是一种非常先进的实时、电子干涉仪. 在作为全息干涉仪使用时，其内部配置和实时全息干涉计量仪的配置完全相像，如图 8-4-6 所示.

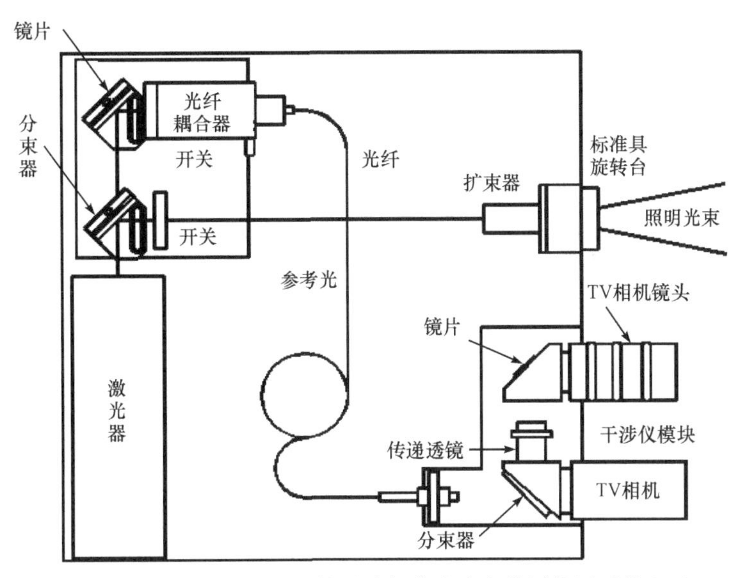

图 8-4-6　HG7000 型多功能干涉仪作为全息检测使用时的配置

全息照相术已经广泛用于工业检测及科学研究中，读者还可以从文献[6]中得到更多的信息.

习　题　8

8-1　一根刚性直杆可绕其固定端 A 点在 xz 平面内旋转，当直杆处于 x 轴位置时作第一次曝光. 当直杆沿顺时针方向旋转了一个微小角度 θ 时作第二次曝光. 这样拍摄的双曝光全息图再现时，在照明光矢量 $\boldsymbol{k}_1$ 和观察光矢量 $\boldsymbol{k}_2$ 如习题图 8-1(a)～(d)所示的四种情况下，试将干涉条纹的分布规律分别以亮纹方程表达出来.

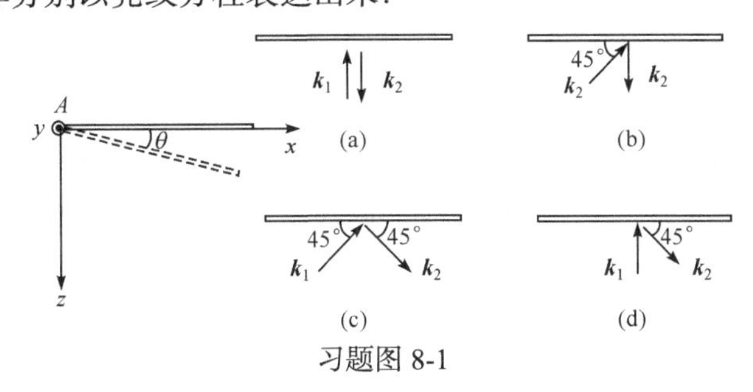

习题图 8-1

8-2　一根水平放置的金属直杆，其一端固定，另一端在水平拉力的作用下使其发生微小的弹性形变. 取坐标如习题图 8-2 所示，x 轴的原点选在金属直杆的固定端，当直杆未受拉力时作第一次曝光. 当直杆受拉力达到稳定后作第二次曝光. 若距离固定端为 x 的任意点 P 发生的位移量为 $\boldsymbol{L}=\varepsilon x\hat{i}$，这样拍摄的双曝光全息图再现时，在照明光矢量 $\boldsymbol{k}_1$ 和观察光矢量 $\boldsymbol{k}_2$ 如习题图 8-1 所示的四种情况下，试将干涉条纹的分布规律分别以亮纹方程表达出来.

x

习题图 8-2

8-3　如习题图 8-3(a)所示，采用氦氖激光器和双曝光全息方法检测某具有漫反射表面的平面刚体的位移，刚体的漫反射表面处于 x,y 平面内. 若第一次曝光与第二次曝光之间该刚体发生平行于 x 轴的整体位移 $(d,0,0)$，在 y 和 z 方向的位移分量均为零，即 $d_x=d$，$d_y=0$，$d_z=0$. 观察者与刚体表面的距离为 $D=300\text{mm}$，若再现时观察到的(如用读数显微镜测量)干涉条纹间距为 $\Delta x=4\text{mm}$，问刚体的位移是多少?

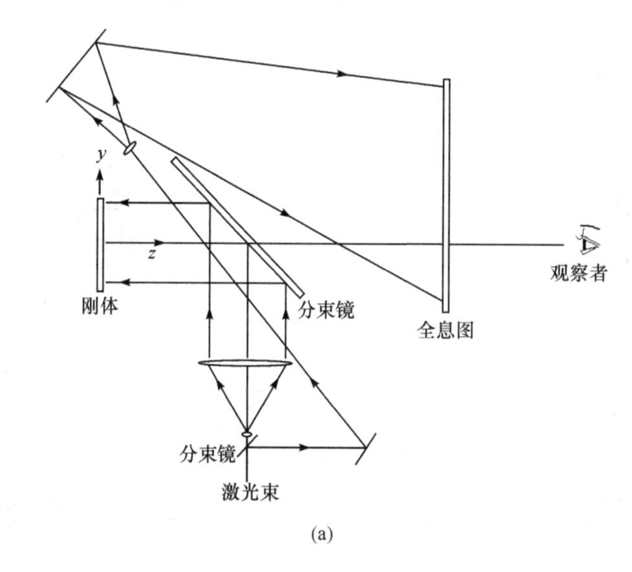

(a)

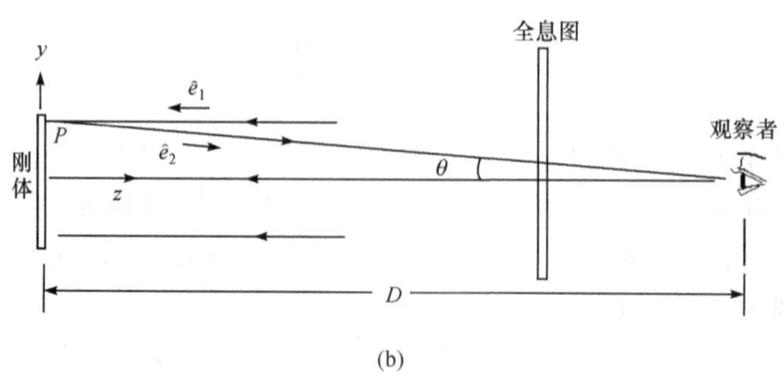

(b)

习题图 8-3

8-4　采用氦氖激光器和全息方法测量振动物体的位移，设被测物体是一个悬臂梁. 它的一端固定，另一端在激振器激励下在铅直平面内作简谐振动. 采用本章图 8-2-5 的光路拍摄时间平均全息图，其再现像上的干涉条纹如习题图 8-4 所示，试求第五个暗纹处悬臂梁相对于固定端点的位移值.

8-5　根据式(8-2-166)、式(8-2-167)，以光程差 $l=c\tau$ 作为自变量，试通过傅里叶变换推导出 $N=1,2,3,\cdots,6$ 的多纵模激光光源的复自相干度.

8-6　使用图 8-2-12 所示的双波长产生全息等值线方法，若参考光和再现时的照明光都使用平行光，照明光与光轴的夹角为 $\theta=45°$，采用波长为 $\lambda=514.5\text{nm}$ 拍摄记录，并用波长为 $\lambda'=488\text{nm}$ 的激光再现，试求等高线条纹的宽度 Δz. 若改用氦氖激光器 $\lambda'=632.8\text{nm}$ 的激光再现，等高线条纹的宽度 Δz 又为多少?

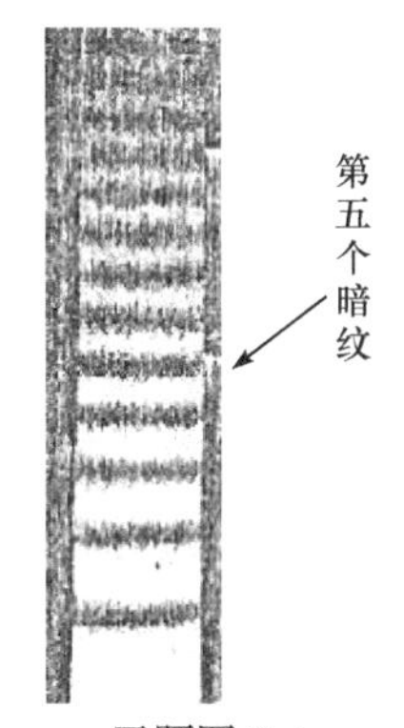

习题图 8-4

8-7　取光束比为 B=3，用实时全息方法进行检测. 若拍摄第一张实时全息图的曝光时间为 16.5s. 经处理并严格复位后，只用参考光照明再现时，实时全息图的一级衍射光为 $I_{R1}=109.2\mu\text{W/cm}^2$；只用物光照明再现时，实时全息图的零级衍射光(即全息图的直接透射光)为 $I_{O0}=30.6\mu\text{W/cm}^2$. 试求一张实时全息图的相位调制度 α_1. 为获得最佳的条纹衬比，若除了曝光时间外保持实验条件不变，在拍摄第二张实时全息图时，应选择的最佳曝光时间是多少?

8-8　试设计一种采用全息方法可以检测某物体的蠕变(即在温度和应力保持不变的条件下物体的形变随时间的增加而逐渐变化的现象)的光路，并说明它的原理.

参 考 文 献

[1] 维斯特 C M. 全息干涉度量学[M]. 樊雄文, 王玉洪译. 北京: 机械工业出版社, 1984: 75-85, 119-136, 324-339.

[2] 熊秉衡. 实时全息检测的若干要点[J]. 红外技术，2000, 22,: 96-101.

[3] 熊秉衡, 李俊昌. 全息干涉计量——原理和方法[M]. 北京: 科学出版社, 2009.

[4] 艾布拉姆森 N. 全息图的摄制与估算[M]. 北京: 科学出版社, 1988.

[5] 李景镇. 光学手册[M]. 西安: 陕西科学技术出版社, 1986.

[6] Thomas K. Handbook of Holographic Interferometry-Optical and Digital Methods[M]. Berlin：Wiley-VCH, 2004.

[7] Ennos A E. Measurements of in-plane surface strain by holhgram interferometry[J]. J Sci Instrum, SerII, 1968, 1: 791-746.

[8] Abramson N. The holo-diagram. II: A practical device for information retrieval in hologram interferometry[J]. Appl Opt, 1970, 9: 97-101.

[9] Sciammarella C A, Gibert J A. Strain analysis of a disk subjected to diametral compression by means of holographic interferometry[J]. Appl Opt, 1973, 12: 1951-1956.

[10] Kopf U. Fringe oder determination and zero motion fringe identification in holographic displacement measurements[J]. Opt Laser Technol, 1973, 5: 111-113.

[11] Aleksandrov E B, Bonch-Bruevich A M. Investigation of surface strains by the hologram technique[J]. Soc Phys Tech Phys, 1967, 12: 258-265.

[12] 王仕璠. 信息光学理论与应用[M]. 北京: 北京邮电大学出版社, 2004: 251-253.

[13] Dudderar T D, Gorman H J. The determination of mode I stress-intensity factor by holographic interfere-ometry[J]. Exp Mech, 1973, 13: 145-149.

[14] Abramson N. Holographic contouring by translation[J]. Appl Opt, 1976, 15: 1018-1022.

[15] Rastogi P K. A holographic technique featuring broad range sensitivity to contour diffuse object[J]. Journ Modern Opt, 1991, 38(9): 1673-1683.

[16] Carelli P, Paoletti D, Spagnolo G S, et al. Holographic contouring method : application to automatic measurements of surface defect in artwork[J]. Opt Eng, 1991, 30(9): 1294-1298.

[17] DeMattia P, Fossati-Bellani V. Holographic contouring by displacing the object and the illumination beam. Opt Comm, 1978, 26(1): 17-21.

[18] Yonemura M. Holographic contour generation by spatial frequency modulation[J]. Appl Opt, 1982, 21(20): 3652-3658.

[19] Rastogi P K. A holographic technique featuring broad range sensitivity to contour diffuse object[J]. Journ Modern Opt, 1991,38(9): 1673-1683.

[20] Gates J W. J Scient. Instrum, 1968, 1: 989.

[21] 熊秉衡, 葛万福. 大景深全息图的拍摄[J]. 光学学报, 1985, 5(7): 600-604.

[22] Georges M P, Lemaire P C. Transportable holographic interferometer uses photorefractive crystals for industrial applications[J]. Spies De Reports, 1998: 13.

[23] Petrov M P, Stepanov S I, Khomenko A V. Photorefractive Crystals in Coherent Optical Systems[M]. Springer Series in Optical Sciences 59, Berlin: Springer-Verlag, 1991.

[24] Georges M P, Lemaire P C. A breadboard holographic interferometer with photorefractive crystals and industrial applications[C]. SPIE Holography Newsletter,1998: 9.

[25] Georges M P, Lemaire P C. Compact and portable holographic camera using photorefractive crystals. Application in various metrological problems[J]. Appl Phys, 2001,B 72: 761.

[26] Babenko V, Gurevich S, Dunaev N. et al. Holographic TV interferometer for non-destructive testing[C]. NDT.net - April 2002, 7(4), This Paper was presented at Fringe 2001 "The 4th International Workshop on Automatic Processing of Fringe Patterns" held in Bremen, Germany, 17-19 September 2001. Proceedings edited by Wolfgang Osten, BIAS, Germany. Please contact Wolfgang Osten for full set of proceedings at wolfgang@uni-bremen.de.

[27] Gurevich S, Dunaev N, Konstantinov V, et al. Compact holographic device for testing of phisico- chemical processes under microgravity conditions[C]. Proced of Microgravity Science Simposium, (AIAA/IKI), Moscow, 1991: 351-355.

[28] Gurevich S, Konstantinov V, Chernykch D. Interference- holography studies in space[C]. Proc SPIE, 1989, 1183: 479-485.

[29] Gurevich S, Konstantinov V, Relin V. et al. Optimization of the wavefront recording and reconstructing in real-time holographic interferometry[D]. Proc of SPIE, 1997, 3238: 16-19.

[30] Bat'kovich V, Budenkova O, Konstantinov V. et al. Determination of the temperature distribution in liquids and solids using holographic interferometry[J]. Tech Phys, 1999, 44(6): 704-708.

[31] 于美文. 光全息及其应用[M]. 北京: 北京理工大学出版社, 1996: 42-67, 87-88.

第9章 数字全息

全息干涉测量是一种非常有用的无损检测技术. 然而，用传统全息干版记录全息图时必须作显影及定影的湿处理，在实际应用中有许多不便. 远在20世纪70年代，人们便已经开始用CCD记录干涉图，并用计算机进行物体图像重建的研究[1-3]，最早的研究报道可以追溯到1967年由J. W. Goodmen发表于美国*Appl. Phys. Lett.*杂志的一篇论文[1]. 1971年，T. Huang[2]在介绍计算机在光波场分析中的进展时，首次提出了数字全息(digital holography)的概念. 随着计算机处理速度的提高及廉价CCD的问世，20世纪90年代这项技术获得长足进步. 进入21世纪后，数字全息已经成为一个十分活跃的研究领域[4-6].

数字全息的物理原理仍然与使用传统感光板的全息相同，虽然根据参考光与物光的主光线的方向来区分全息图可分为同轴数字全息图和离轴数字全息图，但同轴数字全息图的重建像分离比较困难，应用研究中大量采用的仍然是离轴全息系统. 在记录数字全息图时，由于CCD面阵尺寸及分辨率还远小于传统的全息感光板，如何优化设计光学系统，有效消除零级衍射光的干扰，让CCD充分获取物光信息，是本章重点介绍的内容. 此外，在数字全息检测的应用研究中，涉及多种波长同时照明的物光波前重建问题. 为此，以三基色照明的真彩色数字全息为例，对彩色数字全息进行简要介绍. 最后，本章将介绍数字全息在光学检测中的部分应用.

9.1 离轴数字全息及波前的1-FFT重建

9.1.1 离轴数字全息记录系统

将传统的离轴全息系统的记录介质改为CCD则成为一离轴数字全息系统. 图9-1-1是数字全息记录和重建的简化光路及坐标定义图. 定义x_0y_0是与物体相切的平面，xy是CCD窗口平面，x_iy_i是在重建波照射下物体的像平面. 三平面间的距离分别是z_0和z_i. 在数字全息研究中，参考光可以是平面波或球面波. 由于平面波可以视为波面半径为无穷大的球面波，不失一般性，我们令参考光是位于$(a,b,-z_r)$的点源发出的球面波.

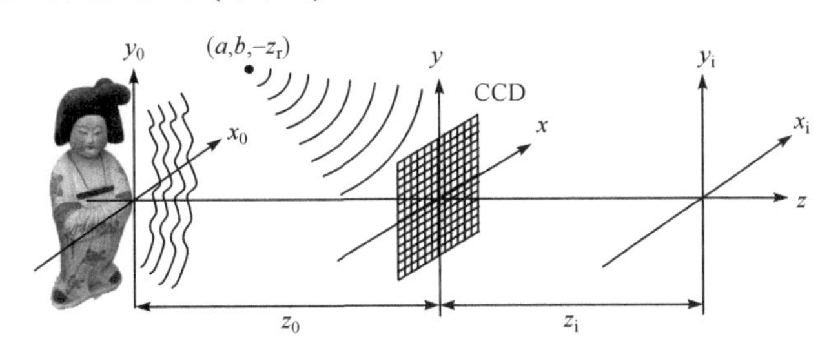

图9-1-1 数字全息系统的简化光路及坐标定义图

当用 CCD 记录下数字全息图后，重建光对数字全息图的辐照以及物光场的重建均通过衍射的数值计算在计算机的虚拟空间进行，菲涅耳衍射积分是最常用的重建计算工具[4-6]．由于菲涅耳衍射积分表示成傅里叶变换形式时，可以通过一次快速傅里叶变换(FFT)进行计算，表示成卷积形式时，可以通过两次快速傅里叶变换进行计算[7,8]，对应地存在波前重建的 1-FFT 及 2-FFT 方法．

由于 CCD 的分辨率、面阵尺寸及像素数目均远低于传统的全息感光材料，为既能让 CCD 充分记录物光信息，又能让重建物光与零级衍射光有效分离，对数字全息记录系统的优化设计是一个十分重要的问题．为此，以下基于离散傅里叶变换计算的特点，对数字全息图的记录及重建过程进行讨论[6]．

9.1.2　数字全息图的记录及重建过程中透射光的传播特性

根据散射光的统计特性，来自光学粗糙表面的散射光是物体表面大量散射基元散射光的叠加[9-12]．引入δ函数可将物平面上坐标(ξ,η)处基元的光波场表示为

$$u_0(x_0,y_0;\xi,\eta)=o(\xi,\eta)\delta(x_0-\xi,y_0-\eta)\exp\left[\mathrm{j}\phi_0(\xi,\eta)\right] \tag{9-1-1}$$

式中，$\mathrm{j}=\sqrt{-1}$，$o(\xi,\eta)$是随机振幅，$\phi_0(\xi,\eta)$是取值范围$-\pi\sim\pi$的随机相位．到达 CCD 平面的光波场可以根据菲涅耳衍射积分及δ函数的筛选性质[13,14]得到

$$\begin{aligned}&u_\delta(x,y;\xi,\eta)\\&=\frac{\exp\left[\mathrm{j}kz_0+\mathrm{j}\phi_0(\xi,\eta)\right]}{\mathrm{j}\lambda z_0}o(\xi,\eta)\exp\left\{\frac{\mathrm{j}k}{2z_0}\left[(x-\xi)^2+(y-\eta)^2\right]\right\}\end{aligned} \tag{9-1-2}$$

式中，$k=2\pi/\lambda,\lambda$是光波长．于是，到达 CCD 平面的物光场可以表示为物平面所有散射基元衍射场的叠加

$$U(x,y)=\sum_\xi\sum_\eta u_\delta(x,y;\xi,\eta) \tag{9-1-3}$$

按照图 9-1-1，定义到达 CCD 的参考光是振幅为A_r的均匀球面波

$$R(x,y)=A_\mathrm{r}\exp\left\{\frac{\mathrm{j}k}{2z_\mathrm{r}}\left[(x-a)^2+(y-b)^2\right]\right\} \tag{9-1-4}$$

CCD 平面上物光及参考光干涉场强度则为

$$I(x,y)=\left|U(x,y)\right|^2+A_\mathrm{r}^2+R(x,y)U^*(x,y)+R^*(x,y)U(x,y) \tag{9-1-5}$$

设用单位振幅球面波$R_\mathrm{c}(x,y)=\exp\left[\mathrm{j}\frac{k}{2z_\mathrm{c}}(x^2+y^2)\right]$作为重建波照射数字全息图，$w(x,y)$是 CCD 的窗口函数，根据式(9-1-5)，透过全息图的光波由以下四项组成：

$$\begin{aligned}U_{0\mathrm{U}}(x,y)&=w(x,y)R_\mathrm{c}(x,y)\left|U(x,y)\right|^2\\U_{0\mathrm{R}}(x,y)&=w(x,y)R_\mathrm{c}(x,y)A_\mathrm{r}^2\\U_+(x,y)&=w(x,y)R_\mathrm{c}(x,y)R(x,y)U^*(x,y)\\U_-(x,y)&=w(x,y)R_\mathrm{c}(x,y)R^*(x,y)U(x,y)\end{aligned} \tag{9-1-6}$$

其中，$U_{0\mathrm{U}}$及$U_{0\mathrm{R}}$两项统称零级衍射光，U_+是共轭物光，U_-是物光．

下面首先研究共轭物光衍射场，导出重建物光场的放大率及重建像平面位置与相关参数的关系；然后，再对物光及零级衍射光进行研究.

1. 共轭物光衍射场

利用菲涅耳衍射积分可以将经距离 z_i 衍射的共轭物光复振幅表示为

$$U_i(x_i,y_i)=\frac{\exp(jkz_i)}{j\lambda z_i}\int_{-\infty}^{\infty}\int_{-\infty}^{\infty}U_+(x,y)\exp\left\{\frac{jk}{2z_i}\left[(x-x_i)^2+(y-y_i)^2\right]\right\}dxdy \tag{9-1-7}$$

将相关各量代入式(9-1-7)整理得

$$\begin{aligned}U_i(x_i,y_i)=&\frac{\exp(jkz_i)}{j\lambda z_i}\exp\left[\frac{jk}{2z_i}(x_i^2+y_i^2)\right]\exp\left\{\frac{jk}{2z_r}\left[a^2+b^2\right]\right\}\\&\times\sum_\xi\sum_\eta\frac{\exp\left[-jkz_0-j\phi_0(\xi,\eta)\right]}{-j\lambda z_0}o(\xi,\eta)A_r\exp\left[-\frac{jk}{2z_0}(\xi^2+\eta^2)\right]\\&\times\int_{-\infty}^{\infty}\int_{-\infty}^{\infty}w(x,y)\exp\left[\frac{jk}{2}\left(\frac{1}{z_c}+\frac{1}{z_r}+\frac{1}{z_i}-\frac{1}{z_0}\right)(x^2+y^2)\right]\\&\times\exp\left\{-j2\pi\left[\left(x_i+\frac{z_i}{z_r}a-\frac{z_i}{z_0}\xi\right)\frac{x}{\lambda z_i}+\left(y_i+\frac{z_i}{z_r}b-\frac{z_i}{z_0}\eta\right)\frac{y}{\lambda z_i}\right]\right\}dxdy\end{aligned} \tag{9-1-8}$$

若 $\frac{1}{z_c}+\frac{1}{z_r}+\frac{1}{z_i}-\frac{1}{z_0}=0$，即衍射距离满足

$$z_i=\left(\frac{1}{z_0}-\frac{1}{z_c}-\frac{1}{z_r}\right)^{-1} \tag{9-1-9}$$

则式(9-1-8)中每一积分变为 CCD 窗口函数 $w(x,y)$的夫琅禾费衍射图像．令 $M=z_i/z_0$ 不难看出，衍射图像中心为$(-z_ia/z_r+M\xi,\ -z_ib/z_r+M\eta)$．虽然每一衍射图像的相位是随机量，但夫琅禾费衍射图像能量集中于图像中心，且图像中心振幅正比于 $o(\xi,\eta)$，即$(-z_ia/z_r+M\xi,\ -z_ib/z_r+M\eta)$处的强度正比于$\left|o(\xi,\eta)\right|^2$．因此，对所有 ξ,η 进行求和运算后，将在 $z=z_i$ 平面上形成放大 M 倍、中心在$(-z_ia/z_r,\ -z_ib/z_r)$的物光场像．理论研究指出，虽然 CCD 面阵由大量微小探测面元组成，在面元间存在间隙，但是可以将窗口函数 $w(x,y)$视为容纳整个面阵的矩形窗[13,15]．根据夫琅禾费衍射的特点，CCD 窗口尺寸越大，衍射图像能量越集中于图像中心，成像质量则越高，这是一个重要的结论.

2. 物光衍射场

将式(9-1-6)中 U_-代入菲涅耳衍射积分进行距离 z_i 的衍射，并令 z_i 满足式(9-1-9)，整理后得

$$\begin{aligned}U_{i-}(x_i,y_i)=&\sum_\xi\sum_\eta\Theta_-(\xi,\eta;x_i,y_i)\int_{-\infty}^{\infty}\int_{-\infty}^{\infty}w(x/M',y/M')\\&\times\exp\left\{\frac{jk}{2M'z_i}\left[\left(x_i-\left(x-\frac{z_i}{z_r}a+M\xi\right)\right)^2+\left(y_i-\left(y-\frac{z_i}{z_r}b+M\eta\right)\right)^2\right]\right\}dxdy\end{aligned} \tag{9-1-10}$$

式中，$\Theta_{-}(x_i, y_i)$是一随机复函数，$M' = \frac{z_i}{z_0} - \frac{z_i}{z_r} + \frac{z_i}{z_c} + 1$．积分代表方孔经距离$M'z_i$的菲涅耳衍射图像，衍射图像中心坐标为$\left(\frac{z_i}{z_r}a - M\xi, \frac{z_i}{z_r}b - M\eta\right)$．由于$\Theta_{-}(x_i, y_i)$是一随机复函数，式(9-1-10)求和计算时，来自不同散射元的光波产生干涉，将在 $z=z_i$ 平面形成中心在$(z_i a / z_r, z_i b / z_r)$、放大率为 M 的散斑场．令物平面光波场的分布宽度为 D_0，考虑到每一菲涅耳衍射图像能量主要集中于边长$|M'|L$的孔径投影区，散斑场的宽度近似为$MD_0 + |M'|L$．

3. 零级衍射场

根据衍射的菲涅耳近似[14]，U_{0U}在重建平面的光波场为

$$U_{iU}(x_i, y_i) = \frac{\exp(jkz_i)}{j\lambda z_i} \int_{-\infty}^{\infty}\int_{-\infty}^{\infty} w(x,y)|U(x,y)|^2 \exp\left[j\frac{k}{2z_c}(x^2+y^2)\right] \times \exp\left\{j\frac{k}{2z_i}\left[(x-x_i)^2 + (y-y_i)^2\right]\right\}dxdy \tag{9-1-11}$$

式中，$|U(x,y)|^2 = U(x,y)U^*(x,y)$．由于光瞳函数满足$w(x,y) = w^3(x,y)$，引入傅里叶变换符号$F\{\ \}$并利用卷积定理，可以将式(9-1-11)写为

$$\begin{aligned} U_{iU}(x_i, y_i) = &\frac{\exp(jkz_i)}{j\lambda z_i}\exp\left[j\frac{k}{2z_i}(x_i^2 + y_i^2)\right] \\ &\times F\{w(x,y)U(x,y)\} * F\{w(x,y)U^*(x,y)\} \\ &* F\left\{w(x,y)\exp\left[j\frac{k}{2}\left(\frac{1}{z_c}+\frac{1}{z_i}\right)(x^2+y^2)\right]\right\} \end{aligned} \tag{9-1-12}$$

式中，各傅里叶变换取值坐标为$\left(\frac{x_i}{\lambda z_i}, \frac{y_i}{\lambda z_i}\right)$．由于$U_{iU}(x_i, y_i)$的分布由三个傅里叶变换式的卷积确定，下面依次进行讨论[6]．

根据式(9-1-2)和式(9-1-3)将$F\{w(x,y)U(x,y)\}$展开，整理后得

$$\begin{aligned} &F\{w(x,y)U(x,y)\} \\ &= \sum_{\xi}\sum_{\eta} \frac{\exp[jkz_0 + j\phi_o(\xi,\eta)]}{j\lambda M z_i} o(\xi,\eta) \\ &\times\exp\left\{-\frac{jk}{2Mz_i}\left[(M\xi + x_i)^2 + (M\eta + y_i)^2\right] + \frac{jk(\xi^2+\eta^2)}{2z_0}\right\} \\ &\times\int_{-\infty}^{\infty}\int_{-\infty}^{\infty} w\left(\frac{x'}{M}, \frac{y'}{M}\right)\exp\left\{\frac{jk}{2Mz_i}\left[(x' - (M\xi + x_i))^2 + (y' - (M\eta + y_i))^2\right]\right\}dx'dy' \end{aligned} \tag{9-1-13}$$

式中，积分表示中心在$(-M\xi, -M\eta)$、放大 M 倍光瞳的菲涅耳衍射．为便于分析整个式子的物理意义，引入随机复函数$o'(\xi,\eta;x_i,y_i)$，令其辐角为$\arg(o'(\xi,\eta;x_i,y_i))$，将式(9-1-13)

改写为

$$F\left\{U(x,y)\right\}=\sum_{\xi}\sum_{\eta}\left|o'(\xi,\eta;x_i,y_i)\right| \\ \times\exp\left\{-\mathrm{j}\frac{k}{2Mz_i}\left[\left(M\xi+x_i\right)^2+\left(M\eta+y_i\right)^2\right]+\mathrm{j}\arg\left(o'(\xi,\eta;x_i,y_i)\right)\right\} \tag{9-1-14}$$

可以看出，这是大量振幅及相位均为随机量的球面波的求和运算，球面波向$(-M\xi,-M\eta,Mz_i)$点会聚．对所有(ξ,η)的取值求和后，$F\left\{w(x,y)U(x,y)\right\}$是一个散斑场，其分布宽度近似为物平面光波场的$M$倍．

类似地，可以证明$F\left\{w(x,y)U^*(x,y)\right\}$也是一个散斑场．其分布宽度也近似为物平面光波场的$M$倍．

容易证明

$$F\left\{w(x,y)\exp\left[\mathrm{j}\frac{k}{2}\left(\frac{1}{z_c}+\frac{1}{z_i}\right)\left(x^2+y^2\right)\right]\right\} \\ =\Psi(x_i,y_i)\int_{-\infty}^{\infty}\int_{-\infty}^{\infty}w\left(\frac{x}{M_c},\frac{y}{M_c}\right)\exp\left[\mathrm{j}\frac{k}{2M_cz_i}\left[\left(x-x_i\right)^2+\left(y-y_i\right)^2\right]\right]\mathrm{d}x\mathrm{d}y \tag{9-1-15}$$

式中，$\Psi(x_i,y_i)$是一复函数，$M_c=z_i/z_c+1$．式(9-1-15)是一由CCD窗口函数决定的矩形孔的衍射图像．为简明起见，设CCD面阵是宽度为L的方形，式(9-1-15)确定的衍射场宽度近似为$|M_c|L$．

综上所述，根据卷积运算的性质，式(9-1-12)卷积运算结果是宽度为$|M_c|L+2MD_0$的散斑场．由于$z_i=-z_c$对应无透镜傅里叶变换全息情况．这时式(9-1-15)变为$F\left\{w(x,y)\right\}$的运算，其分布范围小于$z_i\neq -z_c$的所有情况．因此，对于无透镜傅里叶变换全息，$U_{iU}(x_i,y_i)$的分布范围最狭窄．

将U_{0R}经距离z_i的衍射仍然用菲涅耳近似表示，不难证明(习题9-3)

$$U_{iR}(x_i,y_i)=\frac{\exp(\mathrm{j}kz_i)}{\mathrm{j}\lambda z_iM_c^2}A_r^2\exp\left[-\frac{\mathrm{j}k}{2M_cz_i}\left(x_i^2+y_i^2\right)\right] \\ \times\int_{-\infty}^{\infty}\int_{-\infty}^{\infty}w\left(\frac{x}{M_c},\frac{y}{M_c}\right)\exp\left[\mathrm{j}\frac{k}{2M_cz_i}\left[\left(x_i-x\right)^2+\left(y_i-y\right)^2\right]\right]\mathrm{d}x\mathrm{d}y \tag{9-1-16}$$

这是一个中心在原点，宽度为$|M_c|L$的方孔衍射图像．

由于$U_{iU}(x_i,y_i)$及$U_{iR}(x_i,y_i)$分别代表与物光及参考光能量相关的零级衍射干扰，它们的总能量在同一量级．但前者分布范围较宽，后者分布相对集中．因此，在重建平面上零级衍射光通常呈现为强度较弱、宽度较大的散斑场与强度较高、宽度较小的方孔衍射斑的叠加形式．整个零级衍射干扰场宽度为$|M_c|L+2MD_0$．

9.1.3 离轴数字全息系统的设计

基于上面的研究，重建平面宽度L_i应大于零级衍射光、共轭物光及物光分布宽度之和，即

$$L_i > |M_c L| + 4MD_0 + |M'|L \tag{9-1-17}$$

式(9-1-17)为我们优化设计实验系统提供了依据．由于波前重建在计算机的虚拟空间进行，并且通常是使用菲涅耳衍射积分的 FFT 计算进行物光场重建，现根据离散傅里叶变换的特点对系统参数进行讨论．

若 CCD 面阵由 $N \times N$ 个像素构成，菲涅耳衍射积分经一次离散傅里叶变换计算后物理宽度则是 $L_i=\lambda z_i N/L=\lambda M z_0 N/L$ [6, 8]．这个结论表明，重建平面上物体重建像的相对尺度不随放大率 M 的变化而变化．即选择任意放大率进行 1-FFT 重建计算时，物体的重建像在重建平面保持相同的相对尺寸．

由于零级衍射场宽度 $|M_c L| + 2MD_0$ 通常情况其数值略大于 $2MD_0$，此外，物体的重建像及物光衍射场宽度略大于 $2MD_0$．引入略大于 1 的一实参数ρ，可以通过下式来确定采样系统的记录距离：

$$L_i = \lambda M z_0 N / L = \rho \times 4MD_0 \tag{9-1-18}$$

求解得

$$z_0 = \frac{\rho \times 4D_0 L}{\lambda N} \tag{9-1-19}$$

应该指出，这个结论是在较严格的条件下导出的．由于式(9-1-12)表示的零级衍射场分量在衍射场边界区域的强度较低，取ρ=1 通常已经能够得到很好的重建像．根据实际情况，如果重建物光场中与零级衍射光重叠的区域不是我们特别需要关注的区域，选择稍小的 z_0 可以让 CCD 接收较强的物光场能量及较高频率的角谱，更有效地保证重建物光场的总体质量．稍后将通过理论模拟及实验证明这个结论．

按照式(9-1-17)，让重建物体像中心坐标的绝对值为 $3L_i/8$ 便能较好地实现重建物像与干扰场的分离，即

$$\left|\frac{z_i}{z_r} a\right| = \frac{3L_i}{8} \tag{9-1-20a}$$

利用关系式 $L_i = \dfrac{\lambda z_i N}{L}$，式(9-1-20a)也可以写为

$$\left|\frac{a}{z_r}\right| = \frac{3\lambda N}{8L} \tag{9-1-20b}$$

这样，当参考光为平行光时，a / z_r 则代表参考光传播方向与光轴夹角沿 x 方向的分量．

式(9-1-19)、式(9-1-20a)及式(9-1-20b)为我们合理设计记录数字全息图的光学系统提供了依据．由于标量衍射理论能够足够准确地模拟数字全息的物理过程，下面先进行理论模拟，然后基于理论模拟结果进行实验研究．

9.1.4 数字全息系统的优化模拟及实验研究

由于 1-FFT 重建图像在重建平面上的相对尺寸不随放大率的变化而变化，为简单起见，设放大率为 1，并设参考光为平行光进行模拟．这时，重建波为平面波，重建平面到 CCD 的距离 z_i 与记录全息图的距离 z_0 相等．在直角坐标下，图 9-1-2 给出模拟研究中 CCD 平面、重建像平面及参考光方向的关系示意图．图中，z=0 是 CCD 平面，z=z_i 是重建像平面，并且重建实像的中心设在重建像平面的第一象限中心．按照式(9-1-5)，由 CCD 平面坐标原点指向重

建像中心的方向即参考光方向.

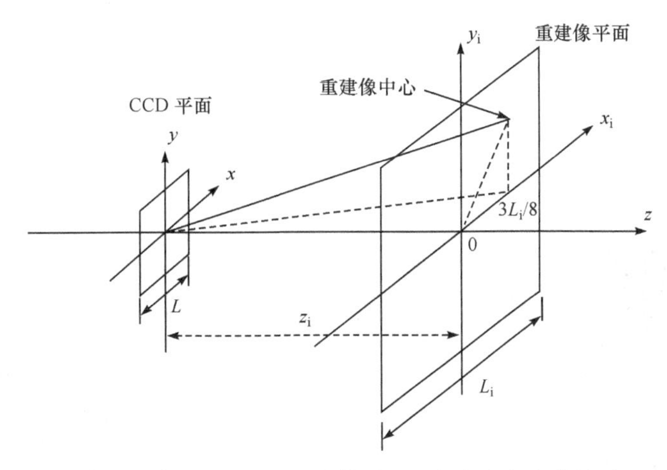

图 9-1-2 CCD 平面、重建像平面及参考光方向的关系

模拟研究的相关参数选择如下：光波长λ=532nm，CCD 面阵宽度 L=4.76mm，取样数 N=1024，物体为宽度 D_0=40mm 的“物”字符图像，图像的强度均匀，但相位随机分布.

由式(9-1-19)知，$z_0 \geqslant 4D_0L/(N\lambda)=1398.03\text{mm}$. 令物体到 CCD 距离为 z_0=1500mm，求得 $L_i=\lambda z_0 N/L=171.6\text{mm}$.

参照图 9-1-2，为让重建图像中心坐标为$(3L_i/8,3L_i/8)$，则应设参考光为按下述方向余弦传播的平行光：

$$\cos\alpha=\cos\beta=\frac{3L_i/8}{\sqrt{(3L_i/8)^2+z_i^2}}\approx\frac{3L_i}{8z_i},\quad \cos\gamma=\frac{z_i}{\sqrt{(3L_i/8)^2+z_i^2}}\approx 1 \qquad (9\text{-}1\text{-}21)$$

显然，若用 S-FFT 法计算物平面到 CCD 的衍射，物平面宽度 L_0 也应等于 L_i.

将边宽为 D_0=40mm 的“物”图像通过周边补零形成边宽 L_0=171.6mm 的物平面，并令物平面取样数为 1024×1024，让每一取样点的相位为 0～2π的随机量. 图 9-1-3(a)是模拟计算时物平面光波场的强度图像. 模拟计算步骤如下：

(1) 利用 S-FFT 方法计算物光到达 CCD 平面的光波复振幅. 以 CCD 平面物光振幅的平均值为参考光的振幅，按照$R(x,y)=A_r\exp\left[jk\frac{3L_i}{8z_i}(-x+y)\right]$求 CCD 平面上参考光的复振幅并与到达 CCD 的物光复振幅相加，求出叠加场的强度图像——数字全息图. 图 9-1-3(b)给出数字全息图的图像. 调用书附光盘中的 LXM24.m 程序，执行程序时选择一数字图像为物体即可自动完成上述工作.

(2) 将数字全息图视为初始平面的光波场复振幅，通过衍射的 S-FFT 法计算经距离 z_i=1500mm 的衍射场，实现波前重建. 图 9-1-3(c)给出重建平面强度图像.

模拟研究表明，1-FFT 重建图像平面上零级衍射光的宽度的确约是物体宽度的两倍，并且，在中央有强度极高的零级衍射斑，其分布是矩形孔的菲涅耳衍射图像. 与式(9-1-16)的理论预计相吻合. 由于合理选择了记录系统的参数，物体的重建像与零级衍射光能有效分离. 然而，从模拟图像也可以看出，由于零级衍射光分布边界区域强度较低，对于投影形状非矩形的物体，可以忽略重建像边沿局部区域与零级衍射光的重叠，选择宽度略大的物体在同一实验参数下进行重建. 例如，将物体改为一直径约 60mm 的铜质奖牌(详见 9.3.2 节波前重建实验)，利用同一组实验参数进行实验研究，图 9-1-3(c)给出 1-FFT 重建图像. 因此，理论分析为实际全息图记录系统的优化提供了重要依据.

图 9-1-3(c)及图 9-1-3(d)均通过书附光盘中的 LXM25.m 程序完成，即读者可以用该程序进行实际全息图的 1-FFT 波前重建工作.

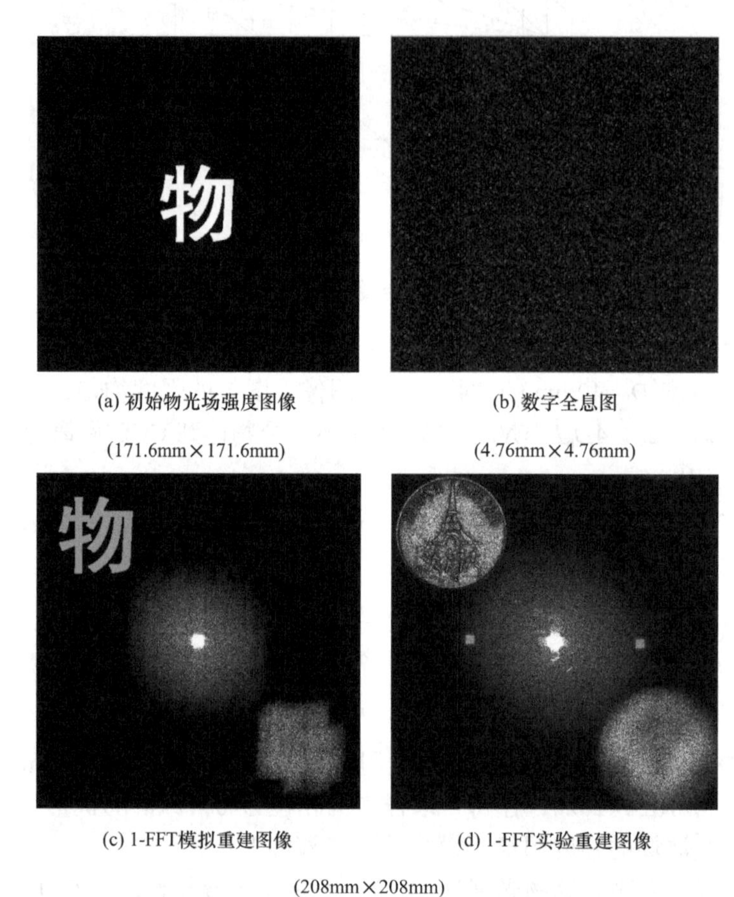

图 9-1-3　物光及参考光强度分布直接消除法模拟(取样数 1024×1024)

9.2　1-FFT 方法重建波前的噪声研究及消除

9.1 节讨论中已经看出，零级衍射光始终是重建波面的噪声，提高信噪比及消除噪声是提高波前重建质量必须做的工作. 本节首先讨论数字全息图的衍射效率，然后对一些常用的消零级衍射干扰技术进行介绍.

9.2.1　数字全息图的衍射效率

数字全息的波前重建虽然不消耗实际的重现光能，但是通过计算机的显示屏重现图像时，各衍射光的强度仍然由显示屏上对应的亮度体现出来. 可以将透过数字全息图的物光或共轭物光能量与总透射光能量之比定义为数字全息图的衍射效率. 现研究选择什么样的物光和参考光的强度比 p 才能够获得最强的物光衍射波[6].

令物光复振幅为 $O=\sqrt{p}\exp\left(\mathrm{j}k\varphi(x,y)\right)$，参考光为 $R=\exp\left(\mathrm{j}k\varphi_{\mathrm{r}}(x,y)\right)$，重现光为 $X=a_x\exp\left(\mathrm{j}k\varphi_x(x,y)\right)$，全息图的透射波强度则为

$$
\begin{aligned}
XI &= X\left(|O|^2+|R|^2\right)+XO^*R+XOR^* \\
&= a_x(p+1)\exp\left(\mathrm{j}k\varphi_x(x,y)\right) \\
&\quad +a_x\sqrt{p}\exp\left(-\mathrm{j}k\varphi(x,y)+\mathrm{j}k\varphi_{\mathrm{r}}(x,y)+\mathrm{j}k\varphi_x(x,y)\right) \\
&\quad +a_x\sqrt{p}\exp\left(\mathrm{j}k\varphi(x,y)-\mathrm{j}k\varphi_{\mathrm{r}}(x,y)+\mathrm{j}k\varphi_x(x,y)\right)
\end{aligned}
\tag{9-2-1}
$$

因此，透射光强度是三项衍射光强度之和

$$
I_{\mathrm{t}}=a_x^2(p+1)^2+2a_x^2p \tag{9-2-2}
$$

无论选择物光或共轭物光进行波前重建，重建光波强度与透射光总强度之比均为

$$
\eta=\frac{a_x^2p}{I_{\mathrm{t}}}=\frac{1}{p+4+1/p} \tag{9-2-3}
$$

很容易证明 p=1，即照明物光和参考光的振幅或强度相等时式(9-2-3)有极大值. 回顾由 CCD 记录干涉图的过程可知，物光和参考光振幅相等事实上就是要求 CCD 记录的干涉条纹具有最好的对比度或最丰富的灰度层次，这是一个合乎逻辑的结论.

将 p=1 代入式(9-2-3)后可求得 η=1/6. 即对于振幅型数字全息图，最佳物参比情况下对波前重建有用的信息能量只占总信息能量的 1/6. 这时，零级衍射光与总透射光的强度比是 4/6，对于波前重建是最强的噪声.

以上结论表明，为获得高质量的物光波前重建，消除零级衍射干扰是最重要的工作. 以下对几种适用的消除零级衍射光和共轭物光干扰的方法[6]作介绍.

9.2.2　零级衍射干扰的直接消除

1. 物光及参考光强度分布直接消除法

设到达 CCD 的物光和参考光复振幅分别为 O 及 R，全息图的强度分布则为

$$
I_{\mathrm{H}}=|O|^2+|R|^2+O^*R+OR^* \tag{9-2-4}
$$

在拍摄全息图前，分别遮住到达 CCD 的物光和参考光，用 CCD 分别记录下参考光和物光的强度图像 $|R|^2$ 及 $|O|^2$. 在拍摄到全息图 I_{H} 后，用 I_{H} 依次减去 $|R|^2$ 及 $|O|^2$，则能得到只包含“孪生像”的数字全息图，即

$$
I'_{\mathrm{H}}=I_{\mathrm{H}}-|O|^2-|R|^2=O^*R+OR^* \tag{9-2-5}
$$

由于无零级衍射光干扰，只要重建平面上物体的像与共轭光不重叠，便能得到无零级及共轭光干扰的重建像. 这时，还可以缩短物体到 CCD 的距离，让重建包含较多高频分量的图像. 根据式(9-1-19)的研究，可以通过下式来确定记录距离：

$$
z_0=\rho\times\frac{2D_0L}{\lambda N} \tag{9-2-6}
$$

式中，D_0是物光场宽度，L是CCD面阵宽度，N是沿宽度方向的CCD面元数，λ是光波长，ρ是略大于1的一实参数.

2. 参考光一次任意相移法

上面介绍的方法需要用CCD分别记录下$|R|^2$、$|O|^2$及I_{H}三幅图像. 下面介绍只需要记录两幅图像的另一种方法[16].

设$O(x, y)$, $R(x, y)$为到达CCD平面的物光及参考光的复振幅，全息图强度分布为

$$I_{\mathrm{H}}(x,y)=|O|^2+|R|^2+O^*R+R^*O \tag{9-2-7}$$

若参考光引入一非2π整数倍的相移δ，第二幅全息图强度则是

$$I'_{\mathrm{H}}(x,y)=|O|^2+|R|^2+RO^*\exp(\mathrm{j}\delta)+R^*O\exp(-\mathrm{j}\delta) \tag{9-2-8}$$

两式相减得到消除零级衍射光的差值图像

$$I_{\mathrm{H}}(x,y)-I'_{\mathrm{H}}(x,y)=RO^*\left[1-\exp(\mathrm{j}\delta)\right]+R^*O\left[1-\exp(-\mathrm{j}\delta)\right] \tag{9-2-9}$$

若利用差值图像$I_{\mathrm{H}}-I'_{\mathrm{H}}$进行物光场重建，由于式(9-2-10)方括号内的复常数对重建像分布不产生影响，重建像平面上不存在零级衍射干扰.

显然，在这种情况下我们也可以按照式(9-2-6)来进行光学系统设计，让CCD能够记录下包含较多高频分量的物光信息.

3. 等步长相移法

如果在数字全息记录时能够准确地让参考光引入相移，用CCD记录不同相移的全息图，可以有多种方案获得到达CCD的物光复振幅[17]. 这种方法不但适用于离轴数字全息，而且能够在同轴全息条件下重建无干扰的图像. 下面介绍常用的等步长相移法.

设到达CCD平面的物光和参考光分别为$O(x,y)=o_0(x,y)\exp\left(\mathrm{j}\varphi_0(x,y)\right)$，$R(x,y)=r(x,y)\exp\left(\mathrm{j}\varphi_{\mathrm{r}}(x,y)\right)$，干涉图强度分布则为

$$I(x,y)=o^2(x,y)+r^2(x,y)+2o(x,y)r(x,y)\cos\left[\varphi(x,y)-\varphi_{\mathrm{r}}(x,y)\right] \tag{9-2-10}$$

令N为整数，当逐步在参考光中引入步长为$2\pi/N$的相移时，第n次相移后CCD测量到的干涉图强度是

$$\begin{aligned}I_n(x,y)=&\,o^2(x,y)+r^2(x,y)\\&+2o(x,y)r(x,y)\cos\left[\varphi(x,y)-\varphi_{\mathrm{r}}(x,y)+2n\pi/N\right]\\n=&\,1,2,\cdots,N\end{aligned} \tag{9-2-11}$$

当$N\geqslant 3$时，到达CCD的物光相位可由下式求出[17]：

$$\varphi(x,y)=\varphi_{\mathrm{r}}(x,y)+\arctan\frac{\sum_{n=1}^{N}I_n(x,y)\sin(2\pi n/N)}{\sum_{n=1}^{N}I_n(x,y)\cos(2\pi n/N)} \tag{9-2-12}$$

当$\varphi(x,y)$确定后，由于参考光复振幅通常已知，$\varphi(x,y)$代入式(9-2-12)便能确定出物光振幅. 通过衍射或衍射的逆运算即能直接重建物平面光波场. 例如，选择n=4则成为一种流行的四步相移方法，这时式(9-2-12)变为

$$\varphi(x,y)=\varphi_{\mathrm{r}}(x,y)+\arctan\frac{I_1(x,y)-I_3(x,y)}{I_4(x,y)-I_2(x,y)}$$

并且，利用式(9-2-11)容易得到

$$o(x,y)=\frac{1}{4r(x,y)}\sqrt{\left[I_1(x,y)-I_3(x,y)\right]^2+\left[I_4(x,y)-I_2(x,y)\right]^2}$$

书附光盘中给出模拟生成同轴数字全息图及利用四步相移法重建物光的 MATLAB 程序 LXM26.m，运行该项程序能加深对上述讨论的理解.

事实上，等步长相移法的每次相移量并不一定为 $2\pi/N$，只是这时求解$\varphi(x,y)$的公式是一些特殊的形式[17-21]，读者可以从这些文献中得到相应的表达式.

9.3 基于虚拟数字全息图的波前重建

只使用一次傅里叶变换的 1-FFT 重建方法虽然简单，但是重建物光场的物理尺度不但是光波长、衍射距离及取样数的函数，而且重建像在重建平面上只拥有较小的区域，大部分区域被干扰信息占据. 特别是进行多波长照明的数字全息检测或彩色数字全息研究时，为有效综合检测信息，还必须采用不同的插值方法统一重建物光场的尺寸[6]. 因此，研究既能让重建像充分占有重建平面，又能统一不同色光重建像物理尺寸的重建算法具有重要意义.

作者最近的研究表明，在重建运算中引入虚拟数字全息图，还可以形成另一种便于使用的对局部像进行期待尺寸的重建的方法[6].

9.3.1 VDH4FFT 波前重建算法简介

对数字全息记录系统建立直角坐标 $Oxyz$，令 $z=0$ 平面为 CCD 平面，$z=d$ 是 1-FFT 重建像平面. 图 9-3-1 给出坐标定义图.

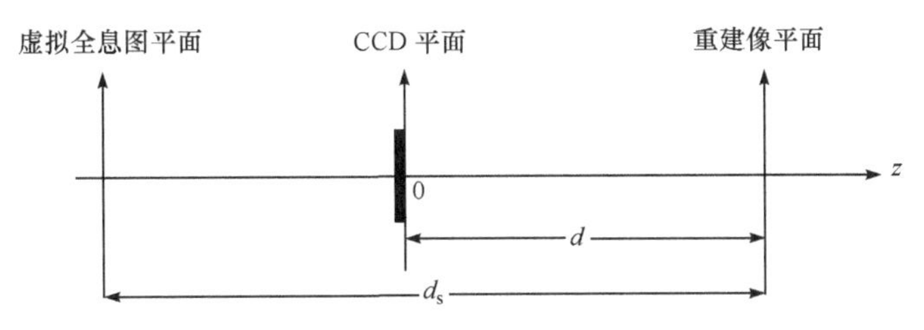

图 9-3-1 理论研究坐标定义

令 CCD 面阵宽度为 L，取样数为 N，照明光波长为λ，1-FFT 重建像平面的宽度为

$$L_0=\lambda dN/L \tag{9-3-1}$$

根据先前的讨论知，尽管可以对离轴数字全息系统进行优化设计，但没有干扰的重建像在像平面上所占宽度仅是 $L_0/4$，对应的取样数是 $N/4$，并且，对于不同波长的照明光，相同的取样数对应于不同的物理宽度. 如果能研究一种便于使用的波前重建方法，不但能用全息图的全部像素数来显示重建像，而且能统一不同波长照明下物体重建像的物理尺寸，具有重要的实际意义. 基于 S-FFT 及 D-FFT 衍射计算的特点，下面介绍另一种能够满足这种要求的

波前重建方法.

令数字全息图的取样数为 $N\times N$，若期望物理宽度为 L_{img} 的方形区内的物体像能用 $N\times N$ 像素显示，在 1-FFT 重建像平面上取出该区域，将该区域平移到像平面中央，周边补零后则形成只包含局部像的像平面. 将该像平面的光波场想象为前方距离为 d_s 处宽度为 L_{img} 的只包含共轭物光信息的虚拟数字全息图的衍射场，按照衍射的 S-IFFT 逆运算，衍射距离 d_s 应满足

$$d_s = \frac{L_{\text{img}} L_0}{\lambda N} \tag{9-3-2}$$

按照衍射的 S-IFFT 逆运算，不难求出局部像平面前方距离 d_s 处宽度为 L_{img} 的虚拟面光源的复振幅. 此后，利用衍射的 D-FFT 运算，即能得到 $N\times N$ 像素显示的宽度为 L_{img} 的重建像.

为研究以上结论，将式(9-3-1)代入式(9-3-2)得

$$d_s = \frac{L_{\text{img}}}{L} d \tag{9-3-3}$$

这个结果表明，虚拟数字全息图位置与波长无关，对于不同色光照射下记录的全息图，只要在 1-FFT 重建像平面上选择出同一物理尺度的局部像，便能得到不同色光的 $N\times N$ 像素显示的同一物理尺度的重建像.

应用研究中，通常期望能在 1-FFT 重建像平面上将取样数 N_{img} 表示宽度的图像用 $N\times N$ 像素重新表示. 为此，下面讨论给定物理尺寸后不同色光在 1-FFT 重建像平面上的取样数以及虚拟数字全息图位置的确定方法.

令 1-FFT 像平面上物理宽度 L_{img} 的局部像的取样数为 N_{img}，则有

$$L_{\text{img}} = \frac{\lambda d N}{L} \times \frac{N_{\text{img}}}{N} = \frac{\lambda d N_{\text{img}}}{L} \tag{9-3-4}$$

于是，取样数 N_{img} 为

$$N_{\text{img}} = \frac{L_{\text{img}} L}{\lambda d} \tag{9-3-5}$$

将式(9-3-4)代入式(9-3-3)得

$$d_s = \frac{\lambda N_{\text{img}}}{L^2} d^2 \tag{9-3-6}$$

利用以上两式，便能较好地用同一物理尺度对不同色光局部物光场用 $N\times N$ 像素重建.

现在，考查该方法完成重建运算时需要的 FFT 次数：1-FFT 重建像平面需要一次 FFT 运算，求得虚拟数字全息图的运算需要一次 IFFT 运算，从虚拟数字全息图到像平面的 D-FFT 衍射运算需要一次 FFT 及一次 IFFT 运算. 因此，需要 4 次 FFT 的运算量. 考虑到该算法使用了虚拟数字全息图(virtual digital hologram)及 4 次 FFT 运算，将该算法简称为 VDH4FFT 算法. 从形式上看，4 次 FFT 的运算量似乎增大了计算量，然而，理论及实验研究证明，由于重建像能够充分占有取样计算平面，对于同一分辨率的重建图像，VDH4FFT 算法的计算量通常小于 1-FFT 重建算法[6].

回顾本书 3.2.5 节的讨论，该算法可以视为基于虚拟光波场衍射计算的一个应用实例.

9.3.2 VDH4FFT 重建算法的实验证明

为证明上面的结论，现按照图 9-3-2 所绘的光路进行离轴数字全息实验及物光场重建. 图中，自左向右进入系统的激光被分束镜 S_1 分为两束光，其中，由 S_1 透射的光波经全反镜 M_1 反射、准直及扩束后投向分束镜 S_2，经 S_2 反射的光波形成与光轴 z 有微小夹角的光波到达 CCD 形成参考光. 由 S_1 反射的光波经反射及扩束后形成照明物光投射向物体，从物体表面散射的光波通过半反半透镜 S_2 到达 CCD 形成物光. 实验中使用的 CCD 面阵像素数为 1024×1360，像素宽度 4.65μm. 物体是 2000 年在巴黎举行的一次 20km 长跑的铜质奖牌，奖牌直径 $D_0 \approx$60mm，物体到 CCD 的距离 z_0=1500mm，照明光波长λ=0.000532mm. 为便于阅读本书，书附光盘中“3-波前重建的全息图文件”文件夹中有该实验记录的数字全息图“Ih.tif”.

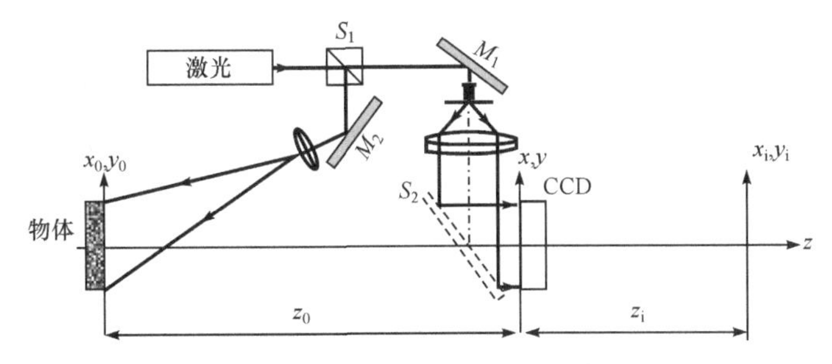

图 9-3-2　数字全息实验光路

利用书附光盘中 LXM27.m 程序及数字全息图文件 Ih.tif，图 9-3-3(a)给出执行程序过程中的 1-FFT 重建图像. 不难看出，由于重建平面上重建物光场边沿零级衍射光干扰较弱，尽管奖牌直径略大于模拟研究时能完全避免零级衍射干扰的临界宽度，仍然可以获得较满意的重建图像. 但是，重建像所拥有的像素数量低于 200×200，不利于重建像的详细分析.

以 1-FFT 重建像中心为中心，从像面上提取 200×200 区域为二次重建区，图 9-3-3(b)给出将该区域平移到像平面中央后的图像. 利用 S-IFFT 的衍射逆运算求得虚拟光源的复振幅，其振幅图像示于图 9-3-3(c)，图 9-3-3(d)给出用 D-FFT 衍射计算返回像平面的重建图像.

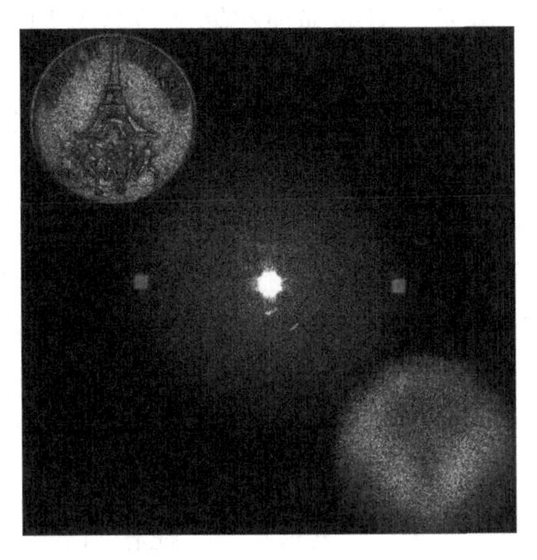

(a) 1-FFT重建的像平面

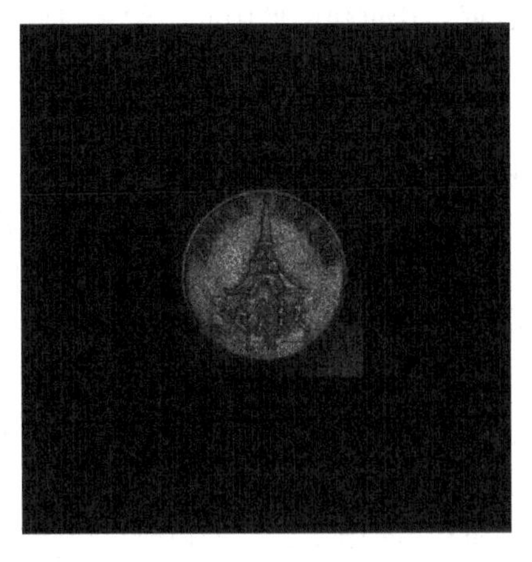

(b) 200×200像素区域平移到像面中央的图像

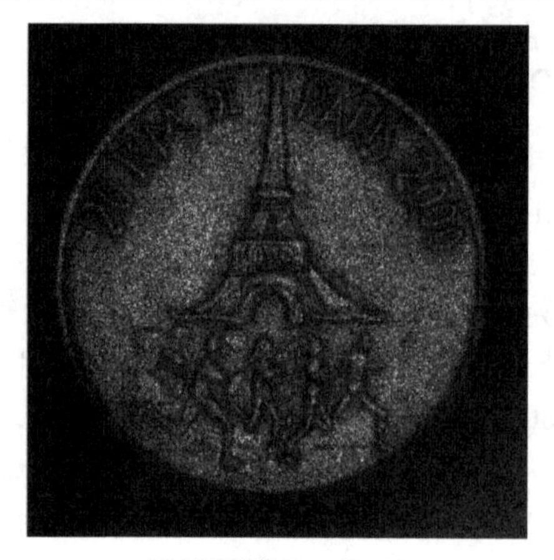

(c) 虚拟光源的振幅图像(L_{img}=67mm)　　　　(d) 重建图像(L_{img}=67mm)

图 9-3-3　VDH4FFT 重建图像(1024×1024 像素)

选择不同的局部区域，VDH4FFT 重建算法可以用全息图完整的像素数表示出局部区域的精细重建像. 在后面的数字全息检测研究中将看到，该重建算法为精细检测提供了方便.

9.4　彩色数字全息

CCD 技术与计算机技术相结合，基于单色光的数字全息理论可以在计算机的虚拟空间中成功地建立物平面光波场. 随之而来的一个很自然的问题就是：数字全息是否也能实现真彩色物体的波面重建？答案是肯定的，根据 CCD 或彩色 CCD 记录的每种基色光的全息图，不但可以在计算机中重建来自物体的各基色光波场，并且能够通过屏幕逼真地显示出物体的真彩色图像. 研究物体对三基色光的不同响应，能更充分地揭示物体的信息. 彩色数字全息在光学无损检测中有广泛的应用，例如，流体力学量的检测，微小物体的三维面形及微形变的检测[6] .

三基色光对应于三种不同的波长，衍射的计算与波长相关，如何正确处理 CCD 记录的三种色光的数据，让重建图像中同一像素对应的三色光不但准确地在期待位置叠加，而且能正确地重现原色彩，有一些特别的问题需要讨论.

长期以来，由于菲涅耳衍射积分的一次快速傅里叶变换计算相对简单，基于菲涅耳衍射积分的 1-FFT 重建方法不但用于单色光照明的波前重建，而且也是彩色数字全息波前重建的基本理论工具. 近 10 年来，人们用 1-FFT 重建方法分别对三基色光的物光场重建及合成彩色图像进行过大量研究，有效提高了彩色重建图像的质量. 然而，由于物光场在 1-FFT 重建平面上的空间占有率较低，为得到足够像素表述的物光场，必须通过对全息图周边补零，形成较大的全息图来进行重建计算，有大量的冗余计算量. 此外，由于 1-FFT 重建场物理尺寸还随光波长、取样数及重建距离变化，为统一不同色光的重建场尺寸，必须在全息图周边补零改变全息图的取样数再进行重建计算.

根据标量衍射理论，光波的衍射可以通过多种衍射公式进行计算，在相同的计算精度下，角谱衍射公式能够以最少的取样数完成计算. 基于角谱衍射公式进行波前重建研究是获得高质量重建场的一种有效途径．特别是用球面波为重建波[22]，引入像面滤波技术形成的可变放大率波前重建方法[23,24]，能较好地满足彩色数字全息研究的需要[25,26]．基于 9.3 节的讨论，如果将像面滤波技术移植于 VDH4FFT 算法，当全息记录系统满足傍轴近似时，也能够有效地统一不同色光重建像的物理尺寸，在彩色数字全息中获得应用．

计算机对彩色图像的表示方法是研究彩色数字全息的基础，本节首先简要给出最必要的知识．然后，以能够同时记录三基色光数字全息图的彩色 CCD 光学系统为研究对象，对 VDH4FFT 算法在彩色数字全息中的应用进行研究，给出真彩色重建图像实例．

9.4.1 三基色原理及图像的数字表示

实验研究表明，大自然中几乎所有颜色都可以用三种相互独立的颜色按不同的比例混合而得到，即三基色原理．它包括下述内容：

(1) 相互独立的颜色，即不能以其中两种混合而得到第三种的颜色．将这三种颜色按不同比例进行组合，可获得自然界各种色彩感觉．如彩色电视技术中采用红(R)、绿(G)、蓝(B)作为基色，印染技术中采用黄、品红、青作为基色．

(2) 任意两种非基色的彩色相混合也可以得到一种新的颜色，但它等于把两种彩色各自分解为三基色，然后将基色分量分别相加后再相混合而得到的颜色．

(3) 三基色的大小决定彩色光的亮度，混合色的亮度等于各基色亮度之和．

(4) 三基色的比例决定混合色的色调，当三基色的混合比例相同时，色调相同．

利用三基色原理，将彩色分解和重现，最终实现在视觉上的各种不同的颜色，是彩色图像显示和表达的基本方法．在各类彩色应用技术中，人们使用多种混色方法，但本质上讲是两种：相加混色和相减混色．

白光是不同色光的混合体．相减混色即在白光中减去不需要的颜色，留下需要的颜色．相加混色不仅运用三基色原理，还进一步利用眼的视觉特性．常用的相加混色方法有如下两种：

(1) 时间混色法：将三种基色按一定比例轮流投射到同一显示屏上．由于人眼的视觉暂留特性，只要交替速度足够快，产生的彩色视觉与三基色同时出现相混时一样．这是顺序制彩色电视图像显示的基础．

(2) 空间混色法：将三种基色按一定比例同时投射到同一屏幕彼此距离很近的点上，利用人眼分辨率有限的特性产生混色．或者，使用空间坐标相同的三基色光同时投射产生合成光．这是同时制彩色电视图像和计算机图像的显示基础．国际照明委员会(CIE)选择红色(波长 700.00nm)、绿色(波长 546.10nm)和蓝色(波长 435.80nm)三种基色光作为表色系统的三基色．产生 1 lm 的白光(W)所需要的三基色的近似值可用下面的亮度方程表示：

$$1\,\mathrm{lm(W)} = 0.30\mathrm{lm(R)} + 0.59\mathrm{lm(G)} + 0.11\,\mathrm{lm(B)} \tag{9-4-1}$$

基于三基色原理及计算机数值处理特点，在计算机显示屏上的图像通常可分为两大类：位映像图像和向量图像．位映像图像是对电视图像的数字化．可以把位映像图像视为二维点阵，点阵的每一点称为像素，即一幅完整的图像由许多像素紧密排列组合而成．位映像图像易于描述真实世界的景物，用扫描仪扫描照片、用 CCD 探测器或数码相机生成图像文件并在计算机上显示的图像通常都是位映像图像．向量图像不记录像素的数量，而是将所描述物体视为几何图形，通过不同位置和尺寸的直线、曲线、圆形、方形构成物体．向量图像通常用于计算机辅助设计(CAD)和工艺美术设计、插图等. 在数字全息研究中，通常用扫描仪扫描传统全息照片或用 CCD 探测器探测全息干涉图. 因此，数字全息检测的图像基本都是位映像图像.

位映像图像根据彩色数可以分为以下四类：①单色图像；②4~16 彩色图像；③32~256 彩色图像；④256 色以上的彩色图像. 众所周知，计算机中的数据是以二进制为数据表示基础的. 一个二进制的位称为比特(bit)，它有 0 或 1 两种可能. 通常将取 0 值表示黑色，取 1 值表示白色. 于是，一幅单色黑白图像的一个像素可用一个比特表示. 通常将八个比特定义为一个字节. 由于一个字节中各比特取不同的数值时可以表示 0～255 的十进制数，用一个字节的取值代表一个基色的亮度，用三个字节描述一个像素的色彩时就能包括颜色的亮度及色调. 按照三基色混色原理，这种方式定义的位图则能表示出 255×255×255 种色彩，通常称为真彩色. 根据计算机数据的二进制表示，4 色图像的一个像素需要两个比特表示，16 色图像的一个像素需要四个比特表示，256 色图像的一个像素需要八个比特或一个字节表示. 作为实例，图 9-4-1(a)给出三个字节描述一个像素色彩的真彩色图像，图 9-4-1(b)～(d)分别是该图像的红、绿、蓝三个色彩分量.

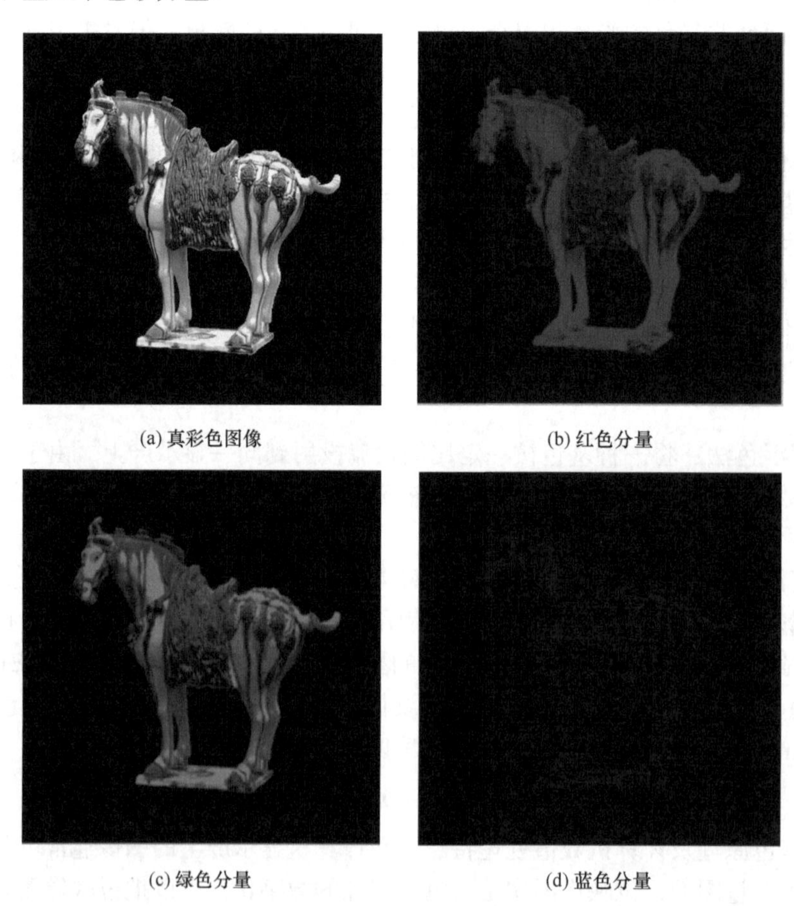

(a) 真彩色图像　(b) 红色分量

(c) 绿色分量　(d) 蓝色分量

图 9-4-1　真彩色图像及其色彩分量(256×256 像素)

在应用研究中，根据需要可以基于式(9-4-1)将真彩色图像转化为单色的亮度图像(例如，附录 B 中模拟计算光波衍射时，通常将一幅彩色图像转化为亮度图像，并用图像的亮度分布代表空间平面上的光波场振幅分布)，这时每一像素只需要一个字节表示.

利用 MATLAB 语言很容易编写读取彩色图像文件及将彩色图像分解为三基色分量或转换为单色亮度图像进行显示的程序，书附光盘所附程序 LIM28.m 可以实现真彩色图像的读取、分解与综合.

9.4.2 VDH4FFT 算法重建真彩色图像的实验研究

利用重建平面综合使用技术,原则上可以用单色 CCD 实时记录三种色光的全息图.然而，为能让重建图像不相互干扰，光学系统的调整十分繁杂. 因此,使用能够有效分离三种色光的彩色 CCD 可以显著简化研究工作，图 9-4-2 给出这种系统的光路图[27,28]. 图中物体是高度约 40mm 的中国京剧脸谱陶瓷模型，能实时分别记录三种色光全息图的 TriCCD 像素数 1024×1344，像素宽度 6.45μm. 物体到 CCD 的距离为 2000mm，红绿蓝三激光波长分别为 671nm、532nm、457nm. 由于三种色光能有效分离，我们可以让照明物光及参考光共用一个光路. 基于 VDH4FFT 算法，理论上可以根据给定的光学参数准确地重建统一尺寸的物光场.

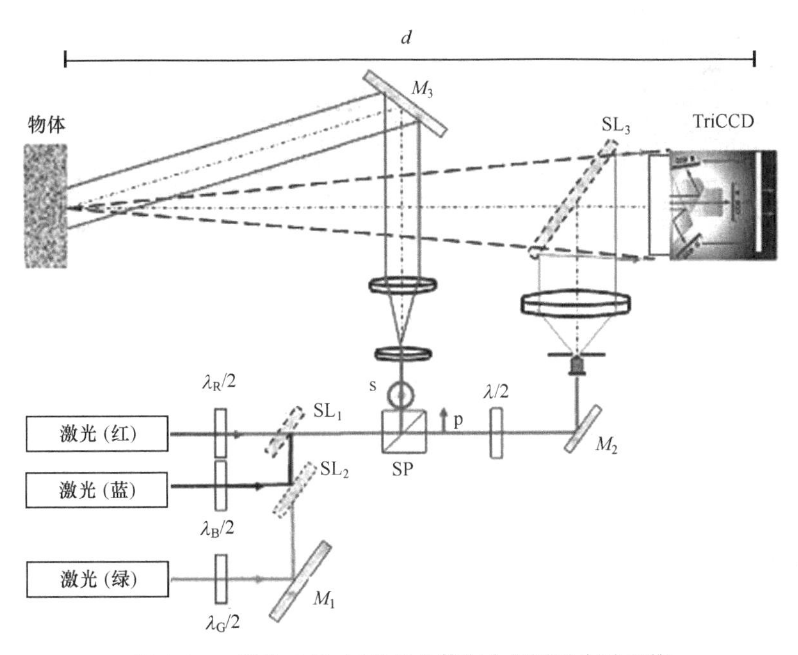

图 9-4-2 彩色 CCD 记录彩色数字全息图的实验系统

选择 1024 × 1024 点的全息图进行宽度 L_{img}=47.6mm 的重建，利用式(9-3-3)求得虚拟全息图在像平面前方的距离 d_s=20000mm，根据式(9-3-5)求得三种色光全息图上方形取样区的宽度分别是 169 像素、213 像素以及 248 像素. 图 9-4-3 给出 VDH4FFT 方法重建的彩色分量图像及合成彩色图像.

本书光盘给出生成真彩色数字全息图的 LXM29.m 程序，以及利用 VDH4FFT 方法重建物体彩色分量图像及合成彩色图像的程序 LXM30.m. 执行 LXM29.m 程序形成彩色数字全息后，LXM30.m 进行彩色图像的重建. 事实上，LXM30.m 可以直接用于实际彩色全息图波前重建. 应用研究中，如果三基色的数字全息图由单色 CCD 分别记录，读者可以对程序作简单修改便能适用于新的实验条件，将该程序用于真彩色全息的波前重建.

(a) 红光分量　(b) 绿光分量

(c) 蓝光分量　(d) 彩色图像

图 9-4-3　彩色数字全息图及 VDH4FFT 方法重建的彩色图像(1024×1024 像素)

*9.5　数字全息在光学检测中的应用

全息干涉计量是一种精密的无损检测技术[6]，然而，使用传统的全息方法必须对化学感光板进行湿处理，在实际应用中多有不便．随着 CCD 及计算机技术的进步，近年来，利用数字全息检测代替或改进传统全息检测的研究成果不断出现．以下介绍几个实例．

9.5.1　实时数字全息检测透明物应力分布

在第 8 章关于实时全息的讨论中指出，利用实时全息能够实现透明物应力场的检测．以下研究将表明[29]，基于实时全息检测的基本原理及数字全息的特点，参考光可以是任意振幅及相位的光波，能很好地实现二维透明物应力分布的实时数字全息检测．

图 9-5-1 是实时数字全息检测的简化光路．平面波自左向右照明透明物体，由计算机控制对透明板横向加载，物体受力后折射率的变化将对透射波的相位进行调制，被调制的物光沿 z 轴传播，通过成像系统及半反半透镜后到达 CCD．通过调整，让 CCD 平面是物平面的像平面．参考光自上而下进入半反半透镜，通过反射到达 CCD 形成参考光．在实验过程中，我们通过计算机控制对透明物体加载，并用 CCD 记录下不同载荷下的数字全息图．

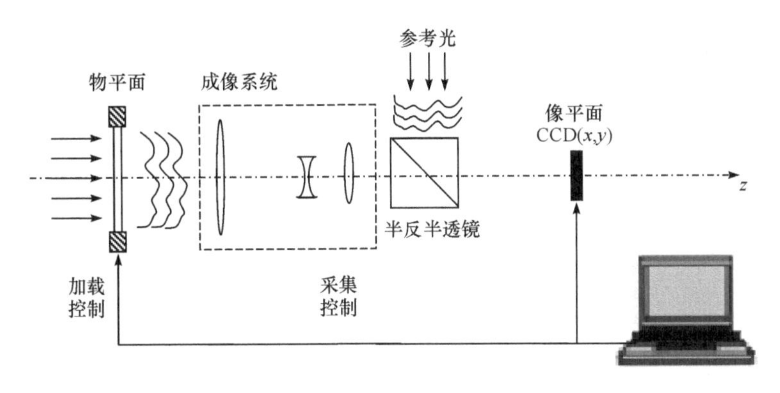

图 9-5-1　实时数字全息简化光路

以下对透明板材变化应力场的检测进行理论分析.

令 CCD 平面为 xy 平面,被测物体的物理量变化只改变物光的相位.检测时刻 t_{i} 到达 CCD 平面的物光和参考光可分别表示为

$$O_{\mathrm{i}}(x,y)=o(x,y)\exp\left[\mathrm{j}k\varphi_{\mathrm{i}}(x,y)\right] \tag{9-5-1}$$

$$R(x,y)=r(x,y)\exp\left[\mathrm{j}k\varphi_{\mathrm{r}}(x,y)\right] \tag{9-5-2}$$

式中，$\mathrm{j}=\sqrt{-1}$；$k=2\pi/\lambda$，λ为光波长．根据二元函数的泰勒级数表示及二项式定理，参考光的相位因子可展开为

$$\varphi_{\mathrm{r}}(x,y)=a_1x+b_1y+\psi_{\mathrm{r}}(x,y) \tag{9-5-3}$$

其中

$$\psi_{\mathrm{r}}(x,y)=a_0+a_2x^2+b_2y^2+c_2xy+\cdots \tag{9-5-3a}$$

式中，$a_0,a_1,a_2,\cdots,b_0,b_1,b_2,\cdots,c_2,\cdots$ 是实数.

物光及参考光干涉场强度则为

$$\begin{aligned}I_{\mathrm{H}}(x,y)=&o^2(x,y)+r^2(x,y)\\&+o(x,y)r(x,y)\exp\left[\mathrm{j}k\left(\varphi_{\mathrm{i}}(x,y)-\psi_{\mathrm{r}}(x,y)\right)\right]\exp\left[-\mathrm{j}k\left(a_1x+b_1y\right)\right]\\&+o(x,y)r(x,y)\exp\left[-\mathrm{j}k\left(\varphi_{\mathrm{i}}(x,y)-\psi_{\mathrm{r}}(x,y)\right)\right]\exp\left[\mathrm{j}k\left(a_1x+b_1y\right)\right]\end{aligned} \tag{9-5-4}$$

对式(9-5-4)两边作傅里叶变换，注意到 $F\left\{\exp\left[-\mathrm{j}k\left(a_1x+b_1y\right)\right]\right\}=\delta\left(f_x+\dfrac{a_1}{\lambda},f_y+\dfrac{b_1}{\lambda}\right)$ 以及 $F\left\{\exp\left[\mathrm{j}k\left(a_1x+b_1y\right)\right]\right\}=\delta\left(f_x-\dfrac{a_1}{\lambda},f_y-\dfrac{b_1}{\lambda}\right)$，并利用$\delta$函数的卷积性质得

$$F\left\{I_{\mathrm{H}}(x,y)\right\}=G_0\left(f_x,f_y\right)+G\left(f_x+\frac{a_1}{\lambda},f_y+\frac{b_1}{\lambda}\right)+G^*\left(f_x-\frac{a_1}{\lambda},f_y-\frac{b_1}{\lambda}\right) \tag{9-5-5}$$

其中

$$G_0\left(f_x,f_y\right)=F\left\{o^2(x,y)+r^2(x,y)\right\} \tag{9-5-5a}$$

$$G\left(f_x,f_y\right)=F\left\{o(x,y)r(x,y)\exp\left[\mathrm{j}k\left(\varphi_0(x,y)-\psi_{\mathrm{r}}(x,y)\right)\right]\right\} \tag{9-5-5b}$$

可见，只要二维频率空间中$\frac{a_1}{\lambda},\frac{b_1}{\lambda}$足够大，且$G\left(f_x,f_y\right)$分布有限，通过适当的选通滤波就能取出$G\left(f_x+\frac{a_1}{\lambda},f_y+\frac{b_1}{\lambda}\right)$，在频域进行坐标平移就能求出$G\left(f_x,f_y\right)$．于是有

$$\begin{aligned}O_{\mathrm{i}}'(x,y)&=F^{-1}\left\{G\left(f_x,f_y\right)\right\}\\&=o(x,y)r(x,y)\exp\left[\mathrm{j}k\left(\varphi_{\mathrm{i}}(x,y)-\psi_{\mathrm{r}}(x,y)\right)\right]\end{aligned}\tag{9-5-6}$$

以及

$$k\varphi_{\mathrm{i}}(x,y)-k\psi_{\mathrm{r}}(x,y)=\arctan\frac{\operatorname{Im}\left[O_{\mathrm{i}}'(x,y)\right]}{\operatorname{Re}\left[O_{\mathrm{i}}'(x,y)\right]}\tag{9-5-7}$$

应该指出，通过频谱分离及反变换获得的是带有某种调制的物光．但是，如果准确给定参考光相位函数$\varphi_{\mathrm{r}}(x,y)$, $\psi_{\mathrm{r}}(x,y)$就能求出．然而，准确知道参考光相位函数$\varphi_{\mathrm{r}}(x,y)$并非易事．单纯通过一幅干涉图难以对$\psi_{\mathrm{r}}(x,y)$准确求解．换言之，试图通过一幅干涉图求物光相位$k\varphi_{\mathrm{i}}(x,y)$事实上非常困难．但是，研究式(9-5-7)可知，如果感兴趣的是任意两个时刻物光场的相位变化，只要合理进行数据处理，则能够完全消除$\psi_{\mathrm{r}}(x,y)$的影响，准确获得物光场的相位变化．例如，若通过实验求出与时刻t_0, t_1, t_2,⋯对应的$O_0'(x,y),O_1'(x,y),O_3'(x,y),\cdots$，根据式(9-5-7)，任意两个时刻$t_p$, t_q间物光的相位变化则为

$$k\varphi_p(x,y)-k\varphi_q(x,y)=\arctan\frac{\operatorname{Im}\left[O_p'(x,y)\right]}{\operatorname{Re}\left[O_p'(x,y)\right]}-\arctan\frac{\operatorname{Im}\left[O_q'(x,y)\right]}{\operatorname{Re}\left[O_q'(x,y)\right]}\tag{9-5-8}$$

令t_0是初始时刻，即让式(9-5-8)中$p=0$，基于式(9-5-8)应能得到任意时刻t_p的与传统的实时全息测量相似的结果．以下给出实验证明．

以厚8mm，宽100mm，高250mm预置裂纹的有机玻璃板为物体，先后用传统实时全息[6]及数字实时全息对同一受力状态的物体应力场检测图像作了对比研究[29]．实验时使用波长532nm的YAG激光，有机玻璃板垂直于光轴z．在实验研究选用的CCD像素数为1024×768，像素宽度6.4μm．由于CCD窗口尺寸与物体投影尺寸相差较大，为让CCD较充分地获取物光信息，设计横向放大率约0.14的数字全息变焦系统[6]，让有机玻璃板与CCD平面构成系统的共轭相面，为获得较好的测量结果，参照文献[19]消除零级衍射光的方法，在每一状态测量时用CCD记录参考光引入相移前后的两幅图像，用两幅图像的差值图获取物光频谱．再通过逆傅里叶变换得到像光场，并通过相邻时刻重建像光场的干涉完成实时检测．为便于比较同一状态两种方法的测量结果，实验在物体的弹性形变范围内进行．

根据式(9-5-8)，物光场的相位变化可用下式表述的0～255级的灰度图像显示：

$$I_{p,q}(x,y)=127.5+127.5\cos\left[k\varphi_p(x,y)-k\varphi_q(x,y)\right]\tag{9-5-9}$$

图9-5-2(a)、(b)分别给出有机板受到纵向拉力30kg及40kg时传统实时全息与数字全息检测获得的干涉图．

在所研究的条件下，数字全息获得的干涉图像质量高于传统全息．分析式(9-5-8)的推导过程可知，相位$k\varphi_{\mathrm{i}}(x,y)$的获取是通过$o(x,y)r(x,y)\exp\left[\mathrm{j}k\varphi_{\mathrm{i}}(x,y)\right]$的虚部与实部比值的反正切求出的，$o(x,y)r(x,y)$在运算中作为公因子被消去．因此，按照式(9-5-9)形成的干涉图不受照明物光

及参考光强度分布的影响，具有很干净的背景．反之，传统全息干涉图的质量不但取决于照明物光及参考光的均匀度，而且与化学感光板处理过程中许多因素有关，例如，图 9-5-2 中传统全息干涉图上的斑渍就是化学处理过程中附着在干版上的微小杂物引起的．

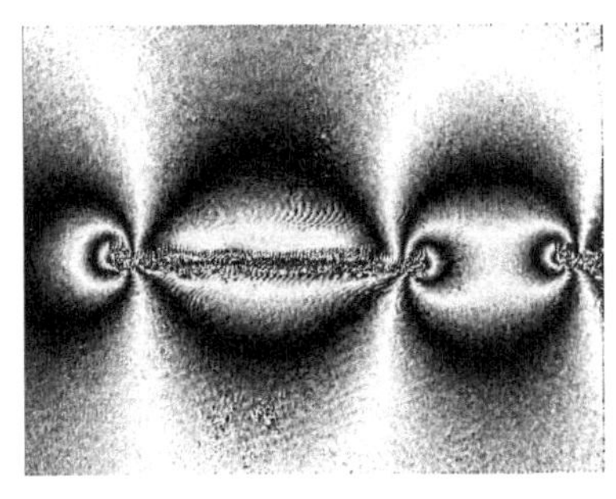

数字全息　　传统全息

(a) 拉力30kg

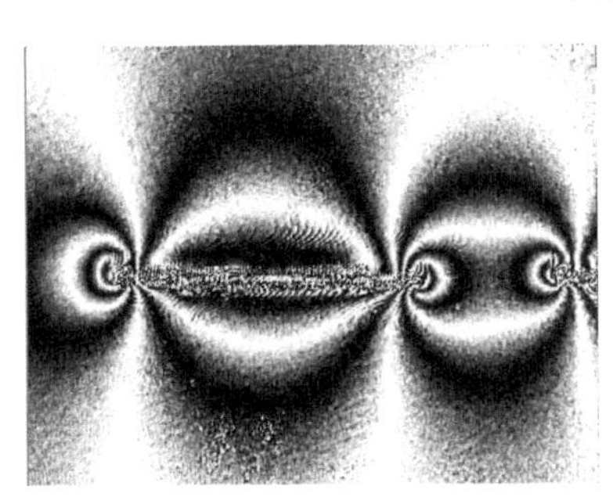
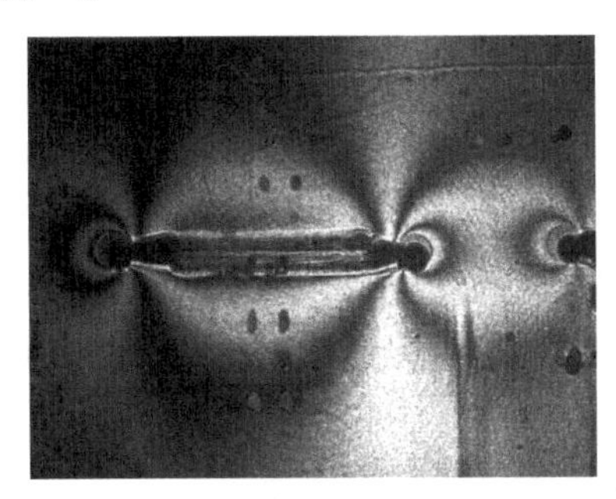

数字全息　　传统全息

(b) 拉力40kg

图 9-5-2　纵向拉力 30kg 及 40kg 时数字全息与传统实时全息干涉图比较(46.8mm×35.1mm)

应该指出，在式(9-5-9)中，由于余弦函数为偶函数，当 $k\varphi_p(x,y)-k\varphi_q(x,y)$ 的绝对值给定后，无论差值取正值或取负值，干涉条纹均具有相同的灰度，单纯使用干涉条纹的灰度不能判断相位变化的正负．此外，余弦函数还是周期函数，相位变化超过 2π 的整数倍后，余弦函数的取值始终是实际相位变化取 2π 的模后的余弦值，相位变化的绝对值被“包裹”于干涉图中，必须通过相位解包裹才能确定实际的相位变化．关于相位解包裹的问题始终贯穿于不同物理量的全息或数字全息检测中，目前已经有许多研究，有兴趣的读者应深入阅读相关文献．

9.5.2　物体三维形貌的数字全息检测

物体的三维形貌(外形轮廓)的非接触精密测量具有十分重要的价值．从理论而言，数字全息检测的精度可以达到波长量级．然而，由于实际被检测对象表面起伏变化通常远大于光波长，在相干光照射下，来自物体表面不同位置的光波的光程差也远大于光波长，形成相位随机变化的散射光，基本不能通过相位解包裹完成实际物体表面轮廓的测量．然而，8.2.2 节对传统全息用检测三维面形的三种方法(波长差产生等值线，用折射率的变化产生等值线，以及变化照明方向产生等值线)原则上均能移植于数字全息检测中[30-32]．由于 CCD 面阵尺寸及像素远低于传统全息感光板，三维形貌检测的应用主要限于尺寸较小的物体．下面是对一个微机电元件——气流传感器的数字全息检测实例[30]．

气流传感器的形貌如图 9-5-3(a)所示，其传感关键部位是硅芯片上一个宽度约 1mm 的方形的隔膜(图 9-5-3(b))．穿过隔膜和底层的气流变化将导致通过隔膜周围空间的光束变形．应变仪将这个变形转化成光电信号后便能获取气流变化的信息．很明显，准确知道隔膜在给定气流状态的形状对控制产品的质量非常重要．

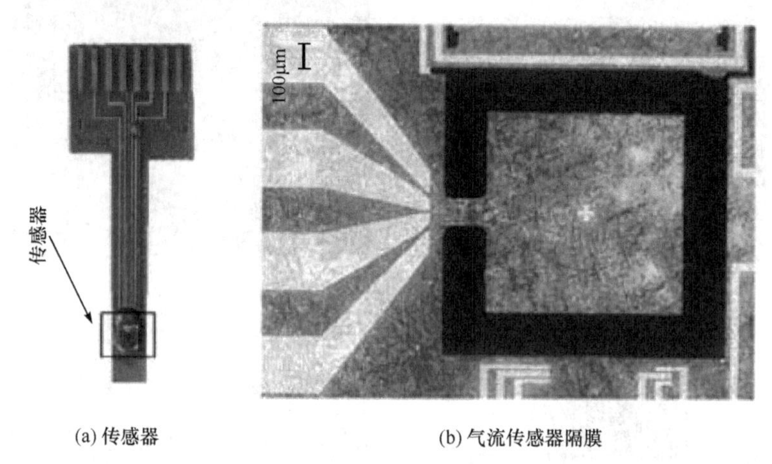

(a) 传感器　(b) 气流传感器隔膜

图 9-5-3　气流传感器

利用数字全息的波长差等高线法对隔膜邻近区域测试结果示于图 9-5-4．由重建图像的像素大小确定的侧向分辨力达 18μm．在作该测量时，目的是判断隔膜和芯片底层在没有气流时是否平行，因为平行时才能保证让传感器输出正确的探测值．测量结果表明隔膜是倾斜的，要通过生产工艺控制来避免这种结果．

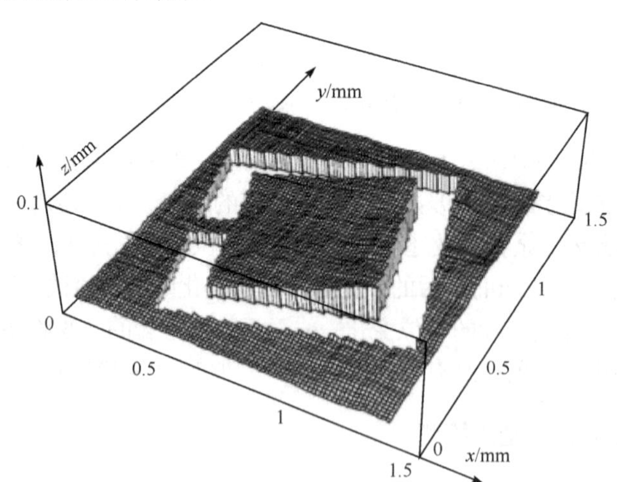

图 9-5-4　气流传感器隔膜和邻近芯片表面的三维形貌

9.5.3　三维粒子场检测

数字全息术可以对透明介质中的粒子场进行分析．自从 1964 年国外首次利用同轴夫琅禾费全息成功地测量了大气中的云雾后，粒子场全息分析技术得到很大的发展，逐步实现了全自动数据处理，已成为三维粒子场分析的主要方法．目前逐步在喷雾、雾滴、聚合物粒子生长、微小粒子跟踪和微生物测量及分析等方面形成了实用的数字全息检测技术．作为实例，这里介绍 2009 年报道的天津大学对柴油喷雾粒子场检测的工作[33]．

图 9-5-5 为柴油喷雾粒子场的数字全息记录光路系统，ECU 为电控单元，FAI 为自由电枢喷射，激光器为最大功率 40mW，波长λ=632.8nm 的氦氖激光器，发出的细光束经扩束准直系统后形成直径为 25mm 的平行平面光束．平面平行光垂直入射喷雾场，在 CCD 靶面干涉，形成雾场粒子的全息图．为了防止喷雾场对光学元器件及 CCD 靶面的污染和损害，将喷油喷嘴部分放在一 400mm×400mm×450mm 有机玻璃罩中，使整个雾场处在玻璃罩内．在玻璃罩两侧壁各打一孔，以便于光束通过，孔的直径约为 30mm.

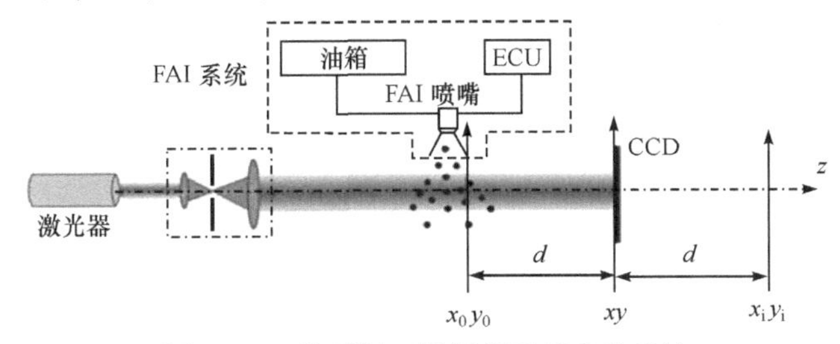

图 9-5-5 粒子场三维层析重建实验系统

1. 理论分析

为较定量地讨论粒子场重建原理，在图 9-5-5 中建立直角坐标系，令 z 为光轴，定义 CCD 探测器面阵所在平面为 xy 平面，CCD 左边距离 d 处的平面为穿过粒子场的平面 x_0y_0. 设该平面上共有 N 个半径不同的粒子，粒子分布为

$$O_0(x_0,y_0)=\sum_{p=1}^{N}\operatorname{circ}\left(\frac{\sqrt{(x_0-x_p)^2+(y_0-y_p)^2}}{r_p^2}\right) \tag{9-5-10}$$

式中，(x_p,y_p)为第 p 个粒子中心的坐标，r_p 为该粒子的半径.

令透过粒子场的照明光为单位振幅平面波，当粒子场密度不高时，可以将 x_0y_0 平面两侧的空间视为均匀介质空间，到达 CCD 的光波场可以用菲涅耳衍射近似表示为

$$\begin{aligned}U(x,y)=&\frac{\exp(\mathrm{j}kd)}{\mathrm{j}\lambda d}\\&\times\int_{-\infty}^{\infty}\int_{-\infty}^{\infty}\left[1-O_0(x_0,y_0)\right]\exp\left\{\frac{\mathrm{j}k}{2d}\left[(x_0-x)^2+(y_0-y)^2\right]\right\}\mathrm{d}x_0\mathrm{d}y_0\end{aligned} \tag{9-5-11}$$

式中，$\mathrm{j}=\sqrt{-1}$；$k=2\pi/\lambda$, λ 为光波长.

理论分析证明[37]，$I(x,y)=U(x,y)U^*(x,y)$ 等价于一同轴数字全息图，形成全息图时，被粒子衍射的光波为物光波，经过粒子场而没有被粒子衍射的光波为参考光波．于是，可以在全息图右方距离 d 处的 x_iy_i 平面用菲涅耳衍射积分重建粒子场 $O_0(x_0,y_0)$ 的实像，即

$$\begin{aligned}U_i(x_i,y_i)=&\frac{\exp(\mathrm{j}kd)}{\mathrm{j}\lambda d}\\&\times\int_{-\infty}^{\infty}\int_{-\infty}^{\infty}I(x,y)\exp\left\{\frac{\mathrm{j}k}{2d}\left[(x_i-x)^2+(y_i-y)^2\right]\right\}\mathrm{d}x\mathrm{d}y\end{aligned} \tag{9-5-12}$$

式(9-5-12)重建的图像中不但存在共轭光干扰，而且检测层面前后空间中的粒子的离焦像必然形成检测噪声．但是，由于重建层面中粒子像的强度较高，通过适当的图像处理，可以

较好地获取 x_0y_0 平面上的粒子场 $O_0\left(x_0, y_0\right)$. 当通过实验记录下全息图后，选择不同的距离 d，便能对粒子场进行逐层分析，最终获取粒子场的三维分布. 采用较小的时间间隔用 CCD 高速记录下喷雾场的多幅全息图后，通过相邻时刻重建场的比较及粒子识别技术，还能够获得粒子场中不同粒子在检测时间内的运动规律.

2. 测量实例

图 9-5-6 是经过层析重建的某一时刻的三维粒子场分布. 图 9-5-7 是 d = 320mm 时三维粒子场中某一组粒子在检测期间的运动规律. 其中，图 9-5-7(a)是通过图像处理后，综合检测期间相邻的 6 幅全息图得到的包含了一组粒子运动信息的全息图局部；图 9-5-7(b)是利用

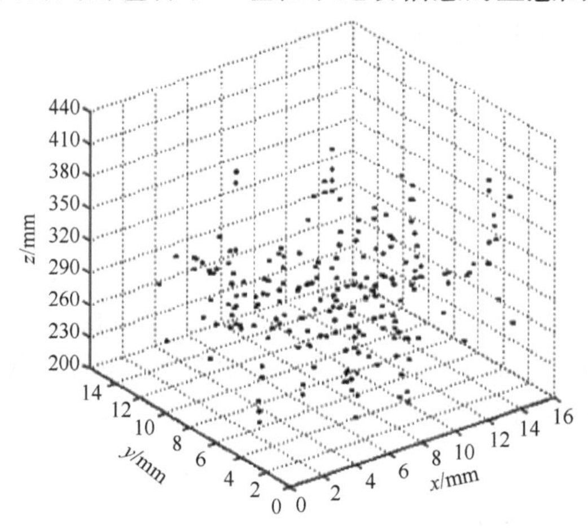

图 9-5-6　层析重建的某一时刻的三维粒子场分布

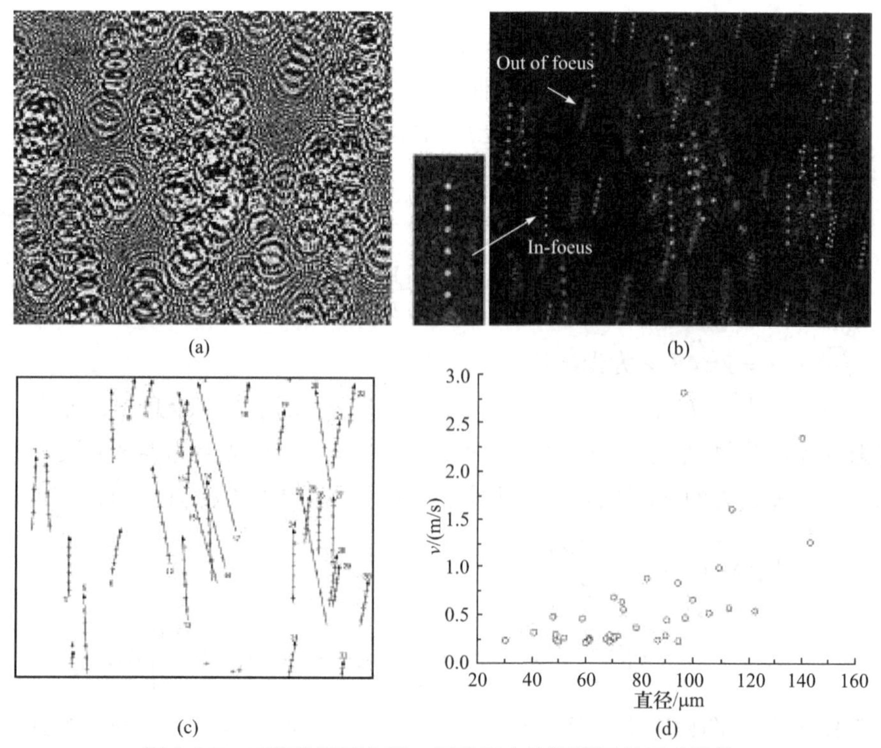

图 9-5-7　三维粒子场中某一组粒子在检测期间的运动规律

综合全息图重建的该组粒子在不同时刻的重建像. 从图像上可以清晰地看出不同粒子不同方向不同速度运动的轨迹. 图 9-5-7(c)是根据图 9-5-7(b)整理的在该层面上不同粒子运动的图像. 图 9-5-7(d)是根据检测结果统计的粒子直径与运动速度的关系图像.

可以看出，粒子场的数字全息检测不但能真实地测量给定时间内喷雾场油滴粒子的大小和油滴群的空间分布，而且能获取动态三维粒子场的信息.

9.5.4　时间平均法数字全息振动分析

这里,介绍 2005 年法国研究人员报道的一个用数字全息方法实现时间平均法振动分析的研究成果[34].

实验设置如图 9-5-8 所示，物体为直径 60mm 的扬声器，被 3700Hz 的正弦波激励，置于离探测器距离为 d_0=1037mm 处. 连续输出的氦氖激光被偏振分束镜分成参考光及照明光. 调整在参考光路中立方分束镜之后的半波片，让照明物光及参考光均在 S 方向偏振. 照明物光通过透镜 L_3 扩束及全反镜反射投向物体，由物体散射的光波形成物光. 穿过立方分束镜的参考光束在通过组合透镜 L_1 和 L_2 后被扩束成剖面与 CCD 窗口尺寸相适应的平面波. 该列光波经半反半透镜反射到 CCD 形成参考光. 参考光相对于光轴的角度通过对 L_2 的精密平移控制实现.

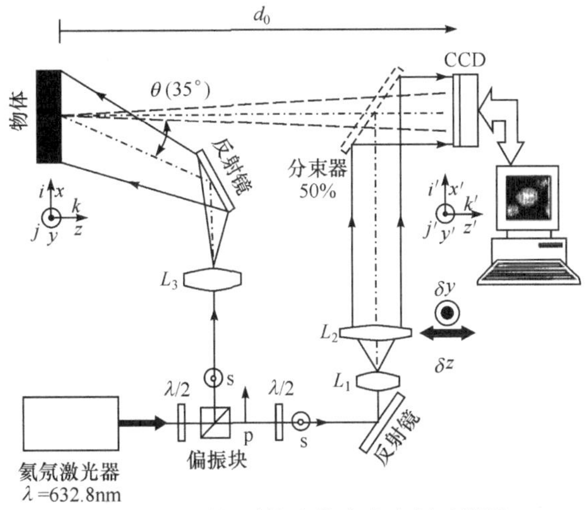

图 9-5-8　时间平均法数字全息振动测量

实验研究中探测器 CCD 包含 $M \times N = (1024 \times 1360)$ 个像素，像素宽度 $P_x = P_y = 4.65\mu m$. CCD 曝光时间 1s. 图 9-5-9(a)～(c)分别给出扬声器受低、中、高三种不同振幅激励

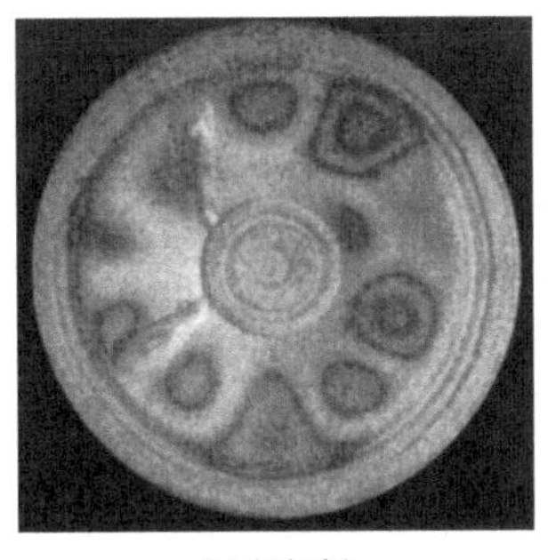

(a) 低振幅

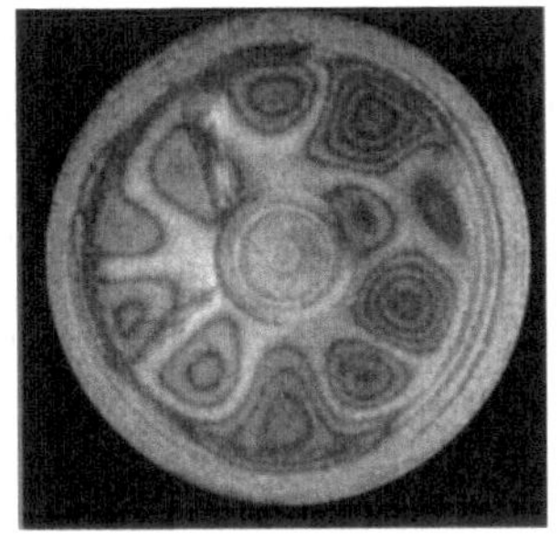

(b) 中振幅

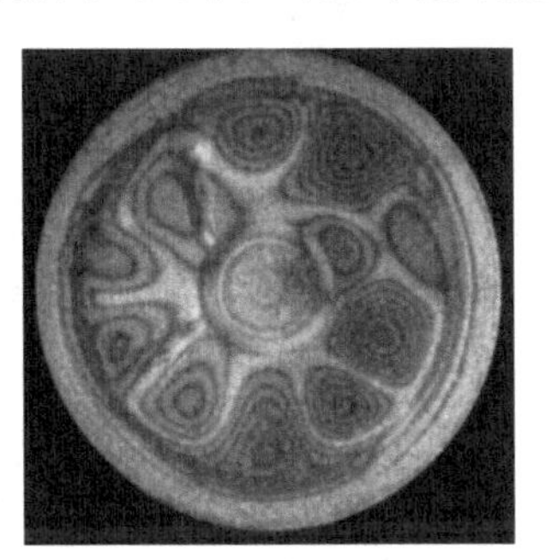

(c) 高振幅

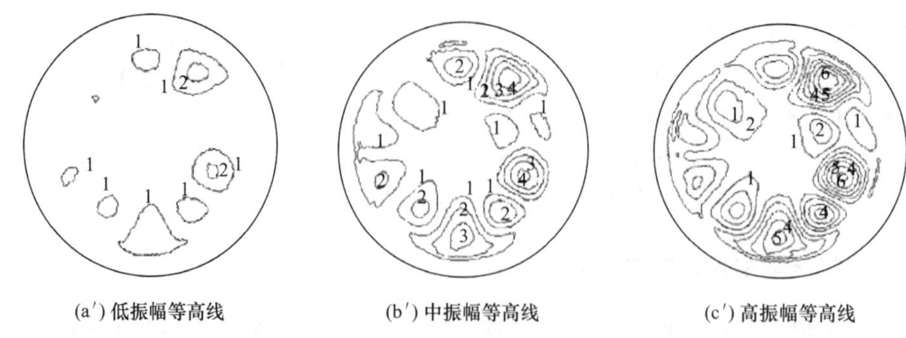

(a′) 低振幅等高线　　(b′) 中振幅等高线　　(c′) 高振幅等高线

图 9-5-9　三种不同振幅激励时数字重建的时间平均干涉图像及其振幅等高线

时数字重建的时间平均干涉图像．通过图像处理获得的与图 9-5-8(a)～(c)对应的等高线图像分别示于图 9-5-9(a′)～(c′).

不难看出，数字全息的时间平均干涉测量在形式上得到与传统的全息检测相似的结果．为证实数字全息检测的可靠性，文献[38]的作者用同样的参数进行了传统的数字全息实验，将实验获得的干涉图与数字全息重建图像进行比较．比较结果表明，两种方法得到的干涉图是相似的．不同之处是数字全息能够通过对作者提出的“过零点相位”[34]的检测较方便地获取干涉图中的等高线，而传统全息图像只能通过灰度图像的处理来进行相应分析．当然，数字全息重建图像的分辨率还远不如传统图像，但这并未显著影响该方法的实用价值.

9.5.5　飞秒级瞬态过程的数字全息检测技术

南开大学现代光学研究所采用脉冲数字全息技术实现对飞秒级超快动态过程的数字显微全息记录．其中全息记录系统将单脉冲分割成具有飞秒量级时间延迟的角度相同的物光子脉冲序列和具有同样时间延迟的角度不同的参考光子脉冲序列，并以空间角分复用(SADM)方法在 CCD 的同一张图像上记录下包含多帧子全息图的复合全息图．这些子全息图的曝光时间和曝光间隔都具有飞秒量级．然后通过数字傅里叶变换和数字滤波的方法分别重建每帧子全息图所记录的图像，通过对飞秒激光激发空气电离过程的全息记录获得了具有飞秒量级时间分辨的等离子体形成和传播过程的动态图像[35,36].

它们的光路布局如图 9-5-10 所示．偏振分束器 PBS 将光脉冲分为两部分：反射部分为激励光脉冲，通过可调节时间延迟光路 Delay_1 后，由透镜 L_1 聚焦以电离空气；透射部分为全息光脉冲，它通过分束器 BS_1 再将光脉冲分为两部分，透射部分为物光脉冲，它通过空气电离区域，并最后通过分束器 BS_2 反射后到达 CCD；反射部分为参考光，最后透射过分束器 BS_2 到达 CCD．物光脉冲和参考光脉冲分别通过各自的一组分束镜和反射镜组成的光路 SPG_1 和 SPG_2 形成三对参物光子脉冲序列，每对参物光子脉冲可分别同时到达 CCD，以不同的时间延迟记录下携带有电离区信息的三帧不同时间的子全息图，它们都记录在 CCD 的同一幅图片上，形成一张重叠有三帧子全息图的组合全息图．该系统的光源为掺钛蓝宝石超短脉冲激光放大系统，脉冲宽度 50fs，脉冲间隔 1ms，中心波长 800nm，单脉冲能量 2mJ，光束直径 5mm．光路调节可以使光脉冲的时间延迟从 300fs 到皮秒量级．包括 L_2、L_3 在内的 $4f$ 系统，焦距分别为 $f_2 = 1.5\text{cm}$、$f_3 = 15\text{cm}$．电离区的图像以 $M = f_2 / f_1 = 10$ 的放大倍率记录在像素为 576×768 的 CCD 上，像素尺寸为 $10.8\mu\text{m} \times 10\mu\text{m}$.

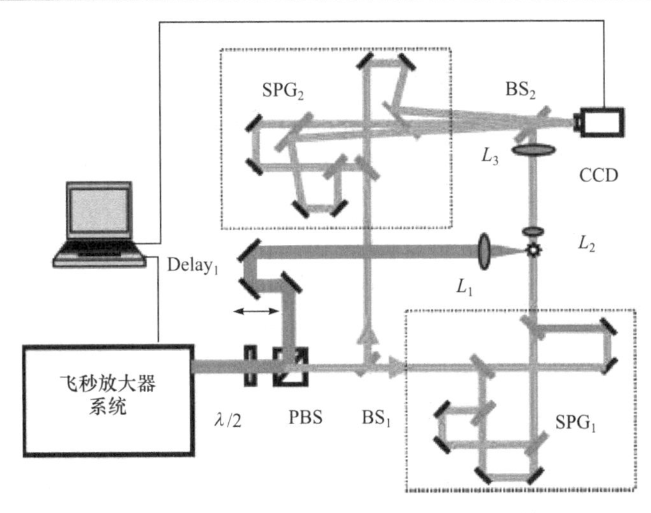

图 9-5-10　SADM 脉冲数字全息记录系统

图 9-5-11 是用角分复用方法拍摄的重叠有三帧子全息图的组合全息图和它们的傅里叶频谱，从图 9-5-11(b)可明显看到，它们的傅里叶频谱彼此分离，具有不同的方位.

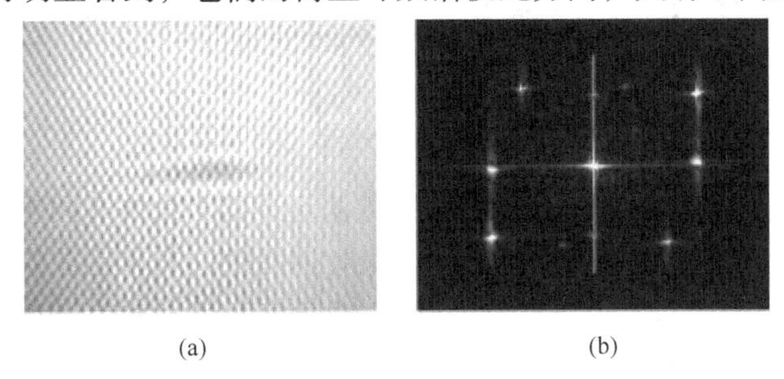

图 9-5-11　重叠有三帧子全息图的组合全息图和它的傅里叶频谱

图 9-5-12 表示了用这种方法记录的空气电离的超快过程. 图 9-5-12(a)～(c)是在一个激光脉冲激励下空气电离过程的三帧时间序列图像，三帧图的曝光时间均为 50fs，(a)与(b)的时间间隔为 300fs，(b)与(c)的时间间隔为 550fs，图 9-5-12 上方为强度图像，下方为它们对应的相位差等值线图形，是根据图 9-5-11 的 SADM 子全息图用数字全息方法重建的.

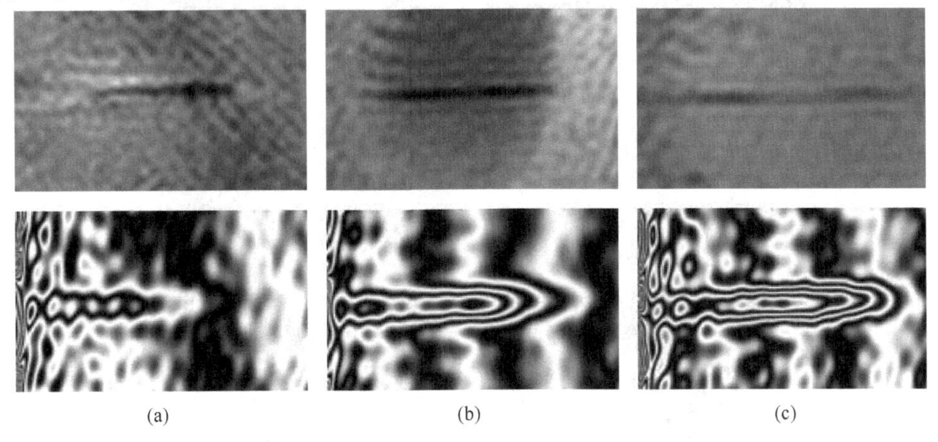

图 9-5-12　强度图像(上图)对应的相位差等值线图形(下图)

此外，他们还采用了波长复用(wavelength division multiplexing，WDM)的方法进行超快过程的检测，图 9-5-13 是 WDM 脉冲数字全息记录系统．输出激光由偏振分束器 PBS 分成激励脉冲和记录脉冲两部分．前者通过 L_1 透镜聚焦激励空气电离，后者用作全息记录．P_1 与 P_2 用来调节入射脉冲的偏振状态以使 BBO 晶体能产生倍频．基频和倍频脉冲由于不同的波长被二色镜 DM_1 分离为两部分，并分别有不同的时间延迟，这就使得系统可以记录两帧基于 WDM 方法的、不同时间的子全息图．二色镜 DM_2 以后，继后的光程是迈克耳孙干涉仪的光路布局．为了使两个不同波长的脉冲光程相等，M_3 和 M_4 被用来保证两光臂具有精确相等的光程．包括 L_2 和 L_3 在内的 $4f$ 系统在 CCD 上记录放大倍率为 $M = f_3 / f_2$ 的两帧有时间差的、不同波长的子全息图．和前面 SADM 脉冲数字全息记录系统参数基本一样，只是记录的两帧子全息图的波长不同[37,38]．

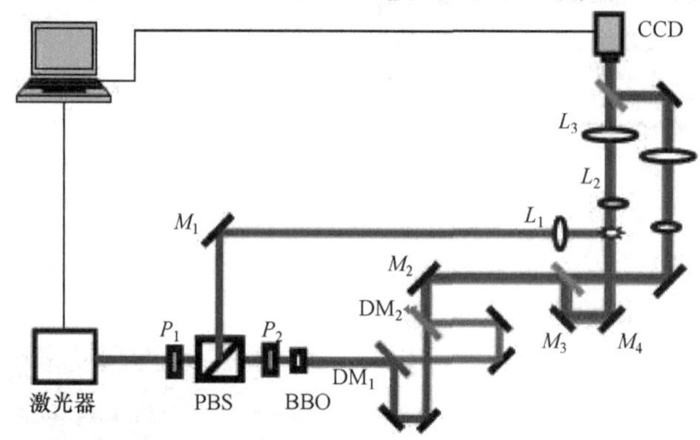

图 9-5-13　WDM 脉冲数字全息记录系统

图 9-5-14(a)、(b)分别表示了用这种 WDM 方法记录的、重叠有两帧子全息图的组合全息图及其傅里叶频谱．通过在频域内滤波并作傅里叶逆变换，可重建振幅和相位分布，并重构它们对应的强度分布与相位差分布等值线图样，如图 9-5-15 所示．图中，两帧子全息图曝光时间为 50fs，时间间隔为 400fs．

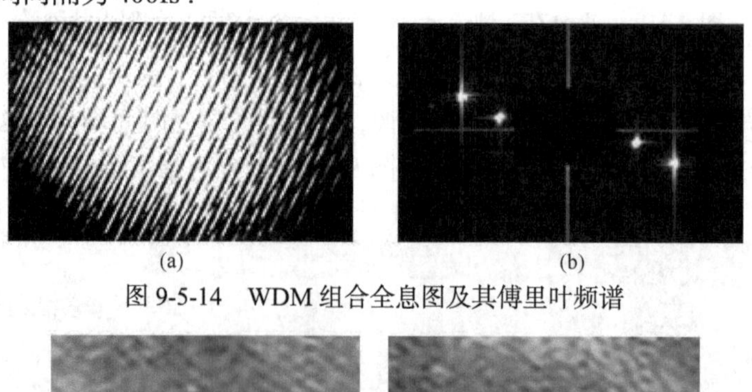

(a)　　(b)

图 9-5-14　WDM 组合全息图及其傅里叶频谱

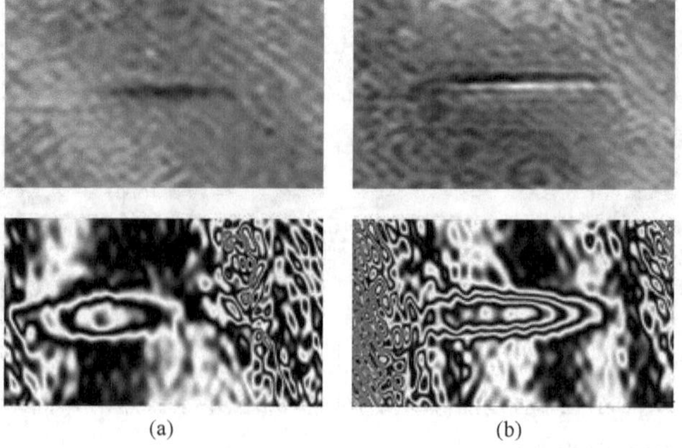

(a)　　(b)

图 9-5-15　数字重构的强度分布与相位差分布等值线图样

南开大学现代光学研究所 SADM 和 WDM 超快数字全息记录系统可在相同的视角下，以 50fs 的曝光时间和 300～50fs 的可调时间间隔记录下连续两帧(WDM)或三帧(SADM)子全息图．通过数字重建结果能清晰显示空气电离的超快动态过程，时间分辨率达到 50fs．这是当前在此领域有关文献中报道的最好结果．

9.5.6　物体微形变的数字全息检测

物体的形变通常必须用三维坐标描述，利用数字全息检测时必须使用三种不同波长的激光沿不同方向照明物体，形成不共面的三个灵敏度矢量．当利用彩色 CCD 记录下物体形变前后的双曝光全息图后，分别对每一色光的双曝光全息图进行处理，并且，利用像面滤波技术综合物体沿三个不同方向的形变信息，则能获得物体的实际形变．

本节介绍文献[28]进行的物体微形变检测实例．利用波长分别为 λ_R=671nm，λ_G=532nm，λ_B=457nm 的三色激光照明，图 9-5-16 是材料加载过程中的实时位移场检测系统的示意图．图中，PBS 为分束镜，M 为全反射镜，BS 为半反半透镜；被测物体是带有两个孔洞的铝合金板，尺寸为 35mm×25mm×3mm，沿试件纵向加载，研究加载前后试件的三维微形变．彩色全息图由 Foveon CMOS 记录，像素尺寸 p_x=p_y=5μm，采样数 2048×2048；物体与 CMOS 的距离 d_0=1630mm．

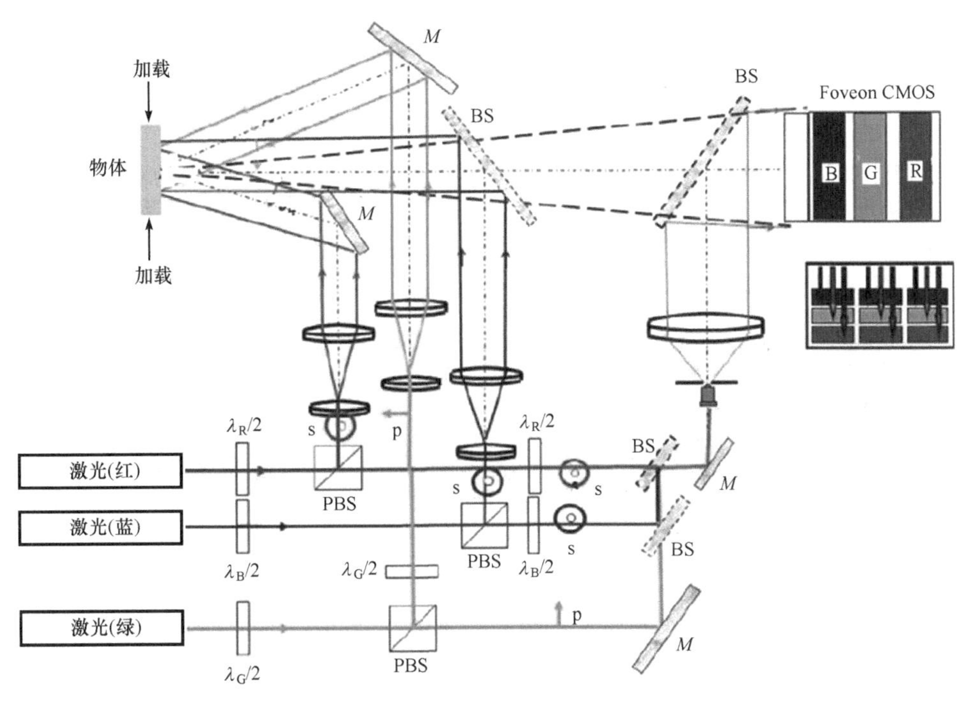

图 9-5-16　材料加载过程中的位移场数字全息实时检测系统示意图

图 9-5-17 是利用三色光全息图获得的 1-FFT 重建平面振幅分布图像，由图可见，三种色光重建像的像素尺寸不一致．为综合三色光检测的信息，统一重建像的像素尺寸是必须进行的工作．

基于图 9-5-17，在 1-FFT 像平面上选择包含物体像的区域，利用 FIMG4FFT 方法重建的图像示于图 9-5-18．由图可见，利用 FIMG4FFT 方法不但让三种色光重建像拥有统一的尺寸，而且能够获得 2048×2048 像素高分辨率的显示.

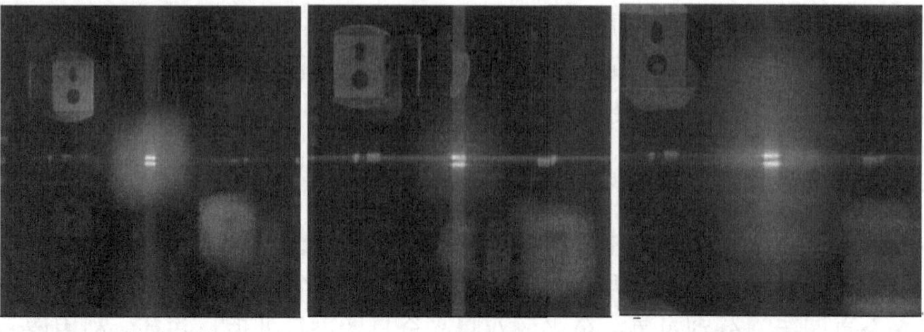

(a) 红色分量　　(b) 绿色分量　　(c) 蓝色分量

图 9-5-17　利用三色光全息图获得的 1-FFT 重建平面振幅分布图像(2048×2048 像素)

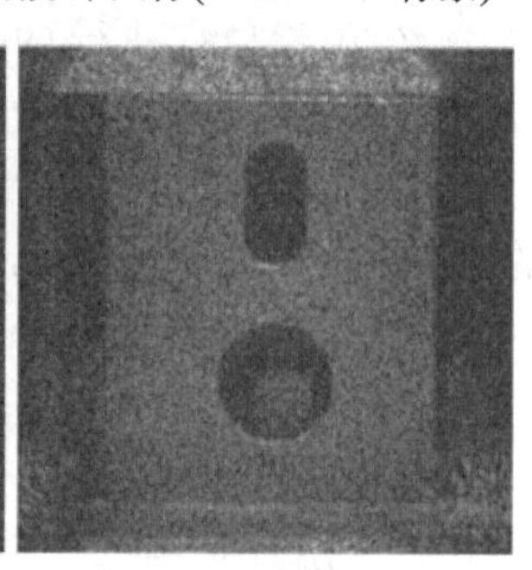

(a) 红色分量　　(b) 绿色分量　　(c) 蓝色分量

图 9-5-18　利用 FIMG4FFT 方法重建的物体振幅图像(2048×2048 像素)

基于物体加载前后的重建出物光场，图 9-5-19 给出便于相位解包裹的双曝光干涉图.

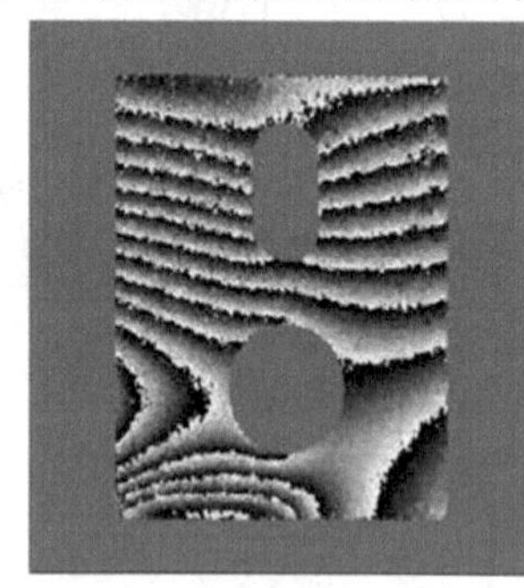

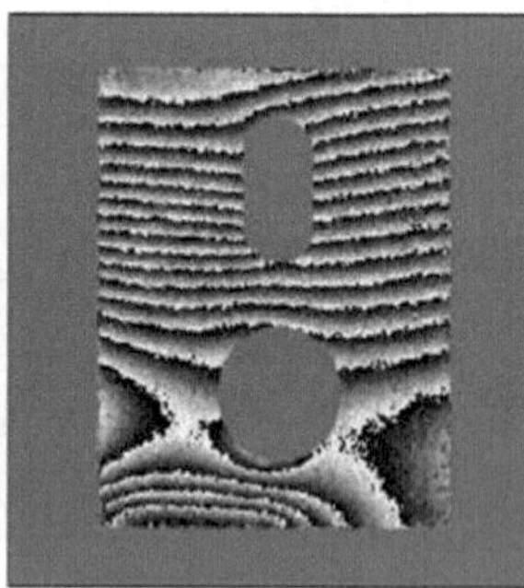

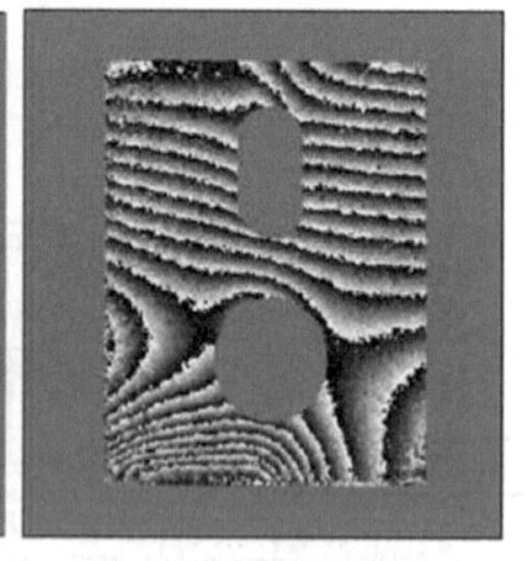

(a) 红色分量　　(b) 绿色分量　　(c) 蓝色分量

图 9-5-19　便于相位解包裹的双曝光干涉图

基于图 9-5-19，通过相位解包裹后获得的三个不共面的坐标方向位移场示于图 9-5-20.

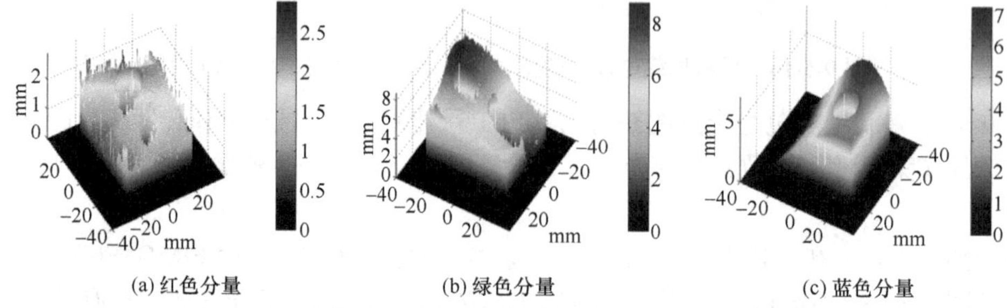

(a) 红色分量　　(b) 绿色分量　　(c) 蓝色分量

图 9-5-20　物体沿三种色光灵敏度矢量方向的位移检测结果

利用干涉图像进行检测时，根据实际问题，利用先验的理论知识建立干涉图理论模型，在理论模型辅助下确定引起物光场相位变化的物理量变化方向是有实用价值的工作. 由于实验检测物体表面通常是散射面，附录B基于统计光学的基本理论，对散射光干涉图像的形成进行了理论研究，并以三维物体微形变检测为例，通过程序LXM22.m对二次曝光过程进行模拟，形成物体微形变前后的数字全息图，通过LXM23.m调用全息图，给出得到实验证实的干涉条纹形成的模拟研究实例.

9.5.7　二维气体流场的数字实时全息检测

法国空间研究中心的学者Desse等利用数字全息对传统实时全息测试系统进行了改进[40]，他们用三个CCD构成的复合探测器代替传统的彩色全息干版分别记录三种色光的全息图，不但免除了彩色干版进行显影定影的湿处理及精确复位的复杂过程，而且显著提高了测试质量.

图9-5-21是该系统的示意图，图中，左上方是两透明板构成的气体腔O，气体腔左侧是一平面反射镜M_O. 实验检测时，自左向右沿水平方向传播的红绿蓝三束激光分别经过1/2波片形成平面偏振光，然后，分别通过反射或半反半透镜合成垂直向上传播的一束激光进入光学系统. 进入系统的激光依次经过声光调制器M_{OA}、消色差的1/2波片及空间滤波器$F1$后形成球面波投向偏振分束镜PBS，偏振分束镜PBS将光束分解为向左传播的照明物光及向上传播的参考光，两束光的后续传播过程如下：

照明物光透过消色差透镜L_1后，形成平行光穿过气体腔O，光波被反射镜M_O反射后再次穿过气体腔形成检测物光，该光束通过消色差透镜L_1及1/4波片后，穿过偏振分束镜PBS，投向焦距小于L_1的另一消色差透镜L_2. 由于L_1的右方焦点与L_2左方焦点重合，透过L_2的光波形成直径较小的平行物光到达三个CCD构成的全息图探测器TriCCD.

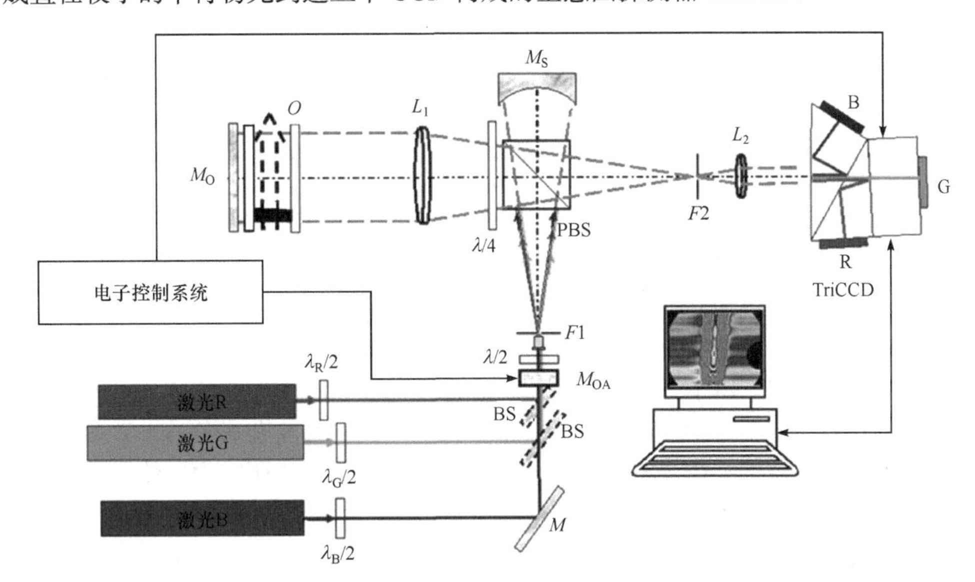

图9-5-21　三CCD彩色实时数字全息系统示意图

向上传播的参考光经球面反射镜M_S反射后形成会聚的球面波投向PBS，经PBS反射后的光束焦点与透镜L_2的左方焦点近似重合，通过球面反射镜M_S的轻微转动调整，让透过L_2的光束形成与光轴有一定夹角的平行参考光波投向TriCCD. 参考光与物光的干涉形成离轴数字全息图.

实验时，电子控制系统控制声光调制器 M_{OA} 及全息图探测器 TriCCD，让连续激光变成脉冲激光进入系统，并让 TriCCD 同步地记录下数字全息图.

对于图示光学系统，虽然在理论上可以利用物光通过光学系统的波前重建方法重建物光场，但为简单起见，让 TriCCD 的每一 CCD 平面与气体腔 O 的像平面重合，这样，只需要对全息图进行傅里叶变换，通过频率空间的滤波取出物光或共轭物光的频谱，再反变换则能得到物光场的像.

根据图 9-5-21，设待测气体为折射率等于 1 的空气，由于照明物光两次穿过气体层，在 t_p 时刻Δt 时间内记录一幅全息图时气体层引入的物光相位变化可表示为

$$\varphi_p(x,y)=2\times\frac{2\pi}{\lambda\Delta t}\int_{t_p}^{t_p+\Delta t}\int_0^e\left[n(x,y,z,t)-1\right]\mathrm{d}z\mathrm{d}t \tag{9-5-13}$$

式中，e 为气体层厚度，$n(x,y,z,t)$是 t 时刻流动气体层的折射率分布.

根据格拉斯通-戴尔(Gladstone-Dale)公式，空气折射率的变化与空气密度成正比

$$(n-1)=K\rho_{\mathrm{m}} \tag{9-5-14}$$

式中，K 是与介质折射率相关的 Gladstone-Dale 常数，而 ρ_{m} 为介质密度. 由于气体流动将引起气体密度分布的变化. 将式(9-5-14)改写为 $n(x,y,z,t)-1=K\rho_{\mathrm{m}}(x,y,z,t)$ 代入式(9-5-13)得

$$\varphi_p(x,y)=2\times\frac{2\pi}{\lambda\Delta t}\int_{t_p}^{t_p+\Delta t}\int_0^e K\rho_{\mathrm{m}}(x,y,z,t)\mathrm{d}z\mathrm{d}t \tag{9-5-15}$$

由于本实验能够测量任意两个记录时刻 t_m 及 t_n 光波场的相位变化

$$\Delta\varphi_{mn}(x_{\mathrm{i}},y_{\mathrm{i}})=\varphi_m\left(\frac{x_{\mathrm{i}}}{M_{\mathrm{i}}},\frac{y_{\mathrm{i}}}{M_{\mathrm{i}}}\right)-\varphi_n\left(\frac{x_{\mathrm{i}}}{M_{\mathrm{i}}},\frac{y_{\mathrm{i}}}{M_{\mathrm{i}}}\right)$$

便于相位解包裹的灰度等级为 0～255 的干涉条纹可以表示为

$$I_{mn}(x_i,y_i)=127.5+127.5\cos\left[\frac{\Delta\varphi_{mn}(x_i,y_i)}{2}\bmod\pi\right] \tag{9-5-16}$$

利用式(9-5-16)表述的干涉图像能够求出气体流动时气体密度变化的等高线.

根据上述分析，气体静止时，利用红绿蓝三种激光不同时刻记录的全息图获得的干涉图是无干涉条纹的均匀彩色图，让三幅彩色图的像素值分别作为彩色像素的三基色分量进行综合，将能得到一幅均匀的某一色调的彩色图像. 适当调整不同照明光的强度，可以让综合的彩色图像变为白色图像. 由于 Gladstone-Dale 常数 K 与波长相关，当气体流动时，按照上述方法将每种色光确定的干涉图像进行综合叠加，将能得到一幅复杂彩色的干涉图. 然而，干涉图上的白色条纹对应于气体层密度无变化的等高线，对于实验研究中气体层密度无变化的“零点”区域标注提供了依据.

对于离轴数字全息，每种色光记录的全息图是受到检测信息调制的平行干涉条纹，以蓝色光的检测为例，图 9-5-22 给出在圆柱形障碍物附近记录的两幅全息图及局部区域放大图，其中，图 9-5-22(a)是气体静止时的全息图，图 9-5-22(b)是气体以马赫数 Ma=4.5 的速度流动时拍摄的全息图. 从图 9-5-22(b)的局部放大区域图像可以看出邻近圆柱表面区域的垂直干涉条纹被测试信息调制而扭曲的情况.

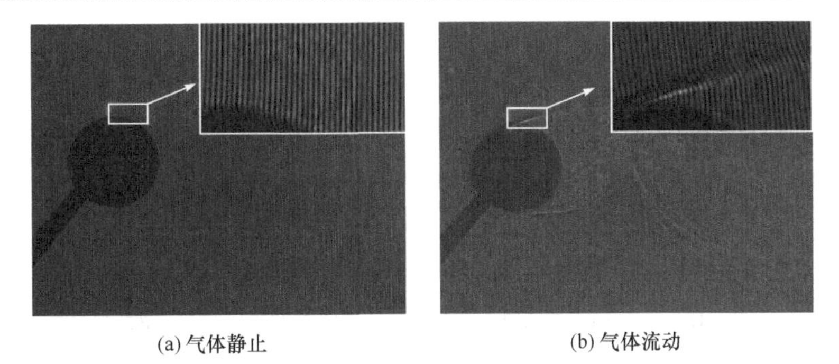

(a) 气体静止　　　　　　　　　　　(b) 气体流动

图 9-5-22　气体静止及流动情况下蓝色光记录的全息图实例

图 9-5-23 是上述两幅全息图的频谱强度图像. 每幅图像上均能清楚看出零级衍射光频谱及对称分布于两侧的物光和共轭物光频谱.

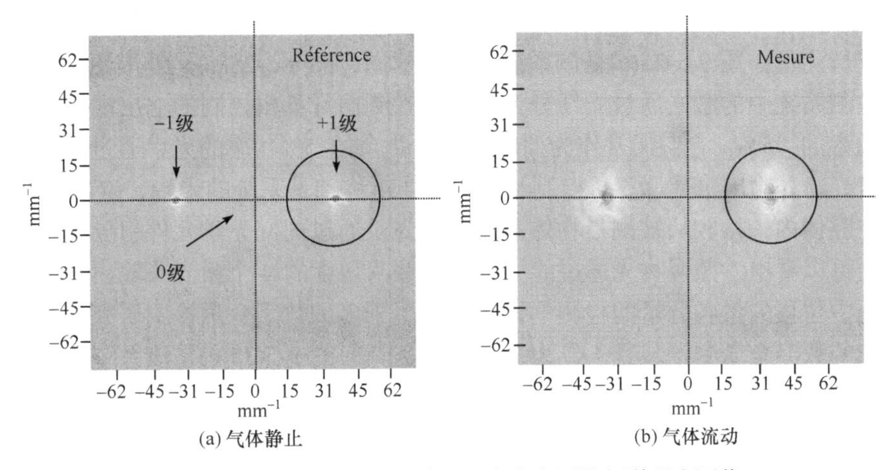

(a) 气体静止　　　　　　　　　　　(b) 气体流动

图 9-5-23　气体静止及流动时蓝光全息图的频谱强度图像

在频谱面上设计滤波窗(图中圆圈)取出物光频谱，将取出的频谱移到频谱平面中央，周边补零后则得到物光频谱. 利用傅里叶逆变换则能得到气体静止及流动情况像平面的光波场 $U_{i0}(x_i, y_i)$，$U_{im}(x_i, y_i)$. 按照式(9-5-14)～式(9-5-16)的讨论，则能得到 t_m 时刻蓝光的检测图像. 利用相似的方法，可以对 t_m 时刻记录的红绿两色激光的全息图进行处理，再利用三幅检测图像综合出彩色的检测图.

图 9-5-24(a)～(d)分别给出红绿蓝三色激光在气体流速为 Ma=4.5 时某一时刻的检测图及综合而得的彩色检测图像. 为对实时数字全息获得的检测图像质量有一个直观的概念，图 9-5-24(e)给出在同一条件下利用传统实时全息获得的彩色检测图. 图 9-5-24(d)与图 9-5-24(e)比较不难看出，实时数字全息获得的干涉条纹质量明显高于传统全息.

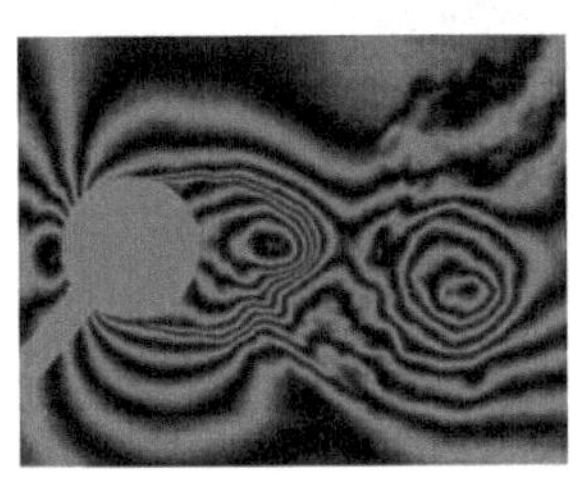

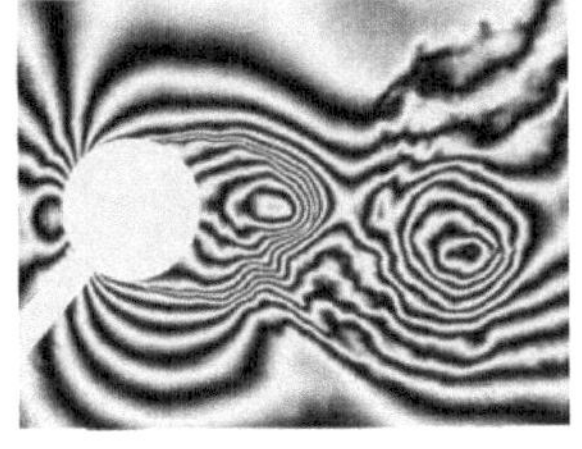

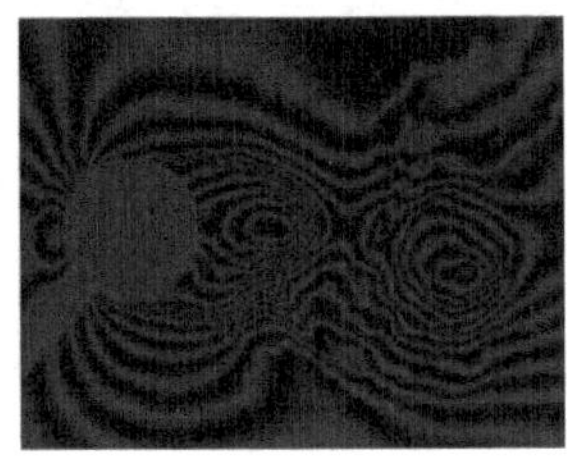

(a) 红光检测图　　　　(b) 绿光检测图　　　　(c) 蓝光检测图

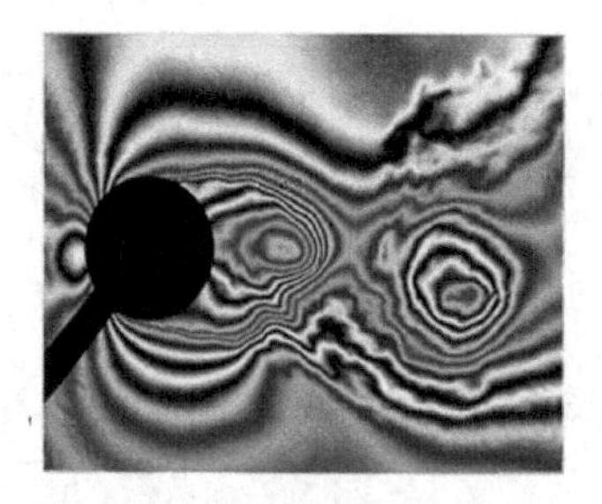

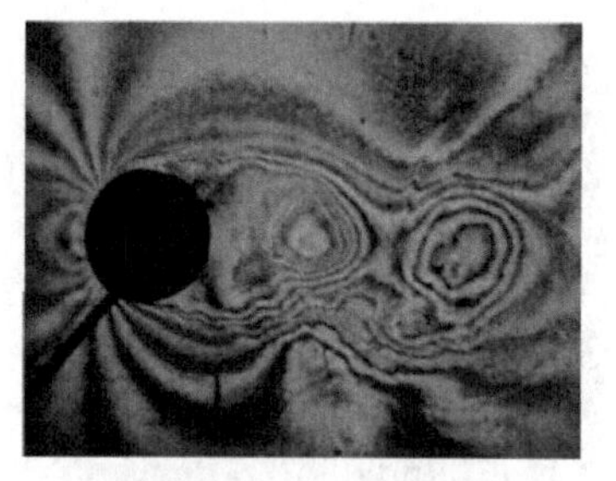

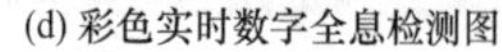

(d) 彩色实时数字全息检测图　　(e) 传统彩色实时全息检测图

图 9-5-24　彩色实时数字全息与传统实时全息检测质量的比较

9.5.8　不同形式的数字全息检测系统

为适应数字全息研究的发展，2001 年德国西门子公司制造了有多种功能的数字全息检测系统[41]，使用这个系统能够对材料的三维面形、形变、杨氏模量、泊松比及材料热膨胀系数等物理量进行测量．图 9-5-25(a)是该系统的结构框图，图 9-5-25(b)是外形图．从结构框图可以看出，检测系统中的激光通过光纤分为 5 路传送到由计算机控制的输出端．其中前 4 路均分总光束功率的 95%，它们通常作为照明物光，剩余的 5%功率的光束通过光纤传播作为测量时的参考光，其输出也受计算机控制．装置腔体对称轴是系统的光轴，CCD 接收屏垂直于光轴放置在腔体内，接收从被测量物体散射的物光及通过内部光学元件引导的参考光．从该系统外形图可以看出，照明物光通过能方便调整照明角度的 4 个激光头输出，特别适用于三维形变检测中位移矢量各分量的检测．该系统能用于多种数字全息检测研究，是一个拥有多种检测功能的数字全息测量装置．作为一个应用实例，图 9-5-25(c)是该系统安装在另一装置上形成一个热膨胀系数复合测量装置的图片．

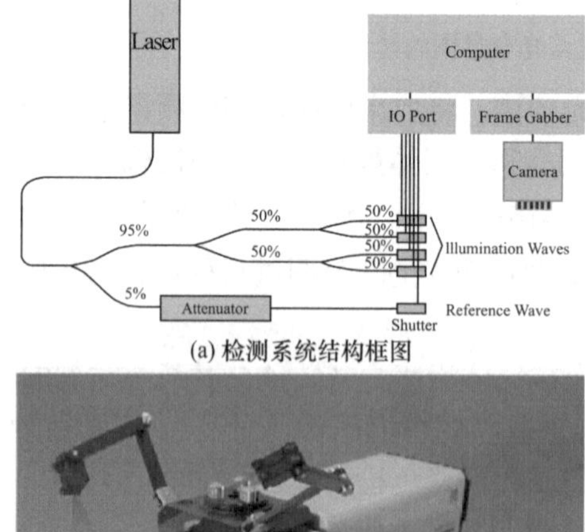

(a) 检测系统结构框图

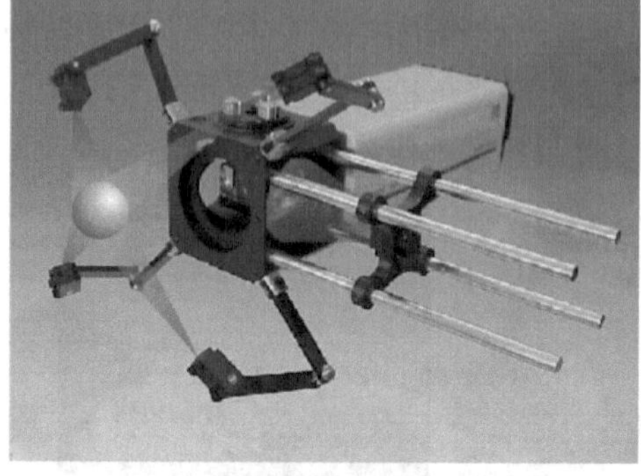

(b) 检测系统外形

(c) 安装在热加载系统上的检测仪

图 9-5-25　用于微元件的物性参数的研究的检测系统(德国 CMW Chemnitz 制造)

在对数字全息术深入研究的基础上，2009 年来西北工业大学开发了多个型号的数字全息干涉仪，并将其应用于复杂流场和材料的三维面型、形变等的测量，实现了在非接触、非破坏条件下对水流场、气流场、声场、冲击波场、温度场、溶质扩散过程以及微透镜阵列和 MEMS 器件三维面型等的全场动态显示与高精度测量[42-47]. 图 9-5-26(a)是其开发的型号为 DHI-TN101 的透射式缩微数字全息干涉仪，图 9-5-26(b)是相应的内部结构. 在该干涉仪中，激光器发出的光由光纤耦合器分为两束，分别经扩束准直后作为参考光波和物光波，其中物光波穿过测量样品后由缩微系统成像于 CCD 靶面并与参考光发生干涉. 由于该干涉仪系统中缩微成像倍率可调，可以满足 5～100mm 不同视场范围内透明样品的测量需求. 西北工业大学还开发了透反式显微数字全息干涉仪. 图 9-5-26(c)是其型号为 DHI-T/RM010 的透反式显微数字全息干涉仪外形图. 该干涉仪结合了显微放大结构模块，并进一步集成了透射式和反射式数字全息光路，可实现样品的透射式或者反射式显微测量，放大倍数为 1～50.

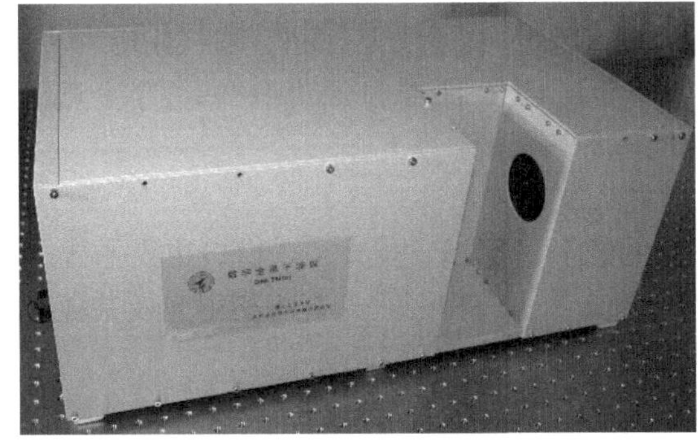

(a) DHI-TN101型透射式缩微数字全息干涉仪

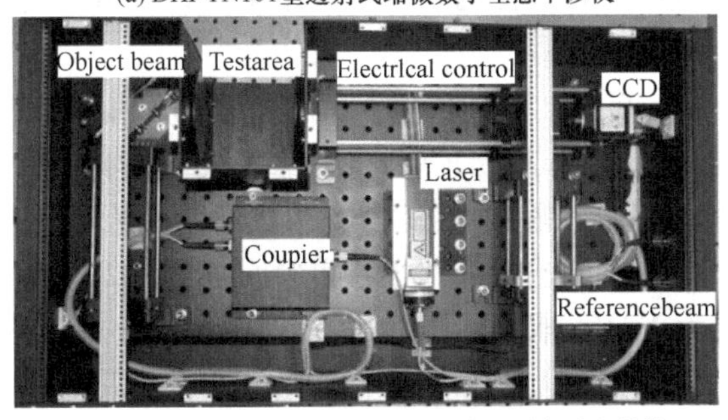

(b) DHI-TN101型透射式缩微数字全息干涉仪内部结构

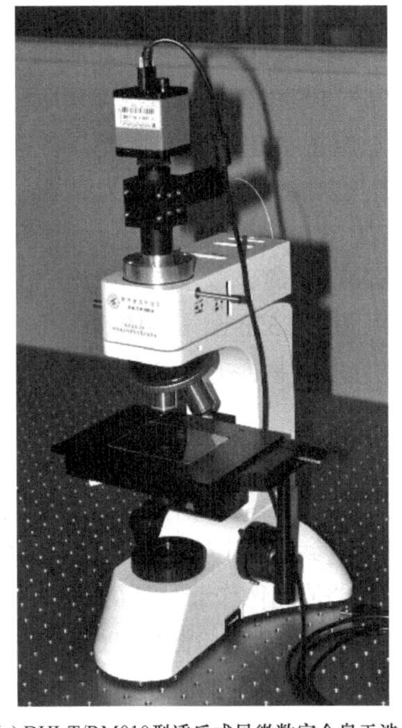

(c) DHI-T/RM010型透反式显微数字全息干涉仪

图 9-5-26 两种数字全息干涉仪

图 9-5-27(a)～(h)所示为应用数字全息干涉仪测量获得的水流场卡门涡街、气流场、蛋白质结晶析出过程、液滴的热毛细对流过程、去离子水表面激光烧蚀过程、固体表面冲击波场、超声驻波场以及计算机散热器片的散热过程中的包裹相位分布图.

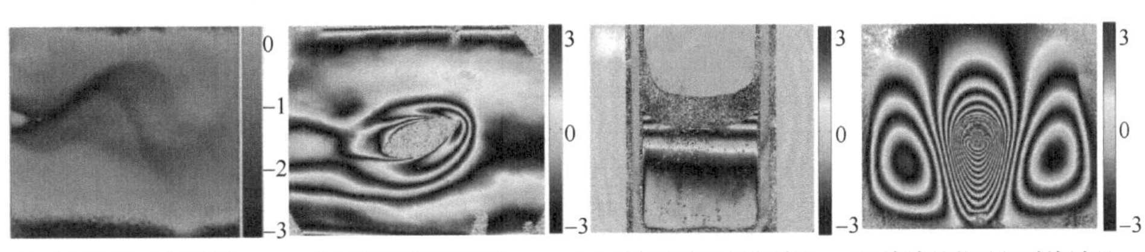

(a) 水流场的卡门涡街 (b) 翼型周围气流场 (c) 蛋白质结晶析出过程 (d) 液滴的热毛细对流过程

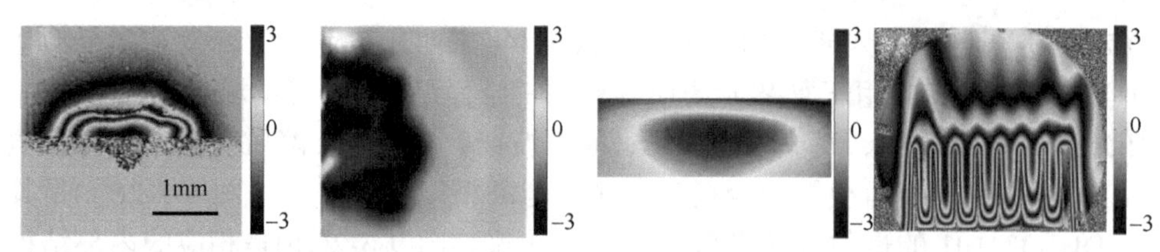

(e) 去离子水表面激光烧蚀过程 (f) 激光烧蚀固体表面冲击波场 (g) 超声驻波场 (h) 散热片周围空气温度场

图 9-5-27 利用数字全息干涉仪测量并数值重建获得的不同物场的包裹相位图

数字全息技术正随着计算机及 CCD 技术的进步而迅猛发展，新兴技术及理论正不断涌现. 读者可以从相关文献中进一步了解该研究领域的最新信息.

习 题 9

9-1 数字全息检测中若照明光波长为λ，CCD 取样数为 $N\times N$，取样间隔为δ，定义物体对称中心到 CCD 窗口中心为光轴，若物平面到 CCD 距离为 d，用单幅数字全息图作菲涅耳衍射积分的 S-FFT 计算重建物平面. 试回答下列问题：

(1) 给出重建平面的宽度与各参数的关系.

(2) 若物体投影可近似为高 H_0、宽 D_0 的矩形，且两组边与 CCD 窗口边界平行，当 $H_0 \gg D_0$ 及 $H_0 \approx D_0$ 时，为让重建物平面上物体的像能充分占有物面并与零级衍射光及共轭物光有效分离，试确定距离 d 以及参考光与光轴的夹角.

(3) 设λ=532nm，N=1024，δ=5μm，H_0=100mm，D_0=20mm，为让重建物平面上物体的像能充分占有物面并与零级衍射光及共轭物光有效分离，试确定距离 d 以及参考光与光轴的夹角.

(4) 设λ=532nm，N=1024，δ=5μm，H_0=40mm，D_0=40mm，为让重建物平面上物体的像能充分占有物面并与零级衍射光及共轭物光有效分离，试确定距离 d 以及参考光与光轴的夹角.

(5) 若参考光引入一非 2π整数倍相移记录第二幅数字全息图，两次记录时其余参数不变. 用两幅图的差值图像作菲涅耳衍射积分的 S-FFT 计算重建物平面. 重新回答问题(2)～(4).

9-2 数字全息检测中 CCD 取样数为 $N\times N$，取样间隔为δ，定义物体对称中心到 CCD 窗口中心为光轴，物平面到 CCD 距离为 d. 选择适当的参考光记录数字全息图后，对单幅数字全息图用频域滤波法取出到达 CCD 平面的物光频谱，作菲涅耳衍射积分的 D-FFT 计算重建物平面. 试回答下列问题：

(1) 求重建物平面的宽度.

(2) 为能完整地重建宽 D_0 的方形物体，至少应将 CCD 平面获得的数字全息图通过补零延拓成多大的二维数组？

9-3 式(9-1-6)中，参考光$R(x,y)=A_{\mathrm{r}}\exp\left\{\dfrac{\mathrm{j}k}{2z_{\mathrm{r}}}\left[(x-a)^2+(y-b)^2\right]\right\}$对零级衍射光的贡献为

$$U_{0\mathrm{R}}(x,y)=w(x,y)R_{\mathrm{c}}(x,y)A_{\mathrm{r}}^2$$

式中，$w(x,y)=\mathrm{rect}\left(\dfrac{x}{L},\dfrac{y}{L}\right)$是全息图窗口函数，$R_{\mathrm{c}}(x,y)=\exp\left[\mathrm{j}\dfrac{k}{2z_{\mathrm{c}}}\left(x^2+y^2\right)\right]$为重建球面

波. 证明 U_{0R} 经重建距离 z_i 的衍射后，是一个中心在原点、宽度为 $|M_c|L$ 的方孔衍射图像，且 $M_c = z_i / z_c + 1$.

9-4 柯林斯公式的逆运算式能重建出平面光波场. 试回答下述问题：

(1) 将柯林斯公式的逆运算式表示成可以用 S-FFT 计算的形式.

(2) 将柯林斯公式的逆运算式表示成可以用 D-FFT 计算的形式.

9-5 按照图 9-4-2 彩色数字全息系统的光路图. 若物体宽度为 10mm，能实时分别记录三种色光全息图的 TriCCD 像素数 $N \times N$=1024×1024，像素宽度 6.45μm，物体到 CCD 的距离 d =1000mm，红绿蓝三激光波长分别为 671nm，532nm，457nm. 需要重建像放在宽度 L_{img}=15mm 的矩形区域，按照 VDH4FFT 方法重建彩色像，试求：

(1) 每种色光 1-FFT 重建像平面宽度.

(2) 1-FFT 重建像平面上每种色光选取区宽度对应的像素数.

(3) 虚拟物平面到像平面的距离.

参 考 文 献

[1] Goodman J W, Lawrence R W. Digital image formation from electronically detected holograms[J]. Appl Phys Lett, 1967, 11(3):77-79.

[2] Huang T. Digital Holography[C]. Proc of IEEE, 1971, (159): 1335-1346.

[3] Kronrod M A, Merzlyakov N S, Yaroslavskii L P. Reconstruction of a hologram with a computer[J]. Sov Phys Tech Phys, 1972 17: 333, 334 .

[4] Thomas K, Handbook of Holographic Interferometry Optical and Digital Methods[M]. Belin:Wiley-VCH, 2004.

[5] Schnars U, Jueptner W. Digital Holography_Digital Hologram Recording, Numerical Reconstruction, and Related Techniques[M]. Berlin, Heidelberg, New York: Springer, 2005.

[6] 李俊昌. 衍射计算及数字全息[M]. 北京: 科学出版社, 2014.

[7] 布赖姆 E O. 快速傅里叶变换[M]. 柳群译. 上海: 上海科学技术出版社, 1979.

[8] Li J C(李俊昌), Peng Z J, Fu Y C. Diffraction transfer function and its calculation of classic diffraction formula[J]. Optics Communications, 2007, 280: 243-248.

[9] 李俊昌, 彭祖杰, Tankam P, et al. 散射光彩色数字全息光学系统及波面重建算法研究[J]. 物理学报, 2010, 59(7): 4639-4648.

[10] 陈家璧, 苏显渝. 光学信息技术原理及应用[M]. 北京: 高等教育出版社, 2002.

[11] Goodman J W. 光学中的散斑现象[M]. 曹其智, 陈家璧译. 北京:科学出版社, 2009.

[12] Goodman J W. 统计光学[M]. 秦克诚, 等译. 北京: 科学出版社, 1992.

[13] Kreis T M. Frequency analysis of digital holography[J]. Opt Eng, 2002, 41(4): 771-778.

[14] Goodman J W. 傅里叶光学导论[M]. 秦克诚, 等译. 3 版. 北京: 电子工业出版社, 2006.

[15] 李俊昌, 熊秉衡. 信息光学理论与计算[M]. 北京: 科学出版社, 2009.

[16] Zhang Y M, Lü Q N, Ge B Z. Elimilation of zero-order diffraction in digital off-axis holography[J]. Optics Communication, 2004, 240: 261-267.

[17] 钱克矛, 续伯钦, 伍小平.光学干涉计量中的位相测量方法[J]. 实验力学, 2001, 16(3): 239-245.

[18] 李俊昌, 钟丽云, 吕晓旭, 等. 不用专门相移装置的三维面形测量[J]. 光电子激光, 2003, 14(1): 62-66.

[19] Awatsuji Y, Sasada M, Kubota T. Parallel quasi-phase-shifting digital holography[J]. Appl Phys Lett, 2004, 85(6): 1069-1071.

[20] 丁志华, 王桂英, 王之江. 相移干涉显微镜中相移误差分析[J]. 计量学报, 1995, 16(5): 262-268.

[21] 惠梅, 王东生, 邓年茂, 等. 对相移误差不敏感的四帧相位算法[J]. 清华大学学报(自然科学版), 2003, 43(8): 1017-1019.

[22] Li J C, Tankam P, Peng Z J, et al. Digital holographic reconstruction of large objects using a convolution approach and adjustable magnification[J]. Optics Letters, 2009, 34(5): 572-574.

[23] Li J C, Peng Z J, Tankam P, et al. Digital holographic reconstruction of a local object field using an adjustable magnification[J]. Journal of The Optical Society of America A, 2001, 28(6): 1291-1296.

[24] 李俊昌, 宋庆和, 桂进斌, 等. 数字全息波前重建中的像平面滤波技术研究[J]. 光学学报, 2011, 31(9): 0900135.

[25] Pascal P, Patrice T, Denis M, et al. Spatial bandwidth extended reconstruction for digital color Fresnel holograms[J].Opt Express, 2009, 17: 9145.

[26] Patrice T, Pascal P, Denis M, et al. Method of digital holographic recording and reconstruction using a stacked color image sensor[J]. Appl Opt, 2010, 49: 320.

[27] Tankam P, Song Q H, Karray M, et al. Real-time three-sensitivity measurements based on three-color digital Fresnel holographic interferometry[J]. Optics Letters, 2010, 35(12): 2055-2057.

[28] Song Q H(宋庆和), Wu Y M, Tankam P, et al. Research on the recording hologram with foveon in digital color holography[C]. SPIE, PA2010 Beijing , 2010.

[29] 李俊昌, 郭荣鑫, 樊则宾. 非平面参考光波的数字实时全息研究[J]. 光子学报, 2008, 37(6): 1156-1160.

[30] Wagner C, Osten W. Direct shape measurement by digital wavefront reconstruction and multiwavelength contouring[J]. Optical Engineering, 2000, 39(1): 79-85.

[31] Yamaguchi I, Ohta S, Kato J. Surface contouring by phase-shifting digital holography[J]. Optics and Lasers in Engineering, 2001, 36: 417-428.

[32] Li J C(李俊昌), Peng Z J. Measurement: Statistic optics discussion on the formula of digital holographic 3D surface profiling measurement[J]. Journal of the International Measurement Confederation, 2010, 43(3): 381-384.

[33] Lü Q N, Chen Y L, Yuan R, et al. Trajectory and velocity measurement of a particle in spray by digital holography[J]. Applied Optics,2009, 48(36): 7000-7007.

[34] Picart P, Leval J, Mounier D, et al. Some opportunities for vibration analysis with time averaging in digital Fresnel holography[J]. Applied Optics, 2005, 44(3): 337-343.

[35]翟宏琛, 王晓雷, 母国光. 记录飞秒级超快瞬态过程的脉冲数字全息技术[J]. 激光与光电子学进展, 2007, 44(2): 19.

[36] Wang X L, Zhai H C, Mu G G. Pulsed digital holography system recording ultrafast process of the femtosecond order[J]. Optics Letters, 2006, 31(11): 1636-1638.

[37] Zhai H C, Wang X L, Mu G G. Digital holography recording ultra-fast process of air ionization[C]. ICO Topical Meeting on Optoinformatics/Information Photonics 2006, St. Petersburg, Russia, 2006 (特邀报告).

[38] Zhai H C, Wang X L, Mu G G. Ultra-fast digital holography of the femto-second order[C]. The 27th International Congress on High-Speed Photography and Photonics, Xi’an, China, 2006 (特邀报告).

[39] Tankam P, Song Q, Karray M, et al. Real-time three-sensitivity measurements based on three-color digital Fresnel holographic interferometry[J]. Optics Letters, 2010, 35: 2055-2057.

[40] Desse J M, Picart P, Tankam P. Digital color holography applied to fluid mechanics and structure mechanics[J]. Optics and Lasers in Engineering, 2012,50: 18-28.

[41] Seebacher S, Osten W, Baumbach T. et al. The determination of material parameters of microcomponents using digital holography[J]. Optics and Lasers in Engineering, 2001, 36: 103-126.

[42] Sun W, Zhao J, Wang J Q. et al. Real-time visualization of Karman vortex street in water flow field by using digital holography[J]. Optics Express, 2009,17: 20342-20348.

[43] Zhang Y, Zhao J, Di J, et al. Real-time monitoring of the solution concentration variation during the crystallization process of protein-lysozyme by using digital holographic interferometry[J]. Optics Express, 2012, 20: 18415-18421.

[44] Wu B, Zhao J, Wang J, et al. Visual investigation on the heat dissipation process of a heat sink by using digital holographic interferometry[J]. Journal of Applied Physics, 2013, 114: 93103-1-6.

[45] Wang J, Zhao J, Di J, et al. Visual measurement of the pulse laser ablation process on liquid surface by using digital holography[J]. Journal of Applied Physics, 2014, 115: 173106.

[46] Chen X, Zhao J, Wang J, et al. Measurement and reconstruction of three-dimensional configurations of specimen with tiny scattering based on digital holographic tomography[J]. Applied Optics, 2014, 53: 4044-4048.

[47] Wang J, Zhao J, Di J, et al. A scheme for recording a fast process at nanosecond scale by using digital holographic interferometry with continuous wave laser[J]. Optics and Lasers in Engineering, 2015, 67: 17-21.

第 10 章 光波分复用中的基本器件与网络

1966 年，英国标准电信实验室(STL)的高锟和 Hockham 指出，可利用带有包层的石英玻璃光纤作为光通信传输介质，其中，光纤的高损耗不是光纤本身固有的，而是由材料中所含杂质引起的，通过降低杂质含量，可将光纤的损耗降到小于等于 20dB/km[1]. 2009 年，因研究成果最终促成承载着全球巨大电话和数据通信量的光纤通信系统的问世，高锟获 2009 年诺贝尔物理学奖. 利用光纤的宽带宽、1550nm 波长附近的低损耗特性(G.652 光纤的最大衰减系数为 0.4dB/km)[2],利用 EDFA 补偿损耗以及色散补偿技术,已实现了单信道 10～40Gbit/s 的传输速率，光放大器间距为 100km. 通过波分复用(wavelength division multiplex，WDM)技术，速率已超过了 1Tbit/s 的水平. 本章主要介绍组成光 WDM 通信系统的重要基本器件及其基本组网方式.

10.1 光波在光纤中的传播

光导纤维(简称光纤)是工作在光波波段的一种介质波导，通常是圆柱形. 在光纤中，满足一定条件的光波能量被约束在界面内，并沿光纤轴线的方向传播[3-19]. 光纤的传输特性由其结构和材料决定[20-26]. 光纤的基本结构是两层圆柱状介质，内层为 2～200μm 的纤芯，外层为外径 125～400μm 的包层，参见图 10-1-1. 纤芯为高度透明的介质材料(如石英玻璃)，是光波的传播介质；包层是折射率稍低于纤芯折射率的介质材料，它与纤芯一起构成光波导，同时也保护纤壁不受污染或损坏. 实际的光纤在包层外还有保护层，保护层一般由高损耗的柔软材料(如塑料)制成，起着增强机械性能，保护光纤免受环境污染的作用，还阻止纤芯中的光功率串入邻近线路，抑制串扰.

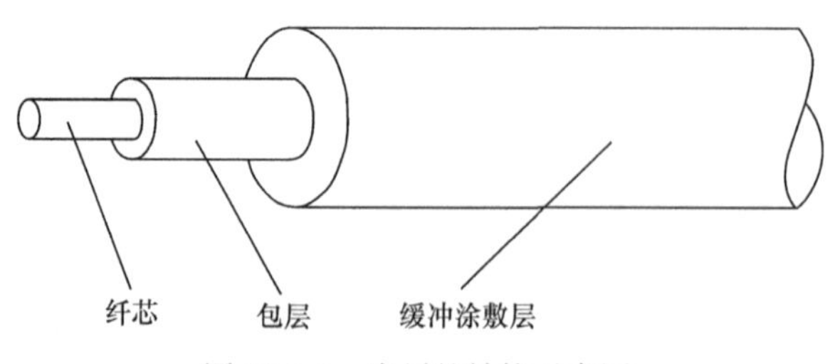

图 10-1-1 光纤的结构示意图

光波在光纤中传输时，由于纤芯边界的限制，其电磁场解是不连续的，称为模式. 根据光纤中传输的模式数量，可分为传输一个模式的单模光纤和传输多个模式的多模光纤，参见图 10-1-2.

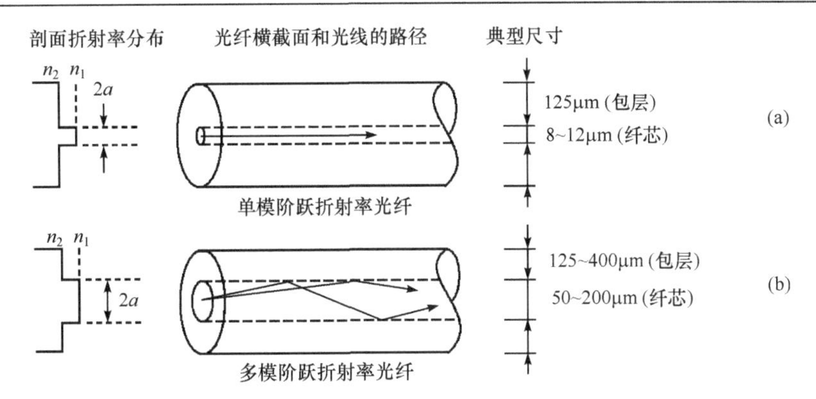

图 10-1-2 单模光纤和多模光纤的结构示意图

10.1.1 光纤中光传播的几何光学近似

当光纤芯径远大于光波波长λ_0时，近似$\lambda_0 \to 0$，光波近似为光线．光线理论采用几何光学的方法来分析光线的入射、传播(轨迹)以及时延(色散)和光强分布等特性[3-15]．光线理论简单直观，适用于分析芯径较粗的多模光纤；但不能解释模式分布、包层模、模式耦合以及光场分布等现象．当光线与 z 轴夹角很小时，光线方程近似为[15]

$$\frac{\mathrm{d}}{\mathrm{d}z}\left(n\frac{\mathrm{d}\boldsymbol{r}}{\mathrm{d}z}\right)=\nabla n(\boldsymbol{r}) \tag{10-1-1}$$

在阶跃折射率分布光纤(SIOF)中，参见图 10-1-2(b)，其折射率分布形式为

$$n(r)=\begin{cases} n_1, & r\leqslant a \quad (\text{纤芯中}) \\ n_2=n_1\sqrt{1-2\varDelta}, & r>a \quad (\text{包层中}) \end{cases} \tag{10-1-2}$$

由于阶跃光纤的纤芯折射率是均匀的，光线在纤芯内沿直线传播．当光线到达纤芯与包层界面时，按 Snell 定律发生反射和折射[3-15]．在一定条件下，光线在纤芯与包层的交界面(纤壁)处发生内全反射，在纤芯内形成沿折线传播的束缚光线．阶跃光纤遵从内全反射原理，故称为反射型光纤．

1. 子午光线

根据反射定律，子午光线的轨迹是限制在子午面内传播的平面折线，轨迹折线在光纤端面投影线是过圆心的直线[3-13]，参见图 10-1-3．

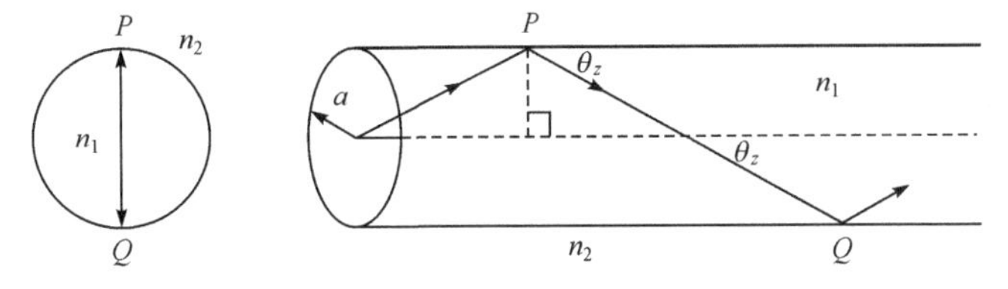

图 10-1-3 子午光线的传播路径及其在横截面内的投影

根据 Snell 定律，使光线在纤壁处产生内全反射的条件是

$$\sin\theta_{\mathrm{r}}\geqslant\sin\theta_{\mathrm{rc}}=n_2/n_1 \tag{10-1-3}$$

式中，θ_{r}是光线在纤芯和包层界面上的入射角，θ_{rc}是光线在纤芯-包层界面上的临界角．利用 Snell 定律，在光纤端面，光线入射到阶跃光纤中传播的子午光线的约束条件为

$$n_0\sin\theta = n_1\sin\theta_z = n_1\cos\theta_r \leqslant n_1\cos\theta_{rc} = \sqrt{n_1^2 - n_2^2} \tag{10-1-4}$$

其中，θ为光线入射角，θ_z为光线的折射角．阶跃光纤中子午光线的光纤数值孔径 NA 为

$$\mathrm{NA} = n_0\sin\theta_c = \sqrt{n_1^2 - n_2^2} = n_0 n_1\sqrt{2\Delta} \tag{10-1-5}$$

其中，Δ 是光纤纤芯和包层之间的相对折射率差

$$\Delta = \left(n_1^2 - n_2^2\right)/\left(2n_1^2\right) \tag{10-1-6}$$

在式(10-1-5)中，光纤的孔径角(或收光角)θ_c反映了光纤的集光能力，能进入光纤传播的光线落在以θ_c为锥角的圆锥之内．当纤壁处入射角$\theta_r > \theta_{rc}$时，子午光线将发生全反射，形成束缚光线；当入射角$\theta_r < \theta_{rc}$时，子午光线将发生折射，光线所携带的能量将部分地进入包层，成为折射光线．

2. 偏斜光线

阶跃折射率分布光纤的偏斜光线传播时不与纤轴相交或平行，其光路的路径是空间折线，即偏斜光线的轨迹是左旋或右旋型螺旋状折线，在光纤横截面内的投影是内切于一个半径为r_{ic}的圆的多边形(可以不封闭)[3-12]，参见图 10-1-4．偏斜光线在传播过程中总与一个圆柱面(偏斜光线的内焦散面)相切，则偏斜光线限制在$r_{ic} \leqslant r \leqslant a$的圆筒内传播．

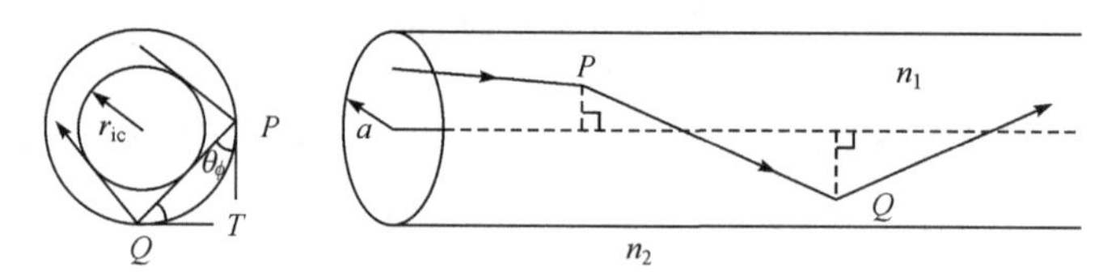

图 10-1-4　偏斜光线的传播路径及其在横截面内的投影

为确定偏斜光线的传播方向，需定义两个参量：第一，光线与轴线方向夹角，即轴向角θ_z；第二，光线在光纤端面上的投影线与反射点处纤壁切线的夹角，即方位角θ_ϕ．设光线在纤壁处的入射角和反射角为θ_r，根据图 10-1-5 中的几何关系，有

$$\cos\theta_r = \sin\theta_z\sin\theta_\phi \tag{10-1-7}$$

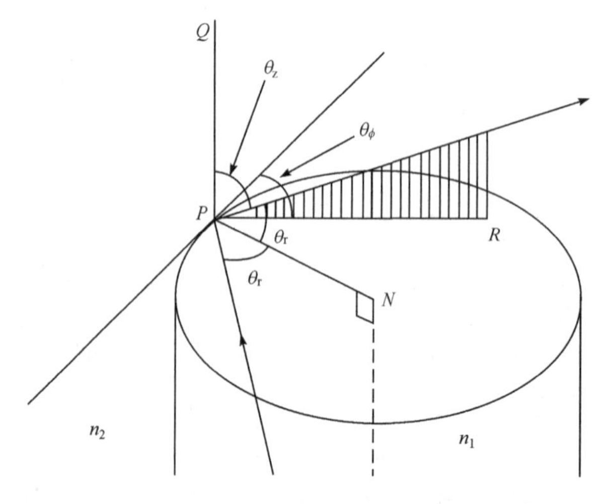

图 10-1-5　考虑光纤中光线传播的坐标

根据 Snell 定律，光线在纤壁产生内全反射的条件为

$$\sin\theta_{\mathrm{r}} \geqslant \sin\theta_{\mathrm{rc}} = n_2 / n_1 \tag{10-1-8}$$

利用 Snell 定律，在光纤端面，光线入射到阶跃光纤中传播的偏斜光线的约束条件为

$$n_0 \sin\theta = n_1 \sin\theta_{\mathrm{z}} = n_1 \cos\theta_{\mathrm{r}} \big/ \sin\theta_\phi \leqslant n_1 \cos\theta_{\mathrm{rc}} \big/ \sin\theta_\phi = \sqrt{n_1^2 - n_2^2} \big/ \sin\theta_\phi \tag{10-1-9}$$

同样，相应临界角θ_{rc}的入射角θ_{c}定义了偏斜光线的光纤数值孔径 $\mathrm{NA_s}$，即

$$\mathrm{NA_s} = n_0 \sin\theta_{\mathrm{c}} = n_0 \sqrt{n_1^2 - n_2^2} \big/ \sin\theta_\phi = n_0\, \mathrm{NA} \big/ \sin\theta_\phi \tag{10-1-10}$$

式中，NA 是子午光线的数值孔径．式(10-1-10)表明偏斜光线的收光角要大于子午光线．

3. 束缚光线、折射光线与漏泄光线

在图 10-1-6 中，阶跃光纤中的三类光线的入射方向应满足：①当 $0 \leqslant \theta_{\mathrm{z}} < \pi/2 - \theta_{\mathrm{rc}}$ 时，偏斜光线发生全反射，形成束缚光线；②当入射角 $\theta_{\mathrm{r}} < \theta_{\mathrm{rc}}$ 时，偏斜光线发生折射，一部分光线进入包层；③当 $\pi/2 - \theta_{\mathrm{rc}} \leqslant \theta_{\mathrm{z}} \leqslant \pi/2$ 和 $\theta_{\mathrm{rc}} \leqslant \theta_{\mathrm{r}} \leqslant \pi/2$ 时，光线是漏泄光线．

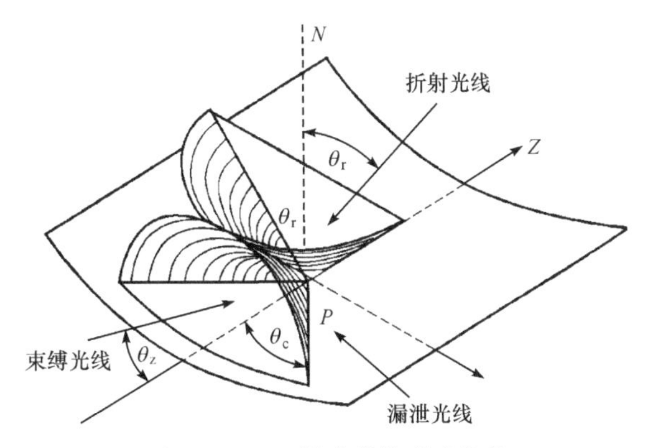

图 10-1-6　三类光线的形成条件

若分别定义表示光线沿光纤轴线的平移性 $\bar{\beta}$ 和光纤的轴向对称性 $\bar{l}$

$$\bar{\beta} = n_1 \cos\theta_{\mathrm{z}} \tag{10-1-11}$$

$$\bar{l} = n_1 \sin\theta_{\mathrm{z}} \cos\theta_\phi \tag{10-1-12}$$

并且，$\bar{\beta}$ 和 $\bar{l}$ 满足关系

$$\bar{\beta}^2 + l^2 = n_1^2 \sin^2\theta_{\mathrm{r}} \tag{10-1-13}$$

则引进不变量 $\bar{\beta}$ 和 $\bar{l}$ 后，阶跃光纤中的三类光线可等价表述为：①当 $n_2 \leqslant \bar{\beta} < n_1$ 时，形成束缚光线；②当 $0 \leqslant \bar{\beta}^2 + \bar{l}^2 < n_2^2$ 时，形成折射光线；③当 $n_2^2 < \bar{\beta}^2 + \bar{l}^2 < n_1^2$ 和 $0 \leqslant \bar{\beta} < n_2$ 时，形成漏泄光线．

10.1.2　光纤中光传播的波动光学理论

光纤是一种介质光波导[3-25]，电磁场的频域矢量波动方程为

$$\begin{cases} \nabla^2 \boldsymbol{E} + \omega^2 \mu\varepsilon \boldsymbol{E} = 0 \\ \nabla^2 \boldsymbol{H} + \omega^2 \mu\varepsilon \boldsymbol{H} = 0 \end{cases} \tag{10-1-14}$$

把算符∇^2分解为纵向和横向分量，得

$$\begin{cases}\nabla_{\mathrm{t}}^2\boldsymbol{E}+\dfrac{\partial^2\boldsymbol{E}}{\partial z^2}+n^2k_0^2\boldsymbol{E}=0\\ \nabla_{\mathrm{t}}^2\boldsymbol{H}+\dfrac{\partial^2\boldsymbol{H}}{\partial z^2}+n^2k_0^2\boldsymbol{H}=0\end{cases}\tag{10-1-15}$$

式中，∇_{t}^2是横向 Laplace 算符．根据式(10-1-14)和式(10-1-15)的关系，得

$$\omega^2\mu\varepsilon=n^2k_0^2\tag{10-1-16}$$

在光纤波导中，电磁波在纵向以行波的形式存在，在横向以驻波的形式存在．可对场矢量进一步进行空间坐标的纵、横分离，令

$$\begin{cases}\boldsymbol{E}(r,\theta,z)=\boldsymbol{E}(r,\theta)\mathrm{e}^{-\mathrm{i}\beta z}\\ \boldsymbol{H}(r,\theta,z)=\boldsymbol{H}(r,\theta)\mathrm{e}^{-\mathrm{i}\beta z}\end{cases}\tag{10-1-17}$$

式中，β为纵向传播常数，定义为

$$\beta=k_{\mathrm{z}}=nk_0\cos\theta_{\mathrm{z}}\tag{10-1-18}$$

把式(10-1-17)代入式(10-1-15)，得

$$\begin{cases}\nabla_{\mathrm{t}}^2\boldsymbol{E}+\chi^2\boldsymbol{E}=0\\ \nabla_{\mathrm{t}}^2\boldsymbol{H}+\chi^2\boldsymbol{H}=0\end{cases}\tag{10-1-19}$$

式中，χ是横向传播常数

$$\chi^2=\omega^2\varepsilon\mu-\beta^2=n(r)^2k_0^2-\beta^2\tag{10-1-20}$$

在圆柱坐标中，只有 E_z 和 H_z 才满足 Helmholtz 方程

$$\begin{cases}\nabla_{\mathrm{t}}^2E_z+\chi^2E_z=0\\ \nabla_{\mathrm{t}}^2H_z+\chi^2H_z=0\end{cases}\tag{10-1-21}$$

1．模式

光纤波导中的模式及其性质是已确定的，外界激励只能激励光纤中允许存在的模式而不会改变模式的固有性质[3-26]．在圆柱坐标系下，场矢量的分量为

$$\begin{cases}\dfrac{1}{r}\dfrac{\partial E_z}{\partial\theta}+\mathrm{i}\beta E_\theta=\mathrm{i}\omega\mu H_{\mathrm{r}}\\ -\mathrm{i}\beta E_r-\dfrac{\partial E_z}{\partial r}=\mathrm{i}\omega\mu H_\theta\\ \dfrac{1}{r}\dfrac{\partial(rE_\theta)}{\partial r}-\dfrac{1}{r}\dfrac{\partial E_r}{\partial\theta}=\mathrm{i}\omega\mu H_z\\ \dfrac{1}{r}\dfrac{\partial H_z}{\partial\theta}+\mathrm{i}\beta H_\theta=-\mathrm{i}\omega\varepsilon E_r\\ -\mathrm{i}\beta H_r-\dfrac{\partial H_z}{\partial r}=-\mathrm{i}\omega\varepsilon E_\theta\\ \dfrac{1}{r}\dfrac{\partial(rH_\theta)}{\partial r}-\dfrac{1}{r}\dfrac{\partial H_r}{\partial\theta}=-\mathrm{i}\omega\varepsilon H_z\end{cases}\tag{10-1-22}$$

联立方程，可得用纵向分量 E_z 和 H_z 来表示 4 个横向分量 E_r，H_r，E_θ，H_θ的关系式

$$\begin{cases} E_r = -\dfrac{\mathrm{i}}{\chi^2}\left(\omega\mu\dfrac{1}{r}\dfrac{\partial H_z}{\partial\varphi} + \beta\dfrac{\partial E_z}{\partial r}\right) \\ E_\theta = -\dfrac{\mathrm{i}}{\chi^2}\left(-\omega\mu\dfrac{\partial H_z}{\partial r} + \beta\dfrac{1}{r}\dfrac{\partial E_z}{\partial x}\right) \\ H_r = -\dfrac{\mathrm{i}}{\chi^2}\left(-\omega\varepsilon\dfrac{1}{r}\dfrac{\partial E_z}{\partial\varphi} + \beta\dfrac{\partial H_z}{\partial r}\right) \\ H_\theta = -\dfrac{\mathrm{i}}{\chi^2}\left(\omega\varepsilon\dfrac{\partial E_z}{\partial r} + \beta\dfrac{1}{r}\dfrac{\partial H_z}{\partial\varphi}\right) \end{cases} \tag{10-1-23}$$

式(10-1-23)表明，解出场的纵向分量 E_z 和 H_z，可通过场的纵横关系式求出场的横向分量. 在光纤中，E_z 和 H_z 满足独立的波导场方程(10-1-21). 对无损耗光纤(n 为实数)，场的纵横向分量的相位相差π/2，即两者最大值在时间上相差 1/4 周期，在空间上相差 1/4 波长.

根据场的纵向分量 E_z 和 H_z，模式可分为：①横电磁模(TEM)，$E_z=H_z=0$；②横电模(TE)，$E_z=0$，$H_z\neq0$；③横磁模(TM)，$E_z\neq0$，$H_z=0$；④混杂模(HE 或 EH)，$E_z\neq0$，$H_z\neq0$. 光纤中的模式主要是对应于子午光线的 TE，TM 模和对应于偏斜光线的 EH，HE 模.

2. 光纤中的模式

在圆柱坐标系中，E_z 和 H_z 满足的波导场方程(10-1-21)可写为[3-26]

$$\begin{cases} \dfrac{\partial^2 E_z}{\partial r^2} + \dfrac{1}{r}\dfrac{\partial E_z}{\partial r} + \dfrac{1}{r^2}\dfrac{\partial^2 E_z}{\partial\theta^2} + \chi^2 E_z = 0 \\ \dfrac{\partial^2 H_z}{\partial r^2} + \dfrac{1}{r}\dfrac{\partial H_z}{\partial r} + \dfrac{1}{r^2}\dfrac{\partial^2 H_z}{\partial\theta^2} + \chi^2 H_z = 0 \end{cases} \tag{10-1-24}$$

式中，χ是光纤中场的横向传播常数，定义为

$$\chi^2(r) = \begin{cases} n^2(r)k_0^2 - \beta^2, & 0 \leqslant r \leqslant a \quad (\text{纤芯中}) \\ n_2^2 k_0^2 - \beta^2, & r > a \quad (\text{包层中}) \end{cases} \tag{10-1-25}$$

模式的场分布可通过求满足边界条件的本征解来得到. 对 E_z 和 H_z 分离变量，定义式(10-1-24)的形式解为

$$\begin{cases} E_z = AR(r)\Theta(\theta) \\ H_z = BR(r)\Theta(\theta) \end{cases} \tag{10-1-26}$$

把式(10-1-26)代入式(10-1-24)，得

$$\begin{cases} \dfrac{\mathrm{d}^2\Theta}{\mathrm{d}\theta^2} + m^2\Theta = 0 \\ \dfrac{\mathrm{d}^2 R}{\mathrm{d}r^2} + \dfrac{1}{r}\dfrac{\mathrm{d}R}{\mathrm{d}r} + \left(n^2 k_0^2 - \beta^2 - \dfrac{m^2}{r^2}\right)R = 0 \end{cases} \tag{10-1-27}$$

由方程组(10-1-27)的第一式，得

$$\Theta = A\mathrm{e}^{\mathrm{i}m\theta} \tag{10-1-28}$$

式中，由于电磁场量是单值函数，因此 $m=0,1,2,\cdots$.

定义方程组(10-1-26)中第二式的形式解为

$$R(r) = r^{-1/2} F(r) \tag{10-1-29}$$

把式(10-1-29)代入方程组(10-1-27)中第二式，得

$$\frac{\mathrm{d}^2 F(r)}{\mathrm{d}r^2} + G^2(r) F(r) = 0 \tag{10-1-30}$$

式中

$$G^2(r) = n^2(r) k_0^2 - \frac{m^2 - 1/4}{r^2} - \beta^2 \tag{10-1-31}$$

在式(10-1-30)中，当 $G^2(r)>0$ 时，解为正弦函数形式，为驻波场或传播场；当 $G^2(r)<0$ 时，解为衰减指数形式，为衰减场或消逝场．在传播场与消逝场的交界处，$G^2(r)=0$，则 r 为

$$\begin{cases} r_{\mathrm{co}}^2 = \dfrac{m^2 - 1/4}{n^2(r) k_0^2 - \beta^2}, & 0 \leqslant r \leqslant a \quad (\text{纤芯中}) \\ r_{\mathrm{cl}}^2 = \dfrac{m^2 - 1/4}{n_2^2 k_0^2 - \beta^2}, & r > a \quad (\text{包层中}) \end{cases} \tag{10-1-32}$$

式中，r_{co} 与 r_{cl} 分别为纤芯中的束缚散焦面和包层中的辐射散焦面半径．式(10-1-31)是光纤模式分类的判据，当传播常数 β 取不同值时，模式的场分布如下．

1) 导模

当 $n_2^2 k_0^2 < \beta^2 < n_1^2 k_0^2$ 时，其场分布如下：在 $r_{g1} \leqslant r \leqslant r_{g2}$ 的区域内为传播场，在其他区域内为消逝场．因此，导模被限制在 $r_{g1} \leqslant r \leqslant r_{g2}$ 的圆筒内传播．在阶跃光纤中，$r_{g2}=a$；在梯度光纤中，$r_{g2}<a$．对于 TE 模或 TM 模($m=0$，与子午光线对应)，$r_{g1}=0$；对于 EH 模或 HE 模(与偏斜光线对应)，$r_{g1}>0$．这相当于在外散焦面上导模全反射：$\cos\theta_z > n_2/n_1$，即 $\beta = n_1 k_0 \cos\theta_z > n_2 k_0$；同时，$\cos\theta_z < 1$，则有 $\beta = n_1 k_0 \cos\theta_z < n_1 k_0$．

2) 泄漏模或隧道模

当 $n_2^2 k_0^2 - (m^2 - 1/4)/a^2 < \beta^2 < n_2^2 k_0^2$ 时，其场分布如下：在 $r_{m1}<r<r_{m2}$ 或 $r>r_{m3}$ 的区域为传播场；在其他区域为消逝场．这时，原来限制在纤芯内传播的导模功率透过 $r_{m2}<r<r_{m3}$ 的隧道泄漏到包层之中，包层材料具有较大损耗，因此引起了传输损耗．这相当于光线理论中不满足全反射条件但又接近全反射的情形，对应于子午光线的 TE 模与 TM 模不存在泄露模．

3) 辐射模

当 $0 < \beta^2 < n_2^2 k_0^2 - (m^2 - 1/4)/a^2$ 时，其场分布如下：在 $r > r_{r1}$ 的所有区域均为传播场．这时，光能量直接地、不受阻挡地向包层中辐射并被损耗掉，光纤已经完全失去了波导约束模式功率的作用，辐射模是一种不受约束的模式．导模与辐射模的重要区别在于：导模对应于分离的本征值而辐射模对应于连续的本征值．就波导场研究而言，离散的导模与连续的辐射模一起构成了波导的完整正交模系．

3. 本征解

阶跃光纤是一种无限长直圆柱，芯区半径为 a，折射率为 n_1；包层折射率为 n_2；光纤材料为线性、无损、各向同性介质[3-26]，参见图 10-1-2(b)．将光纤的折射率分布公式(10-1-2)代入方程组(10-1-27)的第二式中，$R(r)$的解是第一类和第二类贝塞尔函数的线性叠加．导模的传

播常数满足 $n_2k_0<\beta<n_1k_0$，其场分布特点是：芯区为振荡形式，包层为衰减形式. 导模场在空间各点均为有限值，在无限远处趋于零，因此，纤芯中选取呈振荡形式的贝塞尔函数 J_m，包层中选取呈衰减形式的 Neumann 函数 K_m. 则场的纵向分量 E_z 和 H_z 为

$$E_z=\begin{cases}A\mathrm{J}_m(Ur/a)\mathrm{e}^{\mathrm{i}m\theta}, & 0\leqslant r\leqslant a\\ C\mathrm{K}_m(Wr/a)\mathrm{e}^{\mathrm{i}m\theta}, & r>a\end{cases}$$
$$H_z=\begin{cases}B\mathrm{J}_m(Ur/a)\mathrm{e}^{\mathrm{i}m\theta}, & 0\leqslant r\leqslant a\\ D\mathrm{K}_m(Wr/a)\mathrm{e}^{\mathrm{i}m\theta}, & r>a\end{cases}\tag{10-1-33}$$

式中，A、B、C、D 为四个待定常数，可由边界条件确定. U 值反映了导模在芯区中的驻波场的横向振荡频率；W 值反映了导模在包层中的消逝场的衰减速度，则

$$\begin{cases}U=a\sqrt{n_1^2k_0^2-\beta^2}\\ W=a\sqrt{\beta^2-n_2^2k_0^2}\\ V^2=U^2+W^2\end{cases}\tag{10-1-34}$$

利用横向与纵向分量的关系式(10-1-23)，可得横向分量 E_r，E_θ和 H_r，H_θ分别为

$$E_r=\begin{cases}-\mathrm{i}\left(\dfrac{a}{U}\right)^2\left[\beta\left(\dfrac{U}{a}\right)A\mathrm{J}_m'\left(\dfrac{Ur}{a}\right)+\dfrac{\mathrm{i}\omega\mu m}{r}B\mathrm{J}_m\left(\dfrac{Ur}{a}\right)\right]\mathrm{e}^{\mathrm{i}m\theta}, & 0\leqslant r\leqslant a\\ \mathrm{i}\left(\dfrac{a}{W}\right)^2\left[\beta\left(\dfrac{W}{a}\right)C\mathrm{K}_m'\left(\dfrac{Wr}{a}\right)+\dfrac{\mathrm{i}\omega\mu m}{r}D\mathrm{K}_m\left(\dfrac{Wr}{a}\right)\right]\mathrm{e}^{\mathrm{i}m\theta}, & r>a\end{cases}$$

$$E_\theta=\begin{cases}-\mathrm{i}\left(\dfrac{a}{U}\right)^2\left[\dfrac{\mathrm{i}\beta m}{r}A\mathrm{J}_m\left(\dfrac{Ur}{a}\right)-\omega\mu\left(\dfrac{U}{a}\right)B\mathrm{J}_m'\left(\dfrac{Ur}{a}\right)\right]\mathrm{e}^{\mathrm{i}m\theta}, & 0\leqslant r\leqslant a\\ \mathrm{i}\left(\dfrac{a}{W}\right)^2\left[\dfrac{\mathrm{i}\beta m}{r}C\mathrm{K}_m\left(\dfrac{Wr}{a}\right)-\omega\mu\left(\dfrac{W}{a}\right)D\mathrm{K}_m'\left(\dfrac{Wr}{a}\right)\right]\mathrm{e}^{\mathrm{i}m\theta}, & r>a\end{cases}$$

$$H_r=\begin{cases}-\mathrm{i}\left(\dfrac{a}{U}\right)^2\left[-\mathrm{i}\dfrac{\omega\varepsilon_1 m}{r}A\mathrm{J}_m\left(\dfrac{Ur}{a}\right)+\left(\dfrac{U}{a}\right)\beta B\mathrm{J}_m'\left(\dfrac{Ur}{a}\right)\right]\mathrm{e}^{\mathrm{i}m\theta}, & 0\leqslant r\leqslant a\\ \mathrm{i}\left(\dfrac{a}{W}\right)^2\left[-\mathrm{i}\dfrac{\omega\varepsilon_2 m}{r}C\mathrm{K}_m\left(\dfrac{Wr}{a}\right)+\left(\dfrac{W}{a}\right)\beta D\mathrm{K}_m'\left(\dfrac{Wr}{a}\right)\right]\mathrm{e}^{\mathrm{i}m\theta}, & r>a\end{cases}$$

$$H_\theta=\begin{cases}-\mathrm{i}\left(\dfrac{a}{U}\right)^2\left[\left(\dfrac{U}{a}\right)\omega\varepsilon_1 A\mathrm{J}_m'\left(\dfrac{Ur}{a}\right)+\mathrm{i}\dfrac{\beta m}{r}B\mathrm{J}_m\left(\dfrac{Ur}{a}\right)\right]\mathrm{e}^{\mathrm{i}m\theta}, & 0\leqslant r\leqslant a\\ \mathrm{i}\left(\dfrac{a}{W}\right)^2\left[\left(\dfrac{W}{a}\right)\omega\varepsilon_2 C\mathrm{K}_m'\left(\dfrac{Wr}{a}\right)+\mathrm{i}\dfrac{\beta m}{r}D\mathrm{K}_m\left(\dfrac{Wr}{a}\right)\right]\mathrm{e}^{\mathrm{i}m\theta}, & r>a\end{cases}\tag{10-1-35}$$

式中，J_m' 和 K_m' 分别是 J_m 和 K_m 对于各自变量的导数.

4. 本征值和模式本征方程

式(10-1-33)和式(10-1-35)给出了阶跃光纤(10-1-2)的本征方程(10-1-24)的一般解[3-26]. 根据边界条件，场矢量的切向分量 E_z、E_ϕ和 H_z、H_ϕ连续. 由式(10-1-33)，E_z 和 H_z 在 $r=a$ 处连续的条件导出

$$\frac{A}{C}=\frac{B}{D}=\frac{\mathrm{K}_m(W)}{\mathrm{J}_m(U)} \tag{10-1-36}$$

利用式(10-1-36)，由方程组(10-1-34)的第二、四式，E_θ和 H_θ在 $r=a$ 处连续的条件，得

$$\begin{cases}\mathrm{i}\beta m\left(\dfrac{1}{U^2}+\dfrac{1}{W^2}\right)A-\omega\mu\left[\dfrac{\mathrm{J}_m'(U)}{U\mathrm{J}_m(U)}+\dfrac{\mathrm{K}_m'(W)}{W\mathrm{K}_m(W)}\right]B=0\\ \omega\left(\varepsilon_1\dfrac{\mathrm{J}_m'(U)}{U\mathrm{J}_m(U)}+\varepsilon_2\dfrac{\mathrm{K}_m'(W)}{W\mathrm{K}_m(W)}\right)A+\mathrm{i}\beta m\left[\dfrac{1}{U^2}+\dfrac{1}{W^2}\right]B=0\end{cases} \tag{10-1-37}$$

式(10-1-38)是 A 与 B 的齐次方程组，若 A 与 B 不全为零，则方程组特征行列式为零，即

$$\begin{vmatrix}\mathrm{i}\beta m\left(\dfrac{1}{U^2}+\dfrac{1}{W^2}\right) & -\omega\mu\left[\dfrac{1}{U}\dfrac{\mathrm{J}_m'(U)}{\mathrm{J}_m(U)}+\dfrac{1}{W}\dfrac{\mathrm{K}_m'(W)}{\mathrm{K}_m(W)}\right]\\ \omega\left(\dfrac{\varepsilon_1}{U}\dfrac{\mathrm{J}_m'(U)}{\mathrm{J}_m(U)}+\dfrac{\varepsilon_2}{W}\dfrac{\mathrm{K}_m'(W)}{\mathrm{K}_m(W)}\right) & \mathrm{i}\beta m\left[\dfrac{1}{U^2}+\dfrac{1}{W^2}\right]\end{vmatrix}=0 \tag{10-1-38}$$

由式(10-1-38)可得阶跃光纤的模式本征方程(或特征方程)

$$\left(\frac{m\beta}{k_0}\right)^2\left(\frac{1}{U^2}+\frac{1}{W^2}\right)^2=\left[\frac{\mathrm{J}_m'(U)}{U\mathrm{J}_m(U)}+\frac{\mathrm{K}_m'(W)}{W\mathrm{K}_m(W)}\right]\left[n_1^2\frac{\mathrm{J}_m'(U)}{U\mathrm{J}_m(U)}+n_2^2\frac{\mathrm{K}_m'(W)}{W\mathrm{K}_m(W)}\right] \tag{10-1-39}$$

式(10-1-39)又称阶跃光纤中导模的模色散方程(简称色散方程). 当 n_1，n_2，a 和λ_0给定时，对不同的 m 值，可求得相应的β值. 由于贝塞尔函数及其导数具有周期振荡性质，所以本征值方程可以有不同的解$\beta_{mn}(m=1,2,\cdots)$，每一个β_{mn}都对应于一个导模.

5. 阶跃光纤中的模式

在光纤中传输的模式场的横向分量为偏振波[3-26]，其中 TE 模与 TM 模是偏振方向相互正交的线偏振波；HE 模与 EH 模则是椭圆偏振波. HE 模偏振旋转方向与波行进方向一致(符合右手定则)，EH 模偏振旋转方向则与光波行进方向相反. 从相位关系来看，EH 模的 H_z分量超前于 E_z分量 90°，HE 模的 H_z分量落后于 E_z分量 90°. 因此，光纤中模式的分类取决于 m 值以及 H_z和 E_z的相位与幅值关系. 为此定义一个与 H_z和 E_z比值有关的参数 q

$$q=\frac{H_z}{E_z}=\frac{B}{A}=\frac{\mathrm{i}\beta m\left(\dfrac{1}{U^2}+\dfrac{1}{W^2}\right)}{\omega\mu\left[\dfrac{\mathrm{J}_m'(U)}{U\mathrm{J}_m(U)}+\dfrac{\mathrm{K}_m'(W)}{W\mathrm{K}_m(W)}\right]}=\frac{\omega\left(\varepsilon_1\dfrac{\mathrm{J}_m'(U)}{U\mathrm{J}_m(U)}+\varepsilon_2\dfrac{\mathrm{K}_m'(W)}{W\mathrm{K}_m(W)}\right)}{-\mathrm{i}\beta m\left[\dfrac{1}{U^2}+\dfrac{1}{W^2}\right]} \tag{10-1-40}$$

当 $m=0$ 时，就是 TE 模和 TM 模.

(1) 对 TM 模，有 $H_z=0$，$E_z\neq0$，则 $q=0$，由式(10-1-40)可得

$$\varepsilon_1\frac{\mathrm{J}_0'(U)}{U\mathrm{J}_0(U)}+\varepsilon_2\frac{\mathrm{K}_0'(W)}{W\mathrm{K}_0(W)}=0 \tag{10-1-41}$$

(2) 对 TE 模，有 $H_z\neq0$，$E_z=0$，则 $q\to\infty$，由式(10-1-40)可得

$$\frac{J_0'(U)}{UJ_0(U)}+\frac{K_0'(W)}{WK_0(W)}=0 \tag{10-1-42}$$

当 $m>0$ 时，就不是 TE 模和 TM 模，而是混合模式 HE 模或 EH 模.

(3) 对 HE 模，有 $H_z \propto \mathrm{i}E_z$，则由式(10-1-40)可得

$$\frac{J_m'(U)}{UJ_m(U)}+\frac{K_m'(W)}{WK_m(W)}=m\left(\frac{1}{U^2}+\frac{1}{W^2}\right) \tag{10-1-43}$$

(4) 对 EH 模，有 $H_z \propto -\mathrm{i}E_z$，则由式(10-1-40)可得

$$\varepsilon_1\frac{J_m'(U)}{UJ_m(U)}+\varepsilon_2\frac{K_m'(W)}{WK_m(W)}=-m\left[\frac{1}{U^2}+\frac{1}{W^2}\right] \tag{10-1-44}$$

6. 模式本征值

模式的本征值β可由 U 或 W 求得，一般只有数值解. 在导模处于临近截止($W\to 0$，$V\to U$)和远离截止($W\to\infty$)状态下，将 U 或 W 分别代入式(10-1-40)～式(10-1-44)，可确定 TM_{0n}模、TE_{0n}模、HE_{1n}模、HE_{mn}模($m>1$)、EH_{mn}模($m>0$)的本征值[3-26]. 低阶模式截止与远离截止时的本征值参见表 10-1-1. 在模式截止时，$W\to 0$，$V\approx U$，因此截止条件实际上规定了允许某一导模存在时光纤所需具备的结构参数；而在模式远离截止时，$W\to\infty$只意味着 $W\gg U$，从而有$V\approx W$，一般情形下，U 的值在截止值 V_c 与远离截止值 U_f之间.

表 10-1-1　低阶模式截止与远离截止时的本征值

m \ n	1		2		3		4		模式截止与远离截止
	V_c	U_f	V_c	U_f	V_c	U_f	V_c	U_f	
0	2.405	3.823	5.520	7.016	8.654	10.173	11.792	13.324	TE_{0n} $J_0(V_c)=0$ TM_{0n} $J_0'(U_f)=0$
1	0	2.405	3.823	5.520	7.016	8.654	10.173	11.792	HE_{1n} $J_1(V_c)=0$ $J_0(U_f)=0$
1	3.823	5.136	7.016	8.417	10.173	11.620	13.324	14.796	EH_{1n} $J_1(V_c)=0$ $J_2(U_f)=0$
2	2.405	3.823	5.520	7.016	8.654	10.173	11.792	13.324	HE_{2n} $J_0(V_c)=0$ $J_1(U_f)=0$
2	5.136	6.380	8.417	9.761	11.620	13.015	14.796	16.223	EH_{2n} $J_2(V_c)=0$ $J_3(U_f)=0$
3	3.823	5.136	7.016	8.417	10.173	11.620	13.324	14.796	HE_{3n} $J_1(V_c)=0$ $J_2(U_f)=0$
3	6.380	7.588	9.761	11.065	13.015	14.700	16.223	17.616	EH_{3n} $J_3(V_c)=0$ $J_4(U_f)=0$
4	5.136	6.380	8.417	9.761	11.620	13.015	14.796	16.223	HE_{4n} $J_2(V_c)=0$ $J_3(U_f)=0$

7. 色散曲线

光纤中导波模的特性由特征参量 U，W，β决定，其中，U，W决定导波场的横向分布特点，β决定其纵向传播特性[3-26]. 如果给定归一化频率 V，则可根据本征值方程(10-1-38)求得相应的 U，W；然后，由式(10-1-33)求得纵向相位常数β为

$$\beta=\sqrt{k_0^2n_1^2-U^2/a^2} \tag{10-1-45}$$

改变归一化频率 V 的值就可求得不同的β值，从而作出每一个模式的β-V 曲线，称为光

纤或介质波导的色散曲线.

执行本书光盘提供的 MATLAB 程序 LXM31.m 可以方便地绘出介质波导的色散曲线，参见图 10-1-7. 图中，归一化相位常数 $b=\beta/k_0$ 为纵轴，归一化频率 V 为横轴. 对所有模式，截止时归一化常数 b 趋于包层折射率 n_2；而远离截止状态时，b 趋于纤芯折射率 n_1. 因而导波模的相位常数的范围为

$$k_0 n_2 < \beta < k_0 n_1 \tag{10-1-46}$$

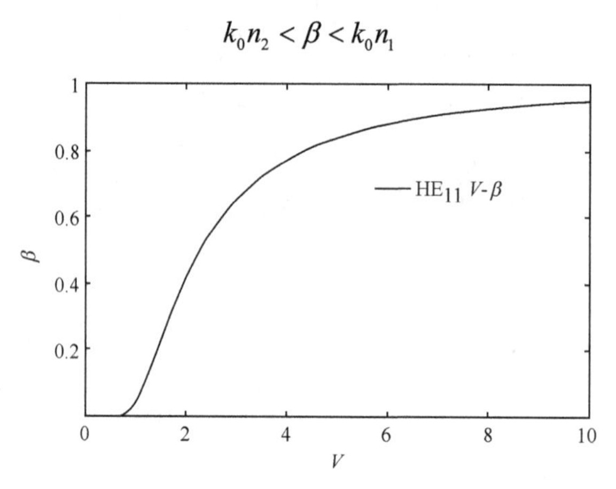

图 10-1-7　HE_{11} 模的色散曲线

8. 单模条件

在图 10-1-7 中，每一条曲线都相应于一个导模，对给定 V 值的光纤($V=V_c$)，过 V_c 点作平行于纵轴的竖线，与色散曲线的交点数就是光纤中允许存在的导模数. 由交点纵坐标可求出相应导模的传播常数β. V_c 越大导模越多；反之亦然. 当 $V_c<2.405$ 时，光纤中只存在 EH_{11} 模，其他导模均截止，参见图 10-1-2(a). 由式(10-1-34)，则单模传输的条件为[3-26]

$$V=\frac{2\pi}{\lambda_0}an_1\sqrt{2\varDelta}<2.405 \tag{10-1-47}$$

这样，当给定λ_0，n_1 与 n_2 时，单模光纤的截止尺寸为

$$a_0=\frac{1.202\lambda_0}{\pi\sqrt{n_1^2-n_2^2}} \tag{10-1-48}$$

若$\lambda_0=1.3\mu m$，NA=0.10，则 $a=4.97\ \mu m$. 因此，单模光纤一般芯径很细.

另一方面，当给定 a，n_1 与 n_2 时，单模光纤的截止波长为

$$\lambda_c=\frac{\pi a\sqrt{n_1^2-n_2^2}}{1.202} \tag{10-1-49}$$

或表示为截止频率有

$$f_c=\frac{1.202c}{\pi a\sqrt{n_1^2-n_2^2}} \tag{10-1-50}$$

当$\lambda>\lambda_0$或$f<f_c$时，可在光纤中实现单模传输. 这时，光纤中传输的是 HE_{11} 模，称为基模或主模. 紧邻 EH_{11} 模的高阶模是 TE_{01} 模、TM_{01} 模和 HE_{21} 模，其截止值均为 $V_c=2.405$. 在选择单模光纤工作时，在保证单模传输条件下，V 值应尽可能取高值，以避免弯曲耗损. 实际上取 $V<3$ 仍可基本上保证单模工作(尽管出现了高阶模，但衰减得很快).

10.2 光纤布拉格光栅

光纤光栅是利用光敏光纤的光致折射率变化，把光纤放置于紫外光形成的空间干涉条纹中曝光而在纤芯内形成的空间相位光栅. 在光纤的曝光区，利用紫外激光形成的均匀干涉条纹，在光纤纤芯上引起类似条纹结构的折射率变化[28-33]，参见图 10-2-1.

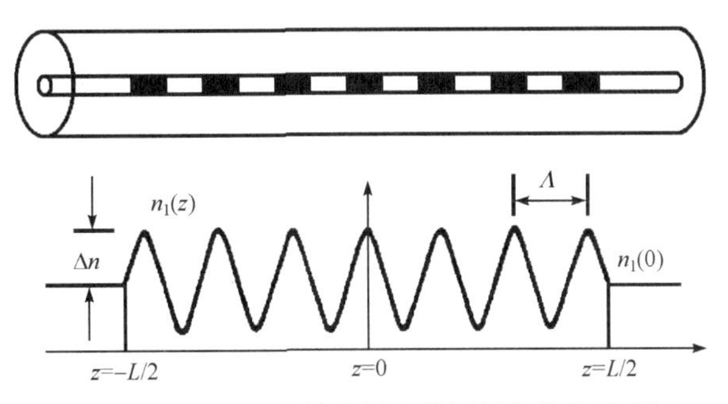

图 10-2-1 光纤布拉格光栅中的折射率分布原理图

在图 10-2-1 中，光纤布拉格光栅的折射率分布为：在光栅长度为 L 的光纤小段内制成周期为Λ的光栅，而在未写入光纤前，光纤的芯区折射率为 n_1，半径为 a_1，而包层折射率为 n_2；光纤光栅写入后，紫外光致折射率的变化$\Delta n(x, y, z)$可近似为光纤纤芯的变化，而纤芯以外可忽略. 这样，均匀光纤光栅的折射率分布为

$$n(z)=\begin{cases} n_1+\Delta n_{\max}\cos\left(\dfrac{2\pi}{\Lambda}mz\right), & -\dfrac{L}{2}<z<\dfrac{L}{2} \\ n_1, & z<-\dfrac{L}{2}, z>\dfrac{L}{2} \end{cases} \tag{10-2-1}$$

式中，$\Delta n_{\max}$ 为折射率的最大变化量. 在单模布拉格反射光栅中，反射率 R 可表示为

$$R=\rho^2=\frac{\sinh^2\sqrt{(\kappa L)^2-(\zeta^+L)^2}}{-\dfrac{\zeta^{+2}}{\kappa^2}+\cosh^2\sqrt{(\kappa L)^2-(\zeta^+L)^2}} \tag{10-2-2}$$

式中，$\kappa=\dfrac{\pi}{\lambda}\overline{\Delta n_{\rm eff}}$；$\zeta^+=2\pi n_{\rm eff}\left(\dfrac{1}{\lambda}-\dfrac{1}{\lambda_{\rm B}}\right)+\dfrac{2\pi}{\lambda}\overline{\Delta n_{\rm eff}}$. 根据式(10-2-2)，布拉格光栅的最大反射率为

$$R_{\max}=\tanh^2(\kappa L) \tag{10-2-3}$$

最大反射率出现在$\zeta^+=0$，其峰值波长为

$$\lambda_{\max}=\left(1+\frac{\Delta n_{\max}}{n_{\rm eff}}\right)\lambda_{\rm B} \tag{10-2-4}$$

式(10-2-4)表明，反射率最大的波长，即中心波长是随折射率调制深度增加而向长波方向移动，这与光纤光栅写入实验中观察到的现象是一致的. 由于 $\Delta n_{\max}\ll n_{\rm eff}$，所以波长偏离量很小，在光纤光栅应用时经常可忽略. 由上述相位匹配情况下的反射率可看出，当失谐(相位不匹配)

时，反射率下降．所以光纤光栅相当于一段带阻滤波器，参见图 10-2-2．

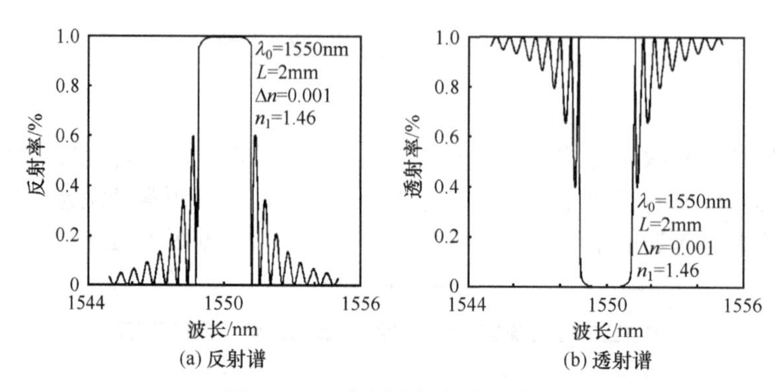

(a) 反射谱　(b) 透射谱

图 10-2-2　光纤光栅的滤波特性

光纤光栅的半峰值宽度(FWHM)$\Delta\lambda_H$ 定义为

$$R\left(\lambda_B \pm \frac{\Delta\lambda_H}{2}\right) = \frac{1}{2}R(\lambda_B) \tag{10-2-5}$$

为求解上述方程，需对式(10-2-3)进行化简，因κL 一般较小，可对式中的指数项采用零点附近泰勒展开，忽略高阶小项，利用式(10-2-5)化简得宽带的近似公式为[31]

$$\frac{\Delta\lambda_H}{\lambda_B} = \sqrt{\left(\frac{\Delta n_{max}}{2n_{eff}}\right)^2 + \left(\frac{\Lambda}{L}\right)^2} \tag{10-2-6}$$

定义光纤布拉格光栅的反射带宽$\Delta\lambda_0$ 为λ_{max} 的第一个零反射波长之间的波长带宽[31]．因此，根据式(10-2-3)得

$$\frac{\Delta\lambda_0}{\lambda_{max}} = \sqrt{\left(\frac{\Delta n_{max}}{n_{eff}}\right)^2 + \left(\frac{\lambda_B}{n_{eff}L}\right)^2} \tag{10-2-7}$$

取一组不同参数，可以计算光纤光栅的反射谱曲线，执行本书光盘提供的 MATLAB 程序 LXM32.m 可以方便地绘出该曲线，参见图 10-2-3．

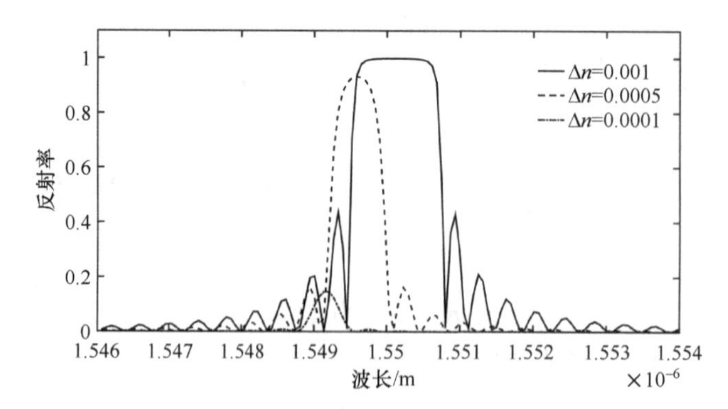

图 10-2-3　光纤光栅的反射谱与光纤参数的关系

在弱光栅(光致折射率变化很小)中，$\Delta n_{max} \ll \lambda_B/L$，则

$$\frac{\Delta\lambda_0}{\lambda_{max}} \to \frac{\lambda_B}{n_{eff}L} = \frac{2}{N} \tag{10-2-8}$$

其中，$N = L/\Lambda$ 是光栅栅格的总数．式(10-2-8)表明，弱光栅的带宽主要取决于其长度，长度越大，带宽越窄．

在强光栅中，$\Delta n_{\max} \gg \lambda_{\mathrm{B}}/L$，则

$$\frac{\Delta\lambda_0}{\lambda_{\max}} \to \frac{\Delta n_{\max}}{n_{\mathrm{eff}}} \tag{10-2-9}$$

式(10-2-9)表明，由于强光栅的限制，光不能透过光栅的全长．因此，强光栅的带宽独立于光栅的长度，但与相对折射率的变化成比例．

10.3 光波在波导中的传播

介质波导由三层介质构成，参见图 10-3-1，其中，中间层的厚度为 d(约为数微米)，折射率为 n_1，光线在这一层介质中传播，称为芯层；下面一层折射率为 n_2，称为衬底；上面一层折射率为 n_3，称为敷层．光线在芯层中传播的条件是 $n_1>n_2$，n_3．此外，薄膜波导在 y 方向的尺寸比 x 方向要大得多，可简化为在 y 方向上是无限延伸的，所以又将薄膜波导称为平面波导[3, 5, 7, 8, 17-19, 33-37]．薄膜波导理论是集成光学的基础，很多无源光器件，如光调制器、光耦合器等的工作原理都是建立在薄膜波导理论基础之上的．

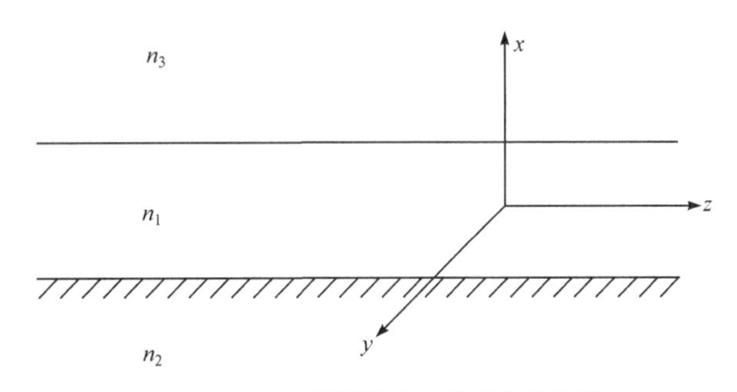

图 10-3-1 介质薄膜波导的纵剖面结构

10.3.1 波导中光传播的几何光学近似

在均匀薄膜波导中，光线在芯层中沿直线传输，在芯层与衬底、芯层与敷层的界面上发生反射和折射，参见图 10-3-2．如果光线的入射角大于这两个界面上的全反射临界角，则光线在芯层形成内全反射，此时光线被约束在芯层内沿锯齿状路径传输[3, 5, 7, 8, 17-19, 33-37]．

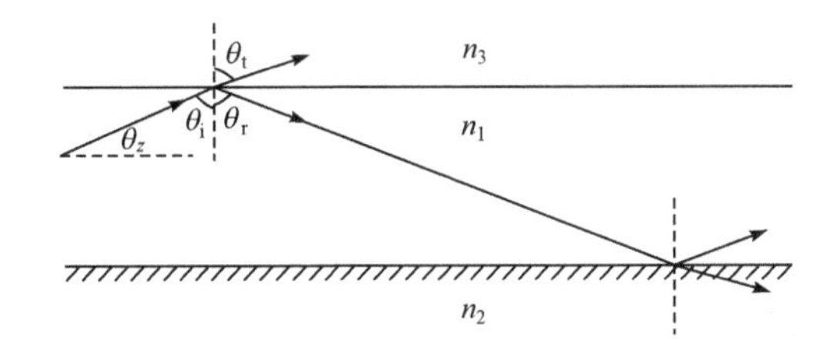

图 10-3-2 介质薄膜波导界面上光线的反射和折射

当光线在两个界面上都满足全反射条件时，光线完全被约束在芯层内，称为束缚光线；否则，会导致光线穿过界面进入衬底或敷层，即折射光线．只有束缚光线才能在波导中沿确

定的方向传输．光线在芯层与衬底和敷层分界面上的全反射临界角分别为θ_{c12}和θ_{c13}，则

$$\begin{cases}\theta_{c12} = \arcsin\left(n_2/n_1\right) \\ \theta_{c13} = \arcsin\left(n_3/n_1\right)\end{cases} \tag{10-3-1}$$

假设衬底折射率n_2大于敷层折射率n_1，则必有$\theta_{c12}>\theta_{c13}$，这表明，在芯层中光线成为束缚光线的必要条件是光线在界面上的入射角$\theta_1>\theta_{c12}$．用光线与波导轴的夹角$\theta_z=90°-\theta_1$来表示射线的方向，这样，光线在界面上发生全反射的条件为$\theta_z<\theta_{zc}$．当$0\leqslant\theta_z<\theta_{zc12}=\arccos\left(n_2/n_1\right)$时，存在束缚光线；当$\arccos\left(n_2/n_1\right)\leqslant\theta_z<\arccos\left(n_3/n_1\right)$时，仅出现衬底辐射；当$\arccos\left(n_3/n_1\right)\leqslant\theta_z<\pi/2$时，同时出现衬底和敷层辐射．

由折射定律可知，光线在传播过程中有光线不变量

$$n_i\cos\theta_{zi} = \bar{\beta} \tag{10-3-2}$$

式中，脚标i=1,2,3．光线不变量实际上是光波在z轴方向传播的归一化相位常数，即

$$\bar{\beta} = \beta/k_0 = n\cos\theta_z \tag{10-3-3}$$

利用光线不变量，则薄膜波导中，存在束缚光线的条件是$n_2<\bar{\beta}\leqslant n_1$；仅出现衬底辐射的条件是$n_3<\bar{\beta}\leqslant n_2$；同时出现衬底和敷层辐射的条件是$0\leqslant\bar{\beta}<n_3$．

光线在芯层中的传播速度$v=c/n_1$，c是自由空间的光速度，n_1是芯层折射率．光线在芯层内沿锯齿状路径传播，参见图 10-3-3．

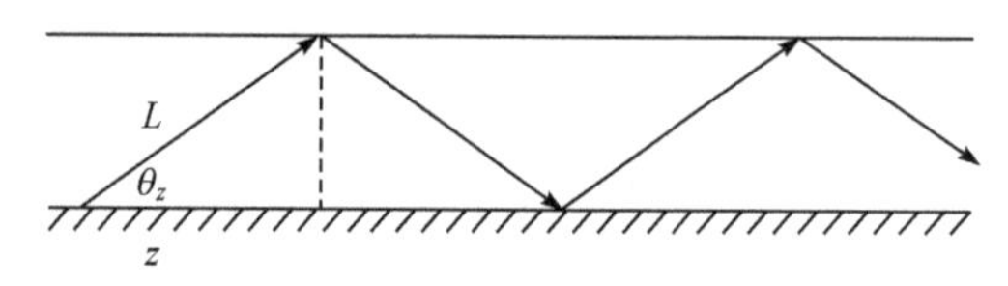

图 10-3-3　薄膜波导中束缚光线的传播路径

在图 10-3-3 中，光线沿z轴方向传播距离z时，传播的实际路径长度为

$$L = \frac{z}{\cos\theta_z} \tag{10-3-4}$$

传播这段距离所需要的时间为

$$t = \frac{L}{v} = \frac{n_1 z}{c\cos\theta_z} \tag{10-3-5}$$

定义沿z轴方向传播单位距离的时间为光线的传播时延τ，即

$$\tau = \frac{t}{z} = \frac{n_1}{c\cos\theta_z} \tag{10-3-6}$$

若芯层中有两条束缚光线，其与z轴的夹角分别为θ_{z1}和θ_{z2}，则在z轴方向传播单位距离后，因路径不同，传播时延也不一样，两条路径传播时延差用$\Delta\tau$表示

$$\Delta\tau = \left|\tau_1-\tau_2\right| = \frac{n_1}{c}\left|\frac{1}{\cos\theta_{z1}}-\frac{1}{\cos\theta_{z2}}\right| \tag{10-3-7}$$

在束缚光线中，路径最短的光线沿z轴方向直线传播，其θ_z=0，而路径最长的光线是靠近全反射临界角入射的光线，其倾斜角$\theta_z=\arccos\left(n_2/n_1\right)$．这两条光线有最大时延差$\Delta\tau_{\max}$

$$\Delta\tau_{\max} = \frac{n_1}{c}\frac{n_1-n_2}{n_2} \tag{10-3-8}$$

由式(10-3-8)可知，最大时延差$\Delta\tau_{\max}$与芯层折射率和衬底折射率之差成正比．而较大的时延差将会导致严重的多径色散，引起光脉冲在传播过程中展宽．一般的光波导衬底和芯层往往用同一种材料，只是掺有不同浓度的杂质，其折射率差很小．定义相对折射率差为

$$\varDelta=\frac{n_1^2-n_2^2}{2n_1^2}\approx\frac{n_1-n_2}{n_1}\approx\frac{n_1-n_2}{n_2}\ll 1 \tag{10-3-9}$$

引进参量$\varDelta$后，最大时延差可表示为

$$\Delta\tau_{\max}=\frac{n_1\varDelta}{c} \tag{10-3-10}$$

式(10-3-10)可用于估算光波导中由多径传输所导致的光脉冲展宽的大小．在这种均匀薄膜波导中，多径色散是主要的[3, 5, 7, 8, 17-19, 33-37]．

10.3.2　波导中光传播的波动光学理论

当波导的横向尺寸与光的波长相当时，必须采用经典电磁理论分析波导中光波的传播问题[3, 5, 7, 8, 17-19, 33-37]．对角频率为ω的电磁场，频域麦克斯韦方程的直角坐标的标量形式为

$$\begin{cases}\dfrac{\partial H_z}{\partial y}-\dfrac{\partial H_y}{\partial z}=\mathrm{i}\omega\varepsilon E_x\\[2mm]\dfrac{\partial H_x}{\partial z}-\dfrac{\partial H_z}{\partial x}=\mathrm{i}\omega\varepsilon E_y\\[2mm]\dfrac{\partial H_y}{\partial x}-\dfrac{\partial H_x}{\partial y}=\mathrm{i}\omega\varepsilon E_z\\[2mm]\dfrac{\partial E_z}{\partial y}-\dfrac{\partial E_y}{\partial z}=-\mathrm{i}\omega\mu_0 H_x\\[2mm]\dfrac{\partial E_x}{\partial z}-\dfrac{\partial E_z}{\partial x}=-\mathrm{i}\omega\mu_0 H_y\\[2mm]\dfrac{\partial E_y}{\partial x}-\dfrac{\partial E_x}{\partial y}=-\mathrm{i}\omega\mu_0 H_z\end{cases} \tag{10-3-11}$$

由于波导结构在 y 方向是无限的，场量与 y 无关，当波沿 z 轴方向传播时，场分量可写成$\varPsi(x,z)=\varPsi(x)\mathrm{e}^{-\mathrm{i}\beta z}$的形式，因此，式(10-3-11)可分成两组

$$\begin{cases}\beta E_y=-\omega\mu_0 H_x\\[2mm]\dfrac{\mathrm{d}E_y}{\mathrm{d}x}=-\mathrm{i}\omega\mu_0 H_z\\[2mm]\mathrm{i}\beta H_x+\dfrac{\mathrm{d}H_z}{\mathrm{d}x}=-\mathrm{i}\omega\varepsilon E_y\end{cases} \tag{10-3-12}$$

$$\begin{cases}\beta H_y=\omega\varepsilon E_x\\[2mm]\dfrac{\mathrm{d}H_y}{\mathrm{d}x}=\mathrm{i}\omega\varepsilon E_z\\[2mm]\mathrm{i}\beta E_x+\dfrac{\mathrm{d}E_z}{\mathrm{d}x}=\mathrm{i}\omega\mu_0 H_y\end{cases} \tag{10-3-13}$$

1. TE 模

式(10-3-12)有 E_y，H_x，H_z 三个电磁场分量，电场强度与波的传播方向垂直，但磁场强度与波的传播方向不垂直，即沿 z 方向传播的 TE 波场方程．将式(10-3-12)中第二个方程对 x 求导，并代入该式的第一、三方程，可得

$$\frac{\mathrm{d}^2 E_y}{\mathrm{d}x^2}+(k_0^2 n^2-\beta^2)E_y=0 \tag{10-3-14}$$

为保证电磁波能量集中在波导芯层中传播，方程(10-3-12)在芯层、衬底、敷层中的解为

$$\begin{cases} E_{1y}=E_1\cos(k_x x-\phi)\mathrm{e}^{-\mathrm{i}\beta z}, & |x|\leqslant a \\ E_{2y}=E_2\mathrm{e}^{\alpha_2(x+a)}\mathrm{e}^{-\mathrm{i}\beta z}, & x<-a \\ E_{3y}=E_3\mathrm{e}^{-\alpha_3(x-a)}\mathrm{e}^{-\mathrm{i}\beta z}, & x>a \end{cases} \tag{10-3-15}$$

式中，k_x，α_2，α_3，β是场量的特征常数，E_1，E_2，E_3 是三个积分常数．k_x 是芯层中场量在 x 方向的相位常数，α_2，α_3 分别是衬底和敷层中场量沿 x 方向的衰减常数，即波导中的传播模式或导波模式．对比式(10-3-14)和式(10-3-15)，则场量的特征参量 k_x，α_2，α_3，β与各层介质的折射率 n_1，n_2，n_3 之间的关系为

$$\begin{cases} k_x^2+\beta^2=k_0^2 n_1^2 \\ -\alpha_2^2+\beta^2=k_0^2 n_2^2 \\ -\alpha_3^2+\beta^2=k_0^2 n_3^2 \end{cases} \tag{10-3-16}$$

将式(10-3-15)代入式(10-3-12)的第一、二方程，可得三个区域中的磁场分量

$$\begin{cases} H_{1x}=-\dfrac{\beta}{\omega\mu_0}E_{1y}, \quad H_{1z}=\dfrac{k_x x}{\mathrm{i}\omega\mu_0}E_1\sin(k_x x-\phi)\mathrm{e}^{-\mathrm{i}\beta z}, & |x|\leqslant a \\ H_{2x}=-\dfrac{\beta}{\omega\mu_0}E_{2y}, \quad H_{2z}=-\dfrac{\alpha_2 E_{2y}}{\mathrm{i}\omega\mu_0}, & x<-a \\ H_{3x}=-\dfrac{\beta}{\omega\mu_0}E_{3y}, \quad H_{3z}=\dfrac{\alpha_3 E_{3y}}{\mathrm{i}\omega\mu_0}, & x>a \end{cases} \tag{10-3-17}$$

在图 10-3-1 给出的两个不同介质的分界面上，电场强度和磁场强度的切向分量连续

$$\begin{cases} E_1\cos(k_x a+\phi)=E_2 \\ E_1 k_x\sin(k_x a+\phi)=E_2\alpha_2 \\ E_1\cos(k_x a-\phi)=E_3 \\ E_1 k_x\sin(k_x a-\phi)=E_3\alpha_3 \end{cases} \tag{10-3-18}$$

从式(10-3-18)中消去 E_1，E_2，E_3，可得

$$\begin{cases} k_x a+\phi=\arctan\dfrac{\alpha_2}{k_x}+p\pi \\ k_x a-\phi=\arctan\dfrac{\alpha_3}{k_x}+q\pi \end{cases} \tag{10-3-19}$$

式中，$p=0,1,2,\cdots$；$q=0,1,2,\cdots$．将式(10-3-19)中两式分别相加和相减，可得

$$
\begin{cases}
k_x d = \arctan\dfrac{\alpha_2}{k_x} + \arctan\dfrac{\alpha_3}{k_x} + m\pi \\
\phi = \dfrac{1}{2}\arctan\dfrac{\alpha_2}{k_x} - \dfrac{1}{2}\arctan\dfrac{\alpha_3}{k_x} + \dfrac{n\pi}{2}
\end{cases}
\tag{10-3-20}
$$

式中，$d=2a$ 是波导芯层的厚度，$m=p+q=0,1,2,\cdots$；$n=p-q=\cdots,-2,-1,0,1,2,\cdots$. 当 n 取 0 和 1 时，芯层内的场量为

$$
E_{1y} = E_1 \cos(k_x x - \phi)\mathrm{e}^{-\mathrm{i}\beta z} \tag{10-3-21}
$$

$$
E_{1y} = E_1 \sin(k_x x - \phi)\mathrm{e}^{-\mathrm{i}\beta z} \tag{10-3-22}
$$

式中

$$
\phi = \frac{1}{2}\arctan\frac{\alpha_2}{k_x} - \frac{1}{2}\arctan\frac{\alpha_3}{k_x} \tag{10-3-23}
$$

式(10-3-21)的场解对应式(10-3-20)中 m 为偶数的情况；式(10-3-22)的场解对应式(10-3-20)中 m 为奇数的情况. 式(10-3-20)中的第一式是均匀薄膜波导的特征方程，与式(10-3-16)联立，可得场量的四个特征参量 k_x，α_2，α_3，β，这四个方程统称为特征方程. 每一个 m 值对应一组 k_x，α_2，α_3，β，ϕ值，代入式(10-3-16)和式(10-3-17)可得一组电磁场量，场量的幅度值 E_1，E_2 和 E_3 由激励条件及边界条件(10-3-18)决定. 求出 k_x，α_2 和α_3 后，由式(10-3-20)的第二式求 ϕ，可得一个由这一组电磁场量构成的沿 z 方向传播的 TE 电磁场模式，其中，每一个 m 值对应一个 TE 模式，记为 TE_m 模.

2. TM 模

式(10-3-13)有 H_y，E_x，E_z 三个电磁场分量，磁场强度与波的传播方向垂直，但电场强度与波的传播方向不垂直，这就是沿 z 方向的 TM 模场方程. 类似于 TE 模，可求得式(10-3-13)在波导中的解，也就是 TM 模式的电磁场分量，其横向磁场 H_y 的表达式为

$$
\begin{cases}
H_{1y} = H_1 \begin{Bmatrix} \cos(k_x x - \phi) \\ \sin(k_x x - \phi) \end{Bmatrix} \mathrm{e}^{-\mathrm{i}\beta z}, & |x| \leqslant a \\
H_{2y} = H_2 \mathrm{e}^{\alpha_2 (x+a)}, & x < -a \\
H_{3y} = H_3 \mathrm{e}^{-\alpha_3 (x-a)}, & x > a
\end{cases}
\tag{10-3-24}
$$

利用式(10-3-13)，还可求得各区域的电场分量 E_{1x}，E_{2x}，E_{3x} 及 E_{1z}，E_{2z}，E_{3z}，并利用 $x=\pm a$ 面上的电磁场边界条件，推得 TM 模式的特征方程为

$$
\begin{cases}
k_x d = \arctan\dfrac{\alpha_2 n_1^2}{k_x n_2^2} + \arctan\dfrac{\alpha_3 n_1^2}{k_x n_3^2} + m\pi \\
\phi = \dfrac{1}{2}\left[\arctan\dfrac{\alpha_2 n_1^2}{k_x n_2^2} - \arctan\dfrac{\alpha_3 n_1^2}{k_x n_3^2}\right]
\end{cases}
\tag{10-3-25}
$$

式中，$m=0,1,2,\cdots$. 与 TE 模类似，在式(10-3-24)中第一式取上面的函数 $\cos(k_x x - \phi)$ 时，m 取偶数；当取下面的函数 $\sin(k_x x - \phi)$ 时，m 取奇数. 每取一个 m 值，可将式(10-3-25)的第一式与式(10-3-16)联立解得一组 TM 场解，称为一个 TM 模式，记为 TM_m 模.

3. 传播模和辐射模

在特征方程(10-3-20)和(10-3-25)的第一式中，模式序号 m 可取 0,1,2,⋯整数，即波导中存在相应的TE模和TM模，但不是m取任何整数所对应的模式都可在波导中传播. 由式(10-3-16)可得

$$\begin{cases}\alpha_2^2 = \beta^2 - k_0^2 n_2^2 \\ \alpha_3^2 = \beta^2 - k_0^2 n_3^2\end{cases} \tag{10-3-26}$$

若特征参量α_2和α_3都是正实数，则衬底和敷层中的场随离开芯层表面的距离按指数规律迅速衰减. 而z方向的相位常数β必是正实数，这表明场量在z轴方向呈无衰减的正弦行波特性，满足这些条件的模式就是传播模式或导波模式. 当$n_2>n_3$时，在同样的β，k_0值条件下，首先是α_2可能成为虚数，即首先出现衬底辐射. 因此，β，α_2，α_3都是正实数的条件是

$$k_0 n_2 < \beta \leqslant k_0 n_1 \tag{10-3-27}$$

导波模的β在式(10-3-27)规定的范围内只取离散值，即$\beta_0, \beta_1, \beta_2,\cdots$，脚标是特征方程(10-3-20)和(10-3-25)的第一式中的 m 的取值，即传播模或导波模谱是离散的.

若α_2和α_3中至少有一个是虚数，则衬底或敷层中的场在x轴方向呈行波特性，即光波能量在z轴方向传播的同时又在衬底或敷层中形成沿x轴方向的辐射. 这样的模式不可能沿z轴方向长距离传播，称为辐射模式. 辐射模的条件为

$$0 \leqslant \beta \leqslant k_0 n_2 \tag{10-3-28}$$

对辐射模，β可在式(10-3-16)的范围内连续取值，即辐射模谱是连续的.

导波结构参量a，n_1，n_2，n_3和工作波长$\lambda=2\pi/k_0$确定时，序号为m的模式能否传播取决于m的大小. m较小的模式称为低阶模，m较大的模式称为高阶模. 在确定的波导中，低阶模容易满足传播条件而高阶模则往往不能传播. 假设在一个确定的波导中有m个TE模和m'个TM模满足传播条件，则导波中的光波可表示为各TE模、TM模和辐射模的叠加

$$E = \sum_{l=1}^{m} a_l E_{\mathrm{TE}_l} + \sum_{l=1}^{m'} b_l E_{\mathrm{TM}_l} + \int_0^{k_0 n_2} \left[a(\beta) E_{\mathrm{TE}} + b(\beta) E_{\mathrm{TM}} \right] \mathrm{d}\beta \tag{10-3-29}$$

4. 截止参数

若波导中某个模式出现衬底辐射，则称这个模式截止. 根据式(10-3-16)的第二式，模式截止的条件为

$$\beta = k_0 n_2 \tag{10-3-30}$$

将上述截止条件代入式(10-3-16)，可得截止状态的其他特征参数

$$\begin{cases} k_x = k_0 \sqrt{n_1^2 - n_2^2} \\ \alpha_3 = k_0 \sqrt{n_2^2 - n_3^2} \end{cases} \tag{10-3-31}$$

将式(10-3-30)代入TE模的特征方程(10-3-20)中第一式，得截止状态时的特征方程

$$k_0 \sqrt{n_1^2 - n_2^2}\, 2a = m\pi + \arctan\left(\sqrt{n_2^2 - n_3^2} \Big/ \sqrt{n_1^2 - n_2^2} \right) \tag{10-3-32}$$

将某个模式截止时的波长记为λ_c，则TE_m模的截止波长为

$$\lambda_c = \frac{4\pi a\sqrt{n_1^2 - n_2^2}}{m\pi + \arctan\left(\sqrt{n_2^2 - n_3^2}\Big/\sqrt{n_1^2 - n_2^2}\right)} \tag{10-3-33}$$

当 $m=0$ 时，也就是 TE_0 模式，其截止波长是最长的，其值为

$$\lambda_c(TE_0) = \frac{4\pi a\sqrt{n_1^2 - n_2^2}}{\arctan\left(\sqrt{n_2^2 - n_3^2}\Big/\sqrt{n_1^2 - n_2^2}\right)} \tag{10-3-34}$$

将式(10-3-30)代入 TM 模的特征方程(10-3-25)中第一式，得截止状态时的特征方程

$$k_0\sqrt{n_1^2 - n_2^2}\,2a = m\pi + \arctan\left[\left(n_1/n_3\right)^2\sqrt{\left(n_2^2 - n_3^2\right)/\left(n_1^2 - n_2^2\right)}\right] \tag{10-3-35}$$

则 TM_m 模的截止波长为

$$\lambda_c = \frac{4\pi a\sqrt{n_1^2 - n_2^2}}{m\pi + \arctan\left[\left(n_1/n_3\right)^2\sqrt{\left(n_2^2 - n_3^2\right)/\left(n_1^2 - n_2^2\right)}\right]} \tag{10-3-36}$$

TM_0 模的截止波长为

$$\lambda_c(TM_0) = \frac{4\pi a\sqrt{n_1^2 - n_2^2}}{\arctan\left[\left(n_1/n_3\right)^2\sqrt{\left(n_2^2 - n_3^2\right)/\left(n_1^2 - n_2^2\right)}\right]} \tag{10-3-37}$$

比较式(10-3-34)和式(10-3-37)，由于 $n_1>n_2$，则

$$\lambda_c\left(TE_0\right) > \lambda_c\left(TM_0\right) \tag{10-3-38}$$

式(10-3-28)表明，TE_0 模的截止波长最长．波导中，称截止波长最长的模式为波导中的主模式．对衬底和敷层折射率不同的非对称薄膜波导，主模式为 TE_0 模．若衬底和敷层由同一种介质构成，则 TE_0 模和 TM_0 模的截止波长都是无限长，不截止，同为波导的主模．

式(10-3-33)和式(10-3-36)表明，当波导的结构参量 a，n_1，n_2，n_3 确定后，TE 模和 TM 模的截止波长是确定的．不同模式的截止波长不同，模式序号 m 越大，截止波长越短．只有工作波长 λ 比截止波长 λ_c 短的那些模式才可能在波导中传播．

5. 单模传输和模数量

如果工作波长 λ 比主模式(TE_0 模)的截止波长短，但比次最低阶模式的截止波长长，则在此波导中只有主模才能传播，这就是波导中的单模传输条件．对于 $n_2 \neq n_3$ 的非对称薄膜波导，主模式为 TE_0 模，而次最低阶模是 TM_0 模，则非对称薄膜波导的单模传输条件为

$$\lambda_c(TM_0) < \lambda < \lambda_c(TE_0) \tag{10-3-39}$$

光波导的 n_1，n_2，n_3 相差不大，因而 $\lambda_c(TE_0)$ 与 $\lambda_c(TM_0)$ 的差别也不大，严格满足式(10-3-39)的条件将导致单模传输的频带很窄．在工程实际中，可将单模传输条件放宽为

$$\lambda_c(TE_1) < \lambda < \lambda_c(TE_0) \tag{10-3-40}$$

在该条件下，TE_0 模和 TM_0 模都可传播．

对 TE 模，可传播的 TE 模的模式序号 m 必须满足

$$m < \frac{4a}{\lambda}\sqrt{n_1^2 - n_2^2} - \frac{1}{\pi}\arctan\sqrt{\frac{n_2^2 - n_3^2}{n_1^2 - n_2^2}} \tag{10-3-41}$$

对 TM 模，可传播的 TM 模的模式序号 m'必须满足

$$m' < \frac{4a}{\lambda}\sqrt{n_1^2 - n_2^2} - \frac{1}{\pi}\arctan\left[\left(\frac{n_1}{n_3}\right)^2\sqrt{\frac{n_2^2 - n_3^2}{n_1^2 - n_2^2}}\right] \tag{10-3-42}$$

若式(10-3-41)和式(10-3-42)计算出的整数为 m 和 m'，则导波中的 $TE_0,TE_1,\cdots,TE_{m-1},TE_m$ 和 $TM_0,TM_1,\cdots,TM_{m-1},TM_m$ 等模式都可传播．因而，可传播的模式总量为

$$M = m + m' + 2 \tag{10-3-43}$$

作为一粗略的估计，一个多模传播的光波导中传播的模式总量为

$$M = \frac{8a}{\lambda}\sqrt{n_1^2 - n_2^2} \tag{10-3-44}$$

对于结构参数 a，n_1，n_2，n_3 确定的波导，可传播的模式数近似与工作波长成反比．波导越厚、折射率越大，则可传播的模数量就越多．

6. 导波场分布

(1) 对 TE_0 模，在波导中以 E_y 分量在 x 方向的分布函数具有式(10-3-21)的特点，由特征方程(10-3-20)，当 m=0 时，有

$$\begin{cases} k_x = (\phi_2 + \phi_3)/2a \\ \phi = (\phi_2 - \phi_3)/2 \end{cases} \tag{10-3-45}$$

其中，$\phi_2 = \arctan(a_2/k_x)$，$\phi_3 = \arctan(a_3/k_x)$，则 E_y 的分布函数为

$$E_y \propto \cos\left[(\phi_2 + \phi_3)x/(2a) - (\phi_2 - \phi_3)/2\right] \tag{10-3-46}$$

式(10-3-46)表明，当 x=a 时，$E_y \propto \cos\phi_3$；当 x=$-a$ 时，$E_y \propto \cos\phi_2$；当 $x = x_m = \dfrac{\phi_2 - \phi_3}{\phi_2 + \phi_3}a$ 时，E_y 达到最大，只有一个极大点，没有场量为零的点．当 $n_2>n_3$ 时，$\alpha_2<\alpha_3$，$\phi_2<\phi_3$，则 $x_m<0$，即场量 E_y 的最大值出现在 $x<0$，衬底一侧．

(2) 对于 TE_1 模，类似地，其场分量 E_y 的分布函数为

$$E_y \propto \sin\left[(\phi_2 + \phi_3 + \pi)x/(2a) - (\phi_2 - \phi_3)/2\right] \tag{10-3-47}$$

式(10-3-47)表明：①当$-a<x<a$ 时，场量的相位变化为 $k_x 2a = \phi_2 + \phi_3 + \pi$．而 $\phi_2,\phi_3 < \pi/2$，当 $(\phi_2 + \phi_3 + \pi)x/(2a) - (\phi_2 - \phi_3)/2 = \pm\pi/2$ 时，在 x 方向上场量 E_y 有两个极大点．当 $(\phi_2 + \phi_3 + \pi)x/(2a) - (\phi_2 - \phi_3)/2 = 0$ 时，场量在 x 轴方向有一个零点．②当 $x=-a$ 时，场量的相位因子为 $-\pi/2 - \phi_2$．③当 x=a 时，场量的相位因子为 $\pi/2 + \phi_3$．

(3) 对于 TE_2 模，类似地，其场分量 E_y 的分布函数为

$$E_y \propto \cos\left[(\phi_2 + \phi_3 + 2\pi)x/(2a) - (\phi_2 - \phi_3)/2\right] \tag{10-3-48}$$

场量 E_y 在$-a<x<a$ 区域有三个极大点和两个零点．一般地，模式序数 m 表征了场量 E_y 在芯层中取零值的个数或 H_z 在芯层取最大值的个数，即芯层内场量驻波分布的完整的半驻波数．

芯层外的场量沿 x 轴方向且与芯层表面的距离呈指数衰减分布．因 $n_2>n_3$，则$\alpha_2<\alpha_3$，场量在敷层中衰减比在衬底中要快．α_2，α_3 都随工作波长λ变化，λ短，k_0 大，则α_2，α_3 大．极限时，即$\lambda\to 0$，$k_0\to\infty$，则α_2，$\alpha_3\to\infty$，电磁能量集中于芯层．几个低阶 TE 模的横向电场 E_y(或横向磁场 H_x)沿 x 轴方向的分布如图 10-3-4 所示．

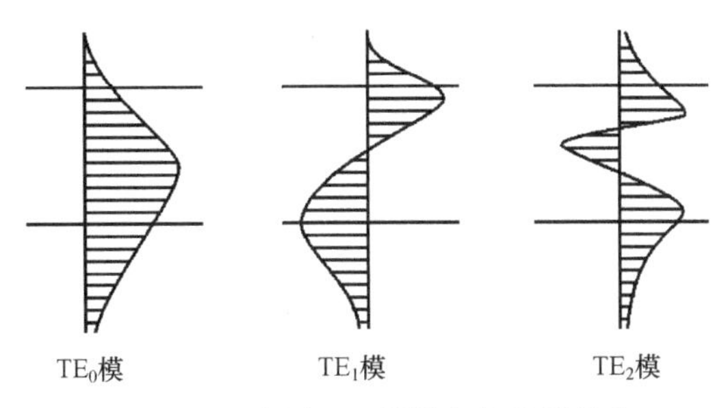

图 10-3-4　低阶 TE 模横向场分量分布

7. 导波的传输功率和有效厚度

波导在 y 方向上无限延伸，波导中传输的总功率是发散的．只能讨论沿 y 方向单位宽度内传输的功率．图 10-3-5 中窄带条长为 l，宽为 dx，通过此带条传输的功率为

$$\mathrm{d}p=\left|\frac{1}{2}\mathrm{Re}\,\boldsymbol{E}\times\boldsymbol{H}^*\mathrm{d}x\right|=\left|\frac{1}{2}E_yH_x^*\right|\mathrm{d}x=\frac{1}{2}\frac{\beta}{\omega\mu_0}E_y^2\mathrm{d}x \tag{10-3-49}$$

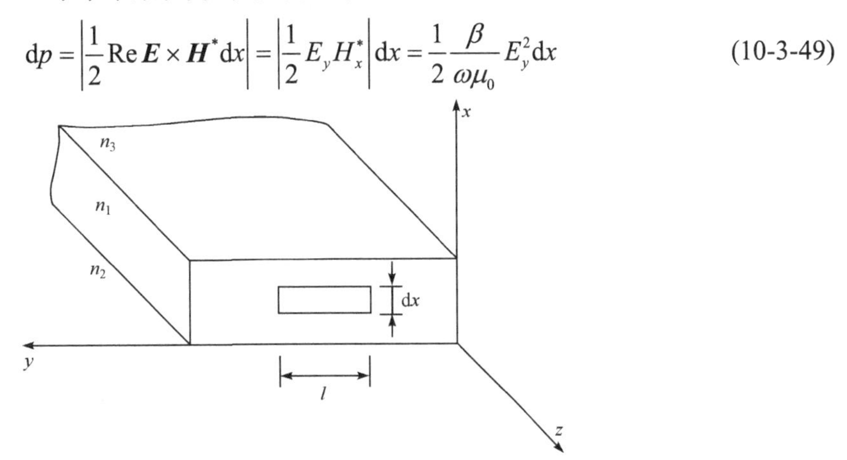

图 10-3-5　薄膜波导单位宽度内功率的示意图

利用式(10-3-49)，单位宽度内传输的总功率为

$$\begin{aligned}P&=\int_{-\infty}^{-a}\frac{\beta E_2^2}{2\omega\mu_0}\mathrm{e}^{2\alpha_2(x+a)}\mathrm{d}x+\int_{-a}^{a}\frac{\beta E_1^2}{2\omega\mu_0}\cos^2(k_xx-\phi)\mathrm{d}x+\int_{a}^{\infty}\frac{\beta E_3^2}{2\omega\mu_0}\mathrm{e}^{-2\alpha_3(x-a)}\mathrm{d}x\\&=\frac{1}{4}\frac{\beta}{\omega\mu_0}\left[\frac{E_2^2}{a_2}+\frac{E_3^2}{a_3}+\frac{E_1^2}{2k_x}\sin 2(k_xa-\phi)+\frac{E_1^2}{2k_x}\sin 2(k_xa+\phi)\right]\end{aligned} \tag{10-3-50}$$

利用边界条件(10-3-18)和特征方程(10-3-20)，可得如下关系：

$$\begin{cases}E_2=E_1\cos(k_xa+\phi), & E_3=E_1\cos(k_xa-\phi)\\ k_xa+\phi=\phi_2=\arctan\left(\alpha_2/k_x\right), & k_xa-\phi=\phi_3=\arctan\left(\alpha_3/k_x\right)\\ \cos^2(k_xa+\phi)=k_x^2\Big/\left(k_x^2+\alpha_2^2\right), & \cos^2(k_xa-\phi)=k_x^2\Big/\left(k_x^2+\alpha_3^2\right)\\ \sin(k_xa+\phi)=\alpha_2\Big/\sqrt{k_x^2+\alpha_2^2}, & \sin(k_xa-\phi)=\alpha_3\Big/\sqrt{k_x^2+\alpha_3^2}\end{cases} \tag{10-3-51}$$

将式(10-3-51)代入式(10-3-50)，得

$$P=\frac{\beta}{4\omega\mu_0}E_1^2\left[2a+\frac{1}{\alpha_2}+\frac{1}{\alpha_3}\right] \tag{10-3-52}$$

式中，$1/\alpha_2$ 和 $1/\alpha_3$ 分别是衬底和敷层中的场量从芯层表面衰减到 1/e 的距离．定义波导芯层的几何厚度 $d=2a$ 与 $1/\alpha_2$，$1/\alpha_3$ 之和为波导的有效厚度 d_{eff}，参见图 10-3-6，即

$$d_{\text{eff}}=2a+1/\alpha_2+1/\alpha_3 \tag{10-3-53}$$

有效厚度将电磁功率完全束缚于一个有限区域中．在这个区域中，场量呈驻波分布．

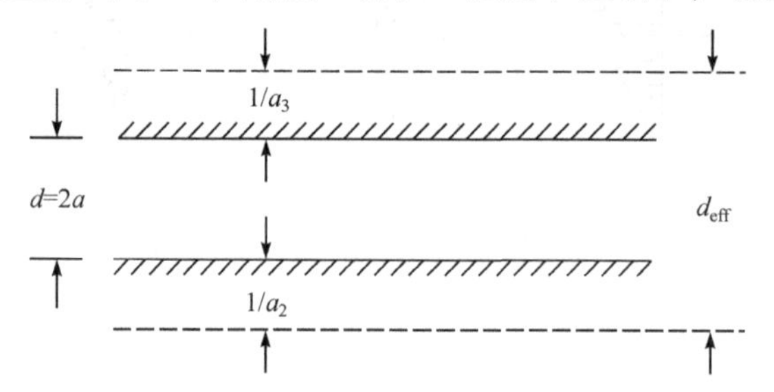

图 10-3-6 薄膜波导的有效厚度

把式(10-3-53)代入式(10-3-52)，则波导截面单位宽度内传输的功率可改写为

$$P=\frac{\beta E_1^2}{4\omega\mu_0}d_{\text{eff}} \tag{10-3-54}$$

8. 对称薄膜波导

若衬底和敷层由同一种介质构成，即 $n_2=n_3$，称为对称薄膜波导．波导结构相对 $x=0$ 的平面是对称的，有 $\alpha_3=\alpha_2=\alpha$，其 TE 模和 TM 模场量表达式中的初相位因子 $\phi=0$，$\pi/2$．各模式场量对 $x=0$ 平面呈偶对称或奇对称两种对称分布，例如，TE 模的 E_y 分量的场量为

$$\text{偶对称分布}\quad\begin{cases}E_{1y}=E_1\cos k_x x\mathrm{e}^{-\mathrm{i}\beta z}, & |x|\leqslant a\\ E_{2y}=\begin{cases}E_2\mathrm{e}^{-\alpha(x-a)}\mathrm{e}^{-\mathrm{i}\beta z}, & x>a\\ E_2\mathrm{e}^{\alpha(x+a)}\mathrm{e}^{-\mathrm{i}\beta z}, & x<-a\end{cases}\end{cases} \tag{10-3-55}$$

$$\text{奇对称分布}\quad\begin{cases}E_{1y}=E_1\sin k_x x\mathrm{e}^{-\mathrm{i}\beta z}, & |x|\leqslant a\\ E_{2y}=\begin{cases}E_2\mathrm{e}^{-\alpha(x-a)}\mathrm{e}^{-\mathrm{i}\beta z}, & x>a\\ -E_2\mathrm{e}^{\alpha(x+a)}\mathrm{e}^{-\mathrm{i}\beta z}, & x<-a\end{cases}\end{cases} \tag{10-3-56}$$

利用 $x=\pm a$ 面上的边界条件，可得到上面两种分布所对应的特征方程分别为

$$\begin{cases}\tan k_x a=\alpha/k_x, & \text{偶对称}\\ -\cot k_x a=\alpha/k_x, & \text{奇对称}\end{cases} \tag{10-3-57}$$

则式(10-3-57)可写成

$$\begin{cases}k_x a=\arctan\left(\alpha/k_x\right)+p\pi\\ k_x a=\arctan\left(\alpha/k_x\right)+p\pi+\pi/2\end{cases} \tag{10-3-58}$$

式中，$p=0,1,2,\cdots$．将式(10-3-58)中的两个表达式合并起来，得

$$k_x d=2\arctan\left(\alpha/k_x\right)+m\pi \tag{10-3-59}$$

式中，m=0,1,2,⋯．式(10-3-59)就是式(10-3-20)中第一式取$\alpha_3=\alpha_2=\alpha$时的结果．令

$$\begin{cases} W = \alpha a \\ U = k_x a \\ V^2 = U^2 + W^2 = k_0^2 a^2 (n_1^2 - n_2^2) \end{cases} \tag{10-3-60}$$

则式(10-3-57)可改写为

$$\begin{cases} U \tan U = \sqrt{V^2 - U^2} \\ U \tan(U + \pi/2) = \sqrt{V^2 - U^2} \end{cases} \tag{10-3-61}$$

在式(10-3-33)和式(10-3-36)中令 $n_2=n_3$，可得 TE_m 模和 TM_m 模的截止波长

$$\lambda_c = 4a\sqrt{n_1^2 - n_2^2}\Big/m \tag{10-3-62}$$

即 TE_m 模的截止条件为

$$V_c = m\pi/2 \tag{10-3-63}$$

式中，m=0,1,2,⋯；V_c是 TE_m 模的归一化截止频率．TE_m 模和 TM_m 模有相同的截止参数，但电磁场结构不相同，即 TE_m 模和 TM_m 模是简并模．在对称波导中，主模式 TE_0 模和 TM_0 模的截止波长$\lambda_c\to\infty$；对称波导中的次最低阶模 TE_1 模和 TM_1 模的截止波长为

$$\lambda_c = 4a\sqrt{n_1^2 - n_2^2} \tag{10-3-64}$$

所以，对称波导中 TE_0 模和 TM_0 模的单模传输的条件是

$$0 < V < \pi/2 \tag{10-3-65}$$

9. 本地平面波解释

根据入射的线偏振平面波电场强度矢量的取向，可将其分成水平偏振波和垂直偏振波两类，参见图 10-3-7．水平偏振波的电场强度 $\boldsymbol{E}$ 与入射面垂直，而磁场强度 $\boldsymbol{H}$ 则在入射面内；垂直偏振波的电场强度 $\boldsymbol{E}$ 在入射面内，而磁场强度 $\boldsymbol{H}$ 则与入射面垂直．

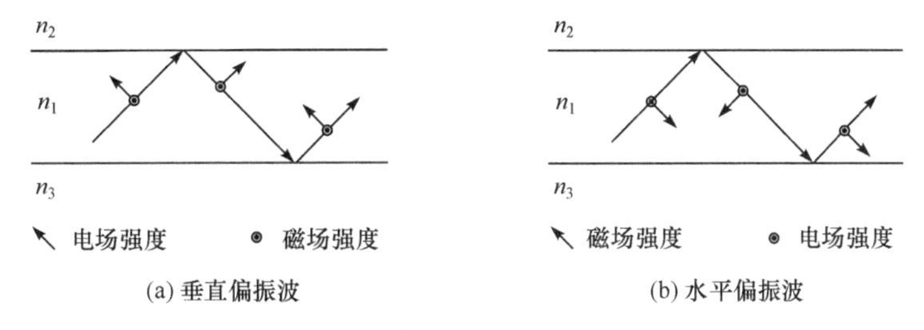

图 10-3-7　平面电磁波的反射和折射

在图 10-3-7 中，水平偏振波的入射波电场 E_1、反射波电场 E_3、折射波电场 E_2 分别为

$$\begin{cases} E_1 = E_{01}e^{-ik_1\cdot r} = E_{01}e^{-ik_0 n_1(x\cos\theta_1 + z\sin\theta_1)} \\ E_3 = E_{03}e^{-ik_3\cdot r} = E_{03}e^{-ik_0 n_3(-x\cos\theta_3 + z\sin\theta_3)} \\ E_2 = E_{02}e^{-ik_2\cdot r} = E_{02}e^{-ik_0 n_2(x\cos\theta_2 + z\sin\theta_2)} \end{cases} \tag{10-3-66}$$

利用界面上的电磁场边界条件，可得反射波、折射波与入射波的方向关系

$$\begin{cases} \theta_1 = \theta_3 \\ n_1 \sin\theta_1 = n_2 \sin\theta_2 \end{cases} \tag{10-3-67}$$

则分界面上的反射系数 R 和折射系数 T 分别为

$$\begin{cases} R = \dfrac{E_{03}}{E_{01}} = \dfrac{n_1 \cos\theta_1 - \sqrt{n_2^2 - n_1^2 \sin^2\theta_1}}{n_1 \cos\theta_1 + \sqrt{n_2^2 - n_1^2 \sin^2\theta_1}} \\ T = \dfrac{E_{02}}{E_{01}} = \dfrac{2n_1 \cos\theta_1}{n_1 \cos\theta_1 + \sqrt{n_2^2 - n_1^2 \sin^2\theta_1}} \end{cases} \tag{10-3-68}$$

当入射角 θ_1 大于全反射临界角 θ_c 时，界面上发生全反射，根据 Snell 定律，临界角 θ_c 为

$$\theta_c = \arcsin\left(n_2/n_1\right) \tag{10-3-69}$$

在全反射条件下，$\theta_1>\theta_c$，式(10-3-68)定义的反射系数 R 和折射系数 T 都是复数；且该式中第一式的分子、分母互为共轭复数，所以 R 是模值为 1，相角为 2ϕ 的复数

$$R = \mathrm{e}^{\mathrm{i}2\phi} = \mathrm{e}^{\mathrm{i}\arctan\frac{\sqrt{n_1^2 \sin^2\theta_1 - \theta_2^2}}{n_1 \cos\theta_1}} \tag{10-3-70}$$

此时，由式(10-3-69)中第二式计算的折射系数也是一个复数

$$T = \frac{2n_1 \cos\theta_1}{\sqrt{n_1^2 - n_2^2}} \mathrm{e}^{\mathrm{i}\phi} \tag{10-3-71}$$

在全反射条件下，介质 2 中仍有沿界面垂直方向呈指数衰减规律分布的波存在.

把式(10-3-71)代入式(10-3-66)的第三式，得

$$E_2 = E_{01} T \mathrm{e}^{-\alpha_2 x} \mathrm{e}^{-\mathrm{i}k_0 n_2 z \sin\theta_2} \tag{10-3-72}$$

式中，$\alpha_2 = k_0\sqrt{n_1^2 \sin^2\theta_1 - n_2^2}$ 是场量在介质 2 中的衰减常数. 类似地，在图 10-3-6 所示的波导中，平面波如果在芯层-衬底满足全反射条件，则芯层中的场在垂直于界面方向上也按指数规律衰减，其衰减常数为 $\alpha_3 = k_0\sqrt{n_1^2 \sin^2\theta_1 - n_3^2}$. 芯层中的场为入射场和反射场的叠加，形成沿 x 方向的驻波分布和 z 轴方向的行波分布. z 轴方向的相位常数为

$$\beta = k_0 n_1 \sin\theta_1 = k_z \tag{10-3-73}$$

因此，可将芯层中的波矢量 $\boldsymbol{k}_1$ 分解成 x 轴和 z 轴两个分量

$$\boldsymbol{k}_1 = k_x \boldsymbol{e}_x + k_z \boldsymbol{e}_z = k_0 n_1 \cos\theta_1 \boldsymbol{e}_x + k_0 n_1 \sin\theta_1 \boldsymbol{e}_z \tag{10-3-74}$$

沿 x 方向的波在两个界面上反射，入射波和反射波叠加并形成稳定的驻波分布的条件是

$$2k_x 2a - 2\phi_2 - 2\phi_3 = 2m\pi \tag{10-3-75}$$

式中，m 是整数；$2k_x 2a$ 是波在芯层内传播一个来回的相位滞后；$2\phi_2$，$2\phi_3$ 分别是两个界面上全反射时附加的相位差，式(10-3-75)的条件称为波的横向谐振条件. 式(10-3-45)中引入了两个参量：$\phi_2 = \arctan\left(a_2/k_x\right)$，$\phi_3 = \arctan\left(a_3/k_x\right)$，则式(10-3-75)改写为

$$k_x 2a - \arctan\frac{\alpha_2}{k_x} - \arctan\frac{\alpha_3}{k_x} = m\pi \tag{10-3-76}$$

这就是 TE 模的特征方程(10-3-20)中的第一式. 水平偏振波经分界面多次反射后仍保持电场在 y 轴方向，即沿 z 轴方向传播的 TE 波. 类似地，垂直偏振波在芯层界面上的反射，可得到沿 z 方向传播的 TM 波.

10.4 平面阵列波导光栅

平面阵列波导光栅(AWG)有两个沉积于 Si 衬底上的平面星型光栅耦合器，由输入波导、两个平面耦合波导、阵列波导和输出波导构成[21, 23, 34-39]，参见图 10-4-1(a). 当多波长信号被耦合进输入波导时，在第一个平面波导中发生衍射而耦合进长度依次递增的阵列波导；光经不同波导路径到达第二个平面耦合波导时，产生不同的相位延迟，在第二个耦合波导中相干叠加. 星型耦合器的平面波导分别与输入输出波导和阵列波导光栅耦合，参见图 10-4-1(b)，构成 1∶1 的成像系统，由相位匹配条件，得光栅方程为

$$n_s d\sin\theta_i + n_c\Delta L + n_s d\sin\theta_0 = m\lambda \tag{10-4-1}$$

式中，$\theta_i=i\Delta x/L_f$ 和 $\theta_0=j\Delta x/L_f$ 分别为输入输出平面波导的衍射角，m 为光栅的衍射阶数，n_s 和 n_c 分别为平面波导和输入输出波导的有效折射率，i 和 j 分别为输入输出波导序号. 在某指定输入端口输入的多波长复合信号，将被分解至不同的输出端口输出，通过设计凹面光栅阵列的形状、间距，输入输出平面波导的位置、间距和连接两 AWG 的长度，实现多波长信号的分接. 同样，可实现对多端口输入的多个波长信号进行复接. 图 10-4-1(a)中连接两个 AWG 的平面波导中间接入的波片是为了降低偏振敏感性而加进的.

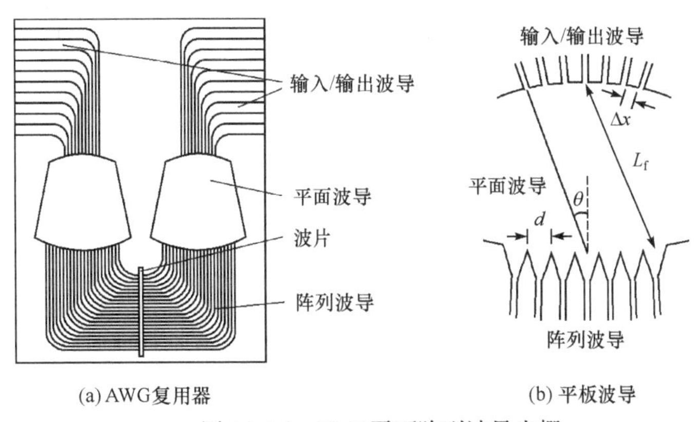

(a) AWG复用器 (b) 平板波导

图 10-4-1 $N\times N$ 平面阵列波导光栅

10.5 光信号的发送、接收和放大

在光纤通信系统中，需要用到大量的光有源器件[6, 20-23, 36-53]，如光源、探测器、光放大器等. 这些器件在系统中对光的传播特性起着产生、接收和放大等作用.

10.5.1 半导体激光器

光源是把电信号变成光信号的器件，光纤系统中的光源应满足[6,20-23,36-51]：①光源的峰值波长应在光纤的低损耗窗口之内，材料色散较小；②光源输出功率足够大，入纤功率应在微瓦和毫瓦之间；③光源的工作寿命在 10 万小时以上；④光源的输出光谱与传感调

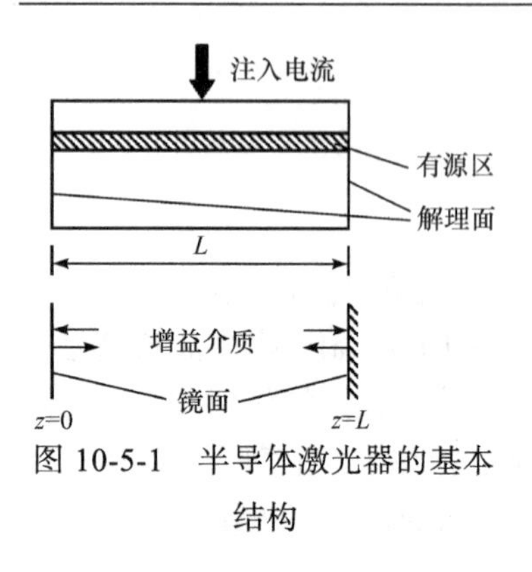

图 10-5-1　半导体激光器的基本结构

制和复用技术有关；⑤光源便于调制，调制速率适应系统的要求；⑥电-光转换效应不应太低，否则会导致器件严重发热和缩短寿命；⑦光源应省电，光源的体积、重量不应太大.

构成激光器的三个必要条件是：可供粒子数反转的泵浦、光放大的增益介质和频率选择的光反馈谐振腔. 图 10-5-1 给出了一个半导体激光器的基本结构，具有一个简单的pn结和由两个起反射作用的自然解理面形成的法布里-珀罗腔.

1. 法布里-珀罗谐振腔半导体激光器

pn 结的两边由不同带隙和折射率的材料组成. 现代半导体激光器一般采用双异质结结构，双异质结由两个宽带隙材料和夹在它们中间的窄带隙材料组成，参见图 10-5-2. 中间的薄层为窄带隙的 n-GaAs 有源层，与右边的 n-GaAlAs 构成一个异质结，形成的势垒可阻止从左边扩散过来的空穴继续进入右边的 n-GaAlAs 区域. 中间的有源层和左边的 p-GaAlAs 也构成一个异质结，形成的势垒可阻止从右边扩散过来的电子继续进入左边的 p-GaAlAs 区域. 这样，载流子的复合限定在了中间的有源层. 双异质结的带隙差使得折射率差增大(达5%左右)，使光源限制在有源区内，这种折射率差是受带隙差决定的，不受掺杂浓度影响. 双异质结结构对载流子和光场的限制作用使得激光器的阈值电流密度显著下降.

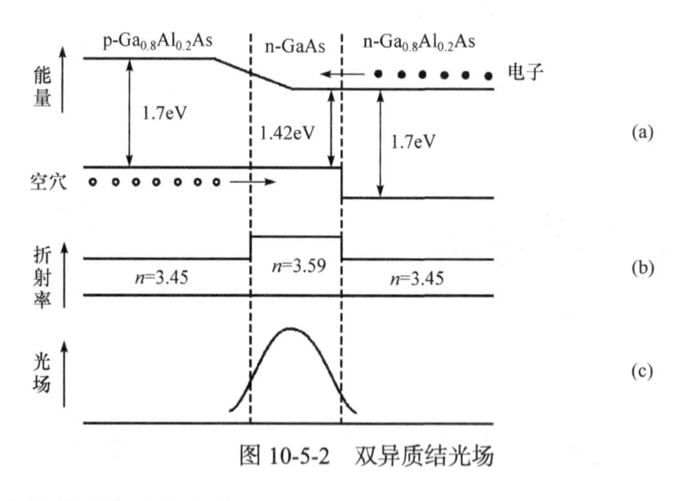

图 10-5-2　双异质结光场

2. 衍射光栅反射型半导体激光器

当介质折射率在光的传播方向周期性变化时，起到一个频率选择的作用. 假设光栅的周期是Λ，则其布拉格波长λ_B为

$$\lambda_B = \frac{2n\Lambda}{m} \tag{10-5-1}$$

其中，n 为激光器内光场的有效折射率，m 是光栅的衍射阶数. 由于光栅的耦合效率和 m^2 成反比，所以 DFB 激光器一般都采用一级光栅，即取 m=1. 衍射光栅大致可分为：形成于有源区的分布反馈型(DFB)激光器，形成于有源区外无源波导区的分布布拉格反射型(DBR)激光

器，兼有两者功能的分布反射型(DR)激光器，参见图 10-5-3.

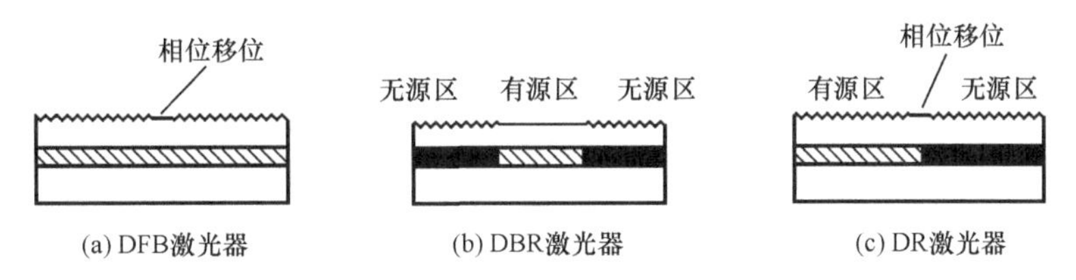

图 10-5-3　使用分布反射器的动态单模激光器原理图

3. 量子阱结构半导体激光器

在双异质结结构中，约束于包层及其能量势阱的有源层内的电子和空穴具有在膜厚方向上量子化的能态，以及和膜共面方向自由度的二维电子(空穴)状态. 量子化能级间的能量差当有源层厚度变薄时增大，若达到数十纳米以下的薄层，即使在高于室温的温度区域，也显示量子约束效应，例如，载流子的能量是量子化的，导带和价带内的载流子态密是呈阶梯状分布的，参见图 10-5-4. 按薄层的层数可分为两种：第一种是有源层由单薄层构成，即单量子阱激光器；第二种是有源层由多个薄层构成，参见图 10-5-4.

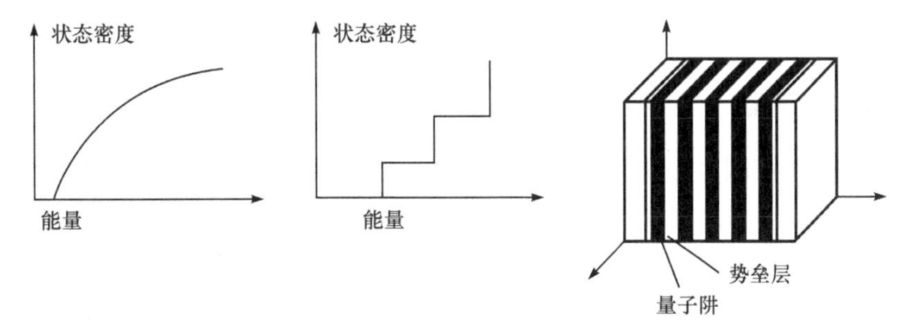

图 10-5-4　量子阱结构原理图

DFB 量子阱长半导体激光器的原理图如图 10-5-5 所示. 条形结构的关键部分是光栅与具有量子阱结构的有源区. 光栅对光的波长有良好的选择性，使半导体激光器实现动态单纵模输出. 有源区有五个 InGaAs 量子阱，厚度均为 7.5nm. 把各个量子阱隔离起来的势垒层由 InGaAsP 材料构成. 条形结构两侧不导电，电流集中在条形区域. 这种多量子阱 DFB 半导体激光器的阈值电流较低，量子效率较高，输出光谱是动态单纵模结构，啁啾较小.

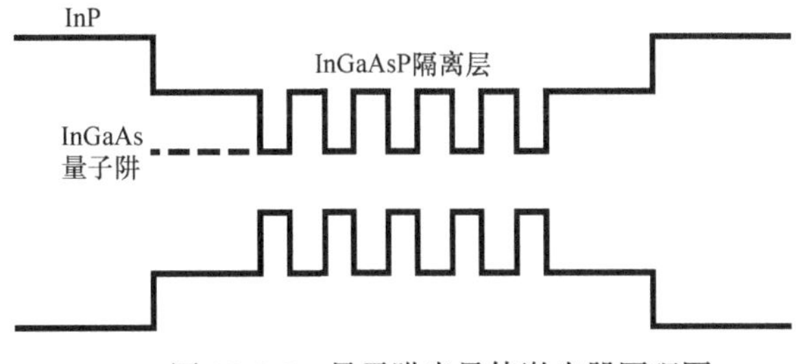

图 10-5-5　量子阱半导体激光器原理图

4. 面发射半导体激光器

面发射激光器是在衬底晶体上层叠有源层的激光谐振腔结构，向垂直于衬底面方向输出光的(垂直谐振腔)面发射激光器(surface emitting laser，SEL 或 vertical cavity sel，VCSEL)参见图 10-5-6．单体面发射激光器具有低阈值、高效率、窄射发射束、动态单模工作等特性；且适合制成二维阵列．

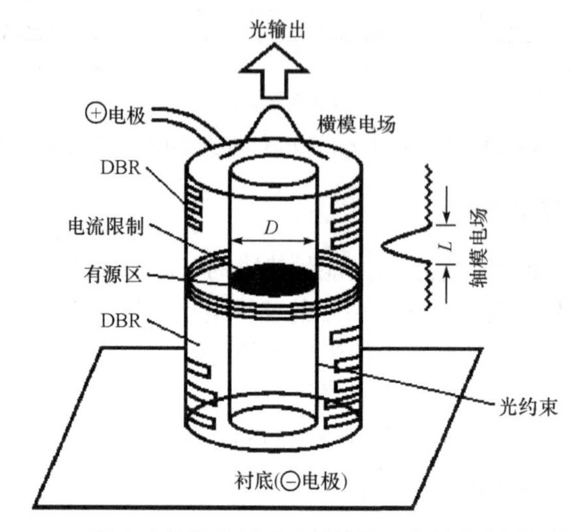

图 10-5-6　具有半导体多层膜反射镜的面发射激光器的结构原理图

10.5.2　半导体光探测器

光检测器又称光探测器或光检波器[6, 20-23, 36-41]．石英光纤具有三个低损耗窗口，即 0.85μm 的第一窗口、1.31μm 的第二窗口和 1.55μm 的第三窗口．相应的光检测器包括：用于 0.85μm 波段的称为短波长光检测器，用于 1.31μm 和 1.55μm 波段的则称为长波长光检测器．而远比石英光纤损耗低的氟化物玻璃光纤、重金属氧化物玻璃和硫化物玻璃等材料制成的光纤，其最低损耗窗口出现在 2～6μm 的波段，相应的检测器被称为超长波检测器．在光电子学领域，根据利用内部光电效应的光电转换的原理，可分为光电导型和光电动势型，主要使用的材料为半导体，参见表 10-5-1．目前，广泛应用于光通信的光电检测器是 pin 光电二极管和雪崩光电二极管．

表 10-5-1　主要光检测器的工作原理

类型		名称	材料	用途
光电导型	本征光电导		CdS, PbS HgCdTe InGaAs	可见-红外线检测 高速光检测
	外因型光电导		Ge: Au Ge: Cu Si: Ca	中-远红外线检测
光电动势(结)型	非放大型	pn 光电二极管 pin 光电二极管 Schottky Barrier 型光电二极管	Si, Ge GaAs InGaAsP HgCdTe	可见-红外线监视器、传感器 高速光输出
	放大型	雪崩光电二极管 光电晶体管 光电可控硅	Si, Ge GaAs InGaAsP	高灵敏度光检测 高速光检测

1. pin 光电二极管

向半导体的 pn 结入射能量大于带隙能量 E_g 的光，因光吸收而产生电子-空穴对(光载流子)，并成为光电流．一般的 pn 结耗尽层宽度窄(小于 1μm)，在耗尽层附近(电子与空穴的扩散长度以内)未施加电场区产生的光载流子经扩散而移动到耗尽层成为光电流．因而，光电转换效率(量子效率)变低，因扩散时间而使响应速度变慢．兼具高量子效率和高速响应特性的是 pin 光电二极管．其 i 层杂质浓度极低($\sim10^{15}\text{cm}^{-3}$)，仅施加低电压(<10V)就可使高电场区-耗尽层之间宽度大于光吸收长度．耗尽层可吸收几乎全部入射光，具有高量子效率．光吸收而产生的光载流子被耗尽层电场电离，以与电场强度成正比的速度成为光电流．载流子扩散对时间延迟影响小，有高速的光响应特性．图 10-5-7 表示了 Si·pin 光电二极管($n^+\cdot\pi\cdot p^+$穿透型)的基本结构、载流子浓度以及电场分布．

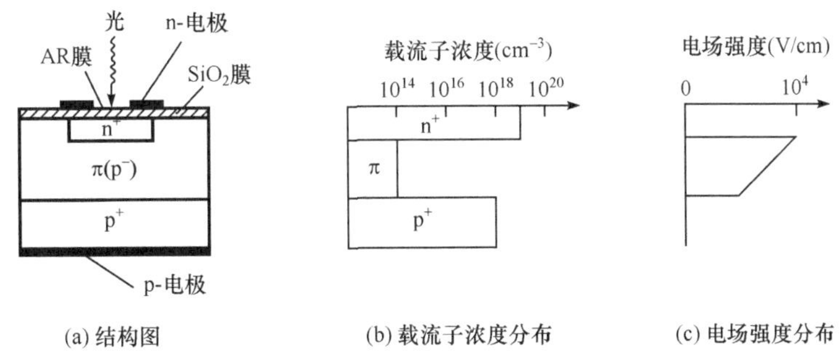

(a) 结构图　　(b) 载流子浓度分布　　(c) 电场强度分布

图 10-5-7　Si·pin 光电二极管的结构、元件内载流子的浓度分布及电场强度分布

2. 雪崩光电二极管

APD 利用半导体 pn 结的雪崩击穿实现光载流子的倍增，其工作电压高于 pin 光电二极管，但伴随倍增会产生新噪声．在图 10-5-7(c)中，若在对半导体 pn 结施加雪崩击穿电压附近偏压的状态下入射光，那么，在耗尽层内产生的光载流子在高压下($>1\times10^5$kV/cm)被加速．具有很大动能的光载流子与材料中的原子相碰撞而产生新的电子-空穴对，进而产生下一个电子-空穴对．这样，电子-空穴对就被雪崩式地放大，称为雪崩倍增．图 10-5-8 给出了基于 Ge 和 InGaAs/InP 的 APD 基本结构．APD 是在强电场下工作，因此，为防止边缘部分被击穿，并把电场均匀施加于受射面，设置护圈和信道抑制器．Ge-APD 受射区和雪崩倍增区均由同一材料构成；而 InGaAs/InP 系列 APD 受射层由 InGaAs、倍增层则由 InP 构成．其原因是 InGaAs 在强电场下产生很大的隧道电流，因量子效率与受射层材料有关，所以其波长依赖性与 pin 光电二极管一样．

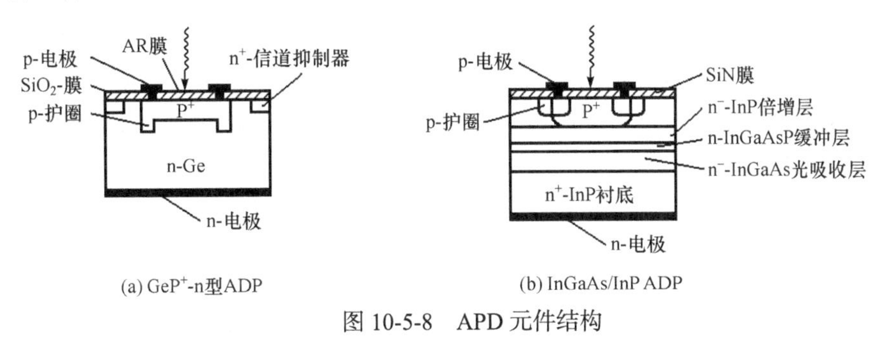

(a) GeP⁺-n型ADP　　(b) InGaAs/InP ADP

图 10-5-8　APD 元件结构

10.5.3 光纤放大器

光纤有源器件的特点是实现本身功能时发生光电能量的转换，如光纤激光器和光纤放大器[6, 42-49].

1. 有源光纤中的稀土离子

稀土元素有相同的外层电子结构 $5S^25P^26S^2$，其光学特性、光学吸收与荧光跃迁由内层的 $4f$ 电子决定. $4f$ 电子起到了对外场的屏蔽作用，外场对掺稀土元素的吸收与发射波长的影响很小. 光纤激光器输出的激光性质是由所掺入稀土离子的 $4f$ 电子在能级之间的跃迁性质所决定的. 目前较成熟的有源光纤中掺入的稀土离子有铒(Er^{3+}，发射中心波长为 1.53μm)、钕(Nd^{3+}，发射中心波长为 0.92μm，1.06μm，1.4μm)和镨(Pr^{3+}，发射中心波长为 1.3μm). 稀土离子中与光学跃迁有关的能级系统有两种：①以 Er^{3+}为代表的三能级系统，参见图 10-5-9(a)；②以 Nd^{3+}为代表的四能级系统，参见图 10-5-9(b).

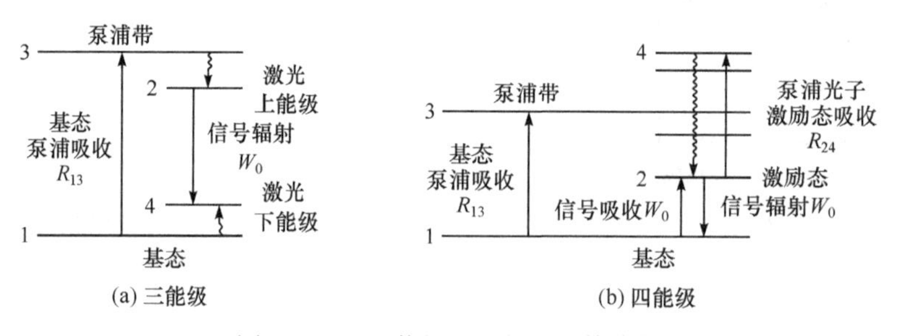

图 10-5-9 三能级和四能级的简化能级图

掺入玻璃介质的稀土离子，都存在多个泵浦带或泵浦波长. 辐射跃迁发生在能级 $^4I_{13/2}$ 与 $^4I_{15/2}$ 之间，所对应的激光发射波长为 1.53μm. 对掺铒光纤，泵浦带有 514nm，532nm，667nm，800nm，980nm 和 1480nm，其中，980nm 和 1480nm 两个泵浦带有较高的泵浦效率. 980nm 可由应力漂移带隙的 GaAlAs/GaAs，GaAlAsSb/GaAsSb 和 $In_xGa_{1-x}AsP/InP$ 应变超晶格量子阱半导体激光器提供，而 1480nm 泵浦带则由 InGaAsP/InP 半导体激光器提供. 对掺 Nd^+光纤，泵浦带有 800nm 和 900nm；而荧光带为 900nm，1060nm 和 1350nm. 近年来，掺镨(Pr^{3+})光纤表现出比掺钕(Nd^{3+})光纤更好的性能.

2. 光纤放大器的工作原理与结构

光纤放大器要求掺稀土光纤工作在基横模，对不同泵浦波长有不同的光纤芯径要求. 掺入的稀土离子应尽量靠近纤芯的中心，该区域的泵浦光强度最高，能使稀土离子充分产生粒子数反转，这对具有三能级结构的掺铒光纤放大器尤为重要. 在给定的泵浦功率下，应选择合适的光纤长度，超出此长度的光纤将对信号形成再吸收，从而抑制光纤的增益. 用 980nm 泵浦所对应的信号波长为 1.557μm，而对应 1480nm 泵浦的信号波长为 1.554μm. 光纤放大器除泵浦光外，还有信号光输入，参见图 10-5-10. 泵浦光和信号光通过光纤合波器 WDM 耦合到掺杂光纤(如掺铒光纤)中. 若泵浦光功率足够强，光纤中就会有足够的掺杂离子激发到上能级形成粒子数反转，信号光通过时就能得到放大.

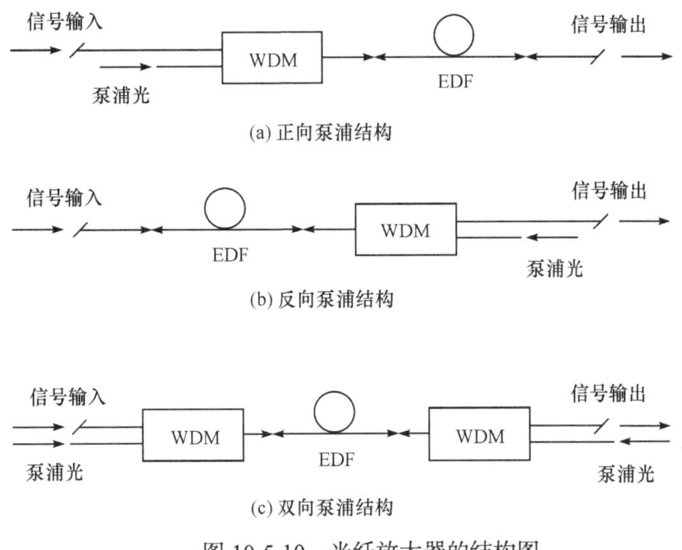

图 10-5-10　光纤放大器的结构图

3. 光纤放大器的应用

目前，商用掺铒光纤放大器的技术指标是：增益在 25～35dB，输出功率为 10～15dBm，噪声系数为 4.5～6dB(对 0.98μm 的光泵浦)或 6～9dB(对 1.48μm 的光泵浦)，带宽为 25～35nm．在光纤系统中，光纤放大器有以下三种用途：

(1) 功率放大．光纤放大器有高的饱和输出功率，可各种补偿调度信息的功率分配器(星型耦合器)的插入耗损．

(2) 中继放大．用光纤放大器补偿光纤的传输耗损，可以延长两个再生中继站之间的距离．光纤中继放大允许串联的放大器个数受沿途噪声积累的限制．

(3) 前置放大．将光纤放大器置于接收机前，可以提高接收机灵敏度，改善最小可探测功率，在调制率大于 1Gbit/s 的系统中效果尤为显著．使用光纤前置放大器，不但可抑制热噪声，而且提供了大的信号增益与宽的带宽．

10.6　光波分复用网络

光波分复用技术(WDM)技术是在一根光纤中能同时传输多波长光信号的一项技术，在发送端将不同波长的光信号组合起来(复用)，在接收端又将组合的光信号分开(解复用)并送入不同的终端．目前，光 WDM 系统的基本构成主要有三种形式．

1. 双纤单向传输

在发送端将具有不同波长的已调光信号 $\lambda_1,\lambda_2,\cdots,\lambda_n$ 通过复用器组合在一起，并在一根光纤中单向传输；在接收端通过解复用器将不同光波长的信号分开，以完成多路信号传输的任务，参见图 10-6-1．这种 WDM 系统可使一根光纤的传输容量扩大几倍至几十倍．

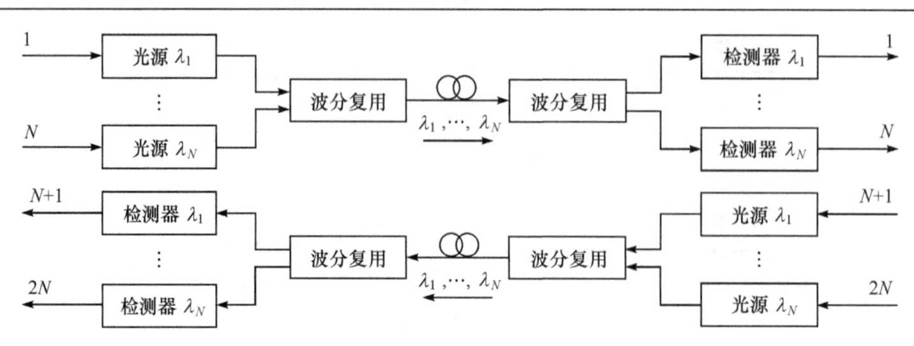

图 10-6-1 双纤单向传输的 WDM 系统

2. 单纤双向传输

在一根光纤中实现两个方向信号的同时传输，例如，发送端 1 向终端 1 发送信号，由λ_1携带；反过来，发送端 N+1 向终端 N+1 发送信号，由λ_{N+1}携带，参见图 10-6-2. 单纤双向传输允许单根光纤携带全双工通路，通常可比单向传输节约大约一半的光纤器件，由于两个方向传输的信号不交互产生 FWM(四波混频)，因此其总的 FWM 比双纤单向传输少得多. 缺点是，该系统需采用特殊的措施来对付光反射(包括光接头引起的离散反射和光纤本身的瑞利后向反射)，以防多径干扰；当需要进行光信号放大，以延长传输距离时，必须采用双向光纤放大器，以及光环形器等元件，其噪声系数稍差.

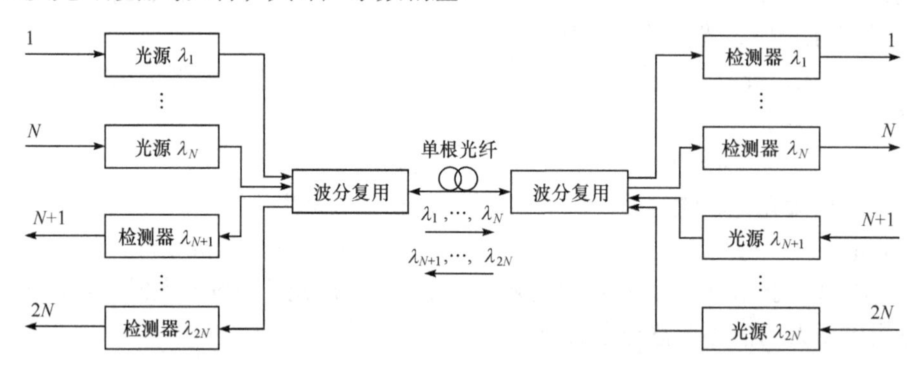

图 10-6-2 单纤双向传输的 WDM 系统

3. 光分出和插入传输

利用解复用器将λ_1，λ_2 光信号从线路中分出来，利用复用器将λ_1，λ_2 光信号插入线路中进行传输，参见图 10-6-3. 通过各波长光信号的合流与分流实现信息的上/下通路，这样就可以根据光纤通信线路沿线的业务量分布情况，合理地安排插入或分出信号. 目前，光分插复用器(OADM)只能做固定波长上下的器件，使这种工作方式的灵活性受到了限制.

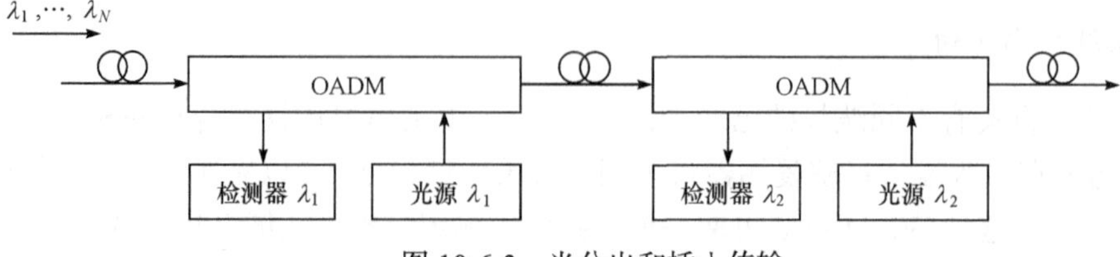

图 10-6-3 光分出和插入传输

光 WDM 的主要技术特点如下：

(1) 充分利用光纤的低损耗波段，增加光纤的传输容量，降低成本.

(2) 可同时传输多种不同类型的信号. 由于 WDM 技术中使用的各波长相互独立，因此可实现多媒体信号(如音频、视频、数据、文字、图像等)的混合传输.

(3) 可实现单根光纤双向传输，由于许多通信(如打电话)都采用全双工方式，可节省大量的线路投资.

(4) 在以上三种基本结构基础上，光 WDM 技术还有很多其他应用形式，如广播式分配网络、多路多址局域网络等，因此对网络应用十分重要.

(5) 对已建成的光纤通信系统扩容方便，只要原系统的功率富余度较大，可进一步增容而不必对原系统作大的改动.

(6) 随着传输速率的不断提高，许多光电器件的响应速度已显不足. 使用 WDM 技术可降低对一些器件性能上的极高要求，同时又实现大容量传输.

习　题　10

10-1　当光纤中形成导模、泄漏模和辐射模时，给出传播常数β的取值范围.

10-2　在弱光栅中，分析光纤布拉格光栅的峰值波长和带宽.

10-3　讨论介质薄膜波导中的多径色散.

10-4　说明光纤放大器的结构图.

10-5　简述光 WDM 系统的基本构成.

参考文献

[1] Kao K C, Hockham G A. Dielectric-fibre surface waveguides for optical frequencies[J]. Proceeding of the IEE, 1966, 113 (7): 1151-1158.

[2] ITU-T G.652. Characteristics of a single-mode optical fibre and cable, 2005.

[3] Snyder A W, Love J D. Optical Waveguide Theory[M]. London: Chapman and Hall, 1983.

[4] 刘德森, 殷宗敏, 祝颂来, 等. 纤维光学[M]. 北京: 科学出版社, 1987.

[5] 范崇澄, 彭吉虎. 导波光学[M]. 北京: 北京理工大学出版社, 1988.

[6] 刘德明, 向清, 黄德修. 光纤光学[M]. 北京：国防工业出版社, 1995.

[7] 余守宪. 导波光学物理基础[M]. 北京: 北京交通大学出版社, 2002.

[8] 李玉权, 崔敏. 光波导理论与技术[M]. 北京: 人民邮电出版社, 2002.

[9] 廖延彪. 光纤光学[M]. 北京: 清华大学出版社, 2000.

[10] 大越孝敬, 冈本胜就, 保立和夫. 光学纤维基础[M]. 北京: 人民邮电出版社, 1980.

[11] 大越孝敬, 冈本胜就, 保立和夫. 通信光纤[M]. 北京: 人民邮电出版社, 1989.

[12] 乔亚天. 梯度折射率光学[M]. 北京: 科学出版社, 1991.

[13] 叶培大, 吴彝. 光波导技术基本理论[M]. 北京: 人民邮电出版社, 1981.

[14] 刘德森, 高应俊. 变折射率介质的物理基础[M]. 北京:国防工业出版社, 1991.

[15] 陈亚孚. 介质传输光学[M]. 北京: 兵器工业出版社, 1995.

[16] 索达 M S, 加塔克 A K. 非均匀光波导[M]. 北京: 人民邮电出版社, 1982.

[17] 叶培大. 光纤理论[M]. 上海: 知识出版社, 1985.
[18] 董孝义. 光波电子学[M]. 天津: 南开大学出版社, 1987.
[19] 吴重庆. 光波导理论[M]. 2 版. 北京: 清华大学出版社, 2005.
[20] 高锟. 光纤系统——工艺、设计与应用[M]. 北京: 中国友谊出版公司,1987.
[21] 赵梓森. 光纤通信工程[M]. 2 版 北京: 人民邮电出版社, 1994.
[22] 胡先志, 邹林森, 刘有信. 光缆及工程应用[M]. 北京: 人民邮电出版社, 1998.
[23] 纪越峰. 现代光纤通信技术[M]. 北京: 人民邮电出版社, 1997.
[24] 陈炳炎. 光纤光缆的设计和制造[M]. 浙江: 浙江大学出版社, 2003.
[25] 吴平, 严映律. 光纤与光缆技术[M]. 成都: 西南交通大学出版社, 2003.
[26] 刘德明, 向清, 黄德修. 光纤技术及其应用[M]. 成都: 电子科学大学出版社, 1994.
[27] 欧攀. 高等光学仿真(MATLAB 版)——光波导, 激光[M]. 北京: 北京航空航天大学出版社, 2011.
[28] Kawasaki B S, Hill K O, Johnson D C, et al. Narrow-band Bragg reflectors in optical fibers[J]. Optics Letters, 1978, 3: 66-68.
[29] Bogue R W, Seminar report: Sensor innovation and technology transfer event 2003[J]. Sensor Review, 2004, 24(2): 129-136.
[30] Kirkendall C K, Dandridge A. Overview of high performance fibre-optic sensing[J]. Journal of Physics D: Applied Physics, 2004, 37(18): R197-R216.
[31] 李川, 张以谟, 赵永贵, 等. 光纤光栅: 原理、技术与传感应用[M]. 北京: 科学出版社, 2005.
[32] Hill K O, Malo B, Bilodeau F, et al. Bragg gratings fabricated in monomode photosensitive optical fiber by UV exposure thorough a phase mask[J]. Applied Physics Letters, 1993, 62: 1035-1037.
[33] Atsunari K, Kamoto O. Fundmentals of Optical Waveguides[M].New York: Academic Press, 2000.
[34] 林学煌. 光无源器件[M]. 北京: 人民邮电出版社, 1998.
[35] 行松健一. 光开关与光互连[M]. 北京: 科学出版社, 2002.
[36] 王殖东. 集成光学[M]. 北京: 科学出版社, 1980.
[37] 西原浩, 春名正光, 栖原敏明. 集成光路[M]. 北京: 科学出版社, 2004.
[38] 唐天同, 王兆宏. 集成光学[M]. 北京: 科学出版社, 2005.
[39] 唐天同, 王兆宏, 陈时. 集成光电子学[M]. 西安: 西安交通大学出版社, 2005.
[40] 小林功郎. 光集成器件[M]. 北京: 科学出版社, 2002.
[41] 张以谟. 光互连网络技术[M]. 北京: 电子工业出版社, 2006.
[42] 末松安睛, 伊贺健一. 光纤通信[M]. 北京: 科学出版社, 2004.
[43] Grote N, Venghasu H. 光纤通信器件[M]. 北京: 国防工业出版社, 2003.
[44] 胡先志, 李永红, 胡佳妮. 等. 粗波分复用技术及其工程应用[M]. 北京: 人民邮电出版社, 2005.
[45] 孙学军, 张述军.DWDM 传输系统原理与测试[M]. 北京: 人民邮电出版社, 2000.
[46] 张宝富. 全光网络[M]. 北京: 人民邮电出版社, 2002.
[47] 纪越峰. 光波分复用系统[M]. 北京: 北京邮电大学出版社, 1999.
[48] 顾畹仪. 全光通信网[M]. 北京: 北京邮电大学出版社, 1999.
[49] 光信息通信技术手册编辑委员会. 光信息通信技术实用手册[M]. 北京: 科学出版社, 2005.
[50] 彭江得. 光电子技术基础[M]. 北京: 清华大学出版社, 1988.
[51] 宋丰华. 现代光电器件技术及应用[M]. 北京: 国防工业出版社, 2004.
[52] 陈英礼. 激光导论[M]. 北京: 电子工业出版社, 1986.
[53] 杨齐民, 钟丽云, 吕晓旭. 激光原理与激光器件[M]. 云南: 云南大学出版社, 2003.

附录 A　柯林斯公式推导

在应用研究中，通常涉及光波在光学系统中的传播问题，如果选择合适的系统的光轴，使光传播沿光轴附近进行，傍轴条件通常是能够满足的．因此，原则上可以从菲涅耳衍射积分出发，逐一计算光波通过光学系统时由相邻光学元件所确定的空间平面上的光波场，最后获得光学系统后的光波复振幅分布．然而，由于衍射计算比较繁杂，特别是在计算机还很不普及的年代，这种计算事实上行不通．于是，不得不忽略光学系统孔径光阑之外的任何光学元件的空间滤波作用，采用两种等价的半傅里叶光学方法作衍射计算：其一，将相干光通过傍轴光学系统的衍射视为像空间中的光束通过系统出射光瞳的衍射；其二，首先计算物空间中光束通过系统入射光瞳的衍射，然后再将衍射场成像到像空间．通常情况下，以上两种计算方法都能得到较满意的结果．

按照矩阵光学理论，轴对称傍轴光学系统的光学特性可以由一个 2×2 的矩阵$\begin{bmatrix} A & B \\ C & D \end{bmatrix}$描述．于是，出现一个很有意义的问题：如果能够根据上面处理衍射问题的半傅里叶光学思想，将相干光通过傍轴光学系统时的衍射表达为一个与矩阵元素 A、B、C、D 相关的计算公式，无疑要大大方便衍射问题的研究．基于第 2 章中矩阵光学及衍射问题的讨论，在补充部分矩阵光学知识后，我们将证明，柯林斯公式事实上就是上面处理衍射问题的半傅里叶光学近似在轴对称傍轴光学系统中的数学表达式．

A.1　傍轴球面波的 *ABCD* 定律及等效傍轴透镜光学系统

A.1.1　傍轴球面波的 *ABCD* 定律

基于矩阵光学，现在研究轴对称傍轴光学系统对球面波的变换．在图 A-1-1 中，光学系统由 *ABCD* 矩阵表示，Rp1 为进入光学系统的入射参考平面，Rp2 为离开光学系统的参考平面．半径为 R_1，来自轴上点 O_1 的球面波可以用 Rp1 上同心光束的一条光线$\begin{bmatrix} r_1 \\ \theta_1 \end{bmatrix}$表示，从光学系统出射的球面波则用 Rp2 平面上该光线的出射光线$\begin{bmatrix} r_2 \\ \theta_2 \end{bmatrix}$表示．根据 2.5.1 节傍轴光学系统的 *ABCD* 矩阵表示的讨论可知，这两组参数的关系为

$$\begin{cases} r_2 = Ar_1 + B\theta_1 \\ \theta_2 = Cr_1 + D\theta_1 \end{cases} \tag{A-1-1}$$

在傍轴近似下，入射及出射球面波的半径 R_1，R_2 可表示为

$$\begin{cases} R_1 = \dfrac{r_1}{\theta_1} \\ R_2 = \dfrac{r_2}{\theta_2} \end{cases} \tag{A-1-2}$$

由以上两式得到

$$R_2 = \frac{AR_1 + B}{CR_1 + D} \tag{A-1-3}$$

式(A-1-3)即球面波曲率半径经傍轴光学系统变换的 *ABCD* 定律.

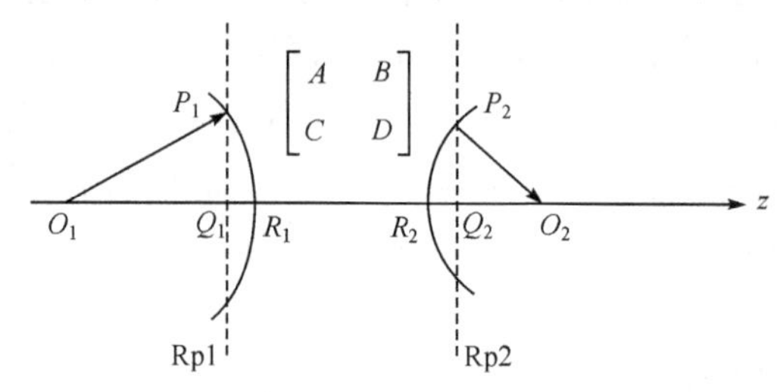

图 A-1-1　傍轴光学系统对球面波的变换

按照 2.5.1 节对光束参数正负符号的规定可知，如果光线的传播是图中所示情形，则因 $r_1 > 0, \theta_1 > 0$ 而使 $R_1 = r_1 / \theta_1 > 0$，代表入射波为发散的球面波；而 $r_2 > 0, \theta_2 < 0$ 使 $R_2 = r_2 / \theta_2 < 0$，代表会聚的球面波. 因此，如果将 O_1 所在平面视为物平面，则 O_2 所在平面将是该物平面对应的像平面，并且光线通过学系统后成的像是实像. 因此，上述 *ABCD* 定律也可以看作几何光学成像规律的另一种表示方法.

A.1.2　*ABCD* 系统的等效傍轴透镜系统

在傍轴光学系统中，大量的问题均与成像问题相关. 变换矩阵为 *ABCD* 的光学系统可以等效为一个具有成像功能的傍轴透镜系统. 现在来研究变换矩阵元素与等效傍轴透镜系统各参数间的关系. 图 A-1-2 为等效傍轴透镜系统的示意图. 图中，Rp1，Rp2 为入射平面及出射平面，H_1，H_2 为成像系统的第一及第二主平面，h_2 为 H_2 到 Rp2 的距离. 让入射光线平行于 z 轴进入光学系统，根据图示光线参数定义及式(A-1-1)，出射光线与入射光线之间的关系为

$$\begin{cases} r_2 = Ar_1 \\ \theta_2 = Cr_1 \end{cases}$$

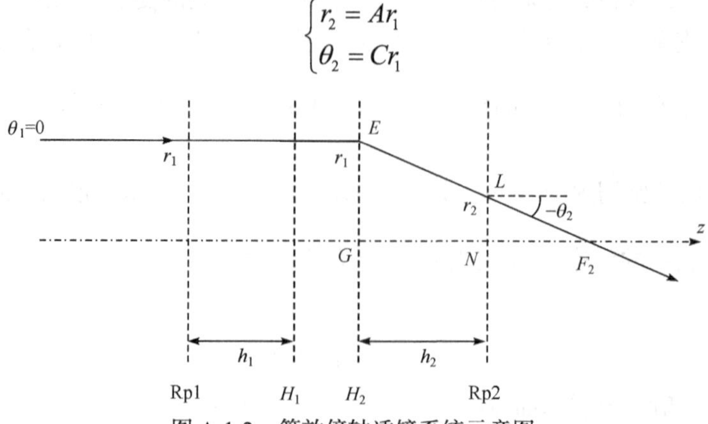

图 A-1-2　等效傍轴透镜系统示意图

按照几何光学理论，平行于光轴入射的光线将直接进到第二主平面 H_2，然后折向焦点 F_2．令焦距为 f，由于$\triangle EGF_2$相似于$\triangle LNF_2$，并且根据对符号的规定，$\theta_2<0$，则

$$\begin{cases} -\theta_2=\dfrac{r_1}{f} \\ \dfrac{r_1}{f}=\dfrac{r_2}{f-h_2} \end{cases}$$

于是得到

$$f=-\frac{1}{C} \tag{A-1-4}$$

$$h_2=\frac{A-1}{C} \tag{A-1-5}$$

将光线沿图示 z 轴负向平行进入光学系统，令 h_1 为主平面 H_1 到 Rp_1 的距离，经过类似的讨论可得

$$h_1=\frac{D-1}{C} \tag{A-1-6}$$

我们看到，变换矩阵为$\begin{pmatrix} A & B \\ C & D \end{pmatrix}$的光学系统可以等效为一个傍轴透镜系统，式(A-1-4)～式(A-1-6)给出了矩阵元素与透镜系统的各参数的关系．在下面对柯林斯公式推导中将用到这些结论．

A.2 柯林斯公式推导

A.2.1 柯林斯公式

当光学系统能够由 2×2 元素的变换矩阵$\begin{pmatrix} A & B \\ C & D \end{pmatrix}$描述，并且入射平面及出射平面均处于折射率为 1 的介质空间时，柯林斯根据矩阵光学、光线传播的程函理论及衍射的傍轴近似导出了光波通过光学系统传播的衍射场计算公式

$$\begin{aligned} U_2(x_2,y_2)=&\frac{\exp(\mathrm{j}kL)}{\mathrm{j}\lambda B}\int_{-\infty}^{\infty}\int_{-\infty}^{\infty}U_1(x_1,y_1) \\ &\times\exp\left\{\frac{\mathrm{j}k}{2B}\left[A\left(x_1^2+y_1^2\right)+D\left(x_2^2+y_2^2\right)-2\left(x_1x+y_1y_2\right)\right]\right\}\mathrm{d}x_1\mathrm{d}y_1 \end{aligned} \tag{A-2-1}$$

式中，L 为沿轴上的光程，$U_1(x_1,y_1)$为光学系统入射平面上的光波复振幅，$U_2(x_2,y_2)$为光波穿过光学系统后观察平面上的复振幅．

以下将证明，将光波通过光学系统衍射等价于通过系统出射光瞳的衍射，可以导出柯林斯公式．由于推导涉及理想像光场的表达式，首先对这个问题进行研究．

A.2.2 理想像光场的表达式

图 A-2-1 是成像系统示意图．定义直角坐标 $Oxyz$，令 z 轴与光轴重合，物平面到透镜

第一主面的距离为$-d_0$，第二主面到像平面的距离为 d_{i}. 按照几何光学成像理论及符号规定，有

$$\frac{1}{f}=\frac{1}{d_{\mathrm{i}}}-\frac{1}{d_0} \tag{A-2-2}$$

式中，f为系统的等效成像透镜焦距.

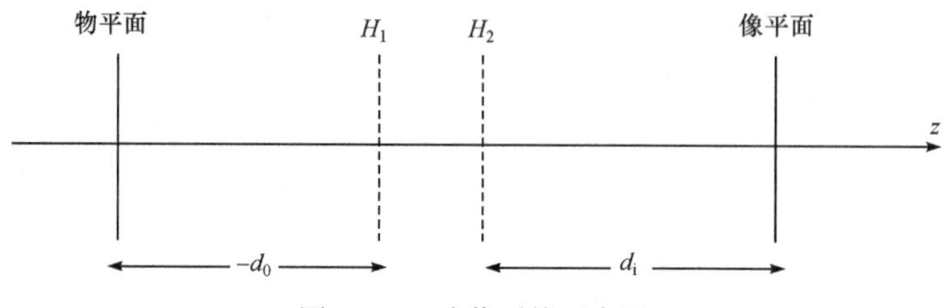

图 A-2-1 成像系统示意图

定义物平面坐标为x_0y_0，像平面坐标为$x_{\mathrm{i}}y_{\mathrm{i}}$. 按照线性系统理论，若忽略光学系统的像差，只要能求出这个系统的脉冲响应或点扩散函数，便能计算任意物光场的像. 以下研究物平面(ξ,η)处的单位振幅点光源$\delta(x_0-\xi, y_0-\eta)$通过光学系统后的响应.

点光源$\delta(x_0-\xi, y_0-\eta)$通过光学系统后在 xy 平面的光波场可由菲涅耳衍射积分表示出

$$u_\delta(x,y;\xi,\eta)=\frac{\exp(-\mathrm{j}kd_0)}{-\mathrm{j}\lambda d_0}$$

$$\int_{-\infty}^{\infty}\int_{-\infty}^{\infty}\delta(x_0-\xi,y_0-\eta)\exp\left\{-\frac{\mathrm{j}k}{2d_0}\left[(x-x_0)^2+(y-y_0)^2\right]\right\}\mathrm{d}x_0\mathrm{d}y_0$$

利用δ函数的筛选性质即得

$$u_\delta(x,y;\xi,\eta)=\frac{\exp(-\mathrm{j}kd_0)}{-\mathrm{j}\lambda d_0}\exp\left\{-\frac{\mathrm{j}k}{2d_0}\left[(x-\xi)^2+(y-\eta)^2\right]\right\} \tag{A-2-3}$$

按照等效透镜的变换特性，在光学系统第二主面的光波场为

$$u'_\delta(x,y;\xi,\eta)=\exp\left(-\mathrm{j}k\frac{x^2+y^2}{2f}\right)u_\delta(x,y;\xi,\eta) \tag{A-2-4}$$

从第二主面到像平面的光传播再次使用菲涅耳衍射积分，得到像平面上的光波场

$$h(x_{\mathrm{i}},y_{\mathrm{i}};\xi,\eta)=\frac{\exp(\mathrm{j}kd_{\mathrm{i}})}{\mathrm{j}\lambda d_{\mathrm{i}}}\int_{-\infty}^{\infty}\int_{-\infty}^{\infty}u'_\delta(x,y;\xi,\eta)\exp\left[\mathrm{j}k\frac{(x-x_{\mathrm{i}})^2+(y-y_{\mathrm{i}})^2}{2d_{\mathrm{i}}}\right]\mathrm{d}x\mathrm{d}y \tag{A-2-5}$$

将有关各量代入式(A-2-5)得

$$\begin{aligned}h(x_{\mathrm{i}},y_{\mathrm{i}};\xi,\eta)=&\frac{\exp\left[\mathrm{j}k(d_{\mathrm{i}}-d_0)\right]}{\lambda^2 d_{\mathrm{i}}d_0}\exp\left(-\mathrm{j}k\frac{\xi^2+\eta^2}{2d_0}\right)\exp\left(\mathrm{j}k\frac{x_{\mathrm{i}}^2+y_{\mathrm{i}}^2}{2d_{\mathrm{i}}}\right)\\&\times\int_{-\infty}^{\infty}\int_{-\infty}^{\infty}\exp\left\{-\mathrm{j}k\left[\left(\frac{x_{\mathrm{i}}}{d_{\mathrm{i}}}-\frac{\xi}{d_0}\right)x+\left(\frac{y_{\mathrm{i}}}{d_{\mathrm{i}}}-\frac{\eta}{d_0}\right)y\right]\right\}\mathrm{d}x\mathrm{d}y\end{aligned} \tag{A-2-6}$$

由于$L_{\mathrm{i}}=d_{\mathrm{i}}-d_0$为物平面到像平面的光程，令像的垂轴放大率为$M=d_{\mathrm{i}}/d_0$，以及$x_a=M\xi$，$y_a=M\eta$，代入式(A-2-6)得

$$h(x_i, y_i; \xi, \eta) = \frac{M \exp(jkL_i)}{\lambda^2 d_i^2} \exp\left(-jk \frac{x_a^2 + y_a^2}{2Md_i}\right) \exp\left(jk \frac{x_i^2 + y_i^2}{2d_i}\right)$$
$$\times \int_{-\infty}^{\infty}\int_{-\infty}^{\infty} \exp\left\{-j\frac{2\pi}{\lambda d_i}\left[(x_i - x_a)x + (y_i - y_a)y\right]\right\} dxdy \tag{A-2-7}$$

于是可得

$$h(x_i, y_i; \xi, \eta) = M \exp(jkL_i) \exp\left(-jk \frac{x_a^2 + y_a^2}{2Md_i}\right) \exp\left(jk \frac{x_i^2 + y_i^2}{2d_i}\right) \delta(x_i - x_a, y_i - y_a) \tag{A-2-8}$$

至此，导出了理想成像系统的脉冲响应.

若令物平面光波场为$U_0(x_0, y_0)$，像平面上的光波场即可表示为以$h(x_i, y_i; \xi, \eta)$为权，在物平面的叠加积分

$$U(x_i, y_i) = \int_{-\infty}^{\infty}\int_{-\infty}^{\infty} U_0(\xi, \eta) h(x_i, y_i; \xi, \eta) d\xi d\eta \tag{A-2-9}$$

利用上面引入的坐标变换关系 $x_a = M\xi$， $y_a = M\eta$，将式(A-2-8)代入式(A-2-9)得

$$U(x_i, y_i) = \exp\left(jk \frac{x_i^2 + y_i^2}{2d_i}\right) \exp(jkL_i)$$
$$\times \int_{-\infty}^{\infty}\int_{-\infty}^{\infty} \frac{1}{M} U_0\left(\frac{x_a}{M}, \frac{y_a}{M}\right) \exp\left(-jk \frac{x_a^2 + y_a^2}{2Md_i}\right) \delta(x_i - x_a, y_i - y_a) dx_a dy_a \tag{A-2-10}$$

利用δ函数的性质，便求得理想像光场

$$U(x_i, y_i) = \frac{1}{M} U_0\left(\frac{x_i}{M}, \frac{y_i}{M}\right) \exp(jkL_i) \exp\left[jk \frac{x_i^2 + y_i^2}{2d_i}\left(1 - \frac{1}{M}\right)\right] \tag{A-2-11}$$

A.2.3 柯林斯公式推导

现在来研究这样一个问题：如果将入射平面视为光学系统的孔径光阑平面，将相干光通过 *ABCD* 光学系统的衍射视为像空间中的光束通过系统出射光瞳的衍射时，在后续空间观测平面上的光波场表达式会是怎样的形式？

图 A-2-2 为所研究问题的示意图，图中，*ABCD* 系统位于输入平面 Rp1 及输出平面 Rp2 之间. 平面 Rp1 到参考平面 Rp 构成一个傍轴成像系统，即 Rp 上的光波场是入射平面 Rp1 的光波场$U_1(x_1, y_1)$的像，该子系统的变换矩阵元素由小写的 *abcd* 给出. 现研究 Rp 上的光波场向后续空间衍射了距离 z_i 之后，到达观察平面 Rp2 上的光波场$U_2(x_2, y_2)$.

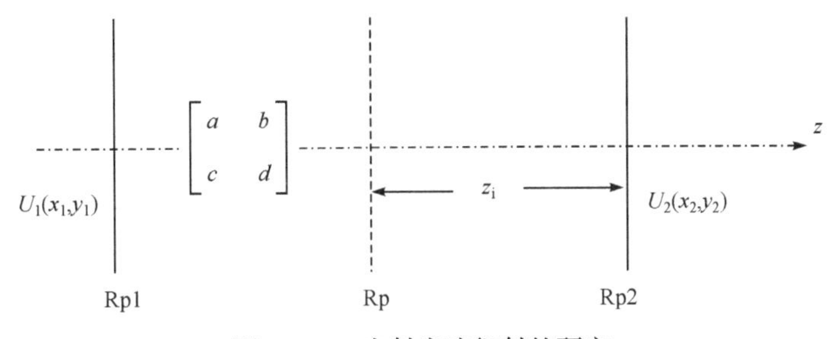

图 A-2-2 出射光瞳衍射的研究

由于 Rp1-Rp 是一个成像系统，则 b=0．将参考平面 Rp1 到参考平面 Rp2 视为一个光学系统，其变换矩阵元素用大写的 $ABCD$ 表示．两组矩阵元素间的关系为

$$\begin{bmatrix} A & B \\ C & D \end{bmatrix} = \begin{bmatrix} 1 & z_{\mathrm{i}} \\ 0 & 1 \end{bmatrix} \begin{bmatrix} a & 0 \\ c & d \end{bmatrix} = \begin{bmatrix} a + cz_{\mathrm{i}} & dz_{\mathrm{i}} \\ c & d \end{bmatrix} \tag{A-2-12}$$

根据式(A-2-12)，利用 $AD - BC = 1$ 的基本准则，有

$$\begin{cases} a = A - CB / D = 1 / D \\ z_{\mathrm{i}} = B / D \\ c = C \\ d = D \end{cases} \tag{A-2-13}$$

设像平面 Rp 上的坐标为 xy，利用上面对理想像的讨论结果，Rp 上的理想像光场为

$$U(x,y) = \frac{1}{a} U_1\left(\frac{x}{a},\frac{y}{a}\right) \exp\left(\mathrm{j}kL_{\mathrm{i}}\right) \exp\left[\mathrm{j}k \frac{x^2 + y^2}{2d_{\mathrm{i}}}\left(1 - \frac{1}{a}\right)\right] \tag{A-2-14}$$

其中，L_{i} 是入射平面到像平面的轴上光程．

由于 d_{i} 可以视为 Rp1-Rp 成像系统第二主平面到像平面 Rp 的距离，根据式(A-1-5)，其数值为

$$d_{\mathrm{i}} = \frac{a - 1}{c}$$

将 d_{i} 代入式(A-2-14)，观察平面 Rp2 上的光波场即为

$$\begin{aligned} U_2(x_2,y_2) = {} & \frac{\exp\left[\mathrm{j}k\left(L_{\mathrm{i}} + z_{\mathrm{i}}\right)\right]}{\mathrm{j}\lambda z_{\mathrm{i}}} \\ & \times \int_{-\infty}^{\infty}\int_{-\infty}^{\infty} \frac{1}{a} U_1\left(\frac{x}{a},\frac{y}{a}\right) \exp\left(\mathrm{j}kc \frac{x^2 + y^2}{2a}\right) \\ & \times \exp\left\{\frac{\mathrm{j}k}{2z_{\mathrm{i}}}\left[\left(x_2 - x\right)^2 + \left(y_2 - y\right)^2\right]\right\} \mathrm{d}x\mathrm{d}y \end{aligned} \tag{A-2-15}$$

根据式(A-2-13)，将式(A-2-15)中 a, c, z_{i} 用大写字母表示的矩阵元素代替，令 L=L_{i}+z_{i} 为入射平面到观察平面上的轴上光程，并令 $x_1 = Dx, y_1 = Dy$ 得

$$\begin{aligned} U_2(x_2,y_2) = {} & \frac{n_1 \exp\left(\mathrm{j}kL\right)}{\mathrm{j}\lambda B} \times \int_{-\infty}^{\infty}\int_{-\infty}^{\infty} U_1\left(x_1,y_1\right) \\ & \times \exp\left\{\frac{\mathrm{j}k}{2B}\left[A\left(x_1^2 + y_1^2\right) + D\left(x_2^2 + y_2^2\right) - 2\left(x_2 x_1 + y_2 y_1\right)\right]\right\} \mathrm{d}x_1 \mathrm{d}y_1 \end{aligned} \tag{A-2-16}$$

将式(A-2-16)与根据柯林斯程函理论导出的结果与柯林斯公式(A-2-1)比较发现，两者之间无任何区别．因此，柯林斯公式实际上就是将衍射问题视为光学系统出射光瞳衍射的表达式．

附录 B　散射光全息干涉图像的理论模型

全息干涉检测应用研究中，根据实际问题，利用先验的理论知识建立干涉图理论模型，在理论模型辅助下确定引起物光场相位变化的物理量变化方向是有实用价值的工作. 以下基于统计光学的基本理论，对散射光干涉图像的形成进行理论研究.

B.1　散射光的统计光学解释

根据统计光学理论，若物体表面是非光学平滑的空间曲面，可以将物体表面视为大量微小基元面的组合，从物体表面的散射波被视为物体表面所有基元散射波的叠加. 中心坐标为(x_0,y_0,z_0)的基元散射波可以表示为

$$A_0(x_0,y_0,z_0)=a_0(x_0,y_0,z_0)\exp\left[\mathrm{j}\phi_0(x_0,y_0,z_0)\right] \tag{B-1-1}$$

式中，$j=\sqrt{-1}$；$a_0(x_0,y_0,z_0)$及$\phi_0(x_0,y_0,z_0)$是与表面特性及照明光波长有关的两个随机变量. 则散射光场具有如下统计特性：

(1) 振幅$a_0(x_0,y_0,z_0)$与相位$\phi_0(x_0,y_0,z_0)$是与表面特定的散射基元相关的量,彼此统计独立. 不同散射基元的散射光场复振幅彼此统计独立，$\phi_0(x_0,y_0,z_0)$的取值概率在区间[−π, π]均匀分布.

(2) 散射基元非常细微，与照明区域及测量系统在物面上形成的点扩散函数的有效覆盖区域相比足够小，但与光波长相比又足够大. 当物体表面产生微小位移时，散射基元对光波的散射特性基本保持不变.

(3) 当散射距离小于照射激光的相干长度时，对于任意给定的位置，实际观测到的是所有相干基元对在该点的干涉场的强度的叠加.

基于上面对散射光波场的统计光学描述，形变前后物体表面的第 i 个相干基元对的光波场分别写为

$$A_{0i}(x_{0i},y_{0i},z_{0i})=a_{0i}(x_{0i},y_{0i},z_{0i})\exp\left[\mathrm{j}\phi_{0i}(x_{0i},y_{0i},z_{0i})\right] \tag{B-1-2}$$

$$A_{1i}(x_{1i},y_{1i},z_{1i})=a_{1i}(x_{1i},y_{1i},z_{1i})\exp\left[\mathrm{j}\phi_{1i}(x_{1i},y_{1i},z_{1i})\right] \tag{B-1-3}$$

式中，$a_{0i}(x_{0i},y_{0i},z_{0i})$，$\phi_{0i}(x_{0i},y_{0i},z_{0i})$，$a_{1i}(x_{1i},y_{1i},z_{1i})$及$\phi_{1i}(x_{1i},y_{1i},z_{1i})$是不同的随机变量，但彼此间有关联，其关联性质是

$$a_{1i}(x_{1i},y_{1i},z_{1i})=a_{0i}(x_{0i},y_{0i},z_{0i}) \tag{B-1-3a}$$

$$\phi_{1i}(x_{1i},y_{1i},z_{1i})=\varphi_{0i}(x_{0i},y_{0i},z_{0i})+\delta_i \tag{B-1-3b}$$

其中，δ_i为第 i 个散射基元形变后的相位变化，δ_i的确定与全息干涉计量中的灵敏度矢量密切相关. 下面导出δ_i与灵敏度矢量的关系.

令照明光是一个点光源 S，观测点是 W，物体形变前空间表面是 S_0，形变后空间表面变为 S_1，物体形变前后第 i 个基元对的位置分别是 P_{0i}，P_{1i}. 图 B-1-1 示出该基元对在物体形变前后的位移矢量 $\boldsymbol{d}_i$ 与相关矢量的关系，其中：

$\boldsymbol{r}$：由直角坐标原点指向观测点的矢径；

$\boldsymbol{r}_{0i}$，$\boldsymbol{r}_{1i}$：从照明光源指向形变前后该基元的矢量；

$\boldsymbol{k}_{0i}$，$\boldsymbol{k}_{1i}$：从照明光源指向形变前后基元的照明光传播矢量；

$\boldsymbol{r}_{2i}$，$\boldsymbol{r}_{3i}$：从形变前后该基元指向观测点的矢量；

$\boldsymbol{k}_{2i}$，$\boldsymbol{k}_{3i}$：形变前后基元散射光指向观测点的光传播矢量.

以上各量中，所有光传播矢量数值均为 $2\pi/\lambda$.

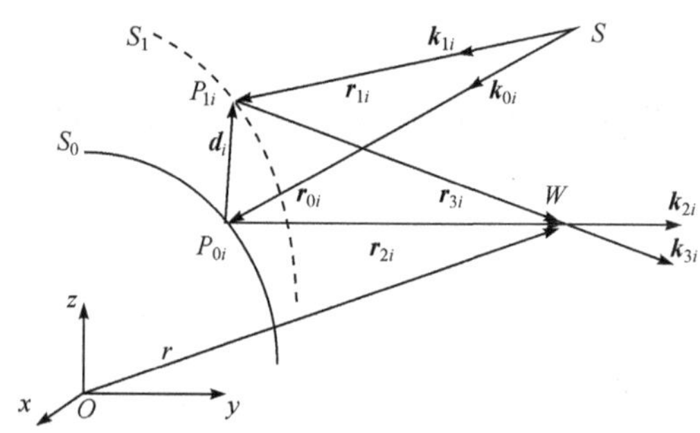

图 B-1-1　物体形变前后散射基元的位移矢量与相关矢量的关系

由图可知，对于给定的观测点，形变前基元的散射光相对形变后基元散射光相位变化是

$$\delta_i(\boldsymbol{r})=\left(\boldsymbol{k}_{0i}\cdot\boldsymbol{r}_{0i}+\boldsymbol{k}_{2i}\cdot\boldsymbol{r}_{2i}\right)-\left(\boldsymbol{k}_{1i}\cdot\boldsymbol{r}_{1i}+\boldsymbol{k}_{3i}\cdot\boldsymbol{r}_{3i}\right) \tag{B-1-4}$$

面位移矢量为

$$\boldsymbol{d}_i(\boldsymbol{r})=\boldsymbol{r}_{1i}-\boldsymbol{r}_{0i}=\boldsymbol{r}_{2i}-\boldsymbol{r}_{3i} \tag{B-1-5}$$

注意到在实际测量中位移通常很小，因此有 $\boldsymbol{k}_{0i}\approx\boldsymbol{k}_{1i}$ 以及 $\boldsymbol{k}_{2i}\approx\boldsymbol{k}_{3i}$. 由于灵敏度矢量

$$\boldsymbol{s}_i(\boldsymbol{r})=\boldsymbol{k}_{2i}-\boldsymbol{k}_{0i} \tag{B-1-6}$$

可以将形变后基元散射光相位变化(B-1-4)足够准确地表示为

$$\begin{aligned}\delta_i(\boldsymbol{r})&\approx-\boldsymbol{k}_{0i}\cdot\left(\boldsymbol{r}_{1i}-\boldsymbol{r}_{0i}\right)+\boldsymbol{k}_{2i}\cdot\left(\boldsymbol{r}_{2i}-\boldsymbol{r}_{3i}\right)\\&=\boldsymbol{d}_i(\boldsymbol{r})\cdot\boldsymbol{s}_i(\boldsymbol{r})\end{aligned} \tag{B-1-7}$$

B.2　散射光全息干涉图像的理论模型

参照图 B-1-1，将每一基元的散射光视为以基元中心为点源的球面波，由于球面波的振幅与点源到观测点的距离成反比，为避免分母为零时数值计算遇到的问题，第 i 个相干基元对发出的光波在观测位置 (x,y,z) 的光波场可以表示为

$$U_{0i}(x,y,z)=\frac{a_{0i}\left(x_{0i},y_{0i},z_{0i}\right)}{\left|\boldsymbol{r}_{2i}\right|+1}\exp\left[\mathrm{j}\left(\phi_{0i}\left(x_{0i},y_{0i},z_{0i}\right)+\left(\boldsymbol{k}_{0i}\cdot\boldsymbol{r}_{0i}+\boldsymbol{k}_{2i}\cdot\boldsymbol{r}_{2i}\right)\right)\right] \tag{B-2-1a}$$

$$U_{1i}(x,y,z)=\frac{a_{1i}\left(x_{1i},y_{1i},z_{1i}\right)}{\left|\boldsymbol{r}_{3i}\right|+1}\exp\left[\mathrm{j}\left(\phi_{0i}\left(x_{0i},y_{0i},z_{0i}\right)+\left(\boldsymbol{k}_{1i}\cdot\boldsymbol{r}_{1i}+\boldsymbol{k}_{3i}\cdot\boldsymbol{r}_{3i}\right)\right)\right] \tag{B-2-1b}$$

设物体表面由 N 个相干基元组成，二次曝光干涉光波场的强度是

$$I(x,y,z)=\sum_{i=1}^{N}U_{0i}(x,y,z)\sum_{p=1}^{N}U_{1p}^{*}(x,y,z) \tag{B-2-2}$$

基于散射基元光场的统计特性，展开式(B-2-2)后，可以将 $i\neq p$ 的所有项视为干涉图的随机背景噪声，而将干涉场强度分布表示为

$$I(x,y,z)=\sum_{i=1}^{N}\left|U_{0i}(x,y,z)+U_{1i}(x,y,z)\right|^{2}+\text{背景噪声} \tag{B-2-3}$$

由于物体表面总是由数量庞大的基元组成，如果观测位置远离位移前后的物体表面，在观测位置各基元对发出的光波叠加后强度的强弱取值有相同的概率，事实上形成的是菲涅耳衍射散斑场，看不到干涉条纹. 但是，当观测位置选择在邻近形变前后物体的表面时，情况则大不相同. 为便于分析，可将观测点邻近第 p 个散射基元时的光波干涉场强度重新写为

$$\begin{aligned}I_{p}(x,y,z)=&\left|U_{0p}(x,y,z)+U_{1p}(x,y,z)\right|^{2}\\&+\sum_{i\neq p}^{N}\left|U_{0i}(x,y,z)+U_{1i}(x,y,z)\right|^{2}+\text{背景噪声}\end{aligned} \tag{B-2-4}$$

根据式(B-2-1a)及式(B-2-1b)，观测点无论落在形变前或形变后基元附近位置时，散射基元的振幅取很大的数值，这时，与来自与之配对的距离不远的相干基元的光波进行相干叠加后，将产生强烈的干涉，即式(B-2-4)右边第一项将起显著作用，后面所有项可视为是第一项表述的干涉条纹的背景. 按照这个分析，可将式(B-2-4)重新写为

$$\begin{aligned}I_{p}(x,y,z)=&\left[\frac{a_{0p}(x_{0p},y_{0p},z_{0p})}{|\boldsymbol{r}_{2p}|+1}\right]^{2}+\left[\frac{a_{1p}(x_{1p},y_{1p},z_{1p})}{|\boldsymbol{r}_{3p}|+1}\right]^{2}\\&+2\left[\frac{a_{0p}(x_{0p},y_{0p},z_{0p})}{|\boldsymbol{r}_{2p}|+1}\right]\left[\frac{a_{1p}(x_{1p},y_{1p},z_{1p})}{|\boldsymbol{r}_{3p}|+1}\right]\cos\left(\delta_{p}(\boldsymbol{r})\right)+\text{背景噪声}\end{aligned} \tag{B-2-5}$$

式中，$\delta_{p}(\boldsymbol{r})$ 由式(B-1-7)确定.

在作数字全息检测时，重构物平面是邻近物体的表面. 因此，当重构平面上的观测点给定后，可以用最邻近形变前或形变后物体上某基元散射到该点的光波场近似代替该点的光波场. 令式(B-1-5)中 $\boldsymbol{r}_{2p}=\boldsymbol{r}_{3p}=0$ 以及 $a_{0p}(x_{0p},y_{0p},z_{0p})=a_{1p}(x_{1p},y_{1p},z_{1p})$，干涉图像可以参照式(B-1-5)最终被简明地表示为

$$I_{p}(x_{0p},y_{0p},z_{0p})=2\left[a_{0p}(x_{0p},y_{0p},z_{0p})\right]^{2}\left[1+\cos\left(\frac{\delta_{p}(\boldsymbol{r})}{2}\bmod\pi\right)\right]+\text{背景噪声} \tag{B-2-6}$$

利用以上结果可以方便地研究散射物体微形变引起的双曝光干涉条纹. 文献[8]给出该式在物体微形变的双曝光数字全息研究的可行性实验证明.

B.3　物体微形变二次曝光干涉图模拟研究实例

应该指出，式(B-2-6)虽然是从物体的微形变研究导出的，但应用研究容易证明，只

要将式中$\delta_p(\boldsymbol{r})$视为其他物理量变化所引起的物光场相位变化，则可以利用该式模拟其他物理量变化而形成的全息干涉图. 以下给出一个金属垫圈表面有复杂微形变的模拟研究实例.

图 B-3-1 是模拟实验研究的简化光路，建立空间坐标 $Oxyz$，令全息图记录平面为 $z=0$ 平面，物平面为 $z=-d$ 平面. 设照明光波长为λ，照明光矢量在 xz 平面，与 z 轴的夹角$\theta=45°$，垫圈受力前第 i 个散射基元的中心坐标为 $P_{0i}(x_{0i}, y_{0i}, z_{0i})$，受力后该散射基元中心坐标变为 $P_{1i}(x_{1i}, y_{1i}, z_{1i})$，受力前后该基元的坐标有以下关系：

$$\begin{cases} x_{1i} = x_{0i} \\ y_{1i} = y_{0i} \\ z_{1i} = z_{0i} + 3\lambda \exp\left[-\dfrac{(x_{1i}-5)^2+(y_{1i}+2)^2}{180}\right] + 2\lambda \exp\left[-\dfrac{(x_{1i}+9)^2+(y_{1i}-5)^2}{10}\right] \end{cases} \tag{B-3-1}$$

根据图 B-3-1，灵敏度矢量则为

$$\boldsymbol{s}_p(\boldsymbol{r}) = \frac{2\pi}{\lambda}\sin\theta\,\boldsymbol{i} + \frac{2\pi}{\lambda}(1+\cos\theta)\boldsymbol{k} \tag{B-3-2}$$

由于位移矢量是

$$\boldsymbol{d}_p(\boldsymbol{r}) = z_{1i}\boldsymbol{k} \tag{B-3-3}$$

式(B-2-6)中的相位变化即为

$$\delta_p(\boldsymbol{r}) = \boldsymbol{d}_p(\boldsymbol{r})\cdot\boldsymbol{s}_p(\boldsymbol{r}) = z_{1p}\frac{2\pi}{\lambda}(1+\cos\theta) \tag{B-3-4}$$

代入式(B-2-6)得

$$I_p(x,y,0) = 2\left[a_{0p}(x,y,0)\right]^2\left[1+\cos\left(\frac{z_{1p}\pi}{\lambda}(1+\cos\theta)\bmod\pi\right)\right] + \text{背景噪声} \tag{B-3-5}$$

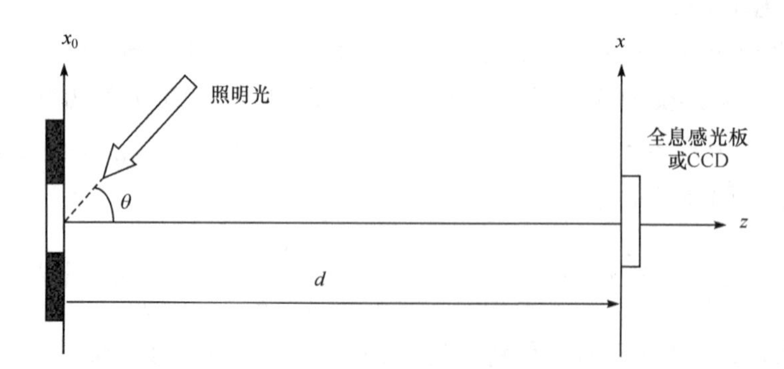

图 B-3-1 模拟实验简化光路

利用式(B-3-5)，图 B-3-2(a)及图 B-3-2(b)分别给出理论模拟沿 z 轴正向突起的干涉图像及检测结果，图 B-3-2(c)是下陷形变的干涉图像. 以上模拟使用的理论已经得到实验证明(李俊昌，散射光数字全息检测过程的统计光学讨论，光子学报，Vol.37，No.4，734-739，2008).

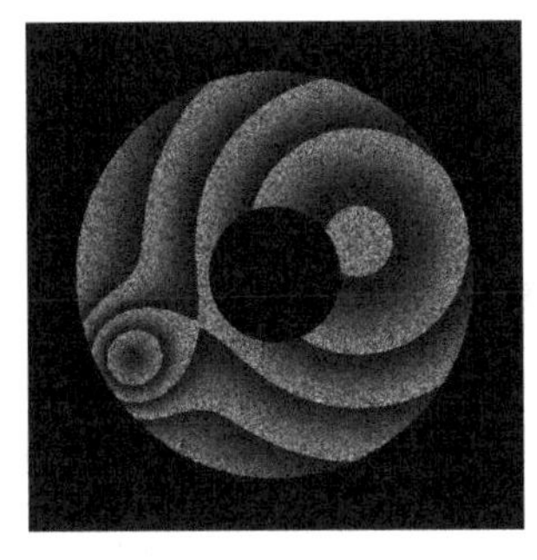

(a) 正向突起形变干涉图

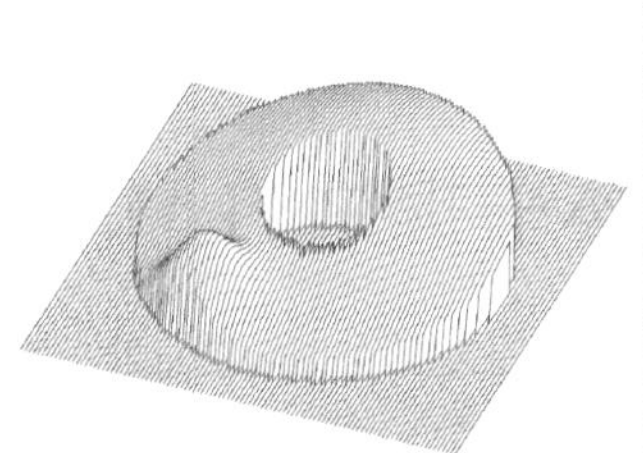

(b) 正向突起的形变分布

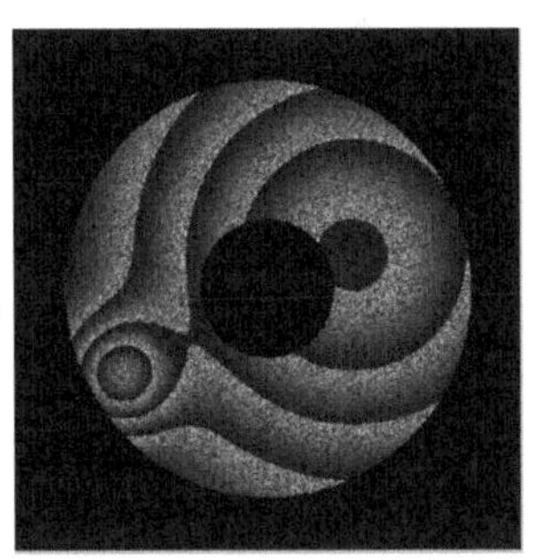

(c) 负向下陷形变干涉图

图 B-3-2　干涉图像的理论模拟及检测结果

在 z=0 的平面放置 CCD 记录全息图,附录 B20 介绍按照上述实验编写的 MATLAB 程序，运行该程序后，可以获得物体形变前后的数字全息图. 附录 B21 是读取双曝光数字全息图，重建物光场及形成双曝光全息干涉图像的程序. 读者可以参照这两个程序加深对双曝光全息或数字全息检测的理解.

以上理论模拟虽然只对物体沿一个方向的形变进行了研究,但是对于其他方向的模拟方法是相同的. 在全息或数字全息检测的应用研究中，如果能根据实际问题合理设计形变的物理模型，对两程序功能作相应扩展，修改及完善后的程序将能为获得准确的检测结果提供帮助.

附录 C　本书提供的 MATLAB 程序

程序名	主要功能	理论知识
LXM1.m	sinc 函数的计算与显示	1.1.2 节
LXM2.m	矩形孔的夫琅禾费衍射计算	2.3.1 节
LXM3.m	圆形孔的夫琅禾费衍射计算	2.3.2 节
LXM4.m	矩形孔菲涅耳衍射的解析计算	2.4.2 节
LXM5.m	菲涅耳衍射的 S-FFT 计算	3.2.2 节
LXM6.m	菲涅耳衍射的 D-FFT 计算	3.2.3 节
LXM7.m	基于虚拟光波场的菲涅耳衍射计算	3.2.5 节
LXM8.m	综合孔径的菲涅耳衍射计算	3.2.6 节
LXM9.m	经典衍射公式的 D-FFT 计算	3.3 节
LXM10.m	柯林斯公式的 S-FFT 算法	3.4.2 节
LXM11.m	柯林斯公式的 D-FFT 计算	3.4.4 节
LXM12.m	带光阑的单透镜相干光成像计算	4.2.5 节
LXM13.m	圆形出射光瞳的非相干光成像计算	4.3.4 节
LXM14.m	基于柯林斯公式及菲涅耳衍射模拟阿贝成像	5.1.1 节
LXM15.m	阿贝-波特实验模拟	5.1.2 节
LXM16.m	策尼克相衬显微镜成像模拟	5.3.1 节
LXM17.m	基于匹配滤波器的图像特征识别模拟	5.4.3 节
LXM18.m	基于逆滤波器的焦像校正模拟	5.4.4 节
LXM19.m	杨氏双孔干涉图模拟计算及显示	第 6 章
LXM20.m	全息图及其局部碎片成像的数字模拟	第 7 章
LXM21.m	无透镜傅里叶变换全息模拟	7.1.4 节
LXM22.m	模拟生成物体微形变的二次曝光数字全息图	8.2.1 节、附录 B 及 9.5.6 节
LXM23.m	形成双曝光数字全息检测干涉图	
LXM24.m	模拟形成平面参考光单色离轴数字全息图	9.1 节
LXM25.m	单色离轴数字全息图的 1-FFT 波前重建	9.1.4 节
LXM26.m	四步相移法生成同轴数字全息图及 1-IFFT 重建模拟	9.2.2 节
LXM27.m	基于虚拟数字全息图的物光场 VDH4FFT 重建	9.3.1 节
LXM28.m	真彩色图像的读取、分解、综合与存储	9.4.1 节
LXM29.m	模拟形成平面参考光离轴三彩色数字全息图	9.4.2 节
LXM30.m	真彩色数字全息图像的 VDH4FFT 重建	9.4.2 节
LXM31.m	绘介质波导的色散曲线	10.1.2 节
LXM32.m	光纤光栅的反射谱与光纤参数的关系曲线	10.2 节

附录 D　如何在 MATLAB7.X 环境下运行 M 文件

MATLAB 是科学界及教育界广泛使用的软件，现在已经发展成一种高度集成的计算机编程语言. MATLAB 提供了强大的科学运算功能、灵活的程序设计流程、高质量的输出图像以及与其他程序和语言便捷接口的功能. 为便于读者学习，这里以矩形孔的夫琅禾费衍射计算文件 LXM2.m 为例，简明表述在 MATLAB7.0 版本下如何运行程序.

LXM2.m 文件的运行

将本书所附光盘上的“光盘”文件夹拷贝到 U 盘(或计算机硬盘某一文件目录下)，并取文件名为“信息光学教程光盘”. 在安装了 MATLAB7.0 版本的计算机上启动 MATLAB 软件后，将出现图 D-1 所示的对话框.

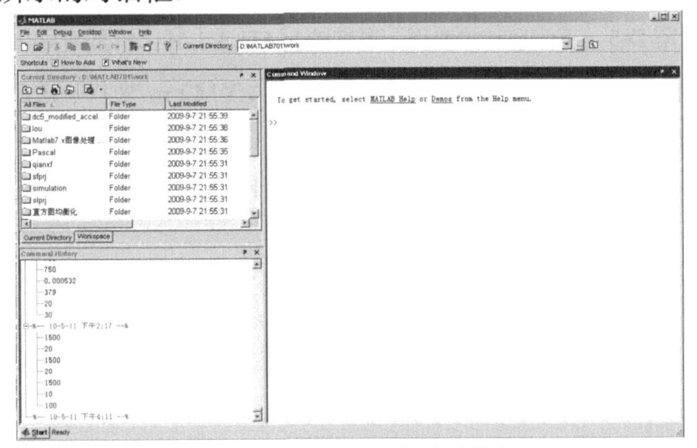

图 D-1　MATLAB7.0 启动后的界面

运行 LXM2.m 文件的步骤如下：

(1) 用鼠标左键点击打开文件的快捷键，这时，屏幕上将跳出“信息光学教程光盘”的对话框(图 D-2)，在对话框内显示出信息光学教程光盘所包含内容的目录.

图 D-2　信息光学教程光盘包含内容的对话框

(2) 跳出对话框中用鼠标左键双击 1-《信息光学教程》提供的MATLAB-M文件，这时，重新跳出《信息光学教程》提供的 MATLAB-M 文件的对话框(图 D-3).

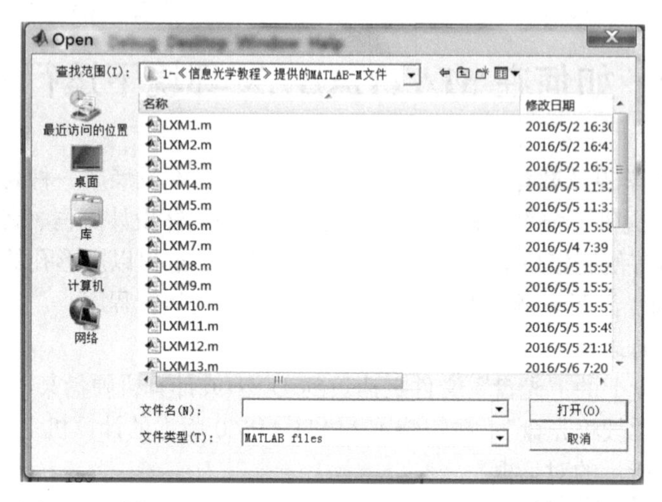

图 D-3　《信息光学教程》提供的 MATLAB-M 文件的对话框

(3) 在图 D-3 的对话框中用鼠标左键双击选中的 LXM2.m 文件，这时将跳出 M 文件编辑框并在文件框内显示出已经调入的 LXM2.m 文件(图 D-4).

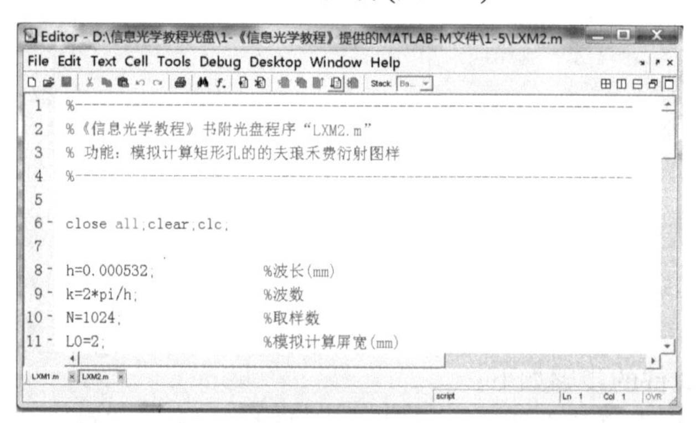

图 D-4　M 文件编辑框及已经调入的 LXM2.m 文件

(4) 用鼠标左键点击 M 文件编辑框上执行程序的快捷键，程序即开始运行．由于程序运行时首先要输入衍射距离，这时，运行界面上将跳出“衍射距离(mm)=？”的对话框(图 D-5).

图 D-5　输入衍射距离的对话框

(5) 程序运行时的长度单位为毫米，输入 1000 或其他数值后，按回车键，程序开始进行衍射计算．计算结束时，显示屏上先后跳出衍射场强度轴上曲线(图 D-6(a))及衍射场强度分布图像(图 D-6(b)).

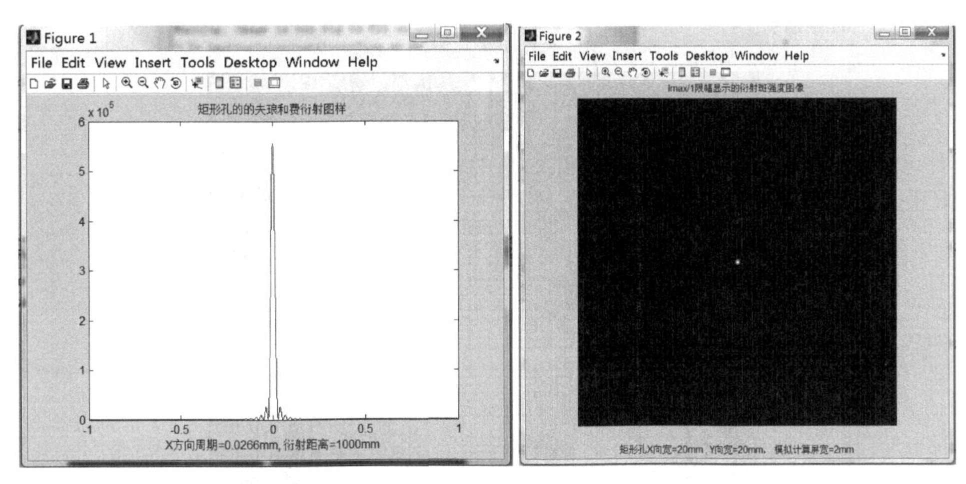

(a) 衍射场强度轴上曲线　　(b) 衍射场强度分布图像

图 D-6　衍射场的强度图像

应该指出，计算机灰度图像是按照 0~255 的亮度等级对二维场的强度规格化后显示的，在本计算实例中，衍射场中央的强度 $I_{\max}$ 大于 10^5，若观测平面衍射场强度分布为 $I(x, y)$，计算机显示图像的亮度则正比于 $I(x, y)/I_{\max}\times 255$ 的整数值．由于矩形孔的夫琅禾费衍射场旁瓣的强度极大值远小于 $I_{\max}$，图 D-6(b)显示的图像只出现中央亮点．为能够较直观地了解衍射场旁瓣的分布情况，可以对输出图像进行限幅显示，即给定一个允许显示的极大值 $I_p=I_{\max}/p$，对于显示图像中 $I(x, y)$大于 I_p 的所有值均认为等于 I_p．程序 LXM2.m 提供了对输出图像进行限幅显示的功能，在上述计算结束后出现包含询问语句“Imax/p，限幅显示，p=? (按 Enter 键结束)”的对话框(图 D-7).

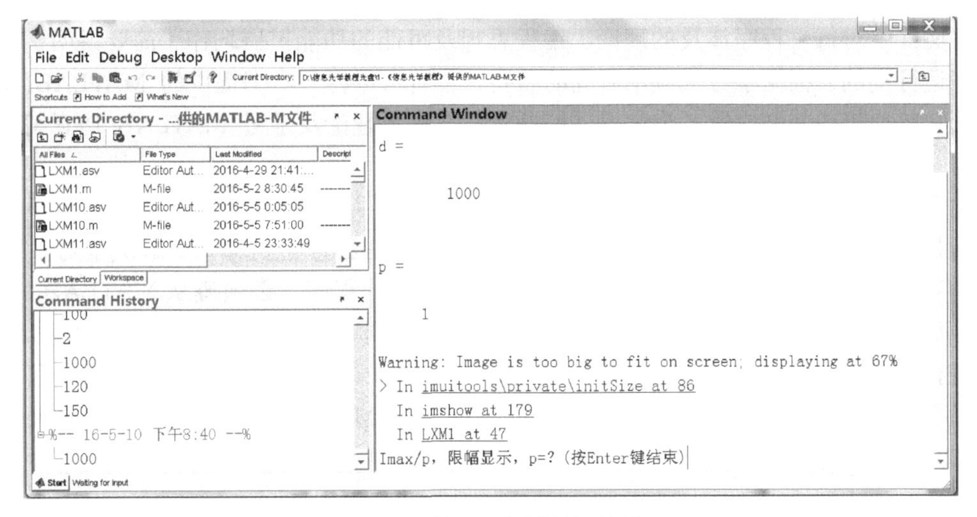

图 D-7　限幅显示选择的对话框

当输入 100000 并按回车键后，程序对计算结果作限幅显示，重新输出的图像示于图 D-8．可以看出，重新显示的图像清晰地显示出矩形孔夫琅禾费衍射场的结构.

图 D-8　令 p=100000 时衍射计算结果的限幅显示

信息光学计算的大量结果通常是以二维图像显示的，本书提供的许多程序均具有限幅显示的功能．按照上面描述的执行程序的基本步骤，读者可以运行本书提供的其他程序．

为能让读者方便地运行本书提供的程序，按照学习及研究的需要能对程序进行修改，让程序具有新的功能，《信息光学教程》光盘中提供了“本书提供的 MATLAB 文件运行实例”文件，文件中对每一程序涉及的理论、编程思想及可能的功能扩展均作了简要说明，并给出了程序运行实例．根据学习或应用研究的需要，读者可以将“本书提供的 MATLAB 文件运行实例”单独打印装订成册，为学习《信息光学教程》理论及学习 MATLAB 仿真编程提供方便．

由于标量衍射理论能够十分准确地描述信息光学问题，期望本书所提供的程序能够成为读者建立自己的信息光学仿真实验室的基本工具，对程序进行修改，解决学习及研究中遇到的新问题．当然，为能修改或开发成具有新功能的程序，必须遵从 MATLAB 的 M 文件语言编程规律，本书仅将 MATLAB 软件作为科学计算编程工具进行使用，不对 MATLAB 软件进行详细介绍，为能基于本书提供的 M 文件深入进行信息光学的学习和研究，对于不熟悉 MATLAB 软件的读者，选择合适的教材学习 MATLAB 软件的使用及编程知识是必要的．

附录 E　如何下载本书光盘内容及光盘文件的使用

访问 http://www.sciencereading.cn 选择“网上书店”，检索图书名称，在图书详情页“资源下载”栏目中获取本书的光盘资源.

本书光盘包含下述 5 个文件：

1-《信息光学教程》提供的 MATLAB-M 文件；

2- 如何在 MATLAB-7X 环境下运行 M 文件；

3- 本书提供的 MATLAB 文件运行实例；

4- 图像文件；

5- 全息图文件.

本书提供的 MATLAB 程序在书附光盘文件 1 中. 运行程序时需要用到的图像文件及全息图文件分别存放于光盘文件 4 和 5 中. 由于程序运行时调用文件的路径默认为“D:\信息光学教程光盘\”，为便于《信息光学教程》的学习，建议读者将光盘文件拷贝到计算机 D 盘，并以“信息光学教程光盘”为目录名存放光盘的所有内容.

全书习题参考答案

习　题　1

1-1　(1) 按一维δ函数的定义

$$\int_{-\infty}^{\infty}\delta(x)\mathrm{d}x=1$$

令上式$x=at$，有

$$\int_{-\infty}^{\infty}\delta(at)\mathrm{d}t=\frac{1}{a}$$

比较以上两式有

$$\delta(at)=\frac{1}{a}\delta(t)$$

(2) 按二维δ函数的定义

$$\iint_{-\infty}^{\infty}\delta(x,y)\mathrm{d}x\mathrm{d}y=1=\int_{-\infty}^{\infty}\delta(x)\mathrm{d}x\int_{-\infty}^{\infty}\delta(y)\mathrm{d}y=ab\int_{-\infty}^{\infty}\delta(ax)\mathrm{d}x\int_{-\infty}^{\infty}\delta(by)\mathrm{d}y$$

$$=ab\iint_{-\infty}^{\infty}\delta(ax,by)\mathrm{d}x\mathrm{d}y$$

即

$$\iint_{-\infty}^{\infty}\delta(ax,by)\mathrm{d}x\mathrm{d}y=\frac{1}{ab}$$

因此有

$$\delta(ax,by)=\frac{1}{ab}\delta(x,y)$$

1-2　设频域坐标为ξ，有

$$\begin{aligned}F\{\cos(\omega_0x)\}&=\int_{-\infty}^{\infty}\cos(\omega_0x)\exp(-\mathrm{j}2\pi\xi x)\mathrm{d}x\\&=\frac{1}{2}\int_{-\infty}^{\infty}\left[\exp(\mathrm{j}\omega_0x)+\exp(-\mathrm{j}\omega_0x)\right]\exp(-\mathrm{j}2\pi\xi x)\mathrm{d}x\\&=\frac{1}{2}F\{\exp(\mathrm{j}\omega_0x)\}+\frac{1}{2}F\{\exp(-\mathrm{j}\omega_0x)\}\\&=\frac{1}{2}\delta\left(\xi-\frac{\omega_0}{2\pi}\right)+\frac{1}{2}\delta\left(\xi+\frac{\omega_0}{2\pi}\right)\end{aligned}$$

1-3　(1) 设$g(r,\theta)$在直角坐标下对应的函数为$f(x,y)$，按照傅里叶变换的定义，在直角坐标下为

$$F\left\{f\left(x,y\right)\right\}=\int_{-\infty}^{\infty}f\left(x,y\right)\exp\left(-\mathrm{j}2\pi\left(\xi x\right)+\eta y\right)\mathrm{d}x\mathrm{d}y$$

令 xy 平面上的极坐标为 (r,θ)，频率空间 $\xi\eta$ 平面上的极坐标为 (ρ,ϕ)，有

$$\begin{cases}x=r\cos\theta\\ y=r\sin\theta\end{cases},\quad\begin{cases}\xi=\rho\cos\phi\\ \eta=\rho\sin\phi\end{cases}$$

将 $\begin{cases}x=r\cos\theta\\ y=r\sin\theta\end{cases}$ 代入上面 $F\left\{f\left(x,y\right)\right\}$ 表达式得

$$G_0\left(\rho,\phi\right)=\int_0^{2\pi}\mathrm{d}\theta\int_0^{\infty}rg_{\mathrm{R}}\left(r\right)\exp\left[-\mathrm{j}2\pi r\rho\left(\cos\theta\cos\phi+\sin\theta\sin\phi\right)\right]\mathrm{d}r$$

它等价于

$$G_0\left(\rho,\phi\right)=\int_0^{\infty}\mathrm{d}r\,rg_{\mathrm{R}}\left(r\right)\int_0^{2\pi}\exp\left[-\mathrm{j}2\pi r\rho\cos\left(\theta-\phi\right)\right]\mathrm{d}\theta$$

利用贝塞尔恒等式 $\mathrm{J}_0\left(a\right)=\dfrac{1}{2\pi}\displaystyle\int_0^{2\pi}\exp\left[-\mathrm{j}a\cos\left(\theta-\phi\right)\right]\mathrm{d}\theta$ 可将上式化简为

$$G_0\left(\rho,\phi\right)=G\left(\rho\right)=2\pi\int_0^{\infty}rg_{\mathrm{R}}\left(r\right)\mathrm{J}_0\left(2\pi\rho\right)\mathrm{d}r$$

(2) 用与上面完全相同的论证方法，圆对称函数 $G\left(\rho\right)$ 的傅里叶逆变换可表示为

$$g_{\mathrm{R}}(r)=2\pi\int_0^{+\infty}\rho G(\rho)\mathrm{J}_0(2\pi r\rho)\mathrm{d}\rho$$

1-4 利用透镜、反射镜、棱镜、光阑等典型光学元件，或利用光栅、二元光学元件进行光波变换的系统都称为光学系统．例如，望远镜、显微镜、照相机镜头、投影仪镜头等，为典型的成像光学系统；菲涅耳波带板、微透镜阵列、DMD 等，为衍射成像光学系统．

输出与输入间满足线性叠加关系的光学系统称为线性光学系统．线性光学系统对输入的作用可以用一个线性算符 $L\{\ \}$ 来表示，当

$$L\left\{f_1(x,y)\right\}=g_1(\xi,\eta),\quad L\left\{f_2(x,y)\right\}=g_2(\xi,\eta)$$

且 a_1、a_2 为常数时，有

$$L\left\{a_1f_1(x,y)+a_2f_2(x,y)\right\}a_1g_1(\xi,\eta)+a_2g_2(\xi,\eta)$$

式中，(x,y)、(ξ,η) 分别表示输入、输出面坐标．

理想成像系统、光波在自由空间的传播都具有线性光学系统的性质．

输入函数在输入面上的平移仅对应输出函数在输出面上的相应平移，即系统传输特性满足线性平移不变的光学系统称为线性不变光学系统．用公式可以表示为

$$\begin{aligned}&L\left\{a_1f_1(x-x_1,y-y_1)+a_2f_2(x-x_2,y-y_2)\right\}\\&=a_1g_1(\xi-\xi_1,\eta-\eta_1)+a_2g_2(\xi-\xi_2,\eta-\eta_2)\end{aligned}$$

衍射受限系统就是一个线性不变光学系统．

1-5 Whittaker-Shannon 二维抽样定理的公式描述为

$$g(x,y)=\sum_{n=-\infty}^{+\infty}\sum_{m=-\infty}^{+\infty}g\left(\frac{n}{2B_x},\frac{m}{2B_y}\right)\times\mathrm{sinc}\left[2B_x\left(x-\frac{n}{2B_x}\right)\right]\times\mathrm{sinc}\left[2B_y\left(y-\frac{m}{2B_y}\right)\right]$$

得到此结果的条件如下：

(1) 空间函数 $g(x,y)$ 的频谱是带限的，其带宽为 $2B_x \times 2B_y$．用了一个传递函数为 $H(f_x,f_y)=\mathrm{rect}\left(\frac{f_x}{2B_x},\frac{f_y}{2B_y}\right)$ 的滤波器从离散函数的频谱中滤出 $G(f_x,f_y)$；或者说滤掉以 $2B_x \times 2B_y$ 为周期进行周期性延拓出的那些频谱成分．

(2) 空间函数 $g(x,y)$ 是在一个矩形栅格的格点上进行抽样的，x 方向的格点距为 $\frac{1}{2B_x}$，y 方向的格点距为 $\frac{1}{2B_y}$．

由此可见，Whittaker-Shannon 二维抽样定理并不是唯一的抽样定理，只要改变这两个条件中的任何一个，就可以导出别的二维抽样定理．例如，用一个传递函数为 $H(\rho)=\mathrm{circ}\left(\frac{\rho}{B}\right)$ 的滤波器来滤波，可导出新的二维抽样定理，其公式描述为

$$g(x,y)=\frac{\pi}{2}\sum_{n=-\infty}^{\infty}\sum_{m=-\infty}^{\infty}g\left(\frac{n}{2B},\frac{m}{2B}\right)\times\frac{\mathrm{J}_1[2\pi B\sqrt{\left(x-\frac{n}{2B}\right)^2+\left(y-\frac{m}{2B}\right)^2}]}{2\pi B\sqrt{\left(x-\frac{n}{2B}\right)^2+\left(y-\frac{m}{2B}\right)^2}}$$

式中，B 为空间函数 $g(x,y)$ 的频谱以极半径的形式描述的频率带限宽．

公式推导中用到的傅里叶变换关系为

$$F\left\{\mathrm{circ}\left(\frac{\rho}{B}\right)\right\}\frac{B}{r}\mathrm{J}_1(2\pi Br)$$

习　题　2

2-1　(1) 在 z=0 平面的光波复振幅为 $U_0(x,y)=\sqrt{I_0(x,y)}=\sqrt{\frac{2P_0}{\pi w^2}}\exp\left(-\frac{x^2+y^2}{w^2}\right)$，令波数 $k=2\pi/\lambda$，穿过焦距为 f 的球面薄透镜后光波复振幅即为

$$U_0(x,y)\exp\left[-\frac{\mathrm{j}k}{2f}(x^2+y^2)\right]=\sqrt{\frac{2P_0}{\pi w^2}}\exp\left(-\frac{x^2+y^2}{w^2}\right)\exp\left[-\frac{\mathrm{j}k}{2f}(x^2+y^2)\right]$$

后续光的焦点在 $(0,0,f)$ 处．

(2)
$$U_0(x,y)\exp\left(-\frac{\mathrm{j}k}{2f_x}x^2\right)=\sqrt{\frac{2P_0}{\pi w^2}}\exp\left(-\frac{x^2+y^2}{w^2}\right)\exp\left(-\frac{\mathrm{j}k}{2f_x}x^2\right)$$

后续光的焦线是 $z=f_x$ 与 $y=0$ 的交线．

(3)
$$U_0(x,y)\exp\left[-\frac{\mathrm{j}k}{2f}(x^2+y^2)\right]\exp\left(-\frac{\mathrm{j}k}{2f_x}x^2\right)$$

$$=\sqrt{\frac{2P_0}{\pi w^2}}\exp\left(-\frac{x^2+y^2}{w^2}\right)\exp\left[-\frac{jk}{2f}\left(x^2+y^2\right)\right]\exp\left(-\frac{jk}{2f_x}x^2\right)$$

$$=\sqrt{\frac{2P_0}{\pi w^2}}\exp\left(-\frac{x^2+y^2}{w^2}\right)\exp\left[-\frac{jk}{2}\left(\frac{1}{f}+\frac{1}{f_x}\right)x^2\right]\exp\left(-\frac{jk}{2f}y^2\right)$$

后续光有两条焦线，其一为 $z=ff_x/(f+f_x)$ 与 $y=0$ 的交线，其二为 $z=f$ 与 $x=0$ 的交线.

2-2 (1) $$U_1(x,y)=\frac{\exp(jkd_0)}{j\lambda d_0}\int_{-\infty}^{\infty}\int_{-\infty}^{\infty}U_0(x_0,y_0)\exp\left\{j\frac{k}{2d_0}\left[(x_0-x)^2+(y_0-y)^2\right]\right\}dx_0dy_0$$

$$U_2(x,y)=\frac{\exp(jkd_1)}{j\lambda d_1}\int_{-\infty}^{\infty}\int_{-\infty}^{\infty}U_1(x_1,y_1)\exp\left[-\frac{jk}{2f_1}\left(x_1^2+y_1^2\right)\right]\exp\left\{j\frac{k}{2d_1}\left[(x_1-x)^2+(y_1-y)^2\right]\right\}dx_1dy_1$$

$$U(x,y)=\frac{\exp(jkd)}{j\lambda d}\int_{-\infty}^{\infty}\int_{-\infty}^{\infty}U_2(x_2,y_2)\exp\left[-\frac{jk}{2f_2}\left(x_2^2+y_2^2\right)\right]\exp\left\{j\frac{k}{2d}\left[(x_2-x)^2+(y_2-y)^2\right]\right\}dx_2dy_2$$

(2) $$U_1(x,y)=F^{-1}\left\{F\{U_0(x,y)\}\exp\left[j\frac{2\pi}{\lambda}d_0\sqrt{1-(\lambda f_x)^2-(\lambda f_y)^2}\right]\right\}$$

$$U_2(x,y)=F^{-1}\left\{F\left\{U_1(x,y)\exp\left[-\frac{jk}{2f_1}\left(x^2+y^2\right)\right]\right\}\exp\left[j\frac{2\pi}{\lambda}d_1\sqrt{1-(\lambda f_x)^2-(\lambda f_y)^2}\right]\right\}$$

$$U(x,y)=F^{-1}\left\{F\left\{U_2(x,y)\exp\left[-\frac{jk}{2f_2}\left(x^2+y^2\right)\right]\right\}\exp\left[j\frac{2\pi}{\lambda}d\sqrt{1-(\lambda f_x)^2-(\lambda f_y)^2}\right]\right\}$$

2-3 按照题意有

$$\frac{2\pi}{\lambda}\left[\sqrt{d^2+(a/2)^2+(a/2)^2}-d-\frac{(a/2)^2+(a/2)^2}{2d}\right]\leqslant\pi$$

求解得

$$\sqrt{d^2+(a/2)^2+(a/2)^2}-d-\frac{(a/2)^2+(a/2)^2}{2d}\leqslant\frac{\lambda}{2}$$

2-4 (1) $$U(x,y)=\frac{\exp\left(jk(d_0+d_1+d)\right)}{j\lambda B}\int_{-\infty}^{\infty}\int_{-\infty}^{\infty}U_0(x_1,y_1)$$

$$\times\exp\left\{\frac{jk}{2B}\left[A\left(x_1^2+y_1^2\right)+D\left(x^2+y^2\right)-2\left(x_1x+y_1y\right)\right]\right\}dx_1dy_1$$

(2) $$\begin{bmatrix}A & B\\ C & D\end{bmatrix}=\begin{bmatrix}1 & d\\ 0 & 1\end{bmatrix}\begin{bmatrix}1 & 0\\ -1/f_2 & 1\end{bmatrix}\begin{bmatrix}1 & d_1\\ 0 & 1\end{bmatrix}\begin{bmatrix}1 & 0\\ -1/f_1 & 1\end{bmatrix}\begin{bmatrix}1 & d_0\\ 0 & 1\end{bmatrix}=\begin{bmatrix}-0.5 & 0\\ 0 & -2\end{bmatrix}$$

2-5 (1) 令式(2-3-7)中 $w=D/2$，得

$$I(r)=\left(\frac{\pi D^2}{4\lambda d}\right)^2\left[\frac{2J_1\left(kDr/(2d)\right)}{kDr/(2d)}\right]^2$$

一阶贝塞尔函数的第一个零点满足 $\frac{kDr}{2\pi d}=1.22$,于是点源像的直径 $2r=2.44\frac{\lambda d}{D}$. 将相关参数

代入后得 $2r = 2.44\dfrac{\lambda d}{D} \approx 2.16\times10^{-3}\,\text{mm}$.

(2) 根据式(2-3-3)，令坐标原点两侧一个零点间的距离为像点宽度，可得

$$2x = 2\frac{\lambda d}{D} \approx 1.77\times10^{-3}\,\text{mm}$$

2-6　习题图 2-3 中 D 表示的是 n=4 的直边衍射亮纹到 n=0 直边衍射亮纹的间隔，按照式(2-4-19)有

$$d = \left(\frac{D}{\sqrt{\lambda}\left(\dfrac{\sqrt{2n+1}+\sqrt{2n+1/2}}{2} - \dfrac{1+\sqrt{1/2}}{2}\right)}\right)^2$$

相关参数代入后得 $d \approx 279.3\text{mm}$.

2-7　以第二象限光斑对应的反射镜为例给出解题示意图. 图中，xy 是接收反射光斑的平面，x_0y_0 平面平行于 xy，其原点 O 是 4 面反射镜的交点. 设过 O 点的镜面法线为 $\boldsymbol{N}$，沿 y_0 轴传播的几何光线由 O 点反射后到达 xy 平面上 $P(T_x, T_y)$点.

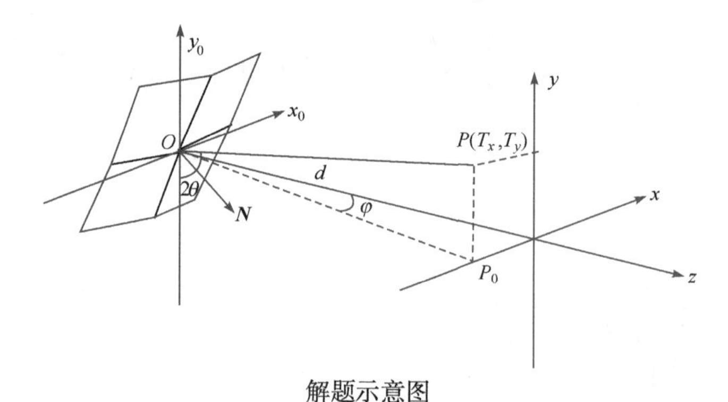

解题示意图

根据解题示意图所示，应求出法线与 y_0 轴夹角 θ 及法线在 xz 平面上的投影与 z 轴的夹角 φ. 按照几何关系有

$$\theta = 45° + \frac{1}{2}\arctan\left(\frac{T_y}{\sqrt{T_x^2 + d^2}}\right)$$

$$\varphi = \arctan\left(\frac{T_x}{d}\right)$$

由于衍射效应，实验检测到的衍射斑最大值处并不是几何光线的交点，衍射斑最大值到 y 轴的距离为 T_x+dx，到 x 轴的距离为 T_y+dy. 根据式(2-4-30)，有

$$\mathrm{d}x = \mathrm{d}y = D_{\max}(0) = \frac{1+\sqrt{1/2}}{2}\sqrt{\lambda d} = 3.24\text{mm}$$

于是有

$$T_x = 35/2 - 3.24 = 14.26(\text{mm}), \quad T_y = 42/2 - 3.24 = 17.76(\text{mm})$$

$$\theta = 45° + \frac{1}{2}\arctan\left(\frac{17.76}{\sqrt{17.76^2 + 1358^2}}\right) = 45.3746°$$

$$\varphi = \arctan\left(\frac{14.26}{1358}\right) = 0.6016°$$

2-8 (1) 将式(2-4-13)的坐标原点平移到$\left(-w_x, -w_y\right)$，得

$$I(x,y) = \left|U\left(x + w_x, y + w_y\right)\right|^2$$
$$= \frac{1}{4}\left\{\left[C(\alpha_2') - C(\alpha_1')\right]^2 + \left[S(\alpha_2') - S(\alpha_1')\right]^2\right\}$$
$$\times\left\{\left[C(\beta_2') - C(\beta_1')\right]^2 + \left[S(\beta_2') - S(\beta_1')\right]^2\right\}$$

其中

$$\alpha_1' = \sqrt{\frac{2}{\lambda d}}\left(2w_x + x\right), \quad \alpha_2' = \sqrt{\frac{2}{\lambda d}}(-x)$$
$$\beta_1' = \sqrt{\frac{2}{\lambda d}}\left(2w_y + y\right), \quad \beta_2' = \sqrt{\frac{2}{\lambda d}}(-y)$$

(2) 基于以上结果，当$w_x \to \infty, w_y \to \infty$时有

$$C(\alpha_1') = S(\alpha_1') = C(\beta_1') = S(\beta_1') = 1/2$$
$$I(x,y) = \left|U\left(x + w_x, y + w_y\right)\right|^2$$
$$= \frac{1}{4}\left\{\left[C(\alpha_2') - 1/2\right]^2 + \left[S(\alpha_2') - 1/2\right]^2\right\}$$
$$\times\left\{\left[C(\beta_2') - 1/2\right]^2 + \left[S(\beta_2') - 1/2\right]^2\right\}$$

2-9 (1) $$U(x,y) = \frac{\exp(\mathrm{j}kd)}{\mathrm{j}\lambda d}\int_{-\infty}^{\infty}\int_{-\infty}^{\infty} U_0(x_0,y_0)\exp\left\{\frac{\mathrm{j}k}{2d}\left[(x-x_0)^2 + (y-y_0)^2\right]\right\}\mathrm{d}x_0\mathrm{d}y_0$$

其中

$$U_0(x_0,y_0) = \mathrm{rect}\left(\frac{x_0}{w}, \frac{y_0}{w}\right)\exp\left[\frac{\mathrm{j}k}{2R}\left(x_0^2 + y_0^2\right)\right]$$

(2) $$U(x,y) = \frac{\exp(\mathrm{j}kd)}{\mathrm{j}\lambda dM}\exp\left[\mathrm{j}k\left(\frac{1}{M} - 1\right)\frac{x^2+y^2}{2d}\right]$$

$$\int_{-\infty}^{\infty}\int_{-\infty}^{\infty}\frac{1}{M}\mathrm{rect}\left(\frac{x_0}{Mw}, \frac{y_0}{Mw}\right)\exp\left\{\frac{\mathrm{j}k}{2dM}\left[(x-x_0)^2 + (y-y_0)^2\right]\right\}\mathrm{d}x_0\mathrm{d}y_0$$

其中，$M = \frac{d}{R} + 1$.

衍射场是照明光振幅下降M倍，孔径放大M倍后经距离$M\,d$的菲涅耳衍射.

习 题 3

3-1 (1) 设初始光波场宽度为L_0，计算后的衍射场宽度是

$$L = \lambda dN / L_0 = \lambda d / \left(L_0 / N\right) = 0.000532 \times 1000 / 0.005 = 106.4(\mathrm{mm})$$

(2) $$L_0 = L = 512 \times 0.005 = 2.56(\mathrm{mm})$$

(3) 相同，因卷积计算时计算结果平面宽度始终与初始平面宽度一致.

(4) 由于初始平面取样宽度未变，一次 FFT 计算后的宽度仍然是

$$L=\lambda d/\left(L_0/N\right)=0.000532\times1000/0.005=106.4(\text{mm})$$

但卷积计算时宽度变为 5.12mm.

3-2　根据条件式(3-3-20) $\dfrac{L_0}{N}\leqslant\dfrac{\lambda\sqrt{d^2+2L_0^2}}{2L_0}$，即 $N\geqslant\dfrac{2L_0^2}{\lambda\sqrt{d^2+2L_0^2}}$，则有

d=184mm,　N≥1726,　d=367mm,　N≥860,　d=734mm,　N≥430

*3-3　在 LXM6.m 程序的物光场频谱强度计算语句后插入

```
Isum=sum(sum(II))/N/N*L0/N*L0/N
```

选择 N=256、512 及 1024 运行程序，便能从运行 MATLAB 程序时的对话框中得到 Isum 的值.

*3-4　**解题建议：**

参照 3.4.6 节数值计算及实验证明的讨论，自己重新设计实验系统(如第 2 章习题图 2-1)，确定系统的 *ABCD* 参数后，将理论计算与实验检测相结合，考查

(1) 柯林斯公式的 S-FFT 计算是否满足取样条件

$$|A|\leqslant\frac{|B|\lambda N}{L_0^2}\leqslant\frac{1}{|D|}\tag{3-4-13}$$

(2) 柯林斯公式的 D-FFT 计算应满足取样条件

$$E=\frac{A^2L_0^2}{N^4}\sum_{p=-N/2}^{N/2-1}\sum_{q=-N/2}^{N/2-1}\left|\text{FFT}\left\{\frac{1}{A}U_0\left(r\frac{L_0}{AN},s\frac{L_0}{AN}\right)\right\}(p,q)\right|^2\approx\text{constant}\tag{3-4-23}$$

$$\frac{L_0^2}{\lambda}\left|\frac{C}{A}\right|\leqslant N\tag{3-4-25}$$

根据式(3-4-23)，在 LXM11．m 程序的物光场频谱强度计算语句后插入

```
Isum=sum(sum(II))*A*A/N/N*L0/N*L0/N
```

选择 N=256、512 及 1024 运行程序，便能从运行 MATLAB 程序时的对话框中得到对应的 Isum 的值．记录下每次 Isum 值后即能获得能量比.

此后，再考查计算是否满足式(3-4-25).

习　题　4

4-1　将式(4-2-4)代入式(4-2-5)得

$$\begin{aligned}U_\delta\left(\xi,\eta;x_p,y_p\right)=&-\frac{\exp\left(-\mathrm{j}kd_{pi}\right)}{\mathrm{j}\lambda d_{\text{pi}}}\exp\left(\mathrm{j}kL\right)\\&\times\int_{-\infty}^{\infty}\int_{-\infty}^{\infty}\exp\left[\mathrm{j}\frac{kC}{2A}\left(x^2+y^2\right)\right]\frac{1}{A}\delta\left(\frac{x}{A}-\xi,\frac{y}{A}-\eta\right)\\&\times\exp\left\{-\mathrm{j}\frac{k}{2d_{pi}}\left[\left(x-x_p\right)^2+\left(y-y_p\right)^2\right]\right\}\mathrm{d}x\mathrm{d}y\end{aligned}$$

令 $x_a=\dfrac{x}{A}$，$y_a=\dfrac{y}{A}$，上式变为

$$U_\delta(\xi,\eta;x_p,y_p)=-\frac{\exp(-\mathrm{j}kd_{pi})}{\mathrm{j}\lambda d_{pi}}A\exp(\mathrm{j}kL)\int_{-\infty}^{\infty}\int_{-\infty}^{\infty}\delta(x_a-\xi,y_a-\eta)$$
$$\times\exp\left[\mathrm{j}\frac{kC}{2}A(x_a^2+y_a^2)\right]\exp\left\{-\mathrm{j}\frac{k}{2d_{pi}}\left[(Ax_a-x_p)^2+(Ay_a-y_p)^2\right]\right\}\mathrm{d}x_a\mathrm{d}y_a$$

利用δ函数的“筛选”性质，并忽略常数相位因子后得

$$U_\delta(\xi,\eta;x_p,y_p)$$
$$=-\frac{A}{\lambda d_{pi}}\exp\left[\mathrm{j}\frac{kC}{2}A(\xi^2+\eta^2)\right]\exp\left\{-\mathrm{j}\frac{k}{2d_{pi}}\left[(A\xi-x_p)^2+(A\eta-y_p)^2\right]\right\}$$

4-2　将式(4-2-6)代入式(4-2-7)得

$$h_C(\xi,\eta;x,y)=-\frac{\exp(\mathrm{j}kd_{pi})}{\mathrm{j}\lambda d_{pi}}\frac{A}{\lambda d_{pi}}\exp\left[\mathrm{j}\frac{kC}{2}A(\xi^2+\eta^2)\right]$$
$$\times\int_{-\infty}^{\infty}\int_{-\infty}^{\infty}\exp\left\{-\mathrm{j}\frac{k}{2d_{pi}}\left[(A\xi-x_p)^2+(A\eta-y_p)^2\right]\right\}P(x_p,y_p)$$
$$\times\exp\left\{\mathrm{j}\frac{k}{2d_{pi}}\left[(x_p-x)^2+(y_p-y)^2\right]\right\}\mathrm{d}x_p\mathrm{d}y_p$$

展开得

$$h_C(\xi,\eta;x,y)=-\frac{\exp(\mathrm{j}kd_{pi})}{\mathrm{j}\lambda d_{pi}}\frac{A}{\lambda d_{pi}}\exp\left[\mathrm{j}\frac{kC}{2}A(\xi^2+\eta^2)\right]$$
$$\times\exp\left\{-\mathrm{j}\frac{k}{2d_{pi}}\left[(A\xi)^2+(A\eta)^2\right]\right\}\exp\left[\mathrm{j}\frac{k}{2d_{pi}}(x^2+y^2)\right]\int_{-\infty}^{\infty}\int_{-\infty}^{\infty}P(x_p,y_p)$$
$$\times\exp\left\{-\mathrm{j}\frac{k}{d_{pi}}\left[(x-A\xi)x_p+(y-A\eta)y_p\right]\right\}\mathrm{d}x_p\mathrm{d}y_p$$

由于 $k=\dfrac{2\pi}{\lambda}$，令 $f_x=\dfrac{x_p}{\lambda d_{pi}}$，$f_y=\dfrac{y_p}{\lambda d_{pi}}$，上式整理后得

$$h_C(\xi,\eta;x,y)=-A\exp\left[\mathrm{j}\frac{k}{2}\left(\frac{C}{A}-\frac{1}{d_{pi}}\right)(A^2\xi^2+A^2\eta^2)\right]\exp\left[\mathrm{j}\frac{k}{2d_{pi}}(x^2+y^2)\right]$$
$$\times h_p(x-A\xi,y-A\eta)$$

式中

$$h_p(x,y)=\int_{-\infty}^{\infty}\int_{-\infty}^{\infty}P(\lambda d_{pi}f_x,\lambda d_{pi}f_y)\exp\left[-\mathrm{j}2\pi(xf_x+yf_y)\right]\mathrm{d}f_x\mathrm{d}f_y$$

4-3　图 4-2-4 重绘如下.

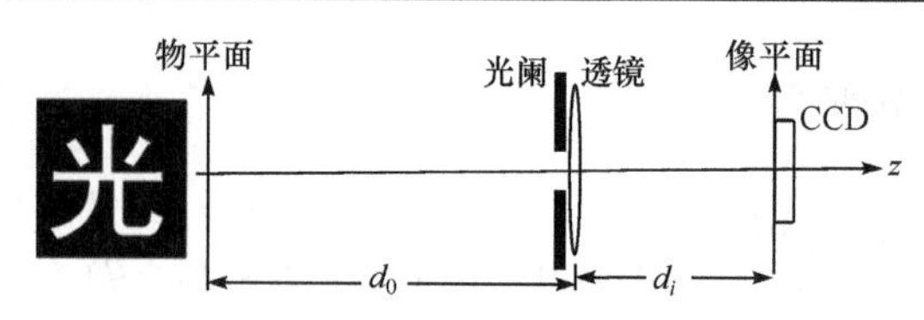

图 4-2-4　衍射受限成像实验

图中相关参数为：光阑到透镜距离 d_1=1mm，光阑直径 D=4mm，透镜焦距 $f=300\text{mm}$，物距 d_0=900mm，d_i=450mm.

(1) 平行于光轴的光线穿过光阑后将经透镜聚焦于光轴上的焦点，将透镜视为薄透镜，由焦点反向延长的光线将与原入射光线交于透镜平面. 因此，透镜平面为系统的像方主面.

(2) 系统的出射光瞳是孔径光阑通过透镜在像空间所成之像. 按照透镜定理

$$\frac{1}{f}=\frac{1}{d_1}+\frac{1}{d_2}$$

求解得

$$d_2=\frac{fd_1}{d_1-f}=-1.0033\text{mm}$$

因此，出射光瞳在透镜左侧 1.0033mm 处，横向放大率 $M=-d_2/d_1=1.0033$，出射光瞳直径为 $D'=D\times M=4.0134\text{mm}$ 的圆形孔.

(3) 按照图 4-2-4 求得出射光瞳到像面距离 $d_{pi}=d_i+1.0033\text{mm}=451.0033\text{mm}$. 由于出射光瞳 $P(x,y)=\text{circ}\left(\frac{\sqrt{x^2+y^2}}{D'}\right)$，衍射受限成像系统的相干传递函数即为

$$H_C(f_x,f_y)=\text{circ}\left(\frac{\sqrt{(\lambda d_{pi}f_x)^2+(\lambda d_{pi}f_y)^2}}{D'}\right)$$

(4) 该系统的光学矩阵为

$$\begin{aligned}\begin{bmatrix}A & B\\ C & D\end{bmatrix}&=\begin{bmatrix}1 & d_i\\ 0 & 1\end{bmatrix}\begin{bmatrix}1 & 0\\ -1/f & 1\end{bmatrix}\begin{bmatrix}1 & d_0\\ 0 & 1\end{bmatrix}\\&=\begin{bmatrix}1-d_i/f & d_0(1-d_i/f)+d_i\\ -1/f & 1-d_0/f\end{bmatrix}\\&=\begin{bmatrix}-0.5 & 0\\ -1/300 & -2\end{bmatrix}\end{aligned}$$

令照明光波面半径 R=100000mm，根据式(4-2-18)，衍射距离为

$$d_f=\frac{RA^2d_{pi}}{Cd_{pi}RA-RA^2+d_{pi}}\approx 451\text{mm}$$

参照第 3 章 FFT 计算知识知，衍射场的宽度为 $L_{\text{d}}=\lambda d_f N/L_0\approx 27.35\text{mm}$.

(5) 参照第 3 章离散傅里叶变换计算知识知，频谱平面宽度 $L_f=N/L_0$，传递函数在频率空间窗口直径为 $D_f=D'/(\lambda d_{pi})$，频谱面上以像素为单位的传递函数窗口直径则为 $N\times D_f/L_f$. 由

于 $L_0=10.65\text{mm}$，N=1024，求得传递函数窗口直径是 75 像素.

4-4 (1) $\begin{bmatrix} A & B \\ C & D \end{bmatrix}=\begin{bmatrix} 1 & d_i \\ 0 & 1 \end{bmatrix}\begin{bmatrix} 1 & 0 \\ -1/f_3 & 1 \end{bmatrix}\begin{bmatrix} 1 & d_2 \\ 0 & 1 \end{bmatrix}\begin{bmatrix} 1 & 0 \\ 1/f_2 & 1 \end{bmatrix}\begin{bmatrix} 1 & d_1 \\ 0 & 1 \end{bmatrix}\begin{bmatrix} 1 & 0 \\ -1/f_1 & 1 \end{bmatrix}\begin{bmatrix} 1 & d_0 \\ 0 & 1 \end{bmatrix}$

(2) 进行以上矩阵运算可得

$$A=\left(1-d_i/f_3\right)\left(1-d_1/f_1\right)+\left[d_2+d_i\left(1-d_2/f_3\right)\right]\left[1/f_2-\left(1+d_1/f_2\right)/f_1\right]$$

$$B=\left(1-d_i/f_3\right)\left[d_0+d_1\left(1-d_0/f_1\right)\right]+\left[d_2+d_i\left(1-d_2/f_3\right)\right]\left[d_0/f_2+\left(1+d_1/f_2\right)\left(1-d_0/f_1\right)\right]$$

$$C=-\left(1-d_1/f_1\right)/f_3+\left(1-d_2/f_3\right)\left[1/f_2-\left(1+d_1/f_2\right)/f_1\right]$$

$$D=-\left[d_0+d_1\left(1-d_0/f_1\right)\right]/f_3+\left(1-d_2/f_3\right)\left[d_0/f_2+\left(1+d_1/f_2\right)\left(1-d_0/f_1\right)\right]$$

(3) 令 B=0 可得

$$d_i=\frac{\left[d_0+d_1\left(1-d_0/f_1\right)\right]+\left[d_0/f_2+\left(1+d_1/f_2\right)\left(1-d_0/f_1\right)\right]d_2}{\left[d_0+d_1\left(1-d_0/f_1\right)\right]/f_3-\left(1-d_2/f_3\right)\left[d_0/f_2+\left(1+d_1/f_2\right)\left(1-d_0/f_1\right)\right]}$$

(4) 令 C=0 可得

$$\left(1-d_1/f_1\right)/f_3=\left(1-d_2/f_3\right)\left[1/f_2-\left(1+d_1/f_2\right)/f_1\right]$$

4-5 根据式(4-3-16)，令 $f_x=f_y=0$，则有

$$H_O(0,0)=\frac{\iint_\infty H_C^*(\xi,\eta)H_C(\xi,\eta)\mathrm{d}\xi\mathrm{d}\eta}{\iint_\infty \left|H_C(\xi,\eta)\right|^2\mathrm{d}\xi\mathrm{d}\eta}=1$$

对于理想成像，系统的出射光瞳无限大，其相干传递函数为

$$H_C\left(f_x,f_y\right)=P\left(-\lambda d_{ip}f_x,-\lambda d_{ip}f_y\right)\equiv 1$$

代入光学传递函数式(4-3-16)得

$$H_O(f_x,f_y)=\frac{\iint_\infty H_C^*(\xi,\eta)H_C(\xi+f_x,\eta+f_y)\mathrm{d}\xi\mathrm{d}\eta}{\iint_\infty \left|H_C(\xi,\eta)\right|^2\mathrm{d}\xi\mathrm{d}\eta}=1$$

即系统对于任意频率均能完美传输.

4-6 光学传递函数式(4-3-16)为

$$H_O(f_x,f_y)=\frac{\iint_\infty H_C^*(\xi,\eta)H_C(\xi+f_x,\eta+f_y)\mathrm{d}\xi\mathrm{d}\eta}{\iint_\infty \left|H_C(\xi,\eta)\right|^2\mathrm{d}\xi\mathrm{d}\eta}$$

其中，$H_C\left(\xi,\eta\right)=P\left(-\lambda d_{pi}\xi,-\lambda d_{pi}\eta\right)$ 代表随机排列的小圆孔. 在进行相关运算时，无论从哪一个方向移动出瞳计算重叠面积，其结果都一样，即系统的截止频率在任意方向均相同. 为近似估计其数值，可以只考虑小孔自身的重叠. 这时，N 个小孔的重叠面积除 N 个小孔的总面积与单一小圆孔的重叠情况一致，根据式(4-3-31)，截止频率即 $2a/\lambda d_{pi}$. 由于 $2a$ 很小，系统实现了低通滤波.

习　题　5

5-1　利用第 4 章式(4-1-14)，像平面光波场可表示为

$$U_i(x,y)=\exp(\mathrm{j}kL)\exp\left[\mathrm{j}\frac{kC}{2A}(x^2+y^2)\right]$$

$$\times\frac{1}{\mathrm{j}\lambda BA}\int_{-\infty}^{\infty}\int_{-\infty}^{\infty}\frac{1}{A}U_0\left(\frac{x_a}{A},\frac{y_a}{A}\right)\exp\left\{\mathrm{j}\frac{k}{2BA}\left[(x_a-x)^2+(y_a-y)^2\right]\right\}\mathrm{d}x_a\mathrm{d}y_a$$

对于图 5-1-1 的情况，根据第 4 章式(4-1-13)有

$$A=-d_1/f,\quad B=0,\quad C=-1/f,\quad D=1-d_0/f$$

矩阵元素 B=0 的问题可以视为 $B\to 0$ 时的极限情况．$B\to 0$ 时，像平面光波场的表达式代表放大 A 倍的几何光学理想像经无限小距离衍射后与一相位因子的乘积．于是有

$$\lim_{B\to 0}U_i(x,y)=\exp(\mathrm{j}kL)\exp\left[\mathrm{j}\frac{kC}{2A}(x^2+y^2)\right]\frac{1}{A}U_0\left(\frac{x}{A},\frac{y}{A}\right)$$

忽略常数相位因子 $\exp(\mathrm{j}kL)$，将 A、B、C 的值代入上式即得

$$U_i(x,y)=\frac{f}{d_1}\exp\left[\frac{\mathrm{j}k}{2d_1}(x^2+y^2)\right]U_0\left(-\frac{f}{d_1}x,-\frac{f}{d_1}y\right)$$

5-2

$$U_0(x,y)=U_{0x}(x)U_{0y}(y) \tag{5-1-11}$$

式中

$$U_{0x}(x)=\left[\mathrm{rect}\left(\frac{x}{a}\right)*\frac{1}{d}\mathrm{comb}\left(\frac{x}{d}\right)\right]\mathrm{rect}\left(\frac{x}{L}\right) \tag{5-1-11a}$$

$$U_{0y}(y)=\left[\mathrm{rect}\left(\frac{y}{a}\right)*\frac{1}{d}\mathrm{comb}\left(\frac{y}{d}\right)\right]\mathrm{rect}\left(\frac{y}{L}\right) \tag{5-1-11b}$$

由于式(5-1-11)是分离变量式，则有

$$G_0(f_{x0},f_{y0})=F\{U_0(x,y)\}=G_{0x}(f_{x0})\times G_{0y}(f_{y0}) \tag{5-1-12}$$

式中，$G_{0x}(f_{x0})=F\{U_{0x}(x)\}$，$G_{0y}(f_{y0})=F\{U_{0y}(y)\}$ 分别是形式相同的两个一维傅里叶变换式．

由于

$$\begin{aligned}G_{0x}(f_{x0})&=F\{U_{0x}(x)\}\\&=F\left\{\left[\mathrm{rect}\left(\frac{x}{a}\right)*\frac{1}{d}\mathrm{comb}\left(\frac{x}{d}\right)\right]\mathrm{rect}\left(\frac{x}{L}\right)\right\}\\&=\left(F\left\{\mathrm{rect}\left(\frac{x}{a}\right)\right\}F\left\{\frac{1}{d}\mathrm{comb}\left(\frac{x}{d}\right)\right\}\right)*F\left\{\mathrm{rect}\left(\frac{x}{L}\right)\right\}\\&=\frac{aL}{d}\mathrm{sinc}(af_{x0})\mathrm{comb}(df_{x0})*\mathrm{sinc}(Lf_{x0})\end{aligned}$$

$$=\left(\frac{aL}{d}\sum_{m=-\infty}^{\infty}\text{sinc}\left(\frac{ma}{d}\right)\delta\left(f_{x0}-\frac{m}{d}\right)\right)*\text{sinc}\left(Lf_{x0}\right)$$

$$=\frac{aL}{d}\sum_{m=-\infty}^{\infty}\text{sinc}\left(\frac{ma}{d}\right)\text{sinc}\left[L\left(f_{x0}-\frac{m}{d}\right)\right]$$

因此

$$G_{0x}\left(f_{x0}\right)=\frac{aL}{d}\sum_{m=-\infty}^{\infty}\text{sinc}\left(\frac{ma}{d}\right)\text{sinc}\left[L\left(f_{x0}-\frac{m}{d}\right)\right] \tag{5-1-12a}$$

同理可得

$$G_{0y}\left(f_{y0}\right)=\frac{aL}{d}\sum_{n=-\infty}^{\infty}\text{sinc}\left(\frac{na}{d}\right)\text{sinc}\left[L\left(f_{y0}-\frac{n}{d}\right)\right] \tag{5-1-12b}$$

5-3　图 5-1-4 的研究参数为 L=10mm，λ=0.0006328mm，d_0=300mm，f=150mm，d=0.4mm，a=0.16mm．因此有

(1) 只让零频分量通过的低通滤波器直径为

$$2T_L=2\frac{\lambda f}{L}=0.019\text{mm}$$

(2) 负一级、零级和正一级通过的低通滤波器直径为

$$2(T_d+T_L)=2\left(\frac{\lambda f}{d}+\frac{\lambda f}{L}\right)=0.4936\text{mm}$$

(3) 基于上面的讨论，让光阑为中央不透光的环形孔，仅让 m，n=±1 的频谱通过的环形滤波器外直径为 0.4936mm，内直径为 0.019mm．

(4) 只让 x 轴上的一行光斑通过的水平狭缝滤波器宽度为

$$T_d=\frac{\lambda f}{d}=0.2373\text{mm}$$

(5) 只让 y 轴上的一行光斑通过的水平狭缝滤波器宽度也为

$$T_d=\frac{\lambda f}{d}=0.2373\text{mm}$$

5-4　根据题意，振幅透过率为 $\sqrt{\beta}$．对正相衬，根据式(5-3-3)，像平面强度分布为

$$I_i=\left|\sqrt{\beta}\text{e}^{\text{j}\frac{\pi}{2}}+\text{j}\Delta\varphi(x_i,y_i)\right|^2\approx\beta+2\sqrt{\beta}\Delta\varphi(x_i,y_i)$$

对负相衬，根据式(5-3-4)，像平面强度分布为

$$I_i=\left|\sqrt{\beta}\text{e}^{\text{j}\frac{3\pi}{2}}+\text{j}\Delta\varphi(x_i,y_i)\right|^2\approx\beta-2\sqrt{\beta}\Delta\varphi(x_i,y_i)$$

因为 $\beta<1$，考虑到

$$\frac{2\sqrt{\beta}\Delta\varphi(x_i,y_i)}{\beta}=\frac{2\Delta\varphi(x_i,y_i)}{\sqrt{\beta}}>2\Delta\varphi(x_i,y_i)$$

像强度变化的衬度得到改善．

5-5　根据题意，衰减板的振幅透过率为

$$\tau(x,y)=\sqrt{\alpha\left(x^4+2x^2y^2+y^4\right)}=\sqrt{\alpha}\left(x^2+y^2\right)$$

又可以写为

$$\begin{aligned}\tau(x,y)&=\sqrt{\alpha}\left(x^2+y^2\right)\\&=\lambda^2f^2\sqrt{\alpha}\left(f_x^2+f_y^2\right)\end{aligned}$$

其中，$f_x=\dfrac{x}{\lambda f}$，$f_y=\dfrac{y}{\lambda f}$，λ是光的波长，f为$4f$系统透镜的焦距．像平面光场振幅为

$$\begin{aligned}u_i(x_i,y_i)&=\frac{1}{\lambda f}F^{-1}\left\{\frac{1}{\lambda f}F\left[\mathrm{e}^{\mathrm{j}\varphi(x,y)}\right]\sqrt{\alpha}\lambda^2f^2\left(f_x^2+f_y^2\right)\right\}\\&=\sqrt{\alpha}F^{-1}\left\{F\left[\mathrm{e}^{\mathrm{j}\varphi(x,y)}\right]\left(f_x^2+f_y^2\right)\right\}\end{aligned}$$

利用下面的傅里叶变换性质：

$$F\left\{\left(\frac{\partial^2}{\partial x^2}+\frac{\partial^2}{\partial y^2}\right)G(x,y)\right\}=-4\pi^2\left(f_x^2+f_y^2\right)F\left\{G(x,y)\right\}$$

有

$$\begin{aligned}u_i(x_i,y_i)&=\sqrt{\alpha}F^{-1}\left\{F\left[\mathrm{e}^{\mathrm{j}\varphi(x,y)}\right]\left(f_x^2+f_y^2\right)\right\}\\&=-\frac{\sqrt{\alpha}}{4\pi^2}\left(\frac{\partial^2}{\partial x_i^2}+\frac{\partial^2}{\partial y_i^2}\right)\mathrm{e}^{\mathrm{j}\varphi(x_i,y_i)}\\&=-\frac{\sqrt{\alpha}}{4\pi^2}\mathrm{e}^{\mathrm{j}\varphi(x_i,y_i)}\left\{\mathrm{j}\left(\frac{\partial^2}{\partial x_i^2}+\frac{\partial^2}{\partial y_i^2}\right)\varphi(x_i,y_i)-\left[\left(\frac{\partial\varphi(x_i,y_i)}{\partial x_i}\right)^2+\left(\frac{\partial\varphi(x_i,y_i)}{\partial y_i}\right)^2\right]\right\}\end{aligned}$$

因此像平面光场强度为

$$I_i=\left|u_i(x_i,y_i)\right|^2=\frac{\alpha}{16\pi^4}\left\{\left[\left(\frac{\partial^2}{\partial x_i^2}+\frac{\partial^2}{\partial y_i^2}\right)\varphi(x_i,y_i)\right]^2+\left[\left(\frac{\partial\varphi(x_i,y_i)}{\partial x_i}\right)^2+\left(\frac{\partial\varphi(x_i,y_i)}{\partial y_i}\right)^2\right]^2\right\}$$

习　题　6

6-1　(1) $\mathrm{sinc}\left(a\dfrac{d}{\bar{\lambda}z}\right)$；(2) 0.637；(3) 0.1338mm.

6-2　(1) 0.0188mm；(2) 0.0719mm.

6-3　约 2.12×10^6km.

习　题　7

7-1　(1) 记录介质平面H上的相位分布函数$\phi_{\mathrm{R}}(y)$和$\phi_{\mathrm{O}}(y)$分别为

$$\phi_{\mathrm{R}}(y)=-\boldsymbol{k}_{\mathrm{R}}\cdot\boldsymbol{r}+\phi_{\mathrm{R}0}=-(2\pi/\lambda)\left[-\sin(\theta/2)\right]y+\phi_{\mathrm{R}0}=2\pi\frac{\sin(\theta/2)}{\lambda}y+\phi_{\mathrm{R}0}$$

$$\phi_{\mathrm{O}}(y)=-\boldsymbol{k}_{\mathrm{O}}\cdot\boldsymbol{r}+\phi_{\mathrm{O}0}=-2\pi\frac{\sin(\theta/2)}{\lambda}y+\phi_{\mathrm{O}0}$$

式中，$\phi_{\mathrm{R}0}$与$\phi_{\mathrm{O}0}$分别为参考光和物光在坐标原点处的初相.

(2) 采用表达式$\cos\phi=\mathrm{Re}\left[\exp(-\mathrm{j}\phi)\right]$的复数表达形式，则参考光和物光在记录平面上的复振幅分布可分别表示为

$$u_{\mathrm{R}}(y)=R_0\exp\left[-\mathrm{j}\phi_{\mathrm{R}}(y)\right]=R_0\exp\left[\mathrm{j}(\boldsymbol{k}_{\mathrm{R}}\cdot\boldsymbol{r}-\phi_{\mathrm{R}0})\right]=R_0\exp\mathrm{j}\left[-2\pi\frac{\sin(\theta/2)}{\lambda}y-\phi_{\mathrm{R}0}\right]$$

$$u_{\mathrm{O}}(y)=\exp\left[-\mathrm{j}\phi_{\mathrm{O}}(y)\right]=O_0\exp\left[\mathrm{j}(\boldsymbol{k}_{\mathrm{O}}\cdot\boldsymbol{r}-\phi_{\mathrm{O}0})\right]=O_0\exp\left[2\pi\frac{\sin(\theta/2)}{\lambda}y-\phi_{\mathrm{O}0}\right]$$

它们形成的干涉条纹强度分布为

$$\begin{aligned}I(y)&=\left\{O_0^{\ 2}+R_0^{\ 2}+2O_0R_0\cos\left[2\pi\frac{\sin(\theta/2)+\sin(\theta/2)}{\lambda}y+(\phi_{\mathrm{R}0}-\phi_{\mathrm{O}0})\right]\right\}\\&=\left(O_0^{\ 2}+R_0^{\ 2}\right)\left\{1+\frac{2O_0R_0}{\left(O_0^{\ 2}+R_0^{\ 2}\right)}\cos\left[2\pi\frac{2\sin(\theta/2)}{\lambda}y+(\phi_{\mathrm{R}0}-\phi_{\mathrm{O}0})\right]\right\}\\&=I_0\left\{1+V\cos\left[2\pi fy+(\phi_{\mathrm{R}0}-\phi_{\mathrm{O}0})\right]\right\}\end{aligned}$$

故全息图上干涉条纹为平行于x轴的、明暗相间的、等距直条纹族. 在y轴方向按余弦形式而变化，沿x轴方向则为等强度分布，没有变化. 条纹的能见度为$V=\dfrac{2O_0R_0}{\left(O_0^{\ 2}+R_0^{\ 2}\right)}$，平均光强为$I_0=O_0^{\ 2}+R_0^{\ 2}$. 条纹的空间频率为

$$f=f_y=\frac{2\sin(\theta/2)}{\lambda}=\frac{2\sin\theta_{\mathrm{O}}}{\lambda}$$

条纹间距为

$$\Delta y=\frac{1}{f}=\frac{\lambda}{2\sin(\theta/2)}=\frac{\lambda}{2\sin\theta_{\mathrm{O}}}$$

(3) 当记录波长为$\lambda=632.8\mathrm{nm}$，参物光夹角为$\theta=60°$时，有

$$\Delta y=\frac{\lambda}{2\sin(\theta/2)}=\frac{0.6328\mu\mathrm{m}}{2\sin30°}=0.6328\mu\mathrm{m}$$

当记录波长为$\lambda=632.8\mathrm{nm}$，参物光夹角为$\theta=1°$时，有

$$\Delta y=\frac{\lambda}{2\sin(\theta/2)}=\frac{0.6328\mu\mathrm{m}}{2\sin0.5°}\approx36.3\mu\mathrm{m}$$

两者相差约57倍!

(4) 全息记录干版的感光层厚度为 8μm，折射率为 $n=1.52$，分辨率为 3000条 / mm，当参物光夹角 $\theta=60°$ 时，若采用可见光的最长波长 780nm 来记录，所形成的干涉条纹的空间频率为

$$f=1/\Delta y=\frac{2\sin(\theta/2)}{\lambda}=1/0.78\mu\text{m}\approx 1282\text{mm}^{-1}$$

若采用可见光的最短波长 390nm，所形成的干涉条纹的空间频率为

$$f=1/\Delta y=\frac{2\sin(\theta/2)}{\lambda}=1/0.39\mu\text{m}\approx 2564\text{mm}^{-1}$$

前者是可见光所形成的干涉条纹的最低空间频率、后者是可见光所形成的干涉条纹的最高空间频率. 因此，只要所选取的激光波长在可见光范围，这种全息记录干版都能满足参物光夹角 $\theta=60°$ 情况下拍摄体积全息图的要求.

或者，根据克莱因(Klein)提出的参量 Q 来计算，对于可见光的最长的波长有

$$Q=\frac{2\pi\lambda_0\delta}{nd^2}=\frac{8\pi\delta}{n\lambda_0}\sin^2(\theta/2)=\frac{2\pi\times 8}{1.52\times 0.78}\approx 42$$

对于可见光的最短波长 390nm 有

$$Q=\frac{2\pi\lambda_0\delta}{nd^2}=\frac{8\pi\delta}{n\lambda_0}\sin^2(\theta/2)=\frac{2\pi\times 8}{1.52\times 0.39}\approx 85$$

两种情况下都满足满足 $Q\geqslant 10$ 的要求，故都可以形成体积全息图.
例如，若采用常用的氦氖激光器记录，所形成的干涉条纹的空间频率为

$$f=1/\Delta y=\frac{2\sin(\theta/2)}{\lambda}=1/0.6328\mu\text{m}\approx 1580\text{mm}^{-1}$$

若采用氩离子激光器，用其较短的波长 458nm 的谱线记录所形成的干涉条纹的空间频率为

$$f=1/\Delta y=\frac{2\sin(\theta/2)}{\lambda}=1/0.458\mu\text{m}\approx 2183\text{mm}^{-1}$$

均大于其所形成的干涉条纹的空间频率，因此用它能够匹配，能够形成一张透射型体积全息图. 但如果要制作反射型体积全息图却还不行. 这时，参物光将从记录干版的两侧射入乳胶，例如，当参物光夹角 $\theta=180°$ 时，以上述两种不同波长激光拍摄为例，它们形成的干涉条纹的空间频率分别为

氦氖激光器：$f=1/\Delta y=\dfrac{2\sin(\theta/2)}{\lambda}=\dfrac{2n\sin(\theta/2)}{\lambda_0}=\dfrac{2\times 1.52\sin 90°}{0.6328\mu\text{m}}\approx 4804\text{mm}^{-1}$

氩离子激光器：$f=1/\Delta y=\dfrac{2\sin(\theta/2)}{\lambda}=\dfrac{2n\sin(\theta/2)}{\lambda_0}=\dfrac{2\times 1.52\sin 90°}{0.488\mu\text{m}}\approx 6229\text{mm}^{-1}$

它们的空间频率都大于这种全息记录干版的分辨率，故不能用它拍摄反射型体积全息图.
在可见光范围，即使采用最长的波长 780nm 来记录，所形成的干涉条纹的空间频率为

$$f=1/\Delta y=\frac{2\sin(\theta/2)}{\lambda}=\frac{2n\sin(\theta/2)}{\lambda_0}=\frac{2\times 1.52\sin 90°}{0.78\mu\text{m}}\approx 3897\text{mm}^{-1}$$

也都超过了记录干版的分辨率，故在可见光范围，是不能用它拍摄反射型体积全息图的.

(5) 在上题中若制作的全息图是相位型的，在线性处理的情况下，只考虑 0 级和 ± 1 级衍射时，其复振幅透射率可表示为

$$
\begin{aligned}
t(x,y) &= K\left[\mathrm{J}_0(\alpha)+2\mathrm{j}\mathrm{J}_1(\alpha)\cos\Theta\right] \\
&= K\left\{\mathrm{J}_0(\alpha)+\mathrm{J}_1(\alpha)\exp\left[\mathrm{j}\left(2\pi\frac{2\sin\theta_\mathrm{O}}{\lambda}+\phi_{\mathrm{R}0}-\phi_{\mathrm{O}0}+\frac{\pi}{2}\right)\right]\right. \\
&\quad \left.+\mathrm{J}_1(\alpha)\exp\left[-\mathrm{j}\left(2\pi\frac{2\sin\theta_\mathrm{O}}{\lambda}+\phi_{\mathrm{R}0}-\phi_{\mathrm{O}0}-\frac{\pi}{2}\right)\right]\right\}
\end{aligned}
$$

式中，$K=b\exp(\mathrm{j}\psi_b)=b\exp\left[\mathrm{j}(\psi_0+\gamma E_0)\right]$.

采用与记录时同样波长、同方向的再现光照射这张全息图时，其+1级衍射光为

$$
\begin{aligned}
U_{+1} &= R_0\exp\mathrm{j}\left(-2\pi\frac{\sin(\theta/2)}{\lambda}-\phi_{\mathrm{R}0}\right)K\mathrm{J}_1(\alpha)\exp\left[\mathrm{j}\left(2\pi\frac{2\sin(\theta/2)}{\lambda}+\phi_{\mathrm{R}0}-\phi_{\mathrm{O}0}+\frac{\pi}{2}\right)\right] \\
&= \left[b\mathrm{J}_1(\alpha)R_0/O_0\right]\exp\left[\mathrm{j}\left(\psi_0+\gamma E_0+\frac{\pi}{2}\right)\right]O_0\exp\left[\mathrm{j}\left(2\pi\frac{\sin\theta_\mathrm{O}}{\lambda}-\phi_{\mathrm{O}0}\right)\right]
\end{aligned}
$$

即+1级衍射光仍为平行光，与 z 轴夹角为 $\theta_\mathrm{O}=\theta/2$，沿物光原来方向传播. 其振幅比原来物光衰减了 $b\mathrm{J}_1(\alpha)R_0/O_0$，相位延迟了 $\psi_0+\gamma E_0+(\pi/2)$.

其−1级衍射光为

$$
\begin{aligned}
U_{-1} &= R_0\exp\mathrm{j}\left(-2\pi\frac{\sin(\theta/2)}{\lambda}-\phi_{\mathrm{R}0}\right)K\mathrm{J}_1(\alpha)\exp\left[-\mathrm{j}\left(2\pi\frac{2\sin(\theta/2)}{\lambda}+\phi_{\mathrm{R}0}-\phi_{\mathrm{O}0}-\frac{\pi}{2}\right)\right] \\
&= bR_0\mathrm{J}_1(\alpha)\exp\left[\mathrm{j}(\psi_0+\gamma E_0)\right]\exp\left[-\mathrm{j}\left(2\pi\frac{3\sin\theta_\mathrm{O}}{\lambda}+2\phi_{\mathrm{R}0}-\phi_{\mathrm{O}0}-\frac{\pi}{2}\right)\right] \\
&= bR_0\mathrm{J}_1(\alpha)\exp\left[\mathrm{j}\left(\psi_0+\gamma E_0+\frac{\pi}{2}\right)\right]\exp\left[\mathrm{j}\left(2\pi\frac{\sin\theta_{-1}}{\lambda}-2\phi_{\mathrm{R}0}+\phi_{\mathrm{O}0}\right)\right]
\end{aligned}
$$

$$
\sin\theta_{-1}=-3\sin\theta_\mathrm{O} \text{ 或 } \theta_{-1}=-\arcsin(3\sin\theta_\mathrm{O})
$$

即−1级衍射光也是平行光，与 z 轴夹角 θ_{-1} 为负值，其绝对值比参考光与 z 轴夹角的绝对值 θ_0 还大，故与+1级衍射光分别在原参考光的两侧. 其振幅与+1级衍射光一样.

将−1级衍射光表示为

$$
\begin{aligned}
U_{-1} &= \left[bR_0\mathrm{J}_1(\alpha)/O_0\right]\exp\left[\mathrm{j}\left(\psi_0+\gamma E_0+\frac{\pi}{2}\right)\right] \\
&\quad \times\exp\left[-\mathrm{j}\left(2\pi\frac{2\sin\theta_\mathrm{O}}{\lambda}+2\phi_{\mathrm{R}0}\right)\right]\left\{O_0\exp\left[\mathrm{j}\left(2\pi\frac{\sin\theta_\mathrm{O}}{\lambda}-\phi_{\mathrm{O}0}\right)\right]\right\}^*
\end{aligned}
$$

可见，−1级衍射光是物光的共轭光.

下图是 ± 1 级衍射光的示意图.

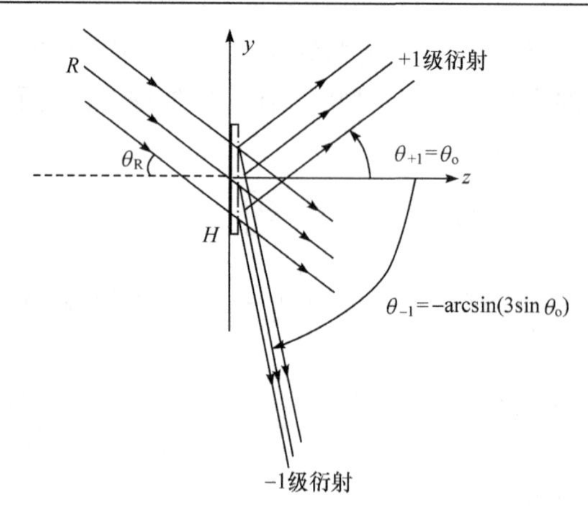

7-2　在习题7-1中若制作的全息图仍是相位型的，当以振幅为A的平面波正入射再现时，其+1级衍射光为

$$U_{+1}=AK\mathrm{J}_1(\alpha)\exp\left[\mathrm{j}\left(2\pi\frac{2\sin\theta_O}{\lambda}+\phi_{R0}-\phi_{O0}+\frac{\pi}{2}\right)\right]$$
$$=AK\mathrm{J}_1(\alpha)\exp\left[\mathrm{j}\left(2\pi\frac{\sin\theta_{+1}}{\lambda}+\phi_{R0}-\phi_{O0}+\frac{\pi}{2}\right)\right]$$
$$\sin\theta_{+1}=2\sin\theta_O \text{ 或 } \theta_{+1}=\arcsin(2\sin\theta_O)$$

正入射平面波再现的+1级衍射光的方向与全息图法线的夹角为

$$\theta_{+1}=\arcsin(2\sin\theta_O)$$

与原参考光再现相比较，正入射再现的+1级衍射光增大了

$$\Delta\theta_{+1}=\arcsin(2\sin\theta_O)-\theta_O$$

例如，若$\theta_O=10°$，则

$$\theta_{+1}=\arcsin(2\sin\theta_O)=\arcsin(0.347296)\approx 20.3°$$

比用原参考光再现时增大了约$\Delta\theta_{+1}\approx 10.3°$.

正入射平面波再现的−1级衍射光为

$$U_{-1}=AK\mathrm{J}_1(\alpha)\exp\left[-\mathrm{j}\left(2\pi\frac{2\sin\theta_O}{\lambda}+\phi_{R0}-\phi_{O0}-\frac{\pi}{2}\right)\right]$$
$$=AK\mathrm{J}_1(\alpha)\exp\left[\mathrm{j}\left(2\pi\frac{\sin\theta_{-1}}{\lambda}-\phi_{R0}+\phi_{O0}+\frac{\pi}{2}\right)\right]$$
$$\sin\theta_{-1}=-2\sin\theta_O \text{ 或 } \theta_{-1}=-\arcsin(2\sin\theta_O)$$

正入射平面波再现的−1级衍射光与全息图法线的夹角为$\theta_{-1}=-\arcsin(2\sin\theta_O)$，故$\theta_{+1}=-\theta_{-1}=\arcsin(2\sin\theta_O)$，即±1级衍射角对于$z$轴是对称的.

在正入射平面波再现的情况下，也比用原参考光再现时增大！因为是负值，故绝对值减小.与原参考光再现相比较，正入射再现的−1级衍射光绝对值减小了

$$|\Delta\theta_{-1}|=\arcsin(3\sin\theta_O)-\arcsin(2\sin\theta_O)$$

例如，若$\theta_O=10°$，则

$$\theta_{-1} = -\arcsin\left(3\sin\theta_{\mathrm{O}}\right) = -\arcsin\left(3\sin 10^{\circ}\right) = -\arcsin\left(0.52094\right) \approx -31.4^{\circ}$$

而 $\arcsin\left(2\sin\theta_O\right) \approx 20.3^{\circ}$

故

$$\left|\Delta\theta_{-1}\right| = \arcsin\left(3\sin\theta_{\mathrm{O}}\right) - \arcsin\left(2\sin\theta_{\mathrm{O}}\right) \approx 11.1^{\circ}$$

与原参考光再现相比较，正入射再现的 -1 级衍射光绝对值减小了约 11.1°.

若角度不大时，我们有 $\sin\theta \approx \theta$，于是以上结果可简化为

$$\Delta\theta_{+1} = \arcsin\left(2\sin\theta_{\mathrm{O}}\right) - \theta_{\mathrm{O}} \approx \theta_{\mathrm{O}}, \quad \left|\Delta\theta_{-1}\right| = \arcsin\left(3\theta_{\mathrm{O}}\right) - \arcsin\left(2\theta_{\mathrm{O}}\right) \approx \theta_{\mathrm{O}}$$

7-3　在记录平面上参考光和物光的复振幅分布 u_{R} 和 u_{O} 分别为

$$u_{\mathrm{O}} \approx A_{\mathrm{O}} \exp\left[\frac{\mathrm{j}k}{2z_{\mathrm{O}}}(x^2+y^2)\right]\exp\left[-\mathrm{j}k\left(\frac{y_{\mathrm{O}}}{z_{\mathrm{O}}}y\right)\right], \quad u_{\mathrm{R}} = A_{\mathrm{R}} = \mathrm{const}$$

记录平面上的光强分布为

$$I = A_{\mathrm{R}}{}^2 + A_{\mathrm{O}}{}^2 + A_{\mathrm{R}}A_{\mathrm{O}} \exp\left[\frac{\mathrm{j}k}{2z_{\mathrm{O}}}(x^2+y^2)\right]\exp\left[-\mathrm{j}k\left(\frac{y_{\mathrm{O}}}{z_{\mathrm{O}}}y\right)\right]$$
$$+A_{\mathrm{R}}A_{\mathrm{O}}{}^{*} \exp\left[-\frac{\mathrm{j}k}{2z_{\mathrm{O}}}(x^2+y^2)\right]\exp\left[\mathrm{j}k\left(\frac{y_{\mathrm{O}}}{z_{\mathrm{O}}}\right)y\right]$$

在线性记录情况下得到的全息图的振幅透射率函数可表示为 4 项：

$$t = t_1 + t_2 + t_3 + t_4$$

其中，对应原始像和共轭像的两项分别为

$$t_3 = \beta' A_{\mathrm{O}}A_{\mathrm{R}} \exp\left[\frac{\mathrm{j}k}{2z_{\mathrm{O}}}(x^2+y^2)\right]\exp\left[-\mathrm{j}k\left(\frac{y_{\mathrm{O}}}{z_{\mathrm{O}}}y\right)\right]$$

$$t_4 = \beta' A_{\mathrm{O}}{}^{*}A_{\mathrm{R}} \exp\left[-\frac{\mathrm{j}k}{2z_{\mathrm{O}}}(x^2+y^2)\right]\exp\left[\mathrm{j}k\left(\frac{y_{\mathrm{O}}}{z_{\mathrm{O}}}y\right)\right]$$

再现时，作为照明光的、坐标为 $(0,0,z_{\mathrm{O}})$ 的轴上点光源 R' 在全息图上的复振幅分布为

$$u_{\mathrm{R}} \approx A'_{\mathrm{R}} \exp\left[\frac{\mathrm{j}k}{2z_{\mathrm{O}}}(x^2+y^2)\right]$$

$+1$ 级衍射为

$$u_{\mathrm{R}}t_3 \approx A'_{\mathrm{R}} \exp\left[\frac{\mathrm{j}k}{2z_{\mathrm{O}}}(x^2+y^2)\right]\beta' A_{\mathrm{O}}A_{\mathrm{R}} \exp\left[\frac{\mathrm{j}k}{2z_{\mathrm{O}}}(x^2+y^2)\right]\exp\left[-\mathrm{j}k\left(\frac{y_{\mathrm{O}}}{z_{\mathrm{O}}}y\right)\right]$$
$$\approx A'_{\mathrm{R}}\beta' A_{\mathrm{O}}A_{\mathrm{R}} \exp\left[\frac{\mathrm{j}k}{2}\left(\frac{2}{z_{\mathrm{O}}}\right)(x^2+y^2)\right]\exp\left[-\mathrm{j}k\left(\frac{y_{\mathrm{O}}}{z_{\mathrm{O}}}y\right)\right]$$

相当于从坐标为 $\left(0, y_{\mathrm{O}}, \dfrac{z_{\mathrm{O}}}{2}\right)$ 的点光源发出的发散球面波.

-1 级衍射为

$$u_{\mathrm{R}}t_4 \approx A_{\mathrm{R}}' \exp\left[\frac{\mathrm{j}k}{2z_{\mathrm{O}}}(x^2+y^2)\right]\beta' A_{\mathrm{O}}^{*} A_{\mathrm{R}} \exp\left[-\frac{\mathrm{j}k}{2z_{\mathrm{O}}}(x^2+y^2)\right]\exp\left[\mathrm{j}k\left(\frac{y_{\mathrm{O}}}{z_{\mathrm{O}}}y\right)\right]$$

$$=\beta' A_{\mathrm{R}}' A_{\mathrm{O}}^{*} A_{\mathrm{R}} \exp\left[\mathrm{j}k\left(\frac{y_{\mathrm{O}}}{z_{\mathrm{O}}}y\right)\right]=\beta' A_{\mathrm{R}}' A_{\mathrm{O}}^{*} A_{\mathrm{R}} \exp\left[\mathrm{j}2\pi\left(\frac{y_{\mathrm{O}}}{\lambda z_{\mathrm{O}}}y\right)\right]$$

$$\approx \beta' A_{\mathrm{R}}' A_{\mathrm{O}}^{*} A_{\mathrm{R}} \exp\left[\mathrm{j}2\pi\left(\frac{\sin\theta_y}{\lambda}y\right)\right]$$

式中

$$\theta_y = \arcsin\left(\frac{y_{\mathrm{O}}}{z_{\mathrm{O}}}\right)$$

相当于沿倾角为 θ_y 传播的平面波．它对应的空间频率为

$$f_x = 0,\quad f_y = \frac{\sin\theta_y}{\lambda} \approx \frac{y_{\mathrm{O}}}{\lambda z_{\mathrm{O}}},\quad f_z = \left(\frac{1}{\lambda}\right)\sqrt{1-\lambda^2 f_x^{\,2}-\lambda^2 f_y^{\,2}} = \left(\frac{1}{\lambda}\right)\sqrt{1-\left(\frac{y_{\mathrm{O}}}{z_{\mathrm{O}}}\right)^2} \approx \frac{\cos\theta_y}{\lambda}$$

注意到在本题的情况下，y_{O} 和 z_{O} 都是负值，都在坐标的负值区，此两项衍射光如下图所示．

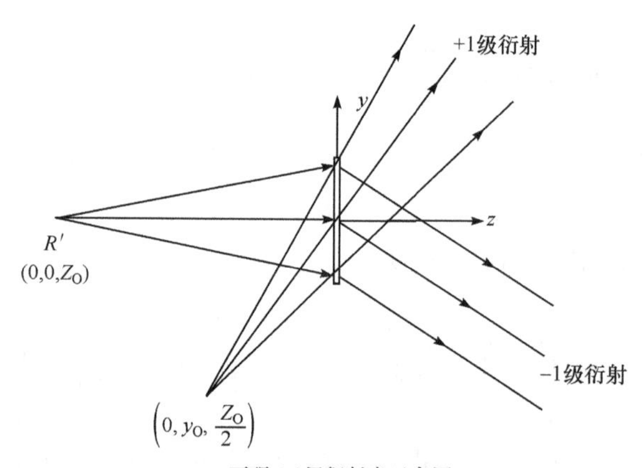

再现±1级衍射光示意图

7-4　再现时，作为照明光的、不同波长的正入射平面波 R' 在全息图上的复振幅分布为

$$u_{\mathrm{R}} = A_{\mathrm{R}}''$$

对于正一级衍射，以 (x_P, y_P, z_P) 表示像点的位置坐标，我们有

$$u_{\mathrm{R}}t_3 \approx A_{\mathrm{R}}''\beta' A_{\mathrm{O}} A_{\mathrm{R}} \exp\left[\frac{\mathrm{j}k}{2z_{\mathrm{O}}}(x^2+y^2)\right]\exp\left[-\mathrm{j}k\left(\frac{y_{\mathrm{O}}}{z_{\mathrm{O}}}y\right)\right]$$

$$=\beta' A_{\mathrm{R}}'' A_{\mathrm{O}} A_{\mathrm{R}} \exp\left[\frac{\mathrm{j}k'}{2z_{\mathrm{O}}}\left(\frac{k}{k'}\right)(x^2+y^2)\right]\exp\left[-\mathrm{j}k'\left(\frac{k}{k'}\right)\left(\frac{y_{\mathrm{O}}}{z_{\mathrm{O}}}y\right)\right]$$

$$=\beta' A_{\mathrm{R}}'' A_{\mathrm{O}} A_{\mathrm{R}} \exp\left[\frac{\mathrm{j}k'}{2}\left(\frac{\mu}{z_{\mathrm{O}}}\right)(x^2+y^2)\right]\exp\left[-\mathrm{j}k'\left(\frac{\mu}{z_{\mathrm{O}}}\right)y_{\mathrm{O}}y\right]$$

$$=A_P \exp\left[\frac{\mathrm{j}k'}{2}\frac{1}{z_P}(x^2+y^2)\right]\exp\left[-\mathrm{j}k'\frac{y_P}{z_P}y\right]$$

式中

$$z_P=\frac{z_O}{\mu},\quad \mu=\lambda'/\lambda=k/k',\quad y_P=y_O,\quad A_P=\beta' A_R'' A_O A_R$$

像点的坐标位置为$(0,y_O,z_O/\mu)$，它发出的球面波相当于从坐标为$(0,y_P,z_P)$即$(0,y_O,z_O/\mu)$的点光源发出的发散球面波.

当$\mu=\lambda'/\lambda=k/k'>1$，即$\lambda'>\lambda$时，再现光波长增长、$z_P$坐标值变小，相当于点光源位置变近(相对于记录平面).

当$\mu=\lambda'/\lambda=k/k'<1$，即$\lambda'<\lambda$时，再现光波长缩短、$z_P$坐标值变大，相当于点光源位置变远(相对于记录平面).

对于−1级衍射，我们有

$$\begin{aligned}
u_R t_4 &\approx A_R''\beta' A_O^* A_R \exp\left[-\frac{jk}{2}\frac{1}{z_O}(x^2+y^2)\right]\exp\left[jk\left(\frac{y_O}{z_O}y\right)\right]\\
&=\beta' A_R'' A_O^* A_R \exp\left[\frac{jk'}{2}\frac{1}{z_O}\left(-\frac{k}{k'}\right)(x^2+y^2)\right]\exp\left[jk'\left(\frac{k}{k'}\right)\left(\frac{y_O}{z_O}y\right)\right]\\
&=\beta' A_R'' A_O^* A_R \exp\left[\frac{jk'}{2}\left(-\frac{\mu}{z_O}\right)(x^2+y^2)\right]\exp\left[jk'\left(\frac{\mu}{z_O}\right)y_O y\right]\\
&=A_C \exp\left[\frac{jk'}{2}\frac{1}{z_C}(x^2+y^2)\right]\exp\left[-jk'\frac{y_C}{z_C}y\right]
\end{aligned}$$

式中，$z_C=-\dfrac{z_O}{\mu}$，$y_C=y_O$，$A_C=\beta' A_R'' A_O^* A_R$.

−1级衍射像点的坐标位置在$(0,y_O,-z_O/\mu)$，它对应的衍射光波为向坐标为$(0,y_O,-z_O/\mu)$的点会聚的会聚球面波.

当$\mu=\lambda'/\lambda=k/k'>1$，即$\lambda'>\lambda$时，再现光波长增长、$z_C$坐标绝对值变小，相当于会聚点变近(相对于记录平面).

当$\mu=\lambda'/\lambda=k/k'<1$，即$\lambda'<\lambda$时，再现光波长缩短、$z_C$坐标绝对值变大，相当于会聚点变远(相对于记录平面).

7-5　取坐标如习题图 7-3(a)所示.

(1) 求记录时全息干版H上的振幅与光强分布．若平面波振幅为A，则干版H上的复振幅分布为

$$At(x,y)=A\left[t_0+\Delta t(x,y)\right]$$

干版H上的光强分布为

$$\begin{aligned}
I(x,y)&=\left|At(x,y)\right|^2=A^2\left[t_0+\Delta t(x,y)\right]\left[t_0+\Delta t(x,y)\right]^*\\
&=A^2\left[t_0^{\,2}+\Delta t(x,y)\Delta t(x,y)^*+t_0\Delta t(x,y)+t_0\Delta t(x,y)^*\right]
\end{aligned}$$

(2) 对于振幅型全息图而言，线性处理后全息图的复振幅透射率函数为

$$
\begin{aligned}
t(x,y) &= T_0 + \beta\tau I(x,y) = T_0 + \beta\tau A^2\left[t_0^{\ 2} + \Delta t(x,y)\Delta t(x,y)^* + t_0\Delta t(x,y) + t_0\Delta t(x,y)^*\right] \\
&= \left(T_0 + \beta\tau A^2 t_0^{\ 2}\right) + \beta\tau A^2\Delta t(x,y)\Delta t(x,y)^* + \beta\tau A^2 t_0\Delta t(x,y) + \beta\tau A^2 t_0\Delta t(x,y)^* \\
&= T_b + \beta\tau A^2\Delta t(x,y)\Delta t(x,y)^* + \beta\tau A^2 t_0\Delta t(x,y) + \beta\tau A^2 t_0\Delta t(x,y)^*
\end{aligned}
$$

式中，β 为记录材料的曝光量常数；τ 为曝光时间；$T_b = T_0 + \beta\tau A^2 t_0$，$T_0$ 为常数，即式(7-1-19)中的 t_0．为了不与这里的 t_0 相混淆，改用大写的 T_0．

(3) 分析再现的波场.

若再现时的照明光是振幅为 B 的平行光，则全息图衍射光的复振幅分布为

$$
Bt(x,y) = BT_b + \beta\tau BA^2\Delta t(x,y)\Delta t(x,y)^* + \beta\tau BA^2 t_0\Delta t(x,y) + \beta\tau BA^2 t_0\Delta t(x,y)^*
$$

第 1 项衍射光是振幅为 BT_b 的平行光，其传播方向沿 z 轴方向.

第 2 项衍射光 $\beta\tau BA^2\Delta t(x,y)\Delta t(x,y)^*$ 是晕轮光，$\beta\tau BA^2$ 是其振幅，$\Delta t(x,y)\Delta t(x,y)^*$ 表示的是物光自身相互干涉带有相干噪声的光波，即自相干的散斑场．其传播方向也主要沿 z 轴方向，只是微微有些发散.

第 3 项衍射光 $\beta\tau BA^2 t_0\Delta t(x,y)$ 是透明物体的原始像，$\beta\tau BA^2 t_0$ 为其振幅，，其传播方向沿 z 轴方向，$\Delta t(x,y)$ 是其相位分布.

第 4 项衍射光 $\beta\tau BA^2 t_0\Delta t(x,y)^*$ 是透明物体的共轭像，振幅也为 $\beta\tau BA^2 t_0$，其传播方向也沿 z 轴方向，$\Delta t(x,y)^*$ 是其相位分布，为 $\Delta t(x,y)$ 的共轭衍射光.

(4) 讨论这种共轴全息系统的缺点和局限性.

用这种共轴全息系统拍摄的全息图再现时，所有全息图的 4 项衍射光都主要沿 z 轴方向，我们感兴趣的是第 3 项衍射光 $\beta\tau BA^2 t_0\Delta t(x,y)$，即透明物体的原始像．但它受到其他 3 项衍射光的干扰，这是其缺点．由于这个缺点，共轴全息图的再现效果都不如离轴全息图．不过，相对于离轴全息图，它也有一些优点．主要是：对光源相干性的要求不高，对系统的稳定性也要求不高，再现时没有横向色差，光路简单，成本较低．由于这些原因，它也适用于拍摄一些体积较小、散射角较大的透明物体．对于这些物体，在其再现时，第 3 项衍射光即共轭像在原始像附近已经弥散得很微弱，对原始像不会造成很大影响；第 1 项衍射光是均匀的背景光，强度也较弱，影响不大；第 2 项晕轮光是一种微微发散的散斑场，其平均光强也弱，大体均匀，影响也不大．也就是说，这种共轴全息系统局限于这样一些物体：如粒子场微生物群或体积较小、散射角较大的透明物体.

7-6　在记录材料内干涉条纹的最低空间频率为

$$
f_{z\min} = \frac{2}{\lambda_0}\sqrt{n^2-1} = \frac{2}{0.6328}\sqrt{1.52^2-1}\times10^3\,\text{cy/mm} \approx 3618\text{cy/mm}
$$

最高空间频率为

$$
f_{z\max} = \frac{2}{\lambda} = \frac{2n}{\lambda_0} = \frac{2\times1.52}{0.6328}\times10^3\,\text{cy/mm} \approx 4804\text{cy/mm}
$$

若改用红宝石激光器拍摄，即 $\lambda = 694.3\text{nm}$，在记录材料内干涉条纹的最低空间频率为

$$
f_{z\min} = \frac{2}{\lambda_0}\sqrt{n^2-1} = \frac{2}{0.6943}\sqrt{1.52^2-1}\times10^3\,\text{cy/mm} \approx 3298\text{cy/mm}
$$

最高空间频率为

$$f_{z\max}=\frac{2}{\lambda}=\frac{2n}{\lambda_0}=\frac{2\times1.52}{0.6943}\times10^3\,\text{cy/mm}\approx4379\text{cy/mm}$$

使用氦氖激光拍摄反射全息图时，要求记录材料的分辨率应达到约 5000cy/mm .

使用红宝石激光器拍摄反射全息图时，要求记录材料的分辨率应达到约 4400cy/mm .

7-7　略.

7-8　略.

7-9　若两束平面波的波长为 λ，两光束的夹角为 2α，条纹间距为 d，干涉条纹的空间频率为 f，则它们之间的关系为

$$f=\frac{K}{2\pi}=\frac{1}{d}=\frac{2\sin\alpha}{\lambda}\text{ 或 }\alpha=\arcsin\left(\frac{f\lambda}{2}\right)$$

当光刻胶的分辨率为 1500cy/mm，记录光波长为 $\lambda=442\text{nm}$ 时，有

$$\alpha=\arcsin\left(\frac{f\lambda}{2}\right)=\arcsin\left(\frac{1500\times0.442}{2000}\right)=\arcsin(0.3315)\approx19.4°$$

即拍摄全息图光路参考光和物光的夹角不能大于 $2\alpha=2\arcsin(0.3315)\approx38.7°$

习　题　8

8-1　这时，直杆上任意点 $P(x,y,z)$ 的位移 $\boldsymbol{L}$ 为

$$\boldsymbol{L}=\begin{bmatrix}L_x\\L_y\\L_z\end{bmatrix}=\begin{bmatrix}\hat{i}&\hat{j}&\hat{k}\\\theta_x&\theta_y&\theta_z\\x&y&z\end{bmatrix}=\begin{bmatrix}z\theta_y-y\theta_z\\x\theta_z-z\theta_x\\y\theta_x-x\theta_y\end{bmatrix}=\begin{bmatrix}z\theta_y\\0\\-x\theta_y\end{bmatrix}=z\theta_y\hat{i}-x\theta_y\hat{k}\approx-x\theta_y\hat{k}=x\theta\hat{k}$$

式中，$y=0$(直杆位于 xz 平面)，$z\approx0$(微小角度！)，$\theta_x=\theta_z=0$，$\theta_y=-\theta$(转动角在 y 轴负方向，$|\theta_y|=\theta$)，$\hat{k}$ 为 z 轴方向的单位矢量.

(a)
$$\boldsymbol{k}_2-\boldsymbol{k}_1=(2\pi/\lambda)\left[\hat{k}-(-\hat{k})\right]=(2\pi/\lambda)2\hat{k}$$

位移前后全息图上 V 点物光的相位增量为

$$\Delta\phi=\boldsymbol{L}\cdot(\boldsymbol{k}_2-\boldsymbol{k}_1)=x\theta(2\pi/\lambda)2$$

亮纹条件为

$$\Delta\phi=\boldsymbol{L}\cdot(\boldsymbol{k}_2-\boldsymbol{k}_1)=x\theta(2\pi/\lambda)2=2N\pi$$

即

$$2x\theta=N\lambda\text{ 或 }x=N(\lambda/2\theta)$$

(b)
$$\begin{aligned}\Delta\phi&=\boldsymbol{L}\cdot(\boldsymbol{k}_2-\boldsymbol{k}_1)=L_z(k_{2z}-k_{1z})\\&=\left(\frac{2\pi}{\lambda}\right)(x\theta)\left[1-\left(-\frac{1}{\sqrt{2}}\right)\right]=\left(\frac{2\pi}{\lambda}\right)(x\theta)\left[1+\frac{1}{\sqrt{2}}\right]\end{aligned}$$

亮纹方程为

$$\left[1+\frac{1}{\sqrt{2}}\right]x\theta = N\lambda$$

(c)
$$\Delta\phi = \boldsymbol{L}\cdot(\boldsymbol{k}_2-\boldsymbol{k}_1) = L_z(k_{2z}-k_{1z})$$
$$=\left(\frac{2\pi}{\lambda}\right)(x\theta)\left[\frac{1}{\sqrt{2}}-\left(-\frac{1}{\sqrt{2}}\right)\right]=\left(\frac{2\pi}{\lambda}\right)\sqrt{2}x\theta$$

亮纹方程为

$$\sqrt{2}x\theta = N\lambda$$

(d)
$$\Delta\phi = \boldsymbol{L}\cdot(\boldsymbol{k}_2-\boldsymbol{k}_1) = L_z(k_{2z}-k_{1z})$$
$$=\left(\frac{2\pi}{\lambda}\right)(x\theta)\left[\frac{1}{\sqrt{2}}-(-1)\right]=\left(\frac{2\pi}{\lambda}\right)\left(\frac{1}{\sqrt{2}}+1\right)x\theta$$
$$\left(\frac{1}{\sqrt{2}}+1\right)x\theta = N\lambda$$

8-2　(1) $\boldsymbol{k}_2-\boldsymbol{k}_1=2\boldsymbol{k}_2=2(2\pi/\lambda)\hat{k}$，$\hat{i}$ 与 $\hat{k}$ 正交，故 $\Delta\phi=0$.

直杆一片均匀光亮，没有条纹.

(2)
$$(\boldsymbol{k}_2-\boldsymbol{k}_1)\cdot\boldsymbol{L}=(2\pi/\lambda)(k_{2x}-k_{1x})\varepsilon x=(2\pi/\lambda)(-k_{1x})\varepsilon x$$
$$=(2\pi/\lambda)(-\cos 45^\circ)\varepsilon x=(2\pi/\lambda)(-1/\sqrt{2})\varepsilon x$$

亮纹方程为

$$(1/\sqrt{2})\varepsilon x=-N\lambda \text{ 或 } x=-N\sqrt{2}\lambda/\varepsilon$$

(3)
$$(\boldsymbol{k}_2-\boldsymbol{k}_1)\cdot\boldsymbol{L}=(2\pi/\lambda)(k_{2x}-k_{1x})\varepsilon x=(2\pi/\lambda)[(1/\sqrt{2})-(1/\sqrt{2})]\varepsilon x=0$$

直杆一片均匀光亮，没有条纹(灵敏度矢量 $(\boldsymbol{k}_2-\boldsymbol{k}_1)=\sqrt{2}\hat{k}$ 在 z 轴方向，与位移 $\boldsymbol{L}$ 正交).

(4)
$$(\boldsymbol{k}_2-\boldsymbol{k}_1)\cdot\boldsymbol{L}=(2\pi/\lambda)(k_{2x}-k_{1x})\varepsilon x=(2\pi/\lambda)(k_{2x})\varepsilon x=(2\pi/\lambda)(1/\sqrt{2})\varepsilon x$$

亮纹方程为

$$(1/\sqrt{2})\varepsilon x=N\lambda \text{ 或 } x=N\sqrt{2}\lambda/\varepsilon$$

8-3　考虑刚体漫反射表面上任意点 P，其距离坐标原点的距离为 x(参看习题图 8-3(b)). 从该点到达观察点的相位差为

$$\Delta\phi=\boldsymbol{k}\cdot\boldsymbol{d}=(\boldsymbol{k}_2-\boldsymbol{k}_1)\cdot\boldsymbol{d}=(2\pi/\lambda)(\hat{e}_2-\hat{e}_1)\cdot\boldsymbol{d}=(2\pi/\lambda)(e_{2x}-e_{1x})d_x=(2\pi/\lambda)(e_{2x})d$$
$$e_{2x}=-\sin\theta\approx -x/D,\quad e_{1x}=0$$
$$\Delta\phi=(2\pi/\lambda)(e_{2x})d_x\approx(2\pi/\lambda)(-x/D)d$$

亮纹条件为

$$\Delta\phi=(2\pi/\lambda)(-x/D)d=2N\pi \text{ 或 } (-x/D)d=N\lambda$$

当间隔为 $\Delta N=1$ 时，相应的条纹间距 Δx 为

$$\Delta x=(D/d)\lambda \text{ 或 } d=(D/\Delta x)\lambda$$

$$d=\left(D/\Delta x\right)\lambda=(300/4)\times 0.6328\mu\text{m}\approx 47.5\mu\text{m}$$

8-4　根据式(8-3-9)(参看图 8-3-1)以及表 8-3-1 中条纹序数为 5 的数据，注意到$\theta_2\approx 0$，$\theta_1\approx 180°$，于是，我们有

$$\xi=\frac{2\pi}{\lambda}A(x)(\cos\theta_2+\cos\theta_1)\approx\frac{4\pi}{\lambda}A(x)\approx 14.9$$

$$A(x)\approx 14.9\times\frac{\lambda}{4\pi}\mu\text{m}=14.9\times\frac{0.6328}{4\pi}\mu\text{m}=0.75\mu\text{m}$$

8-5　(1) 单纵模激光光源的复自相干度.

单纵模激光光源功率谱密度的傅里叶变换为

$$F\left[I\left(\nu\right)\right]=F\left[\delta\left(\nu-\bar{\nu}\right)\right]F\left[G\left(\nu\right)\right]$$

上式中第 1 项为

$$F\left[\delta\left(\nu-\bar{\nu}\right)\right]=\exp\left(-\text{j}2\pi\bar{\nu}\tau\right)=A$$

为计算上式中的第 2 项，先将高斯型频谱函数作如下的简化表示：

$$G\left(\nu\right)=\frac{2\sqrt{\ln 2}}{\sqrt{\pi}\delta\nu_{\text{D}}}\exp\left[-\left(2\sqrt{\ln 2}\frac{\nu}{\delta\nu_{\text{D}}}\right)^2\right]=C\exp\left[-\left(a\nu\right)^2\right]$$

式中，$C=2\sqrt{\ln 2}/\sqrt{\pi}\delta\nu_{\text{D}}$，$a=2\sqrt{\ln 2}/\delta\nu_{\text{D}}$.

于是，我们有

$$F\left[G\left(\nu\right)\right]=C\int_{-\infty}^{\infty}\exp[-(a\nu)^2]\exp\left(-\text{j}2\pi\nu\tau\right)\text{d}\nu$$
$$=C\exp\left[-\left(\pi\tau/a\right)^2\right]\int_{-\infty}^{\infty}\exp\left[-a^2\left(\nu+\text{j}\pi\tau/a^2\right)^2\right]\text{d}\nu$$

令$\xi=\nu+\text{j}\pi\tau/a^2$，有

$$F\left[G\left(\nu\right)\right]=C\exp\left[-\left(\pi\tau/a\right)^2\right]\int_{-\infty}^{\infty}\exp\left[-\left(a^2\xi^2\right)\right]\text{d}\xi$$
$$=\frac{C}{a}\exp\left[-\left(\pi\tau/a\right)^2\right]\int_{-\infty}^{\infty}\exp\left[-\left(a\xi\right)^2\right]\text{d}\left(a\xi\right)$$

令$y=a\xi$，有

$$F\left[G\left(\nu\right)\right]=\frac{C}{a}\exp\left(-\pi\tau/a\right)^2\int_{-\infty}^{\infty}\exp\left(-y^2\right)\text{d}y=\frac{C\sqrt{\pi}}{a}\exp\left(-\pi\tau/a\right)^2$$

式中，$\int_{-\infty}^{\infty}\exp\left(-y^2\right)\text{d}y=\sqrt{\pi}$，并注意到$\frac{C\sqrt{\pi}}{a}=1$.

故得高斯型频谱函数的傅里叶变换最终的表达式为

$$F\left[G\left(\nu\right)\right]=\exp\left[-\left(\pi\delta\nu_{\text{D}}\tau/2\sqrt{\ln 2}\right)^2\right]=B$$

于是，单纵模激光光源的功率谱密度的傅里叶变换为

$$F\left[I\left(\nu\right)\right]=\exp\left(-\text{j}2\pi\bar{\nu}\tau\right)\exp\left[-\left(\pi\delta\nu_{\text{D}}\tau/2\sqrt{\ln 2}\right)^2\right]=AB$$

$$\left\{F\left[I\left(\nu\right)\right]\right\}\Big|_{\tau=0}=1$$

故单纵模激光光源的复自相干度为

$$\gamma(\tau)=\frac{F\left[I(\nu)\right]}{\left\{F\left[I(\nu)\right]\right\}\Big|_{\tau=0}}=\exp\left(-\mathrm{j}2\pi\bar{\nu}\tau\right)\exp\left[-\left(\pi\delta\nu_{\mathrm{D}}\tau/2\sqrt{\ln 2}\right)^{2}\right]=AB$$

(2) 双纵模激光光源的复自相干度.

$$F\left[I_2(\nu)\right]=F\left\{\left[\delta\left(\nu-\bar{\nu}-\Delta\nu/2\right)+\delta\left(\nu-\bar{\nu}+\Delta\nu/2\right)\right]\otimes G(\nu)\right\}$$
$$=F\left[\delta\left(\nu-\bar{\nu}-\Delta\nu/2\right)+\delta\left(\nu-\bar{\nu}+\Delta\nu/2\right)\right]F\left[G(\nu)\right]$$

$$F\left[\delta\left(\nu-\bar{\nu}-\Delta\nu/2\right)+\delta\left(\nu-\bar{\nu}+\Delta\nu/2\right)\right]=\exp\left(-\mathrm{j}2\pi\bar{\nu}\tau\right)\left[\exp\left(-\mathrm{j}\pi\Delta\nu\tau\right)+\exp\left(-\mathrm{j}\pi\Delta\nu\tau\right)\right]$$
$$=\exp\left(-\mathrm{j}2\pi\bar{\nu}\tau\right)2\cos\left(\pi\Delta\nu\tau\right)$$

注意到$\Delta\nu=c/2L$，$l=c\tau$，并令$E=l\pi/L$，我们有

$$F\left[\delta\left(\nu-\bar{\nu}-\Delta\nu/2\right)+\delta\left(\nu-\bar{\nu}+\Delta\nu/2\right)\right]=\exp\left(-\mathrm{j}2\pi\bar{\nu}\tau\right)2\cos\left(E/2\right)$$

于是

$$F\left[I_2(\nu)\right]=2\exp\left(-\mathrm{j}2\pi\bar{\nu}\tau\right)\cos\left(E/2\right)B=2AB\cos\left(E/2\right)$$
$$F\left[I_2(\nu)\right]\Big|_{\tau=0}=2$$

故双纵模激光光源的复自相干度为

$$\gamma_2(l)=\frac{F\left[I_2(\nu)\right]}{F\left[I_2(\nu)\right]\Big|_{\tau=0}}=AB\cos\left(\frac{E}{2}\right)$$

(3) 三纵模激光光源的复自相干度.

$$F\left[I_3(\nu)\right]=\left\{\left[F\left[\delta\left(\nu-\bar{\nu}-\Delta\nu\right)\right]+F\left[\delta\left(\nu-\bar{\nu}\right)\right]+F\left[\delta\left(\nu-\bar{\nu}+\Delta\nu\right)\right]\right]\right\}F\left[G(\nu)\right]$$
$$=\left\{\exp\left[-\mathrm{j}2\pi\left(\bar{\nu}+\Delta\nu\right)\tau\right]+\exp\left(-\mathrm{j}2\pi\bar{\nu}\tau\right)+\exp\left[-\mathrm{j}2\pi\left(\bar{\nu}-\Delta\nu\right)\tau\right]\right\}B$$
$$=\left[\exp\left(-\mathrm{j}2\pi\Delta\nu\tau\right)+1+\exp\left(\mathrm{j}2\pi\Delta\nu\tau\right)\right]\exp\left(-\mathrm{j}2\pi\bar{\nu}\tau\right)B$$
$$=\left[1+2\cos\left(2\pi\Delta\nu\tau\right)\right]AB=AB\left[1+2\cos\left(\pi l/L\right)\right]=AB\left[1+2\cos E\right]$$

而

$$F\left[I_3(\nu)\right]\Big|_{\tau=0}=3$$

故三纵模激光光源的复自相干度为

$$\gamma_3(l)=F\left[I_3(\nu)\right]/\left\{F\left[I_3(\nu)\right]\right\}\Big|_{l=0}=AB\left(\frac{1}{3}\right)\left(1+2\cos E\right)$$

(4) 四纵模激光光源的复自相干度.

$$F\left[I_4(\nu)\right]=F[\delta\left(\nu-\bar{\nu}-3\Delta\nu/2\right)+\delta\left(\nu-\bar{\nu}-\Delta\nu/2\right)$$
$$+\delta\left(\nu-\bar{\nu}+\Delta\nu/2\right)+\delta\left(\nu-\bar{\nu}+3\Delta\nu/2\right)]F\left[G(\nu)\right]$$
$$=\exp\left(-\mathrm{j}2\pi\bar{\nu}\tau\right)\left[\exp\left(-\mathrm{j}3\pi\Delta\nu\tau\right)+\exp\left(\mathrm{j}3\pi\Delta\nu\tau\right)+\exp\left(-\mathrm{j}\pi\Delta\nu\tau\right)+\exp\left(\mathrm{j}\pi\Delta\nu\tau\right)\right]B$$
$$=AB\left(2\cos 3\pi\Delta\nu\tau+2\cos\pi\Delta\nu\tau\right)=2AB\left(\cos\frac{3E}{2}+\cos\frac{E}{2}\right)$$

$$F\left[I_4(\nu)\right]\big|_{\tau=0}=4$$

故四纵模激光光源的复自相干度为

$$\gamma_4(l)=\frac{F\left[I_4(\nu)\right]}{F\left[I_4(\nu)\right]\big|_{\tau=0}}=AB\left(\frac{1}{2}\right)\left[\cos\left(\frac{E}{2}\right)+\cos\left(\frac{3E}{2}\right)\right]$$

(5) 五纵模激光光源的复自相干度.

$$I_5(\nu)=[\delta(\nu-\bar{\nu}-2\Delta\nu)+\delta(\nu-\bar{\nu}-\Delta\nu)+\delta(\nu-\bar{\nu})$$
$$+\delta(\nu-\bar{\nu}+\Delta\nu)++\delta(\nu-\bar{\nu}+2\Delta\nu)]\otimes G(\nu)$$

$$F\left[I_5(\nu)\right]=F[\delta(\nu-\bar{\nu}-2\Delta\nu)+\delta(\nu-\bar{\nu}-\Delta\nu)+\delta(\nu-\bar{\nu})$$
$$+\delta(\nu-\bar{\nu}+\Delta\nu)++\delta(\nu-\bar{\nu}+2\Delta\nu)]F\left[G(\nu)\right]$$

$$F\left[\delta(\nu-\bar{\nu}-2\Delta\nu)+\delta(\nu-\bar{\nu}-\Delta\nu)+\delta(\nu-\bar{\nu})+\delta(\nu-\bar{\nu}+\Delta\nu)++\delta(\nu-\bar{\nu}+2\nu)\right]$$
$$=\exp(-\mathrm{j}2\pi\bar{\nu}\tau)\left[\exp(-\mathrm{j}2\pi2\Delta\nu\tau)+\exp(-\mathrm{j}2\pi\Delta\nu\tau)+1+\exp(\mathrm{j}2\pi\Delta\nu\tau)+\exp(\mathrm{j}2\pi\Delta\nu\tau)\right]$$
$$=\exp(-\mathrm{j}2\pi\bar{\nu}\tau)\left[1+2\cos(2\pi2\Delta\nu\tau)+2\cos(2\pi\Delta\nu\tau)\right]=\exp(-\mathrm{j}2\pi\bar{\nu}\tau)[1+2\cos E+2\cos 2E]$$
$$=A[1+2\cos E+2\cos 2E]$$

$$F\left[I_5(\nu)\right]=AB[1+2\cos E+2\cos 2E]$$

$$F\left[I_5(\nu)\right]\big|_{\tau=0}=5$$

故五纵模激光光源的复自相干度为

$$\gamma_5(l)=\frac{F\left[I_5(\nu)\right]}{F\left[I_5(\nu)\right]\big|_{\tau=0}}=AB\left(\frac{1}{5}\right)(1+2\cos E+2\cos 2E)$$

(6) 六纵模激光光源的复自相干度.

$$F\left[I_6(\nu)\right]=F[\delta(\nu-\bar{\nu}-5\Delta\nu/2)+\delta(\nu-\bar{\nu}-3\Delta\nu/2)$$
$$+\delta(\nu-\bar{\nu}-\Delta\bar{\nu}/2)+\delta(\nu-\bar{\nu}+\Delta\nu/2)$$
$$+\delta(\nu-\bar{\nu}+3\Delta\bar{\nu}/2)+\delta(\nu-\bar{\nu}+5\Delta\bar{\nu}/2)]F\left[G(\nu)\right]$$

$$F[\delta(\nu-\bar{\nu}-5\Delta\nu/2)+\delta(\nu-\bar{\nu}-3\Delta\nu/2)+\delta(\nu-\bar{\nu}-\Delta\nu/2)+\delta(\nu-\bar{\nu}+\Delta\nu/2)$$
$$+\delta(\nu-\bar{\nu}+3\Delta\nu/2)+\delta(\nu-\bar{\nu}+5\Delta\nu/2)]$$
$$=\exp(-\mathrm{j}2\pi\bar{\nu}\tau)\left[2\cos(\pi\Delta\nu\tau)+2\cos(3\pi\Delta\nu\tau)+2\cos(5\pi\Delta\nu\tau)\right]$$
$$=A\left[2\cos(E/2)+2\cos(3E/2)+2\cos(5E/2)\right]$$

$$F\left[I_6(\nu)\right]=2AB\left[\cos(E/2)+\cos(3E/2)+\cos(5E/2)\right]$$

$$F\left[I_6(\nu)\right]\big|_{\tau=0}=6$$

故六纵模激光光源的复自相干度为

$$\gamma_6(l)=\frac{\left[F(I_6(\nu))\right]}{\left[F(I_6(\nu))\right]\big|_{\tau=0}}=AB\left(\frac{1}{3}\right)\left[\cos\left(\frac{E}{2}\right)+\cos\left(\frac{3E}{2}\right)+\cos\left(\frac{5E}{2}\right)\right]$$

8-6　采用波长为 $\lambda' = 488\text{nm}$ 的激光再现时，等高线条纹的宽度 Δz 为

$$\Delta z = \frac{\lambda\lambda'}{(1+\cos\theta)(\lambda-\lambda')} = \frac{514.5\times 488}{(1+\cos 45^\circ)(514.5-488)}$$

$$= \frac{251076}{(1.707)(26.5)} \approx 5550(\text{nm}) \approx 5.55(\mu\text{m})$$

若用氦氖激光器的激光 $\lambda' = 632.8\text{nm}$ 再现，则高线条纹的宽度 Δz 为

$$\Delta z = \frac{\lambda\lambda'}{(1+\cos\theta)(\lambda-\lambda')} = \frac{632.8\times 514.5}{(1+\cos 45^\circ)(632.8-514.5)}$$

$$= \frac{325575.6}{(1.707)(118.3)} \approx 1612(\text{nm}) \approx 1.61(\mu\text{m})$$

8-7　根据式(8-1-47)，我们有

$$B' = \frac{I_{\text{R1}}}{I_{\text{O0}}} = \frac{109.2}{30.6} \approx 3.57$$

根据式(8-1-48)，我们有

$$\frac{B}{B'} = \frac{3}{3.57} = \left[\frac{\text{J}_0(\alpha)}{\text{J}_1(\alpha)}\right]^2 = 0.84$$

查表 8-2-1 可得 $\alpha_1 \approx 1.5$.

根据式(8-1-43)和表 8-2-1，当 $B = \left[\frac{\text{J}_0(\alpha)}{\text{J}_1(\alpha)}\right]^2 = 3$ 时，为了获得最佳的条纹衬比，应取 $\alpha_{\text{opt}} \approx 1.0$.

再根据式(8-1-49)，我们有

$$\tau_{\text{opt}} = \frac{\alpha_{\text{opt}}}{\alpha_1}\tau_1 = \frac{1.0}{1.5}\times 16.5\text{s} \approx 11\text{s}$$

即应选择的最佳曝光时间是 11s.

8-8　**略**.

习　题　9

9-1　(1) 由于数字全息图宽度为 $L=N\delta$，重建平面宽度则为 $L_0 = \lambda dN/(N\delta) = \lambda d/\delta$.

(2) 下图是 $H_0 \gg D_0$ 及 $H_0 \approx D_0$ 重建平面上物体重建像与零级衍射及共轭光的位置关系.

当 $H_0 \gg D_0$ 时，可以选择重建平面宽度 L_0 略大于 H_0. 根据 $L_0 = \lambda dN/L$，记录距离 d 则为 $d = \dfrac{LL_0}{\lambda N}$. 为保证重建物像与零级衍射干扰分离，若重建物体中心偏移重建平面中心 ΔL (见图示)，参考光沿水平方向的偏转角 $\theta = \Delta L/d$.

当 $H_0 \approx D_0$ 时，仍然选择重建平面宽度 L_0 略大于 H_0. 但将物体重建像中心放置在重建平面的对角线方向(见图示)通常能够较好地避开零级衍射干扰. 即应将参考光沿水平及垂直方

向均有相同的偏转，其余参数的确定方法与 $H_0 \gg D_0$ 情况相同.

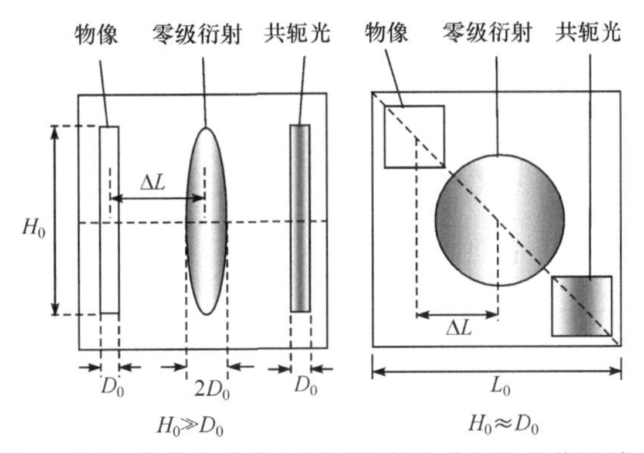

重建平面上物体重建像与零级衍射及共轭光的位置关系

(3) 由于 H_0=100mm, D_0=20mm，为让重建物平面上物体的像能充分占有物面并与零级衍射光及共轭物光有效分离，选择 L_0=120mm. 记录距离则为

$$d = \frac{LL_0}{\lambda N} = \frac{0.005 \times 120}{0.000532} = 1127.82(\text{mm})$$

由于 D_0=20mm，参照上面 $H_0 \gg D_0$ 的图示，只要 $\Delta L > 2D_0 = 40\text{mm}$ 即可. 于是参考光与光轴沿水平方向的夹角应略大于 $\theta = \Delta L / d = 40 / 1127 = 0.03546\ \text{rad}$.

(4) 由于 H_0=40mm, D_0=40mm，参照上面 $H_0 \approx D_0$ 的图示，为让重建物平面上物体的像能充分占有物面并与零级衍射光及共轭物光有效分离，选择 L_0=4×40mm=160mm. 记录距离则为

$$d = \frac{LL_0}{\lambda N} = \frac{0.005 \times 160}{0.000532} = 1503.75(\text{mm})$$

为让重建物体中心在重建平面的对角线上，参考光与光轴沿水平及垂直方向的夹角均是 $\theta = 2D_0 / d = 80 / 1503.75 = 0.0532\ \text{rad}$.

(5) 参考光引入一非 2π整数倍相移记录第二幅数字全息图，用两幅图的差值图像作菲涅耳衍射积分的 S-FFT 计算重建物平面时，零级衍射干扰项消失. 参照上面的图示，通常情况可以缩短记录距离及减小参考光与光轴的夹角. 解答从略.

9-2 (1) 重建物平面的宽度 $L_0=N\delta$.

(2) 补零扩大后全息图像素数至少为 ND_0/L_0.

9-3 将 U_{0R} 经距离 z_i 的衍射仍然用菲涅耳近似表示，有

$$U_{iR}(x_i, y_i) = \frac{\exp(jkz_i)}{j\lambda z_i} \int_{-\infty}^{\infty}\int_{-\infty}^{\infty} U_{0R}(x, y) \exp\left[j\frac{k}{2z_i}\left[(x_i - x)^2 + (y_i - y)^2\right]\right] dxdy$$

将 $U_{0R}(x, y) = w(x, y) R_c(x, y) A_r^2$ 代入得

$$U_{iR}(x_i, y_i) = \frac{\exp(jkz_i)}{j\lambda z_i} A_r^2 \\ \times \int_{-\infty}^{\infty}\int_{-\infty}^{\infty} w(x, y) \exp\left[j\frac{k}{2z_c}(x^2 + y^2)\right] \exp\left[j\frac{k}{2z_i}\left[(x_i - x)^2 + (y_i - y)^2\right]\right] dxdy$$

对积分号内相位因子进行合并配方运算并令 $M_c = z_i / z_c + 1$ 可得

$$U_{iR}(x_i, y_i) = \frac{\exp(jkz_i)}{j\lambda z_i M_c^2} A_r^2 \exp\left[-\frac{jk}{2M_c z_i}(x_i^2 + y_i^2)\right]$$

$$\times \int_{-\infty}^{\infty}\int_{-\infty}^{\infty} w\left(\frac{x}{M_c}, \frac{y}{M_c}\right) \exp\left[j\frac{k}{2M_c z_i}\left[(x_i - x)^2 + (y_i - y)^2\right]\right] dxdy$$

由于 $w\left(\frac{x}{M_c}, \frac{y}{M_c}\right) = \mathrm{rect}\left(\frac{x}{M_c L}, \frac{y}{M_c L}\right)$，上式是一个中心在原点，宽度为 $|M_c|L$ 的方孔衍射图像.

9-4　(1) 柯林斯公式逆运算式 S-FFT 计算的形式为

$$U_0(x_0, y_0) = \frac{\exp(-jkd)}{-j\lambda B} \exp\left[-\frac{jk}{2B} A(x_0^2 + y_0^2)\right]$$

$$\int_{-\infty}^{\infty}\int_{-\infty}^{\infty} U(x, y) \exp\left[-\frac{jk}{2B} D(x^2 + y^2)\right] \exp\left[j\frac{2\pi}{\lambda B}(xx_0 + yy_0)\right] dxdy$$

$$= \frac{\exp(-jkL)}{-j\lambda B} \exp\left[-\frac{jk}{2B} A(x_0^2 + y_0^2)\right] \times \mathscr{F}^{-1}\left\{U(x, y) \exp\left[-\frac{jk}{2B} D(x^2 + y^2)\right]\right\}_{f_x = \frac{x_0}{\lambda B}, f_y = \frac{y_0}{\lambda B}}$$

令 L_0, L 分别是使用快速傅里叶反变换 IFFT 计算时 $ABCD$ 系统入射平面及出射平面光波场的空域宽度，取样数为 $N \times N$. 参照 S-FFT 计算菲涅耳衍射积分的讨论，有

$$L_0 = \frac{\lambda |B| N}{L}$$

于是，$\frac{L_0}{N} = \frac{\lambda |B|}{L}$ 是 IFFT 计算结果的空域取样单位，柯林斯公式逆运算的 S-FFT 计算表达式则为

$$U_0\left(m\frac{\lambda B}{L}, n\frac{\lambda B}{L}\right) = \frac{\exp(-jkd)}{-i\lambda B} \exp\left[-j\pi\frac{\lambda BA}{L^2}(m^2 + n^2)\right]$$

$$\times \mathrm{IFFT}\left\{U\left(p\frac{L}{N}, q\frac{L}{N}\right) \exp\left[-j\pi\frac{DL^2}{\lambda BN^2}(p^2 + q^2)\right]\right\}$$

$$(m, n, p, q = -N/2, -N/2+1, \cdots, N/2-1)$$

(2) 柯林斯公式逆运算式 D-FFT 计算的形式为

$$U_0(x_0, y_0) = \frac{\exp(-jkd)}{D} \exp\left[-jk\frac{C}{2D}(x_0^2 + y_0^2)\right]$$

$$\times \mathscr{F}^{-1}\left\{\mathscr{F}\left\{U\left(\frac{x_0}{D}, \frac{y_0}{D}\right)\right\} \exp\left(j\pi\lambda BD\left(f_x^2 + f_y^2\right)\right)\right\}$$

若令 L_0, L 分别是使用 FFT 计算上式时入射平面 $U_0(x_0,y_0)$ 及出射平面 $U(x,y)$ 的空域宽度. 尽管 $U(x,y)$ 在变换式中坐标尺度放大了 D 倍进行取样，在进行计算时空域宽度仍然是 L. 当取样数为 N 时，FFT 变换后其频域宽度为 N/L. 此后，经离散傅里叶反变换回到空域时，入射平面的空域宽度也变成 $L_0=(1/L)^{-1}=L$. 因此得到上式的 D-FFT 计算式

$$U_0\left(r\frac{L}{N},s\frac{L}{N}\right)=\frac{\exp(-\mathrm{j}kd)}{D}\exp\left[-\mathrm{j}\frac{\pi C}{\lambda D}\left(\frac{L}{N}\right)^2\left(r^2+s^2\right)\right]$$

$$\times\mathrm{IFFT}\left\{\mathrm{FFT}\left\{U\left(p\frac{L}{DN},q\frac{L}{DN}\right)\right\}\exp\left(\mathrm{j}\pi\lambda BD\frac{m^2+n^2}{L^2}\right)\right\}$$

$$(r,s,p,q,m,n=-N/2,-N/2+1,\cdots,N/2-1)$$

9-5 (1) CCD 宽度 L=1024×0.00645mm，根据式(9-3-1) $L_0=\lambda dN/L$，将相关参数及三种波长分别代入公式后，求得：红光(λ=671nm)1-FFT 重建平面宽 L_{0R}=104.03mm，绿光(λ=532nm) 1-FFT 重建平面宽 L_{0G}=82.48mm，蓝光(λ=457nm)1-FFT 重建平面宽 L_{0B}=70.85mm.

(2) 根据式(9-3-5) $N_{\mathrm{img}}=\dfrac{L_{\mathrm{img}}L}{\lambda d}$，在 1-FFT 重建平面经像素为单位的选择区宽度分别是

红光(λ=671nm)：148；

绿光(λ=532nm)：186；

蓝光(λ=457nm)：217.

(3) 根据式(9-3-5)及式(9-3-6)有

$$d_{\mathrm{s}}=\frac{\lambda N_{\mathrm{img}}}{L^2}d^2=\frac{L_{\mathrm{img}}}{L}d$$

对于三种色光，虚拟物平面到像平面的距离均为 2271.1mm.

习 题 10

10-1 光纤模式分类的判据为

$$G^2(r)=n^2(r)k_0^2-\frac{m^2-1/4}{r^2}-\beta^2 \tag{1}$$

式中，$\beta=k_z=nk_0\cos\theta_z$ 为纵向传播常数．当 $G^2(r)>0$ 时，解为正弦函数形式，为驻波场或传播场；当 $G^2(r)<0$ 时，解为衰减指数形式，为衰减场或消逝场．在传播场与消逝场的交界处，$G^2(r)=0$，则 r 为

$$\begin{cases} r_{\mathrm{co}}^2=\dfrac{m^2-1/4}{n^2(r)k_0^2-\beta^2}, & 0\leqslant r\leqslant a \quad (\text{纤芯中}) \\ r_{\mathrm{cl}}^2=\dfrac{m^2-1/4}{n_2^2k_0^2-\beta^2}, & r>a \quad (\text{包层中}) \end{cases} \tag{2}$$

式中，r_{co} 与 r_{cl} 分别为纤芯中的束缚散焦面和包层中的辐射散焦面半径．式(1)是光纤模式分类的判据，当传播常数β取不同值时，模式的场分布如下：

(1) 导模．

当 $n_2^2k_0^2<\beta^2<n_1^2k_0^2$ 时，其场分布如下：在 $r_{g1}\leqslant r\leqslant r_{g2}$ 的区域内为传播场，在其他区域内为消逝场．因此，导模被限制在 $r_{g1}\leqslant r\leqslant r_{g2}$ 的圆筒内传播．在阶跃光纤中，$r_{g2}=a$；在梯度光纤中，$r_{g2}<a$．对于 TE 模或 TM 模(m=0，与子午光线对应)，r_{g1}=0；对于 EH 模或 HE 模(与偏斜光线对应)，$r_{g1}>0$．这相当于在外散焦面上导模全反射：$\cos\theta_z>n_2/n_1$，即 $\beta=n_1k_0\cos\theta_z>n_2k_0$；

同时，$\cos\theta_z < 1$，则有 $\beta = n_1 k_0 \cos\theta_z < n_1 k_0$．

(2) 泄漏模或隧道模．

当 $n_2^2 k_0^2 - (m^2 - 1/4)/a^2 < \beta^2 < n_2^2 k_0^2$ 时，其场分布如下：在 $r_{m1}<r<r_{m2}$ 或 $r>r_{m3}$ 的区域为传播场；在其他区域为消逝场．这时，原来限制在纤芯内传播的导模功率透过 $r_{m2}<r<r_{m3}$ 的隧道泄漏到包层之中，包层材料具有较大损耗，因此引起了传输损耗．这相当于光线理论中不满足全反射条件但又接近全反射的情形，对应于子午光线的 TE 模与 TM 不存在泄漏模．

(3) 辐射模．

当 $0 < \beta^2 < n_2^2 k_0^2 - (m^2 - 1/4)/a^2$ 时，其场分布如下：在 $r > r_{r1}$ 的所有区域均为传播场．这时，光能量直接地、不受阻挡地向包层中辐射并被损耗掉，光纤已经完全失去了波导约束模式功率的作用，辐射模是一种不受约束的模式．导模与辐射模的重要区别在于：导模对应于分离的本征值而辐射模对应于连续的本征值．就波导场研究而言，离散的导模与连续的辐射模一起构成了波导的完整正交模系．

10-2　布拉格光栅的最大反射率为

$$R_{\max} = \tanh^2(\kappa L) \tag{1}$$

最大反射率出现在 $\zeta^+=0$，其峰值波长为

$$\lambda_{\max} = \left(1 + \frac{\Delta n_{\max}}{n_{\text{eff}}}\right)\lambda_B \tag{2}$$

式(2)表明，反射率最大的波长，即中心波长是随折射率调制深度增加而向长波方向移动，这与光纤光栅写入实验中观察到的现象是一致的．由于 $\Delta n_{\max} \ll n_{\text{eff}}$，所以波长偏离量很小，在光纤光栅应用时经常可忽略．由上述相位匹配情况下的反射率可看出，当失谐(相位不匹配)时，反射率下降．

光纤光栅的半峰值宽度(FWHM)$\Delta\lambda_H$ 定义为

$$R\left(\lambda_B \pm \frac{\Delta\lambda_H}{2}\right) = \frac{1}{2} R(\lambda_B) \tag{3}$$

为求解上述方程，需对式(1)进行化简，因 κL 一般较小，可对式中的指数项采用零点附近泰勒展开，忽略高阶小项，利用式(3)化简得宽带的近似公式为

$$\frac{\Delta\lambda_H}{\lambda_B} = \sqrt{\left(\frac{\Delta n_{\max}}{2n_{\text{eff}}}\right)^2 + \left(\frac{\Lambda}{L}\right)^2} \tag{4}$$

定义光纤布拉格光栅的反射带宽 $\Delta\lambda_0$ 为 $\lambda_{\max}$ 的第一个零反射波长之间的波长带宽．因此，根据式(1)，得

$$\frac{\Delta\lambda_0}{\lambda_{\max}} = \sqrt{\left(\frac{\Delta n_{\max}}{n_{\text{eff}}}\right)^2 + \left(\frac{\lambda_B}{n_{\text{eff}} L}\right)^2} \tag{5}$$

在弱光栅(光致折射率变化很小)中，$\Delta n_{\max} \ll \lambda_B / L$，则

$$\frac{\Delta\lambda_0}{\lambda_{\max}} \to \frac{\lambda_B}{n_{\text{eff}} L} = \frac{2}{N} \tag{6}$$

其中，$N = L/\Lambda$ 是光栅栅格的总数．式(6)表明，弱光栅的带宽主要取决于其长度，长度越大，带宽越窄．

10-3　光线沿 z 轴方向传播距离 z 时，传播的实际路径长度为

$$L = \frac{z}{\cos\theta_z} \tag{1}$$

传播这段距离所需要的时间为

$$t = \frac{L}{v} = \frac{n_1 z}{c\cos\theta_z} \tag{2}$$

定义沿 z 轴方向传播单位距离的时间为光线的传播时延 τ，即

$$\tau = \frac{t}{z} = \frac{n_1}{c\cos\theta_z} \tag{3}$$

若芯层中有两条束缚光线，其与 z 轴的夹角分别为 θ_{z1} 和 θ_{z2}，则在 z 轴方向传播单位距离后，因路径不同，传播时延也不一样，两条路径传播时延差用 $\Delta\tau$ 表示：

$$\Delta\tau = |\tau_1 - \tau_2| = \frac{n_1}{c}\left|\frac{1}{\cos\theta_{z1}} - \frac{1}{\cos\theta_{z2}}\right| \tag{4}$$

在束缚光线中，路径最短的光线沿 z 轴方向直线传播，其 $\theta_z=0$，而路径最长的光线是靠近全反射临界角入射的光线，其倾斜角 $\theta_z = \arccos(n_2/n_1)$．这两条光线有最大时延差 $\Delta\tau_{\max}$：

$$\Delta\tau_{\max} = \frac{n_1}{c}\frac{n_1 - n_2}{n_2} \tag{5}$$

由式(5)可知，最大时延差 $\Delta\tau_{\max}$ 与芯层折射率和衬底折射率之差成正比．而较大的时延差将会导致严重的多径色散，引起光脉冲在传播过程中展宽．一般的光波导衬底和芯层往往用同一种材料，只是掺有不同浓度的杂质，其折射率差很小．定义相对折射率差为

$$\Delta = \frac{n_1^2 - n_2^2}{2n_1^2} \approx \frac{n_1 - n_2}{n_1} \approx \frac{n_1 - n_2}{n_2} \ll 1 \tag{6}$$

引进参量 Δ 后，最大时延差可表示为

$$\Delta\tau_{\max} = \frac{n_1\Delta}{c} \tag{7}$$

多径色散就是由式(7)描述的光波导中因多径传输所导致的光脉冲展宽的大小．

10-4　光纤放大器要求掺稀土光纤工作在基横模，对不同泵浦波长有不同的光纤芯径要求．掺入的稀土离子应尽量靠近纤芯的中心，该区域的泵浦光强度最高，能使稀土离子充分产生粒子数反转，这对具有三能级结构的掺铒光纤放大器尤为重要．在给定的泵浦功率下，应选择合适的光纤长度，超出此长度的光纤将对信号形成再吸收，从而抑制光纤的增益．用 980nm 泵浦所对应的信号波长为 1.557μm，而对应 1480nm 泵浦的信号波长为 1.554μm．光纤放大器除泵浦光外，还有信号光输入，参见下图．泵浦光和信号光通过光纤合波器 WDM 耦合到掺杂光纤(如掺铒光纤)中．若泵浦光功率足够强，光纤中就会有足够的掺杂离子激发到上能级形成粒子数反转，信号光通过时就能得到放大．

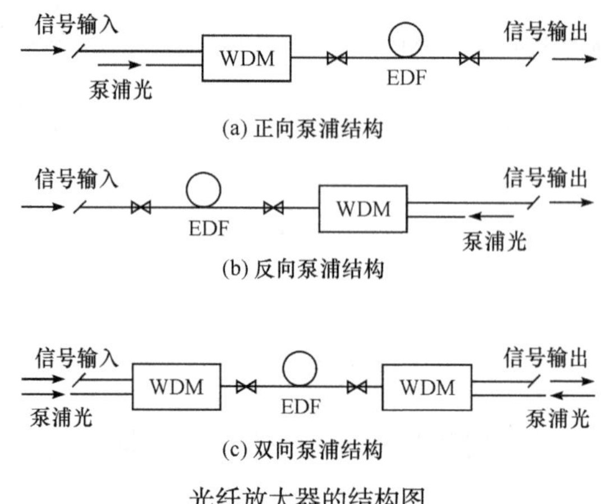

光纤放大器的结构图

10-5　光波分复用技术(WDM)技术是在一根光纤中能同时传输多波长光信号的一项技术，在发送端将不同波长的光信号组合起来(复用)，在接收端又将组合的光信号分开(解复用)并送入不同的终端．目前，光 WDM 系统的基本构成主要有三种形式：

(1) 双纤单向传输.

在发送端将具有不同波长的已调光信号$\lambda_1,\lambda_2,\cdots,\lambda_n$ 通过复用器组合在一起，并在一根光纤中单向传输；在接收端通过解复用器将不同光波长的信号分开，以完成多路信号传输的任务，参见下图．这种 WDM 系统可使一根光纤的传输容量扩大几倍至几十倍.

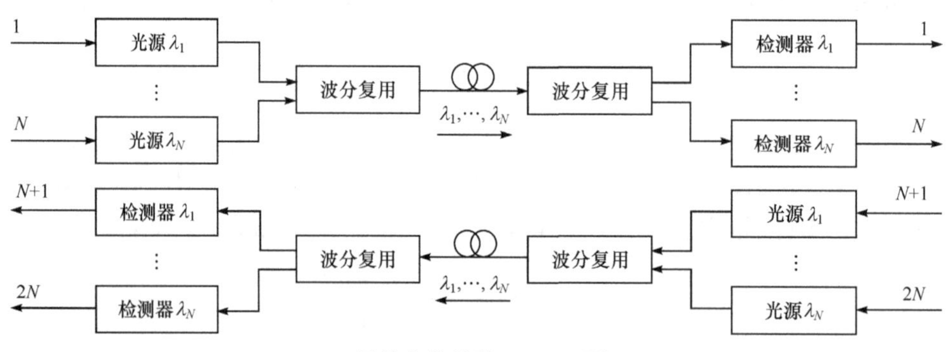

双纤单向传输的 WDM 系统

(2) 单纤双向传输.

在一根光纤中实现两个方向信号的同时传输，例如，发送端 1 向终端 1 发送信号，由λ_1携带；反过来，发送端 N+1 向终端 N+1 发送信号，由λ_{N+1}携带，参见下图．单纤双向传输允许单根光纤携带全双工通路，通常可比单向传输节约约一半的光纤器件，由于两个方向传输的信号不交互产生四波混频(FWM)，因此其总的 FWM 比双纤单向传输少得多．缺点是，该系统需采用特殊的措施来对付光反射(包括光接头引起的离散反射和光纤本身的 Rayleigh 后向反射)，以防多径干扰；当需要进行光信号放大，以延长传输距离时，必须采用双向光纤放大器以及光环形器等元件，其噪声系数稍差.

(3) 光分出和插入传输.

利用解复用器将λ_1, λ_2光信号从线路中分出来，利用复用器将λ_1，λ_2光信号插入线路中进行传输，参见下图．通过各波长光信号的合流与分流实现信息的上/下通路，这样就可以根据光纤通信线路沿线的业务量分布情况，合理地安排插入或分出信号．目前，光分插复用器

(OADM)只能做成固定波长上下的器件，使这种工作方式的灵活性受到了限制.

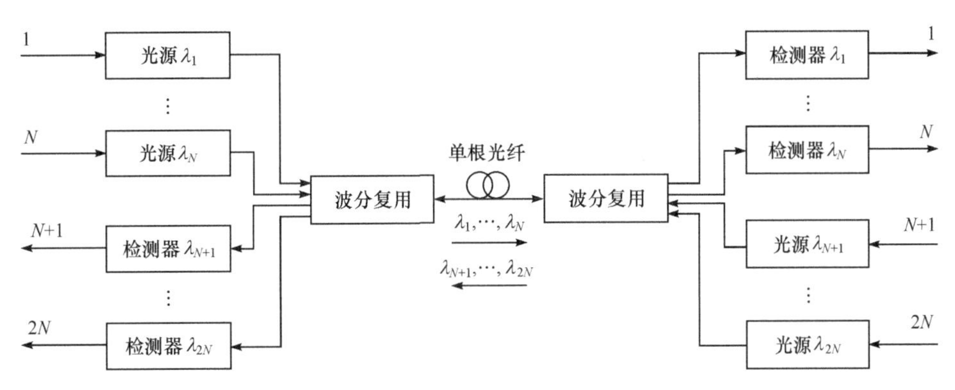

单纤双向传输的 WDM 系统

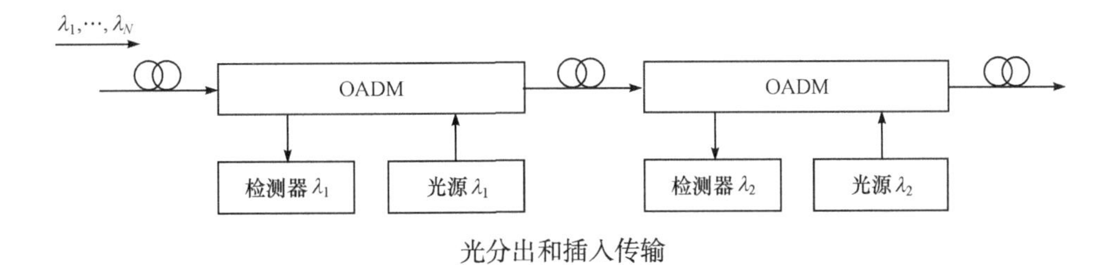

光分出和插入传输